합격비법

https://rangssem.com

cafe.naver.com/rangssem

교재 인증

※ 위 교재 인증란에 네이버 카페 아이디를 적고 등업 신청 시 첨부하면
랑쌤에듀 카페에서 무료 학습자료를 다운 받을 수 있습니다.

랑쌤에듀 네이버 카페

Contents
차례

- **01 나사역학** ··· P. 12

    1-1. 나사의 정의와 기본 사항
    1-2. 나사의 종류
    1-3. 사각나사의 역학
    1-4. 삼각나사와 사다리꼴나사의 역학
    1-5. 나사의 동력과 효율
    1-6. 나사의 설계
    1-7. 칼라자리부를 고려한 나사잭
    1-8. 너트의 높이
    1-9. 죄어진 볼트에 외력이 작용할 때
    1-10. 나사로 지지하는 브래킷 역학
    1-11. 나사의 일반사항

- **02 키, 스플라인, 핀, 코터** ································· P. 48

    2-1. 키(Key)
    2-2. 스플라인(Spline)
    2-3. 핀(Pin)
    2-4. 코터(Cotter)

- **03 리벳이음** ··· P. 74

    3-1. 리벳이음의 줄 수와 전단면
    3-2. 리벳이음의 강도 계산
    3-3. 리벳이음의 설계
    3-4. 내압을 받는 원통의 리벳이음
    3-5. 편심하중을 받는 구조용 리벳

- **04 용접이음** ··· P. 98

    4-1. 용접이음의 강도설계
    4-2. 4측 필렛 용접이음의 강도설계
    4-3. 원형단면 필렛 용접이음의 강도설계
    4-4. 용접부 잔류응력 제거법

- **05 축의 설계** ··· P. 112

    5-1. 강도에 의한 축의 설계
    5-2. 던커레이(Dunkerley) 공식
    5-3. 전동축의 강성설계

- **06 커플링과 클러치(축 이음)** ·· P. 132

    6-1. 클램프 커플링(=분할 원통 커플링)
    6-2. 플랜지 커플링
    6-3. 유니버셜 커플링(=유니버셜 조인트)
    6-4. 단판 클러치
    6-5. 다판 클러치
    6-6. 물림 클러치

- **07 베어링** ·· P. 156

    7-1. 미끄럼 베어링
    7-2. 구름 베어링

- **08 마찰차** ·· P. 178

    8-1. 원통 마찰차
    8-2. V홈 마찰차(=V 마찰차)
    8-3. 원추 마찰차
    8-4. 무단변속 마찰차

- **09 감아걸기 전동장치** ··· P. 204

    9-1. 평벨트 전동장치
    9-2. V벨트 전동장치
    9-3. 로프 전동장치
    9-4. 체인 전동장치

- **10 브레이크** ·· P. 230

    10-1. 블록 브레이크
    10-2. 밴드 브레이크
    10-3. 내확 브레이크(=내부 확장식 브레이크)
    10-4. 래칫 휠 브레이크

- **11 스프링, 파이프, 플라이 휠** ································· P. 254

    11-1. 원통형 코일 스프링
    11-2. 판 스프링
    11-3. 파이프
    11-4. 플라이 휠

- **12 기어** ··· P. 276
    - 12-1. 스퍼기어
    - 12-2. 헬리컬기어
    - 12-3. 베벨기어
    - 12-4. 웜과 웜기어
    - 12-5. 기어열
    - 12-6. 전위기어

- **13 공정도, 공사비, 대수평균온도차** ······················ P. 320
    - 13-1. 공정도
    - 13-2. 공사비
    - 13-3. 대수평균온도차(LMTD)

- **14 건설기계설비 이론** ··· P. 356
    - 14-1. 유체기계의 기본
    - 14-2. 수력기계(펌프)
    - 14-3. 수력기계(수차)
    - 14-4. 공기기계
    - 14-5. 건설용 굴착기계
    - 14-6. 건설용 크레인, 적재 및 운반기계
    - 14-7. 건설용 다짐, 포장 및 준설기계
    - 14-8. 건설용 항타기, 항발기 및 기타 건설기계
    - 14-9. 플랜트 배관 재료
    - 14-10. 플랜트 배관 이음 및 지지
    - 14-11. 플랜트 배관 공작
    - 14-12. 플랜트 배관 도시 및 급수
    - 14-13. 플랜트 배관 시험

- **15 과년도 기출 문제(16~24년)** ···························· P. 550

시험 안내

직무 분야	기계	중직무 분야	기계장비설비. 설치	자격 종목	건설기계설비기사	적용 기간	2024.01.01~2027.12.31

○ 직무내용: 건설 관계법령과 관련된 건설플랜트 기계설비와 건설기계의 설계, 제작, 시공, 운영관리와 관련된 업무를 수행하는 직무이다.
○ 수행준거: 1. 건설기계에 대한 지식을 활용하여 기본적인 설계를 할 수 있다.
            2. 체결용, 전동용, 제어용 기계요소 및 유체 기계요소를 설계할 수 있다.
            3. 건설 플랜트기계설비 실무와 관련하여 구조 및 장치의 설계조건에 맞는 설계 및 견적, 공정관리를 할 수 있다.

실기검정방법	필답형	시험시간	2시간 30분

필기 과목명	주요항목	세부항목
기계설계 실무	1. 요소부품재질선정	1. 요소부품 재료 파악하기
		2. 최적요소부품 재질 선정하기
		3. 요소부품 공정 검토하기
		4. 열처리 방법 결정하기
	2. 요소부품재질검토	1. 열처리방안 선정하기
		2. 소재 선정하기
		3. 요소부품별 공정설계하기
	3. 요소공차검토	1. 요구기능 파악하기
		2. 치수공차 검토하기
		3. 표면거칠기 검토하기
		4. 기하공차 검토하기
	4. 요소부품설계검토	1. 요소부품 설계 구성하기
		2. 요소부품 형상 설계하기
		3. 시제품 제작하기
	5. 체결요소설계	1. 요구기능 파악하기
		2. 체결요소 선정하기
		3. 체결요소 설계하기
	6. 동력전달요소설계	1. 설계조건 파악하기
		2. 동력전달요소 설계하기
		3. 동력전달요소 검토하기
	7. 동력전달장치설계	1. 요구사항 분석하기
		2. 동력전달장치 특성파악하기
		3. 동력전달장치 설계하기
		4. 동력전달장치 검증하기
	8. 유공압시스템설계	1. 요구사항 파악하기
		2. 유공압시스템 구상하기
		3. 유공압시스템 설계하기
건설기계설계 실무	9. 건설기계와 시공법	1. 건설기계일반
		2. 작업종류별 분류, 구조 및 기능, 특성, 작업능력
		3. 건설기계의 운용 및 시공관리
		4. 건설기계의 기계화 시공실무
	10. 건설플랜트 설비	1. 플랜트 기계설비의 종류 및 특성, 기계장비 투입 계획
	11. 기계설비 시공	1. 기계설비 시공

필기 과목명	문제수	주요항목	세부항목

5주만에 합격하기!

건설기계설비기사 실기 최단기 정복 스터디플랜

	1일차	2일차	3일차
1주차	[이론 및 예제 학습] ch01 나사역학 ~ 1-4 삼각, 사다리꼴 나사	ch01 나사역학 ~ 1-11. 나사의 일반 사항	ch02 키, 스플라인, 코터 전체 내용
	8일차	9일차	10일차
2주차	ch06 커플링과 클러치 ~ 6-3 유니버셜 커플링	ch06 커플링과 클러치 ~ 6-6 물림 클러치	ch07 베어링 ~ 7-1 미끄럼 베어링
	15일차	16일차	17일차
3주차	ch09 감아걸기 전동장치 ~ 9-4 체인 전동장치	ch10 브레이크 ~ 10-1 블록 브레이크	ch10 브레이크 ~ 10-4 레칫 휠
	22일차	23일차	24일차
4주차	ch13 공정도, 공사비, 대수평균온도차 전체 내용	ch14 건설기계설비 이론 전체 내용	16년 기출문제 풀이
	29일차	30일차	31일차
5주차	21년 기출문제 풀이	22년 기출문제 풀이	23년 기출문제 풀이

4일차	5일차	6일차	7일차
ch03 리벳이음 -3 리벳이음의 설계	ch03 리벳이음 ~ 3-5 편심하중을 받는 리벳	ch04 용접이음 전체내용	ch05 축의 설계 전체내용
11일차	12일차	13일차	14일차
h07 베어링 -2 구름 베어링	ch08 마찰차 ~ 8-2 V홈 마찰차	ch08 마찰차 ~ 8-4 무단변속 마찰차	ch09 감아걸기 전동장치 ~ 9-2 V벨트 전동장치
18일차	19일차	20일차	21일차
h11 스프링, 파이프, 라이휠 체내용	ch12 기어 ~ 12-2 헬리컬기어	ch12 기어 ~ 12-4 웜과 웜기어	ch12 기어 ~ 12-6 전위기어
25일차	26일차	27일차	28일차
7년 기출문제 풀이	18년 기출문제 풀이	19년 기출문제 풀이	20년 기출문제 풀이
32일차	33일차	34일차	35일차
4년 기출문제 풀이	[기출문제 오답 정리] 15~18년 기출문제 오답정리	19~21년 기출문제 오답정리	22~24년 기출문제 오답정리

이 책의 특징

합격비법 시리즈는 다년간의 국가기술 자격증 수험서적의 제작 노하우를 모두 담은 교재로 모든 수험생 여러분의 합격을 위한 교재입니다. 비전공자, 직장인 등 쉽지 않은 공부 환경에 있는 수험생들도 쉽고 빠르게 공부할 수 있는 구성으로 지금까지 많은 합격자를 배출한 교재입니다.

"건설기계설비기사"는 기계계열의 역학 그리고 설계가 주가 되는 과목입니다. 이 교재에서는 관련된 공식들을 쉽고 빠르게 암기할 수 있도록 이론 파트를 구성하였고, 여러 가지 유형의 예제를 풀어봄으로서 기출문제를 풀 때 막힘없이 풀 수 있도록 예제 파트를 구성하였습니다. 또한 합격비법 시리즈는 매년 최신 개정 내용을 빠르고 정확하게 적용하여 수험생 여러분이 믿고 공부할 수 있도록 최선을 다하고 있습니다.

합격비법 시리즈는 단순히 교재만을 제공하는 것이 아닌 효율적인 학습을 위한 여러 가지 콘텐츠를 제공합니다.

유투브 "랑쌤에듀" 채널에 해당 교재를 보고 들을 수 있는 무료강의가 업로드 되어있습니다. 이 강의들은 랑쌤에듀 공식 홈페이지에서 판매중인 강의와 동일한 퀄리티로 공부하는데에 큰 도움이 될 것입니다.

카카오톡 오픈채팅 검색창에 "랑쌤에듀"를 검색하면 과목별 오픈채팅방이 나옵니다. 자신에게 맞는 과목의 오픈채팅방에서 자유롭게 질문과 답변을 주고받을 수 있는 환경이 마련돼있습니다. 혼자 공부하는 것보다 다른 수험생들과 정보를 주고받으며 공부하는 것이 더 효율적인 공부 방법이 될 것입니다.

네이버 카페 "랑쌤에듀"에서 교재 등업을 하면 여러 가지 학습자료들을 무료로 이용하실 수 있습니다. 또한 하.세.열(하루 세 번 열문제) 퀴즈, 시험 전 총정리 실시간 강의 일정, 교재 정오표 및 법령 변경 사항 등의 정보도 카페에 수시로 공지를 하고 있습니다.

합격비법 시리즈는 앞으로도 수험생 여러분의 합격을 위해 최선을 다 할 것이며 더 좋은 수험서적을 만들 수 있도록 노력하겠습니다. 목표로 하신 자격증을 취득하는 그 날까지 모든 수험생 여러분들 파이팅 입니다!

01

나사역학

- 1-1. 나사의 정의와 기본 사항
- 1-2. 나사의 종류
- 1-3. 사각나사의 역학
- 1-4. 삼각나사와 사다리꼴나사의 역학
- 1-5. 나사의 동력과 효율
- 1-6. 나사의 설계
- 1-7. 칼라자리부를 고려한 나사잭
- 1-8. 너트의 높이
- 1-9. 죄어진 볼트에 외력이 작용할 때
- 1-10. 나사로 지지하는 브래킷 역학
- 1-11. 나사의 일반사항

Chapter 1

나사역학

1-1 나사의 정의와 기본 사항

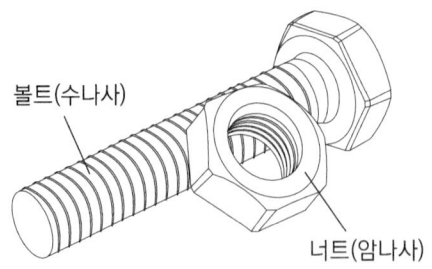

나사(Screw)란, 기계 부품을 죄거나 위치 조정 또는 힘을 전달 등에 널리 쓰이는 체결용 또는 운동용 기계요소이다. 삼각나사는 체결용 기계요소, 사각나사 또는 사다리꼴나사는 회전운동을 직선운동으로 바꾸는 운동용 기계요소이다.

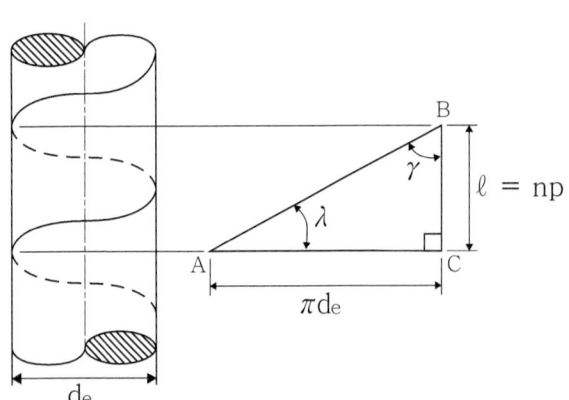

여기서,
ℓ : 리드 $[mm]$
n : 나사의 줄 수
p : 피치 $[mm]$
λ : 리드각(=나선각, 경사각) $[°]$
γ : 비틀림각 $[°]$
d_e : 유효 지름 $[mm]$

▎나사산의 형상

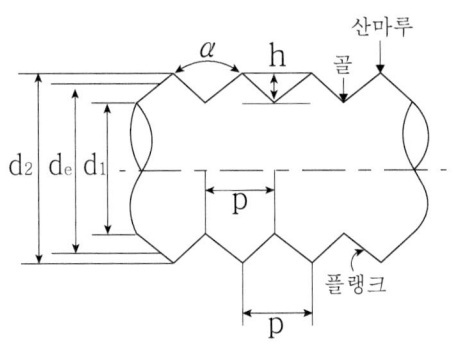

여기서,
α : 나사각 $[°]$
h : 나사산 높이 $[mm]$
p : 피치 $[mm]$
d_2 : 바깥지름(=외경) $[mm]$
d_1 : 안지름(=내경) $[mm]$
d_e : 유효지름 $[mm]$

▍나사의 각 부 명칭

(1) 리드(ℓ, Lead) $[mm]$: 나사를 1회전 시킬 때, 축방향으로 나아간 거리

$$\ell = np$$ 예) 1줄 나사($n=1$)이면 $\ell=p$, 2줄 나사($n=2$)이면 $\ell=2p$

✔ 줄수에 관하여 아무런 **언급이 없으면** 1줄나사 입니다.

(2) 피치(p, Pitch) $[mm]$: 나사의 산과 산 또는 골과 골 사이의 축방향 거리

(3) 리드각(λ, Lead angle) $[°]$: 나선곡선이 축선에 직각인 방향과 이루는 각

$$\tan\lambda = \frac{\ell}{\pi d_e} = \frac{np}{\pi d_e}$$

(4) 비틀림각(γ, Twist Angle) $[°]$: 나선곡선이 축선방향과 이루는 각

$$\gamma + \lambda = 90°$$

(5) 마찰계수(μ, Friction coefficient) : 나사 체결면의 마찰력을 결정하는 상수

$$\mu = \tan\rho \quad \therefore \rho = \tan^{-1}\mu \qquad 여기서, \rho : 마찰각 [°]$$

(6) 나사의 줄 수 : 리드 내에 포함되는 나사 곡선의 개수

(7) 나사의 지름

① 바깥지름(d_2) : 수나사의 산과 산 사이, 암나사의 골과 골 사이의 지름이다.
　　　　　　　　수나사의 바깥지름은 나사의 호칭이 된다.

② 안지름(d_1) : 수나사의 골과 골 사이, 암나사의 산과 산 사이의 지름이다.

③ 유효지름(d_e) : 나사산의 길이와 나사골의 길이가 같아지는 가상 원통상의 지름을 의미한다.

(8) 나사의 호칭 결정

① 수나사(Bolt) : 바깥지름(d_2)의 치수

② 암나사(Nut) : 암나사에 맞는 수나사 바깥지름(d_2)의 치수

(9) 나사산의 높이(h)

① 사각나사, 사다리꼴 나사 : $h = \dfrac{d_2 - d_1}{2} = \dfrac{p}{2}$, $d_e = \dfrac{d_2 + d_1}{2}$

② 삼각나사 : $h \neq \dfrac{d_2 - d_1}{2} \neq \dfrac{p}{2}$, $d_e \neq \dfrac{d_2 + d_1}{2}$

✔ 삼각나사는 규격으로 유효지름(d_e)이 정해져 있습니다. 그러므로 유효지름을 계산하는 것이 아닌, 문제에 유효지름이 주어지거나 **표에서 유효지름을 찾는 형태**로 출제됩니다.

✔ 위의 나사산 높이 공식은 다른 방법으로 나사산 높이를 도출할 수 없을 때 사용하는 **근삿값 도출** 식입니다.

1-2 나사의 종류

(1) **운동용 나사** : 주로 힘이나 동력 전달용으로 쓰인다.

종류	설명
사각 나사	주로 나사잭, 나사프레스, 선반의 이송 등에 사용되는 나사로 나사각이 없는 나사이다. 가장 큰 동력을 전달한다.
사다리꼴 나사 (=애크미나사)	① 미터계(TM 또는 Tr) 　호칭치수 : mm단위, 나사각 $\alpha=30°$인 운동용 나사이다. 　　ex) $TM32\times6$ 　　　- TM : 미터계 사다리꼴나사 　　　- 32 : 바깥지름 $32mm$ 　　　- 6 : 피치 $6mm$ ② 인치계(TW) 　호칭치수 : mm단위, 나사각 $\alpha=29°$인 운동용 나사이다. 　　ex) $TW32\times6$ 　　　- TW : 미터계 사다리꼴나사 　　　- 32 : 바깥지름 $32mm$ 　　　- 6 : $1inch$ 당 나사산의 수 6개
톱니 나사	주로 압착기, 바이스 등 하중작용방향이 일정한 경우에 사용하며, 하중을 받는 쪽은 사각나사, 반대쪽은 삼각나사 형태로 만든 운동용 나사이다.
둥근 나사 (=너클나사)	전구, 소켓 등과 같이 먼지와 모래 및 녹 가루 등이 나사산으로 들어갈 염려가 있을 때 사용하는 운동용 나사이다.
볼나사	나사축과 너트 사이에 다수의 강구를 넣어 힘을 전달하며, 마찰계수가 매우 작아서 효율이 매우 좋은 운동용 나사이다.

(2) **체결용 나사** : 주로 삼각 나사(=미터 나사)를 많이 사용한다.

종류	설명
미터 나사 (=삼각 나사)	호칭치수 : mm, 나사각 $\alpha=60°$인 체결용 나사 　ex) $M8\times1$ 　　　M : 미터 (가는)나사 　　　8 : 바깥지름 $8mm$ 　　　1 : 피치 $1mm$
유니파이 나사 (=ABC 나사)	호칭치수 : $inch$, 나사각 $\alpha=60°$인 체결용 나사
관용 나사	호칭치수 : $inch$, 나사각 $\alpha=55°$인 체결용 나사

1-3 사각나사의 역학

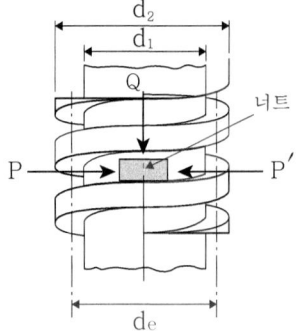 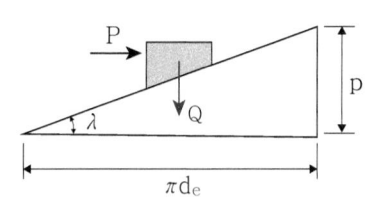

여기서,
Q : 축 방향 작용 하중 $[N]$
P : 나사를 죄는 힘 $[N]$
P' : 나사를 푸는 힘 $[N]$

1줄 나사 기준 : $\ell = p$

▎볼트와 너트의 체결

✔ 나사를 죄는(또는 푸는) 힘은 '회전력', '접선력' 그리고 '마찰력' 이라고도 표현합니다.

(1) 나사를 감아올릴 때(=죌 때)

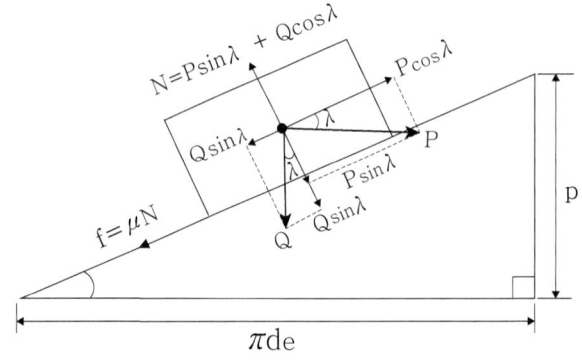

여기서,
P : 나사를 죄는 힘 $[N]$
Q : 축 방향 작용 하중 $[N]$
N : 수직항력 $[N]$
　　$(N = P\sin\lambda + Q\cos\lambda)$
μ : 마찰계수
　　$(\mu = \tan\rho)$

① 나사를 죄는 힘(P) $[N]$

경사 방향 힘의 평형식 $\sum F = 0$ 이므로
$P\cos\lambda - Q\sin\lambda - \mu N = 0$
$P\cos\lambda - Q\sin\lambda - \mu(P\sin\lambda + Q\cos\lambda) = 0$
$P(\cos\lambda - \mu\sin\lambda) = Q(\sin\lambda + \mu\cos\lambda)$
$\therefore P = Q\left(\dfrac{\sin\lambda + \mu\cos\lambda}{\cos\lambda - \mu\sin\lambda}\right) = Q\left(\dfrac{\tan\lambda + \mu}{1 - \mu\tan\lambda}\right) = Q\left(\dfrac{\tan\lambda + \tan\rho}{1 - \tan\lambda\tan\rho}\right)$

마찰각(ρ)에서 $\tan\rho = \mu$ 이므로 정리하면,

$$P = Q\tan(\lambda + \rho)$$

다른 식의 표현은,

$$P = Q\left(\frac{\tan\lambda + \mu}{1 - \mu\tan\lambda}\right) \text{에서 } \tan\lambda = \frac{p}{\pi d_e} \text{ 이므로,}$$

$$= Q\left(\frac{\frac{p}{\pi d_e} + \mu}{1 - \mu\frac{p}{\pi d_e}}\right) = Q\left(\frac{p + \mu\pi d_e}{\pi d_e - \mu p}\right)$$

$$\therefore P = Q\left(\frac{p + \mu\pi d_e}{\pi d_e - \mu p}\right)$$

② 회전 토크(T) [$N\cdot mm$]

$$T = P \times \frac{d_e}{2} = Q\tan(\lambda + \rho) \times \frac{d_e}{2} = Q\left(\frac{p + \mu\pi d_e}{\pi d_e - \mu p}\right) \times \frac{d_e}{2}$$

(2) 나사를 풀 때

① 나사를 푸는 힘(P') [N] : $P' = Q\tan(\rho - \lambda) = Q\left(\frac{\mu\pi d_e - p}{\pi d_e + \mu p}\right)$

② 나사를 풀 때 회전토크(T) [$N\cdot mm$] : $T = Q\tan(\rho - \lambda)\frac{d_e}{2} = Q\left(\frac{\mu\pi d_e - p}{\pi d_e + \mu p}\right) \times \frac{d_e}{2}$

(3) 나사의 자립조건

나사를 풀 때의 힘 $P' = Q\tan(\rho - \lambda)$ 에서

조건	설명
$\rho > \lambda$ 이면, $P' > 0$	나사를 푸는데 힘이 든다.
$\rho = \lambda$ 이면, $P' = 0$	나사가 임의의 위치에서 정지한다.(=자동체결 한다.)
$\rho < \lambda$ 이면, $P' < 0$	힘을 가하지 않아도 자연스럽게 풀린다.

결국, 자립상태를 유지하기 위한 조건은 $\rho \geq \lambda$ 이다.

① 나사의 자립 효율

나사의 자립상태는 $\rho \geq \lambda$ 이므로 $\rho = \lambda$로 보면

$$\eta = \frac{\tan \lambda}{\tan(\lambda + \rho)} = \frac{\tan \rho}{\tan 2\rho} = \frac{\tan \rho}{\frac{2\tan \rho}{1 - \tan^2 \rho}} = \frac{1}{2}(1 - \tan^2 \rho) = \frac{1}{2}(1 - \mu^2)$$

그러므로 마찰각(ρ)이 증가하면 효율(η)은 감소한다.

또한 $\rho \geq 0$ 이므로 $\eta \leq 50\%$ 이다. 이는 자립상태를 유지하는 나사의 효율은 50%를 넘을 수 없다는 것을 의미한다.

✔ 자립이란 自(스스로자), 立(설립)으로써 외력이 작용하지 않을 때 물체가 그 자리에 가만히 있는 현상입니다.

1-4 삼각나사와 사다리꼴나사의 역학

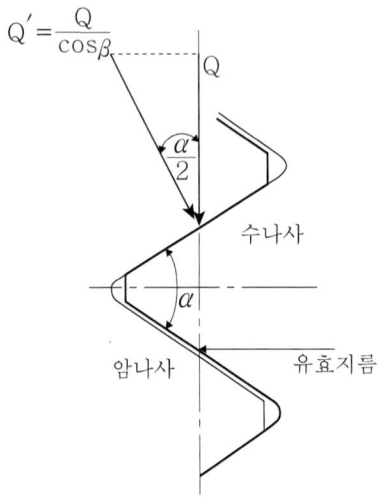

여기서,
μ' : 상당마찰계수(=유효마찰계수)
ρ' : 상당마찰각 [°]
α : 나사산 각도 [°]
Q' : 나사면에 작용하는 상당하중 [N]

$$\left(Q' = \frac{Q}{\cos \frac{\alpha}{2}} \right)$$

▎삼각나사에 작용하는 하중

(1) 마찰력(f) [N]

$$f = \mu Q' = \mu \times \frac{Q}{\cos \frac{\alpha}{2}} = \frac{\mu}{\cos \frac{\alpha}{2}} \times Q = \mu' Q$$

(2) 상당마찰계수(유효마찰계수) : $\mu' = \dfrac{\mu}{\cos \dfrac{\alpha}{2}} = \tan \rho'$

(3) 삼각, 사다리꼴나사의 회전력(P) [N] : 나사를 죌 때

$$P = Q\tan(\lambda + \rho') = Q\left(\frac{p + \mu'\pi d_e}{\pi d_e - \mu' p}\right)$$

(4) 삼각, 사다리꼴나사의 토크(T) [$N \cdot mm$] : 나사를 죌 때

$$T = P \times \frac{d_e}{2} = Q\tan(\lambda + \rho') \times \frac{d_e}{2} = Q\left(\frac{p + \mu'\pi d_e}{\pi d_e - \mu' p}\right) \times \frac{d_e}{2}$$

1-5 나사의 동력과 효율

(1) 나사를 들어 올리는 데 필요한 동력(H) [W]

$$H = \frac{Qv}{\eta}$$

여기서,
Q : 축 방향 하중 [N]
v : 이송속도 [m/s]
η : 효율

(2) 나사의 효율 : 탄젠트 공식(η)

$$\eta = \frac{\text{마찰이 없을 때의 회전력}}{\text{마찰이 있을 때의 회전력}} = \frac{P_o}{P} = \frac{Q\tan\lambda}{Q\tan(\lambda + \rho)}$$

$$\therefore \eta = \frac{\tan\lambda}{\tan(\lambda + \rho)}$$

(3) 나사의 효율 : 토크 공식(η)

$T = P \times \dfrac{d_e}{2}$ 에서 양변에 2를 곱하면 $Pd_e = 2T$

또한 마찰이 없을 때의 회전력 $P_o = Q\tan\lambda = Q\dfrac{\ell}{\pi d_e} = Q\dfrac{np}{\pi d_e}$ 이므로

$$\eta = \frac{\text{마찰이 없을 때의 회전력}}{\text{마찰이 있을 때의 회전력}} = \frac{P_o}{P} = \frac{Q\dfrac{p}{\pi d_e}}{P} = \frac{Qnp}{P\pi d_e}$$

$$\therefore \eta = \frac{npQ}{2\pi T}$$

✔ 효율을 구할 때 (2)의 탄젠트 공식과 (3)의 토크 공식 두 개의 공식 중 어떤 공식을 써야하는지에 대한 질문이 많습니다. 보통 문제에서 효율은 나사의 소문제 중 마지막에 나옵니다. 따라서, 그 전 소문제에서 구하라는 조건이나 물성치들에 알맞은 효율 공식을 골라주는 것을 추천합니다.

✔ 그리고 또 고려해야 할 조건이 있습니다. 바로 앞으로 배울 내용인 '자립면(=칼라부)'를 고려해야 하는 문제에서는 무조건 (3)의 토크 공식으로 구해야 합니다. 자립면을 고려할 때 토크는 '전체 토크'를 고려해야하기 때문입니다.

(4) 나사의 최대 효율

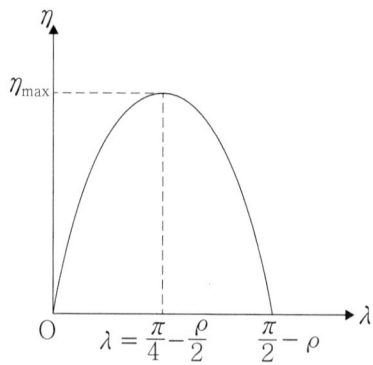

┃ 나사의 효율 그래프

② 나사의 효율이 최대가 되는 리드각(λ) [°]

$$\lambda = \frac{\pi}{4} - \frac{\rho}{2} = 45° - \frac{\rho}{2}$$

③ 나사의 최대 효율(η_{max})

$$\eta_{max} = \tan^2\left(45° - \frac{\rho}{2}\right)$$

1-6 나사의 설계

(1) 축 방향으로 인장하중만 작용하는 경우   (ex : 훅, 아이볼트)

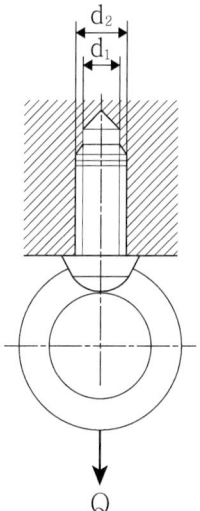

여기서,
d_2 : 바깥지름(=외경) [mm]
d_1 : 안지름(=내경) [mm]
σ_a : 허용인장응력 [N/mm^2]
Q : 축 방향 하중 [N]

▎인장하중이 작용하는 아이볼트

① 표가 있을 때 : 나사의 호칭(=바깥지름, d_2)을 선정해 골지름(d_1)을 찾을 수 있다.

나사의 호칭	유효지름	골지름
3.000	2.675	2.459
4.000	3.545	3.242
5.000	4.480	4.134
6.000	5.350	4.917
...	...	...

이 때, 나사에 작용하는 허용인장응력(σ_a)을 정리하면

$$\sigma_a = \frac{Q}{A} = \frac{4Q}{\pi d_1^2}$$

✔ 수나사의 안지름 단면이 가장 약한 단면이므로 파괴가상면적(A)은 안지름(d_1)을 기준으로 계산합니다.

② 표가 없을 때 : 안지름(d_1)의 실험식을 적용한다.

실험식은 $d_1 = 0.8d_2$ 이므로

$$\sigma_a = \frac{Q}{A} = \frac{4Q}{\pi d_1^2} = \frac{4Q}{\pi (0.8d_2)^2}$$

$$\therefore d_2 = \sqrt{\frac{2Q}{\sigma_a}}$$

(2) 축 방향 하중과 비틀림이 동시에 작용할 경우 (ex : 나사잭, 나사프레스)

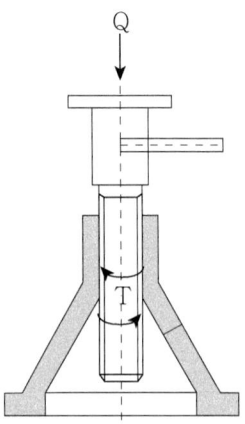

Q' : 상당하중 $[N]$
σ_a : 허용인장응력 $[N/mm^2]$
T : 회전 토크 $[N \cdot m]$

▎축 방향 하중과 비틀림이 동시에 작용하는 나사잭

① 상당하중(Q') $[N]$: 실험치 값을 사용한다.

$$Q' = \frac{4}{3}Q$$

② 나사의 바깥지름(=외경, d_2) $[mm]$

$$d_2 = \sqrt{\frac{2Q'}{\sigma_a}} = \sqrt{\frac{2 \times \frac{4}{3}Q}{\sigma_a}} = \sqrt{\frac{8Q}{3\sigma_a}}$$

✔ 나사잭에서 상당하중은 외경(d_2)을 구할 때만 고려하고 나머지는 일반적인 하중을 사용하여 계산해야 합니다.

1-7 칼라자리부를 고려한 나사잭

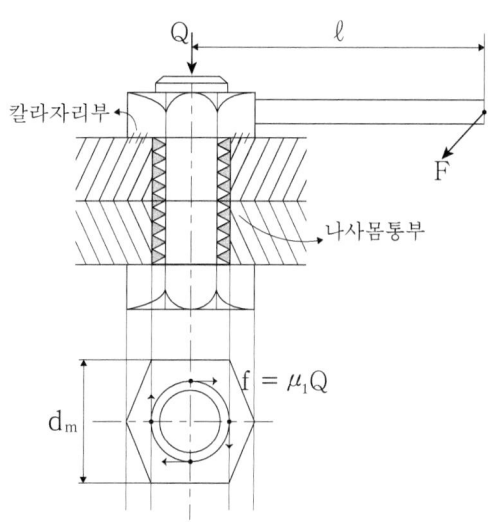

여기서,
F : 레버를 돌리는 힘 $[N]$
ℓ : 레버의 길이 $[mm]$
Q : 축 방향의 힘 $[N]$
r_m : 칼라자리부의 평균 반경 $[mm]$
T_1 : 칼라자리부의 전달 토크 $[N \cdot mm]$
μ_1 : 칼라자리부의 마찰계수
f : 칼라자리부의 마찰력 $[N]$
T_2 : 나사몸통부의 전달 토크 $[N \cdot mm]$
μ : 나사몸통부의 마찰계수

▌나사잭의 칼라자리부 및 나사몸통부

(1) 칼라자리부의 전달 토크(T_1) $[N \cdot mm]$

$$T_1 = f \times r_m = \mu_1 Q r_m$$

(2) 나사몸통부의 전달 토크(T_2) $[N \cdot mm]$

$$T_2 = P \times \frac{d_e}{2} = Q\tan(\lambda + \rho) \times \frac{d_e}{2} = Q\left(\frac{p + \mu\pi d_e}{\pi d_e - \mu p}\right) \times \frac{d_e}{2}$$

✔ 여기서 나사의 전단응력(τ)을 구할 때 칼라자리부를 고려하는 문제여도 전단자체가 나사몸통부에서만 일어나기 때문에 나사몸통부 토크(T_2)만 고려하여 구하셔야 합니다. 따라서

$$T_2 = \tau Z_P$$

✔ 문제에서 칼라자리부와 나사몸통부의 명칭이 여러 가지로 표현됩니다.
① 칼라자리부 : 너트 = 너트자리부분 = 자립면 = 칼라부
② 나사몸통부 : 나사면 = 너트부 = 나사부

각 부분의 명칭을 암기해 놓아야 문제에서 문제에서 요구하는 토크를 정확히 구할 수 있습니다.

(3) 전체 전달 토크(T) $[N \cdot mm]$

$$T = F \times \ell = T_1 + T_2$$

(4) 나사에 생기는 응력 $[N/mm^2]$

① Rankine의 최대 주응력설 : $\sigma_{max} = \dfrac{1}{2}\sigma_t + \dfrac{1}{2}\sqrt{\sigma_t^2 + 4\tau^2}$

② Guest의 최대 전단력설 : $\tau_{max} = \dfrac{1}{2}\sqrt{\sigma_t^2 + 4\tau^2}$

(5) 굽힘 모멘트 $[N \cdot mm]$

렌치로 돌린 굽힘 모멘트와 나사의 비틀림 모멘트가 같아야 나사를 죌 수 있다.
그러므로 나사잭에서 굽힘 모멘트 = 비틀림 모멘트로 표현할 수 있다.

$$\therefore M = T = \sigma_b Z = \sigma_b \times \dfrac{\pi d^3}{32}$$

(6) 안전 계수(=안전율, S)

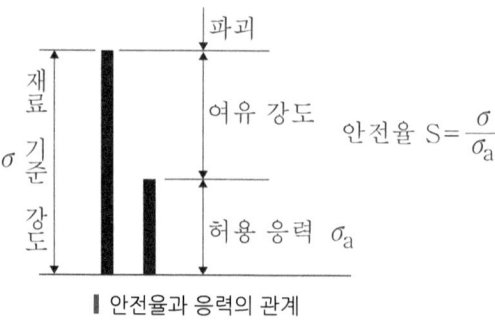

▮ 안전율과 응력의 관계

사용응력에 대한 허용응력의 비를 의미하며, 안전계수는 재료의 강도와 부재에 가해지는 사용응력을 비교하기 위해 사용한다. 재료의 기준강도가 허용응력보다 큰 경우 안전계수가 1보다 크고 안전하며, 반대로 재료의 기준강도가 허용응력보다 작은 경우 안전계수가 1보다 작고 안전하지 않다.

$$안전계수(S) = \dfrac{기준강도}{허용응력} > 1$$

1-8 너트의 높이

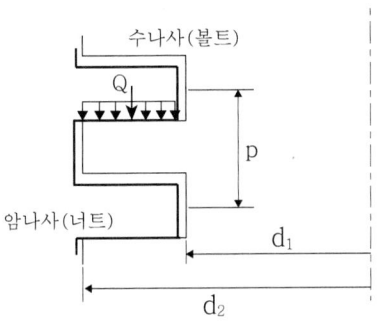

여기서,
p : 피치 $[mm]$
q_a : 허용 접촉면압력 $[N/mm^2]$
Z : 나사산의 수
H : 너트의 높이 $[mm]$

(1) 나사산의 수(Z)

$$q_a = \frac{Q}{AZ} = \frac{Q}{\frac{\pi}{4}(d_2^2 - d_1^2)Z}$$

$$\therefore Z = \frac{Q}{\frac{\pi}{4}(d_2^2 - d_1^2)q_a}$$

✔ 나사산의 수(Z)는 정수로 올림해야 합니다.   ex) 9.85개 → 10개

(2) 너트의 높이(H) $[mm]$

① 바깥지름과 골지름이 주어졌을 때

$$H = Zp = \frac{Q}{\frac{\pi}{4}(d_2^2 - d_1^2)q_a} \times p$$

✔ 이전 소문제에서 나사산의 수(Z)를 정수로 구했을 경우, 정수인 잇수를 대입하여 너트의 높이를 구하고, 너트의 높이를 구하는 문제만 나왔을 경우, 물성치들을 그대로 대입하여 구합니다.

② 나사산 높이와 유효지름이 주어졌을 때

$$H = Zp = \frac{Q}{\pi d h q_a} \times p$$

✔ 사각, 사다리꼴나사에서 $h = \frac{d_2 - d_1}{2}$, $d_e = \frac{d_2 + d_1}{2}$ 이므로 ①의 식과 ②의 식에 등호가 성립하지만 삼각나사에서는 나사산의 높이와 유효지름이 주어졌을 때만 사용이 가능합니다.

1-9 죄어진 볼트에 외력이 작용할 때

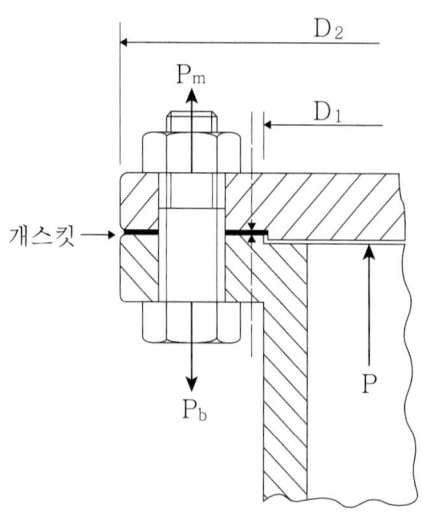

┃내압이 작용하는 용기

여기서,
P_0 : 초기하중 $[N]$
P_b : 볼트에 작용하는 인장하중 $[N]$
P_m : 중간재에 작용하는 압축하중 $[N]$
k_b : 볼트의 스프링 상수
k_m : 모재의 스프링 상수
P : 내압에 의한 하중 $[N]$
p : 내압 $[N/mm^2]$
D_1 : 안지름 $[mm]$
D_2 : 바깥지름 $[mm]$
P_1 : 볼트 1개에 작용하는 하중 $[N]$

$$P_1 = \frac{P}{n} \text{ (여기서, } n : \text{볼트 수)}$$

F : 체결력 $[N]$

(1) 볼트에 작용하는 인장하중(P_b) $[N]$

$$P_b = P_0 + P\left(\frac{k_b}{k_b + k_m}\right) = P_1 + F$$

(2) 내압에 의한 하중(P) $[N]$

$$P = pA = p \times \frac{\pi D_1^2}{4}$$

(3) 중간재에 작용하는 압축하중(P_m) $[N]$

$$P_m = P_b - P$$

1-10 나사로 지지하는 브래킷 역학

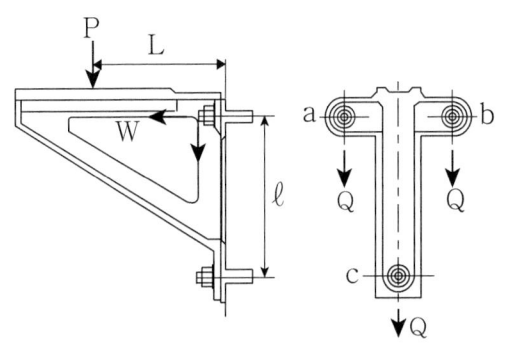

▌나사로 지지하는 브래킷

여기서,
P : 브래킷을 누르는 하중 $[N]$
W : 볼트에 걸리는 최대 인장하중 $[N]$
Q : 하중에 의한 직접 전단하중 $[N]$
L : 브래킷 벽체에서 작용하는 하중 까지의 거리 $[mm]$
ℓ : 볼트 사이의 거리 $[mm]$
n : 볼트의 개수

(1) 하중에 의한 직접 전단하중(Q) $[N]$

$$Q = \frac{P}{n}$$

(2) 볼트에 걸리는 최대인장하중(W) $[N]$

브래킷을 누르는 하중(P)으로 인한 모멘트와 나사의 최대인장하중(W)으로 인한 작용하는 모멘트를 고려하면

$$PL = Wn\ell \quad \therefore W = \frac{PL}{n\ell}$$

(3) 길이(ℓ), 하중(W), 변형량(δ)의 관계식

변형크기는 변형 중심부터의 거리에 비례하므로, 길이$_A$: 길이$_B$ = 변형량$_A$: 변형량$_B$
같은 굵기의 볼트에서 하중과 변형량과 비례하므로, 변형량$_A$: 변형량$_B$ = 하중$_A$: 하중$_B$

$\therefore$ 하중$_A$: 하중$_B$ = 길이$_A$: 길이$_B$

1-11 나사의 일반사항

(1) 너트의 풀림방지법

① 와셔에 의한 방법
② 플라스틱 플러그에 의한 방법
③ 로크너트에 의한 방법
④ 철사를 이용하는 방법
⑤ 분할핀에 의한 방법
⑥ 멈춤나사에 의한 방법
⑦ 자동죔너트에 의한 방법

(2) 나사의 종류

명 칭	형 상	특 징
태핑 나사 (Tapping screw)		몸체를 침탄 담금질 처리하여 경화시킨 나사로 드릴링시 암나사를 내면서 죄며 비교적 가벼운 커버나 부품을 장착하기 위해 사용되는 나사이다.
로크 너트 (Lock nut)		헐거움을 방지하기 위해 2개의 너트를 겹쳐 사용하는 경우에 아래에 위치한 너트이다.
리머 볼트 (Reamer bolt)		리머로 다듬질한 구멍에 박아 체결하는 볼트이다.

Memo

핵심 예상문제

일반기계기사 필답형

01. 나사역학

01

나사의 유효지름 $63.5mm$, 피치 $20mm$인 사각 스크류잭이 있다. $30kN$의 하중을 $0.025m/s$ 속도로 들어 올리려한다. 나사부의 마찰계수가 0.1일 때 다음을 구하시오.

(1) 리드각 [°]
(2) 나사의 효율 [%]
(3) 나사를 들어 올리는 데 필요한 동력 [kW]

해설

(1) 나사의 줄 수가 명시되어 있지 않으면, 한줄나사($n=1$)로 가정.

$$\tan\lambda = \frac{p}{\pi d_e} \Rightarrow \lambda = \tan^{-1}\left(\frac{p}{\pi d_e}\right) = \tan^{-1}\left(\frac{20}{\pi \times 63.5}\right)$$

$$\therefore \lambda = 5.73°$$

(2) $\tan\rho = \mu \Rightarrow \rho = \tan^{-1}\mu = \tan^{-1}(0.1) = 5.71°$

$$\eta = \frac{\tan\lambda}{\tan(\lambda+\rho)} = \frac{\tan 5.73°}{\tan(5.73°+5.71°)} = 0.4959$$

$$\therefore \eta = 49.59\%$$

(3) $H = \frac{Qv}{\eta} = \frac{30 \times 0.025}{0.4959} = 1.51 kW$

02

$20kN$의 하중을 들어 올리기 위한 사다리꼴 나사잭(TM)이 있다. 유효지름 $35mm$, 골지름 $30mm$, 피치는 $50mm$인 1줄 나사이다. 나사부 마찰계수 $\mu = 0.1$, 나사 재질의 허용전단응력은 $50MPa$이다. 다음을 구하시오. (단, 칼라자리부의 조건은 무시한다.)

(1) 나사의 회전토크 $T [N \cdot mm]$
(2) 나사에 작용하는 최대전단응력 $\tau_{\max} [MPa]$
(3) 나사 재질의 전단강도에 따른 안전계수 S

해설

(1) $\mu' = \dfrac{\mu}{\cos\dfrac{\alpha}{2}} = \dfrac{0.1}{\cos\left(\dfrac{30°}{2}\right)} = 0.1035$

$\therefore T = Q\left(\dfrac{p + \mu'\pi d_e}{\pi d_e - \mu p}\right)\dfrac{d_e}{2} = 20\times 10^3 \times \left(\dfrac{50 + 0.1035\times\pi\times 35}{\pi\times 35 - 0.1035\times 50}\right)\times\dfrac{35}{2} = 205029.53 N\cdot mm$

$= 205.03 N\cdot m$

(2) $\sigma_t = \dfrac{Q}{A} = \dfrac{4Q}{\pi d_1} = \dfrac{4\times 20\times 10^3}{\pi\times 30^2} = 28.29 MPa$

$\tau = \dfrac{T}{Z_P} = \dfrac{16T}{\pi d_1^3} = \dfrac{16\times 205.03\times 10^3}{\pi\times 30^3} = 38.67 MPa$

$\therefore \tau_{\max} = \dfrac{1}{2}\sqrt{\sigma_t^2 + 4\tau^2} = \dfrac{1}{2}\sqrt{28.29^2 + 4\times 38.67^2} = 41.18 MPa$

(3) $S = \dfrac{\text{기준강도}}{\text{사용강도}} = \dfrac{\tau_a}{\tau_{\max}} = \dfrac{50}{41.18} = 1.21$ (기준강도 ≥ 사용강도 이므로 안전하다.)

03

M30(외경 30mm, 유효직경 27.27mm, 피치 3.5mm)나사의 효율은?
(단, 마찰계수는 0.15이다.)

해설

M30 나사 : 미터나사(=삼각나사), 외경 30mm를 의미한다.

$\tan\lambda = \dfrac{p}{\pi d_e} \;\Rightarrow\; \lambda = \tan^{-1}\left(\dfrac{3.5}{\pi\times 27.27}\right) = 2.34°$

$\mu' = \tan\rho' = \dfrac{\mu}{\cos\dfrac{\alpha}{2}} \;\Rightarrow\; \rho' = \tan^{-1}\left(\dfrac{0.15}{\cos\dfrac{60°}{2}}\right) = 9.83°$

$\therefore \eta = \dfrac{\tan\lambda}{\tan(\lambda + \rho')} = \dfrac{\tan 2.34°}{\tan(2.34° + 9.83°)} = 18.95\%$

04

유효지름 $63.5mm$, 피치 $3.17mm$의 사각 나사잭으로 $3ton$의 중량을 올리기 위해 렌치에 작용하는 힘 $400N$, 나사부의 마찰계수 0.1일 때 다음을 구하여라.

(1) 나사잭을 돌리는 토크 $[N \cdot mm]$
(2) 렌치의 길이 $[mm]$
(3) 렌치의 직경 $[mm]$ (단, 렌치의 굽힘응력은 $100MPa$이다.)

해설

(1) $T = Q\left(\dfrac{p + \mu\pi d_e}{\pi d_e - \mu p}\right)\dfrac{d_e}{2} = 3000 \times 9.8 \times \left(\dfrac{3.17 + 0.1 \times \pi \times 63.5}{\pi \times 63.5 - 0.1 \times 3.17}\right) \times \dfrac{63.5}{2} = 108350.1 N \cdot mm$

(2) $T = FL \Rightarrow \therefore L = \dfrac{T}{F} = \dfrac{108350.1}{400} = 270.88mm$

(3) $M(=T) = \sigma_b Z = \sigma_b \times \dfrac{\pi d^3}{32} \Rightarrow \therefore d = \sqrt[3]{\dfrac{32M(=T)}{\pi \sigma_b}} = \sqrt[3]{\dfrac{32 \times 108350.1}{\pi \times 100}} = 22.26mm$

05

바깥지름 $35mm$, 피치 $8mm$, 나사의 유효높이 $40mm$인 사각 나사에 $8kN$이 걸릴 때 다음을 구하시오.
(단, 너트의 마찰계수 0.1, 나사면의 마찰계수 0.15이고, 너트자리면 반지름 = 유효 반지름이라고 가정한다.)

(1) 나사의 유효지름 $[mm]$
(2) 나사를 푸는데 필요한 토크 $[N \cdot mm]$
(3) 나사를 조이는데 필요한 토크 $[N \cdot mm]$
(4) 나사의 효율 $[\%]$

해설

(1) $h = \dfrac{p}{2} = \dfrac{8}{2} = 4mm$

$d_e = \dfrac{d_2 + d_1}{2}, \ h = \dfrac{d_2 - d_1}{2} \Rightarrow d_e = d_2 - h = 35 - 4 = 31mm$

(2) $\tan\lambda = \dfrac{p}{\pi d_e}$ $\Rightarrow$ $\lambda = \tan^{-1}\dfrac{p}{\pi d_e} = \tan^{-1}\left(\dfrac{8}{\pi \times 31}\right) = 4.7°$

$\mu = \tan\rho$ $\Rightarrow$ $\rho = \tan^{-1}\mu = \tan^{-1}(0.15) = 8.531°$

나사를 푸는데 필요한 토크 $T = T_1 + T_2 = \mu_1 Q r_m + Q\tan(\rho-\lambda)\dfrac{d_e}{2}$ 에서,

$\therefore T = T_1 + T_2 = 0.1 \times 8000 \times \dfrac{31}{2} + 8000\tan(8.531-4.7)\dfrac{31}{2} = 20703.46 N \cdot mm$

(3) 나사를 조이는데 필요한 토크 $T = T_1 + T_2 = \mu_1 Q r_m + Q\tan(\lambda+\rho)\dfrac{d_e}{2}$ 에서,

$\therefore T = T_1 + T_2 = 0.1 \times 8000 \times \dfrac{31}{2} + 8000\tan(4.7+8.531)\dfrac{31}{2} = 41554.73 N \cdot mm$

(4) $\eta = \dfrac{pQ}{2\pi T} = \dfrac{8 \times 8000}{2\pi \times 41554.73} = 0.2451 = 24.51\%$

(효율에 들어가는 토크 값은 나사를 풀 때 토크와 죌 때 토크를 비교하여 큰 값을 넣습니다.)

06

외경 $50mm$인 1줄 나사의 사각나사잭이 2.5회전을 하여 $25mm$를 전진할 때 다음을 구하시오. (단, 마찰계수 0.15, 너트의 유효직경은 $0.76 \times$ 외경 이다.)

(1) $200mm$의 길이를 가진 스패너를 $50N$의 힘으로 돌릴 때 들어 올릴 수 있는 하중 $[N]$
(2) 나사의 효율 $[\%]$

해설

(1) 나사잭이 2.5회전을 하여 $25mm$를 전진시킨다. $\Rightarrow \ell = \dfrac{25}{2.5} = 10mm$

$\ell = np$ $\Rightarrow$ $p = \dfrac{\ell}{n} = \dfrac{10}{1} = 10mm$, $d_e = 0.76 d_2 = 0.76 \times 50 = 38mm$

$T = FL = Q\left(\dfrac{p + \mu\pi d_e}{\pi d_e - \mu p}\right)\dfrac{d_e}{2}$ 에서,

$\therefore Q = \dfrac{FL}{\left(\dfrac{p+\mu\pi d_e}{\pi d_e - \mu p}\right)\dfrac{d_e}{2}} = \dfrac{50 \times 200}{\left(\dfrac{10 + 0.15\pi \times 38}{\pi \times 38 - 0.15 \times 10}\right) \times \dfrac{38}{2}} = 2223.18 N$

(2) $\eta = \dfrac{pQ}{2\pi T} = \dfrac{pQ}{2\pi \times FL} = \dfrac{10 \times 2223.18}{2\pi \times 50 \times 200} = 0.3538 = 35.38\%$

07

피치가 $3mm$, 마찰계수가 0.12인 $M24$(유효지름 : $d_e = 22.05mm$) 1줄 나사가 있다. 다음을 구하시오.

(1) 나사의 효율 $[\%]$
(2) 나사의 자립조건 검토

> **해설**

(1) $\tan\lambda = \dfrac{\ell}{\pi d_e} = \dfrac{np}{\pi d_e} \Rightarrow \lambda = \tan^{-1}\left(\dfrac{1 \times 3}{\pi \times 22.05}\right) = 2.48°$

$\mu' = \tan\rho' = \dfrac{\mu}{\cos\dfrac{\alpha}{2}} \Rightarrow \rho' = \tan^{-1}\left(\dfrac{\mu}{\cos\dfrac{\alpha}{2}}\right) = \tan^{-1}\left(\dfrac{0.12}{\cos\dfrac{60°}{2}}\right) = 7.89°$

$\therefore \eta = \dfrac{\tan\lambda}{\tan(\lambda + \rho')} = \dfrac{\tan 2.48°}{\tan(2.48° + 7.89°)} = 0.2367 = 23.67\%$

(2) 자립상태를 유지하기 위한 조건은 $\rho' \geq \lambda$이다.
$\rho'(=7.89°) \geq \lambda(=2.48°)$이므로 $\therefore$ 자립조건을 만족한다.

08

유효경 $51mm$, 피치 $8mm$인 미터사다리꼴(Tr) 나사잭의 줄수 1, 축하중 $6000N$이 작용한다. 너트부 마찰계수는 0.15, 자립면 마찰계수는 0.01, 자립면 평균지름은 $64mm$일 때 다음을 구하시오.

(1) 회전토크 $[N \cdot m]$
(2) 나사잭의 효율 $[\%]$
(3) 전달 동력 $[kW]$ (단, 축 하중을 들어 올리는 속도가 $0.6m/\min$이다.)

> **해설**

(1) $\mu' = \dfrac{\mu}{\cos\dfrac{\alpha}{2}} = \dfrac{0.15}{\cos\dfrac{30°}{2}} = 0.1553$

$\therefore T = T_1 + T_2 = \mu_1 Q r_m + Q\left(\dfrac{p + \mu'\pi d_e}{\pi d_e - \mu' p}\right)\dfrac{d_e}{2} = 0.01 \times 6000 \times 32 + 6000 \times \left(\dfrac{8 + 0.1553 \times \pi \times 51}{\pi \times 51 - 0.1553 \times 8}\right) \times \dfrac{51}{2}$
$= 33565.73 N \cdot mm = 33.57 N \cdot m$

(2) $\eta = \dfrac{pQ}{2\pi T} = \dfrac{8 \times 6000}{2\pi \times 33.57 \times 10^3} = 0.2276 = 22.76\%$

(3) $H = \dfrac{Qv}{\eta} = \dfrac{6000 \times 10^{-3} \times \dfrac{0.6}{60}}{0.2276} = 0.26 kW$

09

$3000kg_f$의 하중을 지탱할 수 있는 유효지름 $41mm$, 피치 $8mm$인 미터계 사다리꼴 나사잭이 있다. 나사의 유효마찰계수 0.12, 칼라부 마찰계수 0.01, 칼라부 반경 $35mm$일 때 다음을 구하시오.

(1) 나사에 작용하는 회전토크$[N \cdot m]$
(2) 나사잭의 효율$[\%]$
(3) 너트부의 유효높이$[mm]$ (단, 나사면 허용압력은 $9.8MPa$, 나사산 높이는 $3.5mm$이다.)
(4) 나사의 소요동력$[kW]$ (단, 물체의 운동속도는 $3m/\min$이다.)

해설

(1) $T = T_1 + T_2 = \mu_1 Q r_m + Q\left(\dfrac{p + \mu'\pi d_e}{\pi d_e - \mu' p}\right)\dfrac{d_e}{2}$

$= 0.01 \times 3000 \times 9.8 \times 35 + 3000 \times 9.8 \times \left(\dfrac{8 + 0.12 \times \pi \times 41}{\pi \times 41 - 0.12 \times 8}\right)\dfrac{41}{2}$

$= 120871.42 N \cdot mm = 120.87 N \cdot m$

(2) $\eta = \dfrac{pQ}{2\pi T} = \dfrac{8 \times 3000 \times 9.8}{2 \times \pi \times 120.87 \times 10^3} = 0.3097 = 30.97\%$

(3) $H = \dfrac{pQ}{\pi d_e h q_a} = \dfrac{8 \times 3000 \times 9.8}{\pi \times 41 \times 3.5 \times 9.8} = 53.24mm$

(4) $H' = \dfrac{Qv}{\eta} = \dfrac{3000 \times 9.8 \times 10^{-3} \times \dfrac{3}{60}}{0.3097} = 4.75kW$

10

그림과 같은 나사잭에서 $TM32$, 피치 $8mm$, 유효지름 $32mm$, 수직하중 $Q = 40kN$, 레버를 돌리는 힘 $F = 300N$, 마찰계수 $\mu = 0.15$일 때 다음을 구하시오.

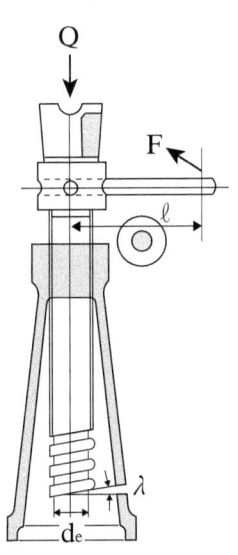

(1) 리드각 [°]
(2) 토크 T는 몇 $N \cdot mm$인가?

  (단, 칼라부의 평균반경 $r_m = \dfrac{d_2}{2}$, 칼라부의 마찰계수 $\mu_1 = \mu$라고 가정한다.)

(3) 레버의 길이 ℓ은 몇 mm인가?

해설

(1) TM32 나사 : 사다리꼴나사, 외경 $32mm$를 의미한다.
$$\lambda = \tan^{-1}\frac{p}{\pi d_e} = \tan^{-1}\left(\frac{8}{\pi \times 32}\right) = 4.55°$$

(2) $\mu' = \dfrac{\mu}{\cos\dfrac{\alpha}{2}} = \dfrac{0.15}{\cos\dfrac{30°}{2}} = 0.1553$

$$\therefore T = T_1 + T_2 = \mu_1 Q r_m + Q\left(\frac{p + \mu'\pi d_e}{\pi d_e - \mu'p}\right)\frac{d_e}{2}$$
$$= 0.15 \times 40 \times 10^3 \times \frac{32}{2} + 40 \times 10^3 \times \left(\frac{8 + 0.1553\pi \times 32}{\pi \times 32 - 0.1553 \times 8}\right) \times \frac{32}{2}$$
$$= 248202.56 N \cdot mm$$

(3) $T = F\ell \Rightarrow \ell = \dfrac{T}{F} = \dfrac{248202.56}{300} = 827.35mm$

11

중량 $6000N$의 하중이 걸린 아이 볼트가 있다. 볼트의 허용인장응력은 $70MPa$, 너트부 접촉면의 허용접촉압력은 $25MPa$일 때 다음을 구하시오.

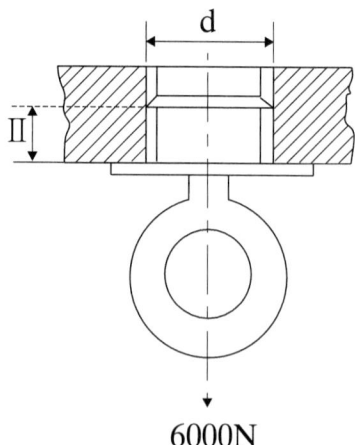

(1) 인장력만 작용한다고 가정하면 아이 볼트의 호칭지름(d)을 표에서 결정하시오.

볼트의 호칭	피치[mm]	골지름[mm]	바깥지름[mm]
M10	1.5	8.376	10
M12	1.75	10106	12
M14	2	11835	14
M16	2	13.835	16
M18	2.5	15.294	18

(2) 너트부의 유효 높이 [mm]

해설

(1) $d_1 = \sqrt{\dfrac{4Q}{\pi\sigma_a}} = \sqrt{\dfrac{4 \times 6000}{\pi \times 70}} = 10.45mm$ 이므로

표를 보고 골지름(d_1)=10.45mm보다 더 큰 값을 채택하면 $d_1 = 11.835mm$이다.

즉, 볼트의 호칭 M14를 채택하면 된다.

(2) $H = Zp = \dfrac{pQ}{\dfrac{\pi}{4}(d_2^2 - d_1^2)q_a} = \dfrac{2 \times 6000}{\dfrac{\pi}{4}(14^2 - 11.835^2) \times 25} = 10.93mm$

12

외경 $32mm$, 내경 $28mm$이고 피치 $4mm$인 사각나사잭으로 $15kN$ 하중을 올리려 할 때 다음을 구하시오.

(1) 레버의 길이 [mm] (단, 레버 끝에 힘 $300N$을 작용시키고, 나사부의 마찰계수는 0.12이다.)
(2) 너트의 유효높이 [mm] (단, 나사부의 허용 면압력이 $25MPa$이다.)

해설

(1) 일단, 유효직경 $d_e = \dfrac{d_1 + d_2}{2} = \dfrac{32 + 28}{2} = 30mm$

$T = FL = Q\left(\dfrac{p + \mu\pi d_e}{\pi d_e - \mu p}\right)\dfrac{d_e}{2}$ 에서,

$\therefore L = \dfrac{Q\left(\dfrac{p + \mu\pi d_e}{\pi d_e - \mu p}\right)\dfrac{d_e}{2}}{F} = \dfrac{15 \times 10^3 \times \left(\dfrac{4 + 0.12\pi \times 30}{\pi \times 30 - 0.12 \times 4}\right) \times \dfrac{30}{2}}{300} = 122.45mm$

(2) $H = \dfrac{pQ}{\dfrac{\pi}{4}(d_2^2 - d_1^2)q_a} = \dfrac{4 \times 15 \times 10^3}{\dfrac{\pi}{4}(32^2 - 28^2) \times 25} = 12.73mm$

13

$50ton$의 하중을 지탱하는 사각나사 프레스에서 나사 바깥지름 $120mm$, 골지름 $80mm$, 피치가 $18mm$일 때 다음을 구하시오.
(단, 너트 재료 허용 접촉면 압력은 $20MPa$이다.)

(1) 필요한 최소 나사산의 수 $[개]$
(2) 너트의 유효높이 $[mm]$

해설

(1) $q = \dfrac{Q}{\dfrac{\pi}{4}(d_2^2 - d_1^2)Z} \leq q_a$

$\Rightarrow Z \geq \dfrac{Q}{\dfrac{\pi}{4}(d_2^2 - d_1^2)q_a} \geq \dfrac{50 \times 10^3 \times 9.8}{\dfrac{\pi}{4}(120^2 - 80^2) \times 20} \geq 3.9개$

$\therefore Z = 4개$

(2) $H = pZ = 18 \times 4 = 72mm$

14

$TM50$(피치 : $8mm$, 바깥지름 : $50mm$, 유효지름 $46mm$, 골지름 $41.5mm$)나사잭이 $40kN$의 무게를 $0.4m/\min$의 속도로 들어 올릴 때 다음을 구하시오.
(단, 나사 허용압축응력은 $35MPa$이며, 나사부의 유효마찰계수 0.1863, 칼라부의 마찰계수 0.02, 칼라부의 평균직경 $60mm$이다.)

(1) 들어 올리는데 필요한 회전 모멘트 $[N \cdot mm]$
(2) 잭의 효율 $[\%]$
(3) 나사를 들어 올리는데 필요한 동력 $[kW]$
(4) 너트의 높이 $[mm]$ (단, 허용 접촉 압력 $6MPa$, 나사산의 높이 $4mm$라고 가정한다.)

해설

(1) $TM50$ 나사 : 사다리꼴나사, 외경 $50mm$를 의미한다.

$T = T_1 + T_2 = \mu_1 Q r_m + Q\left(\dfrac{p + \mu' \pi d_e}{\pi d_e - \mu' p}\right)\dfrac{d_e}{2}$

$= 0.02 \times 40 \times 10^3 \times 30 + 40 \times 10^3 \times \left(\dfrac{8 + 0.1863\pi \times 46}{\pi \times 46 - 0.1863 \times 8}\right) \times \dfrac{46}{2} = 248642.37 N \cdot mm$

(2) $\eta = \dfrac{pQ}{2\pi T} = \dfrac{8 \times 40 \times 10^3}{2\pi \times 248642.37} = 0.2048 = 20.48\%$

(3) $H' = \dfrac{Qv}{\eta} = \dfrac{40 \times \dfrac{0.4}{60}}{0.2048} = 1.3 kW$

(4) $H = \dfrac{pQ}{\pi d_e h q_a} = \dfrac{8 \times 40 \times 10^3}{\pi \times 46 \times 4 \times 6} = 92.26 mm$

15

바깥지름 $36mm$, 골지름 $32mm$, 피치 $4mm$인 한 줄 사각나사의 연강제 나사봉을 갖는 나사잭으로 $19.6kN$의 하중을 올리려고 한다. 나사산의 마찰계수는 0.1, 접촉허용면압력이 $19.6MPa$일 때 다음을 구하시오.

(1) 최대 주응력 $[MPa]$
(2) 너트의 높이 $[mm]$

해설

(1) $\sigma_t = \dfrac{Q}{A} = \dfrac{4Q}{\pi d_1^2} = \dfrac{4 \times 19.6 \times 10^3}{\pi \times 32^2} = 24.37 MPa$

$d_e = \dfrac{d_2 + d_1}{2} = \dfrac{36 + 32}{2} = 34 mm$

$T = Q\left(\dfrac{p + \mu \pi d_e}{\pi d_e - \mu p}\right)\dfrac{d_e}{2} = 19.6 \times 10^3 \times \left(\dfrac{4 + 0.1\pi \times 34}{\pi \times 34 - 0.1 \times 4}\right) \times \dfrac{34}{2} = 45969.9 N \cdot mm$

$T = \tau Z_P \Rightarrow \tau = \dfrac{T}{Z_P} = \dfrac{16T}{\pi d_1^3} = \dfrac{16 \times 45969.9}{\pi \times 32^3} = 7.14 MPa$

$\therefore \sigma_{\max} = \dfrac{1}{2}\sigma_t + \dfrac{1}{2}\sqrt{\sigma_t^2 + 4\tau^2}$

$= \dfrac{1}{2} \times 24.37 + \dfrac{1}{2}\sqrt{24.37^2 + 4 \times 7.14^2} = 26.31 MPa$

(2) $H = \dfrac{pQ}{\dfrac{\pi}{4}(d_2^2 - d_1^2)q_a} = \dfrac{4 \times 19.6 \times 10^3}{\dfrac{\pi}{4}(36^2 - 32^2) \times 19.6} = 18.72 mm$

16

그림과 같은 나사잭에서 최대작용하중 $50kN$ 이 작용하고 최대 양정이 $200mm$일 때 다음을 구하시오.

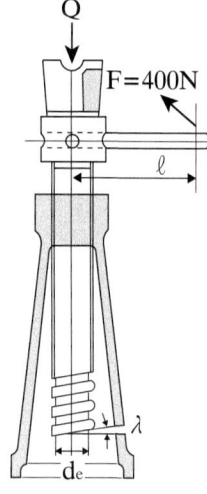

나사호칭	피치(p)	외경(d_2)	유효직경(d_e)	내경(d_1)
TM36	6	36.0	33.0	29.5
TM38	6	38.0	35.0	32.0
TM40	7	40.0	36.5	33.5
TM42	7	42.0	38.5	35.0
TM44	7	44.0	40.5	36.0
TM45	8	45.0	41.0	36.5
TM46	8	46.0	42.0	38.0
TM48	8	48.0	44.0	40.0
TM50	8	50.0	46.0	41.5
TM55	8	55.0	51.0	46.5

단위 : $[mm]$

(1) 압축강도에 의한 수나사의 직경을 계산하여 위의 표에서 나사의 호칭을 결정하시오.
 (단, 허용압축응력 $\sigma_c = 50MPa$이다.)

(2) 하중 Q를 들어 올리기 위한 회전모멘트 $[N \cdot mm]$
 (단, 나사의 마찰계수 0.15, 칼라자리부의 마찰계수 0.01, 칼라평균직경 $60mm$이다.)

(3) (1)에서 결정한 나사에 발생하는 최대전단응력(합성응력) $[MPa]$

(4) 마찰과 받침대를 고려한 나사의 효율 $[\%]$

(5) 나사산의 허용접촉압력이 $15MPa$일 때 암나사부의 길이 $[mm]$

(6) 핸들의 허용굽힘응력이 $130MPa$일 때 나사를 돌리는

 ① 직경 $[mm]$
 ② 핸들의 길이 $[mm]$

(7) 나사를 들어 올리는 속도가 $0.6m/min$일 때 소요동력 $[kW]$

해설

(1) $d_1 = \sqrt{\dfrac{4Q}{\pi\sigma_c}} = \sqrt{\dfrac{4 \times 50 \times 10^3}{\pi \times 50}} = 35.68mm$ ⇒ ∴ TM 44선정
 (구한 내경 값보다 크면서 근사한 값을 선정한다.)

(2) $\mu' = \dfrac{\mu}{\cos\dfrac{a}{2}} = \dfrac{0.15}{\cos\dfrac{30°}{2}} = 0.1553$

$T = T_1 + T_2$
$= \mu_1 Q r_m + Q\left(\dfrac{p + \mu'\pi d_e}{\pi d_e - \mu' p}\right)\dfrac{d_e}{2} = 0.01 \times 50 \times 10^3 \times 30 + 50 \times 10^3 \times \left(\dfrac{7 + 0.1553 \times \pi \times 40.5}{\pi \times 40.5 - 0.1553 \times 7}\right) \times \dfrac{40.5}{2}$
$= 229780.58 N \cdot mm$

(3) $\sigma_c = \dfrac{4Q}{\pi d_1^2} = \dfrac{4 \times 50 \times 10^3}{\pi \times 36^2} = 49.12 MPa$

$T_2 = Q\left(\dfrac{p + \mu'\pi d_e}{\pi d_e - \mu' p}\right)\dfrac{d_e}{2} = 50 \times 10^3 \times \left(\dfrac{7 + 0.1553 \times \pi \times 40.5}{\pi \times 40.5 - 0.1553 \times 7}\right) \times \dfrac{40.5}{2} = 214780.58 N \cdot mm$

$\tau = \dfrac{16 T_2}{\pi d_1^3} = \dfrac{16 \times 214780.58}{\pi \times 36^3} = 23.45 MPa$

$\therefore \tau_{max} = \dfrac{1}{2}\sqrt{\sigma_c^2 + 4\tau^2} = \dfrac{1}{2}\sqrt{49.12^2 + 4 \times 23.45^2} = 33.96 MPa$

(4) $\eta = \dfrac{pQ}{2\pi T} = \dfrac{7 \times 50 \times 10^3}{2\pi \times 229780.58} = 0.2424 = 24.24\%$

(5) $H = \dfrac{pQ}{\dfrac{\pi}{4}(d_2^2 - d_1^2)q_a} = \dfrac{7 \times 50 \times 10^3}{\dfrac{\pi}{4}(44^2 - 36^2) \times 15} = 46.42 mm$

(6) ① $T = M = \sigma_b Z = \sigma_b \times \dfrac{\pi d^3}{32} \Rightarrow \therefore d = \sqrt[3]{\dfrac{32M}{\pi \sigma_b}} = \sqrt[3]{\dfrac{32 \times 229780.58}{\pi \times 130}} = 26.21 mm$

② $T = F\ell \Rightarrow \therefore \ell = \dfrac{T}{F} = \dfrac{229780.58}{400} = 574.45 mm$

(7) $H = \dfrac{Qv}{\eta} = \dfrac{50 \times \dfrac{0.6}{60}}{0.2424} = 2.06 kW$

17

플랜지 커버가 볼트 8개에 의해 체결되어 있고, 볼트의 초기인장력은 $10kN$이며 $0~20kN$의 범위에서 추가하중이 주기적으로 변동한다. 볼트의 스프링 상수 $k_b = 2.5$, 모재의 스프링 상수 $k_m = 1$일 때 다음을 구하시오.

(1) 볼트에 발생하는 최대 인장력 $[kN]$
(2) 볼트의 최소 내경 $[mm]$ (단, 볼트의 허용인장응력이 $30MPa$이다.)

해설

(1) $P_b = P_0 + P_{max}\left(\dfrac{k_b}{k_b + k_m}\right) = 10 + 20\left(\dfrac{2.5}{2.5 + 1}\right) = 24.29 kN$

(2) $d_1 = \sqrt{\dfrac{4P_b}{\pi \sigma_a n}} = \sqrt{\dfrac{4 \times 24.29 \times 10^3}{\pi \times 30 \times 8}} = 11.35 mm$

18

두 개의 판을 겹치고 볼트로 체결할 때 너트부에 발생한 비틀림 모멘트는 $22N \cdot m$이다. 그리고 $4kN$의 인장하중이 작용하고 있을 때 다음을 구하여라.
(단, 볼트의 지름은 $15mm$이고, 볼트의 스프링 상수는 1.1×10^9이고 모재의 스프링 상수는 8.8×10^9이며 죌 때 비틀림 모멘트 $T = 0.2P_i \times d$를 만족하고 단위는 초기하중 P_i는 kN, d는 mm T는 $N \cdot m$이다.)

(1) 초기 하중 $[kN]$
(2) 볼트에 작용하는 하중 $[kN]$
(3) 모재에 작용하는 하중 $[kN]$

해설

(1) $P_i = \dfrac{T}{0.2d} = \dfrac{22}{0.2 \times 0.015} = 7333.33N = 7.33kN$

(2) $P_b = P_i + P\left(\dfrac{k_b}{k_b + k_m}\right) = 7.33 + 4 \times \left(\dfrac{1.1 \times 10^9}{1.1 \times 10^9 + 8.8 \times 10^9}\right) = 7.77kN$

(3) $P_m = P_b - P = 7.77 - 4 = 3.77kN$

19

그림과 같은 브래킷을 $M20$ 볼트 3개로 고정시킬 때 볼트 1개당 단면적은 $A = 185.7mm^2$일 때 다음을 구하시오.
(단, 브래킷은 강체이고 A점 중심회전으로 가정한다.)

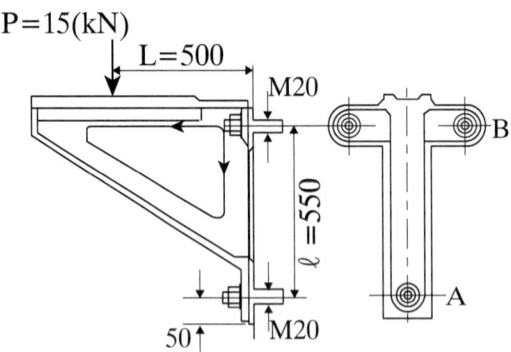

(1) 1개의 볼트에 생기는 인장응력 $[MPa]$
(2) 1개의 볼트에 생기는 전단응력 $[MPa]$
(3) 1개의 볼트에 생기는 최대 주응력 $[MPa]$

해설

(1) 제일 아래 저점을 기준으로 모멘트에 의한 인장력은,
① $15 \times 10^3 \times 500 = R_A \times 50 + R_B \times 600 \times 2$

그리고 제일 아래 저점을 기준으로 힘의 길이에 대한 비례식을 세워보면,
② $R_A : R_B = 50 : 600 \Rightarrow R_B = \dfrac{600}{50} R_A = 12 R_A$

② → ①식에 대입하면,
$15 \times 10^3 \times 500 = R_A \times 50 + 12 R_A \times 600 \times 2$
$\therefore R_A = 519.03 N$

$R_B = 12 R_A = 12 \times 519.03 = 6228.36 N$

안전을 고려하여, 큰 힘을 채택한다.

$\therefore \sigma_t = \dfrac{R_B}{A} = \dfrac{6228.36}{185.7} = 33.54 MPa$

(2) 전단하중 $Q = \dfrac{P}{n} = \dfrac{15 \times 10^3}{3} = 5000 N$

$\therefore \tau = \dfrac{Q}{A} = \dfrac{5000}{185.7} = 26.93 MPa$

(3) $\sigma_{\max} = \dfrac{1}{2}\sigma_t + \dfrac{1}{2}\sqrt{\sigma_t^2 + 4\tau^2} = \dfrac{1}{2} \times 33.54 + \dfrac{1}{2}\sqrt{33.54^2 + 4 \times 26.93^2} = 48.49 MPa$

20

다음 그림과 같이 $M20$ 나사(골지름 : $d_1 = 17.29mm$)로 지지하고 있는 브래킷을 벽에 고정하려 한다. 볼트의 허용인장응력이 $50MPa$, 허용전단응력이 $30MPa$, $L : \ell = 0.86 : 1$ 일 때 다음을 구하시오.

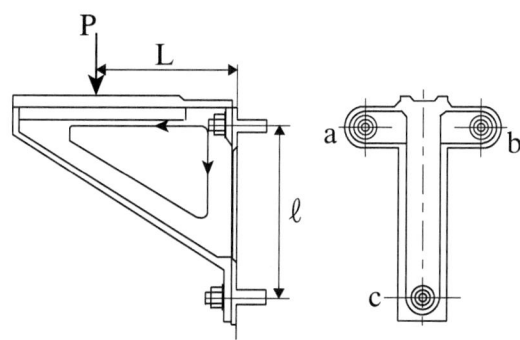

(1) 하중에 의한 직접 전단하중 (단, 함수로 나타내시오.)
(2) 볼트에 걸리는 최대 인장하중 (단, 함수로 나타내시오.)
(3) 최대 전단응력과 최대 인장응력 $[MPa]$

해설

(1) $Q = \dfrac{P}{n} = \dfrac{P}{3} = 0.33P$

(2) 저점(c점)을 기준으로 모멘트를 세워보면,
$PL = W\ell n \Rightarrow \therefore W = \dfrac{PL}{\ell n} = \dfrac{P}{2} \times \dfrac{0.86}{1} = 0.43P$
(단, 저점(c점)을 기준으로 하여 c점에 있는 볼트는 모멘트에서 제외된다. $n = 2$)

(3) ① $\tau_{max} = \dfrac{1}{2}\sqrt{\sigma_t^2 + 4\tau^2} = \dfrac{1}{2} \times \sqrt{50^2 + 4 \times 30^2} = 39.05 MPa$

② $\sigma_{max} = \dfrac{1}{2}\sigma_t + \dfrac{1}{2}\sqrt{\sigma_t^2 + 4\tau^2} = \dfrac{1}{2} \times 50 + \dfrac{1}{2} \times \sqrt{50^2 + 4 \times 30^2} = 64.05 MPa$

Memo

02

키, 스플라인, 핀, 코터

2-1. 키(Key)

2-2. 스플라인(Spline)

2-3. 핀(Pin)

2-4. 코터(Cotter)

Chapter 2

키, 스플라인, 핀, 코터

2-1 키(Key)

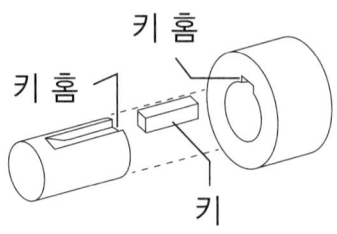

▎키의 체결

키(Key)란, 축과 보스(마찰차, 풀리, 기어, 스프로킷, 플라이휠 등)를 결합하여 회전 토크를 전하는 결합용 기계요소이다.

(1) 접선력과 전달토크

① 전달 토크(T) [$N \cdot mm$]

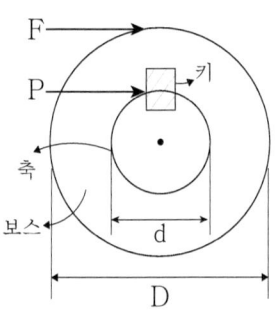

▎키에 전달되는 토크

여기서,
P : 키에 작용하는 접선력 [N]
τ_s : 축의 허용비틀림응력 [N/mm^2]
Z_P : 축의 극단면계수 [m^3]
F : 보스에 작용하는 접선력 [N]
d : 축 지름 [mm]
D : 보스의 지름 [mm]

동일 축상의 회전이므로,

$$T = P \times \frac{d}{2} = F \times \frac{D}{2} = \tau_s Z_P = \tau_s \times \frac{\pi d^3}{16}$$

② 키의 호칭

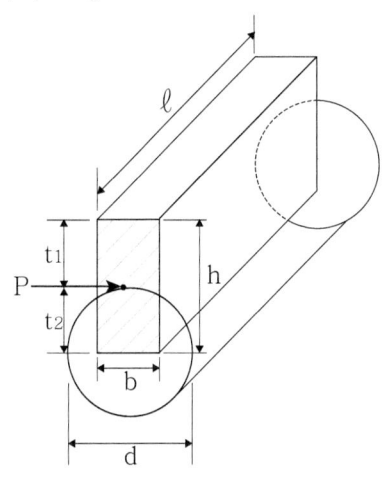

여기서,
b : 키의 폭 $[mm]$
h : 키의 총 높이 $[mm]$
ℓ : 키의 길이 $[mm]$
t_1 : 축에서의 키 홈 높이 $[mm]$
t_2 : 보스에서의 키 홈 높이 $[mm]$

키의 호칭은 $(b \times h \times \ell)$ 로 나타낸다.   ex) (10×12×80)

(2) 키의 강도 계산

① 키에 작용하는 전단응력(τ_k) $[N/mm^2]$

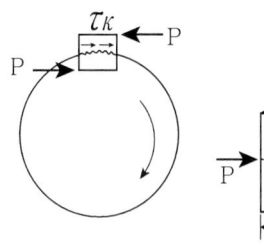 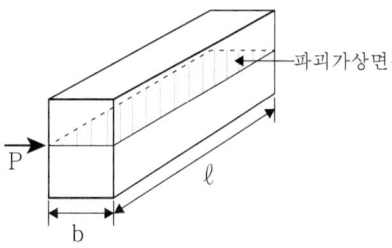

$$\tau_k = \frac{P}{A} = \frac{P}{b\ell} = \frac{2T}{b\ell d}$$

$$\therefore \tau_k = \frac{2T}{b\ell d}$$

② 키에 작용하는 압축응력(=면압력, σ_c) $[N/mm^2]$

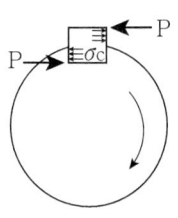 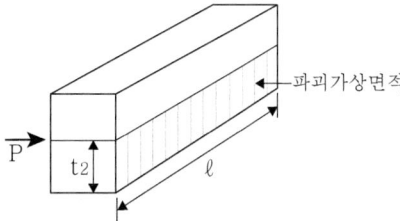

$$\sigma_c = \frac{P}{A} = \frac{P}{t_2 \ell} = \frac{2T}{t_2 \ell d}$$

만약 t_2보다 t_1이 작을 때 t_2자리에 t_1을 대입하면

$$\sigma_c = \frac{2T}{t_1 \ell d}$$

만약 아무런 설명이 없을 경우 $t_1 = t_2$로 가정하므로

$$h = t_1 + t_2 = 2t \quad \therefore t = \frac{h}{2}$$

$$\therefore \sigma_c = \frac{4T}{h \ell d}$$

✔ 키(key) 문제 중에 안전을 고려하여 ℓ 값을 선정하는 문제가 자주 출제됩니다. 이런 유형의 문제에서는 키에 작용하는 전단응력 공식으로 ℓ_1을 구하고 키에 작용하는 압축응력(=면압력) 공식으로 ℓ_2를 구한 후에, 둘 중 큰 **값**을 선정하면 됩니다.

2-2 스플라인(Spline)

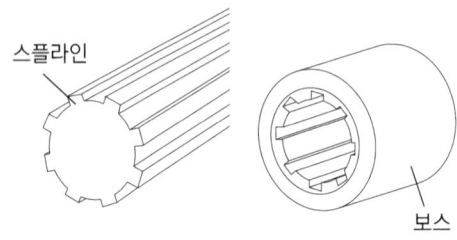

키와 마찬가지로 회전토크를 전달하는 동시에 축 방향으로 이동할 수 있고 토크를 여러 개의 키로 분담하게 되므로 키보다 큰 토크를 전달할 수 있으며 내구성이 좋은 결합용 기계요소이다.

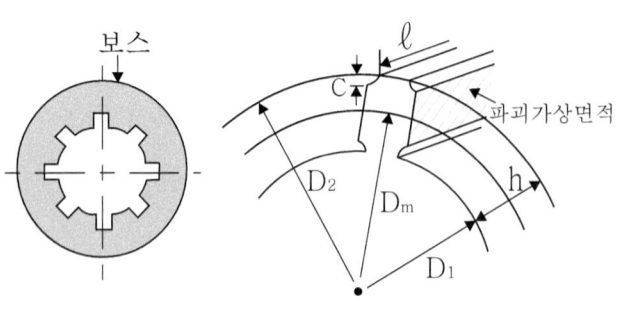

┃ 스플라인의 역학

여기서,
D_2 : 외경 $[mm]$
D_1 : 내경 $[mm]$
D_m : 평균지름 $[mm]$
ℓ : 스플라인 길이 $[mm]$
h : 이 높이 $[mm]$
c : 모따기 깊이 $[mm]$

(1) 스플라인의 전달 토크(T) [$N \cdot mm$]

전달 토크는 $T = $ 힘$\times$거리 $=$ 면적$\times$접촉면압력$\times$거리이다. 따라서

$$T = (h-2c)\ell \times q_a \times \frac{D_m}{2} \times Z \times \eta$$

여기서,
Z : 잇수 [mm]
q_a : 접촉면압력 [N/mm^2]
η : 접촉효율 ($\eta = 0.75$)

(2) 스플라인의 전달 토크 응용

여기서 모따기(c)를 무시하면 $c = 0$ 이므로 다음과 같다.

$$T = h\ell q_a \frac{D_m}{2} Z\eta$$

또한 $h = \dfrac{D_2 - D_1}{2}$, $D_m = \dfrac{D_1 + D_2}{2}$ 이므로 다음과 같다.

$$T = \left(\frac{D_2 - D_1}{2}\right)\ell\, q_a \left(\frac{D_2 + D_1}{4}\right)Z\eta$$

✔ 스플라인은 효율(η)이 주어지지 않아도 일반적인 효율(η)이 75%이기 때문에 문제에 효율(η)이 주어진다면 당연히 그 효율값을 대입하여 풀고, 문제에 주어지지 않았다면 $\eta = 0.75$로 두고 계산하면 됩니다.

✔ 스플라인의 호칭은 작은지름(=내경)이 결정합니다.

2-3 핀(Pin)

핀(Pin)은 하중이 비교적 적게 걸리는 곳을 체결할 때 사용하는 결합용 기계요소이다.

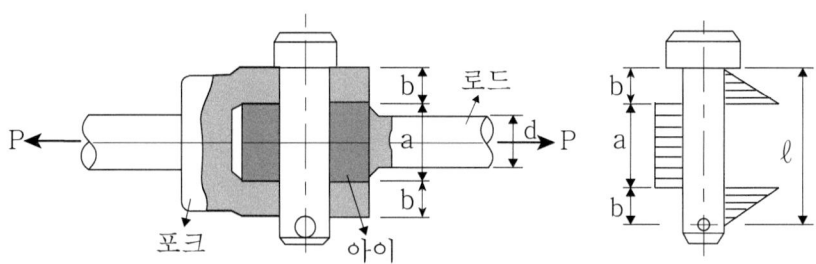

│ 핀의 각 부 명칭 및 응력 프리즘

(1) 핀의 접촉면압(q_o) [N/mm^2]

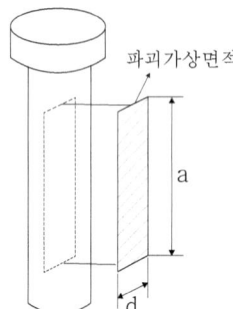

핀이 압축을 받는 파괴가상면적을 고려하면

$$q_o = \frac{P}{A} = \frac{P}{da}$$

(2) 핀의 전단응력(τ_p) [N/mm^2]

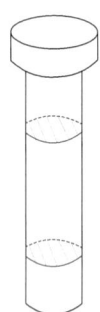

핀의 전단은 두 곳에서 일어나므로

$$\tau_p = \frac{P}{2A} = \frac{P}{2 \times \frac{\pi}{4}d^2}$$

(3) 핀의 굽힘응력(σ_b) $[N/mm^2]$

① 각 지점 거리가 주어지지 않는 경우

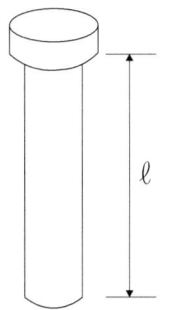

양단고정으로 생각하면 최대굽힘모멘트는

$$M_{\max} = \frac{P\ell}{8} = \sigma_b \times \frac{\pi d^3}{32}$$

$$\therefore \sigma_b = \frac{4P\ell}{\pi d^3}$$

② 각 지점 거리가 주어지는 경우

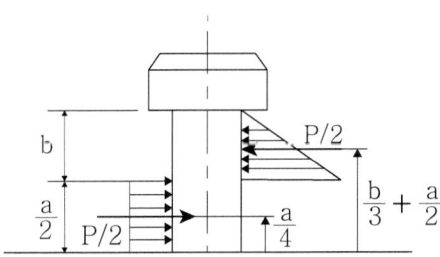

각 위치에서의 최대굽힘모멘트는

$$M_{\max} = \frac{P}{2}\left(\frac{b}{3} + \frac{a}{2}\right) - \frac{P}{2}\left(\frac{a}{4}\right) = \frac{P}{2}\left(\frac{a}{4} + \frac{b}{3}\right)$$

$$M_{\max} = \frac{P}{24}(3a + 4b)$$

(4) 아이부 절개(σ_I) [N/mm^2]

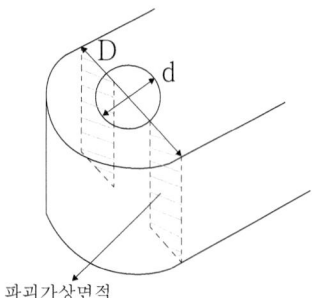
파괴가상면적

아이부의 파괴가상면적은 그림과 같으므로

$$\sigma_I = \frac{P}{A} = \frac{P}{(D-d)a}$$

(5) 포크부 절개(σ_F) [N/mm^2]

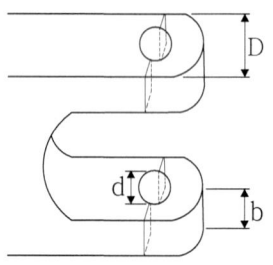

포크부의 파괴가상면적은 그림과 같으므로

$$\sigma_F = \frac{P}{A} = \frac{P}{(D-d)2b}$$

2-4 코터(Cotter)

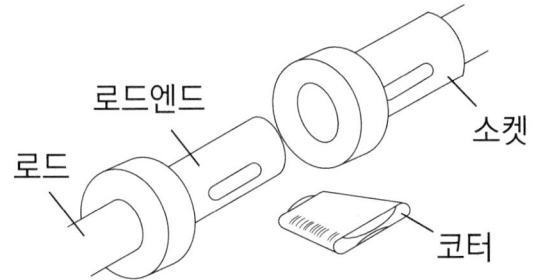

한쪽 또는 양쪽의 기울기를 가진 쐐기형 평판으로 키와 스플라인은 축의 회전방향으로 부품을 결합하는데 비해, 코터는 두 축을 축방향으로 연결하고, 필요에 따라 해체할 수 있는 방식으로 사용되는 결합용 기계요소이다.

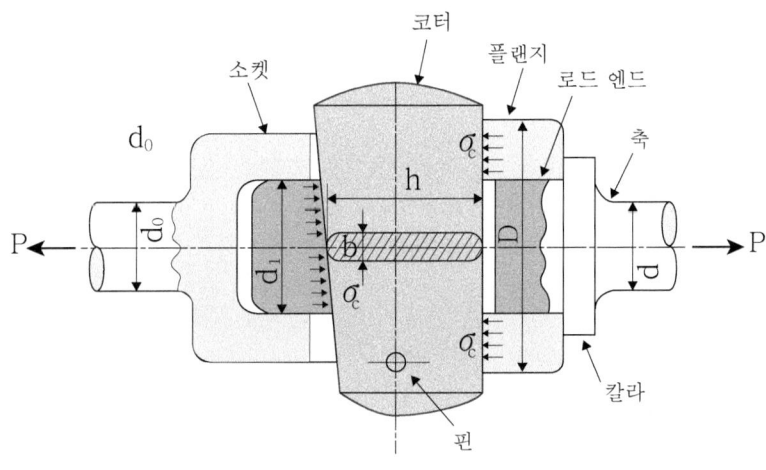

┃코터의 각 부 명칭

(1) 코터의 전단응력(τ) $[N/mm^2]$

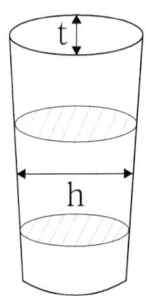

코터는 두 곳에서 전단이 일어나므로

$$\tau = \frac{P}{A} = \frac{P}{2th}$$

(2) 코터의 굽힘응력(σ_b) $[N/mm^2]$

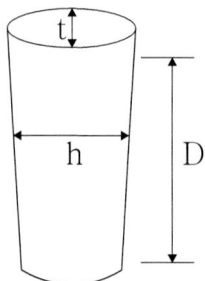

양단고정으로 생각하면 최대굽힘모멘트는

$$M_{\max} = \frac{PD}{8} = \sigma_b \times \frac{th^2}{6}$$

$$\therefore \sigma_b = \frac{3PD}{4th^2}$$

(3) 로드엔드의 인장응력(σ_a) $[N/mm^2]$

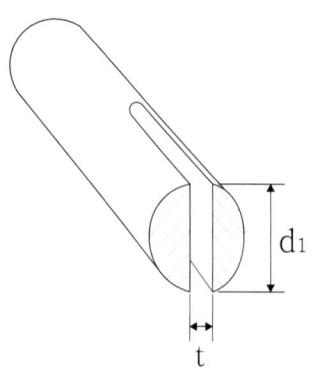

로드엔드의 파괴가상면적은 그림과 같으므로

$$\sigma_a = \frac{P}{A} = \frac{P}{\dfrac{\pi d_1^2}{4} - td_1}$$

(4) 로드의 인장응력(σ_t) $[N/mm^2]$

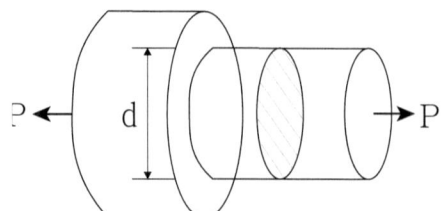

로드의 파괴가상면적은 그림과 같으므로

$$\sigma_t = \frac{P}{A} = \frac{4P}{\pi d^2}$$

(5) 소켓의 인장응력(σ_{t1}) $[N/mm^2]$

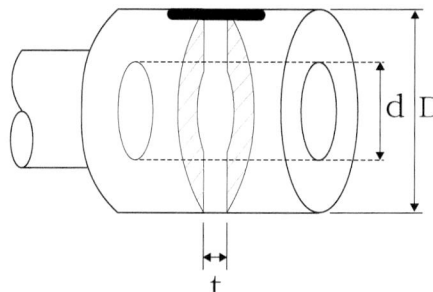

소켓의 파괴가상면적은 그림과 같으므로

$$\sigma_{t1} = \frac{P}{\frac{\pi}{4}(D^2-d^2)-t(D-d)}$$

(6) 로드엔드와 코터 접촉부의 압축응력(σ_{c1}) $[N/mm^2]$

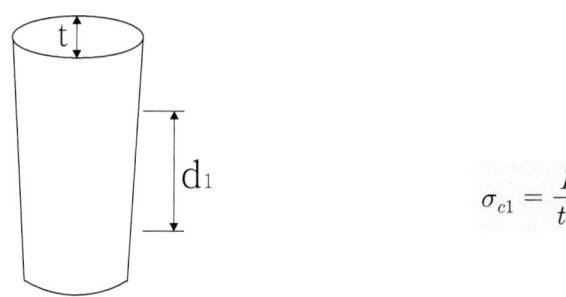

$$\sigma_{c1} = \frac{P}{td}$$

(7) 소켓과 코터 접촉부의 압축응력(σ_{c2}) $[N/mm^2]$

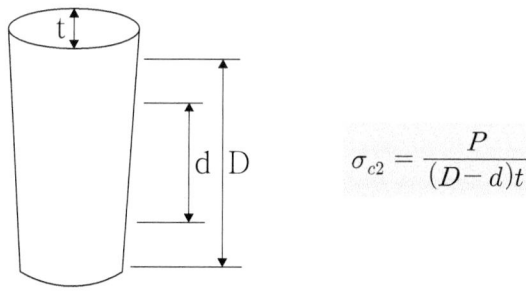

$$\sigma_{c2} = \frac{P}{(D-d)t}$$

✔ 핀, 코터 파트는 공식을 그림과 연관지어 암기하는 것이 효율이 좋습니다. 해당 파트의 문제들은 별다른 응용없이 **단순히 공식 암기 여부를 묻는** 문제들이 많이 나옵니다. 따라서 그림과 연관하여 공식을 암기한다면 대부분의 문제를 쉽게 풀 수 있습니다.

핵심 예상문제

일반기계기사 필답형
02. 키, 스플라인, 핀, 코터

01

지름이 $45mm$인 축에 장착되어있는 묻힘 키의 너비가 $15mm$, 높이는 $10mm$, 길이는 $75mm$이다. 회전수가 $800rpm$, $6.5kW$의 동력을 전달하려고 할 때 다음을 구하시오.

(1) 묻힘 키에 작용하는 전단응력 $[MPa]$
(2) 묻힘 키에 작용하는 압축응력 $[MPa]$

해설

(1) $T = \dfrac{H}{\omega} = \dfrac{H}{\dfrac{2\pi N}{60}} = \dfrac{6.5 \times 10^3}{\dfrac{2\pi \times 800}{60}} = 77.59 N \cdot m = 77.59 \times 10^3 N \cdot mm$

$\tau_k = \dfrac{2T}{b\ell d} = \dfrac{2 \times 77.59 \times 10^3}{15 \times 75 \times 45} = 3.07 MPa$

(2) $\sigma_c = \dfrac{4T}{h\ell d} = \dfrac{4 \times 77.59 \times 10^3}{10 \times 75 \times 45} = 9.2 MPa$

02

플랜지 커플링에서 축의 지름은 $50mm$, 묻힘 키의 폭은 $18mm$, 묻힘 키의 길이가 직경의 1.5배이고, 묻힘 키 재료의 허용전단응력이 $58MPa$일 때 다음을 구하시오.

(1) 묻힘 키의 회전력 $[N]$
(2) 묻힘 키의 전달토크 $[N \cdot m]$

해설

(1) $\ell = 1.5d = 1.5 \times 50 = 75mm$

$\tau_a = \dfrac{P}{A} = \dfrac{P}{b\ell} \Rightarrow \therefore P = \tau_a b \ell = 58 \times 18 \times 75 = 78300 N$

(2) $T = P \times \dfrac{d}{2} = 78300 \times \dfrac{0.05}{2} = 1957.5 N \cdot m$

03

직경이 $80mm$인 축에 끼워져있는 성크 키의 너비는 $18mm$, 높이가 $12mm$이다. 키에 작용하는 전단강도는 $55MPa$, 압축강도는 $87.5MPa$이며, 회전수가 $420rpm$, 전달동력이 $5.3kW$일 때 다음을 구하시오.

(1) 성크 키의 전달 토크 $[N \cdot m]$
(2) 안전을 고려하여 키의 최소 길이$[mm]$를 채택하시오.

해설

(1) $T = \dfrac{H}{\omega} = \dfrac{H}{\dfrac{2\pi N}{60}} = \dfrac{5.3 \times 10^3}{\dfrac{2\pi \times 420}{60}} = 120.5 N \cdot m$

(2) $\tau_k = \dfrac{2T}{b \ell d} \Rightarrow \ell = \dfrac{2T}{bd\tau_k} = \dfrac{2 \times 120.5 \times 10^3}{18 \times 80 \times 55} = 3.04mm$

$\sigma_c = \dfrac{4T}{h \ell d} \Rightarrow \ell = \dfrac{4T}{hd\sigma_c} = \dfrac{4 \times 120.5 \times 10^3}{12 \times 80 \times 87.5} = 5.74mm$

안전을 고려하여 최소길이는 큰 값을 채택한다.
$\therefore \ell = 5.74mm$

04

축에 $500rpm$으로 $8kW$을 전달하는 표준 스퍼기어를 고정하고자 한다. 묻힘 키의 높이가 $10mm$이고, 축의 허용 전단응력은 $30MPa$, 키의 길이는 $\ell = 1.5d$이다. 여기서 축과 키의 재질이 동일할 때 다음을 구하시오.

(1) 묻힘 키의 길이 $[mm]$
(2) 묻힘 키의 너비 $[mm]$

해설

(1) $T = \dfrac{H}{\omega} = \dfrac{H}{\dfrac{2\pi N}{60}} = \dfrac{8 \times 10^3}{\dfrac{2\pi \times 500}{60}} = 152.79 N \cdot m$

$T = \tau_a Z_P = \tau_a \times \dfrac{\pi d^3}{16} \Rightarrow d = \sqrt[3]{\dfrac{16T}{\pi \tau_a}} = \sqrt[3]{\dfrac{16 \times 152.79 \times 10^3}{\pi \times 30}} = 29.6mm$

$\therefore \ell = 1.5d = 1.5 \times 29.6 = 44.4mm$

(2) 축과 키의 재질이 같으므로 $\tau_k = \tau_a = 30MPa$이다.

$\tau_k = \dfrac{2T}{b \ell d} \Rightarrow \therefore b = \dfrac{2T}{\ell d \tau_k} = \dfrac{2 \times 152.79 \times 10^3}{44.4 \times 29.6 \times 30} = 7.75mm$

05

지름이 $35mm$인 축에 $700rpm$으로 $18kW$을 전달하는 풀리를 끼우고자 한다. 키의 너비는 $14mm$, 높이는 $11mm$이고, 허용압축응력은 $80MPa$, 허용전단응력은 $40MPa$이다. 이때 사용되는 키의 길이$[mm]$를 선정하시오.

묻힘 키의 ℓ의 표준값 $[mm]$

6	8	10	12	14	16	18	20	22	25	28	32
36	40	45	50	56	63	70	80	90	100	110	125

해설

$$T = \frac{H}{\omega} = \frac{H}{\frac{2\pi N}{60}} = \frac{18 \times 10^3}{\frac{2\pi \times 700}{60}} = 245.55 N \cdot m$$

① $\tau_k = \frac{2T}{b\ell d}$ $\Rightarrow$ $\ell = \frac{2T}{bd\tau_k} = \frac{2 \times 245.55 \times 10^3}{14 \times 35 \times 40} = 25.06 mm$

② $\sigma_c = \frac{4T}{h\ell d}$ $\Rightarrow$ $\ell = \frac{4T}{hd\sigma_c} = \frac{4 \times 245.55 \times 10^3}{11 \times 35 \times 80} = 31.89 mm$

안전을 고려하여 ①, ②식 중 큰 값을 선정해야하므로 $\ell = 31.89mm$이다.
표에서 $\ell = 31.89mm$보다 큰 근사값을 채택하면,

$\therefore \ell = 32mm$

06

지름이 $100mm$인 축에 보스를 끼웠을 때 사용한 묻힘 키의 길이가 $300mm$, 폭이 $28mm$, 높이가 $16mm$이다. 이 축을 회전수 $500rpm$, $4kW$의 동력으로 운전할 때 키의 전단응력$[MPa]$과 면압력$[MPa]$을 구하시오.

해설

$$T = \frac{H}{\omega} = \frac{H}{\frac{2\pi N}{60}} = \frac{4 \times 10^3}{\frac{2\pi \times 500}{60}} = 76.39 N \cdot m$$

① 키의 전단응력 $\tau_k = \frac{2T}{b\ell d} = \frac{2 \times 76.39 \times 10^3}{28 \times 300 \times 100} = 0.18 MPa$

② 키의 면압력 $q = \sigma_c = \frac{4T}{h\ell d} = \frac{4 \times 76.39 \times 10^3}{16 \times 300 \times 100} = 0.64 MPa$

07

회전수 $400rpm$, $80kW$의 동력을 전달하는 축의 직경이 $35mm$일 때 묻힘키를 제작하려 한다. 묻힘 키의 너비와 높이는 $b \times h = 22mm \times 14mm$이고 키 재료 항복강도 $510MPa$일 때 다음을 구하시오.
(단, 묻힘 키의 안전율은 3이다.)

(1) 전달 회전 모멘트 $[N \cdot m]$
(2) 키의 허용 전단응력과 안전율을 고려한 키의 길이 $[mm]$

해설

(1) $T = \dfrac{H}{\omega} = \dfrac{H}{\dfrac{2\pi N}{60}} = \dfrac{80 \times 10^3}{\dfrac{2\pi \times 400}{60}} = 1909.86 N \cdot m$

(2) $\tau_k = \dfrac{\tau}{S} = \dfrac{510}{3} = 170 MPa$

$\tau_k = \dfrac{2T}{b\ell d} \Rightarrow \therefore \ell = \dfrac{2T}{bd\tau_k} = \dfrac{2 \times 1909.86 \times 10^3}{22 \times 35 \times 170} = 29.18mm$

08

회전수 $350rpm$, $18kW$의 동력을 전달하는 전동축이 있다. 묻힘 키의 호칭치수는 $b \times h = 7 \times 7$이고, 묻힘 키에 작용하는 허용전단응력 $90MPa$, 허용압축응력 $110MPa$, 키 홈이 없는 경우에 축의 지름은 $45mm$이다. 다음을 구하시오.
(단, 축과 키의 재질이 동일하며, 키를 고려한 경우와 고려하지 않는 경우의 축의 비틀림 강도의 비는 무어의 실험식에 의하여 $\beta = 1 - 0.2\dfrac{b}{d_0} - 1.1\dfrac{t}{d_0}$이고, 키 홈을 고려한 축지름은 $d_1 = \beta d_0$이다.)

(1) 축의 전달 모멘트 $[N \cdot m]$
(2) 키의 길이$[mm]$를 다음 표에서 선정하라.

※ 길이 ℓ의 표준값 $[mm]$

6	8	10	12	14	16	18	20	22	25	28	32
36	40	45	50	56	63	70	80	90	100	110	125

(3) 키의 묻힘을 고려했을 때 안정성을 평가하라. (단, 키의 묻힘 깊이 $t = 0.5h$)

해설

(1) $T = \dfrac{H}{\omega} = \dfrac{H}{\dfrac{2\pi N}{60}} = \dfrac{18 \times 10^3}{\dfrac{2\pi \times 350}{60}} = 491.11 N \cdot m$

(2) $\tau_a = \dfrac{2T}{b\ell d_0} \Rightarrow \ell = \dfrac{2T}{bd_0 \tau_a} = \dfrac{2 \times 491.11 \times 10^3}{7 \times 45 \times 90} = 34.65mm$

$\sigma_a = \dfrac{4T}{h\ell d_0} \Rightarrow \ell = \dfrac{4T}{hd_0 \sigma_a} = \dfrac{4 \times 491.11 \times 10^3}{7 \times 45 \times 110} = 56.69mm$

안전을 고려하여 묻힘 키의 길이는 큰 값을 채택한다. $\ell = 56.69mm$
표에서 ℓ보다 크면서 근사한 값을 선정하면, $\therefore \ell = 63mm$

(3) $t = 0.5h = 0.5 \times 7 = 3.5mm$

$d_1 = \beta d_0 = \left(1 - 0.2\dfrac{b}{d_0} - 1.1\dfrac{t}{d_0}\right) \times d_0 = \left(1 - 0.2 \times \dfrac{7}{45} - 1.1 \times \dfrac{3.5}{45}\right) \times 45 = 39.75mm$

축과 키의 재질이 동일하니, $\tau_a = \tau_k = 90MPa$

$T = \tau Z_P = \tau_a \times \dfrac{\pi d_1^3}{16} \Rightarrow \tau = \dfrac{16T}{\pi d_1^3} = \dfrac{16 \times 491.11 \times 10^3}{\pi \times 39.75^3} = 39.82MPa$

$\tau(= 39.82MPa) < \tau_a(= 90MPa)$이므로,
$\therefore$ 안전하다.

09

$1500rpm$으로 $3kW$를 전달하는 축의 지름$[mm]$을 키 홈을 고려하여 결정한다. 그리고 이 축에 끼워질 묻힘 키의 호칭$(b \times h \times \ell)[mm \times mm \times mm]$을 결정하시오.
(단, 축의 허용전단응력 $15MPa$이고, 축과 키의 재질은 동일하다.)

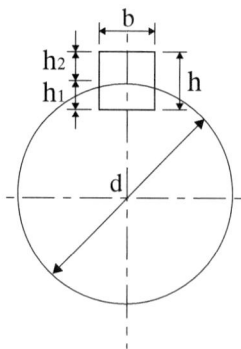

묻힘 키의 길이 $[mm]$

4	4.5	5	6	7	8	9	10	11	12	14	16
18	19	20	22	24	25	28	30	32	35	38	40
42	45	48	50	55	60	63	65	70	80	90	100

묻힘 키 치수 $[mm]$

키의 호칭치수 $(b \times h)$	h_1	h_2	적용되는 축 지름 (d) (초과 ~ 이하)
b : 4, h : 4	2.5	1.5	10 ~ 13
b : 5, h : 5	3	2	13 ~ 20
b : 7, h : 7	4	3	20 ~ 30
b : 10, h : 8	4.5	3.5	30 ~ 40

해설

(1) $T = \dfrac{H}{\omega} = \dfrac{H}{\dfrac{2\pi N}{60}} = \dfrac{3 \times 10^3}{\dfrac{2\pi \times 1500}{60}} = 19.1 N \cdot mm$

1. 문제 조건으로 구한 최소의 축지름 d_0

$T = \tau_a Z_P = \tau_a \times \dfrac{\pi d_0^{\ 3}}{16} \Rightarrow d_0 = \sqrt[3]{\dfrac{16T}{\pi \tau_a}} = \sqrt[3]{\dfrac{16 \times 19.1 \times 10^3}{\pi \times 15}} = 18.65 mm$

2. 키를 파묻게 하기 위한 h_1값은 표에서 구한다.
$d_0 = 18.65mm$가 13초과 20이하에 속하니, $h_1 = 3mm$

3. 키를 파묻게 하기 위한 최종 축지름 d
$\therefore d = 18.65 + 3 = 21.65 mm$

(2) 구한 값이 $b \times h = 5 \times 5$이므로,
축과 키의 재질이 동일하니 $\tau_a = \tau_k = 15 MPa$

$\tau_k = \dfrac{2T}{b \ell d} \Rightarrow \ell = \dfrac{2T}{bd\tau_k} = \dfrac{2 \times 19.1 \times 10^3}{5 \times 21.65 \times 15} = 23.53 mm$

첫번째 표에서 $\ell = 23.53mm$보다 큰 근삿값을 채택하면, $\ell = 24mm$이다.

$\therefore b \times h \times \ell = 5 \times 5 \times 24$
(두번째 표인 묻힘 키의 치수[mm]에 들어가는 축 지경은 기준이 항상 키홈을 고려하지 않은 순수한 축 직경입니다.)

10

다음 그림과 같은 스플라인 동력전달장치의 전달동력 $[kW]$을 구하시오.
(단, 스플라인의 회전수 $1050rpm$, 보스길이 $120mm$, 허용면압력 $12MPa$, 모따기 $0.3mm$, 잇수 6개, $d_2 = 54mm$, $d_1 = 50mm$, $h = 2mm$, $b = 10mm$, 접촉효율 75% 이다.)

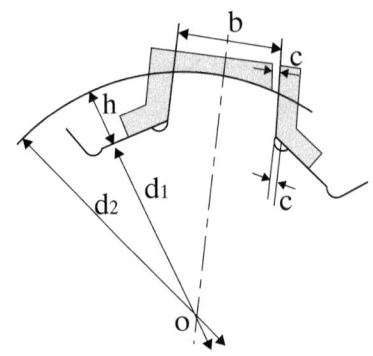

해설

$$T = (h-2c)q_a \ell \left(\frac{d_2+d_1}{4}\right)\eta Z = (2-2\times 0.3)\times 12 \times 120 \times \left(\frac{54+50}{4}\right) \times 0.75 \times 6$$
$$= 235872 N \cdot mm$$
$$\therefore H = T\omega = T \times \frac{2\pi N}{60} = 235872 \times 10^{-6} \times \frac{2\pi \times 1050}{60} = 25.94 kW$$

11

잇수가 8개, 스플라인의 보스 길이는 $150mm$, 외경 $62mm$, 내경 $58mm$, 이의 높이 $2mm$, 잇면의 모떼기 $0.25mm$, 접촉효율이 75%인 스플라인 축이 있다. 이러한 스플라인 축이 $1400rpm$으로 $100kW$ 동력을 전달할 때 다음을 구하시오.

(1) 회전 모멘트 $[N \cdot m]$
(2) 스플라인 이의 접촉면압력 $[MPa]$

해설

(1) $T = \dfrac{H}{\omega} = \dfrac{H}{\frac{2\pi N}{60}} = \dfrac{100 \times 10^3}{\frac{2\pi \times 1400}{60}} = 682.09 N\cdot m$

(2) $T = (h-2c)q_a \ell \left(\dfrac{D_2+D_1}{4}\right)\eta Z$

$\therefore q_a = \dfrac{4T}{(h-2c)\times \ell \times (D_2+D_1) \times \eta \times Z} = \dfrac{4\times 682.09 \times 10^3}{(2-2\times 0.25)\times 150 \times (62+58) \times 0.75 \times 8} = 16.84 MPa$

12

$250rpm$으로 $13kW$를 전달하는 스플라인 축이 있다. 이 측면의 허용면압력은 $48MPa$이고, 잇수는 6개, 이 높이는 $2mm$, 모따기는 $0.15mm$이다. 아래의 표로부터 스플라인의 규격을 선정하시오. (단, 전달효율은 75%, 보스의 길이는 $80mm$이다.)

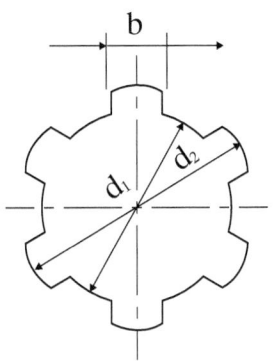

※스플라인의 규격 $[mm]$

형식	1형						2형					
잇수	6		8		10		6		8		10	
호칭 지름 d_1	큰 지름 d_2	너비 b	큰 지름 d_2	너비 b	큰 지름 d_2	너비 b	큰 지름 d_2	너비 b	큰 지름 d_2	너비 b	큰 지름 d_2	너비 $2b$
11	-	-	-	-	-	-	14	3	-	-	-	-
13	-	-	-	-	-	-	16	3.5	-	-	-	-
16	-	-	-	-	-	-	20	4	-	-	-	-
18	-	-	-	-	-	-	22	5	-	-	-	-
21	-	-	-	-	-	-	25	5	-	-	-	-
23	26	6	-	-	-	-	28	6	-	-	-	-
26	30	6	-	-	-	-	32	6	-	-	-	-
28	32	7	-	-	-	-	34	7	-	-	-	-
32	36	8	36	6	-	-	38	8	38	6	-	-
36	40	8	40	7	-	-	42	8	42	7	-	-
42	46	10	46	8	-	-	48	10	48	8	-	-
46	50	12	50	9	-	-	54	12	54	9	-	-
52	58	14	58	10	-	-	60	14	60	10	-	-
56	62	14	62	10	-	-	65	14	65	10	-	-
62	68	16	68	12	-	-	72	16	72	12	-	-
72	78	18	-	-	78	12	82	18	-	-	82	12
82	88	20	-	-	88	12	92	20	-	-	92	12
92	98	22	-	-	98	14	102	22	-	-	102	14
102	-	-	-	-	108	16	-	-	-	-	112	16
112	-	-	-	-	120	18	-	-	-	-	125	18

> **해설**
>
> $T = \dfrac{H}{\omega} = \dfrac{H}{\dfrac{2\pi N}{60}} = \dfrac{13 \times 10^3}{\dfrac{2\pi \times 250}{60}} = 496.56 N \cdot m$
>
> $T = (h-2c)q_a \ell \left(\dfrac{d_2+d_1}{4}\right)\eta Z \Rightarrow d_2+d_1 = \dfrac{4T}{(h-2c)q_a\ell\eta Z} = \dfrac{4 \times 496.56 \times 10^3}{(2-2\times 0.15)\times 48 \times 80 \times 0.75 \times 6} = 67.61 mm$
>
> $h = \dfrac{d_2-d_1}{2} \Rightarrow d_2-d_1 = 2h = 2\times 2 = 4mm$
>
> $d_2+d_1 = 67.61mm$과 $d_2-d_1 = 4mm$을 연립방정식 세우면, $\therefore d_2 = 35.81mm$
>
> 표에서 $d_2 = 35.81mm$과 근사한 값을 가진 1형의 $d_2 = 36mm$(호칭지름 : $d_1 = 32mm$)과 2형의 $d_2 = 38mm$ (호칭지름 : $d_1 = 32mm$)이 있다.
>
> 선정하는 방법은 크면서 근삿값인 것을 선정하면 된다.
>
> $\therefore$ 호칭지름 : $d_1 = 32mm$(1형, $d_2 = 36mm$, $b = 8mm$)

13

호칭지름이 $80mm$이고, 잇수가 10개인 스플라인 축이 $200rpm$으로 회전하고 있다. 허용면압력이 $30MPa$, 보스길이 $180mm$일 때 다음을 구하시오.
(단, 스플라인의 외경은 $88mm$, 접촉효율은 0.7, 묻힘 키의 호칭치수($22 \times 15 \times 130$), 묻힘 키 설치부 지름 $80mm$이다.)

(1) 스플라인의 전달 동력 $[kW]$
(2) 고정된 키를 통하여 스플라인으로부터 받은 동력을 전달할 때 키에 생기는 전단응력 $[MPa]$
(3) 고정된 키를 통하여 스플라인으로부터 받은 동력을 전달할 때 키에 생기는 압축응력 $[MPa]$

> **해설**
>
> (1) $T = hq_a\ell\left(\dfrac{d_2+d_1}{4}\right)\eta Z$ (잇면의 모떼기 c가 주어지지 않으면 $c=0$으로 계산한다.)
>
> 스플라인에서 호칭지름은 d_1을 나타낸다. 즉, $d_1 = 80mm$을 의미한다.
>
> $T = \left(\dfrac{88-80}{2}\right) \times 30 \times 180 \times \left(\dfrac{88+80}{4}\right) \times 0.7 \times 10 = 6350400 N \cdot mm = 6350.4 N \cdot m$
>
> $\therefore H = T\omega = 6350.4 \times 10^{-3} \times \dfrac{2\pi \times 200}{60} = 133 kW$
>
> (2) $\tau_k = \dfrac{2T}{b\ell d} = \dfrac{2 \times 6350400}{22 \times 130 \times 80} = 55.51 MPa$
>
> (3) $\sigma_c = \dfrac{4T}{h\ell d} = \dfrac{4 \times 6350400}{15 \times 130 \times 80} = 162.83 MPa$

14

너클 핀 재료의 허용전단응력은 $34MPa$, $b=1.3d$일 때 너클 핀에 $7500N$의 인장 하중이 작용할 때 다음을 구하시오.

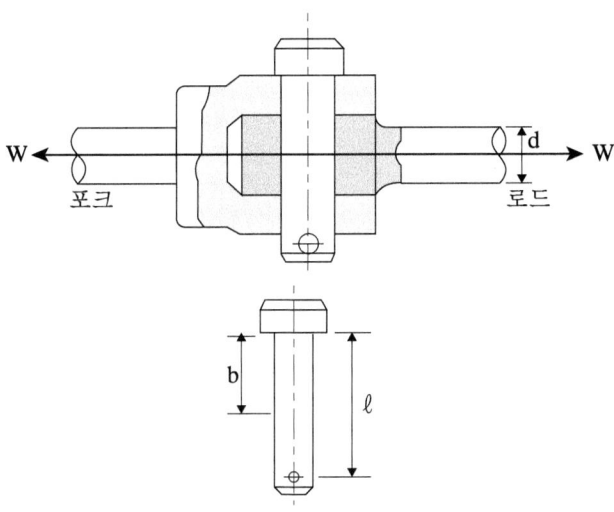

(1) 핀의 지름 $[mm]$
(2) 핀의 최대굽힘응력 $[MPa]$

해설

(1) $\tau_a = \dfrac{P}{2A} = \dfrac{P}{2 \times \dfrac{\pi}{4}d^2}$ $\therefore d = \sqrt{\dfrac{2P}{\pi\tau_a}} = \sqrt{\dfrac{2 \times 7500}{\pi \times 34}} = 11.85mm$

(2) $M = \sigma_{\max} Z$ 에서 양단고정 이므로, $\dfrac{P\ell}{8} = \sigma_{\max} \times \dfrac{\pi d^3}{32}$

$\therefore \sigma_{\max} = \dfrac{4P\ell}{\pi d^3} = \dfrac{4P \times 2b}{\pi d^3} = \dfrac{4P \times 2 \times 1.3d}{\pi d^3} = \dfrac{4 \times 7500 \times 2 \times 1.3 \times 11.85}{\pi \times 11.85^3} = 176.81 MPa$

15

너클 핀에 $13kN$의 인장 하중이 작용하며, 핀 재료의 허용 전단응력은 $70MPa$, 허용 굽힘응력은 $180MPa$, $a = 18mm$, $b = 12mm$일 때 다음을 구하시오.

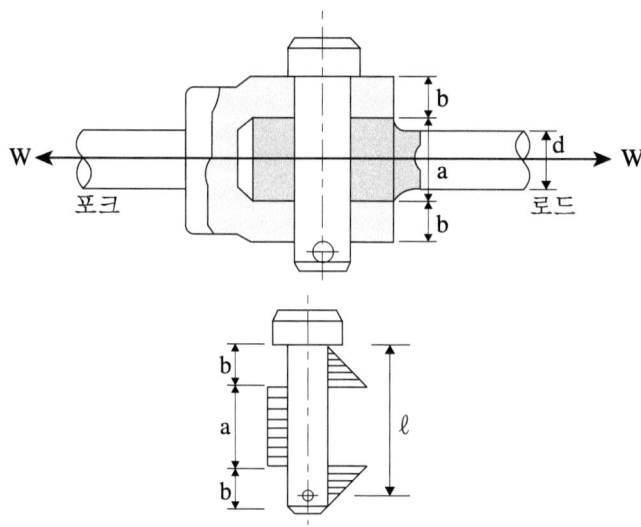

(1) 전단응력만 고려한 핀 지름 $[mm]$
(2) 굽힘응력만 고려한 핀 지름 $[mm]$

해설

(1) $\tau_a = \dfrac{W}{2A} = \dfrac{W}{2 \times \dfrac{\pi}{4}d^2}$ $\Rightarrow$ $\therefore d = \sqrt{\dfrac{2W}{\pi\tau_a}} = \sqrt{\dfrac{2 \times 13 \times 10^3}{\pi \times 70}} = 10.87mm$

(2) $M = \sigma_a Z$에서 각 지점 거리가 주어지는 경우이니, $\dfrac{W}{24}(3a+4b) = \sigma_a \times \dfrac{\pi d^3}{32}$

$\therefore d = \sqrt[3]{\dfrac{4W(3a+4b)}{3\pi\sigma_a}} = \sqrt[3]{\dfrac{4 \times 13 \times 10^3 \times (3 \times 18 + 4 \times 12)}{3\pi \times 180}} = 14.62mm$

16

너클 핀에 작용하는 인장하중 $10000N$이 있다. 다음을 구하시오.
(단, 아이부 절개면의 높이 $a = 30mm$, 포크부 절개면의 높이는 $b = 20mm$이다.)

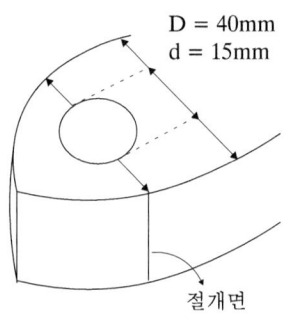

절개면

(1) 아이부 절개 $[N/mm^2]$
(2) 포크부 절개 $[N/mm^2]$

해설

(1) $\sigma_I = \dfrac{P}{A} = \dfrac{P}{(D-d)a} = \dfrac{10000}{(40-15) \times 30} = 13.33 N/mm^2$

(2) 포크부는 절개면이 2개이므로 $b \to 2b$이다.
$\sigma_F = \dfrac{P}{A} = \dfrac{P}{(D-d)b \times 2} = \dfrac{10000}{(40-15) \times 20 \times 2} = 10 N/mm^2$

17

다음 코터 이음에서 축에 작용하는 인장하중 $44.2kN$, 소켓의 바깥지름 $140mm$, 로드 소켓 내의 지름 $70mm$, 코터의 너비 $70mm$, 코터의 두께 $25mm$일 때 다음을 구하시오.

(1) 로드의 코터 구멍 부분의 인장응력 $[MPa]$
(2) 코터의 굽힘응력 $[MPa]$

해설

(1) $\sigma_t = \dfrac{P}{\dfrac{\pi d_1^2}{4} - t d_1} = \dfrac{44.2 \times 10^3}{\dfrac{\pi \times 70^2}{4} - 25 \times 70} = 21.06 MPa$

(2) $\sigma_b = \dfrac{M}{Z} = \dfrac{\dfrac{PD}{8}}{\dfrac{th^2}{6}} = \dfrac{3PD}{4th^2} = \dfrac{3 \times 44.2 \times 10^3 \times 140}{4 \times 25 \times 70^2} = 37.89 MPa$

18

코터 이음에서 축에 작용하는 인장하중이 $60kN$이고, 소켓의 바깥지름 $70mm$, 로드 소켓 내의 지름 $35mm$, 코터의 너비 $25mm$, 코터의 두께 $10mm$일 때 다음을 구하시오.

(1) 코터의 전단응력 $[MPa]$
(2) 로드엔드와 코터 접촉부의 압축응력 $[MPa]$
(3) 코터에 걸리는 최대굽힘응력 $[MPa]$

해설

(1) $\tau = \dfrac{P}{2th} = \dfrac{60 \times 10^3}{2 \times 10 \times 25} = 120 MPa$

(2) $\sigma_{c \cdot 1} = \dfrac{P}{td} = \dfrac{60 \times 10^3}{10 \times 35} = 171.43 MPa$

(3) $M = \sigma_b Z$에서 양단고정이므로,

$\dfrac{PD}{8} = \sigma_b \times \dfrac{th^2}{6} \Rightarrow \therefore \sigma_b = \dfrac{3PD}{4th^2} = \dfrac{3 \times 60 \times 10^3 \times 70}{4 \times 10 \times 25^2} = 504 MPa$

19

다음 그림과 같은 코터 이음에서 축에 작용하는 인장하중이 $20kN$, 소켓의 바깥지름 $120mm$ 나머지 물성치 조건들은 $d = 80mm$, $t = 40mm$일 때 다음을 구하시오.

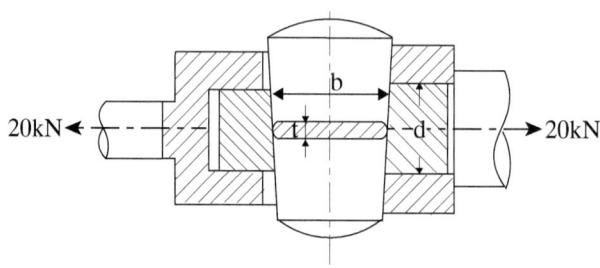

(1) 로드엔드가 코터에 닿을 때의 압축응력 $[N/mm^2]$
(2) 소켓에 코터가 닿을 때의 압축응력 $[N/mm^2]$

해설

(1) $\sigma_{c \cdot 1} = \dfrac{P}{td} = \dfrac{20 \times 10^3}{40 \times 80} = 6.25 N/mm^2$

(2) $\sigma_{c \cdot 2} = \dfrac{P}{(D-d)t} = \dfrac{20 \times 10^3}{(120-80) \times 40} = 12.5 N/mm^2$

20

다음 그림과 같은 코터 이음에서 축에 작용하는 인장하중이 $25kN$ 이고, 로드 소켓 내의 지름 $85mm$, 코터의 두께 $25mm$, 코터의 폭 $90mm$, 소켓 내의 바깥지름 $150mm$, 소켓 끝에서 코터 구멍까지의 거리가 $40mm$일 때 다음을 구하라.

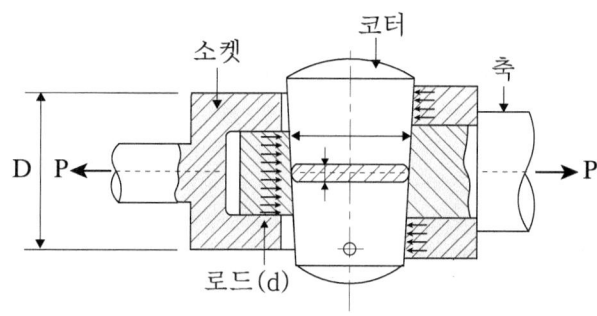

(1) 코터의 전단응력 $[MPa]$
(2) 로드엔드의 최대 인장응력 $[MPa]$

해설

(1) $\tau = \dfrac{P}{2lh} = \dfrac{25 \times 10^3}{2 \times 25 \times 90} = 5.56 MPa$

(2) $\sigma_{\max} = \dfrac{P}{\dfrac{\pi d_1^2}{4} - td_1} = \dfrac{25 \times 10^3}{\dfrac{\pi \times 85^2}{4} - 85 \times 25} = 7.04 MPa$

03

리벳이음

3-1. 리벳이음의 줄 수와 전단면

3-2. 리벳이음의 강도 계산

3-3. 리벳이음의 설계

3-4. 내압을 받는 원통의 리벳이음

3-5. 편심하중을 받는 구조용 리벳

Chapter 3

리벳이음

3-1 리벳이음의 줄 수와 전단면

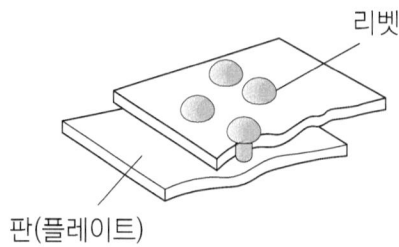

리벳은 구조가 간단하고, 잔류변형이 거의 없으며 판재 또는 형강을 잇는 데 사용되는 반영구적 결합용 기계요소이다.

(1) 리벳이음의 줄 수

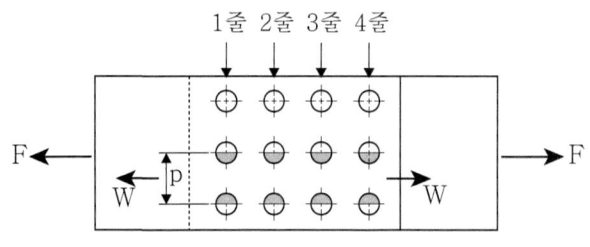

┃리벳이음의 각 부 명칭

여기서,
p : 피치 $[mm]$
W : 1피치 내의 작용 하중 $[N]$
F : 전체하중 $[N]$

위 그림에서 1피치 내의 리벳 수는 $\frac{1}{2}$ 의 구멍이 총 8개 있으므로

① 1피치 내의 리벳 수(n) : $8 \times \frac{1}{2} = 4$개

② 전체 리벳 수(n) : 12개

(2) 리벳이음의 복전단면 계수

겹치기 이음	한쪽 덮개판 맞대기 이음	양쪽 덮개판 맞대기 이음
리벳 수 : n	리벳 수 : n	리벳 수 : $1.8n$

✔ 양쪽 덮개판 맞대기 이음의 계수 1.8이 의미하는 것은 **복 전단면 계수**이기 때문에 **인장, 압축**을 고려할 땐 n을 대입하고, **전단**을 고려할 때에만 $1.8n$을 대입합니다.

✔ 양쪽 덮개판 맞대기 이음에서는 안전을 고려하여 1.8의 여유치를 곱해줍니다. 따라서 리벳 수 자체가 1.8개가 되는 것이 아니라 리벳 수(n)에 1.8을 곱하여 $1.8n$으로 대입합니다.

✔ 리벳 수가 $1.8n$이 되는 것은 **양쪽 덮개판 맞대기 이음**만 해당합니다. 맞대기 이음, 덮개판 이음 등은 해당되지 않습니다. 무조건 **양쪽 덮개판 맞대기 이음**이라고 제시 되어야 $1.8n$을 적용한다는 것을 기억하세요.

3-2 리벳이음의 강도 계산

(1) 리벳의 전단 파괴

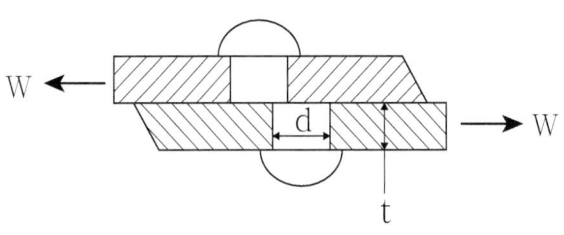

▎리벳의 전단 파괴

여기서,
W : 1피치 내의 작용 하중 $[N]$
F : 전체 하중 $[N]$
d : 리벳 직경 $[mm]$
n : 리벳 수
τ : 리벳의 전단응력 $[N/mm^2]$
t : 강판의 두께 $[mm]$

여기서 하중 = 응력 × 면적 × 리벳 수 이므로

① 1피치당 하중(W) : $W = \tau \dfrac{\pi d^2}{4} n$ ·· ㉠식

② 전체하중(F) : $F = \tau \dfrac{\pi d^2}{4} n$

(2) 리벳 강판의 인장파괴

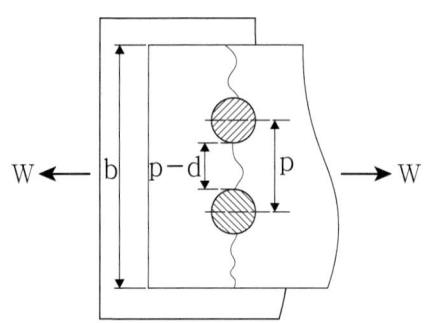

여기서,
d : 강판의 구멍 직경 $[mm]$
t : 강판의 두께 $[mm]$
σ_t : 강판의 인장응력 $[N/mm^2]$
b : 강판의 전체 너비 $[mm]$

① 1피치당 하중(W) : $W = \sigma_t(p-d)t$ ·· ⓒ식

② 전체하중(F) : $F = \sigma_t(b-nd)t$

✔ 강판의 구멍 직경과 리벳의 직경이 동시에 주어질 경우, '**강판의 구멍 직경**'과 '**리벳의 직경**'을 구분해서 문제를 풀어야 합니다.

✔ 전체 리벳 수에 관하여 '전단'과 '압축'은 전체 리벳 수를 그대로 적용하면 되는데, '인장'은 하중의 방향에 따라 다르게 적용해야합니다. 예를 들어,

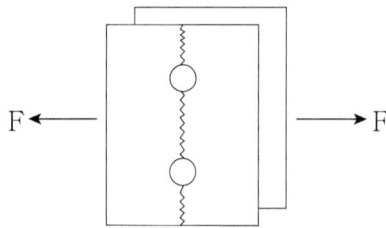

▌구멍 두 곳에서 일어나는 인장파괴

위 그림처럼 하중이 작용하면 리벳 구멍 두 곳에서 인장파괴가 일어나므로 $n=2$입니다.

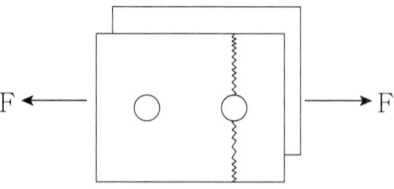

▌구멍 한 곳에서 일어나는 인장파괴

하지만 위 그림처럼 하중이 작용하면 왼쪽 또는 오른쪽 리벳 구멍 둘 중 하나에서 인장파괴가 일어나므로 $n=1$ 입니다. '**인장**'이 작용하는 강판의 리벳 수를 구할 때는 문제에서 주어진 그림을 보며 파괴 가상면을 고려해야 합니다.

(3) 리벳 구멍의 압축파괴

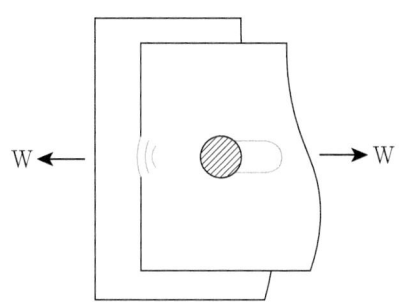

여기서,
d : 리벳 직경 $[mm]$
t : 강판의 두께 $[mm]$
σ_c : 리벳 구멍의 압축응력 $[N/mm^2]$

① 1피치당 하중(W) : $W = \sigma_c d t n$ ·· ㉢식

② 전체하중(F) : $F = \sigma_c d t n$

(4) 리벳에 의한 판 끝 절개

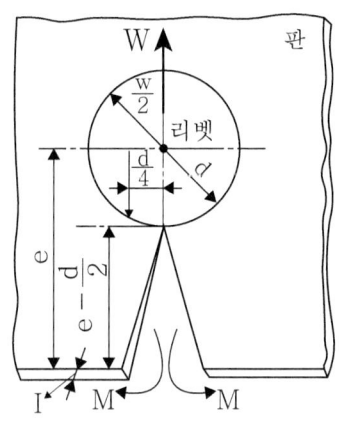

여기서,
d : 리벳 직경 $[mm]$
t : 강판의 두께 $[mm]$
σ_b : 강판의 굽힘응력 $[N/mm^2]$

① 강판의 굽힘응력(σ_b)

$$\sigma_b = \frac{M}{Z} = \frac{My}{I} = \frac{\left(\frac{W}{2} \times \frac{d}{4}\right) \times \left(\frac{e-\frac{d}{2}}{2}\right)}{\frac{t\left(e-\frac{d}{2}\right)^3}{12}} = \frac{3Wd}{t(2e-d)^2}$$

② 하중(W)

$W = \dfrac{t(2e-d)^2 \sigma_b}{3d}$ ·· ㉣식

3-3 리벳이음의 설계

(1) 리벳의 직경(d), 피치(p)의 관계

위에서 구한 4개의 식을 정리해보면 다음과 같다.

$$W = \tau \frac{\pi d^2}{4} n \quad \cdots\cdots\cdots\cdots\cdots\cdots\cdots\cdots\cdots\cdots\cdots\cdots\cdots\cdots ㉠식$$

$$W = \sigma_t (p-d) t \quad \cdots\cdots\cdots\cdots\cdots\cdots\cdots\cdots\cdots\cdots\cdots\cdots\cdots ㉡식$$

$$W = \sigma_c d t n \quad \cdots\cdots\cdots\cdots\cdots\cdots\cdots\cdots\cdots\cdots\cdots\cdots\cdots\cdots ㉢식$$

$$W = \frac{t(2e-d)^2 \sigma_b}{3d} \quad \cdots\cdots\cdots\cdots\cdots\cdots\cdots\cdots\cdots\cdots\cdots\cdots ㉣식$$

① 리벳의 직경(d) [mm] (㉠식 = ㉢식)

$$W = \tau \frac{\pi d^2}{4} n = \sigma_c d t n \qquad \therefore d = \frac{4\sigma_c t}{\pi \tau}$$

② 피치(p) [mm] (㉠식 = ㉡식)

$$W = \tau \frac{\pi d^2}{4} n = \sigma_t (p-d) t \qquad \therefore p = d + \frac{\tau \pi d^2 n}{4 \sigma_t t}$$

③ 판 끝 갈라짐에 의한 마진(e) (㉠식 = ㉣식)

$$W = \tau \frac{\pi d^2}{4} n = \frac{t(2e-d)^2 \sigma_b}{3d} \qquad \therefore e = \frac{d}{2}\left(1 + \sqrt{\frac{3\pi d \tau n}{4 t \sigma_b}}\right)$$

✔ ①식~④식을 암기하기보다는 ㉠, ㉡, ㉢, ㉣식으로 **유도하여 도출**하는 것이 문제를 접근하는 것이 훨씬 효율적 입니다.

(2) 강판의 효율(η_t)

① 1피치당 하중일 때

$$\eta_t = \frac{\text{구멍이 뚫린 강판의 인장강도}}{\text{구멍이 뚫리지 않은 강판의 인장강도}} = \frac{\sigma_t(p-d)t}{\sigma_t pt} = \frac{p-d}{p}$$

$$\therefore \eta_t = 1 - \frac{d}{p}$$

② 전체 하중일 때

$$\eta_t = \frac{\text{구멍이 뚫린 강판의 인장강도}}{\text{구멍이 뚫리지 않은 강판의 인장강도}} = \frac{\sigma_t(b-nd)t}{\sigma_t bt} = \frac{b-nd}{b}$$

$$\therefore \eta_t = 1 - \frac{nd}{b}$$

(3) 리벳의 효율(η_s)

① 1피치당 하중일 때

$$\eta_s = \frac{\text{리벳의 전단강도}}{\text{구멍이 뚫리지 않은 강판의 인장강도}} = \frac{\tau \frac{\pi d^2}{4} n}{\sigma_t pt}$$

$$\therefore \eta_s = \frac{\tau \pi d^2 n}{4\sigma_t pt}$$

② 전체 하중일 때

$$\eta_s = \frac{\text{리벳의 전단강도}}{\text{구멍이 뚫리지 않은 강판의 인장강도}} = \frac{\tau \frac{\pi d^2}{4} n}{\sigma_t bt}$$

$$\therefore \eta_s = \frac{\tau \pi d^2 n}{4\sigma_t bt}$$

(4) 리벳이음의 효율(η_r) : 안전을 고려하여 강판의 효율(η_t)과 리벳의 효율(η_s)중에 더 작은 값으로 선정한다.

3-4 내압을 받는 원통의 리벳이음

(1) 강판의 두께(t) [mm]

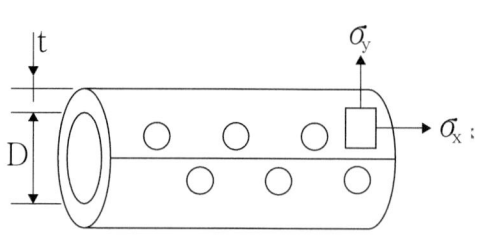

▎리벳이음된 내압 용기

여기서,
D : 원통의 내경 [mm]
t : 원통의 두께 [mm]
σ_a : 허용인장응력 [N/mm^2]
C : 부식계수
η : 이음효율

내압을 받는 얇은 원통의 개념으로 접근하면 원주방향 응력은 $\sigma_1 = \dfrac{pD}{2t}$, 축방향 응력은 $\sigma_2 = \dfrac{pD}{4t}$ 이므로 허용인장응력(σ_a)은 $\sigma_a \geq \sigma_1 = \dfrac{pD}{2t}$ 이다. 따라서 강판의 두께(t)는

$$t = \dfrac{pD}{2\sigma_a}$$

(2) 이음효율과 부식여유를 고려한 강판의 두께(t) [mm]

$$t = \dfrac{PD}{2\sigma_a \eta} + C$$

3-5 편심하중을 받는 구조용 리벳

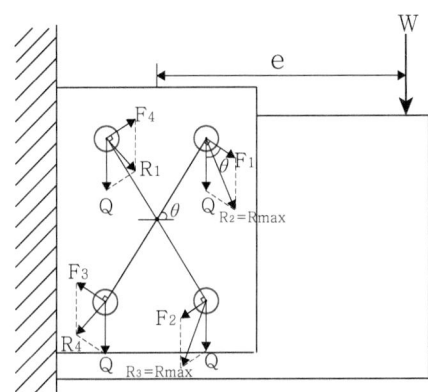

여기서,
W : 구조물에 작용하는 하중 $[N]$
n : 리벳 수
K : 비례상수 $[N/m]$
e : 편심거리 $[mm]$

▎편심하중을 받는 구조물

(1) 편심하중에 의한 리벳의 전단하중(=직접 하중, Q) $[N]$

$$Q = \frac{W}{n}$$

(2) 모멘트에 의한 각 리벳의 전단하중(=회전력, 접선력, F) $[N]$

$$F = Kr \quad \begin{cases} F_1 = Kr_1 \\ F_2 = Kr_2 \\ F_3 = Kr_2 \end{cases}$$

① 전체 모멘트(M) $[N \cdot m]$

$$M = We = N_1 F_1 r_1 + N_2 F_2 r_2 + \cdots \qquad 여기서, N : 동일 반경을 갖는 리벳 군 수$$

✓ 동일 반경을 갖는 리벳 군 수란, 리벳들의 중심을 기준으로 같은 반경에 위치한 리벳 구멍의 개수를 말합니다.

② 비례상수(K) $[N/m]$

$$We = N_1 F_1 r_1 + N_2 F_2 r_2 + N_3 F_3 r_3 + N_4 F_4 r_4 = N_1 K r_1^2 + N_2 K r_2^2 + N_3 K r_3^2 + N_4 K r_4^2$$
$$= K(N_1 r_1^2 + N_2 r_2^2 + N_3 r_3^2 + N_4 r_4^2)$$

$$\therefore K = \frac{We}{N_1 r_1^2 + N_2 r_2^2 + N_3 r_3^2 + N_4 r_4^2}$$

(3) 리벳에 작용하는 최대 전단하중(R_{max}) [N]

$$R_{max} = \sqrt{F^2 + Q^2 + 2FQ\cos\theta}$$

① 리벳 하중 간의 각도가 $\theta = 0°$ 일 경우

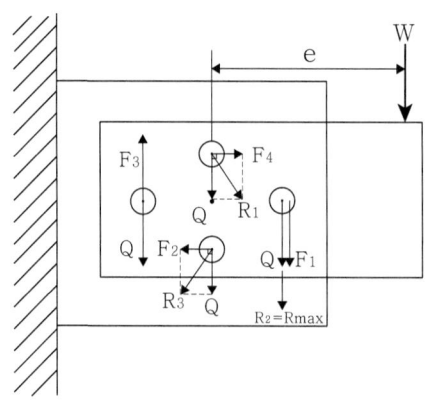

$\cos 0° = 1$ 이므로 $R_{max} = \sqrt{F^2 + Q^2 + 2FQ}$ $\therefore R_{max} = F + Q$

② 리벳 하중 간의 각도가 $\theta = 90°$ 일 경우

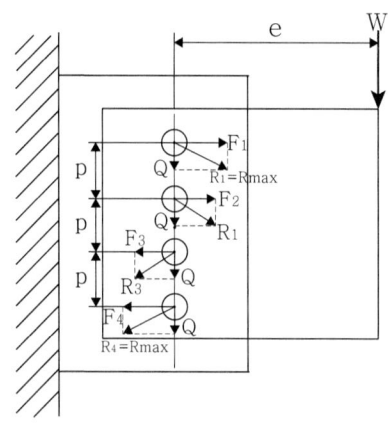

$\cos 90° = 0$ 이므로 $R_{max} = \sqrt{F^2 + Q^2}$

(4) 리벳의 직경(d) [mm]

리벳에 작용하는 최대 전단응력은 허용 전단응력보다 작거나 같아야 하므로

$$\tau_{\max} = \frac{R_{\max}}{A} = \frac{R_{\max}}{\frac{\pi d^2}{4}} \leq \tau_a \text{ 에서,} \qquad \therefore d = \sqrt{\frac{4R_{\max}}{\pi \tau_a}}$$

✔ 리벳 이음은 유형의 종류가 적기때문에 문제를 풀어보며 **유형 별로 정리하며 공부하는 것이 효율적입니다.**

핵심 예상문제 | 일반기계기사 필답형
03. 리벳이음

01

강판 두께 $10mm$, 폭 $60mm$, 강판의 구멍 직경은 $17mm$인 강판에 리벳 직경 $16mm$의 리벳 2개로 고정되어있다. 이 때 인장하중이 $30kN$이 걸린다. 다음을 구하시오.

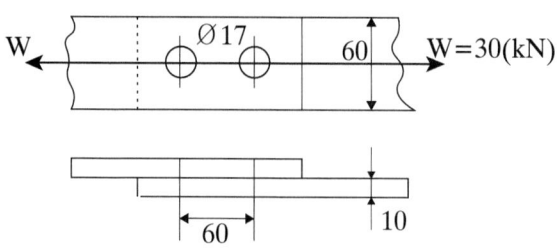

(1) 강판의 인장응력 $[MPa]$
(2) 리벳의 전단응력 $[MPa]$
(3) 강판의 효율 $[\%]$

해설

(1) $\sigma_t = \dfrac{W}{(b-nd)t} = \dfrac{30 \times 10^3}{(60-1\times 17)\times 10} = 69.77 MPa$ (d=강판의 구멍직경)

(인장응력에 의한 파괴는 강판에서 이루어지는데, 한쪽 면에서 끊어져도 파괴되기 때문에 n=1이다.)

(2) $\tau = \dfrac{W}{\dfrac{\pi d^2}{4}n} = \dfrac{30\times 10^3}{\dfrac{\pi \times 16^2}{4}\times 2} = 74.6 MPa$ (d=리벳의 지름)

(전단응력에 의한 파괴는 리벳에서 나기 때문에 리벳 단면의 개수가 다 파괴되어야 하기 때문에 n=2이다.)

(3) $\eta_t = 1 - \dfrac{d}{b} = 1 - \dfrac{17}{60} = 0.7167 = 71.67\%$ (d=강판의 구멍직경)

02

한 줄 겹치기 리벳이음에서 강판 두께 $12mm$, 리벳 지름 $25mm$, 피치 $50mm$이다. 1피치 내의 인장 하중을 $24.5kN$으로 할 때 다음을 구하시오.
(단, 리벳의 지름과 리벳의 구멍 지름 크기가 동일하다.)

(1) 강판의 인장응력 $[MPa]$
(2) 리벳의 전단응력 $[MPa]$
(3) 리벳이음의 효율 $[\%]$

해설

(1) $\sigma_t = \dfrac{\overline{W}}{(p-d)t} = \dfrac{24.5 \times 10^3}{(50-25) \times 12} = 81.67 MPa$

(2) $\tau = \dfrac{\overline{W}}{\dfrac{\pi}{4}d^2 n} = \dfrac{24.5 \times 10^3}{\dfrac{\pi}{4} \times 25^2 \times 1} = 49.91 MPa$

(3) 리벳효율 $\eta_s = \dfrac{\tau \pi d^2 n}{4\sigma_t pt} = \dfrac{49.91 \times \pi \times 25^2 \times 1}{4 \times 81.67 \times 50 \times 12} = 0.5 = 50\%$

강판효율 $\eta_t = 1 - \dfrac{d}{p} = 1 - \dfrac{25}{50} = 0.5 = 50\%$

∴ 리벳효율=강판효율 이므로 리벳이음의 효율은 50%이다.

03

지름이 $10mm$이고 허용 전단응력이 $40MPa$인 리벳을 이용하여 $50kN$의 하중을 받는 두께가 $12mm$, 폭이 $700mm$인 강판을 단일 전단면 1줄 겹치기 리벳 이음하려고 할 때 다음을 구하시오.
(단, 리벳의 지름과 리벳의 구멍 지름 크기가 동일하다.)

(1) 리벳 허용 전단응력을 고려한 최소 리벳의 수 $[개]$
(2) 강판이 받는 인장응력 $[MPa]$

해설

(1) $F = \tau \dfrac{\pi d^2}{4} n \;\Rightarrow\; \tau = \dfrac{4F}{\pi d^2 n} \leq \tau_a$

$n \geq \dfrac{4F}{\pi d^2 \tau_a} \geq \dfrac{4 \times 50 \times 10^3}{\pi \times 10^2 \times 40} \geq 15.9개$

∴ $n = 16개$

(2) $\sigma_t = \dfrac{F}{(b-nd)t} = \dfrac{50 \times 10^3}{(700 - 16 \times 10) \times 12} = 7.72 MPa$

04

강판의 두께 $10mm$, 리벳의 지름 $18mm$, 인 판을 1줄 겹치기 리벳 이음을 하려 한다. 이때 리벳의 전단응력 $35MPa$, 강판의 인장응력 $70MPa$일 때 피치$[mm]$를 구하시오.
(단, 리벳의 지름과 리벳의 구멍 지름 크기가 동일하다.)

해설

$$p = d + \frac{\pi d^2 n}{4\sigma_t t} = 18 + \frac{35\pi \times 18^2 \times 1}{4 \times 70 \times 10} = 30.72mm$$

05

리벳 구멍의 직경이 $14mm$, 피치가 $50mm$인 판을 1줄 겹치기 리벳 이음을 하려 한다. 강판의 효율$[\%]$을 구하시오.

해설

$$\eta_t = 1 - \frac{d}{p} = 1 - \frac{14}{50} = 0.72 = 72\%$$

06

강판의 두께 $11mm$, 리벳의 직경 $18mm$, 피치 $52mm$인 강판을 양쪽 덮개판 1줄 맞대기 이음을 하고자 한다. 리벳의 전단응력은 $38MPa$이고, 강판의 인장응력은 $50MPa$일 때 리벳의 효율$[\%]$을 구하시오.

해설

$$\eta_s = \frac{\pi d^2 \times 1.8 n}{4\sigma_t p t} = \frac{38\pi \times 18^2 \times 1.8 \times 1}{4 \times 50 \times 52 \times 11} = 0.6086 = 60.86\%$$

07

강판의 두께 $14mm$, 리벳의 직경 $22mm$, 피치 $50mm$인 강판을 1줄 겹치기 리벳 이음을 하고자 할 때 1피치당 하중을 $30kN$일 때 다음을 구하시오.
(단, 리벳의 지름과 리벳의 구멍 지름 크기가 동일하다.)

(1) 강판의 인장강도 $[MPa]$
(2) 리벳의 전단응력 $[MPa]$
(3) 강판의 효율 $[\%]$

해설

(1) $\sigma_t = \dfrac{W}{(p-d)t} = \dfrac{30 \times 10^3}{(50-22) \times 14} = 76.53 MPa$

(2) $\tau = \dfrac{W}{\dfrac{\pi d^2}{4} \times n} = \dfrac{30 \times 10^3}{\dfrac{\pi \times 22^2}{4} \times 1} = 78.92 MPa$

(3) $\eta_t = 1 - \dfrac{d}{p} = 1 - \dfrac{22}{50} = 0.56 = 56\%$

08

다음 그림과 같은 1줄 겹치기 리벳 이음에서 허용 전단응력은 $70MPa$, 리벳의 직경은 $12mm$일 때 전체 인장하중$[kN]$을 구하시오.

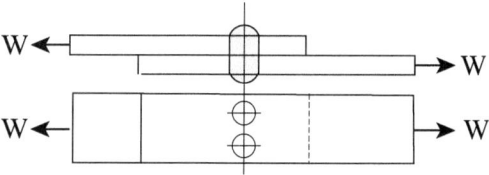

해설

$W = \tau_a \dfrac{\pi d^2}{4} n = 70 \times \dfrac{\pi \times 12^2}{4} \times 2 = 15833.63 N = 15.83 kN$

09

강판의 두께 $17mm$, 리벳 구멍직경 $23mm$, 피치가 $62mm$인 양쪽 덮개판 1줄 맞대기 이음을 하고자 한다. 이때 리벳의 전단응력은 $42.5MPa$, 강판의 인장응력은 $50MPa$일 때 리벳이음의 효율[%]을 구하시오.
(단, 리벳의 지름과 리벳의 구멍 지름 크기가 동일하다.)

해설

강판의 효율 : $\eta_t = 1 - \dfrac{d}{p} = 1 - \dfrac{23}{62} = 0.629 = 62.9\%$

리벳의 효율 : $\eta_s = \dfrac{\pi d^2 \times 1.8 n}{4\sigma_t pt} = \dfrac{42.5\pi \times 23^2 \times 1.8 \times 1}{4 \times 50 \times 62 \times 17} = 0.6031 = 60.31\%$

리벳이음의 효율은 두 효율중 작은값을 채택한다.
$\therefore \eta = 60.31\%$

10

강판의 두께는 $10mm$, 리벳의 구멍지름은 $16mm$, 피치가 $85mm$인 양쪽 덮개판 2줄 맞대기 이음을 하고자 할 때 다음을 구하시오.
(단, 리벳의 전단강도는 강판의 인장강도의 80%이고, 리벳의 지름과 리벳의 구멍 지름 크기가 동일하다.)

(1) 강판의 효율 [%]
(2) 리벳의 효율 [%]
(3) 리벳이음의 효율 [%]

해설

(1) $\eta_t = 1 - \dfrac{d}{p} = 1 - \dfrac{16}{85} = 0.8118 = 81.18\%$

(2) 리벳의 전단강도는 강판의 인장강도의 80%이니, $\dfrac{\tau}{\sigma_t} = 0.8$이다.

$\therefore \eta_s = \dfrac{\pi d^2 \times 1.8 n}{4\sigma_t pt} = \dfrac{0.8 \times \pi \times 16^2 \times 1.8 \times 2}{4 \times 85 \times 10} = 0.6812 = 68.12\%$

(3) 리벳이음의 효율은 두 효율중 작은값을 채택한다.
$\therefore \eta = 68.12\%$

11

두께 $9mm$의 강판을 1줄 겹치기 리벳이음을 하려고 한다. 리벳 지름은 $12mm$, 강판의 인장응력은 $85MPa$, 리벳의 전단응력은 $70MPa$일 때 다음을 구하시오.
(단, 리벳의 지름과 리벳의 구멍 지름 크기가 동일하다.)

(1) 리벳의 전단력 $[N]$
(2) 효율을 최대로 하는 피치 $[mm]$
(3) 리벳이음의 효율 $[\%]$

해설

(1) $F = \tau \dfrac{\pi d^2}{4} n = 70 \times \dfrac{\pi \times 12^2}{4} \times 1 = 7916.81 N$

(2) $p = d + \dfrac{\pi d^2 n}{4\sigma_t t} = 12 + \dfrac{70\pi \times 12^2 \times 1}{4 \times 85 \times 9} = 22.35 mm$

(3) ① 강판의 효율 $\eta_t = 1 - \dfrac{d}{p} = 1 - \dfrac{12}{22.35} = 0.463 = 46.3\%$

② 리벳의 효율 $\eta_s = \dfrac{\pi d^2 n}{4\sigma_t pt} = \dfrac{70\pi \times 12^2 \times 1}{4 \times 85 \times 22.35 \times 9} = 0.463 = 46.3\%$

①=②이므로, 리벳이음의 효율은 46.3%이다.

12

리벳 지름이 $20mm$, 리벳의 허용 전단응력 $70MPa$인 판이 양쪽 덮개판 1줄 맞대기 이음을 하고자 할 때 $150kN$의 인장력을 가할 때 리벳의 수[개]를 구하시오.

해설

$F = \tau \dfrac{\pi d^2}{4} \times 1.8n \Rightarrow n = \dfrac{4F}{1.8\tau\pi d^2} = \dfrac{4 \times 150 \times 10^3}{1.8 \times 70 \times \pi \times 20^2} = 3.79 ≒ 4$개

13

강판의 두께 $9mm$, 리벳의 구멍 지름 $15mm$, 피치가 $55mm$인 강판을 양쪽 덮개판 1줄 맞대기 이음을 하고자 한다. 리벳의 전단응력 $85MPa$, 강판의 인장응력이 $100MPa$일 때 리벳이음의 효율[%]을 구하시오.
(단, 리벳의 지름과 리벳의 구멍 지름 크기가 동일하다.)

> **해설**
>
> $\eta_t = 1 - \dfrac{d}{p} = 1 - \dfrac{15}{55} = 0.7273 = 72.73\%$
>
> $\eta_s = \dfrac{\pi d^2 \times 1.8 n}{4\sigma_t pt} = \dfrac{85\pi \times 15^2 \times 1.8 \times 1}{4 \times 100 \times 55 \times 9} = 0.5462 = 54.62\%$
>
> 리벳이음의 효율은 강판의 효율과 리벳의 효율을 비교하여 작은 값을 채택하므로
>
> $\therefore \eta = 54.62\%$

14

다음 그림과 같은 두께가 $20mm$인 강판을 1줄 겹치기 리벳이음으로 이음하려 한다. 리벳의 허용 전단응력 $46.11MPa$, 허용 인장응력 $49.05MPa$, 허용 압축응력 $29.42MPa$일 때 다음을 구하시오.
(단, 리벳의 지름과 리벳의 구멍 지름 크기가 동일하다.)

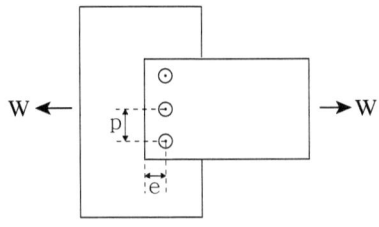

(1) 리벳의 직경 $[mm]$ (단, 리벳의 전단저항과 판재의 압축력이 같다.)
(2) (1)에서 구한 값을 고려한 피치 $[mm]$ (단, 리벳의 전단저항과 판의 인장저항이 같다.)
(3) 판 끝의 갈라짐을 고려한 마진 e $[mm]$ (단, 굽힘응력과 인장응력이 같다.)

> **해설**
>
> (1) $\overline{W} = \tau \dfrac{\pi d^2}{4} n = \sigma_c d t n$에서,
>
> $\therefore d = \dfrac{4\sigma_c t}{\pi \tau} = \dfrac{4 \times 29.42 \times 20}{\pi \times 46.11} = 16.25 mm$

(2) $\overline{W} = \tau \dfrac{\pi d^2}{4} n = \sigma_t (p-d)t$ 에서,

$\therefore p = d + \dfrac{\pi d^2 n}{4\sigma_t t} = 16.25 + \dfrac{46.11 \times \pi \times 16.25^2 \times 1}{4 \times 49.05 \times 20} = 26mm$

(3) $e = \dfrac{d}{2}\left(1 + \sqrt{\dfrac{3\pi d \tau}{4 t \sigma_t}}\right) = \dfrac{16.25}{2}\left(1 + \sqrt{\dfrac{3\pi \times 16.25 \times 46.11}{4 \times 20 \times 49.05}}\right) = 19.02mm$

15

강판의 허용인장응력 $1.2MPa$, 두께 $11mm$인 강판을 2줄 맞대기 리벳 이음으로 직경 $1.2m$인 보일러를 제작하려 한다. 리벳의 전단응력은 $0.8MPa$이고, 리벳의 구멍 직경은 $18mm$이고, 피치가 동일하고, 강판의 효율과 리벳의 효율이 같다고 가정할 때 다음을 구하시오.
(단, 리벳의 지름과 리벳의 구멍 지름 크기가 동일하다.)

(1) 강판의 효율 $[\%]$
(2) 보일러의 사용 증기압 $[MPa]$ (소수점 넷 째 자리까지 표기하시오.)

해설

(1) $p = d + \dfrac{\pi d^2 n}{4\sigma_a t} = 18 + \dfrac{0.8\pi \times 18^2 \times 2}{4 \times 1.2 \times 11} = 48.84mm$

$\therefore \eta_t = 1 - \dfrac{d}{p} = 1 - \dfrac{18}{48.84} = 0.6314 = 63.14\%$

(2) $t = \dfrac{PD}{2\sigma_a \eta} \Rightarrow \therefore P = \dfrac{2\sigma_a \eta t}{D} = \dfrac{2 \times 1.2 \times 0.6314 \times 11}{1200} = 0.0139 MPa$

16

강판의 허용인장응력 $100MPa$, 두께 $10mm$인 강판을 양쪽 덮개판 맞대기 이음으로 안지름 $1000mm$인 원통형 보일러를 제작 하고자 한다. 리벳의 허용전단응력이 $80MPa$이고, 리벳의 지름은 $20mm$이고, 피치가 동일하고, 강판의 효율과 리벳의 효율이 같다고 가정할 때 다음을 구하시오.
(단, 리벳의 지름과 리벳의 구멍 지름 크기가 동일하다.)

(1) 리벳이음의 효율 $[\%]$
(2) 보일러의 사용 증기압 $[MPa]$ (단, 부식계수는 $1mm$이다.)

> **해설**

(1) $\eta_t = \eta_s \Rightarrow 1 - \dfrac{d}{p} = \dfrac{\tau_a \pi d^2 \times 1.8n}{4\sigma_a pt} = 1 - \dfrac{20}{p} = \dfrac{80\pi \times 20^2 \times 1.8 \times 1}{4 \times 100 \times p \times 10}$

$\therefore p = 65.24mm$

$\eta_t = \eta_s = 1 - \dfrac{d}{p} = 1 - \dfrac{20}{65.24} = 0.6934 = 69.34\%$

$\therefore \eta = 69.34\%$

(2) $t = \dfrac{PD}{2\sigma_a \eta} + C \Rightarrow 10 = \dfrac{P \times 1000}{2 \times 100 \times 0.6934} + 1$

$\therefore P = 1.25MPa$

17

그림과 같이 $\overline{W} = 20000N$의 하중을 받는 리벳 이음 구조물을 제작하고자 한다. 리벳의 허용전단응력은 $80MPa$이고 피치는 $50mm$일 때 리벳 구멍의 지름$[mm]$을 구하시오.

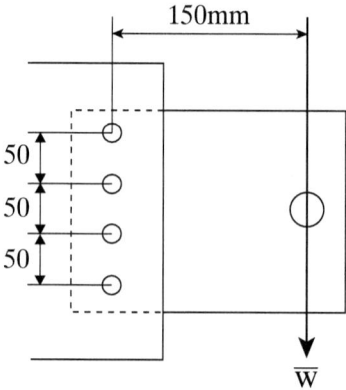

> **해설**

$Q = \dfrac{\overline{W}}{n} = \dfrac{20000}{4} = 5000N$

$K = \dfrac{\overline{W}e}{N_1 r_1^2 + N_2 r_2^2} = \dfrac{20000 \times 150}{2 \times 75^2 + 2 \times 25^2} = 240N/mm$

$F_1 = Kr_1 = 240 \times 75 = 18000N$

리벳에 작용하는 최대 전단하중$(R_{\max}) = \sqrt{Q^2 + F_1^2} = \sqrt{5000^2 + 18000^2} = 18681.54N$

$\therefore d = \sqrt{\dfrac{4R_{\max}}{\pi \tau_a}} = \sqrt{\dfrac{4 \times 18681.54}{\pi \times 80}} = 17.24mm$

18

그림과 같이 $\overline{W} = 20kN$의 하중을 받는 리벳 이음 구조물을 제작하고자 한다. 리벳의 허용전단응력은 $70MPa$일 때 리벳 구멍의 지름$[mm]$을 구하시오.

(단, $F = \dfrac{\overline{W}e}{4r}$ 이다.)

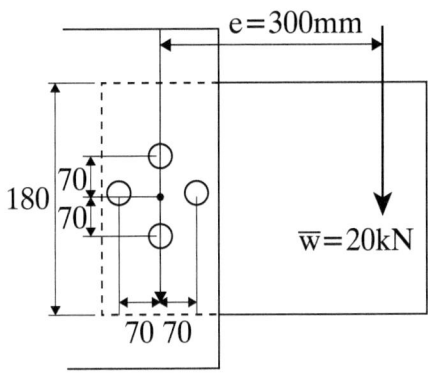

해설

$Q = \dfrac{\overline{W}}{n} = \dfrac{20 \times 10^3}{4} = 5000N$

$F = \dfrac{\overline{W}e}{4r} = \dfrac{20 \times 10^3 \times 300}{4 \times 70} = 21428.57N$

$R_{\max} = Q + F = 5000 + 21428.57 = 26428.57N$

$\therefore d = \sqrt{\dfrac{4R_{\max}}{\pi \tau_a}} = \sqrt{\dfrac{4 \times 26428.57}{\pi \times 70}} = 21.93mm$

19

그림과 같이 $30kN$의 하중을 받는 리벳 이음의 구조물을 제작하고자 한다. 다음을 구하시오.

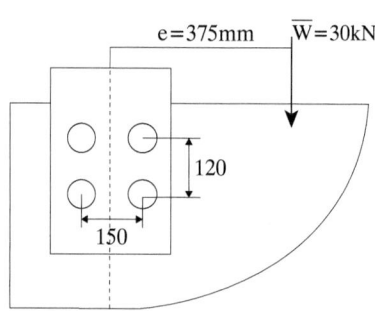

(1) 직접 전단하중 $[N]$
(2) 모멘트에 의한 각 리벳의 전단하중 $[N]$
(3) 리벳에 작용하는 최대 전단하중 $[N]$
(4) 리벳의 직경 $[mm]$ (단, 리벳의 허용 전단응력은 $75MPa$)

해설

(1) $Q = \dfrac{\overline{W}}{n} = \dfrac{30 \times 10^3}{4} = 7500N$

(2) $r = \sqrt{60^2 + 75^2} = 96.05mm$
$K = \dfrac{\overline{W}e}{Nr^2} = \dfrac{30 \times 10^3 \times 375}{4 \times 96.05^2} = 304.86 N/mm$
$\therefore F = Kr = 304.86 \times 96.05 = 29281.8N$

(3) $\cos\theta = \dfrac{75}{r} = \dfrac{75}{96.05} = 0.781$
$R_{\max} = \sqrt{Q^2 + F^2 + 2QF\cos\theta} = \sqrt{7500^2 + 29281.8^2 + 2 \times 7500 \times 29281.8 \times 0.781}$
$\therefore R_{\max} = 35450.11N$

(4) $d = \sqrt{\dfrac{4R_{\max}}{\pi \tau_a}} = \sqrt{\dfrac{4 \times 35450.11}{\pi \times 75}} = 24.53mm$

20

그림과 같이 $W = 50kN$의 하중을 받는 리벳 이음 구조물을 제작하고자 한다. 리벳의 전단응력은 $180MPa$, 안전율은 3일 때 리벳의 지름 $[mm]$을 구하시오.

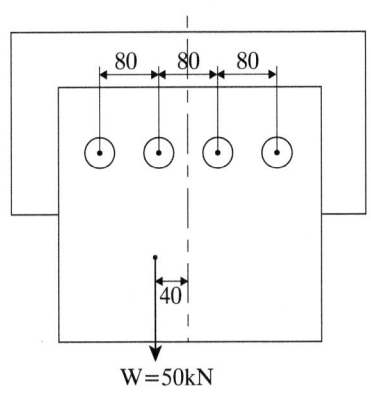

해설

$Q = \dfrac{W}{n} = \dfrac{50 \times 10^3}{4} = 12500N$

$K = \dfrac{We}{N_1 r_1^2 + N_2 r_2^2} = \dfrac{50 \times 10^3 \times 40}{2 \times 120^2 + 2 \times 40^2} = 62.5 N/mm$

$F_1 = Kr_1 = 62.5 \times 120 = 7500N$

리벳에 작용하는 최대 전단하중 (R_{max}) = $Q + F_1 = 12500 + 7500 = 20000N$

$\tau_a = \dfrac{\tau}{S} = \dfrac{180}{3} = 60MPa$

$\therefore d = \sqrt{\dfrac{4R_{max}}{\pi \tau_a}} = \sqrt{\dfrac{4 \times 20000}{\pi \times 60}} = 20.6mm$

04

용접이음

4-1. 용접이음의 강도설계

4-2. 4측 필렛 용접이음의 강도설계

4-3. 용접부 잔류응력 제거법

Chapter 4

용접이음

4-1 용접이음의 강도설계

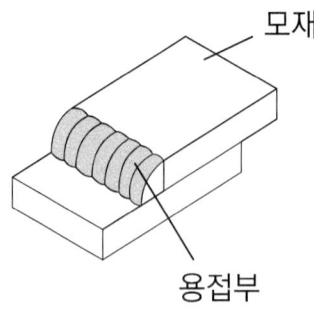

용접이란, 모재의 접합부를 용융상태로 가열하며 밀착시켜 반영구적으로 결합시키는 방식이다.

(1) 맞대기 용접이음

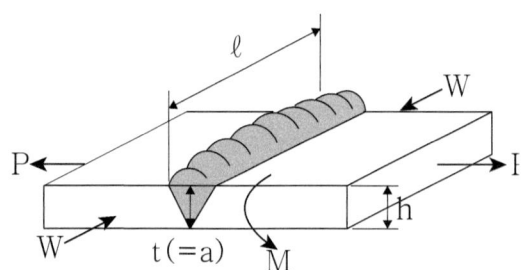

P : 인장 하중 $[N]$
W : 전단 하중 $[N]$
M : 굽힘 모멘트 $[N \cdot m]$
ℓ : 용접 길이 $[mm]$
a : 목 두께 $[mm]$
h : 모재 두께 $[mm]$
     (=용접 다리, 용접 사이즈)

① 인장 응력(σ_t) $[N/mm^2]$

작용하는 인장 하중(P)에 대한 파괴가상면적 $A = t\ell$ 이며 맞대기 용접 이음에서는 목 두께(t)와 모재 두께(h)가 같으므로 $A = h\ell$ 로도 나타낼 수 있다. 따라서

$$\sigma_t = \frac{P}{A} = \frac{P}{t\ell} = \frac{P}{h\ell}$$

② 전단 응력(τ) $[N/mm^2]$

작용하는 전단 하중(W)에 대한 파괴가상면적 $A = t\ell = h\ell$ 이므로

$$\tau = \frac{W}{A} = \frac{W}{t\ell} = \frac{W}{h\ell}$$

③ 굽힘 응력(σ_b) $[N/mm^2]$

작용하는 굽힘 모멘트(M)에 의한 단면계수(Z)는

$$Z = \frac{bh^2}{6} = \frac{\ell t^2}{6}$$ 이므로

$$\sigma_b = \frac{M}{Z} = \frac{M}{\frac{\ell t^2}{6}} = \frac{6M}{\ell t^2}$$

✔ 단면계수 $Z = \frac{bh^2}{6}$ 에서 h는 모멘트가 작용하여 기울어지는 방향의 두께를 의미합니다.
따라서 위 그림에서는 목 두께(t)가 h로 적용됩니다.

(2) 전면 필렛 용접이음

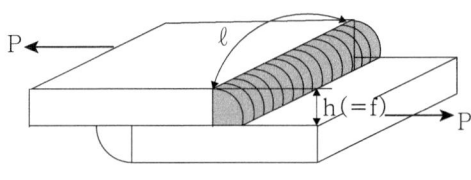

여기서,
P : 인장 하중 $[N]$
ℓ : 용접 길이 $[mm]$
a : 목 두께 $[mm]$
$h(=f)$: 모재 두께 $[mm]$
　　　(=용접 다리, 용접 사이즈)

① 목 두께(a) $[mm]$

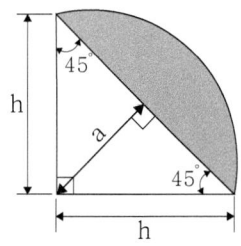

그림에서 용접 다리(h)와 목 두께(a) 사이의 관계를 식으로 표현하면

$$a = h\cos 45° = 0.707h$$

② 인장 응력(σ_t) $[N/mm^2]$

파괴가상면적 $A = a\ell$ 이며 두 곳에서 파괴가 일어나므로

$$\sigma_t = \frac{P}{2A} = \frac{P}{2a\ell} = \frac{P}{2h\ell\cos45°} = \frac{0.707P}{h\ell}$$

(3) 측면 필렛 용접이음

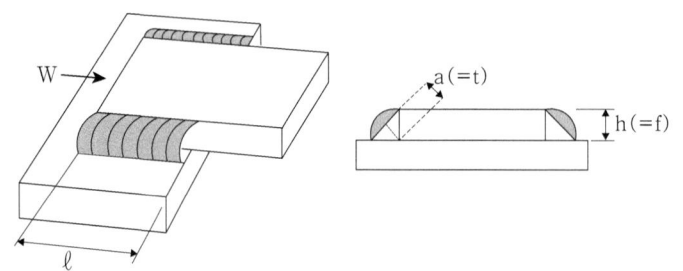

▮ 측면 필렛 용접 이음의 강도설계

여기서,
W : 전단 하중 $[N]$
ℓ : 용접 길이 $[mm]$
$h(=f)$: 모재 두께 $[mm]$
 (=용접 다리, 용접 사이즈)
$a(=t)$: 목 두께 $[mm]$

① 전단 응력(τ) $[N/mm^2]$

파괴가상면적 $A = a\ell$ 이며 두 곳에서 파괴가 일어나므로

$$\tau = \frac{W}{2A} = \frac{W}{2a\ell} = \frac{W}{2h\ell\cos45°} = \frac{0.707W}{h\ell}$$

4-2 4측 필렛 용접이음의 강도설계

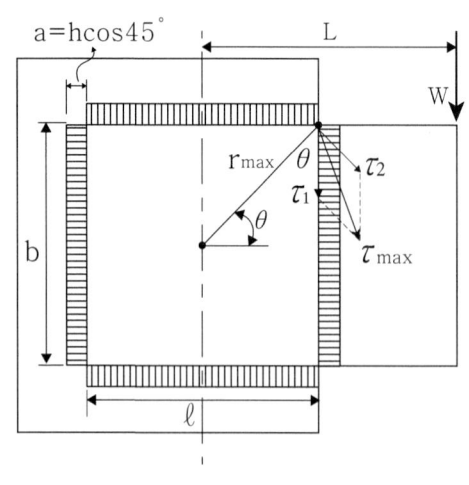

▮ 4측 필렛 용접된 구조물

여기서,
W : 편심 하중 $[N]$
L : 편심 거리 $[mm]$
r_{max} : 최대 반경 $[mm]$
τ_1 : 편심하중에 의한 전단응력 $[N/mm^2]$
τ_2 : 비틀림에 의한 전단응력 $[N/mm^2]$
b : 용접부 두께 $[mm]$
ℓ : 용접부 길이 $[mm]$
a : 목 두께 $[mm]$ (=$h\cos45°$)
h : 용접 치수 $[mm]$

(1) 편심하중에 의한 전단응력(τ_1) $[N/mm^2]$

위 그림에서 가장 큰 전단응력이 작용하는 곳은 모서리 부분이므로 한 모서리를 기준으로 강도설계를 한다. 총 4개 면이 용접돼있으므로 편심하중에 의한 전단응력은

$$\tau_1 = \frac{W}{2ab + 2a\ell} = \frac{W}{2a(b+\ell)}$$

(2) 비틀림에 의한 전단응력(τ_2) $[N/mm^2]$

$$\tau_2 = \frac{Tr_{\max}}{I_P} = \frac{\overline{WL}r_{\max}}{I_P} = \frac{\overline{WL}r_{\max}}{Z_P \cdot a}$$

여기서,
I_P : 용접부의 극단면 2차 모멘트 $[mm^4]$
Z_P : 용접부의 극단면계수 $[mm^3]$

(3) 용접 유형별 극단면계수(Z_P)

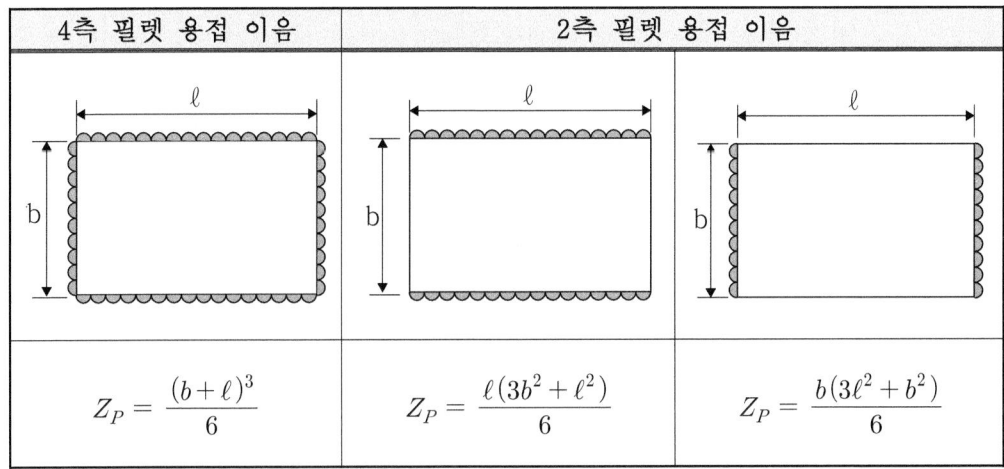

4측 필렛 용접 이음	2측 필렛 용접 이음	
$Z_P = \dfrac{(b+\ell)^3}{6}$	$Z_P = \dfrac{\ell(3b^2+\ell^2)}{6}$	$Z_P = \dfrac{b(3\ell^2+b^2)}{6}$

(4) 최대 전단응력($\tau_{\max}$) $[N/mm^2]$

$$\tau_{\max} = \sqrt{\tau_1^2 + \tau_2^2 + 2\tau_1\tau_2\cos\theta}$$

✔ 4측 또는 2측 필렛 용접 이음은 최근 시험에서 빈출되는 파트입니다. (1)~(4) 공식을 차례로 이용하도록 출제가 되니 위 내용을 순서대로 이해하고 암기하면 쉽게 해결할 수 있습니다.

4-3 원형 단면 필렛 용접이음의 강도설계

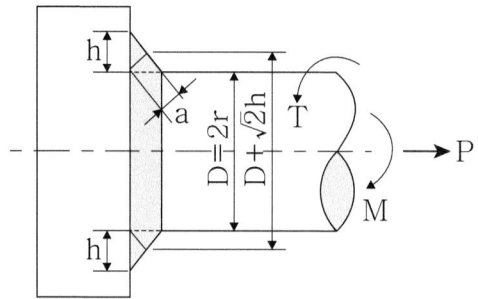

여기서,
P : 인장 하중 $[N]$
M : 굽힘 모멘트 $[N \cdot mm]$
T : 비틀림 모멘트 $[N \cdot mm]$
h : 용접 치수 $[mm]$
a : 목 두께$(= h\cos 45°)$ $[mm]$
D : 용접부 지름 $[mm]$
e : 최외곽 거리 $[mm]$

① 인장하중(P) $[N]$

$$P = A\sigma_t = \frac{\pi}{4}\left[(D+2a)^2 - D^2\right]\sigma_t = \frac{\pi}{4}\left[(D+\sqrt{2}h)^2 - D^2\right]\sigma_t$$

② 굽힘모멘트(M) $[N \cdot mm]$

$$M = \sigma_b Z = \sigma_b \times \frac{I}{e}$$

$$I = \frac{\pi}{64}\left[(D+\sqrt{2}h)^4 - D^4\right], \quad e = \frac{D+\sqrt{2}h}{2}$$

$$\therefore M = \sigma_b \times \frac{\pi\left[(D+\sqrt{2}h)^4 - D^4\right]}{32(D+\sqrt{2}h)}$$

③ 비틀림모멘트(T) $[N \cdot mm]$

$$T = \tau Z_P = \tau \times \frac{I_P}{e}$$

$$I_p = \frac{\pi}{32}\left[(D+\sqrt{2}h)^4 - D^4\right], \quad e = \frac{D+\sqrt{2}h}{2}$$

$$\therefore T = \tau \times \frac{\pi\left[(D+\sqrt{2}h)^4 - D^4\right]}{16(D+\sqrt{2}h)}$$

4-4 용접부 잔류응력 제거법

① 기계적 응력완화법

② 풀림처리 : 용접물을 가열로에 넣고 약 600℃로 일정시간 유지한 후 서냉하여 잔류응력을 제거한다.

③ 피닝법 : 해머로 연속적으로 두드려서 잔류응력을 제거한다.

Memo

04. 용접이음

01

용접 길이가 $50mm$이고, 목 두께는 $12mm$인 맞대기 용접 이음의 강도설계를 하고자 한다. 이때 작용하는 인장하중$[kN]$을 구하시오.
(단, 허용 인장응력은 $65MPa$이다.)

$P = \sigma_a A = \sigma_a t \ell = 65 \times 50 \times 12 = 39000N ≒ 39kN$

02

용접 길이가 $65mm$이고, 목 두께는 $15mm$인 맞대기 용접 이음의 강도설계를 하고자 한다. 허용 전단응력이 $70MPa$일 때 작용하는 전단하중$[kN]$을 구하시오.

$W = \tau_a A = \tau_a t \ell = 70 \times 15 \times 65 = 68250N ≒ 68.25kN$

03

다음 그림과 같은 측면 필렛 용접 이음에서 용접 다리는 $15mm$, 하중은 $200kN$, 허용 전단응력은 $60MPa$일 때 용접 길이$[mm]$를 구하시오.

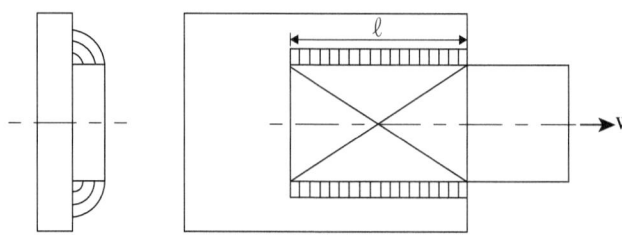

> **해설**
> $W = \tau_a A = \tau_a \times 2a\ell = \tau_a \times 2\ell h \cos 45°$
> $\therefore \ell = \dfrac{W}{2h\cos 45° \times \tau_a} = \dfrac{200 \times 10^3}{2 \times 15 \times \cos 45° \times 60} = 157.13 mm$

04

다음 그림과 같은 측면 필렛 용접이음에서 판재두께는 $12mm$, 허용 전단응력은 $60MPa$, 용접 길이 $150mm$일 때 인장하중$[kN]$을 구하시오.

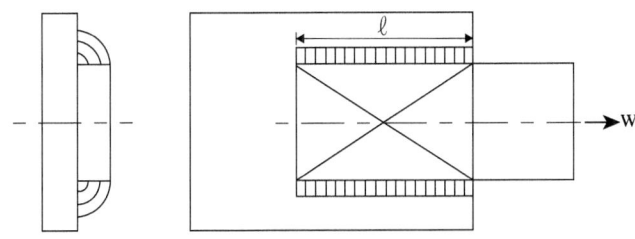

> **해설**
> $W = \tau_a A = \tau_a \times 2a\ell = \tau_a \times 2\ell h \cos 45° = 60 \times 2 \times 150 \times 12 \cos 45° = 152735.06 N \fallingdotseq 152.74 kN$

05

다음 그림과 같은 4측 필렛 용접이음에서 편심하중이 $50kN$이 작용한다. 용접 사이즈 $10mm$, 용접 길이 $250mm$일 때 최대 전단응력$[MPa]$을 구하시오.

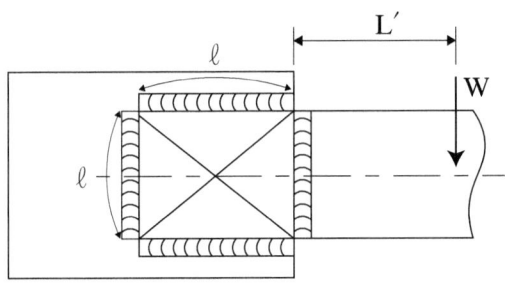

> **해설**
> 편심하중에 의한 전단응력 : $\tau_1 = \dfrac{F}{4a\ell} = \dfrac{F}{4\ell h \cos 45°} = \dfrac{50 \times 10^3}{4 \times 250 \times 10 \cos 45°} = 7.07 MPa$
> $r_{\max} = \sqrt{\left(\dfrac{\ell}{2}\right)^2 + \left(\dfrac{\ell}{2}\right)^2} = \sqrt{\left(\dfrac{250}{2}\right)^2 + \left(\dfrac{250}{2}\right)^2} = 176.78 mm$
> $I_P = \dfrac{(\ell+\ell)^3}{6} \times a = \dfrac{(2\ell)^3}{6} \times h\cos 45° = \dfrac{500^3}{6} \times 10\cos 45° = 147313912.7 mm^4$

비틀림에 의한 전단응력 : $\tau_2 = \dfrac{FLr_{\max}}{I_P} = \dfrac{50 \times 10^3 \times 500 \times 176.78}{147313912.7} = 30 MPa$

$\cos\theta = \dfrac{\left(\dfrac{\ell}{2}\right)}{r_{\max}} = \dfrac{125}{176.78} = 0.707$

최대전단응력 : $\tau_{\max} = \sqrt{\tau_1^2 + \tau_2^2 + 2\tau_1\tau_2\cos\theta} = \sqrt{7.07^2 + 30^2 + 2 \times 7.07 \times 30 \times 0.707}$
$\therefore \tau_{\max} = 35.35 MPa$

06

다음 그림과 같은 4측 필렛 용접이음에 편심하중 $60kN$이 작용한다. 용접 다리 $8mm$, $\ell = 300mm$, $L' = 400mm$일 때 최대 전단응력$[MPa]$을 구하시오.

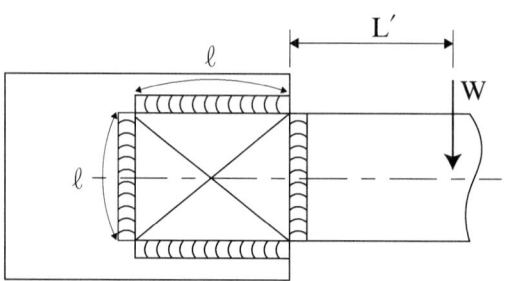

해설

편심하중에 의한 전단응력 : $\tau_1 = \dfrac{W}{4a\ell} = \dfrac{W}{4\ell h\cos 45°} = \dfrac{60 \times 10^3}{4 \times 300 \times 8\cos 45°} = 8.84 MPa$

편심거리 $L = L' + \dfrac{\ell}{2} = 400 + \dfrac{300}{2} = 550mm$

$r_{\max} = \sqrt{\left(\dfrac{\ell}{2}\right)^2 + \left(\dfrac{\ell}{2}\right)^2} = \sqrt{\left(\dfrac{300}{2}\right)^2 + \left(\dfrac{300}{2}\right)^2} = 212.13mm$

$I_P = \dfrac{(\ell+\ell)^3}{6} \times a = \dfrac{(2\ell)^3}{6} \times h\cos 45° = \dfrac{600^3}{6} \times 8\cos 45° = 203646753 mm^4$

비틀림에 의한 전단응력 : $\tau_2 = \dfrac{WLr_{\max}}{I_P} = \dfrac{60 \times 10^3 \times 550 \times 212.13}{203646753} = 34.37 MPa$

$\cos\theta = \dfrac{\left(\dfrac{\ell}{2}\right)}{r_{\max}} = \dfrac{150}{212.13} = 0.707$

최대전단응력 : $\tau_{\max} = \sqrt{\tau_1^2 + \tau_2^2 + 2\tau_1\tau_2\cos\theta} = \sqrt{8.84^2 + 34.37^2 + 2 \times 8.84 \times 34.37 \times 0.707}$
$= 41.1 MPa$

07

다음 그림과 같은 2측 필렛 용접이음이 있다. 용접 사이즈는 $14mm$이고 허용 전단응력이 $100MPa$일 때 설계가 안전한지 검토하시오.

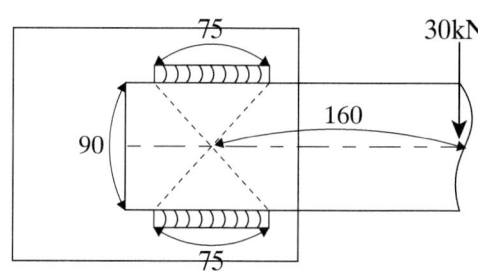

해설

편심하중에 의한 전단응력 : $\tau_1 = \dfrac{W}{2a\ell} = \dfrac{W}{2\ell h\cos45°} = \dfrac{30 \times 10^3}{2 \times 75 \times 14\cos45°} = 20.2MPa$

$r_{max} = \sqrt{37.5^2 + 45^2} = 58.58mm$

$I_P = \dfrac{\ell(3b^2 + \ell^2)}{6} \times a = \dfrac{\ell(3b^2 + \ell^2)}{6} \times h\cos45° = \dfrac{75 \times (3 \times 90^2 + 75^2)}{6} \times 14\cos45° = 3703029.83mm^4$

비틀림에 의한 전단응력 : $\tau_2 = \dfrac{WLr_{max}}{I_P} = \dfrac{30 \times 10^3 \times 160 \times 58.58}{3703029.83} = 75.93MPa$

$\cos\theta = \dfrac{37.5}{r_{max}} = \dfrac{37.5}{58.58} = 0.64$

최대전단응력 : $\tau_{max} = \sqrt{\tau_1^2 + \tau_2^2 + 2\tau_1\tau_2\cos\theta} = \sqrt{20.2^2 + 75.93^2 + 2 \times 20.2 \times 75.93 \times 0.64} = 90.2MPa$

따라서 $\tau_{max} = 90.2MPa < \tau_a = 100MPa$ 이므로 안전하다.

08

두께 $25mm$의 강판이 다음 그림과 같이 용접 사이즈 $10mm$로 필릿용접되어 하중을 받고 있다. 허용 전단응력이 $150MPa$, $b = d = 50mm$, $L = 150mm$이고, 용접부 단면의 극단면 모멘트 $I_P = 0.707h\dfrac{d(3b^2 + d^2)}{6}$일 때 허용하중 $F[N]$을 구하시오.

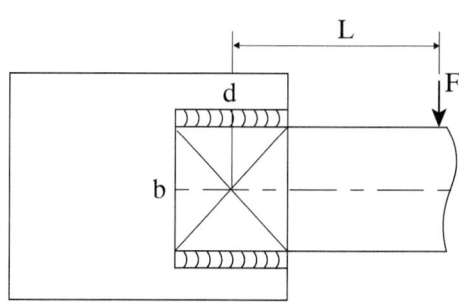

해설

$$\tau_1 = \frac{F}{A} = \frac{F}{2da} = \frac{F}{2dh\cos45°} = \frac{F}{2\times50\times10\cos45°} = 1414.21\times10^{-6}F[MPa] = 1414.21F[Pa]$$

$$\tau_2 = \frac{FLr_{max}}{I_P} = \frac{F\times150\times\sqrt{25^2+25^2}}{0.707\times10\times\frac{50(3\times50^2+50^2)}{6}} = 9001.36\times10^{-6}F[MPa] = 9001.36F[Pa]$$

$$\cos\theta = \frac{25}{r_{max}} = \frac{25}{\sqrt{25^2+25^2}} = 0.707$$

$$\tau_{max} = \sqrt{\tau_1^2+\tau_2^2+2\tau_1\tau_2\cos\theta} \Rightarrow \tau_{max}^2 = \tau_1^2+\tau_2^2+2\tau_1\tau_2\cos\theta$$

$$(150\times10^6)^2 = F^2[(1414.21^2+9001.36^2)+(2\times1414.21\times9001.36\times0.707)]$$

$$\therefore F = 14923.75N$$

09

다음 그림의 측면 필렛 용접 이음 그림에서 용접부의 허용전단응력은 $40MPa$, 리벳 허용 전단응력은 $140MPa$ 이다. 다음을 구하시오.

(1) 용접부의 인장하중 $[kN]$
(2) 리벳의 최소 지름 $[mm]$

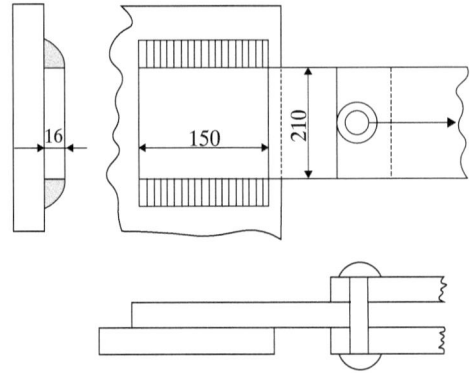

해설

(1) $P = \tau A = \tau\times2a\ell = \tau\times2\ell h\cos45° = 40\times2\times150\times16\cos45° = 135764.5N ≒ 135.76kN$

(2) 그림은 양쪽 덮개판 맞대기 이음이므로 복전단면 계수($1.8n$)를 고려해준다.

$$P = \frac{\pi d^2\times1.8n}{4} \Rightarrow \tau = \frac{4P}{1.8\pi d^2 n} \leq \tau_a$$

$$d \geq \sqrt{\frac{4P}{1.8n\pi\tau_a}} = \sqrt{\frac{4\times135.76\times10^3}{1.8\times1\times\pi\times140}} \geq 26.19mm$$

$$\therefore d = 26.19mm$$

10

다음 양쪽 덮개판 맞대기 이음에 용접을 한 그림에서, 용접부 허용전단응력 $40MPa$, 리벳의 허용전단응력 $45MPa$, 강판의 허용인장응력 $28MPa$, 리벳의 직경 $25mm$, 용접 다리 $20mm$일 때 안전을 고려하여 최대안전하중$[kN]$을 구하시오.

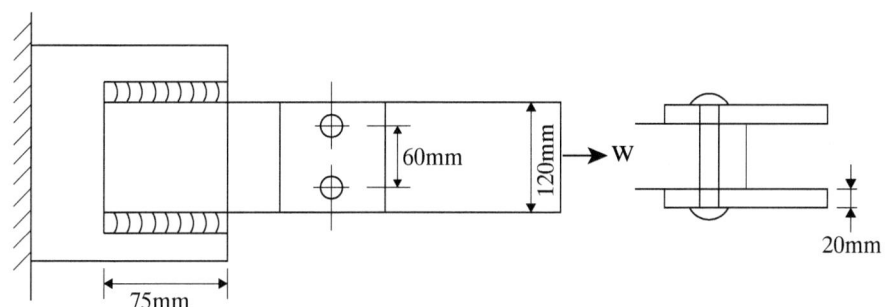

해설

① 용접부만 고려할 때 최대하중(W_1)
$W_1 = \tau_a A = \tau_a \times 2a\ell = \tau_a \times 2\ell h \cos 45° = 40 \times 2 \times 75 \times 20 \cos 45° = 84852.81N \fallingdotseq 84.85kN$

② 리벳전단만 고려할 때 최대하중(W_2)
그림은 양쪽 덮개판 맞대기 이음이므로 복전단면 계수($1.8n$)를 고려해준다.
$W_2 = \tau \dfrac{\pi d^2}{4} \times 1.8n = 45 \times \dfrac{\pi \times 25^2}{4} \times 1.8 \times 2 = 79521.56N \fallingdotseq 79.52kN$

③ 강판의 인장만 고려할 때 최대하중(W_3)
$W_3 = \sigma_a (b-nd)t = 28 \times (120-2 \times 25) \times 20 = 39200N \fallingdotseq 39.2kN$

여기서 안전을 고려한 최대안전하중은 ①, ②, ③중 가장 작은 값을 선정하므로
∴③ 강판의 인장만 고려할 때 최대하중 : $W_3 = 39.2kN$

05

축의 설계

5-1. 강도에 의한 축의 설계

5-2. 던커레이(Dunkerley) 공식

5-3. 전동축의 강성설계

Chapter 5

축의 설계

5-1 강도에 의한 축의 설계

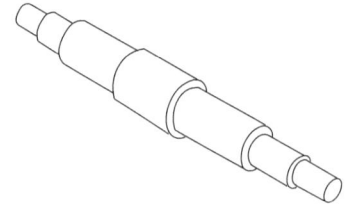

축이란, 일반적으로 베어링에 지지되고 굽힘, 비틀림, 축력 등을 받아서 회전토크를 전달하는 기계요소이다. 회전체(마찰차, 풀리, 기어, 스프로킷 및 플라이휠 등)와 결합하여 회전하는 경우가 많다.

(1) 모멘트를 받는 축의 설계

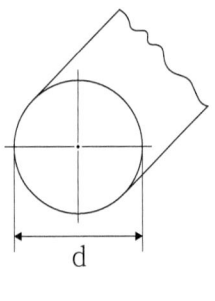

┃중공축

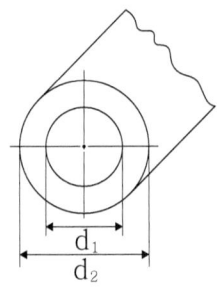

┃중실축

① 비틀림 모멘트(T)만 받는 경우

비틀림 모멘트 $T = \tau_a Z_P$ 이므로

㉠ 중실원축 : $Z_P = \dfrac{\pi d^3}{16}$ $\therefore d = \sqrt[3]{\dfrac{16T}{\pi \tau_a}}$

㉡ 중공원축 : $Z_P = \dfrac{\pi d_2^3 (1-x^4)}{16}$ $\therefore d_2 = \sqrt[3]{\dfrac{16T}{\pi \tau_a (1-x^4)}}$

② 굽힘 모멘트(M)만 받는 경우

굽힘 모멘트 $M = \sigma_b Z$ 이므로

㉠ 중실원축 : $Z = \dfrac{\pi d^3}{32}$ $\qquad \therefore d = \sqrt[3]{\dfrac{32M}{\pi \sigma_a}}$

㉡ 중공원축 : $Z = \dfrac{\pi d_2^3 (1-x^4)}{32}$ $\qquad \therefore d_2 = \sqrt[3]{\dfrac{32M}{\pi \sigma_a (1-x^4)}}$

여기서, $x = \dfrac{d_1}{d_2}$: 내외경비

③ 비틀림 모멘트(T) 굽힘 모멘트(M)을 동시에 받는 경우

㉠ 상당 비틀림 모멘트(T_e) : $T_e = \sqrt{M^2 + T^2}$

㉡ 상당 굽힘 모멘트(M_e) : $M_e = \dfrac{1}{2}(M + \sqrt{M^2 + T^2}) = \dfrac{1}{2}(M + T_e)$

④ 동적 하중 계수(k_m, k_t)가 주어질 경우(=동하중을 받는 경우)

① 상당 비틀림 모멘트(T_e) : $T_e = \sqrt{(k_m M)^2 + (k_t T)^2}$

② 상당 굽힘 모멘트(M_e) : $M_e = \dfrac{1}{2}(k_m M + \sqrt{(k_m M)^2 + (k_t T)^2})$

여기서, k_m : 굽힘에 의한 동적 하중 계수
k_t : 비틀림에 의한 동적 하중 계수

⑤ 중량비(ε)

동일한 재질 및 길이의 중실축에 대한 중공축의 중량비는 다음과 같이 구한다.

$$\varepsilon = \frac{W_A(\text{중공축})}{W_B(\text{중실축})} = \frac{\gamma V_A}{\gamma V_B} = \frac{\gamma A_A \ell}{\gamma A_B \ell} = \frac{A_A}{A_B} = \frac{\frac{\pi(d_2^2 - d_1^2)}{4}}{\frac{\pi d^2}{4}} = \frac{d_2^2 - d_1^2}{d^2}$$

✔ 축 문제가 나올 경우 ① 중실원축 : 직경(d)구하기, ② 중공원축 : 내경(d_1) 또는 외경(d_2) 구하기 문제가 자주 출제됩니다. 만약 굽힘과 비틀림을 동시에 받는 축의 문제라면 **상당치를 고려하여 문제를 풀어야** 합니다.

✔ 중공축의 경우에는 안전한 설계를 위해 외경(d_2)과 내경(d_1)을 선정할 때 **외경(d_2)은 큰 값**을 선정하고 **내경(d_1)은 작은 값**을 선정합니다.

5-2 던커레이(Dunkerley) 공식

(1) 축의 위험속도(N_c)

축의 회전속도(N)가 특정 회전속도에 도달했을 때, 축의 처짐이 급격하게 증가하여 진동이 생기는데 이 진동의 정도가 커서 파손에 이르게 되는 속도이다.

이 때, 고유 각진동수는 $w_n = \sqrt{\frac{k}{m}} = \sqrt{\frac{g}{\delta}}$ 으로 나타낼 수 있고

이는 임계속도(N_C)의 각속도 $w_n = \frac{2\pi N_C}{60}$ 로 나타낼 수 있으므로

$w_n = \sqrt{\frac{k}{m}} = \sqrt{\frac{g}{\delta}} = \frac{2\pi N_C}{60}$ 에서

$$N_C = \frac{30}{\pi}\sqrt{\frac{g}{\delta}}$$

여기서,
w_n : 고유 각진동수 $[rad/s]$
k : 축의 탄성 계수 $[N/m]$
m : 축의 질량 $[kg]$
g : 중력가속도 ($g = 9800mm/s^2$)
δ : 하중점의 처짐량 $[mm]$

✔ 중력가속도(g) 대입시 단위를 주의하여야 합니다. 처짐량이 $[mm]$단위로 주어졌을 경우에 **중력가속도(g)의 단위도 $[mm]$단위로 변환**하여 $g = 9800mm/s^2$으로 대입해야 합니다.

(2) 던커레이(Dunkerley) 공식

한 개의 축에 여러 개의 회전체가 결합되어 있을 때 전체의 위험속도(N_C)를 구하는 공식

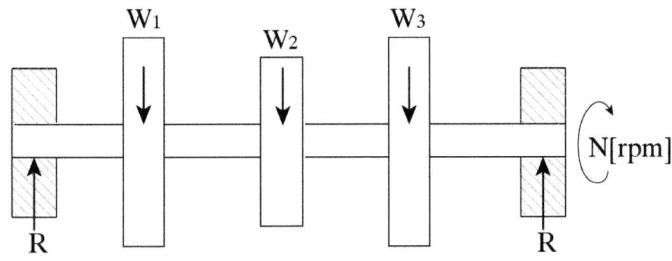

▎축에 결합된 회전체

① 일반식 : $\dfrac{1}{N_c^2} = \dfrac{1}{N_o^2} + \dfrac{1}{N_1^2} + \dfrac{1}{N_2^2} + \cdots + \dfrac{1}{N_n^2}$

$$\therefore N_c = \dfrac{1}{\sqrt{\dfrac{1}{N_o^2} + \dfrac{1}{N_1^2} + \dfrac{1}{N_2^2} + \cdots + \dfrac{1}{N_n^2}}}$$

② 회전체가 없을 때 축 자중에 의한 위험속도(N_o) [rpm]

$$N_o = \dfrac{30}{\pi}\sqrt{\dfrac{g}{\delta_o}}$$

③ 회전체가 단독 설치되어 있다고 가정할 때의 위험속도(N_1, N_2, N_3, $\cdots$) [rpm]

$$N_1 = \dfrac{30}{\pi}\sqrt{\dfrac{g}{\delta_1}}$$

(3) 처짐량(δ) [mm]

① 축의 자중에 의한 처짐량(δ_o)

이 때, 축을 분포하중을 받는 단순보로 생각하므로 최대 처짐량은

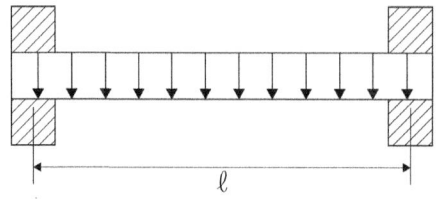

$$\delta_o = \frac{5w\ell^4}{384EI}$$

② 회전체의 무게에 의한 처짐량(δ_1)

㉠ 양 쪽에 베어링이 있을 경우

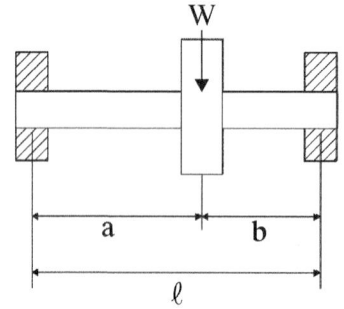

$$\delta_1 = \frac{Wa^2b^2}{3\ell EI}$$

㉡ 한 쪽에 베어링이 있을 경우

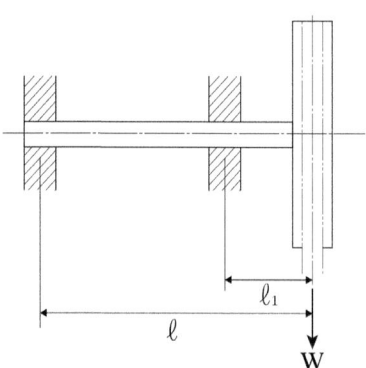

$$\delta_1 = \frac{W\ell_1^2\ell}{3EI}$$

5-3 전동축의 강성설계

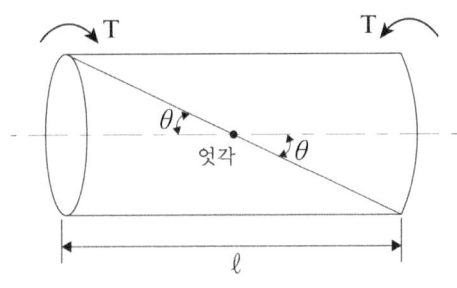

┃ 전동축에 발생하는 비틀림각

(1) 비틀림각 : $\theta = \dfrac{T\ell}{GI_P} [rad] = \dfrac{180}{\pi} \times \dfrac{T\ell}{GI_P} [°]$

✔ 축의 비틀림각 문제에서 '양 끝단의 비틀림 각이 각각 1°일 때' 라는 조건이 주어지면 축의 가운데를 기준으로 하여 양 옆으로 1°씩 비틀린 경우를 의미하므로 총 비틀림각은 2°가 아니고 엇각의 개념으로 1°입니다.

(2) 축의 안전한 회전속도의 범위

축의 안전한 회전속도의 범위는 위험속도(N_C)의 ±25% 밖에 있는 회전속도이다. 예시로 어떠한 축의 위험속도가 $N_C = 1000 rpm$ 인 경우 위험한 회전속도 범위는 $750 rpm \leq N_C \leq 1250 rpm$ 이다. 따라서 이 구간 안의 회전속도로 구동하지 않아야 한다. 문제에서 '안전한 회전속도를 구하라.'와 같은 조건이 주어지면 위험속도의 ±25%를 벗어난 회전속도를 선정하면 된다.

05. 축의 설계

01

회전수 $300\,rpm$, 축의 허용 전단응력은 $30\,MPa$ 일 때 $30\,kW$로 전달하는 중실축의 지름 $[mm]$을 구하시오.

해설

$$T = \frac{H}{\omega} = \frac{H}{\frac{2\pi N}{60}} = \frac{30 \times 10^3}{\frac{2\pi \times 300}{60}} = 954.93\,N \cdot m$$

$$T = \tau_a Z_P = \tau_a \times \frac{\pi d^3}{16} \Rightarrow \therefore d = \sqrt[3]{\frac{16T}{\pi \tau_a}} = \sqrt[3]{\frac{16 \times 954.93 \times 10^3}{\pi \times 30}} = 54.53\,mm$$

02

굽힘 모멘트가 $3000\,N \cdot m$으로 작용하는 중실축의 지름 $[mm]$을 구하시오.
(단, 축의 허용 굽힘응력은 $25\,MPa$이다.)

해설

$$M = \sigma_a Z = \sigma_a \times \frac{\pi d^3}{32} \Rightarrow \therefore d = \sqrt[3]{\frac{32M}{\pi \sigma_a}} = \sqrt[3]{\frac{32 \times 3000 \times 10^3}{\pi \times 25}} = 106.92\,mm$$

03

비틀림만 받는 중공축의 경우, $600\,rpm$으로 $5\,kW$를 전달하는 중공축의 외경 $[mm]$을 구하시오.
(단, 허용 전단응력 $25\,MPa$, 내외경비 $x = \dfrac{d_1}{d_2} = 0.6$이다.)

해설

$$T = \frac{H}{\omega} = \frac{H}{\frac{2\pi N}{60}} = \frac{5 \times 10^3}{\frac{2\pi \times 600}{60}} = 79.58\,N \cdot m$$

$$T = \tau_a Z_P = \tau_a \times \frac{\pi d_2^3 (1 - x^4)}{16} \Rightarrow \therefore d_2 = \sqrt[3]{\frac{16T}{\tau_a \pi (1 - x^4)}} = \sqrt[3]{\frac{16 \times 79.58 \times 10^3}{25\pi (1 - 0.6^4)}} = 26.51\,mm$$

04

중실원축과 중공원축이 동일한 회전 토크가 작용할 경우, 중공축의 외경$[mm]$을 구하시오.
(단, 비틀림 응력은 같고, 중실축의 지름이 $150mm$이고, 내외경비는 0.7이다.)

[해설]

$T = \tau Z_P$ 에서 $T_1 = T_2$, $\tau_1 = \tau_2$ 이므로, $Z_{P1} = Z_{P2} \Rightarrow \dfrac{\pi d^3}{16} = \dfrac{\pi d_2^3}{16}(1-x^4)$

$\therefore d_2 = \dfrac{d}{\sqrt[3]{1-x^4}} = \dfrac{150}{\sqrt[3]{1-0.7^4}} = 164.38mm$

05

다음 그림과 같이 축 중앙 부분에 $700N$의 기어를 설치했을 때 축의 위험속도$[rpm]$를 구하시오.
(단, 축의 자중은 무시하고, 종탄성계수 $2.07 \times 10^9 Pa$이다.)

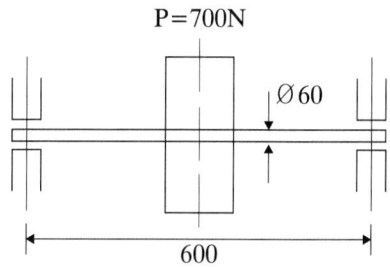

[해설]

$\delta = \dfrac{P\ell^3}{48EI} = \dfrac{700 \times 600^3}{48 \times 2.07 \times 10^3 \times \dfrac{\pi \times 60^4}{64}} = 2.39mm$

$N_C = \dfrac{30}{\pi}\sqrt{\dfrac{g}{\delta}} = \dfrac{30}{\pi}\sqrt{\dfrac{9800}{2.39}} = 611.48rpm$

06

길이 $2m$인 축이 회전수 $1000rpm$, $44.2kW$를 전달한다. 무게 $70kg$의 기어를 축의 중앙에 부착하고자 한다. 키 홈은 무시하고 허용 전단응력은 $35MPa$일 때 다음을 구하시오.

(1) 축의 비틀림 모멘트 $[J]$
(2) 축의 굽힘 모멘트 $[J]$
(3) 상당 비틀림 모멘트를 고려할 때의 축 지름 $[mm]$

해설

(1) $T = \dfrac{H}{\omega} = \dfrac{H}{\dfrac{2\pi N}{60}} = \dfrac{44.2 \times 10^3}{\dfrac{2\pi \times 1000}{60}} = 422.08 N \cdot m (=J)$

(2) $M = \dfrac{PL}{4} = \dfrac{70 \times 9.8 \times 2}{4} = 343 N \cdot m (=J)$

(3) $T_e = \sqrt{M^2 + T^2} = \sqrt{343^2 + 422.08^2} = 543.88 N \cdot m (=J)$

$T_e = \tau_a Z_P = \tau_a \times \dfrac{\pi d^3}{16} \Rightarrow \therefore d = \sqrt[3]{\dfrac{16 T_e}{\pi \tau_a}} = \sqrt[3]{\dfrac{16 \times 543.88 \times 10^3}{\pi \times 35}} = 42.93 mm$

07

430rpm으로 15kW의 동력을 전달하는 둥근 축이 있다. 축의 허용 전단응력이 $42 N/mm^2$ 일 때 다음을 구하라.

(1) 중실축인 경우의 축지름 $[mm]$
(2) 외경이 $52 mm$인 중공축으로 바꿀 때의 내경 $[mm]$

해설

(1) $T = \dfrac{H}{\omega} = \dfrac{H}{\dfrac{2\pi N}{60}} = \dfrac{15 \times 10^3}{\dfrac{2\pi \times 430}{60}} = 333.11 N \cdot m$

$T = \tau_a Z_P = \tau_a \times \dfrac{\pi d^3}{16} \Rightarrow \therefore d = \sqrt[3]{\dfrac{16 T}{\pi \tau_a}} = \sqrt[3]{\dfrac{16 \times 333.11 \times 10^3}{\pi \times 42}} = 34.31 mm$

(2) $T = \tau_a Z_P = \tau_a \times \dfrac{\pi (d_2^4 - d_1^4)}{16 d_2}$ 에서,

$\therefore d_1 = \sqrt[4]{d_2^4 - \dfrac{16 d_2 T}{\pi \tau_a}} = \sqrt[4]{52^4 - \dfrac{16 \times 52 \times 333.11 \times 10^3}{\pi \times 42}} = 47.78 mm$

08

회전수 $900 rpm$으로 $3500 kW$을 전달하는 축이 존재한다. 축의 허용 전단응력은 $270 MPa$일 때 다음을 구하라.

(1) 중실축의 지름 $[mm]$
(2) 내외경비 0.6인 중공축으로 가정할 때의 바깥지름 $[mm]$

해설

(1) $T = \dfrac{H}{\omega} = \dfrac{H}{\dfrac{2\pi N}{60}} = \dfrac{3500 \times 10^3}{\dfrac{2\pi \times 900}{60}} = 37136.15 N \cdot m$

$T = \tau_a Z_P = \tau_a \times \dfrac{\pi d^3}{16} \Rightarrow \therefore d = \sqrt[3]{\dfrac{16T}{\pi \tau_a}} = \sqrt[3]{\dfrac{16 \times 37136.15 \times 10^3}{\pi \times 270}} = 88.81 mm$

(2) $T = \tau_a Z_P = \tau_a \times \dfrac{\pi d_2^3 (1-x^4)}{16}$ 에서,

$\therefore d_2 = \sqrt[3]{\dfrac{16T}{\pi(1-x^4)\tau_a}} = \sqrt[3]{\dfrac{16 \times 37136.15 \times 10^3}{\pi \times (1-0.6^4) \times 270}} = 93.02 mm$

09

직경 $30mm$인 연강봉이 중앙에 있는 풀리에 의해 $300rpm$의 동력을 전달한다. 연강봉의 길이는 $5m$, 비틀림각은 $1°$, 가로탄성계수 $81.42GPa$일 때 전달동력$[kW]$을 구하시오.

해설

$\theta = \dfrac{180}{\pi} \times \dfrac{TL}{GI_P}$ 에서,

$T = \dfrac{\pi GI_P \theta}{180L} = \dfrac{\pi \times 81.42 \times 10^3 \times \dfrac{\pi \times 30^4}{32} \times 1}{180 \times 5000} = 22600.78 N \cdot mm$

$\therefore H = T\omega = T \times \dfrac{2\pi N}{60} = 22600.78 \times 10^{-6} \times \dfrac{2\pi \times 300}{60} = 0.71 kW$

10

$200rpm$, $3.68kW$의 동력을 길이 $3m$의 비틀림 중실축에 전달할 때 $1m$당 $\dfrac{1}{4}°$의 비틀림을 허용한다. 전단탄성계수가 $81.65GPa$일 때 비틀림 중실축의 직경$[mm]$을 구하시오.

해설

$T = \dfrac{H}{\omega} = \dfrac{3.68 \times 10^3}{\dfrac{2\pi \times 200}{60}} = 175.71 N \cdot m$

$\theta = \dfrac{180}{\pi} \times \dfrac{TL}{GI_P} = \dfrac{180}{\pi} \times \dfrac{TL}{G \times \dfrac{\pi d^4}{32}}$ 에서,

$\therefore d = \sqrt[4]{\dfrac{180 \times 32 \times TL}{\pi^2 G\theta}} = \sqrt[4]{\dfrac{180 \times 32 \times 175.71 \times 10^3 \times 3000}{\pi^2 \times 81.65 \times 10^3 \times \dfrac{3}{4}}} = 47.34 mm$

11

다음 그림과 같이 하중이 $700N$인 기어가 축 중앙에 매달려있다. 회전수 $900rpm$, $35kW$으로 동력이 길이 $3m$인 축에 전달되고 있을 때 다음을 구하시오.
(단, 허용 비틀림응력은 $40MPa$이고, 축의 자중은 무시한다.)

(1) 축의 최대 전달토크 $[N\cdot m]$
(2) 축의 최대 굽힘모멘트 $[N\cdot m]$
(3) 축의 직경 $[mm]$

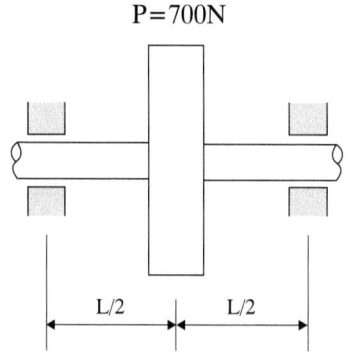

해설

(1) $T = \dfrac{H}{\omega} = \dfrac{H}{\dfrac{2\pi N}{60}} = \dfrac{35 \times 10^3}{\dfrac{2\pi \times 900}{60}} = 371.36 N\cdot m$

(2) $M_{\max} = \dfrac{PL}{4} = \dfrac{700 \times 3}{4} = 525 N\cdot m$

(3) $T_e = \sqrt{M^2 + T^2} = \sqrt{525^2 + 371.36^2} = 643.07 N\cdot m$

$\therefore d = \sqrt[3]{\dfrac{16 T_e}{\pi \tau_a}} = \sqrt[3]{\dfrac{16 \times 643.07 \times 10^3}{\pi \times 40}} = 43.42 mm$

12

기어 두 개가 붙어있는 축 자중에 의한 위험속도 $900rpm$, 회전체가 각각 단독으로 설치 되어 있다고 가정할 때의 위험속도 $N_1 = 1500rpm$, $N_2 = 1800rpm$일 때 던커레이 공식을 이용하여 축 전체의 위험속도$[rpm]$를 구하시오.

해설

$N_C = \dfrac{1}{\sqrt{\dfrac{1}{N_0^2} + \dfrac{1}{N_1^2} + \dfrac{1}{N_2^2}}} = \dfrac{1}{\sqrt{\dfrac{1}{900^2} + \dfrac{1}{1500^2} + \dfrac{1}{1800^2}}} = 709.3 rpm$

13

직경 $50mm$, 길이 $300mm$의 축에 $3000N$의 하중을 가진 기어를 축 중앙에 부착하였다. 위험속도[rpm]를 구하시오.
(단, 축의 자중은 무시하고, 종탄성계수 $23 \times 10^4 MPa$이다.)

해설

$$\delta = \frac{W\ell^3}{48EI} = \frac{3000 \times 300^3}{48 \times 23 \times 10^4 \times \frac{\pi \times 50^4}{64}} = 0.024mm$$

$$\therefore N_C = \frac{30}{\pi}\sqrt{\frac{g}{\delta}} = \frac{30}{\pi}\sqrt{\frac{9800}{0.024}} = 6102.09 rpm$$

14

그림과 같이 기어의 무게 $W = 4000N$, 축 지름 $80mm$, $\ell = 1000mm$, $\ell_1 = 300mm$인 기어축이 있다. 자중은 무시하고, 종탄성계수가 $220GPa$일 때 위험속도[rpm]을 구하시오.

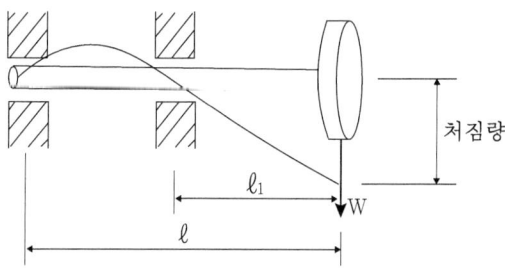

해설

$$\delta = \frac{W\ell_1^2\ell}{3EI} = \frac{4000 \times 300^2 \times 1000}{3 \times 220 \times 10^3 \times \frac{\pi \times 80^4}{64}} = 0.27mm$$

$$\therefore N_C = \frac{30}{\pi}\sqrt{\frac{g}{\delta}} = \frac{30}{\pi}\sqrt{\frac{9800}{0.27}} = 1819.29 rpm$$

15

다음 그림과 같은 벨트 풀리의 무게 $W = 5000N$, 축 지름 $70mm$, $a = 400mm$, $b = 600mm$인 벨트 풀리 축이 있다. 자중은 무시하고, 종탄성계수가 $210GPa$일 때 위험속도$[rpm]$를 구하시오.

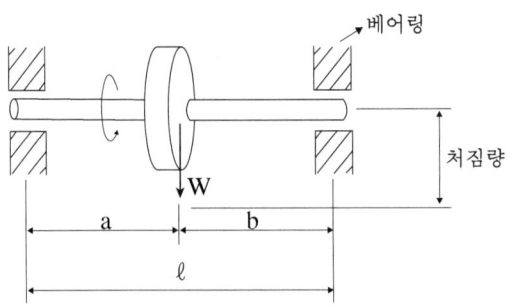

해설

$$\delta = \frac{Wa^2b^2}{3\ell EI} = \frac{5000 \times 400^2 \times 600^2}{3 \times 1000 \times 210 \times 10^3 \times \frac{\pi \times 70^4}{64}} = 0.39mm$$

$$\therefore N_C = \frac{30}{\pi}\sqrt{\frac{g}{\delta}} = \frac{30}{\pi}\sqrt{\frac{9800}{0.39}} = 1513.74 rpm$$

16

중실축과 중공축이 동일한 회전토크가 작용할 경우, 지름 $80mm$의 중실축과 내외경비가 0.8인 중공축의 길이가 같을 때 다음을 구하시오.
(단, 두 축의 재질은 동일하다.)

(1) 중공축의 내경$[mm]$, 외경$[mm]$을 구하시오.
(2) 중량비$\left(\dfrac{중공축의\ 중량}{중실축의\ 중량}\right)[\%]$를 구하시오.

해설

(1) $T = \tau Z_P$에서 $T_1 = T_2$, $\tau_1 = \tau_2$이므로, $Z_{P1} = Z_{P2} \Rightarrow \dfrac{\pi d_1^3}{16} = \dfrac{\pi d_2^3}{16}(1-x^4)$

$\therefore d_2 = \dfrac{d}{\sqrt[3]{1-x^4}} = \dfrac{80}{\sqrt[3]{1-0.8^4}} = 95.36mm$

$\dfrac{d_1}{d_2} = 0.8 \Rightarrow \therefore d_1 = 0.8d_2 = 0.8 \times 95.36 = 76.29mm$

(2) $\varepsilon = \dfrac{d_2^2 - d_1^2}{d^2} = \dfrac{95.36^2 - 76.29^2}{80^2} = 0.5115 = 51.15\%$

17

$600 N \cdot m$의 굽힘모멘트를 동시에 받으며, 회전수 $400 rpm$으로 $30 kW$를 전달시키는 축이 있을 때 다음을 구하시오.
(단, 허용 전단응력은 $48 MPa$, 허용 굽힘응력은 $72 MPa$이다.)

(1) 상당 비틀림 모멘트 $[N \cdot m]$
(2) 상당 굽힘 모멘트 $[N \cdot m]$
(3) 축의 지름$[mm]$을 표에서 선정하시오.

※축의 직경

d[mm]	35	40	45	50	55	60	65

해설

(1) $T = \dfrac{H}{\omega} = \dfrac{H}{\dfrac{2\pi N}{60}} = \dfrac{30 \times 10^3}{\dfrac{2\pi \times 400}{60}} = 716.2 N \cdot m$, $M = 600 N \cdot m$

$\therefore T_e = \sqrt{M^2 + T^2} = \sqrt{600^2 + 716.2^2} = 934.31 N \cdot m$

(2) $M_e = \dfrac{1}{2}(M + \sqrt{M^2 + T^2}) = \dfrac{1}{2}(M + T_e) = \dfrac{1}{2}(600 + 934.31) = 767.16 N \cdot m$

(3) $T_e = \tau_a Z_P = \tau_a \times \dfrac{\pi d^3}{16}$에서

$d = \sqrt[3]{\dfrac{16 T_e}{\pi \tau_a}} = \sqrt[3]{\dfrac{16 \times 934.31 \times 10^3}{\pi \times 48}} = 46.28 mm$ ………①

$M_e = \sigma_a Z = \sigma_a \times \dfrac{\pi d^3}{32}$에서

$d = \sqrt[3]{\dfrac{32 M_e}{\pi \sigma_a}} = \sqrt[3]{\dfrac{32 \times 767.16 \times 10^3}{\pi \times 72}} = 47.7 mm$ ………②

여기서 안전을 고려하여 ①, ②중 큰 값을 채택하므로 ② $d = 47.7 mm$이다.
표에서 채택한 직경보다 큰 값을 찾으면, $\therefore d = 50 mm$

18

다음 그림과 같은 $1800 rpm$, $17.5 kW$인 전동기에 연결된 중심축이다. 이 축의 재료는 $SM45C$이며 허용 전단응력 $110 MPa$, 가로탄성계수 $85 GPa$일 때 다음을 구하시오.

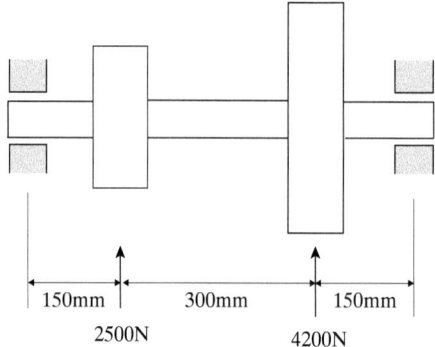

150mm 300mm 150mm
2500N   4200N

※ 회전축의 지름표 $[mm]$

22	25	28	30	35	40	45	50	55	60	65	70

(1) 상당 비틀림모멘트에 의한 축 지름$[mm]$을 선정하시오. (단, 키 홈과 축의 자중 고려하지 않음)
(2) (1)에서 구한 축 지름을 기준으로 비틀림각 $[rad]$
(3) $b \times h \times \ell = 14 \times 10 \times 60$인 키의 ① 전단응력$[MPa]$과 ② 압축응력$[MPa]$을 구하시오.

해설

(1)

$\sum M_B = 0 \Rightarrow R_A \times 600 - 2500 \times 450 - 4200 \times 150 = 0 \Rightarrow \therefore R_A = 2925 N$
$\sum M_A = 0 \Rightarrow R_B \times 600 - 4200 \times 450 - 2500 \times 150 = 0 \Rightarrow \therefore R_B = 3775 N$

여기서, 최대 굽힘 모멘트는,

$M_{\max} = R_B \times 150 = 3775 \times 150 = 566250 N \cdot mm \fallingdotseq 566.25 N \cdot m$

$T = \dfrac{H}{\omega} = \dfrac{H}{\dfrac{2\pi N}{60}} = \dfrac{17.5 \times 10^3}{\dfrac{2\pi \times 1800}{60}} = 92.84 N \cdot m$

$T_e = \sqrt{M_{\max}^2 + T^2} = \sqrt{566.25^2 + 92.84^2} = 573.81 N \cdot m$

$\Rightarrow d_0 = \sqrt[3]{\dfrac{16 T_e}{\pi \tau_a}} = \sqrt[3]{\dfrac{16 \times 573.81 \times 10^3}{\pi \times 110}} = 29.84 mm$

표에서, 구한 d_0보다 크면서 근삿값인 것을 선정한다.
$\therefore d = 30 mm$

(2) $\theta = \dfrac{TL}{GI_P} = \dfrac{92.84 \times 10^3 \times 600}{85 \times 10^3 \times \dfrac{\pi \times 30^4}{32}} = 0.0082 rad$

(3) ① $\tau_k = \dfrac{2T}{b\ell d} = \dfrac{2 \times 92.84 \times 10^3}{14 \times 60 \times 30} = 7.37 MPa$

② $\sigma_c = \dfrac{4T}{h\ell d} = \dfrac{4 \times 92.84 \times 10^3}{10 \times 60 \times 30} = 20.63 MPa$

✔ (2)와 (3)에서 상당 비틀림 모멘트를 사용하지 않은 이유는 비틀림각과 키의 응력상태는 단순히 축의 회전에 의한 힘에만 영향을 받는걸로 생각하시면 됩니다. 굽힘모멘트가 비틀림각과 키의 응력상태에서 영향을 끼칠 요소가 없기 때문에 단순 비틀림 모멘트만 사용한 것입니다. 간단히 말해서, 축 전체에 대한 것이 아니라 축의 한 부분으로써 비틀림각과 키에 대한 설계요소라고 생각하셔야 합니다.

19

다음 그림과 같이 $W = 800N$, $T_t = 1540N$, $T_s = 820N$으로 힘이 작용되는 벨트 전동 장치가 회전수 $950 rpm$으로 동력 $23kW$를 전달한다. 다음을 구하시오.
(단, 굽힘에 의한 동적하중계수 $k_m = 1.5$, 비틀림에 의한 동적하중계수 $k_t = 1.2$이다.)

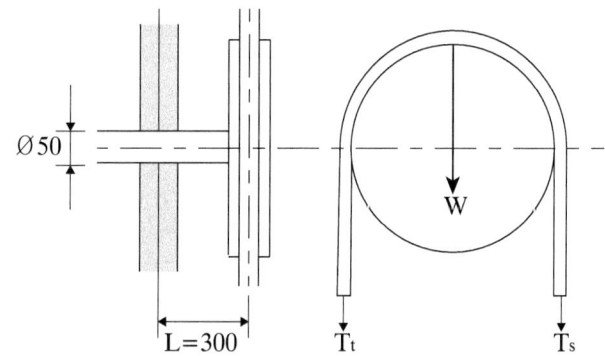

(1) 상당 비틀림 모멘트 $[N \cdot m]$
(2) 상당 굽힘 모멘트 $[N \cdot m]$
(3) 축에 발생하는 전단응력 $[MPa]$
(4) 축에 발생하는 굽힘응력 $[MPa]$

해설

(1) $T = \dfrac{H}{\omega} = \dfrac{H}{\dfrac{2\pi N}{60}} = \dfrac{23 \times 10^3}{\dfrac{2\pi \times 950}{60}} = 231.19 N \cdot m$

$M = PL = (T_t + W + T_s)L = (1540 + 800 + 820) \times 0.3 = 948 N \cdot m$

$\therefore T_e = \sqrt{(k_m M)^2 + (k_t T)^2} = \sqrt{(1.5 \times 948)^2 + (1.2 \times 231.19)^2} = 1448.81 N \cdot m$

(2) $M_e = \dfrac{1}{2}(k_m M + \sqrt{(k_m M)^2 + (k_t T)^2}) = \dfrac{1}{2}(k_m M + T_e) = \dfrac{1}{2} \times (1.5 \times 948 + 1448.81)$

$\therefore M_e = 1435.41 N \cdot m$

(3) $\tau = \dfrac{T_e}{Z_P} = \dfrac{T_e}{\dfrac{\pi d^3}{16}} = \dfrac{1448.81 \times 10^3}{\dfrac{\pi \times 50^3}{16}} = 59.03 MPa$

(4) $\sigma_b = \dfrac{M_e}{Z} = \dfrac{M_e}{\dfrac{\pi d^3}{32}} = \dfrac{1435.41 \times 10^3}{\dfrac{\pi \times 50^3}{32}} = 116.97 MPa$

20

그림과 같이 $140 rpm$, $5kW$ 동력을 전달하는 연강축이 있다. 이때 키홈을 무시하고, 허용 인장응력 $56MPa$, 허용 전단응력 $44MPa$, 축 재료의 종탄성계수 $200 GPa$, 비중량 $84200 N/m^3$일 때 다음을 구하시오.

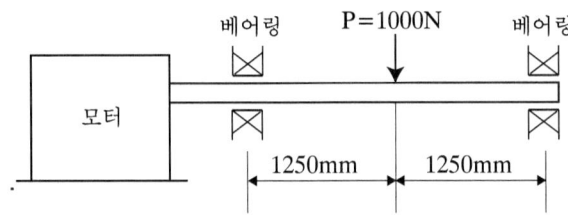

※축의 지름표 [mm]

35	40	45	50	55	60	65	70	75	80	85	90

(1) Guest의 최대 전단응력설에 의한 축의 지름[mm]을 구하시오.
(단, 축의 자중은 고려하지 않고, 표를 보고 지름을 선정하라.)
(2) (1)에서 구한 축 지름이 $90mm$라고 가정할 때 Dunkerley 실험공식에 의한 이 축의 위험속도[rpm]를 구하시오.

해설

(1) $T = \dfrac{H}{\omega} = \dfrac{H}{\dfrac{2\pi N}{60}} = \dfrac{5 \times 10^3}{\dfrac{2\pi \times 140}{60}} = 341.05 N \cdot m$

$M = \dfrac{PL}{4} = \dfrac{1000 \times 2.5}{4} = 625 N \cdot m$

$T_e = \sqrt{M^2 + T^2} = \sqrt{625^2 + 341.05^2} = 712 N \cdot m$

Guest의 최대 전단응력설 : $\tau_a = \dfrac{1}{2}\sqrt{\sigma^2 + 4\tau^2} = \dfrac{1}{2}\sqrt{56^2 + 4 \times 44^2} = 52.15 MPa$

$d = \sqrt[3]{\dfrac{16 T_e}{\pi \tau_a}} = \sqrt[3]{\dfrac{16 \times 712 \times 10^3}{\pi \times 52.15}} = 41.12 mm$

표에서, 구한 d보다 크면서 근사한 값을 선정한다.
$\therefore d = 45 mm$

(2) $\omega = \gamma A = 84200 \times 10^{-9} \times \dfrac{\pi \times 90^2}{4} = 0.54 N/mm$

$\delta_0 = \dfrac{5\omega \ell^4}{384EI} = \dfrac{5 \times 0.54 \times 2500^4}{384 \times 200 \times 10^3 \times \dfrac{\pi \times 90^4}{64}} = 0.43mm$

$N_0 = \dfrac{30}{\pi}\sqrt{\dfrac{g}{\delta_0}} = \dfrac{30}{\pi}\sqrt{\dfrac{9800}{0.43}} = 1441.62 rpm$ ……….① 축 자중에 의한 위험속도

$\delta_1 = \dfrac{P\ell^3}{48EI} = \dfrac{1000 \times 2500^3}{48 \times 200 \times 10^3 \times \dfrac{\pi \times 90^4}{64}} = 0.51mm$

$N_1 = \dfrac{30}{\pi}\sqrt{\dfrac{g}{\delta_1}} = \dfrac{30}{\pi}\sqrt{\dfrac{9800}{0.51}} = 1323.73 rpm$ ……….② 하중 $P = 1000N$에 의한 위험속도

$\therefore N_C = \dfrac{1}{\sqrt{\dfrac{1}{N_0^2} + \dfrac{1}{N_1^2}}} = \dfrac{1}{\sqrt{\dfrac{1}{1441.62^2} + \dfrac{1}{1323.73^2}}} = 975.04 rpm$

06

커플링과 클러치(축 이음)

6-1. 클램프 커플링(=분할 원통 커플링)

6-2. 플랜지 커플링

6-3. 유니버셜 커플링(=유니버셜 조인트)

6-4. 단판 클러치

6-5. 다판 클러치

6-6. 원추 클러치

6-7. 물림 클러치

Chapter 6

커플링과 클러치(축 이음)

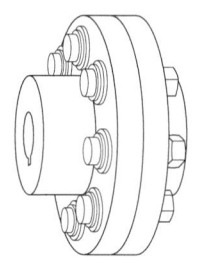
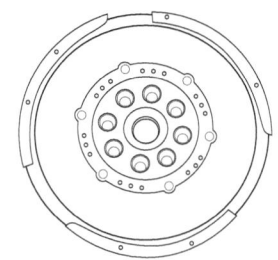

축이음 이란, 크게 커플링(Coupling)과 클러치(Clutch)로 나뉘지며 주로 축과 축을 연결하여 회전력을 전달하는 기계요소이다.

6-1 클램프 커플링(=분할 원통 커플링)

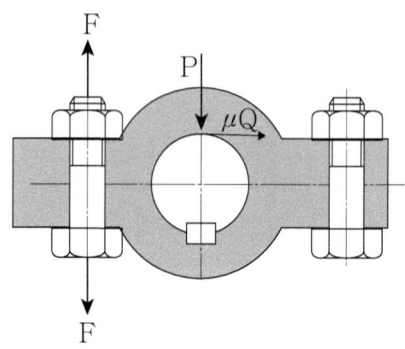

여기서,
P : 원통이 축을 죄는 힘 $[N]$
d : 축 지름 $[mm]$
μ : 원통과 축 사이 마찰계수
ℓ : 원통의 길이 $[mm]$
σ_t : 볼트에 생기는 인장응력 $[N/mm^2]$
τ_s : 축의 허용전단응력 $[N/mm^2]$
q : 원통과 축 사이의 접촉압력 $[N/mm^2]$
$\delta_B(=d_1)$: 볼트의 골지름(=볼트의 지름) $[mm]$

(1) 전달 토크(T) $[N \cdot mm]$

$$T = \tau_s Z_P = \tau_s \frac{\pi d^3}{16} = \frac{H}{\omega}$$

여기서,
H : 전달 동력 $[W]$
d : 축 지름 $[mm]$
ω : 각속도 $[rad/s]$ $\left(\omega = \frac{2\pi N}{60}\right)$

(2) 축을 졸라 매는 힘(P) [N]

전동토크 $T = \mu Q \times \dfrac{d}{2} = \mu q A \times \dfrac{d}{2}$ 에서 원둘레면적 $A = \pi d\ell$ 이고 $q = \dfrac{P}{d\ell}$ 이므로

$T = \mu \dfrac{P}{d\ell} \pi d\ell \dfrac{d}{2} = \dfrac{\mu \pi d P}{2}$ 이다. P에 대해서 정리하면

$$\therefore P = \dfrac{2T}{\mu \pi d}$$

(3) 볼트 1개가 받는 힘(F) [N]

그림에서 볼 수 있듯이 클램프 커플링은 볼트들이 양쪽을 지지하고 있으므로 판단이 일어난다면 한 쪽 볼트군에서 파단이 일어난다. 따라서 총 n개의 볼트로 지지되고 있는 클램프 커플링이라면 한 쪽 볼트군의 볼트 개수인 $\dfrac{n}{2}$개 만큼의 볼트가 지지하고 있다고 볼 수 있으므로 볼트 한 개가 받는 힘 F는

$$F = \dfrac{P}{\dfrac{n}{2}} = \dfrac{2P}{n}$$

(4) 볼트에 생기는 인장응력(σ_t) [N/mm^2]

마찬가지로 한 쪽 볼트군에서 파단이 일어나므로 총 n개의 볼트로 지지되고 있는 클램프 커플링이라면 한 쪽 볼트군의 볼트 개수인 $\dfrac{n}{2}$개 만큼의 파괴과상면적이 생기므로

$$\sigma_t = \dfrac{P}{A \times \dfrac{n}{2}} = \dfrac{8P}{\pi \delta_B^2 n}$$

✔ 클램프 커플링은 양쪽 볼트군 중에서 어느 한 쪽이 먼저 파괴되므로 **한 쪽의 볼트군 개수인 $\dfrac{n}{2}$**를 고려해야 합니다.

(5) 볼트 1개에 작용하는 인장응력(σ_t) [N/mm^2] : $\sigma_t = \dfrac{F}{A} = \dfrac{4F}{\pi \delta_B^2}$

✔ 호칭지름 3mm 이상의 볼트는 골지름(d_1)이 주어지지 않았을 경우엔 실험식을 이용하여 골지름을 $d_1 = 0.8 d_2$로 구하여 문제를 풉니다.

6-2 플랜지 커플링

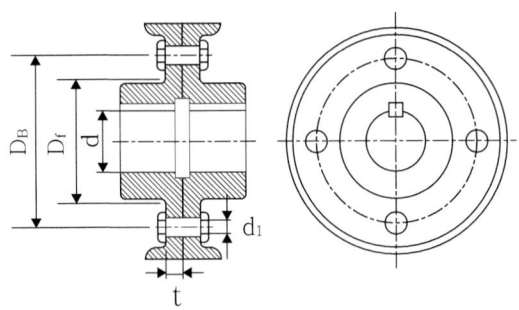

여기서,
d : 축 직경 [mm]
d_1 : 볼트의 골지름 [mm]
D_f : 플랜지 뿌리부 직경 [mm]
D_B : 볼트 중심의 직경 [mm]
t : 플랜지 뿌리부의 두께 [mm]

(1) 볼트의 전단응력(τ_B) [N/mm^2]

전달토크 T = 힘×거리 = 응력×면적×거리 로 나타낼 수 있으므로

$$T = \tau_B \cdot \frac{\pi d_1^2}{4} \cdot \frac{D_B}{2} \cdot Z = \tau_s \cdot Z_P \text{ 이고 또한 } T = \tau_s \cdot Z_P \text{ 이다. 따라서}$$

$$\therefore \tau_B = \frac{8T}{\pi d_1^2 D_B Z}$$

여기서,
τ_B : 볼트의 전단응력 [N/mm^2]
τ_s : 축의 허용비틀림응력 [N/mm^2]
Z_P : 축의 극단면계수 [mm^3]

(2) 플랜지 뿌리부의 전단응력 [N/mm^2]

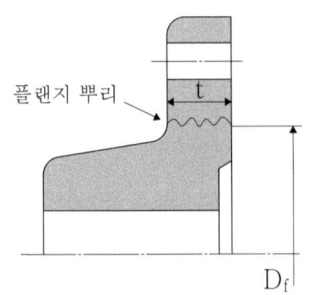

여기서,
t : 플랜지 뿌리부의 두께 [mm]
D_f : 플랜지 뿌리부의 직경 [mm]
τ_f : 플랜지 뿌리부의 전단응력 [N/mm^2]

전달 토크 T = 힘×거리 = 응력×면적×거리 로 나타낼 수 있으므로

$$T = \tau_f \cdot \pi D_f t \cdot \frac{D_f}{2} \text{ 이다. 따라서}$$

$$\therefore \tau_f = \frac{2T}{\pi D_f^2 t}$$

6-3 유니버셜 커플링(=유니버셜 조인트)

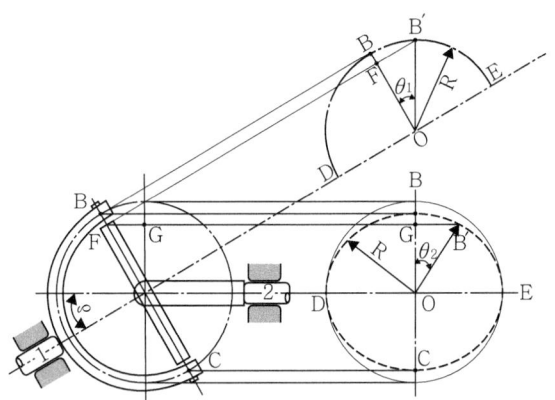

여기서,
θ_1 : 원동축의 축각 $[°]$
θ_2 : 원동축의 축각 $[°]$
R : 축의 반지름 $[mm]$
δ : 교차각 $[°]$
N_1 : 원동축의 회전각속도 $[rpm]$
N_2 : 종동축의 회전각속도 $[rpm]$

(1) 속비(ε)

$$\varepsilon = \frac{N_2}{N_1} = \frac{1 - \sin^2\theta_2 \sin^2\delta}{\cos\delta}$$

(2) 종동축의 최대, 최소 회전수 $[rpm]$

속비 $\varepsilon = \dfrac{N_2}{N_1}$ 의 최소값은 $\cos\delta$, 최대값은 $\dfrac{1}{\cos\delta}$ 이므로,

$$N_{2,\min} = N_1 \cos\delta \;, \quad N_{2,\max} = \frac{N_1}{\cos\delta}$$

6-4 단판 클러치

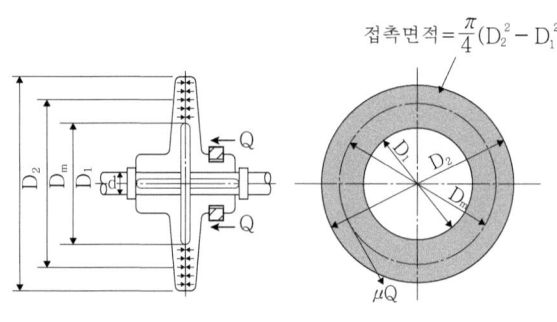

여기서,
P : 클러치를 축 방향으로 미는 힘 $[N]$ (=Thrust=추력)
μ : 마찰 계수
μP : 접선력(=마찰력, 회전력) $[N]$
b : 접촉 폭 $[mm]$
D_1 : 클러치의 내경 $[mm]$
D_2 : 클러치의 외경 $[mm]$
D_m : 평균 직경 $[mm]$ $\left(D_m = \dfrac{D_2 + D_1}{2}\right)$

(1) 접촉면압력(q) $[N/mm^2]$

접촉면압력 $q = \dfrac{P}{A}$ 에서 접촉면의 범위는 위 그림과 같으므로

$$q = \dfrac{P}{\dfrac{\pi}{4}(D_2^2 - D_1^2)}$$

또한 $q = \dfrac{P}{\dfrac{\pi}{4}(D_2^2 - D_1^2)} = \dfrac{P}{\pi \cdot \dfrac{D_2 + D_1}{2} \cdot \dfrac{D_2 - D_1}{2}}$ 으로 나타낼 수 있으므로

$$q = \dfrac{P}{\pi D_m b Z}$$

(2) 전달 토크(T) $[N \cdot mm]$

전달 토크 T = 마찰력 × 거리 이므로 $T = \mu P \times \dfrac{D_m}{2}$

또 $P = \pi D_m b q$ 이므로 $T = \mu \pi D_m b q \times \dfrac{D_m}{2}$

이 식을 접촉면압력으로 정리하면

$$q = \dfrac{2T}{\mu \pi D_m^2 b}$$

6-5 다판 클러치

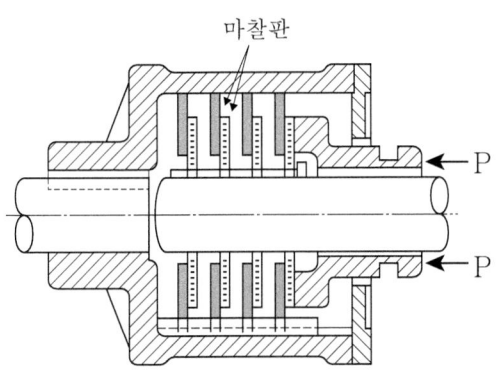

여기서,
P : 클러치를 축 방향으로 미는 힘 $[N]$
  (=Thrust=추력)
μ : 마찰 계수
μP : 접선력(=마찰력, 회전력) $[N]$
b : 접촉 폭 $[mm]$ $\left(b = \dfrac{D_2 - D_1}{2}\right)$
D_1 : 클러치의 내경 $[mm]$
D_2 : 클러치의 외경 $[mm]$
D_m : 평균 직경 $[mm]$ $\left(D_m = \dfrac{D_2 + D_1}{2}\right)$

(1) 접촉면압력(q) $[N/mm^2]$

접촉면압력 $q = \dfrac{P}{A}$ 에서 접촉면의 범위는 위 그림과 같고 판의 수도 고려되므로

$$q = \dfrac{P}{AZ} = \dfrac{P}{\dfrac{\pi}{4}(D_2^2 - D_1^2)Z}$$

또한 $q = \dfrac{P}{\pi \dfrac{D_2 + D_1}{2} \dfrac{D_2 - D_1}{2} Z}$ 이므로

$$q = \dfrac{P}{\pi D_m b Z}$$

(2) 전달 토크(T) $[N \cdot mm]$

전달 토크 T = 마찰력 × 거리 이므로 $T = \mu P \times \dfrac{D_m}{2}$

또 $P = \pi D_m b Z q$ 이므로 $T = \mu \pi D_m b Z q \times \dfrac{D_m}{2}$

접촉면압력으로 정리하면 $q = \dfrac{2T}{\mu \pi D_m^2 b Z}$

✔ 다판 클러치는 '판 하나에 걸리는 압력을 줄인다.'라는 목적을 가지고 설계하기 때문에 접촉면 압력(q)만 판 수를 나눠줍니다. 반대로 축 방향으로 미는 힘(P)은 모든 판을 고려하여 미는 힘이므로 판의 수(Z)를 내포하고 있습니다. 만약 문제에서 **판 하나당** 작용하는 하중으로 나온다면 판의 수(Z)를 고려하여 곱해줘야 합니다.

6-6 원추 클러치

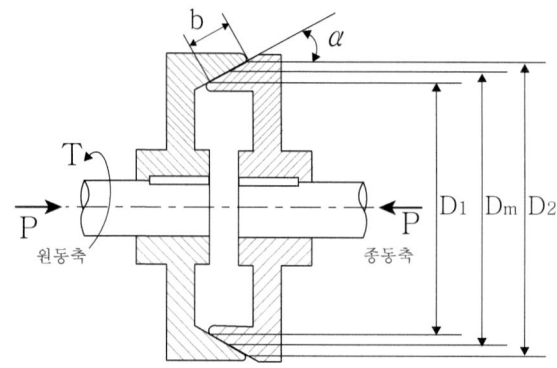

여기서,
P : 클러치를 축방향으로 미는 힘 [N]
　　(=thrust =추력)
Q : 접촉면에 수직하는 힘 [N]
μQ : 접선력(=마찰력 =회전력) [N]
　　($F = \mu Q = \mu' P$)
α : 접촉각 [°]

(1) 상당마찰계수(μ')

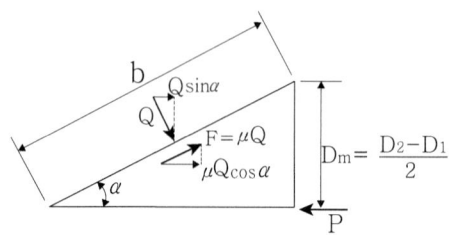

그림에서 $P = Q\sin\alpha + \mu Q\cos\alpha$ 이므로

$$Q = \frac{P}{\sin\alpha + \mu\cos\alpha}$$

또한 마찰력 $F = QP = \mu'P = \dfrac{\mu}{\sin\alpha + \mu\cos\alpha}P$ 이므로

$$\mu' = \frac{\mu}{\sin\alpha + \mu\cos\alpha}$$

(2) 접촉면압력(q) [N/mm^2] : $q = \dfrac{Q}{A} = \dfrac{Q}{\pi D_m b}$

(3) 접촉폭(b) [mm]

위 그림에서 $D_2 = D_1 + 2b\sin\alpha$ 이므로, $b = \dfrac{D_2 - D_1}{2\sin\alpha}$

(4) 전달 토크(T) [$N \cdot mm$]

전달 토크 $T =$ 마찰력 $\times$ 거리 이므로 $T = \mu Q \cdot \dfrac{D_m}{2} = \mu \pi D_m b q \cdot \dfrac{D_m}{2}$

접촉면압력으로 정리하면 $q = \dfrac{2T}{\mu \pi D_m^2 b}$

6-7 물림 클러치

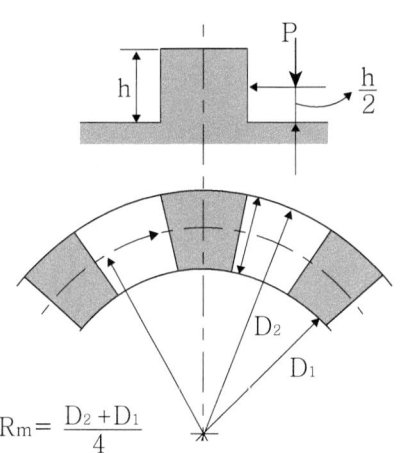

여기서,
P : 이의 중앙에 작용하는 집중하중 [N]
τ_a : 턱의 허용전단응력 [N/mm^2]
σ_b : 턱의 허용굽힘응력 [N/mm^2]
D_1 : 클러치의 내경 [mm]
D_2 : 클러치의 외경 [mm]
D_m : 평균 직경 [mm] $\left(D_m = \dfrac{D_2 + D_1}{2}\right)$
h : 턱의 높이 [mm]
A_1 : 턱 한 개의 접촉 단면적 [mm^2]
$\left(A_1 = \dfrac{(D_2 - D_1)h}{2}\right)$
b : 턱의 너비 [mm]
t : 턱의 두께 [mm]
Z : 턱의 수

(1) 접촉면압력(q) [N/mm^2]

접촉면압력 $q = \dfrac{P}{A}$ 이고

여기서 $T = P \times \dfrac{D_m}{2}$ 에서 $P = \dfrac{2T}{D_m}$, $A = A_1 Z$ 이므로

$q = \dfrac{\frac{2T}{D_m}}{A_1 Z}$ 이다. 또한 $D_m = \dfrac{D_2 + D_1}{2}$, $A_1 = \dfrac{D_2 - D_1}{2} h$ 이므로 각각 대입하면

$q = \dfrac{8T}{(D_2^2 - D_1^2)hZ}$

(2) 전달 토크(T) $[N \cdot mm]$

전달 토크 $T=$ 하중$\times$거리에서 $T = P \times \dfrac{D_m}{2}$ 이다.

여기서 $P = \tau_a A = \tau_a A_1 Z$ 이므로

$$T = \tau_a A_1 Z \dfrac{D_m}{2} = \dfrac{\pi \tau_a}{32}(D_2^2 - D_1^2)(D_2 + D_1)$$

(3) 허용전단응력(τ_a) $[N/mm^2]$

전달 토크 $T = \dfrac{\pi \tau_a}{32}(D_2^2 - D_1^2)(D_2 + D_1)$ 이므로 허용전단응력(τ_a)으로 정리하면

$$\tau_a = \dfrac{32T}{\pi(D_2^2 - D_1^2)(D_2 + D_1)}$$

(4) 허용굽힘응력(σ_b) $[N/mm^2]$

$M = \sigma_b Z$ 에서 $\sigma_b = \dfrac{M}{Z}$

굽힘응력이 발생하는 이에 작용하는 모멘트는 $M = Ph$로 나타낼 수 있으므로

$\sigma_b = \dfrac{M}{Z} = \dfrac{P\dfrac{h}{2}}{\dfrac{tb^2}{6}}$ 이다. 여기서 $P = \dfrac{2T}{D_m}$ 이므로

$$\sigma_b = \dfrac{6 \times \dfrac{4T}{D_m Z} h}{2tb^2} = \dfrac{12Th}{tb^2(D_2 + D_1)Z}$$

Memo

06. 커플링과 클러치(축 이음)

일반기계기사 필답형

01

축 직경 $85mm$의 클램프 커플링에서 볼트 6개를 사용하여 회전수 $300rpm$, $42kW$ 동력을 마찰력으로만 전달하려 한다. 마찰계수는 0.18, 볼트의 골지름은 $23.5mm$일 때 다음을 구하시오.

(1) 전동 회전 모멘트 $[N\cdot m]$
(2) 축을 졸라 매는 힘 $[N]$
(3) 볼트에 생기는 인장응력 $[N/mm^2]$

해설

(1) $T = \dfrac{H}{\omega} = \dfrac{H}{\dfrac{2\pi N}{60}} = \dfrac{42 \times 10^3}{\dfrac{2\pi \times 300}{60}} = 1336.9 N\cdot m$

(2) $P = \dfrac{2T}{\mu \pi d} = \dfrac{2 \times 1336.9 \times 10^3}{0.18\pi \times 85} = 55627.25 N$

(3) $\sigma_t = \dfrac{8P}{\pi \delta_B^2 Z} = \dfrac{8 \times 55627.25}{\pi \times 23.5^2 \times 6} = 42.75 N/mm^2$

02

축 직경 $80mm$의 클램프 커플링에서 볼트 10개를 사용하여 회전수 $150rpm$, $35kW$ 동력을 마찰력으로만 전달하려 한다. 허용인장응력 $150MPa$, 마찰계수는 0.23일 때 다음을 구하시오.

(1) 원통이 축을 죄는 힘 $[N]$
(2) 볼트의 골지름 $[mm]$

해설

(1) $T = \dfrac{H}{\omega} = \dfrac{H}{\dfrac{2\pi N}{60}} = \dfrac{35 \times 10^3}{\dfrac{2\pi \times 150}{60}} = 2228.17 N\cdot m$

$\therefore P = \dfrac{2T}{\mu \pi d} = \dfrac{2 \times 2228.17 \times 10^3}{0.23\pi \times 80} = 77092.23 N$

(2) $\sigma_t = \dfrac{8P}{\pi \delta_B^2 Z}$ $\Rightarrow$ $\therefore \delta_B = \sqrt{\dfrac{8P}{\pi Z \sigma_a}} = \sqrt{\dfrac{8 \times 77092.23}{\pi \times 10 \times 150}} = 11.44mm$

03

지름 $100mm$의 축 이음을 하는 분할 원통 커플링에서 $M30$의 볼트 8개를 사용한다. 축의 허용 전단응력은 $25MPa$, 마찰계수가 0.2이며 마찰력으로만 동력을 전달할 때 다음을 구하시오.

(1) 원통이 축을 죄는 힘 $[N]$
(2) 볼트에 생기는 인장응력 $[MPa]$

해설

(1) $T = \tau_a Z_P = \tau_a \times \dfrac{\pi d^3}{16} = 25 \times \dfrac{\pi \times 100^3}{16} = 4908738.52 N \cdot mm$
$\therefore P = \dfrac{2T}{\mu \pi d} = \dfrac{2 \times 4908738.52}{0.2\pi \times 100} = 156250 N$

(2) 골지름 $d_1 = \delta_B = 0.8d = 0.8 \times 30 = 24mm$
$\therefore \sigma_t = \dfrac{8P}{\pi \delta_B^2 Z} = \dfrac{8 \times 156250}{\pi \times 24^2 \times 8} = 86.35 MPa$

04

클램프 커플링으로 축 직경 $60mm$인 축 이음을 하여 $300rpm$, $8kW$으로 동력을 전달하고자 한다. 마찰계수 0.3, 볼트 8개, 볼트의 골지름 $16mm$일 때 다음을 계산하라.

(1) 전달 토크 $[N \cdot m]$
(2) 볼트 1개가 받는 힘 $[N]$
(3) 볼트 1개에 작용하는 인장응력 $[MPa]$

해설

(1) $T = \dfrac{H}{\omega} = \dfrac{H}{\dfrac{2\pi N}{60}} = \dfrac{8 \times 10^3}{\dfrac{2\pi \times 300}{60}} = 254.65 N \cdot m$

(2) $P = \dfrac{2T}{\mu \pi d} = \dfrac{2 \times 254.65 \times 10^3}{0.3\pi \times 60} = 9006.4 N$
P는 한쪽면을 죄는 힘이므로 $n = \dfrac{Z}{2} = \dfrac{8}{2} = 4$
$\therefore Q = \dfrac{P}{n} = \dfrac{9006.4}{4} = 2251.6 N$

(3) $\sigma_t = \dfrac{Q}{A} = \dfrac{4Q}{\pi d_1^2} = \dfrac{4 \times 2251.6}{\pi \times 16^2} = 11.2 MPa$

05

회전수 $320 rpm$, $40 kW$를 전달하는 축 이음을 하는 플랜지 커플링에서 볼트의 전단응력은 $20 MPa$, 볼트 8개를 사용하였을 때 다음을 구하시오.
(여기서, 볼트 구멍의 피치원 직경은 $320mm$이다.)

(1) 전달 토크 $[N \cdot m]$
(2) 볼트의 골지름 $[mm]$

해설

(1) $T = \dfrac{H}{\omega} = \dfrac{H}{\dfrac{2\pi N}{60}} = \dfrac{40 \times 10^3}{\dfrac{2\pi \times 320}{60}} = 1193.66 N \cdot m$

(2) $T = \tau_B \times \dfrac{\pi \delta_B^2}{4} \times \dfrac{D_B}{2} \times Z \Rightarrow \therefore \delta_B = \sqrt{\dfrac{8T}{\pi \tau_B D_B Z}} = \sqrt{\dfrac{8 \times 1193.66 \times 10^3}{\pi \times 20 \times 320 \times 8}} = 7.71 mm$

06

지름 $95mm$인 축이 $800 rpm$으로 동력을 전달하는 플랜지 커플링이 있다. 볼트의 피치원 직경 $420mm$, 플랜지 뿌리부의 직경 $150mm$, 플랜지 뿌리부의 두께 $28mm$, 축의 허용전단응력 $22MPa$, 볼트의 허용전단응력 $27MPa$, 볼트 8개를 사용하고자 한다. 동력의 전달이 볼트의 전단강도에만 의존할 때 다음을 구하시오.

(1) 최대 전달동력 $[kW]$
(2) 표를 보고 볼트를 선정하시오.

볼트의 호칭	M6	M8	M10	M12	M14	M16	M18

(3) 플랜지 뿌리부의 전단응력 $[MPa]$

해설

(1) $T = \tau_a Z_P = \tau_a \times \dfrac{\pi d^3}{16} = 22 \times \dfrac{\pi \times 95^3}{16} = 3703594.13 N \cdot mm$

$\therefore H' = T\omega = T \times \dfrac{2\pi N}{60} = 3703594.13 \times 10^{-6} \times \dfrac{2\pi \times 800}{60} = 310.27 kW$

(2) $T = \tau_B \times \dfrac{\pi \delta_B^2}{4} \times \dfrac{D_B}{2} \times Z \Rightarrow \delta_B = \sqrt{\dfrac{8T}{\tau_B \pi D_B Z}} = \sqrt{\dfrac{8 \times 3703594.13}{27\pi \times 420 \times 8}} = 10.2 mm$

여기서, 바깥지름 $d = \dfrac{\delta_B(=d_1)}{0.8} = \dfrac{10.2}{0.8} = 12.75 mm$이므로, 표에서 크면서 근사한 값을 선정한다. $\therefore M14$

(3) $\tau_f = \dfrac{2T}{\pi D_f^2 t} = \dfrac{2 \times 3703594.13}{\pi \times 150^2 \times 28} = 3.74 MPa$

07

지름 $130mm$인 축이 $400rpm$으로 동력을 전달하는 플랜지 커플링이 있다. 축의 허용전단 응력은 $22MPa$, 볼트 피치원 지름은 $320mm$, 플랜지 뿌리부의 지름은 $240mm$, 플랜지 뿌리부의 두께는 $50mm$, $M28$의 볼트 6개를 사용하고자 한다. 마찰력을 무시할 때 다음을 구하라.

(1) 최대 전달동력 $[kW]$
(2) 볼트에 생기는 전단응력 $[MPa]$
(3) 플랜지 뿌리부의 전단응력 $[MPa]$

해설

(1) $T = \tau_a Z_P = \tau_a \times \dfrac{\pi d^3}{16} = 22 \times \dfrac{\pi \times 130^3}{16} = 9490358.71 N \cdot mm$

$\therefore H' = T\omega = T \times \dfrac{2\pi N}{60} = 9490358.71 \times 10^{-6} \times \dfrac{2\pi \times 400}{60} = 397.53 kW$

(2) $\delta_B = 0.8d = 0.8 \times 28 = 22.4mm$

$T = \tau_B \times \dfrac{\pi \delta_B^2}{4} \times \dfrac{D_B}{2} \times Z \Rightarrow \therefore \tau_B = \dfrac{8T}{\pi \delta_B^2 D_B Z} = \dfrac{8 \times 9490358.71}{\pi \times 22.4^2 \times 320 \times 6} = 25.09 MPa$

(3) $\tau_f = \dfrac{2T}{\pi D_f^2 t} = \dfrac{2 \times 9490358.71}{\pi \times 240^2 \times 50} = 2.1 MPa$

08

$200rpm$, $15kW$로 전달하는 플랜지 커플링이 있다. 볼트의 피치원 지름 $150mm$, 볼트의 골지름 $18mm$, 볼트의 개수 6개, 플렌지 뿌리부 두께 $23mm$, 축의 허용 전단응력 $35MPa$, 플랜지 뿌리부의 직경 $100mm$을 사용하고자 한다. 마찰력을 무시할 때 다음을 구하라.

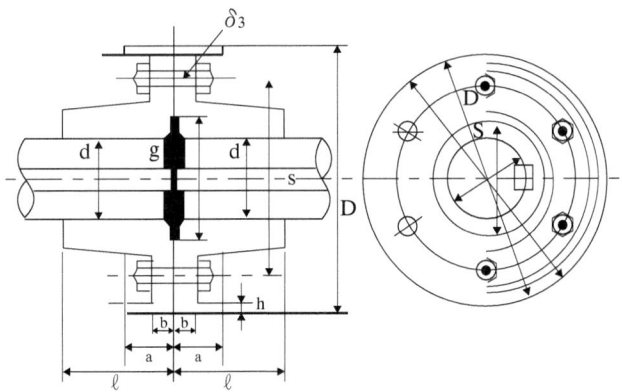

(1) 축 지름 $[mm]$
(2) 볼트에 생기는 전단응력 $[MPa]$
(3) 플랜지 뿌리부의 전단응력 $[MPa]$

해설

(1) $T = \dfrac{H}{\omega} = \dfrac{H}{\dfrac{2\pi N}{60}} = \dfrac{15 \times 10^3}{\dfrac{2\pi \times 200}{60}} = 716.2 N \cdot m$

$T = \tau_a Z_P = \tau_a \times \dfrac{\pi d^3}{16}$ 에서,

$\therefore d = \sqrt[3]{\dfrac{16T}{\pi \tau_a}} = \sqrt[3]{\dfrac{16 \times 716.2 \times 10^3}{\pi \times 35}} = 47.06 mm$

(2) $T = \tau_B \times \dfrac{\pi \delta_B^2}{4} \times \dfrac{D_B}{2} \times Z \Rightarrow \therefore \tau_B = \dfrac{8T}{\pi \delta_B^2 D_B Z} = \dfrac{8 \times 716.2 \times 10^3}{\pi \times 18^2 \times 150 \times 6} = 6.25 MPa$

(3) $\tau_f = \dfrac{2T}{\pi D_f^2 t} = \dfrac{2 \times 716.2 \times 10^3}{\pi \times 100^2 \times 23} = 1.98 MPa$

09

교차각 20°인 유니버설 조인트에서 원동축의 회전각속도 $1000 rpm$일 때, 종동축의 회전 각속도 $[rpm]$는 어떤 범위 내에서 변화하는지 쓰시오.

해설

$N_{B \cdot min} = N_A \cos\delta = 1000 \cos 20° = 939.69 rpm$
$N_{B \cdot max} = \dfrac{N_A}{\cos\delta} = \dfrac{1000}{\cos 20°} = 1064.18 rpm$
$\therefore N_B = 939.69 rpm \sim 1064.18 rpm$

10

교차각 30°인 유니버설 조인트에서 원동축의 회전각속도 $1500 rpm$, 동력 $2.2 kW$일 때 다음을 구하시오.

(1) 종동축의 최대, 최소 회전수 $[rpm]$
(2) 종동축 지름 $[mm]$ (단, 허용 전단응력은 $30 MPa$이고, 비틀림 토크만 고려한다.)

해설

(1) $N_{B \cdot min} = N_A \cos\delta = 1500 \cos 30° = 1299.04 rpm$

$N_{B \cdot max} = \dfrac{N_A}{\cos\delta} = \dfrac{1500}{\cos 30°} = 1732.05 rpm$

(2) $T = \dfrac{H}{\omega} = \dfrac{H}{\dfrac{2\pi N}{60}}$ 에서,

$$T = \dfrac{2.2 \times 10^3}{\dfrac{2\pi \times 1299.04}{60}} = 16.17 N \cdot m, \quad T = \dfrac{2.2 \times 10^3}{\dfrac{2\pi \times 1732.05}{60}} = 12.13 N \cdot m$$

$T = \tau_a Z_P = \tau_a \times \dfrac{\pi d^3}{16}$ 에서,

$$d = \sqrt[3]{\dfrac{16T}{\tau_a \pi}} = \sqrt[3]{\dfrac{16 \times 16.17 \times 10^3}{30 \times \pi}} = 14 mm$$

$$d = \sqrt[3]{\dfrac{16T}{\tau_a \pi}} = \sqrt[3]{\dfrac{16 \times 12.13 \times 10^3}{30 \times \pi}} = 12.72 mm$$

둘 중 안전을 고려하여 큰 값을 선정한다.
∴ $d = 14 mm$

11

접촉 폭 $30mm$, 평균지름 $100mm$, 회전수 $750rpm$, 마찰계수 0.15, 접촉면압력 $450kPa$인 단판 클러치가 존재한다. 다음을 구하시오.

(1) 축 방향으로 미는 힘 $[N]$
(2) 전달동력 $[kW]$

해설

(1) $q = \dfrac{P}{\pi D_m b} \Rightarrow \therefore P = \pi D_m b q = \pi \times 100 \times 30 \times 450 \times 10^{-3} = 4241.15 N$

(2) $v = \dfrac{\pi D_m N}{60 \times 1000} = \dfrac{\pi \times 100 \times 750}{60000} = 3.93 m/s$

∴ $H = \mu P v = 0.15 \times 4241.15 \times 10^{-3} \times 3.93 = 2.5 kW$

12

외경 $200mm$, 내경 $120mm$의 단판 클러치에서 접촉면압력 $0.28MPa$, 마찰계수를 0.17로 할 때 단판 클러치는 $1300rpm$으로 몇 kW를 전달할 수 있는가?

해설

$D_m = \dfrac{D_2 + D_1}{2} = \dfrac{200 + 120}{2} = 160mm, \quad b = \dfrac{D_2 - D_1}{2} = \dfrac{200 - 120}{2} = 40mm$

$q = \dfrac{2T}{\mu \pi D_m^2 b} \Rightarrow \therefore T = \dfrac{\mu \pi D_m^2 b q}{2} = \dfrac{0.17 \pi \times 160^2 \times 40 \times 0.28}{2} = 76564.38 N \cdot mm$

∴ $H = T\omega = T \times \dfrac{2\pi N}{60} = 76564.38 \times 10^{-6} \times \dfrac{2\pi \times 1300}{60} = 10.42 kW$

13

바깥지름이 $300mm$, 안지름이 $200mm$인 원판 클러치가 $300rpm$으로 회전하고 있다. 허용 면압력이 $0.2MPa$, 마찰계수가 0.3일 때 다음을 구하시오.

(1) 원판 클러치에 발생하는 토크 $[N \cdot m]$
(2) 원판 클러치가 전달하는 동력 $[kW]$

해설

(1) $P = qA = q \times \dfrac{\pi(D_2^2 - D_1^2)}{4} = 0.2 \times \dfrac{\pi(300^2 - 200^2)}{4} = 7853.98N$

$D_m = \dfrac{300 + 200}{2} = 250mm$

$\therefore T = \mu P \dfrac{D_m}{2} = 0.3 \times 7853.98 \times \dfrac{0.25}{2} = 294.52 N \cdot m$

(2) $H = T\omega = T \times \dfrac{2\pi N}{60} = 294.52 \times 10^{-3} \times \dfrac{2\pi \times 300}{60} = 9.25 kW$

14

마찰판 7개인 다판 클러치의 회전수 $1700rpm$, 전달동력이 $5kW$, 평균 직경이 $100mm$, 접촉 폭 $20mm$, 마찰계수 0.15일 때 다음을 구하시오.

(1) 전달 토크 $[N \cdot m]$
(2) 축 방향으로 미는 힘 $[N]$
(3) 마찰판 허용응력 $q_a = 0.1MPa$일 때 안전한지 검토하시오.

해설

(1) $T = \dfrac{H}{\omega} = \dfrac{H}{\dfrac{2\pi N}{60}} = \dfrac{5 \times 10^3}{\dfrac{2\pi \times 1700}{60}} = 28.09 N \cdot m$

(2) $T = \mu P \dfrac{D_m}{2} \Rightarrow \therefore P = \dfrac{2T}{\mu D_m} = \dfrac{2 \times 28.09 \times 10^3}{0.15 \times 100} = 3745.33 N$

(3) $q = \dfrac{P}{\pi D_m b Z} = \dfrac{3745.33}{\pi \times 100 \times 20 \times 7} = 0.085 MPa$

$q_a = 0.1 MPa > q = 0.085 MPa$ 이므로,
$\therefore$ 안전하다.

15

단판 클러치에서 외경 $340mm$, 내경 $160mm$, 마찰계수 0.3이다. 접촉면압력 $0.23MPa$, 회전수 $250rpm$일 때 다음을 구하시오.

(1) 추력 $[N]$
(2) 전달 동력 $[kW]$

해설

(1) $P = qA = q \times \dfrac{\pi(D_2^2 - D_1^2)}{4} = 0.23 \times \dfrac{\pi(340^2 - 160^2)}{4} = 16257.74 N$

(2) $D_m = \dfrac{D_2 + D_1}{2} = \dfrac{340 + 160}{2} = 250mm$

$T = \mu P \dfrac{D_m}{2} = 0.3 \times 16257.74 \times \dfrac{250}{2} = 609665.25 N \cdot mm$

$\therefore H' = T\omega = T \times \dfrac{2\pi N}{60} = 609665.25 \times 10^{-6} \times \dfrac{2\pi \times 250}{60} = 15.96 kW$

16

다판 클러치의 접촉면수 5개, 외경 $250mm$, 내경 $170mm$, 접촉면압력 $0.3MPa$, 마찰계수 0.2, 회전수 $600rpm$일 때 다음을 구하시오.

(1) 클러치를 축 방향으로 미는 힘 $[N]$
(2) 전달 동력 $[kW]$

해설

(1) $D_m = \dfrac{D_2 + D_1}{2} = \dfrac{250 + 170}{2} = 210mm$, $b = \dfrac{D_2 - D_1}{2} = \dfrac{250 - 170}{2} = 40mm$

$T = \mu P \dfrac{D_m}{2} = \mu \pi D_m b q Z \dfrac{D_m}{2} = 0.2\pi \times 210 \times 40 \times 0.3 \times 5 \times \dfrac{210}{2} = 831265.42 N \cdot mm$

$\therefore P = \dfrac{2T}{\mu D_m} = \dfrac{2 \times 831265.42}{0.2 \times 210} = 39584.07 N$

(2) $H' = T\omega = T \times \dfrac{2\pi N}{60} = 831265.42 \times 10^{-6} \times \dfrac{2\pi \times 600}{60} = 52.23 kW$

17

접촉면의 평균지름 $120mm$, 원추각이 $2\alpha = 34°$ 인 원추클러치에서 회전수 $1400rpm$, $4kW$의 동력을 전달하고자 한다. 접촉면의 허용면압력 $0.412MPa$, 마찰계수 $\mu = 0.12$일 때 다음을 구하시오.

(1) 접촉 폭 $[mm]$
(2) 원추 클러치를 축방향으로 미는 힘 $[N]$

해설

(1) $T = \dfrac{H}{\omega} = \dfrac{H}{\dfrac{2\pi N}{60}} = \dfrac{4 \times 10^3}{\dfrac{2\pi \times 1400}{60}} = 27.28 N \cdot m$

$q_a = \dfrac{2T}{\mu \pi D_m^2 b} \Rightarrow \therefore b = \dfrac{2T}{\mu \pi D_m^2 q_a} = \dfrac{2 \times 27.28 \times 10^3}{0.12\pi \times 120^2 \times 0.412} = 24.39 mm$

(2) $T = \mu Q \dfrac{D_m}{2} = \mu' P \dfrac{D_m}{2}$ 에서,

$P = \dfrac{2T}{\mu' D_m} = \dfrac{2T}{D_m} \times \dfrac{\sin\alpha + \mu\cos\alpha}{\mu} = \dfrac{2 \times 27.28 \times 10^3}{120} \times \dfrac{\sin 17° + 0.12\cos 17°}{0.12}$

$\therefore P = 1542.56 N$
(여기서, 원추각이 약 30 ~ 40도 이면, 반원추각입니다. $\therefore 2\alpha = 34°$)

18

회전수 $1000rpm$, 동력 $15kW$을 원추 클러치에 전달한다. 접촉면의 평균 직경 $400mm$, 원추각 $\alpha = 12°$, 마찰계수 0.3일 때 다음을 구하시오.

(1) 회전 토크 $[N \cdot m]$
(2) 추력 $[N]$

해설

(1) $T = \dfrac{H}{\omega} = \dfrac{H}{\dfrac{2\pi N}{60}} = \dfrac{15 \times 10^3}{\dfrac{2\pi \times 1000}{60}} = 143.24 N \cdot m$

(2) $T = \mu Q \dfrac{D_m}{2} = \mu' P \dfrac{D_m}{2}$ 에서,

$P = \dfrac{2T}{\mu' D_m} = \dfrac{2T}{D_m} \times \dfrac{\sin\alpha + \mu\cos\alpha}{\mu} = \dfrac{2 \times 143.24 \times 10^3}{400} \times \dfrac{\sin 12° + 0.3\cos 12°}{0.3}$

$\therefore P = 1196.9 N$
(여기서, 원추각이 약 10 ~ 20도 이면, 그대로 원추각 값입니다. $\therefore \alpha = 12°$)

19

$860rpm$, $21kW$의 동력으로 원추 클러치에 전달한다. 평균지름은 $650mm$, 마찰계수 0.38, 원추각이 $\alpha = 15$도일 때 클러치를 축 방향으로 미는 힘 $[N]$을 구하시오.

해설

$$T = \frac{H}{\omega} = \frac{H}{\frac{2\pi N}{60}} = \frac{21 \times 10^3}{\frac{2\pi \times 860}{60}} = 233.18 N \cdot m$$

$$T = \mu Q \frac{D_m}{2} \Rightarrow Q = \frac{2T}{\mu D_m} = \frac{2 \times 233.18 \times 10^3}{0.38 \times 650} = 1888.1 N$$

$$\mu Q = \mu' P \Rightarrow P = \frac{\mu Q}{\mu'} = Q(\sin\alpha + \mu\cos\alpha) = 1888.1(\sin 15° + 0.38\cos 15°)$$

$$\therefore P = 1181.71 N$$

20

다음 원추 클러치가 있다. 마찰계수 0.18, 회전수 $530rpm$, 접촉면압력 $0.25MPa$이라고 했을 때 다음을 구하시오.

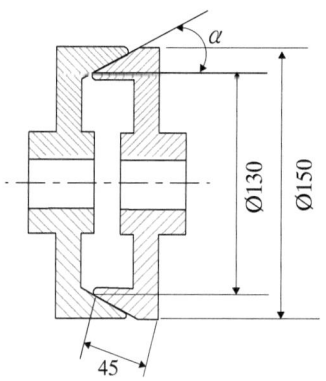

(1) 전달 동력 $[kW]$
(2) 원추각 $\alpha \ [°]$
(3) 추력 $[N]$

해설

(1) $D_m = \frac{D_2 + D_1}{2} = \frac{150 + 130}{2} = 140mm$

$T = \mu Q \frac{D_m}{2} = \mu \pi D_m bq \frac{D_m}{2} = 0.18\pi \times 140 \times 45 \times 0.25 \times \frac{140}{2} = 62344.91 N \cdot mm = 62.34 N \cdot m$

$\therefore H = T\omega = T \times \frac{2\pi N}{60} = 62.34 \times 10^{-3} \times \frac{2\pi \times 530}{60} = 3.46 kW$

(2) $D_2 = D_1 + 2b\sin\alpha \Rightarrow 150 = 130 + 2 \times 45\sin\alpha$
 $\therefore \alpha = 12.84°$

(3) $T = \mu Q \dfrac{D_m}{2} \Rightarrow Q = \dfrac{2T}{\mu D_m} = \dfrac{2 \times 62.34 \times 10^3}{0.18 \times 140} = 4947.62 N$

 $\mu Q = \mu' P \Rightarrow P = \dfrac{\mu Q}{\mu'} = Q(\sin\alpha + \mu\cos\alpha) = 4947.62(\sin 12.84° + 0.18\cos 12.84°)$
 $\therefore P = 1967.81 N$

Memo

07

베어링

7-1. 미끄럼 베어링

7-2. 구름 베어링

Chapter 7

베어링

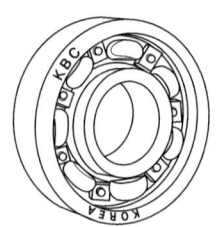

베어링이란, 회전하는 축에 가해지는 하중과 축의 자중에 의한 마찰저항을 줄여주며 축을 지지하는 기계요소이다. 크게 미끄럼 베어링과 구름 베어링으로 나누어지는데, 미끄럼 베어링은 전동체를 사용하지 않고 베어링과 저널이 직접 미끄러져 회전하는 베어링이고, 구름 베어링은 볼이나 롤러와 같은 전동체에 의해 회전하는 베어링이다.

7-1 미끄럼 베어링

(1) 엔드 저널 베어링(=끝 저널 베어링)

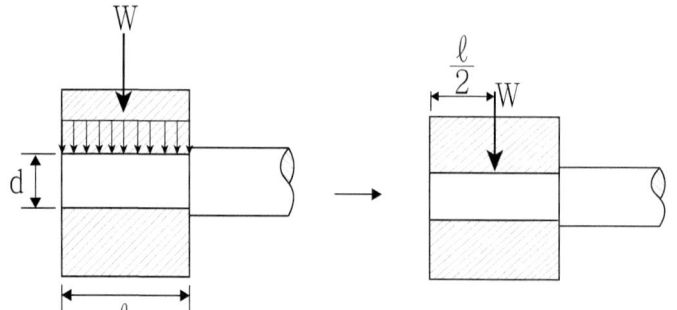

여기서,
W : 베어링 하중 $[N]$
d : 저널 지름 $[mm]$
ℓ : 저널 길이 $[mm]$

① 베어링 압력(p) $[N/mm^2]$: $p = \dfrac{W}{A} = \dfrac{W}{d\ell}$

② 원주 속도(v) $[m/s]$: $v = \dfrac{\pi d N}{60 \times 1000}$

③ 발열 계수(=압력 속도 계수, pv) $[N/mm^2 \cdot m/s]$

$$pv = \frac{W}{d\ell} \times \frac{\pi dN}{60 \times 1000} = \frac{\pi WN}{60000\ell}$$

④ 저널 길이(ℓ) $[mm]$: $\ell = \dfrac{\pi WN}{60000 pv}$

✔ 발열 계수의 단위는 $[N/mm^2 \cdot m/s]$로 압력의 $[mm]$ 단위와 속도의 $[m]$ 단위가 약분되지 않은 채로 쓰입니다. 따라서 **원주속도를 구할 때** $[m/s]$ 단위가 나올 수 있도록 식을 전개해야 합니다.

⑤ 저널의 지름(d) $[mm]$

외팔보의 중앙에 하중이 작용하는 것으로 취급하면
굽힘모멘트 $M_{\max} \dfrac{W\ell}{2} = \sigma_a Z = \sigma_a \dfrac{\pi d^3}{32}$ 이므로
지름 d로 정리하면

$$\therefore d = \sqrt[3]{\frac{32 M_{\max}}{\pi \sigma_a}} = \sqrt[3]{\frac{32 \cdot \dfrac{W\ell}{2}}{\pi \sigma_a}} = \sqrt[3]{\frac{16 W\ell}{\pi \sigma_a}}$$

⑥ 폭경비 $\left(\dfrac{\ell}{d}\right)$

굽힘모멘트 $M_{\max} = \sigma_a Z = \sigma_a \dfrac{\pi d^3}{32} = \dfrac{W\ell}{2}$ 이고

베어링압력 $p = \dfrac{W}{d\ell}$ 에서 $W = pd\ell$ 이므로

$\sigma_a \dfrac{\pi d^3}{32} = \dfrac{pd\ell^2}{2}$ 이 식을 정리하면 $\left(\dfrac{\ell}{d}\right)^2 = \dfrac{\pi \sigma_a}{16p}$

$$\therefore \frac{\ell}{d} = \sqrt{\frac{\pi \sigma_a}{16p}}$$

✔ 엔드 저널 베어링 문제에서
  ① **축의 허용 굽힘응력 + 허용압력** 이 주어지거나
  ② **축의 허용 굽힘응력 + 허용 압력속도계수** 가 주어졌을 때

  폭경비를 이용해 저널의 길이(l)와 지름(d)을 계산합니다.

⑦ 마찰 손실 동력(H_l) [W] : $H_l = \mu W v$

(2) 중간 저널 베어링

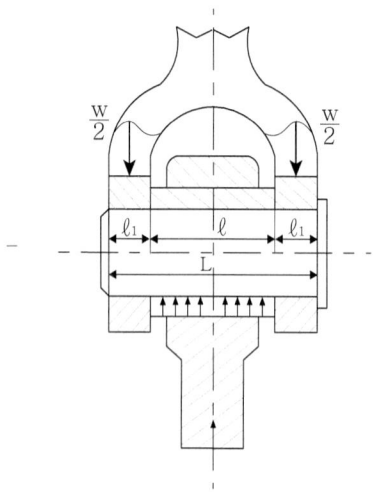

여기서,
W : 베어링 하중 [N]
L : 전체 길이 [mm]
   ($≒ 1.5l$)
l : 저널 길이 [mm]

① 저널 지름(d) [mm]

단순보로 취급하면 굽힘모멘트 $M_{max} = \dfrac{WL}{8} = \sigma_a Z = \sigma_a \dfrac{\pi d^3}{32}$ 이므로
저널 지름(d)으로 정리하면

$$\therefore d = \sqrt[3]{\dfrac{32 M_{max}}{\pi \sigma_a}} = \sqrt[3]{\dfrac{32 \cdot \dfrac{WL}{8}}{\pi \sigma_a}} = \sqrt[3]{\dfrac{4WL}{\pi \sigma_a}}$$

여기서 전체 길이 (L)의 근사치는 $L ≒ 1.5l$ 로 표현되므로

$$d = \sqrt[3]{\dfrac{6Wl}{\pi \sigma_a}}$$

② 폭경비 $\left(\dfrac{\ell}{d}\right)$

굽힘모멘트 $M_{\max} = \sigma_a Z = \sigma_a \dfrac{\pi d^3}{32} = \dfrac{WL}{8}$ 이고

베어링압력 $p = \dfrac{W}{d\ell}$ 에서 $W = pd\ell$ 이므로

$\sigma_a \dfrac{\pi d^2}{6} = \dfrac{pd\ell L}{8} = \dfrac{pd\ell \times 1.5\ell}{8}$ 이다. 따라서 약분하여 정리하면 $\sigma_a \dfrac{\pi d^2}{6} = p\ell^2$

폭경비로 묶으면 $\left(\dfrac{\ell}{d}\right)^2 = \dfrac{\pi \sigma_a}{6p}$

$\therefore \dfrac{\ell}{d} = \sqrt{\dfrac{\pi \sigma_a}{6p}}$

(3) 피벗 저널 베어링

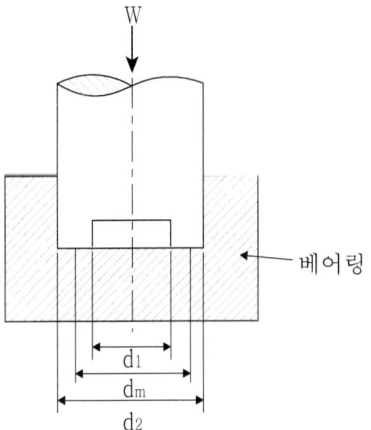

여기서,
W : 베어링 하중 $[N]$
d_1 : 저널 내경 $[mm]$
d_2 : 저널 외경 $[mm]$
d_m : 저널 평균 지름 $[mm]$
$\left(d_m = \dfrac{d_2 + d_1}{2}\right)$
μ : 마찰 계수

① 베어링 압력(p) $[N/mm^2]$: $p = \dfrac{W}{A} = \dfrac{W}{\dfrac{\pi}{4}(d_2^2 - d_1^2)}$

② 발열 계수(=압력 속도 계수, pv) $[N/mm^2 \cdot m/s]$

$pv = \dfrac{W}{\dfrac{\pi}{4}(d_2^2 - d_1^2)} \times \dfrac{\pi d_m N}{60000} = \dfrac{WN}{30000(d_2 - d_1)}$

③ 마찰 손실 동력(H_l) $[W]$: $H_l = \mu W v$

(4) 칼라 저널 베어링

① 베어링압력(p) [N/mm^2] : $p = \dfrac{W}{A} = \dfrac{W}{\dfrac{\pi}{4}(d_2^2 - d_1^2)Z}$ 여기서, Z : 칼라 수

② 발열 계수(=압력 속도 계수, pv) [N/mm^2]

$$pv = \dfrac{W}{\dfrac{\pi}{4}(d_2^2 - d_1^2)} \times \dfrac{\pi d_m N}{60000} = \dfrac{WN}{30000(d_2 - d_1)Z}$$

7-2 구름 베어링

(1) 베어링 호칭   ex) 6305

① 첫 번째 숫자 : 형식기호

② 두 번째 숫자 : 하중기호

③ 세 번째, 네 번째 숫자 : 안지름 번호(=저널부 지름번호)

안지름	안지름 번호	안지름	안지름 번호
0~9mm	그대로	20mm	04
10mm	00	25mm	05
12mm	01	…	…
15mm	02	495mm	99
17mm	03	500mm 이상	그대로

✔ 04~99 까지는 ×5를 하면 안지름이 됩니다.
　ex) 6305의 안지름 $d = 05 \times 5 = 25mm$

(2) 구름 베어링의 설계

① 베어링하중(=상당하중 =동등가하중, P) $[N]$

$$P = XVP_r + YP_t$$

여기서,
P_r : 레이디얼 하중 $[N]$
P_t : 스러스트 하중 $[N]$
X : 레이디얼 계수
Y : 스러스트 계수
V : 회전 계수(내륜 : 1, 외륜 : 2)

② 베어링에 작용하는 하중(P') $[N]$

$$P' = f_v f_g f_w \times W$$

여기서,
P' : 실제 베어링 하중 $[N]$
P : 베어링 하중 $[N]$
f_v : 속도 계수
f_g : 기어 계수
f_w : 하중 계수

③ 선형파동하중에 대한 평균등가하중(P_m) $[N]$

하중이 주기적 변동하는 경우에 평균등가하중을 적용한다.

$$P_m = \frac{P_{\min} + 2P_{\max}}{3}$$

여기서,
$P_{\min}$: 최소 하중 $[N]$
$P_{\max}$: 최대 하중 $[N]$

④ 기본 회전수(N) $[rev]$: 33.3 rpm으로 500hr의 시간동안 회전했을 때의 회전 수

$$N = \frac{33.3\,rev}{\min} \times 500hr \times 60\min/hr = 10^6$$

⑤ 동적 기본 부하 용량(C) $[N]$: 기본 회전수(N) 만큼의 회전을 할 때 견딜 수 있는 베어링 하중

⑥ 수명 계산식

㉠ 수명 회전수(=정격 수명 =계산 수명, L_n) [rev]

90%이상의 베어링이 피로 박리현상을 일으키지 않고 회전할 수 있는 회전수를 의미한다.

$$L_n = \left(\frac{C}{P'}\right)^r \times 10^6$$

여기서,
W' : 실제 베어링 하중 [N]
C : 동적 기본 부하 용량 [N]
$r : \begin{cases} 볼 : r = 3 \\ 롤러 : r = \dfrac{10}{3} \end{cases}$

㉡ 수명 시간(L_h) [hr] : 정격 수명을 500시간 단위로 나타낸 것이다.

$$L_h = \frac{L_n}{60N} = \frac{10^6}{60N}\left(\frac{C}{P'}\right)^r$$

⑦ 한계속도지수(dN) : 손상 없이 장시간 운전 가능한 베어링 회전속도의 한계이다.

dN

여기서,
d : 베어링 안지름(=피치원 지름) [mm]
N : 최대 사용 회전수 [rpm]

Memo

핵심 예상문제

일반기계기사 필답형
07. 베어링

01

저널 길이 $180mm$, 저널 직경이 $60mm$인 끝 저널 베어링에서 $10kN$의 베어링 하중이 작용 한다. 베어링 압력$[MPa]$을 구하시오.

[해설]

$$p = \frac{W}{d\ell} = \frac{10 \times 10^3}{60 \times 180} = 0.93 MPa$$

02

회전수 $450rpm$으로 베어링 하중 $25kN$을 받쳐주는 엔드 저널 베어링이 있다. 압력속도계수 $2MPa \cdot m/s$일 때 다음을 구하시오.

(1) 저널의 길이 $[mm]$
(2) 저널의 지름 $[mm]$ (단, 엔드 저널의 허용굽힙응력 $70MPa$이다.)
(3) 베어링 압력 $[MPa]$

[해설]

(1) $pv = \dfrac{\pi WN}{60000\ell} \Rightarrow \therefore \ell = \dfrac{\pi WN}{60000pv} = \dfrac{\pi \times 25 \times 10^3 \times 450}{60000 \times 2} = 294.52mm$

(2) $d = \sqrt[3]{\dfrac{32M_{\max}}{\pi \sigma_b}} = \sqrt[3]{\dfrac{32W \times \dfrac{\ell}{2}}{\pi \sigma_b}} = \sqrt[3]{\dfrac{16W\ell}{\pi \sigma_b}} = \sqrt[3]{\dfrac{16 \times 25 \times 10^3 \times 294.52}{\pi \times 70}} = 81.22mm$

(3) $p = \dfrac{W}{d\ell} = \dfrac{25 \times 10^3}{81.22 \times 294.52} = 1.05MPa$

03

베어링 하중 $60kN$을 받쳐주는 엔드 저널 베어링이 있다. 축의 허용굽힘응력 $50MPa$, 허용 베어링 압력 $4.32MPa$일 때 다음을 구하시오.

(1) 저널의 직경 $[mm]$
(2) 저널의 길이 $[mm]$

해설

(1) 축의 허용굽힘응력과 허용베어링압력이 주어질 때 폭경비를 이용하여 구해야한다.

$$\frac{\ell}{d} = \sqrt{\frac{\pi\sigma_a}{16p}} = \sqrt{\frac{\pi \times 50}{16 \times 4.32}} = 1.51 \Rightarrow \ell = 1.51d$$

$$p = \frac{W}{d\ell} = \frac{W}{d \times 1.51d} \Rightarrow \therefore d = \sqrt{\frac{W}{1.51p}} = \sqrt{\frac{60 \times 10^3}{1.51 \times 4.32}} = 95.91mm$$

(2) $\ell = 1.51d = 1.51 \times 95.91 = 144.82mm$

04

회전수 $550rpm$으로 하중 $12kN$을 받쳐주는 끝 저널 베어링이 있다. 압력속도계수 $5N/mm^2 \cdot m/s$일 때 다음을 구하시오.

(1) 저널의 길이 $[mm]$
(2) 저널의 지름 $[mm]$ (단, 저널의 길이는 저널의 지름의 1.5배이다.)
(3) 베어링 면압력 $[MPa]$

해설

(1) $pv = \frac{\pi WN}{60000\ell} \Rightarrow \therefore \ell = \frac{\pi WN}{60000pv} = \frac{\pi \times 12 \times 10^3 \times 550}{60000 \times 5} = 69.12mm$

(2) $\ell = 1.5d \Rightarrow \therefore d = \frac{\ell}{1.5} = \frac{69.12}{1.5} = 46.08mm$

(3) $p = \frac{W}{d\ell} = \frac{12 \times 10^3}{46.08 \times 69.12} = 3.77MPa$

05

$800rpm$으로 회전하는 엔드저널 $5kN$의 베어링 하중을 지지하고 있다. 압력속도계수 $3N/mm^2 \cdot m/s$, 허용 베어링 압력 $5.2MPa$일 때 다음을 구하시오.

(1) 저널의 길이 $[mm]$
(2) 저널의 지름 $[mm]$

[해설]

(1) $pv = \dfrac{\pi WN}{60000\ell} \Rightarrow \therefore \ell = \dfrac{\pi WN}{60000pv} = \dfrac{\pi \times 5 \times 10^3 \times 800}{60000 \times 3} = 69.81mm$

(2) $p = \dfrac{W}{d\ell} \Rightarrow \therefore d = \dfrac{W}{\ell p} = \dfrac{5 \times 10^3}{69.81 \times 5.2} = 13.77mm$

06

분당회전수 $600rpm$으로 회전하는 엔드저널 $6000kg$의 베어링 하중을 지지하고 있다. 허용 압력속도계수 $pv = 2N/mm^2 \cdot m/s$일 때 다음을 구하시오.

(1) 저널의 길이 $[mm]$
(2) 허용 굽힘응력 $48MPa$이라고 가정했을 때 저널의 직경 $[mm]$

[해설]

(1) $pv = \dfrac{\pi WN}{60000\ell} \Rightarrow \therefore \ell = \dfrac{\pi WN}{60000pv} = \dfrac{\pi \times 6000 \times 9.8 \times 600}{60000 \times 2} = 923.63mm$

(2) $d = \sqrt[3]{\dfrac{32M_{\max}}{\pi\sigma_a}} = \sqrt[3]{\dfrac{32W \times \dfrac{\ell}{2}}{\pi\sigma_a}} = \sqrt[3]{\dfrac{16W\ell}{\pi\sigma_a}} = \sqrt[3]{\dfrac{16 \times 6000 \times 9.8 \times 923.63}{\pi \times 48}} = 179.28mm$

07

하중 $20kN$을 지지하는 엔드 저널 베어링이 있다. 허용 베어링 압력이 $6MPa$일 때 다음을 구하시오.

(1) 저널의 길이 $[mm]$ (단, 저널의 지름이 $40mm$이다.)
(2) (1)의 조건을 참고하여 허용 굽힘응력 $48MPa$일 굽힘응력을 만족하는지 불만족하는지 찾아내고 불만족 한다면, 만족하는 최소 저널의 지름$[mm]$를 구하시오.

해설

(1) $p = \dfrac{W}{d\ell} \Rightarrow \therefore \ell = \dfrac{W}{dp} = \dfrac{20 \times 10^3}{40 \times 6} = 83.33 mm$

(2) $\sigma = \dfrac{M}{Z} = \dfrac{W \times \dfrac{\ell}{2}}{\dfrac{\pi d^3}{32}} = \dfrac{16W\ell}{\pi d^3} = \dfrac{16 \times 20 \times 10^3 \times 83.33}{\pi \times 40^3} = 132.62 MPa$

$\sigma_a(48MPa) < \sigma(132.62MPa)$ 이므로, $\therefore$ 불만족

$M_{\max} = W \times \dfrac{\ell}{2} = \sigma_a \times \dfrac{\pi d^3}{32}$ 에서,

$\therefore d = \sqrt[3]{\dfrac{16W\ell}{\pi \sigma_a}} = \sqrt[3]{\dfrac{16 \times 20 \times 10^3 \times 83.33}{\pi \times 48}} = 56.13 mm$

08

다음 그림과 같은 피벗 저널 베어링이 있다. 마찰계수 0.15, 분당 회전수 $540 rpm$, 허용 베어링압력 $2MPa$, $d_2 = 140mm$, $d_1 = 60mm$일 때 다음을 구하시오.

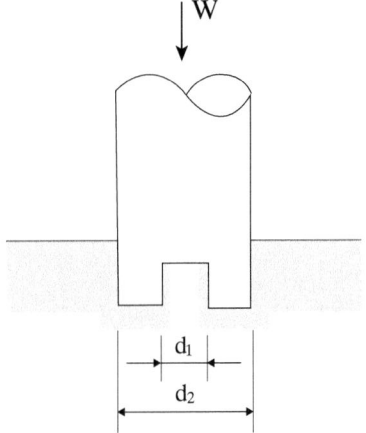

(1) 베어링 하중 $[N]$
(2) 마찰손실동력 $[kW]$

해설

(1) $W = p_a A = p_a \times \dfrac{\pi(d_2^2 - d_1^2)}{4} = 2 \times \dfrac{\pi(140^2 - 60^2)}{4} = 25132.74 N$

(2) $d_m = \dfrac{d_2 + d_1}{2} = \dfrac{140 + 60}{2} = 100 mm$

$v = \dfrac{\pi d_m N}{60 \times 1000} = \dfrac{\pi \times 100 \times 540}{60000} = 2.83 m/s$

$\therefore H = \mu W v = 0.15 \times 25132.74 \times 2.83 = 10668.85 W \fallingdotseq 10.67 kW$

09

다음 그림과 피벗 베어링 추력 축 받침에서 마찰계수 0.13, 회전수 $750rpm$, 베어링 압력 $1.8MPa$ 일 때 다음을 구하라.

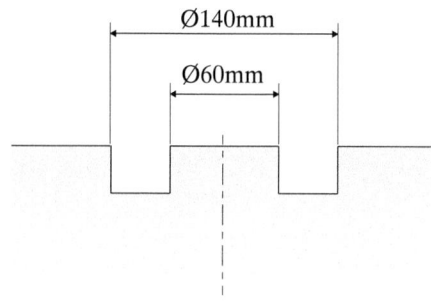

(1) 최대 베어링 추력 하중 $[N]$
(2) 마찰손실동력 $[kW]$
(3) 압력속도계수 $2MPa \cdot m/s$ 이라고 가정할 때 받칠 수 있는 추력하중 $[N]$

해설

(1) $W_1 = pA = p \times \dfrac{\pi(d_2^2 - d_1^2)}{4} = 1.8 \times \dfrac{\pi(140^2 - 60^2)}{4} = 22619.47N$

(2) $d_m = \dfrac{d_2 + d_1}{2} = \dfrac{140 + 60}{2} = 100mm$

$v = \dfrac{\pi d_m N}{60 \times 1000} = \dfrac{\pi \times 100 \times 750}{60000} = 3.93 m/s$

$\therefore H = \mu W_1 v = 0.13 \times 22619.47 \times 3.93 = 11556.29N \fallingdotseq 11.56kW$

(3) $pv = \dfrac{W_2}{\dfrac{\pi(d_2^2 - d_1^2)}{4}} \times v = \dfrac{W_2}{\dfrac{\pi(140^2 - 60^2)}{4}} \times 3.93 = 2MPa \cdot m/s$

$\therefore W_2 = 6395.1N$

10

다음 그림과 같이 축에 4개의 칼라 저널 베어링을 제작하여 $10kN$의 하중을 받친다. 평균 베어링 압력은 $0.5MPa$일 때 칼라의 외경$[mm]$을 구하시오.

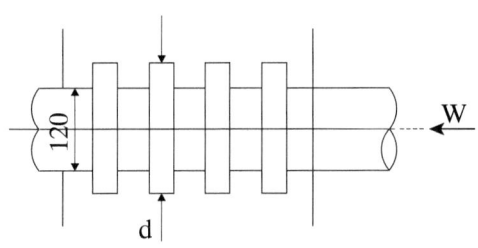

해설

$p = \dfrac{W}{A} = \dfrac{W}{\dfrac{\pi}{4}(d_2^2 - d_1^2)Z}$ 에서,

$\therefore d_2 = \sqrt{d_1^2 + \dfrac{4W}{\pi p Z}} = \sqrt{120^2 + \dfrac{4 \times 10 \times 10^3}{\pi \times 0.5 \times 4}} = 144.1mm$

11

축방향하중 $30kN$이 작용하고 있는 칼라 저널 베어링이 있다. 칼라 저널 베어링의 외경은 $460mm$, 내경은 $360mm$, 분당회전수 $240rpm$, 발열계수 $pv = 0.4MPa \cdot m/s$일 때 다음을 구하시오.

(1) 칼라의 개수 $[개]$
(2) 베어링 응력 $[kPa]$
(3) 마찰손실동력 $[kW]$ (단, 마찰계수는 0.012이다.)

해설

(1) $Z(d_2 - d_1) = \dfrac{WN}{30000 pv} \Rightarrow \therefore Z = \dfrac{WN}{30000 pv(d_2 - d_1)} = \dfrac{30 \times 10^3 \times 240}{30000 \times 0.4 \times (460 - 360)} = 6개$

(2) $p = \dfrac{W}{A} = \dfrac{W}{\dfrac{\pi}{4}(d_2^2 - d_1^2)Z} = \dfrac{30 \times 10^3}{\dfrac{\pi}{4}(460^2 - 360^2) \times 6} = 0.07764 MPa = 77.64 kPa$

(3) $pv = 0.4 \Rightarrow v = \dfrac{0.4}{p} = \dfrac{0.4}{0.07764} = 5.15 m/s$
$\therefore H = \mu Wv = 0.012 \times 30 \times 5.15 = 1.85 kW$

12

단열 자동조심 롤러 베어링이 $1000rpm$으로 회전하고 있고, 기본 동적격하중 $53kN$, 레이디얼 하중 $4.3kN$, 스러스트 하중 $3.8kN$으로 작용할 때 다음을 구하시오.

베어링 형식		내륜 회전 하중	외륜 회전 하중	단열 $\frac{W_a}{VW_r}>e$		복열 $\frac{W_a}{VW_r}\leq e$		복열 $\frac{W_a}{VW_r}>e$		e
		V		X	Y	X	Y	X	Y	
깊은홈 볼베어링	$W_a/C_0 = 0.014$ $= 0.028$ $= 0.056$ $= 0.084$ $= 0.11$ $= 0.17$ $= 0.28$ $= 0.42$ $= 0.56$	1	1.2	0.56	2.30 1.99 1.71 1.55 1.45 1.31 1.15 1.04 1.00	1	0	0.56	2.30 1.99 1.71 1.55 1.45 1.31 1.15 1.04 1.00	0.19 0.22 0.26 0.28 0.30 0.34 0.38 0.42 0.44
앵귤러 볼베어링	$a=20°$ $=25°$ $=30°$ $=35°$ $=40°$	1	1.2	0.43 0.41 0.39 0.37 0.35	1.00 0.87 0.76 0.56 0.57	1	1.09 0.92 0.78 0.66 0.55	0.70 0.67 0.63 0.60 0.57	1.63 1.41 1.24 1.07 0.93	0.57 0.68 0.80 0.95 1.14
자동조심볼베어링		1	1	0.4	$0.4\times\cot\alpha$	1	$0.42\times\cot\alpha$	0.65	$0.65\times\cot\alpha$	$1.5\times\tan\alpha$
매그니토볼베어링		1	1	0.5	2.5	-	-	-	-	0.2
자동조심롤러베어링 원추롤러베어링 $a\neq 0$		1	1.2	0.4	$0.4\times\cot\alpha$	1	$0.45\times\cot\alpha$	0.67	$0.67\times\cot\alpha$	$1.5\times\tan\alpha$
스러스트볼베어링	$a=45°$ $=60°$ $=70°$	-	-	0.66 0.92 1.66	1	1.18 1.90 3.66	0.59 0.54 0.52	0.66 0.92 1.66	1	1.25 2.17 4.67
스러스트롤러베어링		-	-	$\tan\alpha$	1	$1.5\times\tan\alpha$	0.67	$\tan\alpha$	1	$1.5\times\tan\alpha$

(1) 베어링의 접촉각 $a=10°$ 일 때 등가 하중 $[kN]$
(2) 베어링의 시간 수명 $[hr]$

해설

(1) 단열자동조심롤러베어링이며 외,내륜이 주어지지 않으면 내륜으로 가정한다.
  $V=1$, $W_r=4.3kN$, $W_a=3.8kN$

  $e=1.5\tan\alpha=1.5\tan10° = 0.26 \Rightarrow \frac{W_a}{VF_r} = \frac{3.8}{1\times 4.3} = 0.88 > e(=0.26)$

  $X=0.4$, $Y=0.4\cot\alpha=0.4\cot10° = 2.27$
  $\therefore P = XVW_r + YW_a = 0.4\times 1\times 4.3 + 2.27\times 3.8 = 10.35kN$

(2) $L_h = 500\times \frac{33.3}{N}\times \left(\frac{C}{W}\right)^r = 500\times \frac{33.3}{1000}\times \left(\frac{53}{10.35}\right)^{\frac{10}{3}} = 3853.59hr$

13

복렬 자동조심 볼베어링이 $500rpm$으로 $5000N$의 레이디얼 하중과 $3800N$의 스러스트 하중을 지지하고 있다. 베어링 수명시간이 45000시간, 호칭접촉각 $15°$, 하중계수 1.2일 때 다음을 구하시오.

베어링 형식		내륜 회전 하중	외륜 회전 하중	단열			복렬				e
				$\frac{W_a}{VW_r} > e$			$\frac{W_a}{VW_r} \le e$		$\frac{W_a}{VW_r} > e$		
		V		X	Y		X	Y	X	Y	
깊은홈 볼베어링	$W_a/C_0 = 0.014$ $= 0.028$ $= 0.056$ $= 0.084$ $= 0.11$ $= 0.17$ $= 0.28$ $= 0.42$ $= 0.56$	1	1.2	0.56	2.30 1.99 1.71 1.55 1.45 1.31 1.15 1.04 1.00		1	0	0.56	2.30 1.99 1.71 1.55 1.45 1.31 1.15 1.04 1.00	0.19 0.22 0.26 0.28 0.30 0.34 0.38 0.42 0.44
앵귤러 볼베어링	$a = 20°$ $= 25°$ $= 30°$ $= 35°$ $= 40°$	1	1.2	0.43 0.41 0.39 0.37 0.35	1.00 0.87 0.76 0.56 0.57		1	1.09 0.92 0.78 0.66 0.55	0.70 0.67 0.63 0.60 0.57	1.63 1.41 1.24 1.07 0.93	0.57 0.68 0.80 0.95 1.14
자동조심볼베어링		1	1	0.4	$0.4 \times \cot\alpha$		1	$0.42 \times \cot\alpha$	0.65	$0.65 \times \cot\alpha$	1.5 $\times \tan\alpha$
매그니토볼베어링		1	1	0.5	2.5		-	-	-	-	0.2
자동조심롤러베어링 원추롤러베어링 $a \ne 0$		1	1.2	0.4	$0.4 \times \cot\alpha$		1	$0.45 \times \cot\alpha$	0.67	$0.67 \times \cot\alpha$	1.5 $\times \tan\alpha$
스러스트볼베어링	$a = 45°$ $= 60°$ $= 70°$	-	-	0.66 0.92 1.66	1		1.18 1.90 3.66	0.59 0.54 0.52	0.66 0.92 1.66	1	1.25 2.17 4.67
스러스트롤러베어링		-	-	$\tan\alpha$	1		$1.5 \times \tan\alpha$	0.67	$\tan\alpha$	1	1.5 $\times \tan\alpha$

(1) 등가 하중 $[N]$
(2) 기본 동정격 하중 $[N]$

해설

(1) 복렬자동조심볼베어링이며 외,내륜이 주어지지 않으면 내륜으로 가정한다.

$V = 1$, $W_r = 5000N$, $W_a = 3800N$

$e = 1.5\tan\alpha = 1.5\tan15° = 0.4 \Rightarrow \frac{W_a}{VW_r} = \frac{3800}{1 \times 5000} = 0.76 > e(= 0.4)$

$X = 0.65$, $Y = 0.65\cot\alpha = 0.65\cot15° = 2.43$

$\therefore W = XVW_r + YW_a = 0.65 \times 1 \times 5000 + 2.43 \times 3800 = 12484N$

(2) $L_h = 500 \times \frac{33.3}{N} \times \left(\frac{C}{f_w W}\right)^r \Rightarrow 45000 = 500 \times \frac{33.3}{500} \times \left(\frac{C}{1.2 \times 12484}\right)^3$

$\therefore C = 165624.44N$

14

복렬 롤러 베어링이 $1500rpm$으로 $2kN$의 레이디얼하중과 $1.5kN$의 스러스트 하중을 지지하고 있다. 베어링 수명시간이 60000시간, 호칭 접촉각 $25°$일 때 다음을 구하시오.

베어링 형식	단열		복렬				e
	$\frac{W_a}{VW_r} > e$		$\frac{W_a}{VW_r} \leq e$		$\frac{W_a}{VW_r} > e$		
	X	Y	X	Y	X	Y	
롤러베어링	0.4	$0.4 \times \cot\alpha$	1	$0.45 \times \cot\alpha$	0.67	$0.67 \times \cot\alpha$	$1.5 \times \tan\alpha$

(1) 반경방향 등가 하중 $[kN]$
(2) 기본 동정격 하중 $[kN]$ (단, 하중계수 1.2)

해설

(1) 복렬 롤러베어링이며 외, 내륜이 주어지지 않으면 내륜으로 가정한다.
$V=1, \ W_r=2kN, \ W_a=1.5kN$

$e = 1.5\tan\alpha = 1.5\tan25° = 0.7 \Rightarrow \frac{W_a}{VW_r} = \frac{1.5}{1 \times 2} = 0.75 > e(=0.7)$

$X=0.67, \ Y=0.67\cot\alpha = 0.67\cot25° = 1.44$

$\therefore W = XVW_r + YW_a = 0.67 \times 1 \times 2 + 1.44 \times 1.5 = 3.5kN$

(2) $L_h = 500 \times \frac{33.3}{N} \times \left(\frac{C}{f_w W}\right)^r \Rightarrow 60000 = 500 \times \frac{33.3}{1500} \times \left(\frac{C}{1.2 \times 3.5}\right)^{\frac{10}{3}}$

$\therefore C = 55.35kN$

15

단열 레이디얼 롤러 베어링에서 동적하중 $33kN$, 상당하중 $5kN$, 분당회전수 $700rpm$일 때 수명시간 $[hr]$을 구하시오.
(단, 하중계수는 1.5이다.)

해설

$L_h = 500 \times \frac{33.3}{N} \times \left(\frac{C}{f_w W}\right)^r = 500 \times \frac{33.3}{700} \times \left(\frac{33}{1.5 \times 5}\right)^{\frac{10}{3}} = 3320.16hr$

16

단열 레이디얼 볼베어링에서 $40000hr$의 수명을 주려 한다. 동정격하중은 $30kN$이고, 회전수가 $500rpm$일 때 최대 등가 하중$[N]$을 구하시오.

해설

$$L_h = 500 \times \frac{33.3}{N} \times \left(\frac{C}{W}\right)^r \Rightarrow 40000 = 500 \times \frac{33.3}{500} \times \left(\frac{30 \times 10^3}{W}\right)^3$$

$\therefore W = 2822.17N$

17

$200rpm$으로 회전하는 축을 지지하는 롤러 베어링의 기본 동정격 하중 $55kN$이며, 작용하는 하중이 $4kN$, $6kN$, $8kN$, $10kN$, $12kN$, $14kN$으로 주기적으로 변동하고 있을 때 다음을 구하시오.

(1) 선형파동하중에 대한 평균등가하중 $[kN]$
(2) 베어링의 수명시간 $[hr]$ (단, 하중계수는 1.3이다.)

해설

(1) $P_m = \dfrac{P_{\min} + 2P_{\max}}{3} = \dfrac{4 + 2 \times 14}{3} = 10.67 kN$

(2) $L_h = 500 \times \dfrac{33.3}{N} \times \left(\dfrac{C}{f_w P_m}\right)^r = 500 \times \dfrac{33.3}{200} \times \left(\dfrac{55}{1.3 \times 10.67}\right)^{\frac{10}{3}} = 8214.24 hr$

18

$No.6312$ 1열 레이디얼 볼 베어링에 35000시간의 수명을 주려 한다. 기본 동정격 하중이 $50kN$, 허용한계 속도지수 200000, 하중계수 1.2일 때 다음을 구하시오.

(1) 베어링의 최대 사용 회전수 $[rpm]$
(2) 베어링 하중 $[N]$

해설

(1) $d = 12 \times 5 = 60mm$

$dN = 200000 \Rightarrow \therefore N = \dfrac{200000}{d} = \dfrac{200000}{60} = 3333.33 rpm$

(2) $L_h = 500 \times \dfrac{33.3}{N} \times \left(\dfrac{C}{f_w W}\right)^r \Rightarrow 35000 = 500 \times \dfrac{33.3}{3333.33} \times \left(\dfrac{50 \times 10^3}{1.2 \times W}\right)^3$

$\therefore W = 2177.43N$

19

단열 레이디얼 볼 베어링의 수명 시간이 35000시간이다. 베어링 하중 $1800N$, 하중계수 1.5, 회전수 $400rpm$일 때 표를 보고 단열 레이디얼 볼 베어링을 6300형에서 선정하시오.
(여기서, C : 동적부하용량, , C_0 : 정적부하용량이다.)

형식		단열 레이디얼 볼 베어링			
형식 번호		6200		6300	
번호	안지름 [mm]	C [N]	C_0 [N]	C [N]	C_0 [N]
06	30	15200	10000	21800	14500
07	35	20000	13850	25900	17250
08	40	22700	15650	32000	21800
09	45	25400	18150	41500	29700

 해설

$$L_h = 500 \times \frac{33.3}{N} \times \left(\frac{C}{f_w W}\right)^r \Rightarrow 35000 = 500 \times \frac{33.3}{400} \times \left(\frac{C}{1.5 \times 1800}\right)^3$$

$\therefore C = 25484.05N$

6300형에서 $C = 25484.05N$보다 크면서 근사한 값을 채택하면 $C = 25900N$이다.

$\therefore$ No.6307

20

6300형 계열의 단열 레이디얼 볼 베어링의 수명 시간이 20000시간이다. 회전수 $1200rpm$, 하중계수 1.5, 레이디얼 계수 0.65, 스러스트 계수 1.85, 레이디얼 하중 $2.35kN$, 스러스트 하중 $1.03kN$일 때 가장 적당한 베어링 번호를 표에서 선정 하시오.
(단, 베어링은 내륜회전을 하고 있다.)

단열 레이디얼 볼 베어링의 기본동정격하중 C					
번호	$C[N]$	번호	$C[N]$	번호	$C[N]$
6300	6076	6307	25382	6314	79870
6301	7840	6308	31360	6315	87220
6302	8575	6309	41650	6316	94080
6303	10290	6310	47040	6317	100940
6304	12250	6311	54390	6318	117600
6305	15974	6312	62230	6319	135240
6306	21364	6313	71050	6320	140140

 해설

$W = XVW_r + YW_t = 0.65 \times 1 \times 2.35 \times 10^3 + 1.85 \times 1.03 \times 10^3 = 3433N$

$$L_h = 500 \times \frac{33.3}{N} \times \left(\frac{C}{f_w W}\right)^r \Rightarrow 20000 = 500 \times \frac{33.3}{1200} \times \left(\frac{C}{1.5 \times 3433}\right)^3$$

$\therefore C = 58169.78N$

표에서 $C = 58169.78N$보다 크면서 근사한 값을 채택한다.

$\therefore$ No.6312

Memo

08

마찰차

8-1. 원통 마찰차

8-2. V홈 마찰차(=V 마찰차)

8-3. 원추 마찰차

8-4. 무단변속 마찰차

Chapter 8

마찰차

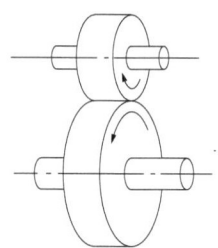

마찰차란, 두 축이 구름 접촉을 통해 순수한 마찰력만으로 동력을 전달할 수 있도록 하는 기계요소이다.

8-1 원통 마찰차

(1) 중심거리(C) [mm]

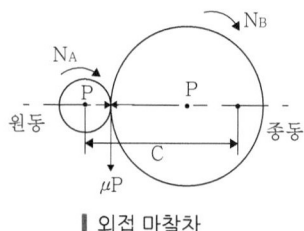

▌외접 마찰차

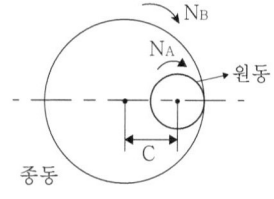

▌내접 마찰차

여기서, P : 마찰차가 서로 미는 힘 [N]
D_A : 원동차의 지름 [mm]
D_B : 종동차의 지름 [mm]
N_A : 원동차의 회전수 [rpm]
N_B : 종동차의 회전수 [rpm]
C : 중심거리 [[mm]]

① 외접일 경우 : $C = \dfrac{D_B + D_A}{2}$

② 내접일 경우 : $C = \dfrac{D_B - D_A}{2}$

(2) 원주속도(v) $[m/s]$

$$v = v_A = v_B = \frac{\pi D_A N_A}{60 \times 1000} = \frac{\pi D_B N_B}{60 \times 1000}$$

✔ 두 원통 마찰차가 미끄럼이 없다고 가정하면, 원동차와 종동차의 **원주 속도는 동일합니다.**

(3) 속비(=속도비 =회전비, $\varepsilon(=i)$)

$$\varepsilon = \frac{종동축의\ 회전수}{원동축의\ 회전수} = \frac{N_B}{N_A} = \frac{D_A}{D_B}$$

(4) 마찰력(=접선력 =회전력, F) $[N]$: $F = \mu P$

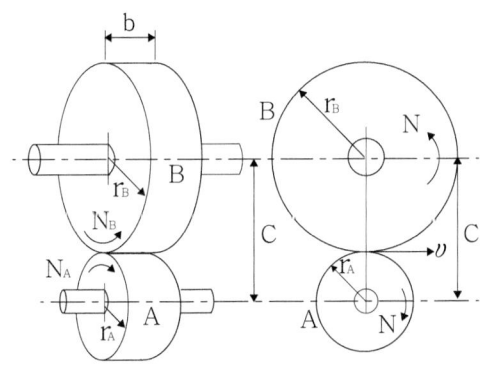

여기서,
μ : 마찰차의 마찰계수
P : 마찰차가 서로 미는 힘 $[N]$

(5) 전달 토크(T) $[N \cdot mm]$: $T = F \times \dfrac{D_A}{2} = \mu P \times \dfrac{D_A}{2}$

✔ 토크는 원동차가 종동차로 전달하기 때문에 전달 토크를 구할 때의 지름은 **기본적으로 원동차의 지름을 사용합니다.** 하지만 문제에서 원동차 또는 종동차의 전달 토크라고 특정지었을 때는 **해당하는 마찰차의 지름을 사용해야 합니다.**

(6) 전달 동력(H) $[W]$: $H = Fv = \mu P v$

(7) 접촉선압력(f) $[N/mm]$: 단위 길이당 작용하는 하중

$$f = \frac{P}{b}$$

여기서,
P : 마찰차가 서로 미는 힘 $[N]$
b : 마찰차의 접촉폭 $[mm]$

8-2 V홈 마찰차(=V 마찰차)

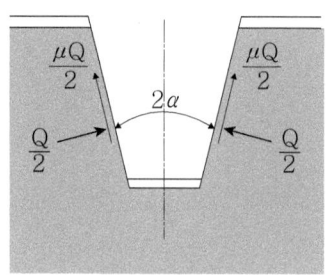

여기서,
P : 마찰차가 축에 수직한 힘 $[N]$
Q : 접촉면에 수직한 힘 $[N]$
2α : 홈 각도
  ($2\alpha = 30° \sim 40°$)
ℓ : 접촉 길이 $[mm]$

▎V홈에 작용하는 힘

(1) 접촉면에 수직한 힘(Q) $[N]$

위 그림에서 힘의 평형 방정식에 의하여

$$P = Q\sin\alpha + \mu Q\cos\alpha = Q(\sin\alpha + \mu\cos\alpha)$$

$$\therefore Q = \frac{P}{\sin\alpha + \mu\cos\alpha}$$

(2) 상당마찰계수(μ')

마찰력(=접선력 =회전력)은 $F = \mu Q = \mu' P$ 이므로

$$\mu \times \frac{P}{\sin\alpha + \mu\cos\alpha} = \mu' P$$

$$\therefore \mu' = \frac{\mu}{\sin\alpha + \mu\cos\alpha}$$

(3) 전달 동력(H) $[W]$: $H = \mu Q v = \mu' P v$

(4) 접촉면압력(f) $[N/mm]$: $f = \frac{Q}{L}$ 여기서 L : 전 접촉 길이 $[mm]$

(5) 홈 수(Z)

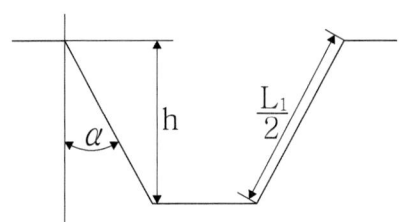

여기서,
ℓ : 접촉 길이 $[mm]$
h : 홈의 깊이 $[mm]$
L : 전 접촉 길이 $[mm]$
L_1 : 홈 하나의 접촉 길이 $[mm]$

① 전 접촉 길이(L) $[mm]$

위 그림에서 홈의 반각을 α라 하면 코싸인 법칙에 의해 $h = \dfrac{L_1}{2}\cos\alpha$ 이므로 L_1으로 정리하면 $L_1 = \dfrac{2h}{\cos\alpha}$ 이다. 여기에 홈의 수(Z)를 곱하여 전 접촉길이(L)을 구하면

$$L = L_1 Z = \dfrac{2h}{\cos\alpha} Z \fallingdotseq 2hZ$$

② 홈 수(Z) : $Z = \dfrac{L\cos\alpha}{2h} = \dfrac{Q\cos\alpha}{2hf}$

③ 홈의 깊이(h) $[mm]$: 실험치를 사용한다.

$$h = 0.28\sqrt{F} = 0.28\sqrt{\mu Q} = 0.28\sqrt{\mu' P}$$

8-3 원추 마찰차

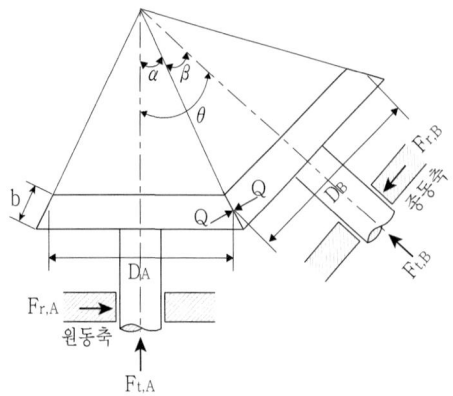

여기서,
α, β : 원동 및 종동 원추각
$\theta(=\alpha+\beta)$: 축각(=교각) [°]
$F_{r,A}, F_{r,B}$: 레이디얼 하중(=베어링 반력) [N]
$F_{t,A}, F_{t,B}$: 축 방향으로 미는 힘 [N]
Q : 접촉면에 수직한 힘
　　　(=양 원추차를 미는 힘) [N]
$D_{A,m}$: 원동차의 평균 지름 [mm]
$D_{B,m}$: 종동차의 평균 지름 [mm]

(1) 속비($\varepsilon(=i)$)

위 그림에서 각 원추마찰차의 중심 연장선의 교차점에서 평균 지름 위치까지의 거리를 ℓ 이라고 하면 $D_{A,m}=2R_{A,m}=2\ell\sin\alpha$, $D_{B,m}=2R_{B,m}=2\ell\sin\beta$ 로 나타낼 수 있다. 따라서 속비는

$$\varepsilon=\frac{D_{A,m}}{D_{B,m}}=\frac{2\ell\sin\alpha}{2\ell\sin\beta}=\frac{\sin\alpha}{\sin\beta}$$

(2) 외접 원추 마찰차의 관계식

① 속비(ε)와 원동 원추각(α)의 관계

$$\tan\alpha=\frac{\sin\theta}{\dfrac{1}{\varepsilon}+\cos\theta}=\frac{\sin\theta}{\dfrac{N_A}{N_B}+\cos\theta}$$

② 속비(ε)와 종동 원추각(β)의 관계

$$\tan\beta=\frac{\sin\theta}{\varepsilon+\cos\theta}=\frac{\sin\theta}{\dfrac{N_B}{N_A}+\cos\theta}$$

(3) 내접 원추 마찰차의 관계식

① 속비(ε)와 원동 원추각(α)의 관계

$$\tan\alpha = \frac{\sin\theta}{\cos\theta - \frac{1}{\varepsilon}} = \frac{\sin\theta}{\cos\theta - \frac{N_A}{N_B}}$$

② 속비(ε)와 종동 원추각(β)의 관계

$$\tan\beta = \frac{\sin\theta}{\varepsilon - \cos\theta} = \frac{\sin\theta}{\frac{N_B}{N_A} - \cos\theta}$$

(4) 원주 속도(v) [m/s]

$$v = v_A = v_B = \frac{\pi D_{A,m} N_A}{60 \times 1000} = \frac{\pi D_{B,m} N_B}{60 \times 1000}$$

(5) 전달 동력(H) [W] : $H = \mu Q v$

(6) 접촉 면압력(f) [N/mm] : $f = \dfrac{Q}{b}$ 여기서, b : 마찰차의 접촉폭 [mm]

(7) 베어링에 작용하는 하중

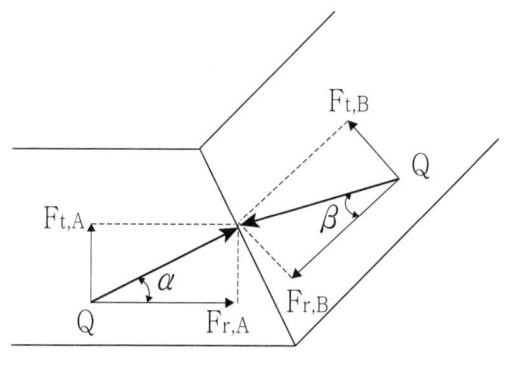

┃접촉부에 작용하는 하중

그림의 하중들을 정리하면

$\cos\alpha = \dfrac{F_{r,A}}{Q}$, $F_{r,A} = Q\cos\alpha$

$\cos\beta = \dfrac{F_{r,B}}{Q}$, $F_{r,B} = Q\cos\beta$

$\sin\alpha = \dfrac{F_{t,A}}{Q}$, $F_{t,A} = Q\sin\alpha$

$\sin\beta = \dfrac{F_{t,B}}{Q}$, $F_{t,B} = Q\sin\beta$

(8) 접촉폭(b) [mm]

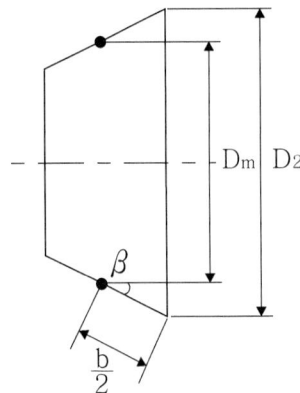

그림에서 접촉폭의 절반$\left(\dfrac{b}{2}\right)$과 종동 원추각($\beta$)의 관계를 정리해보면

$$D_m = D_2 - b\sin\beta$$

$$\therefore b = \dfrac{D_2 - D_m}{\sin\beta}$$

✔ 원추 마찰차는 경사면이 있지만 기준 힘이 접촉면에 수직한 힘(Q)이기 때문에 상당마찰계수를 사용하지 않습니다.

8-4 무단변속 마찰차

(1) 크라운 마찰차(=원판 마찰차)

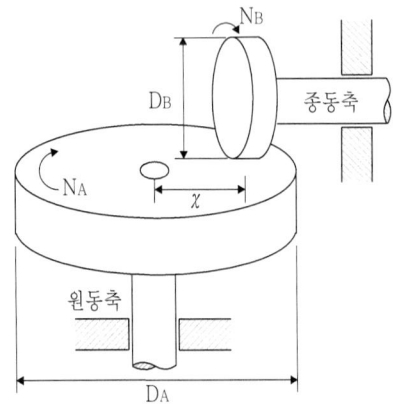

여기서,
D_A : 원동차의 지름 [mm]
D_B : 종동차의 지름 [mm]
N_A : 원동차의 회전수 [rpm]
N_B : 종동차의 회전수 [rpm]
Q : 마찰차가 서로 미는 힘 [N]
x : 종동차가 원동차의 중심에서 떨어진 거리 [mm]

① 크라운 마찰차의 특징

㉠ 원동차 : 회전수가 일정하다. ($N_A = C$)

㉡ 종동차 : 지름이 일정하다. ($D_B = C$)

② 최대, 최소 회전수($N_{B,\max}$, $N_{B,\min}$) [rpm]

원동차는 회전수가 일정하므로 $N_A = C$ 이고, 속비 $\varepsilon = \dfrac{N_B}{N_A} = \dfrac{D_A}{D_B}$ 를 정리하면

$$N_{B,\max} = \dfrac{D_{A,\max}}{D_B} \times N_A, \quad N_{B,\min} = \dfrac{D_{A,\min}}{D_B} \times N_A$$

③ 최대, 최소 동력 ($H_{\max}$, $H_{\min}$) [W]

$$H_{\max} = \mu Q v_{\max}, \quad v_{\max} = \dfrac{\pi D_B N_{B,\max}}{60 \times 1000}$$

$$H_{\min} = \mu Q v_{\min}, \quad v_{\min} = \dfrac{\pi D_B N_{B,\min}}{60 \times 1000}$$

(2) 에반스 마찰차

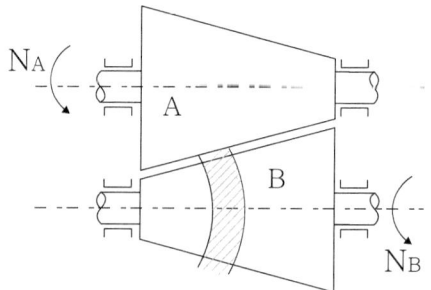

① 속비 선정

속비가 $\dfrac{1}{3}$ ~ 3의 범위가 주어졌을 때 '원동차와 종동차를 밀어 붙이는 최대 힘을 구하라.' 라고 했다면 $H = \mu F_{\max} v_{\min}$ 이므로 $F_{\max} = \dfrac{H}{\mu v_{\min}}$ 이다.

이 때 힘(F)과 속도(v)는 반비례 관계이므로 최대 힘을 구하기 위해서는 최소 속도를 대입해야 한다.

최소 속도일 때의 속비는 $\varepsilon = \dfrac{1}{3}$ 이므로 이 때의 속도를 구하여 문제를 풀어야한다.
이처럼 에반스 마찰차 문제는 조건에 따라 속비를 결정하여 문제를 풀면 된다.

② 마찰면의 경사각을 고려한 가죽 두께(h) [mm]

벨트의 마찰이 벨트의 중심에서 작용한다고 가정하면 중심에서의 벨트의 두께는 아래 그림과 같다.

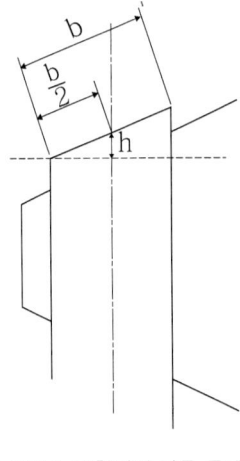

$$h = \frac{b}{2}\sin\alpha$$

여기서,
b : 벨트 너비 [mm]
h : 가죽 두께 [mm]

┃에반스 마찰차의 가죽 두께

③ 가죽 두께를 고려한 최소, 최대 지름

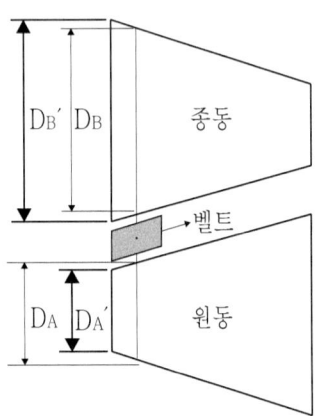

┃가죽 벨트 위치에 따른 직경

㉠ 최소지름 $D_A{'}$ [mm]

$$D_A{'} = D_A - 2h$$

㉡ 최대지름 $D_B{'}$ [mm]

$$D_B{'} = D_B + 2h$$

✔ 에반스 마찰차의 **최소** 지름을 고려할 땐 반지름이 **벨트 두께**만큼 작아지게 되고, **최대** 지름을 고려할 땐 반지름이 벨트 두께만큼 커지게 됩니다.

Memo

08. 마찰차

01

축간거리 $500mm$, 원동차의 회전수 $300rpm$, 종동차의 회전수 $150rpm$인 외접 원통 마찰차의 원동차의 직경$[mm]$과 종동차의 직경$[mm]$을 각각 구하시오.

해설

$$\varepsilon = \frac{N_B}{N_A} = \frac{D_A}{D_B} \Rightarrow D_A = D_B \times \frac{N_B}{N_A} = D_B \times \frac{150}{300} = \frac{1}{2}D_B$$

$$C = \frac{D_A + D_B}{2} \Rightarrow D_A + D_B = 2C = 2 \times 500 = 1000mm$$

$$\frac{1}{2}D_B + D_B = 1000 \Rightarrow \therefore D_B = 666.67mm$$

$$\therefore D_A = \frac{1}{2}D_B = \frac{1}{2} \times 666.67 = 333.33mm$$

02

축간거리 $600mm$, 원동차의 회전수 $500rpm$, 종동차의 회전수 $300rpm$인 내접 원통 마찰차의 원동차의 직경$[mm]$과 종동차의 직경$[mm]$을 각각 구하시오.

해설

$$\varepsilon = \frac{N_B}{N_A} = \frac{D_A}{D_B} \Rightarrow D_A = D_B \times \frac{N_B}{N_A} = D_B \times \frac{300}{500} = \frac{3}{5}D_B$$

$$C = \frac{|D_A - D_B|}{2} \Rightarrow |D_A - D_B| = 2C = 2 \times 600 = 1200mm$$

$$\left|\frac{3}{5}D_B - D_B\right| = 1200 \Rightarrow \therefore D_B = 3000mm$$

$$\therefore D_A = \frac{3}{5}D_B = \frac{3}{5} \times 3000 = 1800mm$$

03

외접 원통 마찰차가 서로 미는 힘 $3000N$, 마찰차의 폭 $30mm$일 때 접촉 선압력$[N/mm]$을 구하시오.

해설

$$f = \frac{P}{b} = \frac{3000}{30} = 100 N/mm$$

04

지름 $400mm$, 분당회전수 $600rpm$, $7.4kW$ 동력을 전달하는 외접 원통 마찰차가 있다. 마찰계수는 0.28, 허용 접촉 선압력은 $15N/mm$일 때 마찰차의 너비$[mm]$를 구하시오.

해설

$$v = \frac{\pi DN}{60 \times 1000} = \frac{\pi \times 400 \times 600}{60 \times 1000} = 12.57 m/s$$

$$H = \mu Pv \Rightarrow P = \frac{H}{\mu v} = \frac{7.4 \times 10^3}{0.28 \times 12.57} = 2102.51 N$$

$$f = \frac{P}{b} \Rightarrow \therefore b = \frac{P}{f} = \frac{2102.51}{15} = 140.17 mm$$

05

원동차의 표면에 가죽을 사용하고, 종동차에 주철을 사용하는 외접 원통 마찰차가 있다. 원동차의 지름은 $200mm$, 접촉 선압력 $8N/mm$, 마찰계수 0.18, 회전수 $1000rpm$, 동력 $4kW$를 전달할 때 다음을 구하시오.

(1) 전달 토크$[N \cdot m]$
(2) 마찰차가 서로 미는 힘 $[N]$
(3) 마찰차의 너비 $[mm]$

해설

(1) $T = \dfrac{H}{\omega} = \dfrac{H}{\dfrac{2\pi N}{60}} = \dfrac{4 \times 10^3}{\dfrac{2\pi \times 1000}{60}} = 38.2 N \cdot m$

(2) $T = \mu P \dfrac{D}{2} \Rightarrow \therefore P = \dfrac{2T}{\mu D} = \dfrac{2 \times 38.2 \times 10^3}{0.18 \times 200} = 2122.22 N$

(3) $f = \dfrac{P}{b} \Rightarrow \therefore b = \dfrac{P}{f} = \dfrac{2122.22}{8} = 265.28 mm$

06

축간거리 $600mm$, 원동차의 회전수 $550rpm$, 종동차의 회전수 $380rpm$인 외접 원통 마찰차가 있다. 접촉 선압력 $30N/mm$, 너비 $80mm$, 마찰계수 0.15일 때 다음을 구하시오.

(1) 원동차와 종동차의 직경 $[mm]$
(2) 전달 동력 $[kW]$

해설

(1) $\varepsilon = \dfrac{N_B}{N_A} = \dfrac{D_A}{D_B} \Rightarrow D_A = D_B \times \dfrac{N_B}{N_A} = D_B \times \dfrac{380}{550}$

$C = \dfrac{D_A + D_B}{2} \Rightarrow D_A + D_B = 2C = 2 \times 600 = 1200mm$

$D_B \times \dfrac{380}{550} + D_B = 1200 \Rightarrow \therefore D_B = 709.68mm$

$\therefore D_A = D_B \times \dfrac{380}{550} = 709.68 \times \dfrac{380}{550} = 490.32mm$

(2) $v = \dfrac{\pi D_A N_A}{60 \times 1000} = \dfrac{\pi \times 490.32 \times 550}{60 \times 1000} = 14.12 m/s$

$f = \dfrac{P}{b} \Rightarrow \therefore P = fb = 30 \times 80 = 2400N$

$\therefore H = \mu P v = 0.15 \times 2400 \times 10^{-3} \times 14.12 = 5.08 kW$

07

분당회전수 $600rpm$, $2.4kW$의 동력을 전달하는 외접 원통 마찰차가 있다. 속비 $\dfrac{1}{3}$, 축간거리 $300mm$, 마찰계수 0.3, 허용 접촉 선압력 $10N/mm$일 때 다음을 구하시오.

(1) 마찰차의 회전속도 $[m/s]$
(2) 마찰차가 서로 미는 힘 $[N]$
(3) 마찰차의 폭 $[mm]$

해설

(1) $\varepsilon = \dfrac{D_A}{D_B} = \dfrac{1}{3} \Rightarrow D_B = 3D_A$

$C = \dfrac{D_A + D_B}{2} \Rightarrow D_A + D_B = 2C = 2 \times 300 = 600mm$

$D_A + 3D_A = 600mm \Rightarrow D_A = 150mm, D_B = 450mm$

$\therefore v = \dfrac{\pi D_A N_A}{60 \times 1000} = \dfrac{\pi \times 150 \times 600}{60 \times 1000} = 4.71 m/s$

(2) $H = \mu P v \Rightarrow \therefore P = \dfrac{H}{\mu v} = \dfrac{2.4 \times 10^3}{0.3 \times 4.71} = 1698.51 N$

(3) $f = \dfrac{P}{b} \Rightarrow \therefore b = \dfrac{P}{f} = \dfrac{1698.51}{10} = 169.85 mm$

08

외접 원통 마찰차의 축간거리 $700mm$, 원동차의 회전수 $200rpm$, 종동차의 회전수 $120mm$이다. 다음을 구하시오.

(1) 원동차와 종동차의 직경 $[mm]$
(2) 원주속도 $[m/s]$

[해설]

(1) $\varepsilon = \dfrac{N_B}{N_A} = \dfrac{D_A}{D_B} \Rightarrow D_A = D_B \times \dfrac{N_B}{N_A} = D_B \times \dfrac{120}{200} = D_B$

$C = \dfrac{D_A + D_B}{2} \Rightarrow D_A + D_B = 2C = 2 \times 700 = 1400mm$

$D_B \times \dfrac{120}{200} + D_B = 1400 \Rightarrow \therefore D_B = 875mm$

$\therefore D_A = D_B \times \dfrac{120}{200} = 525mm$

(2) $v = \dfrac{\pi D_A N_A}{60 \times 1000} = \dfrac{\pi \times 525 \times 200}{60 \times 1000} = 5.5 m/s$

09

$400rpm$, $5kW$ 동력을 전달하는 외접 원통 마찰차가 축의 정중앙에 결합하여 회전하고 있다. 마찰계수 0.3, 축간거리 $500mm$, 속비 $\dfrac{1}{3}$, 허용 접촉 선압력 $8N/mm$일 때 다음을 구하시오.
(단, 종동축은 비틀림과 굽힘을 동시에 받으며, 축의 허용 전단응력은 $40MPa$이다.)

(1) 마찰차의 너비 $[mm]$
(2) 종동축의 길이가 $0.6m$일 때 종동축의 직경 $[mm]$

[해설]

(1) $T_A = \dfrac{H}{\omega} = \dfrac{H}{\dfrac{2\pi N_A}{60}} = \dfrac{5 \times 10^3}{\dfrac{2\pi \times 400}{60}} = 119.37 N \cdot m$

$\varepsilon = \dfrac{N_B}{N_A} = \dfrac{D_A}{D_B} \Rightarrow D_A = \varepsilon D_B = \dfrac{1}{3} D_B$

$C = \dfrac{D_A + D_B}{2} \Rightarrow D_A + D_B = 2C = 2 \times 500 = 1000mm$

$\dfrac{1}{3} D_B + D_B = 1000 \Rightarrow D_B = 750mm, \ D_A = 250mm$

$T_A = \mu P \dfrac{D_A}{2} \Rightarrow P = \dfrac{2T_A}{\mu D_A} = \dfrac{2 \times 119.37 \times 10^3}{0.3 \times 250} = 3183.2N$

$f = \dfrac{P}{b} \Rightarrow \therefore b = \dfrac{P}{f} = \dfrac{3183.2}{8} = 397.9mm$

(2) $M = \dfrac{P\ell}{4} = \dfrac{3183.2 \times 0.6}{4} = 477.48 N\cdot m$

$\varepsilon = \dfrac{N_B}{N_A} \;\Rightarrow\; N_B = \varepsilon N_A = \dfrac{1}{3} \times 400 = 133.33 rpm$

$T_B = \dfrac{H}{\omega} = \dfrac{H}{\dfrac{2\pi N_B}{60}} = \dfrac{5 \times 10^3}{\dfrac{2\pi \times 133.33}{60}} = 358.11 N\cdot m$

$T_e = \sqrt{M^2 + T_B^2} = \sqrt{477.48^2 + 358.11^2} = 596.85 N\cdot m$

$T_e = \tau_a Z_P = \tau_a \times \dfrac{\pi d^3}{16}$

$\therefore d = \sqrt[3]{\dfrac{16 T_e}{\pi \tau_a}} = \sqrt[3]{\dfrac{16 \times 596.8 \times 10^3}{\pi \times 40}} = 42.36 mm$

10

분당 회전수 $200 rpm$으로 회전하는 마찰차로 $3.5 kW$ 동력을 전달하려 한다. 마찰계수 0.3일 때 다음을 구하시오.

(1) 직경이 $500 mm$인 외접 원통 마찰차를 사용한다고 가정할 때 마찰차가 서로 미는 힘 $[N]$
(2) 피치원 직경이 $500 mm$인 V홈 마찰차를 사용한다고 가정할 때 마찰차가 서로 미는 힘 $[N]$
 (단, 홈 각도는 $2\alpha = 40°$ 이다.)

해설

(1) $v = \dfrac{\pi D N}{60 \times 1000} = \dfrac{\pi \times 500 \times 200}{60 \times 1000} = 5.24 m/s$

$H = \mu P v \;\Rightarrow\; \therefore P = \dfrac{H}{\mu v} = \dfrac{3.5 \times 10^3}{0.3 \times 5.24} = 2226.46 N$

(2) $\mu' = \dfrac{\mu}{\sin\alpha + \mu\cos\alpha} = \dfrac{0.3}{\sin 20° + 0.3\cos 20°} = 0.481$

$H = \mu' P' v \;\Rightarrow\; \therefore P' = \dfrac{H}{\mu' v} = \dfrac{3.5 \times 10^3}{0.481 \times 5.24} = 1388.65 N$

11

V홈 마찰차에서 $5 kW$ 동력을 전달하고자 한다. 원동차의 평균직경 $300 mm$, 회전수 $800 rpm$, 종동차의 평균직경 $600 mm$, 허용 접촉 선압력 $30 N/mm$, 마찰계수 0.2, V홈 각도는 $2\alpha = 40°$일 때 다음을 구하시오.

(1) V홈 마찰차의 전달 하중 $[N]$
(2) V홈 마찰차를 밀어 붙이는 힘 $[N]$
(3) V홈 마찰차의 홈의 수 $[개]$

(1) $v = \dfrac{\pi D_A N_A}{60 \times 1000} = \dfrac{\pi \times 300 \times 800}{60 \times 1000} = 12.57 m/s$

$H = Fv \Rightarrow \therefore F = \dfrac{H}{v} = \dfrac{5 \times 10^3}{12.57} = 397.77 N$

(2) $\mu' = \dfrac{\mu}{\sin\alpha + \mu\cos\alpha} = \dfrac{0.2}{\sin 20° + 0.2\cos 20°} = 0.377$

$H = \mu' P v \Rightarrow \therefore P = \dfrac{H}{\mu' v} = \dfrac{5 \times 10^3}{0.377 \times 12.57} = 1055.1 N$

(3) $h = 0.28\sqrt{\mu' P} = 0.28\sqrt{0.377 \times 1055.1} = 5.58 mm$

$F = \mu Q = \mu' P \Rightarrow Q = \dfrac{\mu' P}{\mu} = \dfrac{0.377 \times 1055.1}{0.2} = 1988.86 N$

$\therefore Z = \dfrac{Q}{2hf} = \dfrac{1988.86}{2 \times 5.58 \times 30} = 5.94 ≒ 6개$

12

홈 마찰차에서 주동차의 회전수 $400 rpm$, 종동차의 회전수 $250 rpm$, $5 kW$의 동력을 전달하려 한다. 중심거리 $500 mm$, 마찰계수 0.15, 홈의 각도 $2\alpha = 40°$일 때 다음을 구하시오.

(1) 상당 마찰계수
(2) 홈 마찰차의 전달력 $[N]$
(3) 홈 마찰차를 미는 힘 $[N]$

해설

(1) $\mu' = \dfrac{\mu}{\sin\alpha + \mu\cos\alpha} = \dfrac{0.15}{\sin 20° + 0.15\cos 20°} = 0.31$

(2) $\varepsilon = \dfrac{N_B}{N_A} = \dfrac{D_A}{D_B} \Rightarrow D_B = D_A \times \dfrac{N_A}{N_B} = D_A \times \dfrac{400}{250}$

$C = \dfrac{D_A + D_B}{2} \Rightarrow D_A + D_B = 2C = 2 \times 500 = 1000 mm$

$D_A + D_A \times \dfrac{400}{250} = 1000 \Rightarrow D_A = 384.62 mm$

$v = \dfrac{\pi D_A N_A}{60 \times 1000} = \dfrac{\pi \times 384.62 \times 400}{60 \times 1000} = 8.06 m/s$

$H = Fv \Rightarrow \therefore F = \dfrac{H}{v} = \dfrac{5 \times 10^3}{8.06} = 620.35 N$

(3) $F = \mu Q = \mu' P \Rightarrow \therefore P = \dfrac{F}{\mu'} = \dfrac{620.35}{0.31} = 2001.13 N$

13

원동축 회전수 $500rpm$, 종동축 회전수 $200rpm$, $6kW$의 동력을 전달하는 홈붙이 마찰차가 있다. 중심거리가 $500mm$, 마찰계수는 0.35, 허용 접촉 선압력은 $40N/mm$, 홈의 각도가 $2\alpha = 40°$ 일 때 다음을 구하시오.

(1) 홈붙이 마찰차를 미는 힘 $[N]$
(2) 홈의 수 $[개]$

해설

(1) $\varepsilon = \dfrac{N_B}{N_A} = \dfrac{D_A}{D_B}$ $\Rightarrow$ $D_B = D_A \times \dfrac{N_A}{N_B} = D_A \times \dfrac{500}{200} = \dfrac{5}{2}D_A$

$C = \dfrac{D_A + D_B}{2}$ $\Rightarrow$ $D_A + D_B = 2C = 2 \times 500 = 1000mm$

$D_A + \dfrac{5}{2}D_A = 1000$ $\Rightarrow$ $\therefore D_A = 285.71mm$

$v = \dfrac{\pi D_A N_A}{60 \times 1000} = \dfrac{\pi \times 285.71 \times 500}{60 \times 1000} = 7.48m/s$

$\mu' = \dfrac{\mu}{\sin\alpha + \mu\cos\alpha} = \dfrac{0.35}{\sin20° + 0.35\cos20°} = 0.52$

$H = \mu'Pv$ $\Rightarrow$ $\therefore P = \dfrac{H}{\mu'v} = \dfrac{6 \times 10^3}{0.52 \times 7.48} = 1542.58N$

(2) $h = 0.28\sqrt{\mu'P} = 0.28\sqrt{0.52 \times 1542.58} = 7.93mm$

$F = \mu Q = \mu'P$ $\Rightarrow$ $Q = \dfrac{\mu'P}{\mu} = \dfrac{0.52 \times 1542.58}{0.35} = 2291.83N$

$Z = \dfrac{Q}{2hf} = \dfrac{2291.83}{2 \times 7.93 \times 40} = 3.61 \risingdotseq 4개$

14

회전수 $400rpm$, $15kW$의 동력을 전달하는 외접 원추 마찰차가 있다. 원동차의 평균 직경 $500mm$, 속비 $\dfrac{3}{4}$, 마찰계수 0.3, 허용 접촉 선압력 $30N/mm$, 축각 $80°$ 일 때 다음을 구하시오.

(1) 양 원추 마찰차를 미는 힘 $[N]$
(2) 마찰차의 너비 $[mm]$
(3) 종동의 원추각 $[°]$
(4) 종동축 방향으로 미는 힘 $[N]$

해설

(1) $v = \dfrac{\pi D_{A,m} N_A}{60 \times 1000} = \dfrac{\pi \times 500 \times 400}{60 \times 1000} = 10.47m/s$

$H = \mu Qv$ $\Rightarrow$ $\therefore Q = \dfrac{H}{\mu v} = \dfrac{15 \times 10^3}{0.3 \times 10.47} = 4775.55N$

(2) $f = \dfrac{Q}{b}$ $\Rightarrow$ $\therefore b = \dfrac{Q}{f} = \dfrac{4775.55}{30} = 159.19 mm$

(3) $\tan\beta = \dfrac{\sin\theta}{\varepsilon + \cos\theta}$ $\Rightarrow$ $\therefore \beta = \tan^{-1}\left(\dfrac{\sin\theta}{\varepsilon + \cos\theta}\right) = \tan^{-1}\left(\dfrac{\sin 80°}{\dfrac{3}{4} + \cos 80°}\right) = 46.84°$

(4) $F_{t,B} = Q\sin\beta = 4775.55 \times \sin 46.84° = 3483.51 N$

15

회전수 $500 rpm$, $18 kW$의 동력을 전달하는 외접 원추 마찰차가 존재한다. 원동차의 평균직경은 $600 mm$, 속비는 $\dfrac{3}{5}$, 마찰계수는 0.3, 허용 접촉 선압력 $35 N/mm$, 두 축의 교각이 $90°$일 때 다음을 구하시오.

(1) 접촉면에 수직한 힘 $[N]$
(2) 마찰차의 폭 $[mm]$
(3) 원동차의 추력 하중 $[N]$
(4) 종동차의 원추각 $[°]$

해설

(1) $v = \dfrac{\pi D_{A,m} N_A}{60 \times 1000} = \dfrac{\pi \times 600 \times 500}{60 \times 1000} = 15.71 m/s$

$H = \mu Q v$ $\Rightarrow$ $\therefore Q = \dfrac{H}{\mu v} = \dfrac{18 \times 10^3}{0.3 \times 15.71} = 3819.22 N$

(2) $f = \dfrac{Q}{b}$ $\Rightarrow$ $\therefore b = \dfrac{Q}{f} = \dfrac{3819.22}{35} = 109.12 mm$

(3) $\tan\alpha = \dfrac{\sin\theta}{\dfrac{1}{\varepsilon} + \cos\theta} = \dfrac{\sin 90°}{\dfrac{5}{3} + \cos 90°} = \dfrac{3}{5}$ $\Rightarrow$ $\therefore \alpha = \tan^{-1}\left(\dfrac{3}{5}\right) = 30.96°$

$F_{t,A} = Q\sin\alpha = 3819.22 \times \sin 30.96° = 1964.76 N$

(4) $\theta = \alpha + \beta$ $\Rightarrow$ $\therefore \beta = \theta - \alpha = 90 - 30.96 = 59.04°$

16

다음 그림과 같이 $550 rpm$으로 $5kW$을 전달하려는 원추 마찰차가 있다. 원동차의 평균 지름은 $400mm$, 회전비 $\frac{3}{5}$, 허용 접촉 선압력 $27N/mm$, 마찰계수 0.3일 때 다음을 구하시오.

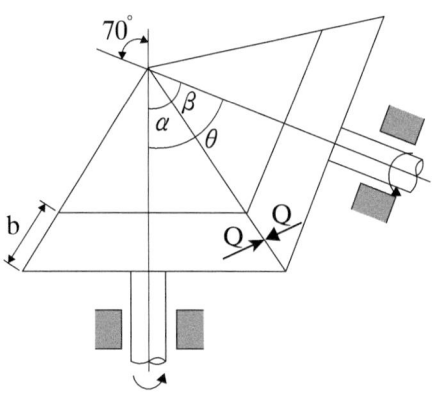

(1) 양 원추차를 미는 힘 $[N]$
(2) 원추차의 폭 $[mm]$
(3) 원동축 방향으로 미는 힘 $[N]$

해설

(1) $v = \dfrac{\pi D_{A,m} N_A}{60 \times 1000} = \dfrac{\pi \times 400 \times 550}{60 \times 1000} = 11.52 m/s$

$H = \mu Q v \Rightarrow \therefore Q = \dfrac{H}{\mu v} = \dfrac{5 \times 10^3}{0.3 \times 11.52} = 1446.76 N$

(2) $f = \dfrac{Q}{b} \Rightarrow \therefore b = \dfrac{Q}{f} = \dfrac{1446.76}{27} = 53.58 mm$

(3) $\tan\alpha = \dfrac{\sin\theta}{\dfrac{1}{\varepsilon} + \cos\theta} = \dfrac{\sin 70°}{\dfrac{5}{3} + \cos 70°} \Rightarrow \therefore \alpha = \tan^{-1}\left(\dfrac{\sin 70°}{\dfrac{5}{3} + \cos 70°}\right) = 25.07°$

$F_{t,A} = Q \sin\alpha = 1446.76 \times \sin 25.07° = 613.03 N$

17

그림과 같은 크라운 마찰차가 있다. 원동차의 지름 $500mm$, 회전수 $1500rpm$이다. 너비 $40mm$, 종동차의 지름 $650mm$, 종동차가 원동차의 중심에서 떨어진 거리 $50 \sim 150mm$, 마찰계수 0.3, 접촉 선압력 $20N/mm$일 때 다음을 구하시오.

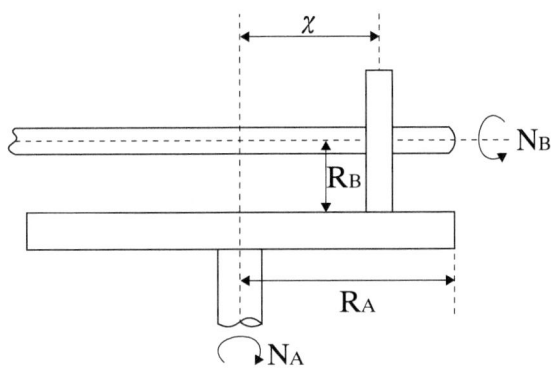

(1) 종동차의 최대, 최소 회전수 $[rpm]$
(2) 최대, 최소 전달 동력 $[kW]$

해설

(1) x는 중심부터의 거리(반지름) → $D_A = 2x$이다.

$$\therefore N_{B \cdot max} = \frac{D_{A \cdot max}}{D_B} \times N_A = \frac{2 \times 150}{650} \times 1500 = 692.31 rpm$$

$$\therefore N_{B \cdot min} = \frac{D_{A \cdot min}}{D_B} \times N_A = \frac{2 \times 50}{650} \times 1500 = 230.77 rpm$$

(2) $v_{max} = \frac{\pi D_B N_{B \cdot max}}{60 \times 1000} = \frac{\pi \times 650 \times 692.31}{60 \times 1000} = 23.56 m/s$

$v_{min} = \frac{\pi D_B N_{B \cdot min}}{60 \times 1000} = \frac{\pi \times 650 \times 230.77}{60 \times 1000} = 7.85 m/s$

$f = \frac{Q}{b} \quad \Rightarrow \quad Q = fb = 20 \times 40 = 800N$

$\therefore H_{max} = \mu Q v_{max} = 0.3 \times 800 \times 10^{-3} \times 23.56 = 5.65 kW$

$\therefore H_{min} = \mu Q v_{min} = 0.3 \times 800 \times 10^{-3} \times 7.85 = 1.88 kW$

18

그림과 같은 원판 마찰차를 이용하여 무단 변속하려 한다. 원동차의 회전수는 $1800 rpm$, 너비 $50mm$, 종동차가 원동차의 중심에서 떨어진 거리 $90{\sim}190mm$, 마찰계수 0.35, 허용 선압력 $35N/mm$일 때 다음을 구하시오.
(단, 종동차의 지름은 $800mm$이다.)

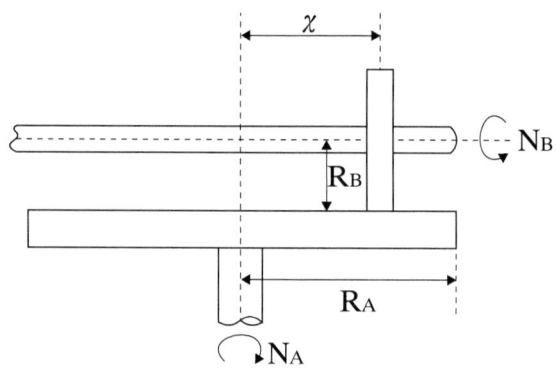

(1) 종동차의 최대, 최소 회전수 $[rpm]$
(2) 최대, 최소 전달 동력 $[kW]$

해설

(1) x는 중심부터의 거리(반지름) → $D_A = 2x$이다.

$$\therefore N_{B \cdot max} = \frac{D_{A \cdot max}}{D_B} \times N_A = \frac{2 \times 190}{800} \times 1800 = 855 rpm$$

$$\therefore N_{B \cdot min} = \frac{D_{A \cdot min}}{D_B} \times N_A = \frac{2 \times 90}{800} \times 1800 = 405 rpm$$

(2) $v_{max} = \dfrac{\pi D_B N_{B \cdot max}}{60 \times 1000} = \dfrac{\pi \times 800 \times 855}{60 \times 1000} = 35.81 m/s$

$v_{min} = \dfrac{\pi D_B N_{B \cdot min}}{60 \times 1000} = \dfrac{\pi \times 800 \times 405}{60 \times 1000} = 16.96 m/s$

$f = \dfrac{Q}{b} \Rightarrow Q = fb = 35 \times 50 = 1750 N$

$\therefore H_{max} = \mu Q v_{max} = 0.35 \times 1750 \times 10^{-3} \times 35.81 = 21.93 kW$

$\therefore H_{min} = \mu Q v_{min} = 0.35 \times 1750 \times 10^{-3} \times 16.96 = 10.39 kW$

19

에반스 마찰차를 이용한 무단 변속을 하려고 한다. 속비 $\frac{1}{3}$~3의 범위로 원동차가 $800 rpm$으로 $3kW$의 동력을 전달한다. 가죽벨트의 허용 접촉 선압력은 $15 N/mm$, 양 축 사이의 중심거리 $400mm$, 마찰계수 0.3일 때 다음을 구하시오.

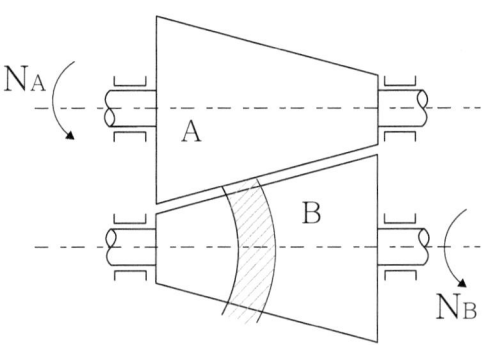

(1) 최소, 최대 지름 $[mm]$
(2) 에반스 마찰차를 밀어 붙이는 최대 힘 $[N]$
(3) 가죽벨트의 폭 $[mm]$

해설

(1) $\varepsilon = \dfrac{D_A}{D_B} = \dfrac{1}{3} \Rightarrow D_B = 3D_A$

$C = \dfrac{D_A + D_B}{2} \Rightarrow D_A + D_B = 2C = 2 \times 400 = 800mm$

$D_A + 3D_A = 800mm$
$\therefore D_A = 200mm, \ D_B = 600mm$

(2) $v_{\min} = \dfrac{\pi D_A N_A}{60 \times 1000} = \dfrac{\pi \times 200 \times 800}{60 \times 1000} = 8.38 m/s$

$H = \mu F_{\max} v_{\min} \Rightarrow F_{\max} = \dfrac{H}{\mu v_{\min}} = \dfrac{3 \times 10^3}{0.3 \times 8.38} = 1193.32 N$

(3) $f = \dfrac{F_{\max}}{b} \Rightarrow b = \dfrac{F_{\max}}{f} = \dfrac{1193.32}{15} = 79.55 mm$

20

다음 그림과 같은 에반스 마찰차를 이용한 무단 변속을 하려고 한다. 속비 $\frac{1}{3}$~3의 범위로 원동차가 $1000 rpm$으로 $7.5 kW$의 동력을 전달한다. 가죽벨트의 허용 접촉 선압력은 $15 N/mm$, 양 축 사이의 중심거리 $500 mm$, 마찰계수 0.2일 때 다음을 구하시오.

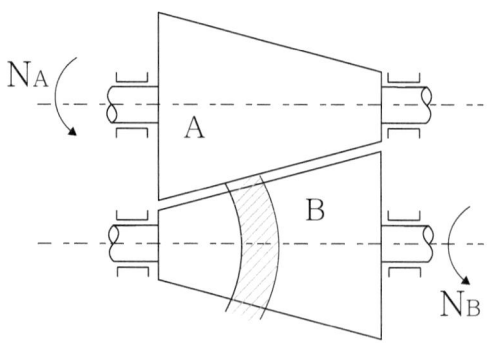

(1) 최소, 최대 지름 [mm]
(2) 에반스 마찰차를 밀어 붙이는 최대 힘 [N]
(3) 가죽벨트의 폭 [mm]
(4) 마찰면의 경사각이 10°일 때 고무 너비를 고려한 최소, 최대 지름 [mm]

해설

(1) $\varepsilon = \dfrac{D_A}{D_B} = \dfrac{1}{3} \Rightarrow D_B = 3D_A$

$C = \dfrac{D_A + D_B}{2} \Rightarrow D_A + D_B = 2C = 2 \times 500 = 1000 mm$

$D_A + 3D_A = 1000 mm$

$\therefore D_A = 250 mm, \ D_B = 750 mm$

(2) $v_{\min} = \dfrac{\pi D_A N_A}{60 \times 1000} = \dfrac{\pi \times 250 \times 1000}{60 \times 1000} = 13.09 m/s$

$H = \mu F_{\max} v_{\min} \Rightarrow \therefore F_{\max} = \dfrac{H}{\mu v_{\min}} = \dfrac{7.5 \times 10^3}{0.2 \times 13.09} = 2864.78 N$

(3) $f = \dfrac{F_{\max}}{b} \Rightarrow \therefore b = \dfrac{F_{\max}}{f} = \dfrac{2864.78}{15} = 190.99 mm$

(4) 가죽 두께 : $h = \dfrac{b}{2} \sin\alpha = \dfrac{190.99}{2} \times \sin 10° = 16.58 mm$

$\therefore D_A' = D_A - 2h = 250 - 2 \times 16.58 = 216.84 mm$

$\therefore D_B' = D_B + 2h = 750 + 2 \times 16.58 = 783.16 mm$

Memo

09

감아걸기 전동장치

9-1. 평벨트 전동장치

9-2. V벨트 전동장치

9-3. 로프 전동장치

9-4. 체인 전동장치

Chapter 9

감아걸기 전동장치

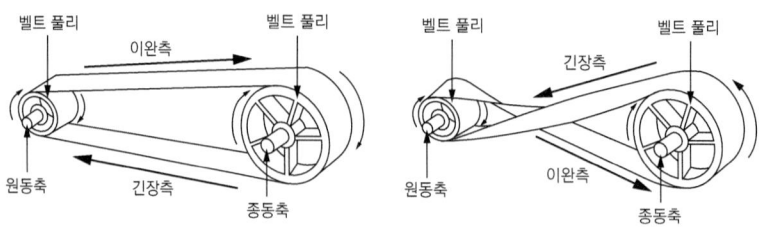

감아걸기 전동장치란, 원동축과 종동축의 거리가 멀 때 두 축에 바퀴를 설치하고 벨트 또는 체인을 감아서 동력을 전달하는 장치이다.

9-1 평벨트 전동장치

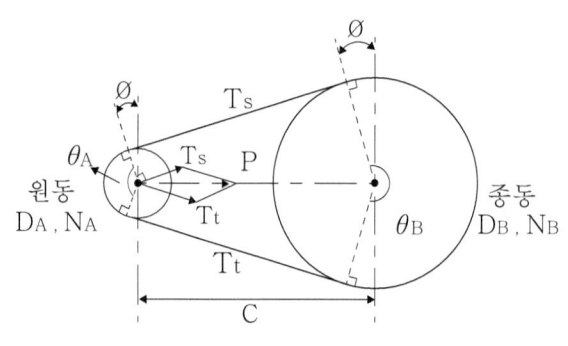

여기서,
T_s : 이완측 장력 [N]
T_t : 긴장측 장력(=허용장력) [N]
D_A : 원동차의 지름 [mm]
D_B : 종동차의 지름 [mm]
C : 축간 거리 [mm]
θ_A, θ_B : 접촉 중심각 [rad]
$\varnothing$: 사잇각 [mm]

(1) 유효 장력(P_e) [N] : $P_e = T_t - T_s$ 단, $T_t > T_s$

(2) 전달 토크(T) [N·mm] : $T = P_e \times \dfrac{D}{2} = (T_t - T_s) \times \dfrac{D}{2}$

(3) 장력비($e^{\mu\theta}$)

원주속도(v)가 $10m/s$를 초과할 경우에는 부가장력(=원심장력)을 고려하여 장력비를 계산한다.

① $v \leq 10\,m/s$ 일 때 : $e^{\mu\theta} = \dfrac{T_t}{T_s}$

② $v > 10\,m/s$ 일 때 : $e^{\mu\theta} = \dfrac{T_t - T_v}{T_s - T_v}$

여기서, T_t : 부가장력 $[N]$

$$\left(T_v = \dfrac{wv^2}{g} = mv^2\right)$$

w : 벨트의 단위길이당 무게 $[N/m]$

m : 벨트의 단위길이당 질량 $[kg/m]$

✔ 원주속도(v)가 $10m/s$를 초과하더라도 부가장력에 대한 물성치(무게 또는 질량)를 제시하지 않으면 부가장력을 고려하지 않습니다.

✔ 장력비를 구할 때도 마찬가지로 접촉 중심각은 θ_A와 θ_B중에 작은 것을 대입하면 됩니다.

(4) 장력비와 유효장력의 관계식

① $v \leq 10\,m/s$ 일 때 : $T_s = \dfrac{P_e}{e^{\mu\theta} - 1}$

$$T_t = T_s\, e^{\mu\theta} = \dfrac{P_e e^{\mu\theta}}{e^{\mu\theta} - 1}$$

② $v > 10\,m/s$ 일 때 : $T_s = \dfrac{P_e}{e^{\mu\theta} - 1} + T_v$

$$T_t = \dfrac{P_e e^{\mu\theta}}{e^{\mu\theta} - 1} + T_v$$

(5) 접촉 중심각(θ)

① open type(바로걸기, 평행걸기)

$$\theta_A = 180 - 2\varnothing = 180 - 2\sin^{-1}\left(\frac{D_B - D_A}{2C}\right)$$
$$\theta_B = 180 + 2\varnothing = 180 + 2\sin^{-1}\left(\frac{D_B - D_A}{2C}\right)$$

② cross type(엇걸기, 십자걸기)

$$\theta_A = \theta_B = 180 + 2\varnothing = 180 + 2\sin^{-1}\left(\frac{D_B + D_A}{2C}\right)$$

(6) 베어링 하중(P) [N] : 평벨트의 축을 지지하는 베어링이 받는 하중

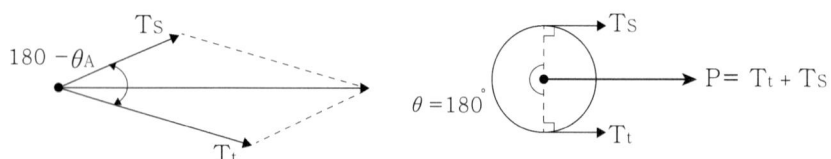

▍ 베어링에 작용하는 긴장측, 이완측 장력

위 그림에서 평행사변형의 법칙에 의해 베어링 하중(P)는 아래와 같다.

$$P = \sqrt{T_t^2 + T_s^2 + 2T_t T_s \cos(180 - \theta_A)}$$

$$P = \sqrt{T_t^2 + T_s^2 - 2T_t T_s \cos\theta_A}$$

만약 $\theta_A = 180°$ 이면

$$P = \sqrt{T_s^2 + T_t^2 + 2T_s T_t} = T_s + T_t$$

✔ 베어링 하중을 구할 때 접촉 중심각은 θ_A와 θ_B중에 작은 것을 대입하면 됩니다.
  왜냐하면 접촉 중심각이 작을수록 베어링 하중은 증가하므로 큰 값을 기준으로 설계하기 위함입니다.

(7) 전달 동력(H) [W]

① $v \leq 10\,m/s$ 일 때 : $H = P_e v = T_t \left(\dfrac{e^{\mu\theta}-1}{e^{\mu\theta}} \right) v$

② $v > 10\,m/s$ 일 때 : $H = P_e v = \left(T_t - \dfrac{wv^2}{g} \right)\left(\dfrac{e^{\mu\theta}-1}{e^{\mu\theta}} \right) v$

(8) 속비(ε) : $\varepsilon = \dfrac{N_B}{N_A} = \dfrac{D_A}{D_B}$

(9) 벨트 길이(L) [mm]

① open type(바로걸기, 평행걸기)

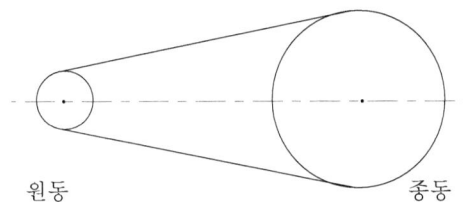

$$L = 2C + \dfrac{\pi(D_A + D_B)}{2} + \dfrac{(D_B - D_A)^2}{4C}$$

| open type

② cross type(엇걸기, 십자걸기)

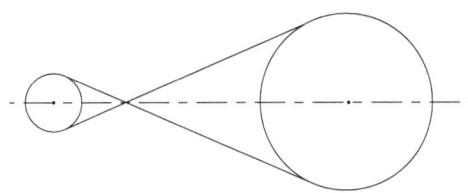

$$L = 2C + \dfrac{\pi(D_A + D_B)}{2} + \dfrac{(D_B + D_A)^2}{4C}$$

| closs type

(10) 벨트의 응력

① 허용인장응력(σ_t) [N/mm^2]

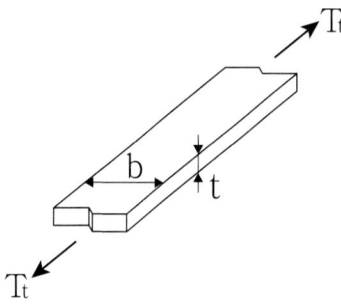

▎벨트에 작용하는 인장하중

$$\sigma_t = \frac{T_t}{A} = \frac{T_t}{bt\eta}$$

여기서,
b : 벨트 폭 [mm]
t : 벨트의 두께 [mm]
η : 이음 효율

② 허용굽힘응력(σ_b) [N/mm^2]

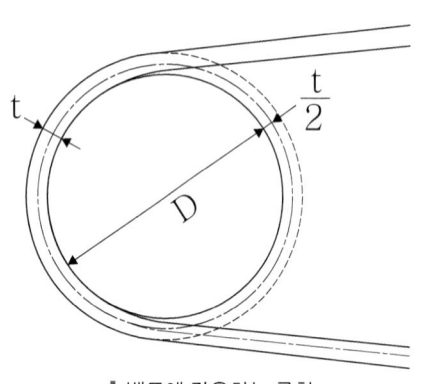

▎벨트에 작용하는 굽힘

$$\sigma_b = \frac{Ey}{\rho} = \frac{E\dfrac{t}{2}}{\dfrac{D}{2}+\dfrac{t}{2}} \fallingdotseq \frac{Et}{D}$$

여기서,
D : 원통의 지름 [mm]
ρ : 회전 반경 [mm]
t : 벨트의 두께 [mm]
E : 벨트의 탄성계수 [N/mm^2]

③ 최대허용응력($\sigma_{\max}$) [N/mm^2]

$$\sigma_{\max} = \sigma_t + \sigma_b = \frac{T_t}{bt\eta} + \frac{Et}{D}$$

9-2 V벨트 전동장치

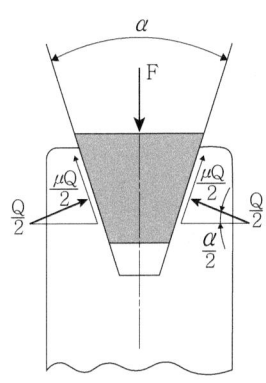

여기서,
α : 벨트의 각도 [°]
β : 풀리 홈의 각도 [°]
F : 전달력 [N]
Q : 마찰면에 수직한 힘 [N]

✔ V벨트의 기본 각도는 $\alpha = 40°$ 입니다. 문제에서 V벨트의 각도가 주어지지 않았다면, $\alpha = 40°$ 로 가정하면 됩니다.

(1) 상당마찰계수(μ') : $\mu' = \dfrac{\mu}{\sin\dfrac{\alpha}{2} + \mu\cos\dfrac{\alpha}{2}}$

✔ V벨트 에서는 평벨트 공식에서의 마찰 계수(μ)대신에 **상당마찰계수**(μ')를 대입하여 문제를 풀 수 있습니다.

✔ V 벨트에서는 바로걸기(open type)만 존재합니다.

(2) 가닥 수(=구루 수, Z)

① 전체의 전달동력 : $H = k_1 k_2 H_o Z$

② 가닥 수 $Z = \dfrac{H}{k_1 k_2 H_o}$

여기서,
k_1 : 접촉각 수정계수
k_2 : 부하 수정계수
$H_o(= P_e v)$: 한 가닥의 전달 동력 [W]

✔ 가닥 수(Z)는 항상 정수로 '올림' 해야 합니다.

(3) 인장 강도(σ_t) [N/mm^2]

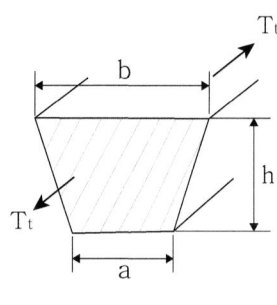

▮ V벨트의 단면

$$\sigma_t = \frac{T_t}{A\eta}$$

여기서,
A : 사다리꼴의 단면적 [mm^2]
$$\left(A = \frac{h}{2}(a+b)\right)$$

9-3 로프 전동장치

(1) 피치원 지름(D)과 로프 지름(d)의 관계

① 와이어 로프 : $D \geq 50d$
② 대마 로프 : $D \geq 40d$
③ 면 로프 : $D \geq 30d$

여기서,
D : 풀리의 피치원 지름 [mm]
d : 소선의 지름 [mm]

✔ 소선의 지름에 들어가는 것은 원동 지름과 종동 지름 중 안전을 고려하여 작은 값을 대입하여야 합니다.

(2) 로프의 허용인장응력(σ_t) [N/mm^2]

$$\sigma_t = \frac{T_t}{An} = \frac{T_t}{\frac{\pi}{4}d^2 n}$$

여기서,
d : 소선의 지름[mm]
n : 소선(=로프)의 수
T_t : 로프에 작용하는 인장력 [N]
  (=긴장측 장력)

(3) 로프의 허용굽힘응력(σ_b) [N/mm^2]

$$\sigma_b = \frac{3}{8}\frac{Ed}{D}$$

여기서,
E : 로프의 종탄성계수 [N/mm^2]

(4) 로프의 장력(T) [N]

$$T = \frac{wC^2}{8h} + wh$$

여기서,
w : 단위 길이당 로프의 무게 [N/mm]
C : 축간 거리 [mm]
h : 처짐량 [mm]

(5) 로프와 풀리의 접촉점 간의 거리(L) [mm]

$$L = C\left(1 + \frac{8h^2}{3C^2}\right)$$

9-4 체인 전동장치

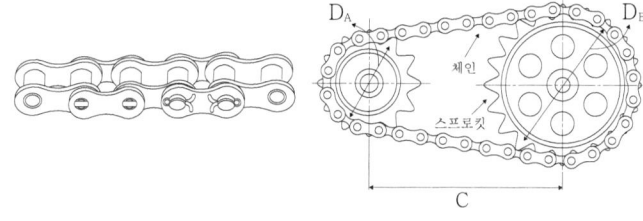

여기서,
p : 피치 [mm]
C : 축간 거리 [mm]
D_A, D_B : 피치원 지름 [mm]

▮ 롤러 체인과 스프로킷

(1) 링크 수(L_n) : $L_n = \dfrac{2C}{p} + \dfrac{(Z_B + Z_A)}{2} + \dfrac{0.0257p\,(Z_B - Z_A)^2}{C}$

✔ 링크 수는 항상 **짝수로 올림합니다.**   ex) 164.78개 → 166개

(2) 체인의 길이(L) [mm]

① 링크 수(L_n)가 주어졌을 경우 : $L = p \times L_n$

② 링크 수(L_n)가 주어지지 않았을 경우 : $L = 2C + \dfrac{\pi(D_A + D_B)}{2} + \dfrac{(D_B - D_A)^2}{4C}$

(3) 원주 속도(v) [m/s] : $v = v_A = v_B = \dfrac{pZ_A N_A}{60 \times 1000} = \dfrac{pZ_B N_B}{60 \times 1000}$

(4) 속비(ε) : $\varepsilon = \dfrac{N_B}{N_A} = \dfrac{D_A}{D_B} = \dfrac{Z_A}{Z_B}$

(5) 안전하중(=허용장력, F) : 파단 하중(F_B)을 기준으로 결정한다.

$F = \dfrac{F_B e}{Sk}$

여기서,
e : 다열 계수
S : 안전율
k : 사용 계수(=부하 계수)

(6) 체인의 전달 동력(H) [W] : $H = Fv$

(7) 스프로킷의 피치원 지름(D) [mm] : $D = \dfrac{p}{\sin\dfrac{180}{Z}}$

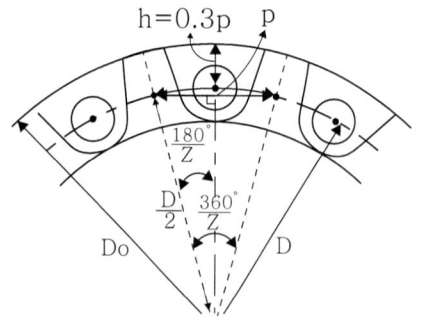

여기서,
p : 피치 [mm]
Z : 잇수
D_o : 외경 [mm]
D : 피치원 지름 [mm]
h : 이의 높이 [mm]

▎스프로킷 피치원 지름

✔ 체인으로 구성된 피치원 지름은 완벽한 원이 아니라 체인의 선분이 이어진 다각형입니다. 따라서 피치원 지름을 $\pi D = pZ$ 식으로 구하는 것이 아닌 위 공식을 사용하여 도출해야 합니다.

(8) 스프로킷의 외경(D_o) [mm]

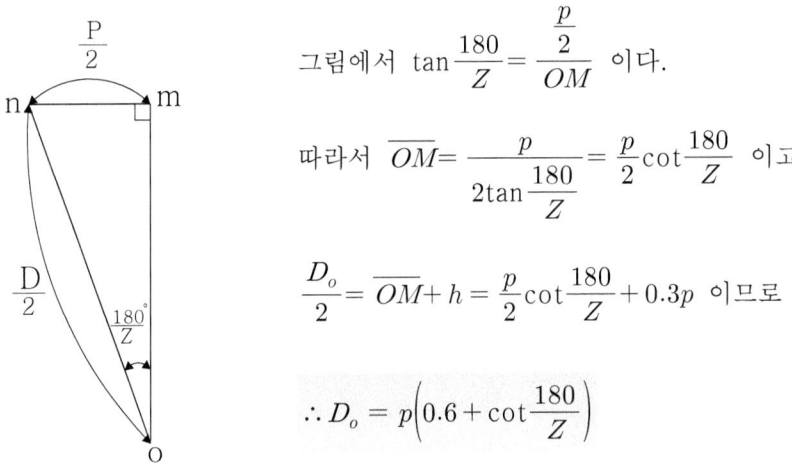

그림에서 $\tan\dfrac{180}{Z} = \dfrac{\dfrac{p}{2}}{OM}$ 이다.

따라서 $\overline{OM} = \dfrac{p}{2\tan\dfrac{180}{Z}} = \dfrac{p}{2}\cot\dfrac{180}{Z}$ 이고

$\dfrac{D_o}{2} = \overline{OM} + h = \dfrac{p}{2}\cot\dfrac{180}{Z} + 0.3p$ 이므로

$\therefore D_o = p\left(0.6 + \cot\dfrac{180}{Z}\right)$

┃ 스프로킷 피치와 피치원 지름

(9) 스프로킷의 속도 변동률(ε)

$$\varepsilon = \left(1 - \cos\dfrac{\pi}{Z}\right) \times 100\% = \left(1 - \cos\dfrac{180}{Z}\right) \times 100\%$$

$$= \left(\dfrac{v_{\max} - v_{\min}}{v_{\max}}\right) \times 100\% = \left(1 - \dfrac{v_{\min}}{v_{\max}}\right) \times 100\%$$

09. 감아걸기 전동장치

일반기계기사 필답형

01

축간거리 $1000mm$, 원동차의 직경 $250mm$, 종동차의 직경 $750mm$ 일 때 엇걸기인 경우 벨트의 길이 $[mm]$를 구하시오.

해설

$$L = 2C + \frac{\pi(D_A+D_B)}{2} + \frac{(D_B+D_A)^2}{4C} = 2\times1000 + \frac{\pi(250+750)}{2} + \frac{(750+250)^2}{4\times1000}$$
$$\therefore L = 3820.8mm$$

02

평벨트의 긴장측 장력 $1200N$, 이완측 장력 $600N$이다. 이러한 평벨트는 회전수 $500rpm$, $8kW$으로 동력을 전달한다. 다음을 구하시오.

(1) 유효장력 $[N]$
(2) 드럼의 지름 $[mm]$

해설

(1) $P_e = T_t - T_s = 1200 - 600 = 600N$

(2) $H = P_e v \Rightarrow v = \dfrac{H}{P_e} = \dfrac{8\times10^3}{600} = 13.33 m/s$

$v = \dfrac{\pi DN}{60\times1000} \Rightarrow D = \dfrac{60000v}{\pi N} = \dfrac{60000\times13.33}{\pi\times500} = 509.17mm$

03

회전수 $1650rpm$, $11kW$를 회전수 $900rpm$, $550mm$의 종동 풀리로 동력을 전달하는 바로걸기의 평벨트 전동장치를 제작하려고 한다. 마찰계수는 0.3, 원동풀리의 접촉각 $168°$, 단위 길이당 질량 $0.3kg/m$, 벨트의 두께 $5mm$, 허용 인장응력 $3MPa$, 전달효율이 75% 일 때 다음을 구하시오.

(1) 회전속도 $[m/s]$
(2) 긴장측 장력 $[N]$
(3) 벨트의 폭 $[mm]$

해설

(1) $v = \dfrac{\pi D_B N_B}{60 \times 1000} = \dfrac{\pi \times 550 \times 900}{60 \times 1000} = 25.92 m/s$ (부가장력을 고려한다.)

(2) $T_e = mv^2 = 0.3 \times 25.92^2 = 201.55 N$

$e^{\mu\theta} = e^{0.3 \times 168 \times \frac{\pi}{180}} = 2.41$

$T_t = \dfrac{e^{\mu\theta}}{e^{\mu\theta}-1} \times \dfrac{H}{v} + T_e = \dfrac{2.41}{2.41-1} \times \dfrac{11 \times 10^3}{25.92} + 201.55 = 926.91 N$

(3) $\sigma_t = \dfrac{T_t}{bt\eta} \Rightarrow \therefore b = \dfrac{T_t}{t\eta\sigma_t} = \dfrac{926.91}{5 \times 0.75 \times 3} = 82.39 mm$

04

회전수 $1800rpm$, $200mm$의 바로 걸기 평벨트 풀리가 회전수 $400rpm$의 축으로 $10kW$ 동력을 전달하려 한다. 마찰계수 0.3, 단위 길이당 질량이 $0.4kg/m$, 축간거리 $2000mm$일 때 다음을 구하시오.

(1) 종동풀리의 직경 $[mm]$
(2) 긴장측 장력 $[N]$
(3) 벨트의 길이 $[mm]$

해설

(1) $\varepsilon = \dfrac{N_B}{N_A} = \dfrac{D_A}{D_B} \Rightarrow D_B = D_A \times \dfrac{N_A}{N_B} = 200 \times \dfrac{1800}{400} = 900 mm$

(2) $v = \dfrac{\pi D_A N_A}{60 \times 1000} = \dfrac{\pi \times 200 \times 1800}{60 \times 1000} = 18.85 m/s$ (부가장력을 고려한다.)

$T_e = mv^2 = 0.4 \times 18.85^2 = 142.13 N$

$\theta = 180° - 2\sin^{-1}\left(\dfrac{D_B - D_A}{2C}\right) = 180° - 2\sin^{-1}\left(\dfrac{900 - 200}{2 \times 2000}\right) = 159.84°$

$e^{\mu\theta} = e^{0.3 \times 159.84 \times \frac{\pi}{180}} = 2.31$

$\therefore T_t = \dfrac{e^{\mu\theta}}{e^{\mu\theta} - 1} \times \dfrac{H}{v} + T_e = \dfrac{2.31}{2.31 - 1} \times \dfrac{10 \times 10^3}{18.85} + 142.13 = 1077.6 N$

(3) $L = 2C + \dfrac{\pi(D_A + D_B)}{2} + \dfrac{(D_B - D_A)^2}{4C} = 2 \times 2000 + \dfrac{\pi(200 + 900)}{2} + \dfrac{(900 - 200)^2}{4 \times 2000}$

$\therefore L = 5789.13 mm$

05

평벨트 바로걸기 전동장치에서 지름이 원동 $200mm$, 종동 $600mm$의 풀리가 $3m$ 떨어진 두 축 사이에 설치하여 $2000rpm$, $8kW$의 동력을 전달하고자 한다. 벨트의 폭 $300mm$, 두께 $25mm$, 마찰계수 0.3일 때 다음을 구하시오.

(1) 유효 장력 $[N]$
(2) 긴장측장력, 이완측장력 $[N]$
   (단, 벨트의 단위 길이당 무게 $w = 0.001bt[N/m]$이며, b = 벨트의 폭$[mm]$,
   t = 벨트의 두께$[mm]$이다.)
(3) 벨트에 의하여 축이 받는 최대 힘 $[N]$

해설

(1) $v = \dfrac{\pi D_A N_A}{60 \times 1000} = \dfrac{\pi \times 200 \times 2000}{60 \times 1000} = 20.94 m/s$ (부가장력을 고려한다.)

$H = P_e v \Rightarrow \therefore P_e = \dfrac{H}{v} = \dfrac{8 \times 10^3}{20.94} = 382.04 N$

(2) $\theta = 180° - 2\sin^{-1}\left(\dfrac{D_B - D_A}{2C}\right) = 180° - 2\sin^{-1}\left(\dfrac{600 - 200}{2 \times 3000}\right) = 172.35°$

$e^{\mu\theta} = e^{0.3 \times 172.35 \times \frac{\pi}{180}} = 2.47$

$w = 0.001bt = 0.001 \times 300 \times 25 = 7.5 N/m$

부가장력 : $T_e = \dfrac{wv^2}{g} = \dfrac{7.5 \times 20.94^2}{9.8} = 335.57 N$

$\therefore T_t = \dfrac{P_e e^{\mu\theta}}{e^{\mu\theta} - 1} + T_e = \dfrac{382.04 \times 2.47}{2.47 - 1} + 335.57 = 977.5 N$

$\therefore T_s = \dfrac{P_e}{e^{\mu\theta} - 1} + T_e = \dfrac{382.04}{2.47 - 1} + 335.57 = 595.46 N$

(3) $P_{\max} = \sqrt{T_t^2 + T_s^2 - 2T_t T_s \cos\theta} = \sqrt{977.5^2 + 595.46^2 - 2 \times 977.5 \times 595.46 \times \cos 172.35°}$

$\therefore P_{\max} = 1569.66 N$

06

축간거리 $5000mm$, 원동풀리의 직경 $500mm$, 종동풀리의 직경 $750mm$인 풀리를 바로걸기 2겹 가죽 벨트(2겹 가죽 벨트의 총 두께 $10mm$)로 $500rpm$, $20kW$ 동력을 전달하려 할 때 다음을 구하시오.
(단, 원심장력의 영향은 무시한다.)

(1) 유효장력 $[N]$ (단, 원주속도는 $9.5m/s$이다.)
(2) 긴장측 장력 $[N]$ (단, 장력비는 2.5이다.)
(3) 벨트의 폭 $[mm]$ (단, **벨트의 허용 인장응력 $2.8MPa$, 이음효율은 85%이다.**)
(4) 벨트의 길이 $[mm]$

해설

(1) $H = P_e v$ $\Rightarrow$ $P_e = \dfrac{H}{v} = \dfrac{20 \times 10^3}{9.5} = 2105.26N$

(2) $T_t = \dfrac{P_e e^{\mu\theta}}{e^{\mu\theta} - 1} = \dfrac{2105.26 \times 2.5}{2.5 - 1} = 3508.77N$

(3) $\sigma_t = \dfrac{T_t}{bt\eta}$ $\Rightarrow$ $\therefore b = \dfrac{T_t}{t\eta\sigma_t} = \dfrac{3508.77}{10 \times 0.85 \times 2.8} = 147.43mm$

(4) $L = 2C + \dfrac{\pi(D_A + D_B)}{2} + \dfrac{(D_B - D_A)^2}{4C} = 2 \times 5000 + \dfrac{\pi(500 + 750)}{2} + \dfrac{(750 - 500)^2}{4 \times 5000}$
$\therefore L = 11966.62mm$

07

축간거리 $2500mm$, 원동풀리의 직경 $400mm$, 종동풀리의 직경 $650mm$인 평벨트 전동장치를 제작하려고 한다. $700rpm$, $110kW$의 동력을 전달할 때 다음을 구하시오.

(1) 원동 풀리의 벨트 접촉각 $[°]$
(2) 긴장측 장력 $[N]$ (단, 마찰계수 0.3, 단위 길이당 질량 $0.38kg/m$이다.)
(3) 벨트의 폭 $[mm]$ (단, 벨트의 허용 인장응력 $3MPa$, 벨트의 두께 $11mm$이다.)

해설

(1) $\theta_A = 180° - 2\sin^{-1}\left(\dfrac{D_B - D_A}{2C}\right) = 180° - 2\sin^{-1}\left(\dfrac{650 - 400}{2 \times 2500}\right) = 174.27°$

(2) $v = \dfrac{\pi D_A N_A}{60 \times 1000} = \dfrac{\pi \times 400 \times 700}{60 \times 1000} = 14.66 m/s$ (부가장력을 고려한다.)

$T_e = mv^2 = 0.38 \times 14.66^2 = 81.67 N$

$e^{\mu \theta_A} = e^{0.3 \times 174.27 \times \frac{\pi}{180}} = 2.49$

$\therefore T_t = \dfrac{e^{\mu\theta}}{e^{\mu\theta}-1} \times \dfrac{H}{v} + T_e = \dfrac{2.49}{2.49-1} \times \dfrac{110 \times 10^3}{14.66} + 81.67 = 12620.93 N$

(3) $\sigma_t = \dfrac{T_t}{bt} \Rightarrow \therefore b = \dfrac{T_t}{t\sigma_t} = \dfrac{12620.93}{11 \times 3} = 382.45 mm$

08

폭 $200mm$인 가죽 벨트에서 두께가 $6mm$, 마찰계수 0.2, 원동 풀리의 벨트 접촉각 $158°$, 벨트의 이음효율은 0.8, 벨트의 허용 인장응력 $3MPa$, 단위 길이당 질량 $0.2kg/m$, 분당 회전수 $700rpm$, 직경 $450mm$의 풀리를 구동할 때 동력[kW]을 구하시오.

해설

$v = \dfrac{\pi DN}{60 \times 1000} = \dfrac{\pi \times 450 \times 700}{60 \times 1000} = 16.49 m/s$ (부가장력을 고려한다.)

$T_e = mv^2 = 0.2 \times 16.49^2 = 54.38 N$

$e^{\mu\theta} = e^{0.2 \times 158 \times \frac{\pi}{180}} = 1.74$

$\sigma_t = \dfrac{T_t}{bt\eta} \Rightarrow T_t = bt\eta\sigma_t = 200 \times 6 \times 0.8 \times 3 = 2880 N$

$\therefore H = (T_t - T_e)\left(\dfrac{e^{\mu\theta}-1}{e^{\mu\theta}}\right)v = (2880 - 54.38) \times \left(\dfrac{1.74-1}{1.74}\right) \times 16.49 = 19816.04 W \fallingdotseq 19.82 kW$

09

다음 그림에서 $300rpm$으로 $40kW$의 동력을 전달하려 한다. 장력비 2.3, 접촉각 $180°$, 축의 허용 전단응력 $50MPa$일 때 다음을 구하시오.
(단, 원심력의 영향은 무시한다.)

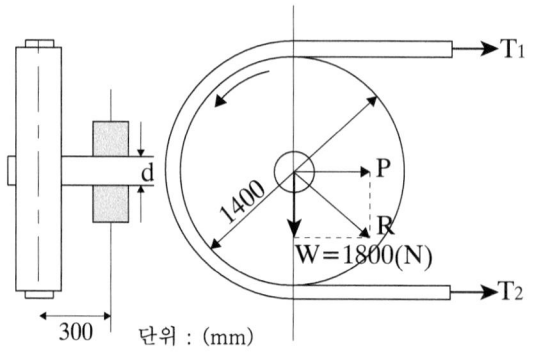

(1) 접선력 $P\,[N]$
(2) 긴장측 장력 $[N]$
(3) 베어링 하중 $R\,[N]$
(4) 축 직경 $d\,[mm]$ (단, 키 홈의 영향을 고려하여 $\dfrac{1}{0.75}$배로 계산한다.)

해설

(1) $v = \dfrac{\pi DN}{60 \times 1000} = \dfrac{\pi \times 1400 \times 300}{60 \times 1000} = 21.99 m/s$

$H = Pv \Rightarrow \therefore P = \dfrac{H}{v} = \dfrac{40 \times 10^3}{21.99} = 1819.01 N$

(2) $T_t = \dfrac{Pe^{\mu\theta}}{e^{\mu\theta}-1} = \dfrac{1819.01 \times 2.3}{2.3-1} = 3218.25 N$

(3) $P = T_t - T_s \Rightarrow T_s = T_t - P = 3218.25 - 1819.01 = 1399.24 N$

→방향으로 작용하는 힘 $F = T_t + T_s = 3218.25 + 1399.24 = 4617.49 N$

$\therefore R = \sqrt{F^2 + W^2} = \sqrt{4617.49^2 + 1800^2} = 4955.93 N$

(4) $T = \dfrac{H}{\omega} = \dfrac{H}{\dfrac{2\pi N}{60}} = \dfrac{40 \times 10^3}{\dfrac{2\pi \times 300}{60}} = 1273.24 N\cdot m$

$M = R \times 300 \times 10^{-3} = 4955.93 \times 300 \times 10^{-3} = 1486.78 N\cdot m$

$T_e = \sqrt{M^2 + T^2} = \sqrt{1486.78^2 + 1273.24^2} = 1957.46 N\cdot m$

$d_0 = \sqrt[3]{\dfrac{16 T_e}{\pi \tau_a}} = \sqrt[3]{\dfrac{16 \times 1957.46 \times 10^3}{\pi \times 50}} = 58.42 mm$

키홈의 영향을 고려하여, $\therefore d = \dfrac{1}{0.75} d_0 = \dfrac{1}{0.75} \times 58.42 = 77.89 mm$

10

분당회전수 $1200 rpm$, $41 kW$의 출력이 모터에 의하여 $400 rpm$의 건설기계를 운전하려 한다. 축간거리 $2000 mm$, 마찰계수 0.3, 접촉각 수정계수 0.98, 부하 수정계수 0.7, 피치원 직경 $320 mm$, 벨트의 단위 길이당 질량 $0.4 kg/m$, 허용장력이 $800 N$일 때 V벨트의 가닥 수[가닥]을 구하시오.

해설

$v = \dfrac{\pi D_A N_A}{60 \times 1000} = \dfrac{\pi \times 320 \times 1200}{60 \times 1000} = 20.11 m/s$ (부가장력을 고려한다.)

$T_e = mv^2 = 0.4 \times 20.11^2 = 161.76 N$

$\mu' = \dfrac{\mu}{\sin\dfrac{\alpha}{2} + \mu\cos\dfrac{\alpha}{2}} = \dfrac{0.3}{\sin 20° + 0.3\cos 20°} = 0.481$ (V벨트의 기본각은 40도이다.)

$$\varepsilon = \frac{N_B}{N_A} = \frac{D_A}{D_B} \Rightarrow \therefore D_B = D_A \times \frac{N_A}{N_B} = 320 \times \frac{1200}{400} = 960mm$$

$$\theta = 180° - 2\sin^{-1}\left(\frac{D_B - D_A}{2C}\right) = 180° - 2\sin^{-1}\left(\frac{960-320}{2 \times 2000}\right) = 161.59°$$

$$e^{\mu'\theta} = e^{0.481 \times 161.59 \times \frac{\pi}{180}} = 3.88$$

$$H_o = (T_t - T_e)\left(\frac{e^{\mu'\theta} - 1}{e^{\mu'\theta}}\right) \times v = (800 - 161.76)\left(\frac{3.88 - 1}{3.88}\right) \times 20.11$$
$$= 9527.02 W$$

$$\therefore Z = \frac{H}{k_1 k_2 H_o} = \frac{41 \times 10^3}{0.98 \times 0.7 \times 9527.02} = 6.27 ≒ 7가닥$$

✔ 허용장력 = 긴장측장력이다.

11

$1300rpm$, $45kW$의 동력을 가진 전동기의축에 최소 피치원 직경이 $450mm$, 홈의 각도는 $34°$의 V-벨트 풀리를 설치하여 축간거리가 $1.5m$인 종동축을 속도비 $\frac{1}{3}$으로 운전을 하려고 한다. V-벨트의 허용장력은 $1000N$, 단위 길이당 무게 $5.8N/m$, 마찰계수는 0.3, 접촉각 수정계수 0.98, 부하수정계수 0.7일 때 V-벨트의 가닥 수[가닥]를 구하시오.

[해설]

$$v = \frac{\pi D_A N_A}{60 \times 1000} = \frac{\pi \times 450 \times 1300}{60 \times 1000} = 30.63 m/s \text{ (부가장력을 고려한다.)}$$

$$T_e = \frac{\omega}{g}v^2 = \frac{5.8}{9.8} \times 30.63^2 = 555.26 N$$

$$\mu' = \frac{\mu}{\sin\frac{\alpha}{2} + \mu\cos\frac{\alpha}{2}} = \frac{0.3}{\sin17° + 0.3\cos17°} = 0.518$$

$$\varepsilon = \frac{N_B}{N_A} = \frac{D_A}{D_B} \Rightarrow \therefore D_B = \frac{D_A}{\varepsilon} = 3 \times 450 = 1350mm$$

$$\theta = 180° - 2\sin^{-1}\left(\frac{D_B - D_A}{2C}\right) = 180° - 2\sin^{-1}\left(\frac{1350-450}{2 \times 1500}\right) = 145.08°$$

$$e^{\mu'\theta} = e^{0.518 \times 145.08 \times \frac{\pi}{180}} = 3.71$$

$$H_o = (T_t - T_e)\left(\frac{e^{\mu'\theta} - 1}{e^{\mu'\theta}}\right)v = (1000 - 555.26)\left(\frac{3.71-1}{3.71}\right) \times 30.63$$
$$= 9950.58 W$$

$$\therefore Z = \frac{H}{k_1 k_2 H_o} = \frac{45 \times 10^3}{0.98 \times 0.7 \times 9950.58} = 6.59 ≒ 7가닥$$

12

원동차의 회전수 $2000 rpm$, 전달 동력 $6kW$, 직경 $180mm$, 축간거리는 $1650mm$인 V-벨트 풀리가 있다. 속비 $\frac{1}{4}$, V-벨트의 단위 길이당 하중 $0.15kg/m$, 마찰계수는 0.35일 때 다음을 구하시오.
(단, 홈의 각도는 $40°$ 이다.)

(1) 벨트의 길이 $[mm]$
(2) 벨트의 원동풀리와 종동풀리의 접촉 중심각 θ_A, θ_B $[°]$
(3) 벨트의 긴장측 장력 $[N]$

해설

(1) $\varepsilon = \dfrac{D_A}{D_B}$ $\Rightarrow$ $D_B = \dfrac{D_A}{\varepsilon} = 4 \times 180 = 720mm$

$\therefore L = 2C + \dfrac{\pi(D_A + D_B)}{2} + \dfrac{(D_B - D_A)^2}{4C} = 2 \times 1650 + \dfrac{\pi(180 + 720)}{2} + \dfrac{(720 - 180)^2}{4 \times 1650} = 4757.9mm$

(2) $\theta_A = 180° - 2\sin^{-1}\left(\dfrac{D_B - D_A}{2C}\right) = 180° - 2\sin^{-1}\left(\dfrac{720 - 180}{2 \times 1650}\right) = 161.16°$

$\theta_B = 180° + 2\sin^{-1}\left(\dfrac{D_B - D_A}{2C}\right) = 180° + 2\sin^{-1}\left(\dfrac{720 - 180}{2 \times 1650}\right) = 198.84°$

(3) $v = \dfrac{\pi D_A N_A}{60 \times 1000} = \dfrac{\pi \times 180 \times 2000}{60 \times 1000} = 18.84 m/s$ (부가장력을 고려한다.)

$T_e = mv^2 = 0.15 \times 18.84^2 = 53.24N$

$\mu' = \dfrac{\mu}{\sin\dfrac{\alpha}{2} + \mu\cos\dfrac{\alpha}{2}} = \dfrac{0.35}{\sin 20° + 0.35\cos 20°} = 0.522$

$e^{\mu'\theta} = e^{0.522 \times 161.16 \times \frac{\pi}{180}} = 4.34$

$\therefore T_t = \left(\dfrac{e^{\mu'\theta}}{e^{\mu'\theta} - 1}\right)\dfrac{H_0}{v} + T_e = \left(\dfrac{4.34}{4.34 - 1}\right) \times \dfrac{6 \times 10^3}{18.84} + 53.24 = 467.06N$

13

직경 $30mm$, 파단하중 $300kN$의 와이어 로프를 이용하여 $750kW$의 동력을 전달하려고 한다. 마찰계수 0.3, 접촉중심각 $\theta = \pi$, 로프의 원주 속도 $13m/s$, 안전율 8일 때 와이어로프의 가닥 수[가닥]를 구하시오.
(단, 원심력의 영향은 무시한다.)

> **[해설]**
> 원심력의 영향을 무시한다. = 부가장력을 고려하지 않는다.
> $T_t = F = \dfrac{F_B}{S} = \dfrac{300}{8} = 37.5 kN$
> $e^{\mu\theta} = e^{0.3\pi} = 2.57$
> $H_o = T_t \left(\dfrac{e^{\mu\theta} - 1}{e^{\mu\theta}} \right) v = 37.5 \times \left(\dfrac{2.57 - 1}{2.57} \right) \times 13 = 297.81 kW$
> $\therefore Z = \dfrac{H}{k_1 k_2 H_o} = \dfrac{750}{1 \times 1 \times 297.81} = 2.52 \risingdotseq 3가닥$
>
> ✔ 접촉각 수정계수와 부하 수정계수는 주어지지 않으면, 1로 가정하고 푼다.

14

면 로프 풀리의 직경이 각각 $1300mm$, $2500mm$이고 축간거리는 $8m$이다. 작은 풀리가 $500rpm$, $300kW$의 동력을 전달할 때 다음을 구하시오.
(단, 홈 각도 $40°$, 면 로프의 인장응력 $1.3MPa$, 마찰계수 0.3이다.)

(1) 면 로프의 최대 직경 $[mm]$ (정수화 하시오.)
(2) 원동풀리와 종동풀리의 접촉 중심각 θ_A, θ_B $[°]$
(3) 면 로프의 수 $[개]$

> **[해설]**
> (1) $D_A > 30d \Rightarrow d < \dfrac{D_A}{30} \rightarrow \dfrac{1300}{30} \rightarrow d < 43.33mm$
> $\therefore d = 43mm$
>
> ✔ 안전을 고려하여 작은 풀리의 직경을 선정하여 계산해야 한다.
>
> (2) $\theta_A = 180° - 2\sin^{-1}\left(\dfrac{D_B - D_A}{2C}\right) = 180° - 2\sin^{-1}\left(\dfrac{2500 - 1300}{2 \times 8000}\right) = 171.4°$
> $\theta_B = 180° + 2\sin^{-1}\left(\dfrac{D_B - D_A}{2C}\right) = 180° + 2\sin^{-1}\left(\dfrac{2500 - 1300}{2 \times 8000}\right) = 188.6°$
>
> (3) $v = \dfrac{\pi D_A N_A}{60 \times 1000} = \dfrac{\pi \times 1300 \times 500}{60 \times 1000} = 34.03 m/s$
> ($v > 10m/s$이지만, 부가장력을 구할 수 있는 물성치가 존재하지 않으니 부가장력을 고려X)
> $\mu' = \dfrac{\mu}{\sin\dfrac{\alpha}{2} + \mu\cos\dfrac{\alpha}{2}} = \dfrac{0.3}{\sin20° + 0.3\cos20°} = 0.481$
> $e^{\mu'\theta} = e^{0.481 \times 171.4 \times \frac{\pi}{180}} = 4.22$
> $\therefore T_t = \left(\dfrac{e^{\mu'\theta}}{e^{\mu'\theta} - 1}\right)\dfrac{H_0}{v} = \left(\dfrac{4.22}{4.22 - 1}\right) \times \dfrac{300}{34.03} = 11.55 kN$
> $\sigma_t = \dfrac{T_t}{\dfrac{\pi}{4}d^2 n} \Rightarrow \therefore n = \dfrac{4T_t}{\pi d^2 \sigma_t} = \dfrac{4 \times 11.55 \times 10^3}{\pi \times 43^2 \times 1.3} = 6.12 \risingdotseq 7개$

15

$15kW$, $500rpm$으로 동력을 전달하고 있는 와이어로프 풀리가 있다. 양쪽 로프 풀리의 직경이 $600mm$로 같고, 마찰계수는 0.18, 와이어로프의 세로탄성계수는 $200GPa$일 때 다음을 구하시오.

(1) 로프의 원주 속도 $[m/s]$
(2) 로프에 작용하는 인장력 $[N]$
(3) 1개의 로프에 걸리는 최대 강도 $[MPa]$

해설

(1) $v = \dfrac{\pi D_A N_A}{60 \times 1000} = \dfrac{\pi \times 600 \times 500}{60 \times 1000} = 15.71 m/s$

(2) $v > 10m/s$이지만 부가장력을 구하는 물성치(질량, 중량 등)가 없기 때문에 부가장력을 고려하지 않는다.
양쪽 로프 풀리의 직경이 $600mm$로 같으므로 $\theta = 180° = \pi$이다. 따라서
$e^{\mu\theta} = e^{0.18\pi} = 1.76$
$\therefore T_t = \dfrac{e^{\mu\theta}}{e^{\mu\theta}-1} \times \dfrac{H}{v} = \dfrac{1.76}{1.76-1} \times \dfrac{15 \times 10^3}{15.71} = 2211.13N$

(3) $D \geq 50d \Rightarrow d \leq \dfrac{D(=600)}{50} \leq 12mm$

$\sigma_t = \dfrac{T_t}{A} = \dfrac{T_t}{\dfrac{\pi d^2}{4}} = \dfrac{2211.13}{\dfrac{\pi \times 12^2}{4}} = 19.55 MPa$

$\sigma_b = \dfrac{3}{8} \dfrac{Ed}{D} = \dfrac{3}{8} \times \dfrac{200 \times 10^3 \times 12}{600} = 1500 MPa$

$\therefore \sigma_{\max} = \sigma_t + \sigma_b = 19.55 + 1500 = 1519.55 MPa$

16

축간거리 $15m$의 로프 풀리에서 로프가 $0.4m$가량 처졌다. 로프의 지름은 $20mm$이고 단위 길이에 대한 로프 무게는 $0.35kg/m$일 때 다음을 구하시오.

(1) 로프의 장력 $[N]$
(2) 로프의 길이 $[mm]$

해설

(1) $T = \dfrac{wC^2}{8h} + wh = \dfrac{0.35 \times 9.8 \times 15^2}{8 \times 0.4} + 0.35 \times 9.8 \times 0.4 = 242.54N$

(2) $L = C\left(1 + \dfrac{8h^2}{3C^2}\right) = 15 \times \left(1 + \dfrac{8 \times 0.4^2}{3 \times 15^2}\right) = 15.03m = 15030mm$

17

안전율 25, **사용 계수** 1, **다열 계수** 1.7, **파단 하중** $20kN$의 롤러 체인의 평균 속도는 $8m/s$일 때 다음을 구하시오.

(1) 안전 하중 $[N]$
(2) 롤러 체인의 전달 동력 $[kW]$

해설

(1) $F = \dfrac{F_B e}{Sk} = \dfrac{20 \times 10^3 \times 1.7}{25 \times 1} = 1360N$

(2) $H = Fv = 1360 \times 10^{-3} \times 8 = 10.88kW$

18

파단 하중 $22kN$, 피치 $16mm$의 롤러-체인으로 $1000rpm$의 구동축을 $400rpm$으로 감속 운전하려 한다. 안전율 20, 구동 스프로킷의 잇수 30개, 양 스프로킷의 중심거리 $1m$일 때 다음을 구하시오.

(1) 체인 속도 $[m/s]$
(2) 롤러 체인의 최대 전달 동력 $[kW]$
(3) 피동 스프로킷의 피치원 직경 $[mm]$
(4) 롤러 체인의 링크 수 $[개]$
(5) 롤러 체인의 길이 $[mm]$

해설

(1) $v = \dfrac{pZ_A N_A}{60 \times 1000} = \dfrac{16 \times 30 \times 1000}{60 \times 1000} = 8m/s$

(2) $F = \dfrac{F_B}{S} = \dfrac{22}{20} = 1.1kN$
$\therefore H = Fv = 1.1 \times 8 = 8.8kW$

(3) $\varepsilon = \dfrac{N_B}{N_A} = \dfrac{Z_A}{Z_B} \Rightarrow Z_B = Z_A \times \dfrac{N_A}{N_B} = 30 \times \dfrac{1000}{400} = 75$개
$\therefore D_B = \dfrac{p}{\sin\dfrac{180}{Z_B}} = \dfrac{16}{\sin\dfrac{180}{75}} = 382.08mm$

(4) $L_n = \dfrac{2C}{p} + \dfrac{Z_A + Z_B}{2} + \dfrac{0.0257p(Z_A - Z_B)^2}{C} = \dfrac{2 \times 1000}{16} + \dfrac{30 + 75}{2} + \dfrac{0.0257 \times 16 \times (30-75)^2}{1000}$
$= 178.33 \fallingdotseq 180$개

(5) $L = L_n \times p = 180 \times 16 = 2880mm$

19

주동 체인 회전수 $80rpm$, 종동 체인 회전수 $40rpm$으로 $14.4kW$의 동력을 전달 하는 롤러 체인이 있다. 축간거리가 $900mm$, 체인의 평균 속도 $2.4m/s$, 안전율은 10일 때 다음을 구하시오.

호칭 번호	피치[mm]	파단 하중[kN]
50	15.88	22.1
60	19.05	32.0
80	25.40	56.5
100	31.75	88.5
120	38.10	128.0

(1) 호칭 번호
(2) 주동과 종동의 스프로킷 잇수 Z_A, Z_B [개]
(3) 링크 수 [개]

해설

(1) $H = Fv \Rightarrow F = \dfrac{H}{v} = \dfrac{14.4}{2.4} = 6kN$

$F = \dfrac{F_B}{S} \Rightarrow F_B = FS = 6 \times 10 = 60kN$

파단하중 $60kN$보다 큰 값을 선정해야 하므로, $F_B = 88.5kN$이다.
∴ 호칭번호 100번

(2) $v = \dfrac{pZ_A N_A}{60 \times 1000} \Rightarrow \therefore Z_A = \dfrac{60000v}{pN_A} = \dfrac{60000 \times 2.4}{31.75 \times 80} = 56.69 ≒ 57$개

$\varepsilon = \dfrac{N_B}{N_A} = \dfrac{Z_A}{Z_B} \Rightarrow \therefore Z_B = Z_A \times \dfrac{N_A}{N_B} = 57 \times \dfrac{80}{40} = 114$개

(3) $L_n = \dfrac{2C}{p} + \dfrac{Z_A + Z_B}{2} + \dfrac{0.0257p(Z_A - Z_B)}{C} = \dfrac{2 \times 900}{31.75} + \dfrac{57 + 114}{2} + \dfrac{0.0257 \times 31.75 \times (57-114)^2}{900}$
$= 145.14 ≒ 146$개

20

2열 롤러 체인의 피치 $15.88mm$, 원동 스프로킷 잇수 32개, 원동 스프로킷 회전수 $1200rpm$, 파단 하중 $22.1kN$, 다열 계수 1.7, 안전율 10일 때 다음을 구하시오.

(1) 롤러 체인의 속도 $[m/s]$
(2) 롤러 체인의 최대 전달 동력 $[kW]$
(3) 롤러 체인의 원동 스프로킷의 피치원 직경 $[mm]$
(4) 롤러 체인 원동 스프로킷의 외경 $[mm]$
(5) 롤러 체인 원동 스프로킷의 속도 변동률 $[\%]$

(1) $v = \dfrac{pZ_A N_A}{60 \times 1000} = \dfrac{15.88 \times 32 \times 1200}{60 \times 1000} = 10.16 m/s$

(2) $F = \dfrac{F_B e}{S} = \dfrac{22.1 \times 1.7}{10} = 3.76 kN$

$\therefore H = Fv = 3.76 \times 10.16 = 38.2 kW$

(3) $D_A = \dfrac{p}{\sin\dfrac{180}{Z_A}} = \dfrac{15.88}{\sin\dfrac{180}{32}} = 162.01 mm$

(4) $D_{o,A} = p(0.6 + \cot\dfrac{180}{Z_A}) = 15.88 \times (0.6 + \cot\dfrac{180}{32}) = 170.76 mm$

(5) $\varepsilon = (1 - \cos\dfrac{\pi}{Z_A}) \times 100\% = (1 - \cos\dfrac{180}{32}) \times 100\% = 0.48\%$

Memo

10

브레이크

10-1. 블록 브레이크

10-2. 밴드 브레이크

10-3. 내확 브레이크(=내부 확장식 브레이크)

10-4. 래칫 휠 브레이크

Chapter 10

브레이크

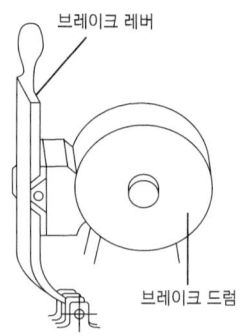

브레이크란, 마찰을 이용하여 제동하는 기계요소이다. 종류로는 블록 브레이크, 밴드 브레이크, 내확 브레이크 등이 있다.

10 - 1 블록 브레이크

(1) 내작용선

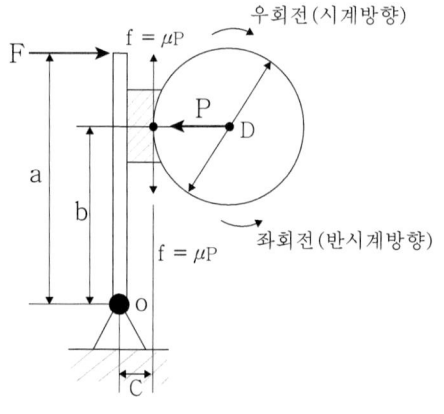

여기서,
F : 브레이크 작용력 $[N]$
P : 브레이크 드럼을 누르는 힘 $[N]$
μ : 마찰 계수
f : 브레이크 제동력 $[N]$
D : 드럼의 지름 $[mm]$

① 제동 토크(T) $[N \cdot mm]$: $T = f \times \dfrac{D}{2} = \mu P \times \dfrac{D}{2}$

② 우회전시 모멘트 평형식 : 드럼이 시계 방향으로 회전한다.

위 그림에서 모멘트 평형식을 세우면

$\sum M = Fa - Pb - fc = Fa - Pb - \mu Pc = 0$

③ 좌회전시 모멘트 평형식 : 드럼이 반시계 방향으로 회전한다.

위 그림에서 모멘트 평형식을 세우면

$\sum M = Fa - Pb + fc = Fa - Pb + \mu Pc = 0$

(2) 중작용선 : 우회전과 좌회전의 모멘트 평형식이 같다.

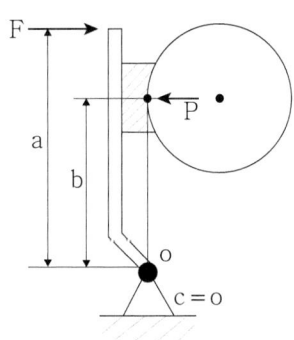

모멘트 평형식 : $\sum M = Fa - Pb = 0$

(3) 외작용선

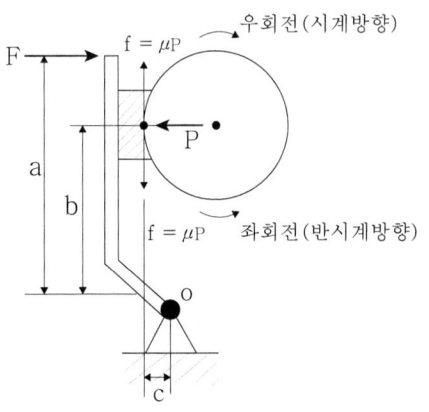

① 우회전시 모멘트 평형식

$$\sum M = Fa - Pb + fc \\ = Fa - Pb + \mu Pc = 0$$

② 좌회전시 모멘트 평형식

$$\sum M = Fa - Pb - fc \\ = Fa - Pb - \mu Pc = 0$$

✔ 블록 브레이크의 소문제로 제동력(f), 브레이크 작용력(F) 등이 나왔을 때 모멘트 평형식을 세우면 어떤 문제라도 응용이 가능합니다. 따라서 블록 브레이크의 식들은 공식 자체로 암기하는 것이 아닌 그림을 보고 모멘트 평형식을 세워 풀이하는 것이 좋습니다.

(4) 블록의 허용접촉면압력(q) $[N/mm^2]$

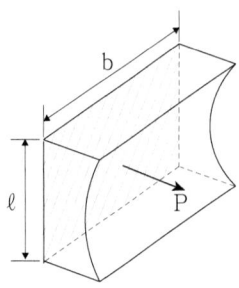

▎블록의 하중 투영면적

$$q = \frac{P}{A} = \frac{P}{b\ell}$$

여기서, A : 투영면적 $[mm^2]$ ($A = b\ell$)

(5) 동력(H) $[W]$: $H = fv = \mu Pv$

(6) 브레이크 용량 (μqv) $[N/mm^2 \cdot m/s]$

$$\mu qv = \mu \frac{P}{A} v = \frac{fv}{A} = \frac{H}{A}$$

10-2 밴드 브레이크

(1) 단동식

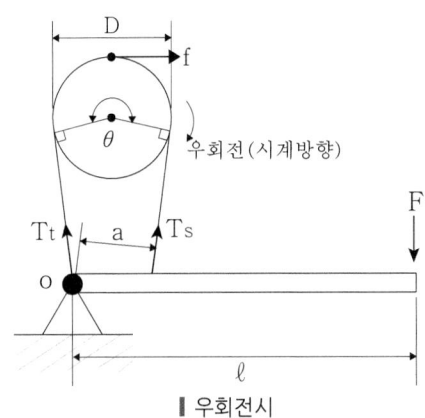
▎우회전시

여기서,
F : 브레이크 작용력 $[N]$
f : 브레이크 제동력 $[N]$
θ : 접촉 중심각 $[°]$
T_t : 긴장측 장력 $[N]$
T_s : 이완측 장력 $[N]$

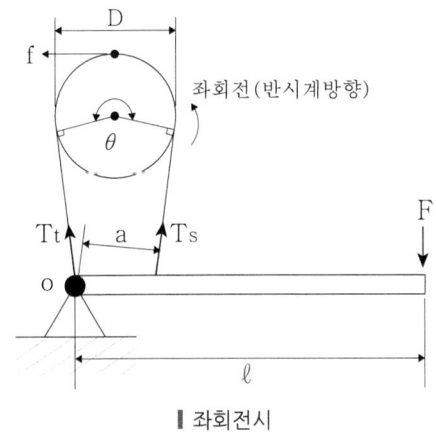
▎좌회전시

① 우회전시 모멘트 평형식
$$\sum M = F \times \ell - T_s \times a = 0$$

② 좌회전시 모멘트 평형식
$$\sum M = F \times \ell - T_t \times a = 0$$

✔ 밴드 브레이크에서는 회전 방향에 따라 긴장측장력(T_t)과 이완측장력(T_s)의 위치가 달라집니다. 상단의 그림 기준으로 우회전 방향이면 왼쪽 밴드가 당겨지므로 왼쪽 밴드에 긴장측장력(T_t)이 작용하고 오른쪽 밴드에는 이완측장력(T_s)이 작용합니다. 반대로 좌회전 방향이면 오른쪽 밴드가 당겨지므로 왼쪽 밴드에 이완측장력(T_s)이 작용하고 오른쪽 밴드에는 긴장측장력(T_t)이 작용합니다.

③ 브레이크 제동력(f) $[N]$: $f = T_t - T_s$

④ 제동 토크(T) $[N \cdot mm]$: $T = f \times \dfrac{D}{2} = (T_t - T_s) \times \dfrac{D}{2}$

⑤ 제동력(f)과 장력비($e^{\mu\theta}$)의 관계식

브레이크는 항상 $v \leq 10m/s$로 가정하므로 앞서 감아걸기 전동장치의 식과 동일하게 제동력 $f = T_t - T_s$ 와 장력비 $e^{\mu\theta} = \dfrac{T_t}{T_s}$ 를 연립하면

$$T_s = \dfrac{f}{e^{\mu\theta} - 1} \ , \ T_t = \dfrac{f e^{\mu\theta}}{e^{\mu\theta} - 1}$$

(2) 차동식

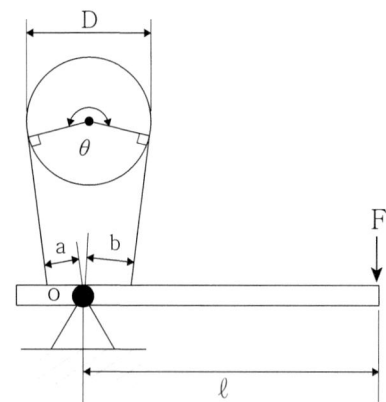

여기서,
F : 브레이크 작용력 [N]
f : 브레이크 제동력 [N]
θ : 접촉 중심각 [°]

① 우회전시 모멘트 평형식

$$\sum M = F \times \ell - T_s \times b + T_t \times a = 0$$

② 좌회전시 모멘트 평형식

$$\sum M = F \times \ell - T_t \times b + T_s \times a = 0$$

③ 자동체결조건

자동 체결 조건은 브레이크 작용력(F)이 0보다 작거나 같아야 하므로 $F \leq 0$ 이다.

따라서 위 식을 정리하면 $F = \dfrac{T(b - a e^{\mu\theta})}{\ell(e^{\mu\theta} - 1)} \leq 0$ 이므로 $b - a e^{\mu\theta} \leq 0$ 이다.

$\therefore b \leq a e^{\mu\theta}$

(3) 합동식 : 우회전과 좌회전의 모멘트 평형식이 같다.

모멘트 평형식

$$\sum M = F \times \ell - T_s \times a - T_t \times a = 0$$

(4) 브레이크 용량 ($\mu q v$) [$N/mm^2 \cdot m/s$]

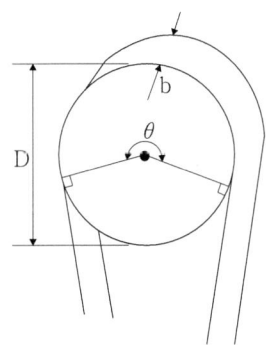

▮ 밴드 브레이크의 체결

$$\mu q v = \mu \frac{P}{A} v = \frac{fv}{A} = \frac{H}{A}$$

여기서,
A : 투영면적 [mm^2]
$$\left(A = \frac{D}{2} \theta b \right)$$
θ : 접촉중심각 [rad]

(5) 밴드의 허용인장응력(σ_b)

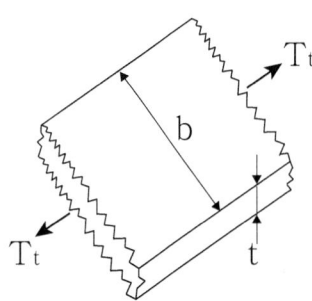

▮ 밴드에 작용하는 인장하중

$$\sigma_a = \frac{T_t}{A\eta} = \frac{T_t}{bt\eta}$$

여기서,
b : 밴드의 너비 [mm]
t : 밴드의 두께 [mm]
η : 이음 효율

10 – 3 내확 브레이크(=내부 확장식 브레이크)

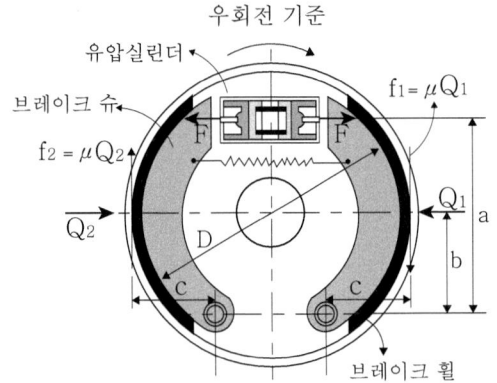

여기서,
F : 유압실린더에 의한 브레이크 조작력 $[N]$
Q_1, Q_2 : 브레이크 슈를 미는 힘 $[N]$
f_1, f_2 : 브레이크 패드에 의한 마찰력 $[N]$

(1) 제동력(Q) $[N]$: $Q = f_1 + f_2 = \mu(P_1 + P_2)$

(2) 제동토크(T) $[N \cdot mm]$: $T = Q \times \dfrac{D}{2} = \mu(P_1 + P_2) \times \dfrac{D}{2}$

(3) 우회전시

위 그림에서 Q_1이 작용하는 브레이크 휠의 모멘트 평형식은
$M_1 = Fa - Q_1 b + \mu Q_1 c = Fa + Q_1(\mu c - b) = 0$

$$\therefore Q_1 = \dfrac{Fa}{b - \mu c}$$

또한 위 그림에서 Q_2가 작용하는 브레이크 휠의 모멘트 평형식은
$M_2 = -Fa + Q_2 b + \mu Q_2 c = -Fa + Q_2(\mu c + b) = 0$

$$\therefore Q_2 = \dfrac{Fa}{b + \mu c}$$

(4) 제동에 필요한 유압(p) $[N/mm^2]$: $p = \dfrac{F}{A} = \dfrac{4F}{\pi d^2}$

✔ 내확 브레이크는 모든 문제가 우회전으로 출제됐습니다.

10-4 래칫 휠 브레이크

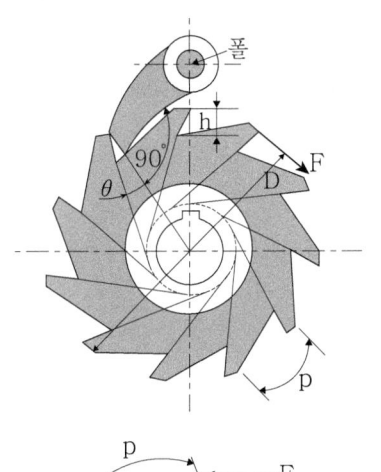

여기서,
- D : 래칫 휠의 지름 $[mm]$
- F : 폴에 작용하는 힘 $[N]$
- h : 래칫 휠 이의 높이 $[mm]$
- p : 래칫 휠의 피치 $[mm]$
- e : 이뿌리의 두께 $[mm]$
- b : 래칫 휠의 너비 $[mm]$
- Z : 래칫 휠의 잇수

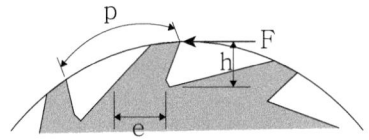

▌래칫 휠과 폴

(1) 래칫 휠의 지름(D) $[mm]$

$\pi D = pZ$ 이므로 $D = \dfrac{pZ}{\pi}$

(2) 래칫 휠에 작용하는 토크(T) $[N \cdot mm]$: $T = F \times \dfrac{D}{2}$

(3) 폴의 이에 작용하는 면압력(q) $[N/mm^2]$: $q = \dfrac{F}{bh}$

(4) 래칫 휠의 이뿌리에 작용하는 굽힘응력 $[N/mm^2]$: $\sigma = \dfrac{M}{Z} = \dfrac{Fh}{\dfrac{be^2}{6}} = \dfrac{6Fh}{be^2}$

10. 브레이크

일반기계기사 필답형

01

제동 토크가 $101N \cdot m$이 걸리는 직경 $600mm$의 블록 브레이크 드럼이 있다. 접촉부의 마찰 계수 0.25일 때 블록 브레이크 드럼을 누르는 힘$[N]$을 구하시오.

해설

$$T = \mu P \frac{D}{2} \Rightarrow \therefore P = \frac{2T}{\mu D} = \frac{2 \times 101 \times 10^3}{0.25 \times 600} = 1346.67N$$

02

제동 토크가 $600N \cdot m$이 걸리는 지름 $D = 450mm$의 블록 브레이크 드럼을 제작하려 한다. 이때 브레이크 제동력$[N]$을 구하시오.

해설

$$T = f \times \frac{D}{2} \Rightarrow \therefore f = \frac{2T}{D} = \frac{2 \times 600 \times 10^3}{450} = 2666.67N$$

03

블록의 폭 $85mm$, 길이 $35mm$인 블록 브레이크가 있다. 브레이크 드럼을 누르는 힘 $500N$일 때 블록의 접촉면압력$[MPa]$을 구하시오.

해설

$$q = \frac{P}{b\ell} = \frac{500}{85 \times 35} = 0.17 MPa$$

04

드럼 직경이 $500mm$인 블록 브레이크가 있다. 마찰계수가 0.3, 블록 접촉면압력은 $0.9MPa$, 브레이크 용량이 $1.13MPa \cdot m/s$일 때 드럼의 회전수$[rpm]$을 구하시오.

해설

$\mu q v = 1.13 \Rightarrow \mu q \times \dfrac{\pi DN}{60 \times 1000} = 1.13 \Rightarrow 0.3 \times 0.9 \times \dfrac{\pi \times 500 \times N}{60 \times 1000} = 1.13$

$\therefore N = 159.86 rpm$

05

다음 그림과 같은 주철제 브레이크 드럼에 주철제 브레이크 블록을 사용하려 한다. 허용 면압력 $0.3MPa$, 마찰계수 0.28, 블록의 길이 $150mm$일 때 다음을 구하시오.

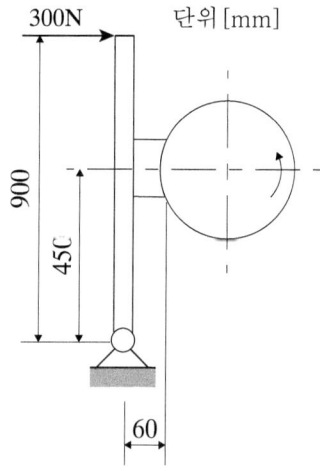

(1) 블록의 너비 $[mm]$
(2) 브레이크 제동력 $[N]$

해설

(1) $Fa - Pb + \mu Pc = 0 \Rightarrow P = \dfrac{Fa}{b - \mu c} = \dfrac{300 \times 900}{450 - 0.28 \times 60} = 623.27 N$

$q = \dfrac{P}{b\ell} \Rightarrow \therefore b = \dfrac{P}{q\ell} = \dfrac{623.27}{0.3 \times 150} = 13.85 mm$

(2) $f = \mu P = 0.28 \times 623.27 = 174.52 N$

06

다음 그림과 같은 블록 브레이크를 사용하려 한다. 블록의 접촉 면압력 $1.1MPa$, 브레이크 용량 $1MPa \cdot m/s$, 마찰계수 0.3일 때 회전수$[rpm]$을 구하시오.

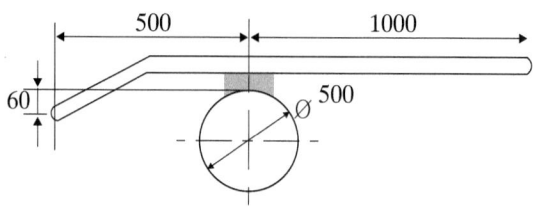

해설

$\mu q v = 1 \Rightarrow \mu q \times \dfrac{\pi D N}{60 \times 1000} = 1 \Rightarrow 0.3 \times 1.1 \times \dfrac{\pi \times 500 \times N}{60 \times 1000} = 1$

$\therefore N = 115.75 rpm$

07

다음 블록 브레이크에서 브레이크 작용력 $F = 350N$, 드럼의 회전속도 $28m/s$, 마찰계수 0.3, $a = 600mm$, $b = 250mm$, $c = 50mm$, 브레이크 용량 $4.8MPa \cdot m/s$일 때 다음을 구하시오.

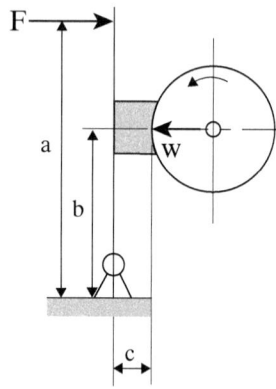

(1) 제동 동력 $[kW]$

(2) 마찰 투영 면적 $[mm^2]$

해설

(1) $Fa - Wb + \mu Wc = 0 \Rightarrow W = \dfrac{Fa}{b - \mu c} = \dfrac{350 \times 600}{250 - 0.3 \times 50} = 893.62 N$

$\therefore H = \mu W v = 0.3 \times 893.62 \times 10^{-3} \times 28 = 7.51 kW$

(2) $\mu q v = \dfrac{H}{A} \Rightarrow \therefore A = \dfrac{H}{\mu q v} = \dfrac{7.51 \times 10^3}{4.8 \times 10^6} = 0.00156458 m^2 = 1564.58 mm^2$

08

$7.3kW$, $500rpm$으로 회전 하는 직경 $500mm$의 드럼을 제동하려는 블록 브레이크를 제작하려고 한다. 마찰계수가 0.25일 때 다음을 구하시오.
(단, $a = 900mm$, $b = 350mm$, $c = 50mm$이다.)

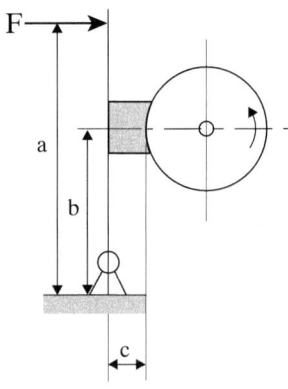

(1) 브레이크 제동 토크 $[N \cdot m]$
(2) 브레이크 제동력 $[N]$
(3) 브레이크 작용력 $[N]$

해설

(1) $T = \dfrac{H}{\omega} = \dfrac{H}{\dfrac{2\pi N}{60}} = \dfrac{7.3 \times 10^3}{\dfrac{2\pi \times 500}{60}} = 139.42 N \cdot m$

(2) $T = f \times \dfrac{D}{2} \Rightarrow \therefore f = \dfrac{2T}{D} = \dfrac{2 \times 139.42 \times 10^3}{500} = 557.68 N$

(3) $f = \mu P \Rightarrow P = \dfrac{f}{\mu} = \dfrac{557.68}{0.25} = 2230.72 N$

$Fa - Pb + \mu Pc = 0 \Rightarrow \therefore F = \dfrac{P(b - \mu c)}{a} = \dfrac{2230.72 \times (350 - 0.25 \times 50)}{900} = 836.52 N$

09

다음 그림과 같은 브레이크에서 전달 토크 $100N \cdot m$을 지지하고 있다. 마찰계수가 0.3일 때 브레이크 작용력 $[N]$을 구하시오.

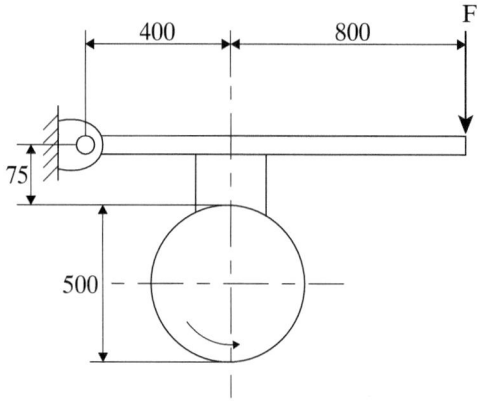

해설

$T = \mu P \dfrac{D}{2} \Rightarrow P = \dfrac{2T}{\mu D} = \dfrac{2 \times 100 \times 10^3}{0.3 \times 500} = 1333.33N$

$Fa - Pb + \mu Pc = 0 \Rightarrow \therefore F = \dfrac{P(b - \mu c)}{a} = \dfrac{1333.33 \times (400 - 0.3 \times 75)}{1200} = 419.44N$

10

다음 그림과 같은 블록 브레이크 장치에서 분당 좌회전수 $1300rpm$, $15kW$인 축으로 제동하는 브레이크를 설계하려 한다. 마찰계수가 0.3일 때 레버의 길이 $a[mm]$를 구하시오.

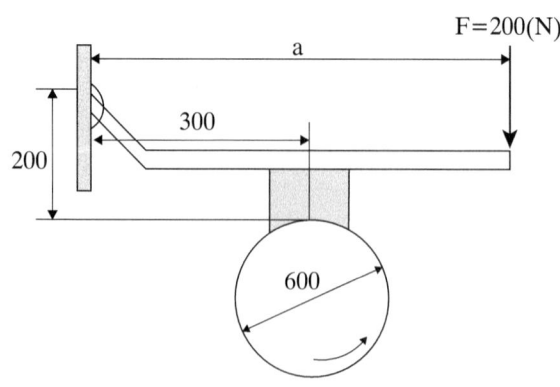

$$v = \frac{\pi DN}{60 \times 1000} = \frac{\pi \times 600 \times 1300}{60 \times 1000} = 40.84 m/s$$

$$H = \mu Pv \Rightarrow P = \frac{H}{\mu v} = \frac{15 \times 10^3}{0.3 \times 40.84} = 1224.29 N$$

$$Fa - Pb + \mu Pc = 0 \Rightarrow \therefore a = \frac{P(b - \mu c)}{F} = \frac{1224.29 \times (300 - 0.3 \times 200)}{200} = 1469.15 mm$$

11

다음 그림과 같은 블록 브레이크에서 제동 토크가 $85 N \cdot m$ 이고, 드럼의 접촉각은 $60°$, 마찰계수 0.25일 때 다음을 구하시오.

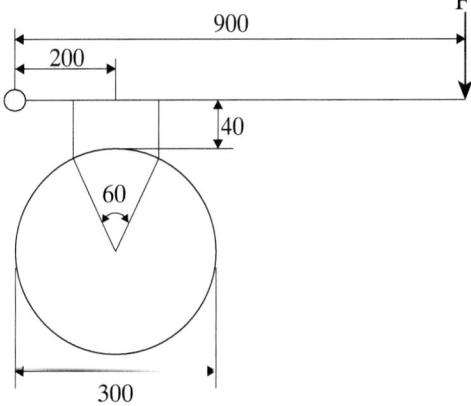

(1) 드럼을 시계 방향으로 회전시킬 경우, 드럼을 정지시키기 위한 작용력 $F_A [N]$
(2) 드럼을 반시계 방향으로 회전시킬 경우, 드럼을 정지시키기 위한 작용력 $F_B [N]$

해설

(1) $T = \mu P \frac{D}{2} \Rightarrow P = \frac{2T}{\mu D} = \frac{2 \times 85 \times 10^3}{0.25 \times 300} = 2266.67 N$

$F_A a - Pb - \mu Pc = 0 \Rightarrow \therefore F_A = \frac{P(b + \mu c)}{a} = \frac{2266.67 \times (200 + 0.25 \times 40)}{900} = 528.89 N$

(2) $F_B a - Pb + \mu Pc = 0 \Rightarrow \therefore F_B = \frac{P(b - \mu c)}{a} = \frac{2266.67 \times (200 - 0.25 \times 40)}{900} = 478.52 N$

12

다음 그림과 같은 블록 브레이크는 권상 하중 W의 자유 낙하를 방지하려 한다. 여기서 마찰계수 0.3, $a=800mm$, $b=200mm$, $c=50mm$, $F=400N$, 허용 압력 $0.23MPa$일 때 다음을 구하시오.

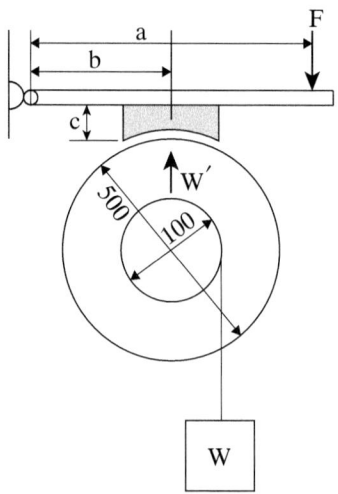

(1) 제동력 $[N]$
(2) 자유 낙하를 방지할 수 있는 권상 하중 $[N]$
(3) 마찰 투영 면적 $[mm^2]$

해설

(1) $Fa - W'b - \mu W'c = 0 \Rightarrow W' = \dfrac{Fa}{b+\mu c} = \dfrac{400 \times 800}{200 + 0.3 \times 50} = 1488.37N$
$\therefore f = \mu W' = 0.3 \times 1488.37 = 446.51N$

(2) $T = W \times \dfrac{d}{2} = f \times \dfrac{D}{2} \Rightarrow \therefore W = f \times \dfrac{D}{d} = 446.51 \times \dfrac{500}{100} = 2232.55N$

(3) $q = \dfrac{W'}{A} \Rightarrow \therefore A = \dfrac{W'}{q} = \dfrac{1488.37}{0.23} = 6471.17 mm^2$

13

다음 그림과 같은 밴드 브레이크에 의하여 $200rpm$, $5kW$의 동력을 제동하려 한다. 마찰계수는 0.3, $a=140mm$, $d=500mm$, $F=300N$, 접촉각 $220°$일 때 $L[mm]$을 구하시오.

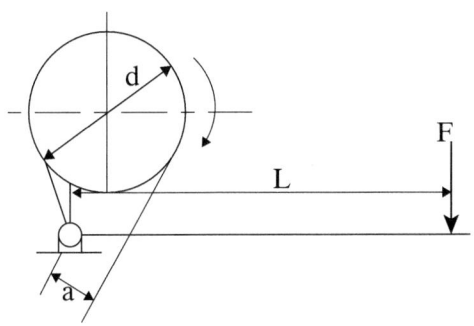

해설

$$T=\frac{H}{w}=\frac{H}{\frac{2\pi N}{60}}=\frac{5\times 10^3}{\frac{2\pi \times 200}{60}}=238.73 N\cdot m$$

$$T=f\times \frac{d}{2} \Rightarrow f=\frac{2T}{d}=\frac{2\times 238.73\times 10^3}{500}=954.92N$$

$$e^{\mu\theta}=e^{0.3\times 220\times \frac{\pi}{180}}=3.16$$

$$T_s=\frac{f}{e^{\mu\theta}-1}=\frac{954.92}{3.16-1}=442.09N$$

$$T_s a-FL=0 \Rightarrow \therefore L=\frac{T_s a}{F}=\frac{442.09\times 140}{300}=206.31mm$$

14

다음 그림과 같은 단동식 밴드 브레이크가 있다. 마찰계수는 0.3, 접촉각은 $240°$, $F=250N$, 회전수는 $270rpm$일 때 제동력$[kW]$을 구하시오.

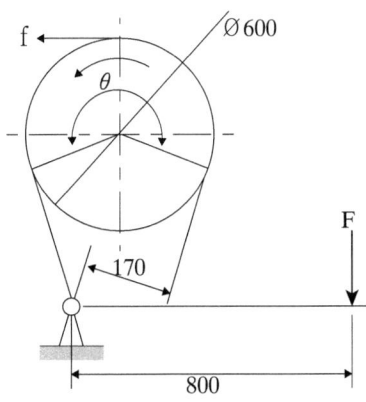

$$T_t \times 170 - F \times 800 = 0 \Rightarrow T_t = F \times \frac{800}{170} = 250 \times \frac{800}{170} = 1176.47N$$

$$e^{\mu\theta} = e^{0.3 \times 240 \times \frac{\pi}{180}} = 3.51$$

$$T_t = \frac{fe^{\mu\theta}}{e^{\mu\theta}-1} \Rightarrow f = T_t\left(\frac{e^{\mu\theta}-1}{e^{\mu\theta}}\right) = 1176.47 \times \left(\frac{3.51-1}{3.51}\right) = 841.29N$$

$$T = f \times \frac{D}{2} = 841.29 \times \frac{0.6}{2} = 252.39 N \cdot m$$

$$H = T\omega = T \times \frac{2\pi N}{60} = 252.39 \times 10^{-3} \times \frac{2\pi \times 270}{60} = 7.13 kW$$

15

다음 그림과 같은 자동 브레이크에서 제동력 $P = 4750N$으로 작용하고 마찰계수 0.15, 접촉각 $240°$, $a = 7mm$, $b = 18mm$, $\ell = 100mm$일 때 다음을 구하시오.

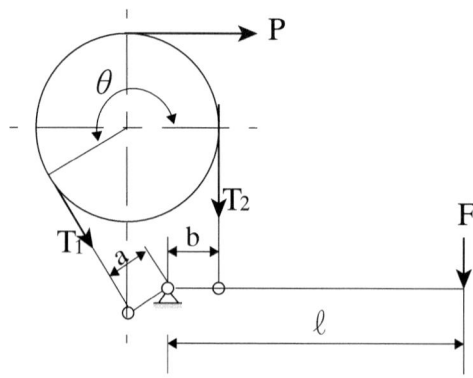

(1) 밴드 브레이크의 장력 T_1, $T_2 \, [N]$
(2) 레버 끝에 가하는 힘 $F \, [N]$

해설

(1) $e^{\mu\theta} = e^{0.15 \times 240 \times \frac{\pi}{180}} = 1.87$

$$\therefore T_1(=T_t) = \frac{Pe^{\mu\theta}}{e^{\mu\theta}-1} = \frac{4750 \times 1.87}{1.87-1} = 10209.77N$$

$$P = T_t - T_s = T_1 - T_2 = 4750N$$

$$\therefore T_2(=T_s) = T_1 - P = 10209.77 - 4750 = 5459.77N$$

✔ 장력 방향이 그림상 아래로 되어있어도 P힘에 의해 장력은 윗방향으로 작용하는 것을 알아야 한다.

(2) $T_1 a = T_2 b - F\ell \Rightarrow \therefore F = \frac{T_2 b - T_1 a}{\ell} = \frac{5459.77 \times 18 - 10209.77 \times 7}{100} = 268.07N$

16

지름 $750mm$의 회전하는 드럼을 밴드 브레이크로 제동하려 한다. 밴드의 긴장측 장력 $1800N$, 장력비 3.5일 때 제동 토크$[N \cdot m]$를 구하시오.

해설

$$T_t = \frac{fe^{\mu\theta}}{e^{\mu\theta}-1} \Rightarrow f = T_t\left(\frac{e^{\mu\theta}-1}{e^{\mu\theta}}\right) = 1800 \times \left(\frac{3.5-1}{3.5}\right) = 1285.71N$$

$$\therefore T = f \times \frac{D}{2} = 1285.71 \times \frac{0.75}{2} = 482.14 N \cdot m$$

17

마찰계수가 0.25일 때 그림과 같은 밴드 브레이크의 제동 토크$[N \cdot m]$를 구하시오.

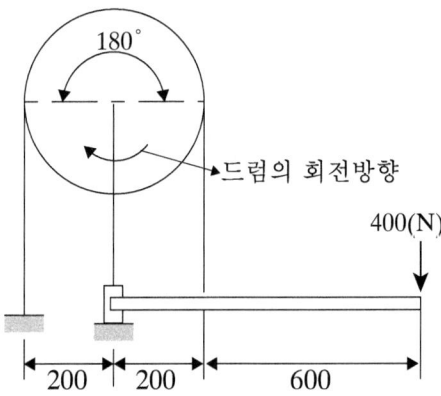

해설

$\theta = 180° = \pi$
$e^{\mu\theta} = e^{0.25\pi} = 2.19$

$T_s \times 200 - 400 \times 800 = 0 \Rightarrow T_s = \frac{400 \times 800}{200} = 1600N$

$T_s = \frac{f}{e^{\mu\theta}-1} \Rightarrow f = T_s(e^{\mu\theta}-1) = 1600 \times (2.19-1) = 1904N$

$\therefore T = f \times \frac{D}{2} = 1904 \times \frac{0.4}{2} = 380.8 N \cdot m$

✔ 힌지에 대한 모멘트 식을 세우는 것이기 때문에 힌지에 연결되지 않고 바닥에 연결된 긴장측장력이 작용하는 선 부분은 모멘트식과 무관한 힘이다.

18

$170 rpm$, $5.5 kW$의 동력을 제동하는 밴드 브레이크가 있다. 마찰계수 0.3, $e^{\mu\theta} = 3.8$, 밴드의 두께 $3mm$, 밴드의 허용 인장응력 $60MPa$, 이음 효율 80%일 때 다음을 구하시오.

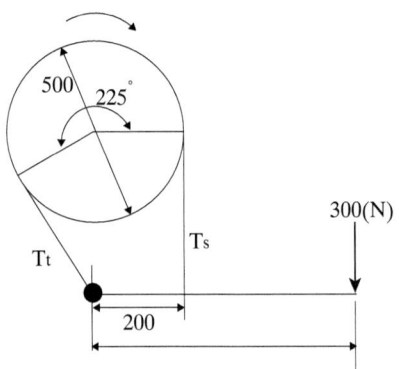

(1) 제동 토크 $[N \cdot m]$
(2) 제동력 $[N]$
(3) 레버의 길이 $[mm]$
(4) 밴드의 너비 $[mm]$

해설

(1) $T = \dfrac{H}{\omega} = \dfrac{H}{\dfrac{2\pi N}{60}} = \dfrac{5.5 \times 10^3}{\dfrac{2\pi \times 170}{60}} = 308.95 N \cdot m$

(2) $T = f \times \dfrac{D}{2} \Rightarrow \therefore f = \dfrac{2T}{D} = \dfrac{2 \times 308.95 \times 10^3}{500} = 1235.8 N$

(3) $T_s = \dfrac{f}{e^{\mu\theta} - 1} = \dfrac{1235.8}{3.8 - 1} = 441.36 N$

$T_s \times 200 - 300 \times \ell = 0 \Rightarrow \therefore \ell = \dfrac{T_s \times 200}{300} = \dfrac{441.36 \times 200}{300} = 294.24 mm$

(4) $T_t = T_s e^{\mu\theta} = 441.36 \times 3.8 = 1677.17 N$

$\sigma_a = \dfrac{T_t}{bt\eta} \Rightarrow \therefore b = \dfrac{T_t}{t\eta\sigma_a} = \dfrac{1677.17}{3 \times 0.8 \times 60} = 11.65 mm$

19

다음 그림과 같이 우회전을 하는 내부 확장식 브레이크에서 회전수 $800rpm$, $12kW$의 동력을 제동하려 한다. 마찰계수가 0.3일 때 다음을 구하시오.

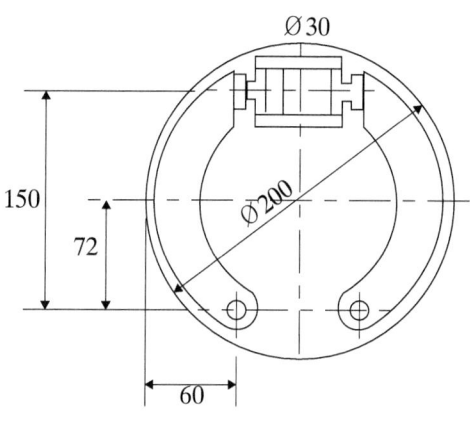

(1) 제동력 $[N]$
(2) 실린더를 미는 조작력 $[N]$
(3) 제동에 필요한 유압 $[MPa]$

해설

(1) $T = \dfrac{H}{\omega} = \dfrac{H}{\dfrac{2\pi N}{60}} = \dfrac{12 \times 10^3}{\dfrac{2\pi \times 800}{60}} = 143.24 N \cdot m$

$T = Q \times \dfrac{D}{2} \Rightarrow \therefore Q = \dfrac{2T}{D} = \dfrac{2 \times 143.24 \times 10^3}{200} = 1432.4 N$

(2) $M_1 = Fa - P_1 b + \mu P_1 c = Fa + P_1(\mu c - b) = 0 \Rightarrow P_1 = \dfrac{Fa}{b - \mu c} = \dfrac{F \times 150}{75 - 0.3 \times 60} = 2.63 F [N]$

$M_2 = -Fa + P_2 b + \mu P_2 c = -Fa + P_2(\mu c + b) = 0 \Rightarrow P_2 = \dfrac{Fa}{b + \mu c} = \dfrac{F \times 150}{75 + 0.3 \times 60} = 1.61 F [N]$

$Q = \mu(P_1 + P_2) \Rightarrow P_1 + P_2 = \dfrac{Q}{\mu} = \dfrac{1432.4}{0.3} = 4774.67 N$

$2.63F + 1.61F = 4774.67 \Rightarrow \therefore F = 1126.1 N$

(3) $q = \dfrac{F}{A} = \dfrac{4F}{\pi d^2} = \dfrac{4 \times 1126.1}{\pi \times 30^2} = 1.59 MPa$

20

다음 그림과 같은 내확 브레이크로 $8.5kW$, $600rpm$의 동력을 제동하려고 한다. 마찰계수 0.3 $d=25mm$, $D=180mm$, , $a=120mm$, $b=60mm$, $c=50mm$ 일 때 다음을 구하시오.

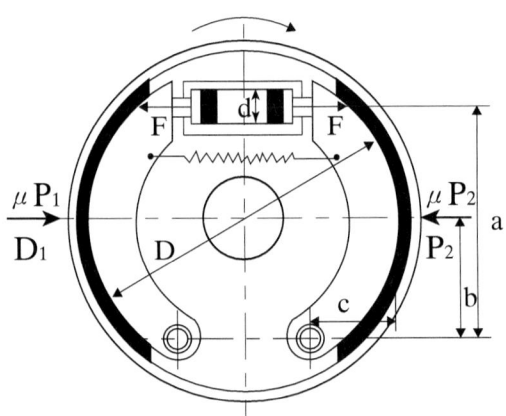

(1) 제동력 $[N]$
(2) 실린더를 미는 조작력 $[N]$
(3) 제동에 필요한 유압 $[MPa]$

해설

(1) $T = \dfrac{H}{\omega} = \dfrac{H}{\dfrac{2\pi N}{60}} = \dfrac{8.5 \times 10^3}{\dfrac{2\pi \times 600}{60}} = 135.28 N \cdot m$

$T = Q \times \dfrac{D}{2} \Rightarrow \therefore Q = \dfrac{2T}{D} = \dfrac{2 \times 135.28 \times 10^3}{180} = 1503.11 N$

(2) $M_1 = -Fa + P_1 b + \mu P_1 c = -Fa + P_1(\mu c + b) = 0 \Rightarrow P_1 = \dfrac{Fa}{b + \mu c} = \dfrac{F \times 120}{60 + 0.3 \times 50} = 1.6F [N]$

$M_2 = Fa - P_2 b + \mu P_2 c = Fa + P_2(\mu c - b) = 0 \Rightarrow P_2 = \dfrac{Fa}{b - \mu c} = \dfrac{F \times 120}{60 - 0.3 \times 50} = 2.67F [N]$

$Q = \mu(P_1 + P_2) \Rightarrow P_1 + P_2 = \dfrac{Q}{\mu} = \dfrac{1503.11}{0.3} = 5010.37 N$

$1.6F + 2.67F = 5010.37 \Rightarrow \therefore F = 1173.39 N$

(3) $q = \dfrac{F}{A} = \dfrac{4F}{\pi d^2} = \dfrac{4 \times 1173.39}{\pi \times 25^2} = 2.39 MPa$

Memo

11

스프링, 파이프, 플라이 휠

11-1. 원통형 코일 스프링

11-2. 판 스프링

11-3. 파이프

11-4. 플라이 휠

Chapter 11

스프링, 파이프, 플라이 휠

11-1 원통형 코일 스프링

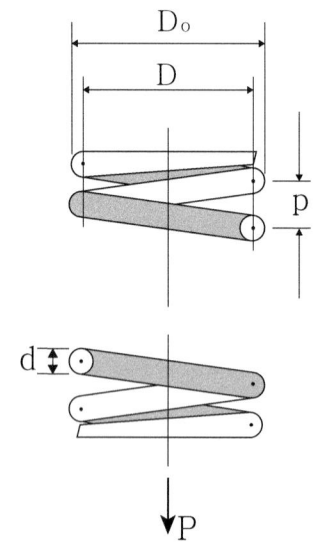

여기서,
P : 스프링에 작용하는 하중 $[N]$
D : 스프링(=코일)의 평균 지름 $[mm]$
D_o : 스프링(=코일)의 외경 $[mm]$
p : 피치 $[mm]$
d : 소선의 지름 $[mm]$
n : 스프링의 유효 권수
G : 스프링의 전단 탄성계수 $[GPa]$

(1) 스프링의 기본 사항

① 스프링 상수(k) $[N/mm]$

$$k = \frac{P}{\delta}$$

여기서,
P : 스프링에 작용하는 하중 $[N]$
δ : 처짐량 $[mm]$

② 조합 스프링 상수(k_{eq}) [N/mm]

㉠ 병렬 조합 스프링 상수

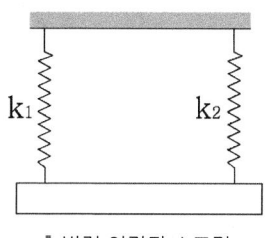
▎병렬 연결된 스프링

$$k_{eq} = k_1 + k_2 + \cdots + k_n$$

㉡ 직렬 조합 스프링 상수

▎직렬 연결된 스프링

$$\frac{1}{k_{eq}} = \frac{1}{k_1} + \frac{1}{k_2} + \cdots + \frac{1}{k_n}$$

③ 스프링의 탄성에너지(U) [$N \cdot mm$]

$$U = \frac{1}{2}P\delta = \frac{1}{2}k\delta^2$$

(2) 스프링에서 발생하는 최대전단응력($\tau_{\max}$) [N/mm^2]

$$\tau_{\max} = \frac{16PRK}{\pi d^3} = \frac{8PDK}{\pi d^3} \leq \tau_a$$

① 왈의 응력계수(K) : $K = \dfrac{4C-1}{4C-4} + \dfrac{0.615}{C}$

② 스프링지수(C) : $C = \dfrac{D}{d}$

③ 바깥지름(D_2) [mm] : $D_2 = D + d$

(3) 스프링의 최대 처짐량(δ_{max}) [mm]

$$\delta_{max} = \frac{64nPR^3}{Gd^4} = \frac{8nPD^3}{Gd^4}$$

✔ 유효 권수(n)를 구할 경우에는 정수로 올림해야 합니다.

(4) 자유 높이(H) [mm] : $H = d(n+2) + \delta_{max} +$ 여유높이

(5) 스프링의 길이(ℓ) [mm] : $\ell = \pi D n$

(6) 스프링의 체적(V) [mm^3] : $V = A\ell = \frac{\pi d^2}{4} \times \pi D n$

(7) 총감김수(n_t)

① 스프링 선단만이 자유코일을 접하는 경우 : $n_t = n + 2$

② 스프링 선단이 자유코일에 접하지 않고 연삭부의 길이가 $\frac{3}{4}$ 감긴 경우 : $n_t = n + 1.5$

(8) 변동 하중($P_{max} \sim P_{min}$)으로 주어질 때 하중의 선정

① P_{max} 선정 : 최대 물성치 값을 구해야 할 때   (ex : 최대전단응력, 최대처짐량 등)

② 변동 하중 선정 : 일반 물성치 값을 구해야 할 때 (ex : 일반 전단응력, 일반 처짐량 등)

③ P_{min} 선정 : 최소 물성치 값을 구해야 할 때   (ex : "최소"처짐량 등)

11-2 판 스프링

(1) 3각판 스프링

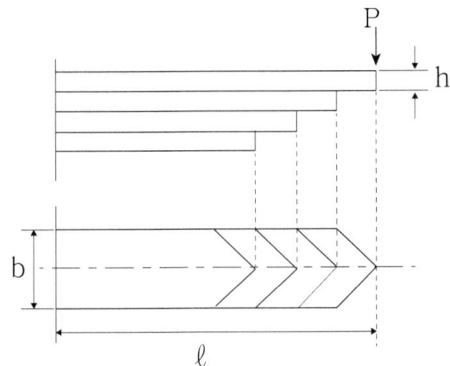

여기서,
P : 판 스프링에 작용하는 하중 $[N]$
b : 판의 너비 $[mm]$
h : 판의 두께 $[mm]$
ℓ : 판의 길이 $[mm]$
n : 판의 개수
E : 판의 탄성계수 $[GPa]$

① 스프링에 발생하는 굽힘 응력(σ) $[N/mm^2]$: $\sigma = \dfrac{6P\ell}{nbh^2}$

② 스프링에 발생하는 최대 처짐량(δ_{max}) $[mm]$: $\delta_{max} = \dfrac{6P\ell^3}{nbh^3 E}$

③ 상당길이 $[mm]$: $\ell' = \ell - 0.6e$ 　　여기서, e : 죔 폭 $[mm]$
　　　　　　　　　　　　　　　　　　　　　(=밴드의 너비 =밴드의 나이)

(2) 겹판 스프링

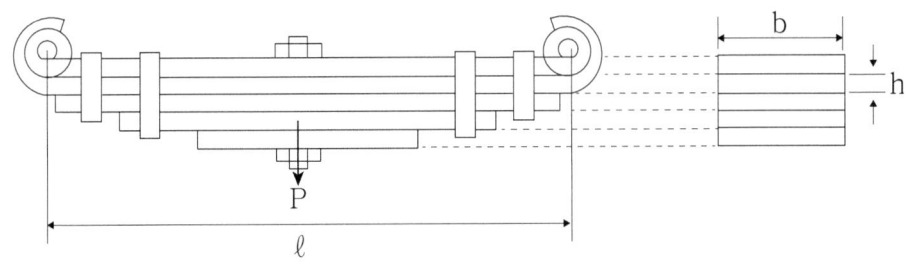

① 스프링에 발생하는 굽힘 응력(σ) $[N/mm^2]$: $\sigma = \dfrac{3P\ell}{2nbh^2}$

② 스프링에 발생하는 최대 처짐량(δ_{max}) $[mm]$: $\delta_{max} = \dfrac{3P\ell^3}{8nbh^3 E}$

③ 상당길이 $[mm]$: $\ell' = \ell - 0.6e$ 여기서, e : 쬠 폭 $[mm]$
                                                                               (=밴드의 너비 =밴드의 나이)

✔ 문제에서 쬠 폭(e)을 제시했을 경우엔 상당길이(ℓ')로 환산하여 문제를 풀어야 합니다.

11 - 3   파이프

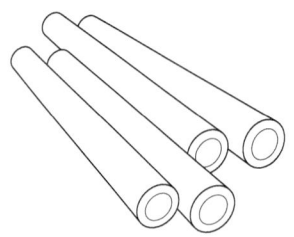

속이 빈 가늘고 긴 관이며, 주로 유체를 수송하는 기계요소이다.

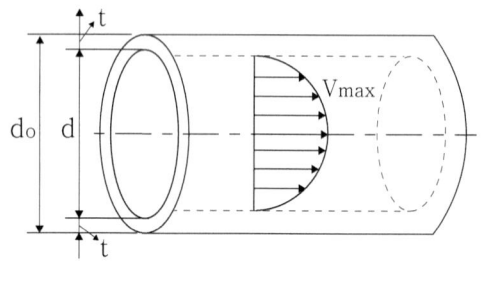

여기서,
P : 파이프에 작용하는 내압 $[N/mm^2]$
t : 파이프의 두께 $[mm]$
d : 안지름 $[mm]$
d_o : 바깥 지름 $[mm]$
$v_{\max}$: 최대 속도 $[m/s]$

▮ 내압을 받는 파이프

(1) 파이프의 최대인장응력($\sigma_{\max}$) $[N/mm^2]$: $\sigma_{\max} = \dfrac{pd}{2t} \leq \sigma_a$

(2) 파이프의 두께(t) $[mm]$

$t \geq \dfrac{pd}{2\sigma_a \eta} + C$

여기서,
σ_a : 허용인장응력 $[N/mm^2]$ $\left(\sigma_a = \dfrac{\sigma_u}{S} \right)$
S : 안전율
η : 이음 효율
C : 부식 계수

(3) 파이프의 최소 두께(t) [mm]

$$t = r\left(\sqrt{\frac{\sigma_a + (1-\nu)p}{\sigma_a - (1+\nu)p}} - 1\right)$$

여기서,
r : 파이프의 반지름 [mm]
p : 파이프의 내압 [N/mm^2]
σ_a : 파이프 재료의 허용인장응력 [N/mm^2]
ν : 포아송비

✔ 문제에서 포아송비(ν)를 제시했을 경우엔 위 식으로 최소 두께(t)를 구해야 합니다.

(4) 파이프의 유량(Q) [m^3/s]

$$Q = Av_m = \frac{\pi d^2}{4}v_m$$

여기서, v_m : 평균 속도 [m/s] $\left(v_m = \frac{v_{\max}}{2}\right)$

(5) 파이프의 안지름(d) [mm] : $d = \sqrt{\frac{4Q}{\pi v_m}}$

(6) 파이프의 외경(d_o) [mm] : $d_o = d + 2t$

11-4 플라이 휠

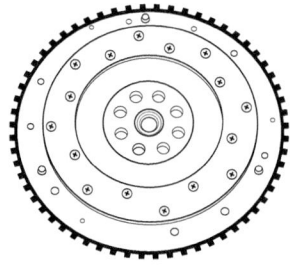

내연기관과 같은 원동기를 동력원으로 하면 원동기에 발생하는 에너지는 일정하지 않고 주기적으로 변동한다. 원동기로부터 발생하는 에너지가 저항 일량 보다 클 때에는 흡수하고 부족할 때에는 방출하여 균형을 이루게 하는 기계요소이다.

(1) 1사이클 중에 한 일(=에너지, E) $[N \cdot mm]$

① 2사이클인 경우 : $E = 2\pi T_m$

② 4사이클인 경우 : $E = 4\pi T_m$

(2) 과잉에너지($\triangle E$) $[N \cdot mm]$

$$\triangle E = qE = I\omega^2 \delta$$

여기서,
q : 에너지 변동계수
I : 질량 관성 모멘트 $[N \cdot mm \cdot s^2]$
ω : 각속도 $[rad/s]$
δ : 각속도 변형률

(3) 질량 관성모멘트(I) $[N \cdot mm \cdot s^2]$

① 중실축의 경우 : $I = \dfrac{\gamma b \pi D^4}{32g}$

② 중공축의 경우 : $I = \dfrac{\gamma b \pi (D_2^4 - D_1^4)}{32g}$

여기서,
γ : 림 재료의 비중량 $[N/mm^3]$
b : 림의 폭 $[mm]$
D : 림의 평균지름 $[mm]$
D_1 : 림의 안지름 $[mm]$
D_2 : 림의 바깥지름 $[mm]$

Memo

11. 스프링, 파이프, 플라이 휠

01

원통형 코일 스프링의 소선의 지름 $10mm$, 코일의 평균지름 $120mm$, 스프링에서 발생하는 최대 전단응력 $1.5GPa$일 때 다음을 구하시오.

(1) 스프링지수
(2) 최대정적하중 $[N]$

해설

(1) $C = \dfrac{D}{d} = \dfrac{120}{10} = 12$

(2) $K = \dfrac{4C-1}{4C-4} + \dfrac{0.615}{C} = \dfrac{4 \times 12 - 1}{4 \times 12 - 4} + \dfrac{0.615}{12} = 1.12$

$\tau_{\max} = \dfrac{8PDK}{\pi d^3} \Rightarrow \therefore P = \dfrac{\pi d^3 \tau_{\max}}{8DK} = \dfrac{\pi \times 10^3 \times 1.5 \times 10^3}{8 \times 120 \times 1.12} = 4382.8N$

02

소선의 지름 $9mm$, 코일의 평균지름 $90mm$에 압축하중 $15N$이 작용한다. 전단탄성계수 $100GPa$일 때 이 코일스프링이 $8mm$ 늘어나도록 할 때 다음을 구하시오.

(1) 유효 권수 $[회]$
(2) 스프링의 길이 $[mm]$

해설

(1) $\delta = \dfrac{8nPD^3}{Gd^4} \Rightarrow \therefore n = \dfrac{Gd^4 \delta}{8PD^3} = \dfrac{100 \times 10^3 \times 9^4 \times 8}{8 \times 15 \times 90^3} = 60회$

(2) $\ell = \pi D n = \pi \times 90 \times 60 = 16964.6mm$

03

코일의 평균직경 $50mm$, 유효 권수 7회인 원통형 코일 스프링에 압축 하중 $300N$이 작용한다. 스프링 지수 8, 전단탄성계수 $85GPa$일 때 다음을 구하시오.

(1) 소선의 직경 $[mm]$
(2) 수축량 $[mm]$

해설

(1) $C = \dfrac{D}{d} \Rightarrow \therefore d = \dfrac{D}{C} = \dfrac{50}{8} = 6.25mm$

(2) $\delta = \dfrac{8nPD^3}{Gd^4} = \dfrac{8 \times 7 \times 300 \times 50^3}{85 \times 10^3 \times 6.25^4} = 16.19mm$

04

원통형 코일 스프링이 $500N \sim 1200N$의 범위에서 하중을 받고 있다. 이때 스프링의 처짐량은 $6mm$, 스프링지수 8, 유효 권수 10회, 횡탄성계수 $80GPa$일 때 다음을 구하시오.

(1) 스프링 상수 $[N/mm]$
(2) 스프링의 유효직경 $[mm]$

해설

(1) $k = \dfrac{P}{\delta} = \dfrac{1200 - 500}{6} = 116.667 N/mm$

(2) $\delta = \dfrac{8nPD^3}{Gd^4} = \dfrac{8nPC^3}{Gd} \Rightarrow d = \dfrac{8nPC^3}{G\delta} = \dfrac{8 \times 10 \times (1200 - 500) \times 8^3}{80 \times 10^3 \times 6} = 59.73mm$

$C = \dfrac{D}{d} \Rightarrow \therefore D = Cd = 8 \times 59.73 = 477.84mm$

05

소선의 직경이 $2mm$인 원통형 코일 스프링에서 스프링지수는 6, 유효 감김수 45회, 전단 탄성 계수는 $82GPa$이다. $70N$의 압축 하중을 받을 때 다음을 구하시오.

(1) 원통형 코일 스프링의 안전율이 2일 때 아래 표에서 사용 가능한 모든 스프링의 재질을 선정하라.

재료	기호	전단항복강도 $[N/mm^2]$
스프링강선	SPS	7056
경강선	HSW	896.7
피아노선	PWR	896.7
스테인리스강선	STS	637

(2) 원통형 코일 스프링의 처짐량 $[mm]$

해설

(1) $C = \dfrac{D}{d} \Rightarrow D = Cd = 6 \times 2 = 12mm$

$K = \dfrac{4C-1}{4C-4} + \dfrac{0.615}{C} = \dfrac{4\times 6-1}{4\times 6-4} + \dfrac{0.615}{6} = 1.25$

$\tau_{max} = \dfrac{8PDK}{\pi d^3} = \dfrac{8\times 70\times 12\times 1.25}{\pi \times 2^3} = 334.23 N/mm^2$

$\tau_f = \tau_{max} S = 334.23 \times 2 = 668.46 N/mm^2$

따라서, 사용 가능한 스프링 재질은 전단항복강도 τ_f이상의 값이므로

∴ SPS, HSW, PWR

(2) $\delta = \dfrac{8nPD^3}{Gd^4} = \dfrac{8\times 45\times 70\times 12^3}{82\times 10^3\times 2^4} = 33.19mm$

06

원통형 코일 스프링의 바깥지름이 $80mm$이다. 스프링지수 5, 유효 권수 13, 작용하는 압축 하중 $450N$, 횡탄성계수 $80GPa$일 때 다음을 구하시오.

(1) 소선의 지름 $[mm]$
(2) 스프링의 처짐량 $[mm]$
(3) 스프링에 발생하는 전단응력 $[MPa]$

해설

(1) $D_2 = D + d = Cd + d = d(C+1)$ (평균지름 : $D = Cd$)

$\therefore d = \dfrac{D_2}{C+1} = \dfrac{80}{5+1} = 13.33 mm$

(2) $D = Cd = 5 \times 13.33 = 66.65 mm$

$\therefore \delta = \dfrac{8nPD^3}{Gd^4} = \dfrac{8 \times 13 \times 450 \times 66.65^3}{80 \times 10^3 \times 13.33^4} = 5.49 mm$

(3) $K = \dfrac{4C-1}{4C-4} + \dfrac{0.615}{C} = \dfrac{4 \times 5 - 1}{4 \times 5 - 4} + \dfrac{0.615}{5} = 1.31$

$\therefore \tau_{max} = \dfrac{8PDK}{\pi d^3} = \dfrac{8 \times 450 \times 66.65 \times 1.31}{\pi \times 13.33^3} = 42.24 MPa$

07

전체 하중이 $30000N$인 건설 장비를 8개소에서 균등하게 지지하여 처짐이 $60mm$가 생기는 원통형 코일 스프링의 소선의 직경은 $18mm$이다. 스프링지수 10, 왈의 응력수정계수 1.14, 횡탄성계수 $81GPa$일 때 다음을 구하시오.

(1) 유효 권수 [권]
(2) 전단응력 [MPa]

해설

(1) $P = \dfrac{30000}{n} = \dfrac{30000}{8} = 3750N$

$C = \dfrac{D}{d} \Rightarrow D = Cd = 10 \times 18 = 180 mm$

$\delta = \dfrac{8nPD^3}{Gd^4} \Rightarrow \therefore n = \dfrac{Gd^4 \delta}{8PD^3} = \dfrac{81 \times 10^3 \times 18^4 \times 60}{8 \times 3750 \times 180^3} = 2.92 ≒ 3권$

(2) $\tau = \dfrac{8PDK}{\pi d^3} = \dfrac{8 \times 3750 \times 180 \times 1.14}{\pi \times 18^3} = 335.99 MPa$

08

원통형 코일 스프링에서 하중이 $300N \sim 500N$까지 변동할 때 처짐량은 $18mm$이다. 허용 전단응력이 $350 N/mm^2$, 스프링 지수 7, 전단탄성계수 $81GPa$, 왈의 응력수정계수 1.21일 때 다음을 구하시오.

(1) 소선의 지름 [mm]
(2) 유효 권수 [권]
(3) 자유 높이 [mm] (단, $5mm$의 여유를 고려한다.)

(1) $\tau_{\max} = \dfrac{8P_{\max}DK}{\pi d^3} = \dfrac{8P_{\max}CK}{\pi d^2}$ 에서,

$\therefore d = \sqrt{\dfrac{8P_{\max}CK}{\pi \tau_{\max}}} = \sqrt{\dfrac{8 \times 500 \times 7 \times 1.21}{\pi \times 350}} = 5.55mm$

(2) $D = Cd = 7 \times 5.55 = 38.85mm$

$\delta = \dfrac{8n(P_{\max} - P_{\min})D^3}{Gd^4}$ 에서,

$\therefore n = \dfrac{Gd^4 \delta}{8(P_{\max} - P_{\min})D^3} = \dfrac{81 \times 10^3 \times 5.55^4 \times 18}{8 \times (500-300) \times 38.85^3} = 14.74 \fallingdotseq 15권$

(3) $\delta_{\max} = \dfrac{8nP_{\max}D^3}{Gd^4} = \dfrac{8 \times 15 \times 500 \times 38.85^3}{81 \times 10^3 \times 5.55^4} = 45.78mm$

$\therefore H = d(n+2) + \delta_{\max} + 여유높이 = 5.55 \times (15+2) + 45.78 + 5 = 145.13mm$

09

스팬의 길이 $1600mm$, 하중 $15kN$, 너비 $120mm$, 밴드의 나이 $100mm$, 두께 $12mm$, 판 수 5, 종탄성계수 $210GPa$의 겹판 스프링이 있을 때 다음을 구하시오.

(1) 겹판 스프링에 발생하는 최대 처짐량 $[mm]$
(2) 겹판 스프링에 발생하는 굽힘응력 $[MPa]$

해설

(1) $\ell' = \ell - 0.6e = 1600 - 0.6 \times 100 = 1540mm$

$\delta_{\max} = \dfrac{3P\ell'^3}{8nbh^3 E} = \dfrac{3 \times 15 \times 10^3 \times 1540^3}{8 \times 5 \times 120 \times 12^3 \times 210 \times 10^3} = 94.36mm$

(2) $\sigma = \dfrac{3P\ell'}{2nbh^2} = \dfrac{3 \times 15 \times 10^3 \times 1540}{2 \times 5 \times 120 \times 12^2} = 401.04MPa$

10

팬의 너비 $300mm$, 스팬의 길이 $1500mm$, 쥠 폭 $100mm$, 판의 장수 5개, 두께 $13mm$, 종탄성계수 $210GPa$, 중심 하중 $13000N$으로 작용하는 겹판 스프링이 있을 때 다음을 구하시오.

(1) 겹판 스프링에서 발생하는 굽힘응력 $[MPa]$
(2) 겹판 스프링에서 발생하는 처짐량 $[mm]$

(1) $\ell' = \ell - 0.6e = 1500 - 0.6 \times 100 = 1440mm$

$\therefore \sigma = \dfrac{3P\ell'}{2nbh^2} = \dfrac{3 \times 13000 \times 1440}{2 \times 5 \times 300 \times 13^2} = 110.77 MPa$

(2) $\delta = \dfrac{3P\ell'^3}{8nbh^3 E} = \dfrac{3 \times 13000 \times 1440^3}{8 \times 5 \times 300 \times 13^3 \times 210 \times 10^3} = 21.03mm$

11

스팬의 길이 $1000mm$, 하중 $30kN$, 너비 $200mm$, 두께 $20mm$, 판 수 5, 종탄성계수 $210GPa$의 삼각판 스프링이 있을 때 다음을 구하시오.

(1) 삼각판 스프링에 발생하는 굽힘 응력 $[MPa]$
(2) 삼각판 스프링에 발생하는 최대 처짐량 $[mm]$

해설

(1) $\sigma = \dfrac{6P\ell}{nbh^2} = \dfrac{6 \times 30 \times 10^3 \times 1000}{5 \times 200 \times 20^2} = 450 MPa$

(2) $\delta_{\max} = \dfrac{6P\ell^3}{nbh^3 E} = \dfrac{6 \times 30 \times 10^3 \times 1000^3}{5 \times 200 \times 20^3 \times 210 \times 10^3} = 107.14mm$

12

상온에서 이음매 없는 강관에 수압 $10MPa$, 유량 $7L/\sec$를 흐르게 하려 한다. 평균유속이 $4m/s$, 부식여유 $1mm$, 허용 인장응력이 $85MPa$일 때 다음을 구하시오.

(1) 강관의 내경 $[mm]$
(2) 강관의 두께 $[mm]$

해설

(1) $d = \sqrt{\dfrac{4Q}{\pi V}} = \sqrt{\dfrac{4 \times 7 \times 10^{-3}}{\pi \times 4}} = 0.04720m = 47.20mm$

(2) $t = \dfrac{pd}{2\sigma_a} + C = \dfrac{10 \times 47.2}{2 \times 85} + 1 = 3.78mm$

13

강관의 두께 $5mm$, 바깥지름 $180mm$의 관속에 유량 $50L/\sec$의 물이 흐르고 있을 때 다음을 구하시오. (단, 허용 인장응력 $\sigma_a = 100MPa$이다.)

(1) 관 내부에 작용하는 압력 $[MPa]$
(2) 유속 $[m/s]$
(3) 중량 유량 $[ton/hr]$

해설

(1) $d_o = d + 2t \Rightarrow d = d_o - 2t = 180 - 2 \times 5 = 170mm$

$\sigma_a = \dfrac{pd}{2t} \Rightarrow p = \dfrac{2t\sigma_a}{d} = \dfrac{2 \times 5 \times 100}{170} = 5.88MPa$

(2) $Q = AV = \dfrac{\pi d^2}{4} \times V \Rightarrow \therefore V = \dfrac{4Q}{\pi d^2} = \dfrac{4 \times 50 \times 10^{-3}}{\pi \times 0.17^2} = 2.2m/s$

(3) $\dot{G} = \gamma AV = 1000 \times \dfrac{\pi \times 0.17^2}{4} \times 2.2 = 49.94 kg_f/s = 49.94 \times 10^{-3} \times 3600 = 179.78 ton/hr$

14

상온에서 이음매 없는 강관에 수압 $5MPa$, 유량 $0.6m^3/\sec$를 흐르게 하려 한다. 최대 속도가 $6m/s$, 부식여유 $1mm$, 허용 인장응력이 $90MPa$일 때 바깥지름 $[mm]$을 구하시오.

해설

평균속도 : $v_m = \dfrac{v_{\max}}{2} = \dfrac{6}{2} = 3m/s$

$d = \sqrt{\dfrac{4Q}{\pi v_m}} = \sqrt{\dfrac{4 \times 0.6}{\pi \times 3}} = 0.50463m = 504.63mm$

$t = \dfrac{pd}{2\sigma_a} + C = \dfrac{5 \times 504.63}{2 \times 90} + 1 = 15.02mm$

$\therefore d_o = d + 2t = 504.63 + 2 \times 15.02 = 534.67mm$

15

비중량 $9800N/m^3$인 물을 직경 $5m$, 부피 $40m^3$의 원통 탱크에 저장하려 한다. 안전율 5, 강판의 이음강도 $500MPa$, 이음효율 70%라고 할 때 강판의 두께 $[mm]$를 구하시오.

해설

허용응력 : $\sigma_a = \dfrac{\sigma}{S} = \dfrac{500}{5} = 100 MPa$

부피 : $V = Ah \Rightarrow h = \dfrac{V}{A} = \dfrac{40}{\dfrac{\pi}{4} \times 5^2} = 2.04 m$

내부 압력 : $p = \gamma h = 9800 \times 10^{-6} \times 2.04 = 199.92 \times 10^{-4} MPa$

$\therefore t = \dfrac{pd}{2\sigma_a \eta} = \dfrac{199.92 \times 10^{-4} \times 5000}{2 \times 100 \times 0.7} = 0.71 mm$

16

유량 $450 m^3/hr$으로 유체가 $2.5 m/s$로 흐르는 관이 있다. 이 관은 내압 $3MPa$, 최소 인장강도 $380MPa$, 안전율 5, 부식여유 $1mm$일 때 다음을 구하시오.

(1) 관 내경 $[mm]$
(2) 관 두께 $[mm]$
(3) 아래표에서 외경을 보고 호칭지름을 선정하라.

호칭지름[mm]	외경[mm]	두께[mm]
100	114.3	4.5
125	139.8	5.0
150	165.2	5.3
185	190.7	5.8
200	216.3	6.2
225	241.6	6.6
250	267.4	6.9
300	318.5	7.9
400	355.6	7.9
450	4064	7.9
500	457.2	7.9

해설

(1) $Q = AV = \dfrac{\pi d^2}{4} \times V$ 에서,

$\therefore d = \sqrt{\dfrac{4Q}{\pi V}} = \sqrt{\dfrac{4 \times 450 \times \dfrac{1}{3600}}{\pi \times 2.5}} = 0.25231 m = 252.31 mm$

(2) $\sigma_a = \dfrac{\sigma_u}{S} = \dfrac{380}{5} = 76 MPa$

$t = \dfrac{pd}{2\sigma_a} + C = \dfrac{3 \times 252.31}{2 \times 76} + 1 = 5.98 mm$

(3) $d_o = d + 2t = 252.31 + (2 \times 5.98) = 264.27 mm$

구한 외경보다 큰 값으로 결정하므로, $\therefore$ 호칭지름 250mm

17

안지름 $180mm$, 유량 $50L/\sec$으로 흐르는 파이프가 있다. 내압 $4MPa$, 허용 인장응력 $15MPa$ 일 때 다음을 구하시오. (단, 푸아송비 $\nu = 0.18$이고, 축방향 응력은 무시한다.)

(1) 파이프의 유속 $[m/s]$
(2) 푸아송비를 고려한 파이프의 최소 두께 $[mm]$
(3) 파이프의 외경 $[mm]$

해설

(1) $Q = AV = \dfrac{\pi d^2}{4} \times V \Rightarrow \therefore V = \dfrac{4Q}{\pi d^2} = \dfrac{4 \times 50 \times 10^{-3}}{\pi \times 0.18^2} = 1.96 m/s$

(2) $t = r\left(\sqrt{\dfrac{\sigma_a + (1-\nu)p}{\sigma_a - (1+\nu)p}} - 1\right) = 90 \times \left(\sqrt{\dfrac{15 + (1-0.18) \times 4}{15 - (1+0.18) \times 4}} - 1\right) = 30.01 mm$

(3) $d_o = d + 2t = 180 + 2 \times 30.01 = 240.02 mm$

18

회전수 $500 rpm$, $20kW$의 동력을 전달하는 2사이클 단기통 기관에서 각속도 변동률 $1/100$, 에너지 변동계수 1.3, 림의 바깥지름 $1800mm$, 림의 폭 $180mm$, 림 재료의 비중량 $0.08N/cm^3$일 때 플라이 휠의 림 안지름$[mm]$을 구하시오.

해설

$T_m = \dfrac{H}{\omega} = \dfrac{H}{\dfrac{2\pi N}{60}} = \dfrac{20 \times 10^3}{\dfrac{2\pi \times 500}{60}} = 381.97 N \cdot m$

$E = 2\pi T_m = 2\pi \times 381.97 = 2399.99 N \cdot m$

$\Delta E = qE = 1.3 \times 2399.99 = 3119.99 N \cdot m$

$\Delta E = I\omega^2 \delta \Rightarrow I = \dfrac{\Delta E}{\omega^2 \delta} = \dfrac{3119.99}{\left(\dfrac{2\pi \times 500}{60}\right)^2 \times \dfrac{1}{100}} = 113.8 N \cdot m \cdot s^2$

$I = \dfrac{\gamma b \pi (D_2^{\,4} - D_1^{\,4})}{32g}$ 에서,

$\therefore D_1 = \sqrt[4]{D_2^{\,4} - \dfrac{32gI}{\gamma b \pi}} = \sqrt[4]{1800^4 - \dfrac{32 \times 9800 \times 113.8 \times 10^3}{0.08 \times 10^{-3} \times 180 \times \pi}} = 1765.19 mm$

19

회전수 $1650\,rpm$, $8\,kW$의 동력을 전달하는 4사이클 단기통 기관에서 각속도 변동률이 $1/100$이고, 에너지 변동계수는 1.3, 플라이휠의 내외경비 0.7, 비중량 $80\,kN/m^3$, 림의 폭이 $60\,mm$일 때 다음을 구하시오.

(1) 1사이클당 발생하는 에너지 $[N\cdot m]$
(2) 질량 관성모멘트 $[N\cdot m\cdot s^2]$
(3) 림의 바깥지름 $[mm]$

해설

(1) $T_m = \dfrac{H}{\omega} = \dfrac{H}{\dfrac{2\pi N}{60}} = \dfrac{8\times 10^3}{\dfrac{2\pi \times 1650}{60}} = 46.3\,N\cdot m$

$E = 4\pi T_m = 4\pi \times 46.3 = 581.82\,N\cdot m$

(2) $\Delta E = qE = 1.3 \times 581.82 = 756.37\,N\cdot m$

$\Delta E = I\omega^2 \delta \Rightarrow \therefore I = \dfrac{\Delta E}{\omega^2 \delta} = \dfrac{756.37}{\left(\dfrac{2\pi \times 1650}{60}\right)^2 \times \dfrac{1}{100}} = 2.53\,N\cdot m\cdot s^2$

(3) $I = \dfrac{\gamma b\pi(D_2^{\,4} - D_1^{\,4})}{32g} = \dfrac{\gamma b\pi D_2^{\,4}(1-x^4)}{32g}$ 에서,

$\therefore D_2 = \sqrt[4]{\dfrac{32gI}{\gamma b\pi(1-x^4)}} = \sqrt[4]{\dfrac{32 \times 9.8 \times 2.53}{80 \times 10^3 \times 0.06 \times \pi \times (1-0.7^4)}} = 0.51296\,m = 512.96\,mm$

20

분당 회전수 $1000\,rpm$, $45\,kW$의 동력을 전달하는 4사이클 엔진 기관에서 각속도 변동률이 $1/60$이고, 에너지 변동계수는 1.3, 플라이휠의 내외경비 0.6, 비중량 $80.764\,kN/m^3$, 림의 폭이 $50\,mm$일 때 다음을 구하시오.

(1) 1사이클당 발생하는 에너지 $[N\cdot m]$
(2) 질량 관성모멘트 $[N\cdot m\cdot s^2]$
(3) 림의 바깥지름 $[mm]$

해설

(1) $T_m = \dfrac{H}{\omega} = \dfrac{H}{\dfrac{2\pi N}{60}} = \dfrac{45\times 10^3}{\dfrac{2\pi \times 1000}{60}} = 429.72\,N\cdot m$

$E = 4\pi T_m = 4\pi \times 429.72 = 5400.02\,N\cdot m$

(2) $\triangle E = qE = 1.3 \times 5400.02 = 7020.03 N \cdot m$

$\triangle E = I\omega^2 \delta \Rightarrow \therefore I = \dfrac{\triangle E}{\omega^2 \delta} = \dfrac{7020.03}{\left(\dfrac{2\pi \times 1000}{60}\right)^2 \times \dfrac{1}{60}} = 38.41 N \cdot m \cdot s^2$

(3) $I = \dfrac{\gamma b \pi (D_2^4 - D_1^4)}{32g} = \dfrac{\gamma b \pi D_2^4 (1 - x^4)}{32g}$ 에서,

$\therefore D_2 = \sqrt[4]{\dfrac{32gI}{\gamma b \pi (1 - x^4)}} = \sqrt[4]{\dfrac{32 \times 9.8 \times 38.41}{80.764 \times 10^3 \times 0.05 \times \pi \times (1 - 0.6^4)}} = 1.02198 m = 1021.98 mm$

12

기어

12-1. 스퍼기어

12-2. 헬리컬기어

12-3. 베벨기어

12-4. 웜과 웜기어

12-5. 기어열

12-6. 전위기어

Chapter 12

기어

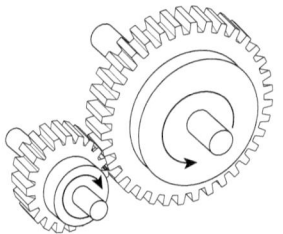

▌스퍼 기어(=평 기어)

기어란, 원주 둘레에 일정한 간격으로 설치한 이의 연속적인 물림에 의해 미끄럼 현상 없이 서로 맞물려 돌아가며 동력을 전달하는 기계요소이다.

12-1 스퍼기어

(1) 각 부 명칭 및 공식

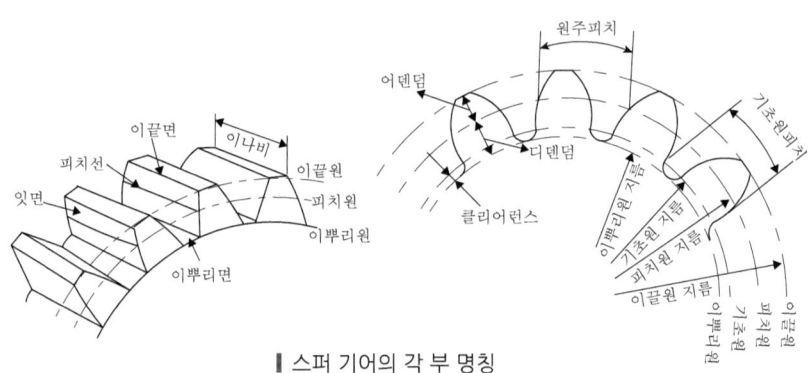

▌스퍼 기어의 각 부 명칭

여기서,
a : 이 끝 높이(=어덴덤) $[mm]$ $(a=m)$
d : 이 뿌리 높이(=디덴덤) $[mm]$ $(d=1.25m)$
h : 총 이 높이 $[mm]$ $(h=a+d=2.25m)$
p : 원주 피치 $[mm]$
b : 치 폭(=이 너비 =이 나비) $[mm]$
D_o : 바깥 지름 $[mm]$
D : 피치원 지름 $[mm]$
D_g : 기초원 지름 $[mm]$
D_t : 이뿌리 지름 $[mm]$

① 모듈(m) : 이의 크기를 나타내는 호칭이다.

$$m = \frac{\text{피치원 지름}}{\text{잇수}} = \frac{D}{Z} \qquad \therefore D = mZ$$

✔ 모듈에는 기본적으로 단위를 기입하지 않으나 다른 물성치와 계산될 때는 $[mm]$단위로 적용됩니다.

✔ 모듈을 선정할 땐 안전을 고려하여 **큰 값을 선정**하여야 하므로 **0.5단위**로 올림하여 계산합니다.
ex) 4.3 → 4.5,   3.7 → 4,   5.6 → 6

② 원주 피치(p) $[mm]$

$\pi D = pZ$ 에서

$$p = \frac{\pi D}{Z} = \pi m$$

③ 지름 피치(=직경 피치, p_d) : 1인치당 톱니의 수

$$p_d = \frac{1}{m}[inch] = \frac{25.4}{m}[mm]$$

④ 기초원 지름(D_g) $[mm]$

y축과 피치원지름(D)의 교차점에서 압력각(α)의 각도로 내린 수선의 발에 의해서 생기는 원의 지름이다.

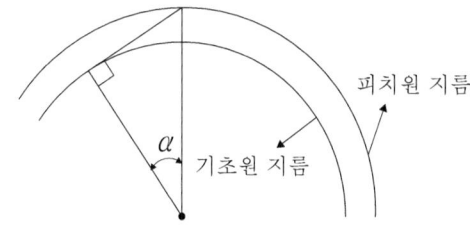

$$D_g = D\cos\alpha = mZ\cos\alpha$$

⑤ 기초원 피치(=법선 피치, p_g) $[mm]$

$\pi D_g = p_g Z$ 에서

$$p_g = \frac{\pi D_g}{Z}$$

⑥ 원주 속도(v) [m/s]

$$v = v_A = v_B = \frac{\pi D_A N_A}{60 \times 1000} = \frac{\pi D_B N_B}{60 \times 1000} = \frac{pZ_A N_A}{60 \times 1000} = \frac{pZ_B N_B}{60 \times 1000}$$

⑦ 속비(ε) : $\varepsilon = \dfrac{N_B}{N_A} = \dfrac{D_A}{D_B} = \dfrac{mZ_A}{mZ_B} = \dfrac{Z_A}{Z_B}$

⑧ 중심거리(C) [mm]

$$C = \frac{D_A + D_B}{2} = \frac{m(Z_A + Z_B)}{2}$$

또한 기초원 지름(D_g)으로 나타내면 $mZ = \dfrac{D_g}{\cos\alpha}$ 이므로

$$C = \frac{D_{gA} + D_{gB}}{2\cos\alpha}$$

⑨ 외경(D_o) [mm]

$D_o = D + 2a = mZ + 2m = m(Z+2)$

또한 기초원 피치(p_d)로 나타내면 $m = \dfrac{1}{p_d}[inch] = \dfrac{25.4}{p_d}[mm]$ 이므로

$D_o = \dfrac{1}{p_d}(Z+2)[inch] = \dfrac{25.4}{p_d}(Z+2)[mm]$

(2) 스퍼기어의 설계

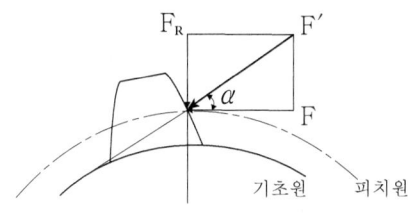

▮ 기어의 설계

여기서,
F : 접선력(=회전력) $[N]$
F' : 합성 레이디얼 하중 $[N]$
 (=전체 하중 =수직 하중)
F_R : 스러스트 하중 $[N]$
 (=반경 방향의 힘 =축직각 하중)
α : 압력각 $[°]$

① 접선력(F) $[N]$

위 그림에서 $\cos\alpha = \dfrac{F}{F'}$ 이므로

$F = F'\cos\alpha$

또한 $\tan\alpha = \dfrac{F_R}{F}$ 이므로

$F = \dfrac{F_R}{\tan\alpha}$

✔ 기어는 이의 표면에서 힘이 전달되므로 기어의 이 표면 기준으로 힘을 계산합니다. 이 때 기어의 전달 토크와 전달 동력에 근원이 되는 힘은 접선력(F)입니다.

(3) 스퍼기어의 강도 계산

① 루이스의 굽힘 강도식

$$F = f_v f_w \sigma_b p b y$$
$$= f_v f_w \sigma_b \pi m b y$$
$$= f_v f_w \sigma_b m b Y$$

여기서,
f_v : 속도 계수
f_w : 하중 계수
σ_b : 허용굽힘응력 $[N/mm^2]$
p : 원주 피치 $[mm]$
b : 치폭 $[mm]$
m : 모듈
y : 치형계수 (약 0.2 이하)
Y : π를 고려한 치형계수 ($Y_e = \pi y_e$, 약 0.3 이상)

② 헤르츠의 면압 강도식

$$F = f_v K m b \left(\frac{2Z_A Z_B}{Z_A + Z_B} \right)$$

여기서,
K : 접촉면 응력계수
Z_A : 원동 기어의 잇수
Z_B : 종동 기어의 잇수

③ 속도 계수(f_w)

저속($v = 10m/s$ 이하)	$f_v = \dfrac{3.05}{3.05 + v}$
중속($v = 10m/s$ 초과 $20m/s$ 이하)	$f_v = \dfrac{6.1}{6.1 + v}$
고속($v = 20m/s$ 이상)	$f_v = \dfrac{5.55}{5.55 + \sqrt{v}}$

✔ 하중 계수(f_w)는 주어지지 않을 경우 1로 간주합니다.

(4) 기어에 발생하는 결함

① 언더컷(Undercut)

이의 간섭에 의해 피니언(=작은 기어)의 이뿌리면을 기어의 이 끝이 깎아내는 현상이며, 이러한 현상으로 인해 피니언의 이뿌리가 가늘어져 이의 강도가 약해지고 물림길이가 짧아진다. 언더컷을 방지하는 방법은 아래와 같다.

- 전위기어를 사용한다.
- 이의 높이를 낮춰 설계한다.
- 한계잇수 이상으로 설계한다.
- 압력각을 크게 설계한다.

② 백래시(Backlash)

이 사이의 공간쪽이 피치원 상에서 측정된 기어의 이 두께보다 약간 크지 못할 때 기어간에 간섭현상이 발생한다. 백래시는 맞물리는 두 개의 기어 사이의 간극을 피치원의 원주를 따라 측정한 것이고 가공오차로 인해 완전히 없애는 것이 불가능하므로 최소한으로 제한되어야 한다. 과한 백래시는 회전방향이 뒤집힐 때 충격하중과 소음의 원인이 된다.

12-2 헬리컬기어

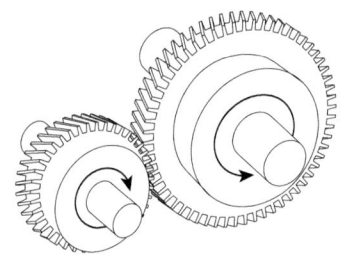

헬리컬기어란, 이 끝이 나선형이며 두 축이 평행할 때 사용되는 기어이다.

(1) **치형 방식** : 헬리컬기어는 잇줄과 축선의 방향이 불일치하고 경사져있기 때문에 치형 표시 방식이 두 가지 이다.

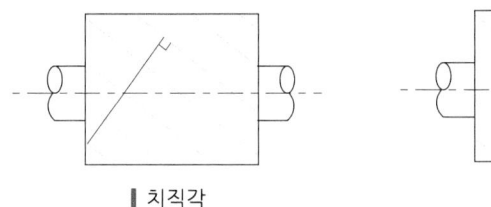

① 치직각 방식 : 이에 직각인 단면의 치형
② 축직각 방식 : 축에 직각인 단면의 치형

(2) 헬리컬기어의 치직각, 축직각 방향

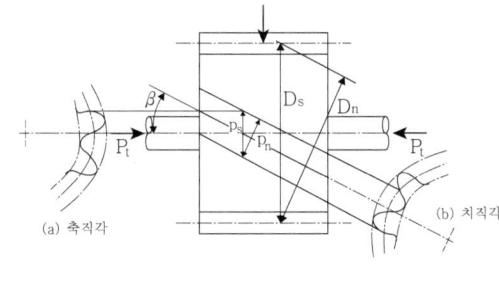 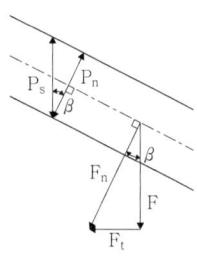

여기서,
F_t : 추력(=스러스트 하중) $[N]$
F : 접선력 $[N]$
β : 비틀림각 $[°]$
p_s : 축직각 피치 $[mm]$
p_n : 치직각 피치 $[mm]$

① 추력(F_t)과 접선력(F)의 관계 : $\tan\beta = \dfrac{F_t}{F}$ $\qquad \therefore F = \dfrac{F_t}{\tan\beta}$

② 치직각 피치(p_n)와 축직각 피치(p_s)의 관계 : $\cos\beta = \dfrac{p_n}{p_s}$ $\qquad \therefore p_n = p_s \cos\beta$

✔ 헬리컬 기어에서 가장 중요한 내용은 공식에 물성치를 적용할 때 지름은 '축직각 지름', 모듈은 '치직각 모듈'을 사용 한다는 것입니다.

(3) 중심거리(C) [mm] : $C = \dfrac{D_{As} + D_{Bs}}{2} = \dfrac{D_A + D_B}{2\cos\beta}$

(4) 외경(D_o) [mm] : $D_o = D_s + 2m_n = \dfrac{D}{\cos\beta} + 2m_n$

(5) 원주 속도(v) [m/s] : $v = v_A = v_B = \dfrac{\pi D_{As} N_A}{60 \times 1000} = \dfrac{\pi D_{Bs} N_B}{60 \times 1000}$

(6) 헬리컬기어의 강도 계산

① 루이스의 굽힘 강도식

$$F = f_v f_w \sigma_b p b y_e$$
$$ = f_v f_w \sigma_b \pi m b y_e$$
$$ = f_v f_w \sigma_b m b Y_e$$

여기서,
y_e : 상당 평치차 치형계수 (약 0.1~0.2)
Y_e : π를 고려한 상당 평치차 치형계수
　　($Y_e = \pi y_e$, 약 0.3~0.4)

② 헤르츠의 면압 강도식

$$F = f_v K m_s b \left(\dfrac{2 Z_A Z_B}{Z_A + Z_B} \right) \left(\dfrac{C_w}{\cos^3\beta} \right)$$

여기서,
m_s : 축직각 모듈
C_w : 공작정밀도를 고려한 면압계수

(7) 상당 평치차 잇수(Z_e) : $Z_e = \dfrac{Z}{\cos^3\beta}$

(8) 헬리컬기어의 전하중(F') [N] : $F' = P\sqrt{1 + \left(\dfrac{\tan\alpha}{\cos\beta}\right)^2}$

12-3 베벨기어

베벨 기어란, 두 회전축의 교차지점에서 사용하는 원추형 기어이며, 일반적으로 교차각은 90°이다.

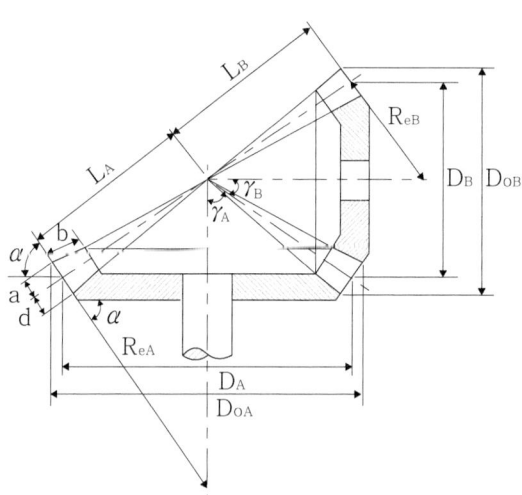

여기서,
γ_A, γ_B : 원동 및 종동차의 피치원추각 [°]
a : 이 끝 높이(=addendum) [mm]
  ($a=m$)
d : 이 뿌리 높이(=dedendum) [mm]
b : 치 폭 [mm]
L : 모선 길이(=외단 원추길이) [mm]
R_e : 배원추 반지름 [mm]
D_o : 외경 [mm]
D : 피치원 지름

(1) 모선 길이(=외단 원추길이, L) [mm]

그림에서 $\sin\gamma = \dfrac{\frac{D}{2}}{L} = \dfrac{D}{2L}$ 이므로

$$L = \dfrac{D}{2\sin\gamma}$$

(2) 배원추 반지름(R_e) [mm]

그림에서 $\cos\gamma = \dfrac{\dfrac{D}{2}}{R_e} = \dfrac{D}{2R_e}$ 이므로

$$R_e = \dfrac{D}{2\cos\gamma}$$

(3) 외경(D_o) [mm] : $D_o = D + 2a\cos\gamma = D + 2m\cos\gamma$

✔ 베벨 기어에서 사용되는 모듈은 스퍼 기어와 동일한 **일반 모듈**입니다. 하지만 **외경을 구할 때**는 기하학적 형상으로 인해 스퍼 기어의 식과는 다르게 $\cos\gamma$를 고려해야 한다는 것을 주의합시다.

(4) 베벨기어의 강도 계산식

① 루이스 굽힘 강도식

$$\begin{aligned}F &= f_v f_w \sigma_b p b y_e \lambda \\ &= f_v f_w \sigma_b \pi m b y_e \lambda \\ &= f_v f_w \sigma_b m b Y_e \lambda\end{aligned}$$

여기서,
y_e : 상당 평치차 치형계수 (약 0.1~0.2)
Y_e : π를 고려한 상당 평치차 치형계수
  ($Y_e = \pi y_e$, 약 0.3~0.4)
λ : 베벨 기어 계수
  $\left(\lambda = \dfrac{L-b}{L}\right)$

② 헤르츠 면압 강도식

$$F = 16.38 \times b \sqrt{D_A} f_m f_s$$

여기서,
b : 이 폭 [mm]
D_A : 피니언(=작은 기어)의 피치원 지름 [mm]
f_m : 베벨 기어 재료의 계수
f_s : 사용 기계 계수

(5) 상당 평치차 잇수(Z_e) : $Z_e = \dfrac{Z}{\cos\gamma}$

(6) 피치 원추각(γ_1, γ_2)

외접 원추 마찰차의 경우에서

$\tan\alpha = \dfrac{\sin\theta}{\dfrac{1}{\varepsilon} + \cos\theta}$ 그리고 $\tan\beta = \dfrac{\sin\theta}{\varepsilon + \cos\theta}$ 인 것과 동일하게

베벨 기어에서의 경우

$\tan\gamma_1 = \dfrac{\sin\Sigma}{\dfrac{1}{\varepsilon} + \cos\Sigma}$, $\tan\gamma_2 = \dfrac{\sin\Sigma}{\varepsilon + \cos\Sigma}$ 여기서, Σ : 교각 [°]

12-4 웜과 웜기어

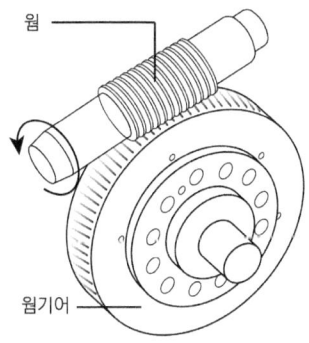

웜과 웜기어 쌍은 웜이 원동축, 웜기어가 종동축으로 작동하는 기어쌍이다. 두 축이 평행하지도 교차하지도 않으며 감속비가 크므로 효율은 낮은 편이다.

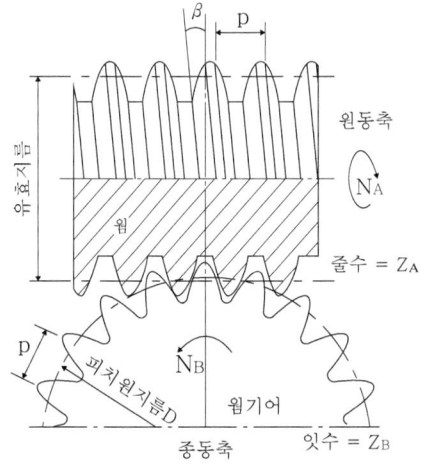

여기서,
D_w : 웜의 피치원 지름 [mm]
D_g : 웜기어의 피치원 지름 [mm]
n : 줄 수
p_s : 웜의 축방향 피치 [mm]
    (=웜기어의 축직각 피치)
p_d : 지름 피치 [mm]
m_n : 치직각 모듈
β : 웜의 리드각 [°]

(1) 웜의 리드(ℓ) [mm] : $\ell = np = Z_w p_s$

(2) 웜의 치직각 피치(p_n) [mm] : $p_n = \pi m_n = \dfrac{25.4\pi}{p_d}$

(3) 웜의 축방향 피치(=웜 기어의 축직각 피치 : p_s) [mm]

$p_s = \dfrac{p_n}{\cos\beta}$

(4) 웜의 리드각(β) : $\tan\beta = \dfrac{\ell}{\pi D_w}$

(5) 웜 기어의 피치원 지름(D_g) [mm]

$\pi D_g = p_s Z_g \quad \therefore D_g = \dfrac{p_s Z_g}{\pi}$

(6) 중심거리(C) [mm] : $C = \dfrac{D_w + D_g}{2}$

(7) 속비(ε) : $\varepsilon = \dfrac{N_g}{N_w} = \dfrac{Z_w}{Z_g} = \dfrac{\ell}{\pi D_g} \neq \dfrac{D_w}{D_g}$

✔ 웜은 나사형태 웜기어는 기어형태이므로 지름에 의한 속비는 성립하지 않습니다.

(8) 전동효율(η)

나사의 효율 $\eta = \dfrac{\tan\lambda}{\tan(\lambda+\rho')}$ 에서 나사의 리드각(λ)을 웜의 리드각(β)으로 변경하면

$\eta = \dfrac{\tan\beta}{\tan(\beta+\rho')}$

여기서,
ρ : 마찰각 [°]
μ' : 웜의 마찰계수 $\left(\mu' = \tan\rho' = \dfrac{\mu}{\cos\alpha_n}\right)$
α_n : 압력각 [°] $\begin{cases} 1, 2줄\ 나사 : \alpha_n = 14.5° \\ 3, 4줄\ 나사 : \alpha_n = 20° \end{cases}$

(9) 웜과 웜휠의 강도 계산식

① 굽힘 강도식(F) [N]

$$F = f_v f_w \sigma_b p_n b y$$

여기서,
f_v : 속도 계수
f_w : 하중 계수
σ_b : 허용굽힘응력 [N/mm^2]
p_n : 치직각피치 [mm]
b : 치 폭 [mm]
y : 치형계수

② 면압 강도식(F) [N]

$$F = f_v \Phi D_g b_e K$$

여기서,
f_v : 속도 계수
Φ : 웜의 리드각에 대한 계수
D_g : 웜기어의 피치원지름 [mm]
b_e : 웜휠의 유효 이 너비 [mm]
K : 내마멸계수

✔ 주어진 물성치를 기준으로 웜 또는 웜기어의 강도를 위 식으로 구할 수 있습니다. 예를들면 웜의 물성치들이 주어졌을 경우 위 식에 대입하여 웜의 강도(=전달력)를 구할 수 있습니다.

(10) 웜기어의 속도 계수(f_v)

① 금속재료 : $f_v = \dfrac{6}{6+v_g}$

② 합성수지 : $f_v = \dfrac{1+0.25v_g}{1+v_g}$

(11) 웜의 전달력(F_w) [N]

$$F_w = F_g \tan(\beta + \rho')$$

여기서,
F_g : 웜기어의 전달력
$\beta(=\lambda)$: 진입각(=리드각) [°]
ρ' : 상당마찰각 [°]

(12) 웜의 저항력 [N] : $F_n = \dfrac{F_w}{\cos\alpha_n \sin\beta + \mu\cos\beta}$

(13) 전체 하중(=잇면에 수직으로 작용하는 전체하중, F) $[N]$

$$F = \sqrt{F_w^2 + F_g^2}$$

(14) 웜과 웜기어의 원주속도 $[m/s]$

① 웜의 원주속도

$$v_w = \frac{\pi D_w N_w}{60 \times 1000}$$

② 웜기어의 원주속도

$$v_g = \frac{\pi D_g N_g}{60 \times 1000}$$

✔ 타 기어들과는 다르게 **웜과 웜기어의 원주속도는 서로 다르기 때문에 꼭 구분해야 합니다.**

(15) 전달 동력(H) $[W]$: $H = F_w v_w = \dfrac{F_g v_g}{\eta}$ 여기서, η : 맞물림 효율

12-5 기어열

(1) 단식 기어열

외접기어끼리 연속으로 물려있으며 다음 기어로 넘어갈 때마다 회전방향이 반대가 된다.

이 때, 속비는 회전수의 비 또는 잇수의 비로 나타낼 수 있다. 단식 기어열의 경우 중간 기어(=아이들기어)의 회전수와 잇수가 모두 약분되어 속비에 영향을 미치지 않는다.

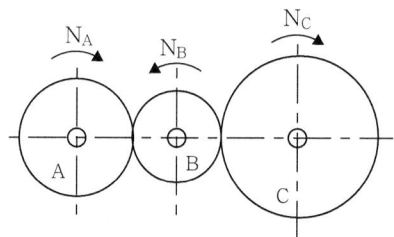

$$\varepsilon = \frac{N_A}{N_B} \times \frac{N_B}{N_C} = \frac{N_A}{N_C} = \frac{Z_B}{Z_A} \times \frac{Z_C}{Z_B} = \frac{Z_C}{Z_A}$$

(2) 복식 기어열

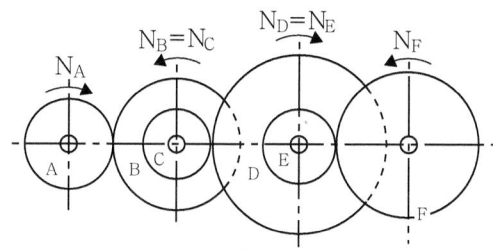

복식 기어는 크기가 서로 다른 기어가 같은 축을 기준으로 회전한다. 따라서 두 기어의 잇수는 다르지만 회전수는 동일하여 속비를 회전수로 나타냈을 경우 약분되어 사라진다. 이 때, 잇수는 서로 다르므로 약분되지 않고 계산되어 아래와 같은 식이 도출된다.

$$\varepsilon = \frac{N_A}{N_B} \times \frac{N_C}{N_D} \times \frac{N_E}{N_F} = \frac{N_A}{N_F} = \frac{Z_B}{Z_A} \times \frac{Z_D}{Z_C} \times \frac{Z_F}{Z_E}$$

여기서, $N_B = N_C$, $N_D = N_E$

12-6 전위기어

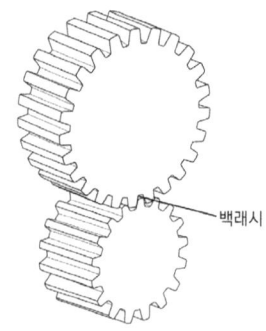
백래시

전위 기어란, 기준 랙 커터의 피치선이 가공하려는 기어의 기준 피치원에 접하게 하지 않고 바깥쪽 또는 안쪽으로 전위량만큼 이동시켜 절삭한 기어이다. 전위기어로 제작할 경우, 기어의 최소 잇수를 적게 할 수 있다. 전위기어의 사용 목적은 아래와 같다.

① 이의 강도를 높이고자 할 때
② 언더컷을 방지하고자 할 때
③ 최소잇수를 적게하고자 할 때
④ 물림율을 높이고자 할 때
⑤ 중심거리를 자유롭게 변형시키고자 할 때

(1) 전위량 $[mm]$: xm 여기서, x : 전위 계수

(2) 언더컷 방지를 위한 전위계수(x)

$$x \geq 1 - \frac{Z}{2}\sin^2\alpha$$

여기서,
Z : 기어의 잇수
α : 압력각 $[°]$ $\begin{cases} \alpha = 20° : x \geq 1 - \frac{Z}{17} \\ \alpha = 14.5° : x \geq 1 - \frac{Z}{32} \end{cases}$

(3) 두 기어의 치면 높이(=백래시)가 0이 되도록 하는 물림 압력각(α_b) [°]

$$inv\alpha_b = inv\alpha + 2\left(\frac{x_A + x_B}{Z_A + Z_B}\right)\tan\alpha$$

여기서,
α : 압력각 [°]
x_A : 원동 기어의 전위 계수
x_B : 종동 기어의 전위 계수
Z_A : 원동 기어의 잇수
Z_B : 종동 기어의 잇수

$$inv\alpha = \tan\alpha - \pi \times \frac{\alpha}{180}$$

(4) 중심거리 증가계수(y) : $y = \dfrac{Z_A + Z_B}{2}\left(\dfrac{\cos\alpha}{\cos\alpha_b} - 1\right)$

(5) 중심거리 증가량($\triangle C$) [mm] : $\triangle C = ym$

(6) 축간 중심거리(C_f) [mm] : $C_f = C + \triangle C$

(7) 원동기어의 바깥지름(D_{k1}) [mm] : $D_{kA} = (Z_A + 2)\cdot m + 2(y - x_B)\cdot m$

(8) 종동기어의 바깥지름(D_{k2}) [mm] : $D_{kB} = (Z_B + 2)\cdot m + 2(y - x_A)\cdot m$

(9) 기어의 총 이 높이(h_t) [mm] : $h_t = (c+2)m - (x_A + x_B - y)m$

여기서, C : 조립부의 간극(=틈새)

핵심 예상문제

일반기계기사 필답형
12. 기어

01

모듈 2, 피니언의 잇수 40개, 기어의 잇수 80개인 두 기어가 외접으로 맞물릴 때 중심거리[mm]를 구하시오.

해설

$$C = \frac{D_B + D_A}{2} = \frac{m(Z_B + Z_A)}{2} = \frac{2(80+40)}{2} = 120mm$$

02

원주피치 $18.84mm$, 속비 $\frac{1}{4}$, 축간거리 $300mm$인 한 쌍의 외접 스퍼기어가 있다. 다음을 구하시오.

(1) 모듈
(2) 소기어, 대기어의 잇수 Z_A, Z_B [개]
(3) 소기어, 대기어의 피치원 지름 D_A, D_B [mm]

해설

(1) $p = \pi m \Rightarrow \therefore m = \frac{p}{\pi} = \frac{18.84}{\pi} = 6$

(2) $\varepsilon = \frac{N_B}{N_A} = \frac{D_A}{D_B} = \frac{Z_A}{Z_B} = \frac{1}{4} \Rightarrow Z_B = 4Z_A$

$C = \frac{D_A + D_B}{2} = \frac{m(Z_A + Z_B)}{2} \Rightarrow Z_A + Z_B = \frac{2C}{m} = \frac{2 \times 300}{6} = 100$

$Z_A + 4Z_A = 100 \Rightarrow Z_A = 20$개, $Z_B = 4Z_A = 4 \times 20 = 80$개

(3) $D_A = mZ_A = 6 \times 20 = 120mm$
$D_B = mZ_B = 6 \times 80 = 480mm$

03

한 쌍의 외접 평기어가 있다. 중심거리 $350mm$, 피니언의 외경 $120mm$, 이끝원 피치 $12.57mm$ 일 때 다음을 구하시오.

(1) 피니언의 잇수 [개]
(2) 모듈
(3) 기어의 피치원 직경 [mm]
   (단, (2)에서 구한 모듈 값으로 피니언의 피치원직경을 구하여 푸시오.)

해설

(1) $\pi D_{oA} = p_o Z_A \Rightarrow \therefore Z_A = \dfrac{\pi D_{oA}}{p_o} = \dfrac{\pi \times 120}{12.57} \fallingdotseq 30$개

(2) $D_{oA} = m(Z_A + 2) \Rightarrow \therefore m = \dfrac{D_{oA}}{Z_a + 2} = \dfrac{120}{30+2} = 3.75 \fallingdotseq 4$

(3) $D_A = mZ_A = 4 \times 30 = 120mm$
$C = \dfrac{D_B + D_A}{2} \Rightarrow D_B + D_A = 2C$
$\therefore D_B = 2C - D_A = 2 \times 350 - 120 = 580mm$

04

한 쌍의 외접 스퍼기어가 있다. 축간거리가 $200mm$, 피니언의 바깥지름이 $108mm$, 이끝원 피치가 $13.57mm$일 때 다음을 구하시오.

(1) 피니언의 잇수 [개]
(2) 모듈
(3) 기어의 잇수 [개]

해설

(1) $\pi D_{oA} = p_o Z_A \Rightarrow \therefore Z_A = \dfrac{\pi D_{oA}}{p_o} = \dfrac{\pi \times 108}{13.57} = 25$개

(2) $D_{oA} = m(Z_A + 2) \Rightarrow \therefore m = \dfrac{D_{oA}}{Z_A + 2} = \dfrac{108}{25+2} = 4$

(3) $C = \dfrac{D_B + D_A}{2} = \dfrac{m(Z_B + Z_A)}{2} \Rightarrow \therefore Z_B = \dfrac{2C}{m} - Z_A = \dfrac{2 \times 200}{4} - 25 = 75$개

05

외접 스퍼기어에서 모듈은 5, 회전수 $600 rpm$, 잇수 30개, 이 폭이 $40mm$, 허용 굽힘응력이 $300MPa$, **치형계수** $Y = \pi y = 0.35$인 피니언이 있다. 다음을 구하시오.

(1) 속도 $[m/s]$
(2) 전달 하중 $[N]$
(3) 전달 동력 $[kW]$

해설

(1) $v = \dfrac{\pi D_A N_A}{60 \times 1000} = \dfrac{\pi m Z_A N_A}{60 \times 1000} = \dfrac{\pi \times 5 \times 30 \times 600}{60 \times 1000} = 4.71 m/s$

(2) $v = 10 m/s$ 이하 이므로, $f_v = \dfrac{3.05}{3.05 + v} = \dfrac{3.05}{3.05 + 4.71} = 0.393$

하중계수가 주어지지 않으면 $f_w = 1$로 가정하여 푼다.
$\therefore F = f_v f_w \sigma_b m b Y = 0.393 \times 1 \times 300 \times 5 \times 40 \times 0.35 = 8253 N$

(3) $H = Fv = 8253 \times 10^{-3} \times 4.71 = 38.87 kW$

06

회전수 $500 rpm$, $40 kW$, 속비 $\dfrac{1}{2}$로 동력을 전달하는 외접 스퍼기어가 있다. 중심거리 $100mm$, **허용 굽힘응력** $500MPa$, **이 너비** $b = 1.5 \times m(\text{모듈})$, **치형 계수** $Y = \pi y = 0.39$, 속도계수일 때 다음을 구하시오.
(단, 면압강도는 고려하지 않는다.)

(1) 전달 하중 $[kN]$
(2) 모듈
(3) 원동기어와 종동기어의 잇수 Z_A, Z_B [개]

해설

(1) $\varepsilon = \dfrac{D_A}{D_B} = \dfrac{1}{2} \;\Rightarrow\; D_B = 2 D_A$

$C = \dfrac{D_A + D_B}{2} \;\Rightarrow\; D_A + D_B = 2C = 2 \times 100 = 200mm$

$D_A + 2D_A = 200mm \;\Rightarrow\; D_A = 66.67mm, \; D_B = 133.33mm$

$v = \dfrac{\pi D_A N_A}{60 \times 1000} = \dfrac{\pi \times 66.67 \times 500}{60 \times 1000} = 1.75 m/s$

$H = Fv \;\Rightarrow\; \therefore F = \dfrac{H}{v} = \dfrac{40}{1.75} = 22.86 kN$

(2) $f_v = \dfrac{3.05}{3.05+v} = \dfrac{3.05}{3.05+1.75} = 0.64$
(하중계수가 주어지지 않으면 $f_w = 1$로 가정한다.)
$F = f_v f_w \sigma_b m b Y = f_v f_w \sigma_b m \times 1.5 m \times Y$에서,
$\therefore m = \sqrt{\dfrac{F}{1.5 f_v f_w \sigma_b Y}} = \sqrt{\dfrac{22.86 \times 10^3}{1.5 \times 0.64 \times 1 \times 500 \times 0.39}} = 11.05 ≒ 11.5$

(3) $D_A = m Z_A \Rightarrow \therefore Z_A = \dfrac{D_A}{m} = \dfrac{66.67}{11.5} = 5.8 ≒ 6$개
$\varepsilon = \dfrac{Z_A}{Z_B} \Rightarrow \therefore Z_B = \dfrac{Z_A}{\varepsilon} = 2 \times 6 = 12$개

07

회전수 $300 rpm$, $8kW$, 속도비 $\dfrac{1}{5}$로 전달하는 외접 스퍼기어가 있다. 굽힘강도 $300 MPa$, 접촉면 응력계수 $1.1 MPa$, 치폭 $b = 10 \times m$(모듈), 치형계수 $Y = \pi y = 0.36$, 피니언의 피치원 직경 $100 mm$일 때 다음을 구하시오.

(1) 굽힘 강도에 의한 모듈
(2) 면압 강도에 의한 모듈
(3) 안전을 고려한 이너비 $[mm]$

해설

(1) $v = \dfrac{\pi D_A N_A}{60 \times 1000} = \dfrac{\pi \times 100 \times 300}{60 \times 1000} = 1.57 m/s$
$f_v = \dfrac{3.05}{3.05+v} = \dfrac{3.05}{3.05+1.57} = 0.66$
$H = Fv \Rightarrow F = \dfrac{H}{v} = \dfrac{8 \times 10^3}{1.57} = 5095.54 N$
(하중계수가 주어지지 않으면 $f_w = 1$로 가정한다.)
$F = f_v f_w \sigma_b m b Y = f_v f_w \sigma_b m \times 10 m \times Y$
$\therefore m = \sqrt{\dfrac{F}{10 \times f_v f_w \sigma_b Y}} = \sqrt{\dfrac{5095.54}{10 \times 0.66 \times 1 \times 300 \times 0.36}} = 2.67 ≒ 3$

(2) $\varepsilon = \dfrac{D_A}{D_B} \Rightarrow D_B = \dfrac{D_A}{\varepsilon} = 5 \times 100 = 500 mm$
$F = f_v K m b \left(\dfrac{2 Z_A Z_B}{Z_A + Z_B} \right) = f_v K b \left(\dfrac{2 D_A D_B}{D_A + D_B} \right) = f_v K \times 10 m \times \left(\dfrac{2 D_A D_B}{D_A + D_B} \right)$
$\therefore m = \dfrac{F}{10 \times f_v K \left(\dfrac{2 D_A D_B}{D_A + D_B} \right)} = \dfrac{5095.54}{10 \times 0.66 \times 1.1 \times \left(\dfrac{2 \times 100 \times 500}{100 + 500} \right)} = 4.21 ≒ 4.5$

(3) 안전을 고려하여 두 모듈 중에서 큰 값을 선정한다. ($m = 4.5$)
$\therefore b = 10 m = 10 \times 4.5 = 45 mm$

08

$8kW$의 동력을 전달하는 표준 외접 평기어가 있다. 피니언의 회전수 $1800rpm$, 기어의 회전수 $600rpm$, 축간거리 $300mm$, 압력각 $20°$일 때 다음을 구하시오.

(1) 피니언과 기어의 피치원 직경 D_A, D_B $[mm]$
(2) 접선력 $[N]$
(3) 스러스트 하중 $[N]$
(4) 합성 레이디얼 하중 $[N]$

해설

(1) $\varepsilon = \dfrac{N_B}{N_A} = \dfrac{600}{1800} = \dfrac{1}{3} = \dfrac{D_A}{D_B} \Rightarrow D_B = 3D_A$

$C = \dfrac{D_A + D_B}{2} \Rightarrow D_A + D_B = 2C = 2 \times 300 = 600mm$

$D_A + 3D_A = 600mm \Rightarrow \therefore D_A = 150mm, D_B = 450mm$

(2) $v = \dfrac{\pi D_A N_A}{60 \times 1000} = \dfrac{\pi \times 150 \times 1800}{60 \times 1000} = 14.14 m/s$

$H = Fv \Rightarrow F = \dfrac{H}{v} = \dfrac{8 \times 10^3}{14.14} = 565.77N$

(3) $F_R = F\tan\alpha = 565.77 \times \tan 20° = 205.92N$

(4) $F' = \dfrac{F}{\cos\alpha} = \dfrac{565.77}{\cos 20°} = 602.08N$

09

다음 표와 같이 동력을 $15kW$로 전달하는 한 쌍의 외접 스퍼기어가 있다. 하중계수 0.8, 피니언의 지름 $120mm$라 할 때 다음을 구하시오.

구분	허용굽힘응력 $[MPa]$	치형계수 $Y = \pi y$	회전수 $[rpm]$	압력각	치폭 $[mm]$	접촉면 허용응력계수 $[MPa]$
피니언	280	0.36	600	20°	50	0.8
기어	100	0.45	200			

(1) 원주 속도 v $[m/s]$
(2) 회전력 $[N]$
(3) 기어의 굽힘 강도에 의한 모듈
(4) 기어의 잇수 $[개]$

해설

(1) $v = \dfrac{\pi D_A N_A}{60 \times 1000} = \dfrac{\pi \times 120 \times 600}{60 \times 1000} = 3.77 m/s$

(2) $H = Fv \Rightarrow F = \dfrac{H}{v} = \dfrac{15 \times 10^3}{3.77} = 3978.78 N$

(3) $f_v = \dfrac{3.05}{3.05+v} = \dfrac{3.05}{3.05+3.77} = 0.45$
$F = f_v f_w \sigma_b m b Y$ 에서,
$\therefore m = \dfrac{F}{f_v f_w \sigma_b b Y} = \dfrac{3978.78}{0.45 \times 0.8 \times 100 \times 50 \times 0.45} = 4.91 \fallingdotseq 5$

(4) $\varepsilon = \dfrac{N_B}{N_A} = \dfrac{D_A}{D_B} \Rightarrow D_B = D_A \times \dfrac{N_A}{N_B} = 120 \times \dfrac{600}{200} = 360 mm$

$D_B = m Z_B \Rightarrow \therefore Z_B = \dfrac{D_B}{m} = \dfrac{360}{5} = 72$개

10

다음과 같은 조건의 한 쌍의 외접 평기어가 있다. 하중계수 0.8일 때 다음을 구하시오.

구분	회전수 [rpm]	잇수	허용 굽힘응력 [MPa]	치형계수 $Y=\pi y$	압력각	모듈	폭 [mm]	허용 면압계수 [MPa]
피니언	600	30	400	0.43	20°	4	40	0.8
기어	-	60	150	0.57				

(1) 굽힘강도에 의한 피니언의 전달 하중 $F_A [N]$
(2) 굽힘강도에 의한 기어의 전달 하중 $F_B [N]$
(3) 면압강도에 의한 전달 하중 $F_C [N]$
(4) 전달 동력 $[kW]$

해설

(1) $v = \dfrac{\pi D_A N_A}{60 \times 1000} = \dfrac{\pi m Z_A N_A}{60 \times 1000} = \dfrac{\pi \times 4 \times 30 \times 600}{60 \times 1000} = 3.77 m/s$

$f_v = \dfrac{3.05}{3.05+v} = \dfrac{3.05}{3.05+3.77} = 0.45$

$\therefore F_A = f_v f_w \sigma_b m b Y = 0.45 \times 0.8 \times 400 \times 4 \times 40 \times 0.43 = 9907.2 N$

(2) $F_B = f_v f_w \sigma_b m b Y = 0.45 \times 0.8 \times 150 \times 4 \times 40 \times 0.57 = 4924.8 N$

(3) $F_C = f_v Kmb \left(\dfrac{2Z_A Z_B}{Z_A + Z_B} \right) = 0.45 \times 0.8 \times 4 \times 40 \times \left(\dfrac{2 \times 30 \times 60}{30 + 60} \right) = 2304N$

(4) 안전을 고려하여 허용 하중은 가장 작은 값을 선정한다.
 $\therefore H = F_C v = 2304 \times 10^{-3} \times 3.77 = 8.69 kW$

11

대기어의 회전수 $500 rpm$, $8kW$로 회전하는 외접 스퍼기어가 있다. 모듈 5, 축간거리 $300mm$, 소기어의 회전수 $1500 rpm$, 치형계수가 $Y = \pi y = 0.37$, 이 너비가 $50mm$일 때 다음을 구하시오.

(1) 소기어와 대기어의 잇수 Z_A, Z_B [개]
(2) 전달 하중 [N]
(3) 굽힘응력 [MPa]

해설

(1) $\varepsilon = \dfrac{N_B}{N_A} = \dfrac{Z_A}{Z_B} \Rightarrow Z_B = Z_A \times \dfrac{N_A}{N_B} = Z_A \times \dfrac{1500}{500} = 3Z_A$

$C = \dfrac{D_A + D_B}{2} = \dfrac{m(Z_A + Z_B)}{2} \Rightarrow Z_A + Z_B = \dfrac{2C}{m} = \dfrac{2 \times 300}{5} = 120$

$Z_A + 3Z_A = 120 \Rightarrow \therefore Z_A = 30$개, $Z_B = 90$개

(2) $v = \dfrac{\pi D_A N_A}{60 \times 1000} = \dfrac{\pi m Z_A N_A}{60 \times 1000} = \dfrac{\pi \times 5 \times 30 \times 1500}{60 \times 1000} = 11.78 m/s$

$H = Fv \Rightarrow F = \dfrac{H}{v} = \dfrac{8 \times 10^3}{11.78} = 679.12N$

속도는 중속($v = 10m/s$ 초과 $20m/s$ 이하)이므로,

$f_v = \dfrac{6.1}{6.1 + v} = \dfrac{6.1}{6.1 + 11.78} = 0.34$

하중계수가 주어지지 않으면 $f_w = 1$로 가정한다.
그리고 일반적으로 치형계수가 0.3이상이면 π를 포함한 치형계수이다. $\Rightarrow Y = 0.37$

$F = f_v f_w \sigma_b m b Y \Rightarrow \therefore \sigma_b = \dfrac{F}{f_v f_w m b Y} = \dfrac{679.12}{0.34 \times 1 \times 5 \times 50 \times 0.37} = 21.59 MPa$

12

다음 그림과 같은 표준 외접 평기어 감속장치에서 피니언 회전수 $1800rpm$으로, 기어의 회전수 $400rpm$에 동력 $12kW$를 전달한다. 다음을 구하시오.
(단, 각 기어의 압력각 $14.5°$, 볼 베어링 수명시간 100000시간, 하중계수 1.3이다.)

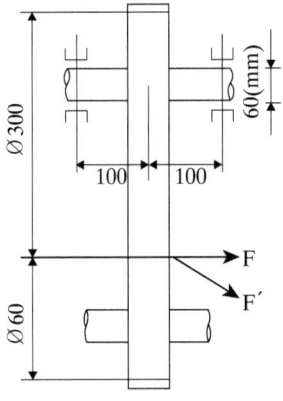

(1) 접선력 $[N]$
(2) 합성 레이디얼 하중 $[N]$
(3) 피니언과 기어의 기본 부하용량 C_A, C_B $[N]$

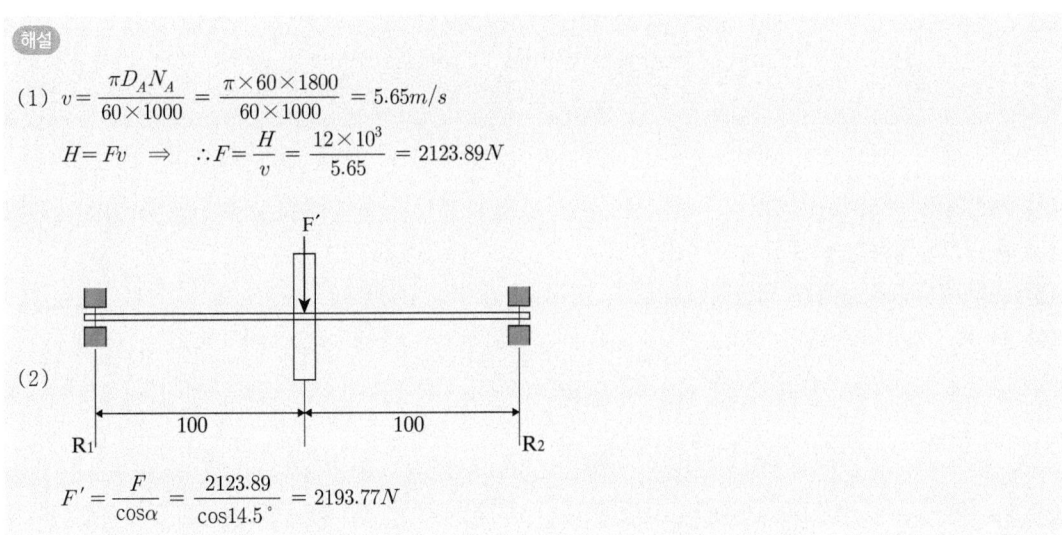

(1) $v = \dfrac{\pi D_A N_A}{60 \times 1000} = \dfrac{\pi \times 60 \times 1800}{60 \times 1000} = 5.65 m/s$

$H = Fv \Rightarrow \therefore F = \dfrac{H}{v} = \dfrac{12 \times 10^3}{5.65} = 2123.89 N$

(2) $F' = \dfrac{F}{\cos\alpha} = \dfrac{2123.89}{\cos 14.5°} = 2193.77 N$

(3) 베어링하중 $P = R_1 = R_2 = \dfrac{F'}{2} = \dfrac{2193.77}{2} = 1096.89 N$

$L_h = 500 \times \dfrac{33.3}{N_A} \times \left(\dfrac{C_A}{f_w P}\right)^r \Rightarrow 100000 = 500 \times \dfrac{33.3}{1800} \times \left(\dfrac{C_A}{1.3 \times 1096.89}\right)^3$

$\therefore C_A = 31530.14 N$

$L_h = 500 \times \dfrac{33.3}{N_B} \times \left(\dfrac{C_B}{f_w P}\right)^r \Rightarrow 100000 = 500 \times \dfrac{33.3}{400} \times \left(\dfrac{C_B}{1.3 \times 1096.89}\right)^3$

$\therefore C_B = 19098.02 N$

13

다음 그림과 같은 모터 축에 연결된 속비 $\dfrac{1}{3}$인 외접 스퍼기어 전동장치가 있다. 압력각 $14.5°$, 모듈 4, 피니언의 잇수 20개, 허용 굽힘응력 $80 MPa$, 피니언의 치형계수 $Y = \pi y = 0.33$, 속도계수 0.42, 하중계수 0.8일 때 다음을 구하시오.
(단, 피니언과 기어의 재질은 동일하다.)

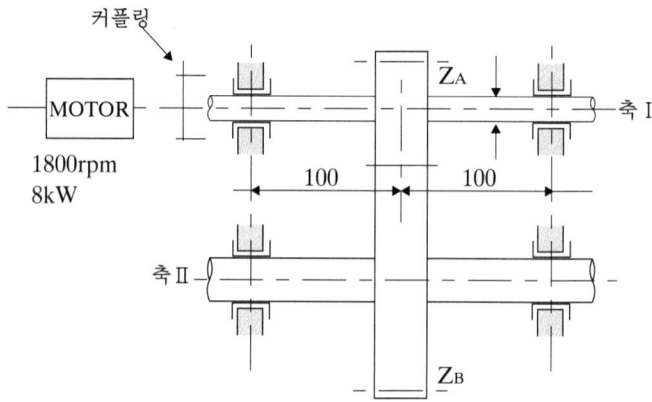

(1) 축간거리 $[mm]$
(2) 축 II에 작용하는 토크 $[N \cdot m]$
(3) 스퍼기어에 작용하는 접선력 $[N]$
(4) 치 폭 $[mm]$

해설

(1) $\varepsilon = \dfrac{Z_A}{Z_B} \Rightarrow Z_B = \dfrac{Z_A}{\varepsilon} = 3 \times 20 = 60$개

$\therefore C = \dfrac{D_A + D_B}{2} = \dfrac{m(Z_A + Z_B)}{2} = \dfrac{4 \times (20 + 60)}{2} = 160 mm$

(2) $\varepsilon = \dfrac{N_B}{N_A}$ $\Rightarrow$ $N_B = N_A \varepsilon = 1800 \times \dfrac{1}{3} = 600 rpm$

$\therefore T_B = \dfrac{H}{\omega} = \dfrac{H}{\dfrac{2\pi N_B}{60}} = \dfrac{8 \times 10^3}{\dfrac{2\pi \times 600}{60}} = 127.32 N \cdot m$

(3) $v = \dfrac{\pi D_A N_A}{60 \times 1000} = \dfrac{\pi m Z_A N_A}{60 \times 1000} = \dfrac{\pi \times 4 \times 20 \times 1800}{60 \times 1000} = 7.54 m/s$

$H = Fv$ $\Rightarrow$ $\therefore F = \dfrac{H}{v} = \dfrac{8 \times 10^3}{7.54} = 1061.01 N$

(4) $F = f_v f_w \sigma_b m b Y$ $\Rightarrow$ $\therefore b = \dfrac{F}{f_v f_w \sigma_b m Y} = \dfrac{1061.01}{0.42 \times 0.8 \times 80 \times 4 \times 0.33} = 29.9 mm$

14

헬리컬 기어의 이직각 모듈 5, 기어의 잇수 50개, 비틀림각 30°일 때 다음을 구하시오.

(1) 상당 평치차 잇수 [개]
(2) 피치원 지름 [mm]
(3) 이끝원 지름 [mm]

해설

(1) $Z_e = \dfrac{Z}{\cos^3 \beta} = \dfrac{50}{\cos^3 30°} = 76.98 ≒ 77$개

(2) $D_s = \dfrac{D}{\cos \beta} = \dfrac{m_n Z}{\cos \beta} = \dfrac{5 \times 50}{\cos 30°} = 288.68 mm$

(3) a(이 끝 높이) $= m_n$(치직각 모듈) 이므로,

$\therefore D_o = D_s + 2a = D_s + 2m_n = 288.68 + 2 \times 5 = 298.68 mm$

15

헬리컬 기어가 원주속도 $8m/s$, $41 kW$의 동력을 전달할 때 추력 $[N]$을 구하시오. (단, 비틀림각 30°이다.)

해설

$H = Fv$ $\Rightarrow$ $F = \dfrac{H}{v} = \dfrac{41 \times 10^3}{8} = 5125 N$

$\therefore F_t = F \tan \beta = 5125 \tan 30° = 2958.92 N$

16

약간 어긋난 각을 가진 두 축의 동력을 전달하기 위한 헬리컬 기어의 치직각 모듈 4, 피니언의 잇수 40개, 기어의 잇수 120개, 피니언의 회전수 $600rpm$, 압력각 20도, 비틀림각 30도, 허용 굽힘응력 $120MPa$, 접촉면 응력계수 $2.11MPa$, 이 너비 $60mm$, 피니언의 치형 계수 $Y_A = \pi y_A = 0.41$, 기어의 치형 계수 $Y_B = \pi y_B = 0.46$, 하중 계수 0.8, 공작정밀도를 고려한 면압 계수 0.75일 때 다음을 구하시오.

(1) 피니언의 굽힘 강도에 의한 전달 하중 $F_A \ [N]$
(2) 기어의 굽힘 강도에 의한 전달 하중 $F_B \ [N]$
(3) 면압 강도에 의한 전달 하중 $F_C \ [N]$

해설

(1) $v = \dfrac{\pi D_{As} N_A}{60 \times 1000} = \dfrac{\pi \times \dfrac{D_A}{\cos\beta} \times N_A}{60 \times 1000} = \dfrac{\pi m_n Z_A N_A}{60000\cos\beta} = \dfrac{\pi \times 4 \times 40 \times 600}{60000\cos 30°} = 5.8 m/s$

$f_v = \dfrac{3.05}{3.05 + v} = \dfrac{3.05}{3.05 + 5.8} = 0.34$

$\therefore F_A = f_v f_w \sigma_b m_n b Y_A = 0.34 \times 0.8 \times 120 \times 4 \times 60 \times 0.41 = 3211.78 N$

(2) $F_B = f_v f_w \sigma_b m_n b Y_B = 0.34 \times 0.8 \times 120 \times 4 \times 60 \times 0.46 = 3603.46 N$

(3) $F_C = f_v K m_n b \left(\dfrac{2 Z_A Z_B}{Z_A + Z_B}\right)\left(\dfrac{C_w}{\cos^3\beta}\right) = 0.34 \times 2.11 \times 4 \times 60 \times \left(\dfrac{2 \times 40 \times 120}{40 + 120}\right) \times \left(\dfrac{0.75}{\cos^3 30°}\right)$

$\therefore F_C = 11928.7 N$

17

이직각 모듈 5, 피니언의 잇수 30개, 기어의 잇수 90개, 축간거리 $350mm$인 헬리컬 기어가 있다. 이때 피니언이 회전수 $500rpm$, $6.8kW$의 동력을 전달하려 한다. 다음을 구하시오.

(1) 헬리컬 기어의 비틀림각 $[°]$
(2) 피니언의 피치원 지름 $[mm]$
(3) 베어링이 작용하는 스러스트 하중 $[N]$

해설

(1) $C = \dfrac{D_{As} + D_{Bs}}{2} = \dfrac{D_A + D_B}{2\cos\beta} = \dfrac{m_n (Z_A + Z_B)}{2\cos\beta}$ 에서,

$\therefore \beta = \cos^{-1}\left(\dfrac{m_n(Z_A + Z_B)}{2C}\right) = \cos^{-1}\left(\dfrac{5 \times (30 + 90)}{2 \times 350}\right) = 31°$

(2) $D_{As} = \dfrac{D_A}{\cos\beta} = \dfrac{m_n Z_A}{\cos\beta} = \dfrac{5 \times 30}{\cos 31°} = 175mm$

(3) $v = \dfrac{\pi D_{As} N_A}{60 \times 1000} = \dfrac{\pi \times 175 \times 500}{60 \times 1000} = 4.58 m/s$

$H = Fv \Rightarrow F = \dfrac{H}{v} = \dfrac{6.8 \times 10^3}{4.58} = 1484.72N$

$\therefore F_t = F\tan\beta = 1484.72\tan 31° = 892.11N$

18

$1500 rpm$, $5.5 kW$의 동력을 전달하는 원동기어 잇수가 20개, 종동기어 잇수가 45개인 헬리컬 기어가 양 끝단에 단열 깊은 홈 볼 베어링이 내륜회전하는 종동축 중앙에서 동력을 전달하고 있다. 이직각모듈 2, 나선각 25°, 압력각 20°일 때 다음을 구하시오.

(1) 회전력 $[N]$
(2) 축방향하중 $[N]$, 전하중 $[N]$
(3) 아래 표를 참고하여 종동축에 끼워진 베어링 번호를 선정하시오.
(단, 레이디얼 계수 0.56, 스러스트 계수 1.55, 수명시간 $90000hr$이다.)

베어링번호	6303	6304	6305	6307	6308
동정격하중	$13kN$	$15kN$	$17kN$	$27kN$	$32kN$

해설

(1) $v = \dfrac{\pi D_{As} N_A}{60 \times 1000} = \dfrac{\pi \times \dfrac{D_A}{\cos\beta} \times N_A}{60 \times 1000} = \dfrac{\pi m_n Z_A N_A}{60000\cos\beta} = \dfrac{\pi \times 2 \times 20 \times 1500}{60000\cos 25°} = 3.47 m/s$

$H = Fv \Rightarrow \therefore F = \dfrac{H}{v} = \dfrac{5.5 \times 10^3}{3.47} = 1585.01N$

(2) $F_t = F\tan\beta = 1585.01\tan 25° = 739.1N$

$F_r = F\sqrt{1 + \left(\dfrac{\tan\alpha}{\cos\beta}\right)^2} = 1585.01\sqrt{1 + \left(\dfrac{\tan 20°}{\cos 25°}\right)^2} = 1708.05N$

(3) $W = XVW_r + YW_t = 0.56 \times 1 \times 1708.05 + 1.55 \times 739.1 = 2102.11N$

베어링 하중 $= W' = \dfrac{W}{2} = \dfrac{2102.11}{2} = 1051.06N$

$\varepsilon = \dfrac{N_B}{N_A} = \dfrac{Z_A}{Z_B} \Rightarrow N_B = N_A \times \dfrac{Z_A}{Z_B} = 1500 \times \dfrac{20}{45} = 666.67 rpm$

$L_h = 500 \times \dfrac{33.3}{N_B} \times \left(\dfrac{C}{W'}\right)^r \Rightarrow 90000 = 500 \times \dfrac{33.3}{666.67} \times \left(\dfrac{C}{1051.06}\right)^3$

$C = 16114.14N = 16.11kN$이므로, 크면서 근사한 값을 표에서 찾는다.
$\therefore No. 6305$

19

아래 그림과 같이 $1750 rpm$으로 회전하는 길이 $100 mm$의 축이 $2.2 kW$의 동력을 전달하고 있다. 이 축에 헬리컬 기어 감속장치(비틀림각 : $30°$, 압력각 : $20°$)가 작동하고 있을 때 다음을 구하시오.
(단, 원동 헬리컬 기어의 잇수는 60개, 종동 헬리컬 기어의 잇수는 240개, 치직각 모듈은 2.5, 축의 허용 전단응력은 $70 MPa$, 굽힘 동적효과계수 2, 비틀림 동적효과계수 1.5이다.)

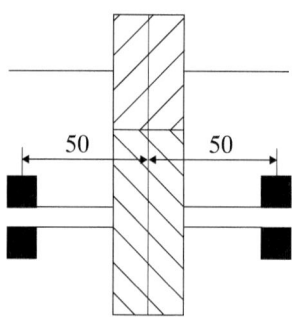

(1) 원동축에 가해지는 비틀림 모멘트 $[N \cdot m]$
(2) 피니언의 상당 잇수 $[개]$
(3) 피니언의 치형 계수 (아래의 표를 참고하라.)

잇수	60	75	100	150
치형계수 ($Y_A = \pi y_A$)	0.433	0.443	0.454	0.464

(4) 피니언의 전달 하중 $[N]$
(5) 피니언의 전달 하중에 의한 원동축의 굽힘 모멘트 $[N \cdot m]$
(6) 원동축의 허용전단응력을 고려한 원동축의 최소 지름 $[mm]$

해설

(1) $T = \dfrac{H}{w} = \dfrac{H}{\dfrac{2\pi N_A}{60}} = \dfrac{2.2 \times 10^3}{\dfrac{2\pi \times 1750}{60}} = 12 N \cdot m$

(2) $Z_{e.A} = \dfrac{Z_A}{\cos^3 \beta} = \dfrac{60}{\cos^3(30°)} = 92.38 ≒ 93개$

(3) 표를보고 보간법을 사용하면,
$\therefore Y_A = 0.443 + \left(\dfrac{93-75}{100-75}\right) \times (0.454 - 0.443) = 0.45$

(4) $v = \dfrac{\pi D_{As} N_A}{60 \times 1000} = \dfrac{\pi \times \dfrac{D_A}{\cos\beta} \times N_A}{60 \times 1000} = \dfrac{\pi m_n Z_A N_A}{60000 \cos\beta} = \dfrac{\pi \times 2.5 \times 60 \times 1750}{60000 \cos 30°} = 15.87 m/s$

$H = Fv \Rightarrow \therefore F = \dfrac{H}{v} = \dfrac{2.2 \times 10^3}{15.87} = 138.63 N$

(5) 헬리컬 기어의 전하중 : $F' = F\sqrt{1+\left(\dfrac{\tan\alpha}{\cos\beta}\right)^2} = 138.63 \times \sqrt{1+\left(\dfrac{\tan 20°}{\cos 30°}\right)^2} = 150.38N$

$\therefore M = \dfrac{F'L}{4} = \dfrac{150.38 \times 0.1}{4} = 3.76 N \cdot m$

(6) $T_e = \sqrt{(k_m M)^2 + (k_t T)^2} = \sqrt{(2 \times 3.76)^2 + (1.5 \times 12)^2} = 19.51 N \cdot m$

$T_e = \tau_a Z_P = \tau_a \times \dfrac{\pi d^3}{16} \Rightarrow \therefore d = \sqrt[3]{\dfrac{16 T_e}{\pi \tau_a}} = \sqrt[3]{\dfrac{16 \times 19.51 \times 10^3}{\pi \times 70}} = 11.24mm$

20

교차각 90°, 모듈 4, 소기어의 잇수 30개, 대기어의 잇수 90개인 한 쌍의 베벨 기어가 있을 때 다음을 구하시오.

(1) 대기어 외경 [mm]
(2) 소기어 모선길이 [mm]
(3) 소기어 상당 평치차 잇수 [개]

해설

(1) $\varepsilon = \dfrac{Z_A}{Z_B} = \dfrac{30}{90} = \dfrac{1}{3}$

$\tan\gamma_B = \dfrac{\sin\Sigma}{\varepsilon + \cos\Sigma} \Rightarrow \gamma_B = \tan^{-1}\left(\dfrac{\sin\Sigma}{\varepsilon + \cos\Sigma}\right) = \tan^{-1}\left(\dfrac{\sin 90°}{\dfrac{1}{3} + \cos 90°}\right) = 71.57°$

$\therefore D_{o \cdot B} = D_B + 2a\cos\gamma_B = mZ_B + 2m\cos\gamma_B = 4 \times 90 + 2 \times 4 \times \cos 71.57° = 362.53mm$

(2) $\Sigma = \gamma_A + \gamma_B \Rightarrow \gamma_A = \Sigma - \gamma_B = 90 - 71.57 = 18.43°$

$\therefore L_A = \dfrac{D_A}{2\sin\gamma_A} = \dfrac{mZ_A}{2\sin\gamma_A} = \dfrac{4 \times 30}{2\sin 18.43°} = 189.79mm$

(3) $Z_{e \cdot A} = \dfrac{Z_A}{\cos\gamma_A} = \dfrac{30}{\cos 18.43°} = 31.62 ≒ 32$개

21

회전수 $1600rpm$, $45kW$의 동력을 전달하는 베벨 기어의 피니언 직경 $200mm$, 속비 $\frac{1}{3}$, 피니언의 피치 원추각 $27°$ 종동 기어의 피치 원추각 $63°$일 때 다음을 구하시오.

(1) 종동 기어의 피치원 직경 $[mm]$
(2) 피니언 모선의 길이 $[mm]$
(3) 전달력 $[N]$

해설

(1) $\varepsilon = \dfrac{D_A}{D_B}$ ⇒ $\therefore D_B = \dfrac{D_A}{\varepsilon} = 3 \times 200 = 600mm$

(2) $L_A = \dfrac{D_A}{2\sin\gamma_A} = \dfrac{200}{2\sin 27°} = 220.27mm$

(3) $v = \dfrac{\pi D_A N_A}{60 \times 1000} = \dfrac{\pi \times 200 \times 1600}{60 \times 1000} = 16.76 m/s$

$H = Fv$ ⇒ $\therefore F = \dfrac{H}{v} = \dfrac{45 \times 10^3}{16.76} = 2684.96 N$

22

다음 그림과 같은 베벨 기어에서 피니언의 잇수 40개, 종동 기어의 잇수 60개, 피니언의 회전수 $200rpm$, 치 폭 $80mm$, 모듈 7, 하중계수 0.8일 때 다음을 구하시오.
(단, 허용 굽힘응력 $150MPa$, 상당 평치차 치형계수 $Y_e \cdot {}_A = 0.35$이다.)

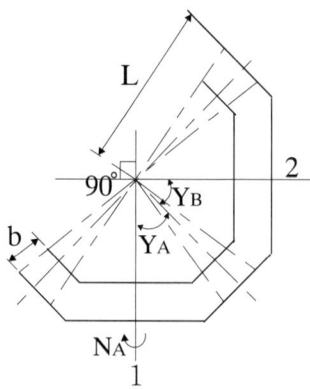

(1) 피니언의 피치 원추각 $\gamma_A [°]$
(2) 피니언의 원추 모선의 길이 $[mm]$
(3) 피니언의 굽힘강도에 의한 전달력 $[N]$
(4) 전달 동력 $[kW]$

해설

(1) $\varepsilon = \dfrac{Z_A}{Z_B} = \dfrac{40}{60}$

$\tan\gamma_A = \dfrac{\sin\Sigma}{\dfrac{1}{\varepsilon}+\cos\Sigma} \Rightarrow \therefore \gamma_A = \tan^{-1}\left(\dfrac{\sin\Sigma}{\dfrac{1}{\varepsilon}+\cos\Sigma}\right) = \tan^{-1}\left(\dfrac{\sin 90°}{\dfrac{60}{40}+\cos 90°}\right) = 33.69°$

(2) $L = \dfrac{D_A}{2\sin\gamma_A} = \dfrac{mZ_A}{2\sin\gamma_A} = \dfrac{7\times 40}{2\sin 33.69°} = 252.39\,mm$

(3) $v = \dfrac{\pi D_A N_A}{60\times 1000} = \dfrac{\pi m Z_A N_A}{60\times 1000} = \dfrac{\pi\times 7\times 40\times 200}{60\times 1000} = 2.93\,m/s$

$f_v = \dfrac{3.05}{3.05+v} = \dfrac{3.05}{3.05+2.93} = 0.51$

$F = f_v f_w \sigma_b m b Y_e \cdot {}_A\lambda = f_v f_w \sigma_b m b Y_e \cdot {}_A\left(\dfrac{L-b}{L}\right)$에서,

$\therefore F = 0.51\times 0.8\times 150\times 7\times 80\times 0.35\times\left(\dfrac{252.39-80}{252.39}\right) = 8193.08\,N$

(4) $H = Fv = 8193.08\times 10^{-3}\times 2.93 = 24.01\,kW$

23

다음 그림과 같이 $500\,rpm$, $15\,kW$의 동력을 속도비 $\dfrac{1}{2}$로 종동축에 전달하는 베벨 기어가 있다. 허용 굽힘응력 $150MPa$, 상당 평치차 치형 계수 $Y_e = 0.42$, 교각 $90°$, 소 기어의 피치원 직경 $180mm$, 치폭은 $80mm$일 때 다음을 구하시오.

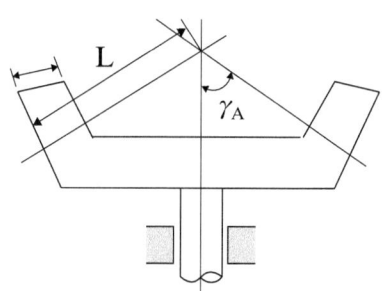

(1) 피치 원추각 $\gamma_A\,[°]$
(2) 피니언의 원추모선의 길이 $L\,[mm]$
(3) 회전력 $[N]$
(4) 모듈

해설

(1) $\tan\gamma_A = \dfrac{\sin\Sigma}{\dfrac{1}{\varepsilon}+\cos\Sigma} \Rightarrow \therefore \gamma_A = \tan^{-1}\left(\dfrac{\sin\Sigma}{\dfrac{1}{\varepsilon}+\cos\Sigma}\right) = \tan^{-1}\left(\dfrac{\sin 90°}{2+\cos 90°}\right) = 26..57°$

(2) $L = \dfrac{D_A}{2\sin\gamma_A} = \dfrac{180}{2\sin 26.57°} = 201.21\,mm$

(3) $v = \dfrac{\pi D_A N_A}{60\times 1000} = \dfrac{\pi \times 180 \times 500}{60\times 1000} = 4.71\,m/s$

  $H = Fv \Rightarrow \therefore F = \dfrac{H}{v} = \dfrac{15\times 10^3}{4.71} = 3184.71\,N$

(4) $f_v = \dfrac{3.05}{3.05+v} = \dfrac{3.05}{3.05+4.71} = 0.39$
  (하중계수가 주어지지 않으면, $f_w = 1$로 가정한다.)
  $F = f_v f_w \sigma_b m b Y_e \lambda = f_v f_w \sigma_b m b Y_e \left(\dfrac{L-b}{L}\right)$에서,
  $\therefore m = \dfrac{FL}{f_v f_w \sigma_b b Y_e (L-b)} = \dfrac{3184.71 \times 201.21}{0.39 \times 1 \times 150 \times 80 \times 0.42 \times (201.21-80)} = 2.69 \fallingdotseq 3$

24

두 줄 나사로 구성된 웜이 있다. 웜의 리드 $60\,mm$, 웜기어의 잇수 40개인 웜과 웜기어를 직경피치 2.8인 호브로 절삭하려 할 때 다음을 구하시오.
(단, 마찰계수는 0.05이다.)

(1) 웜의 리드각 $[°]$
(2) 웜과 웜 기어의 피치원 직경 D_w, D_g $[mm]$
(3) 중심거리 $[mm]$
(4) 전동 효율 $[\%]$

해설

(1) $\ell = Z_w p_s \Rightarrow p_s = \dfrac{\ell}{Z_w} = \dfrac{60}{2} = 30\,mm$

  $p_n = \pi m_n = \dfrac{25.4\pi}{p_d} = \dfrac{25.4\pi}{2.8} = 28.5\,mm$

  $p_s = \dfrac{p_n}{\cos\beta} \Rightarrow \therefore \beta = \cos^{-1}\left(\dfrac{p_n}{p_s}\right) = \cos^{-1}\left(\dfrac{28.5}{30}\right) = 18.19°$

(2) $\tan\beta = \dfrac{\ell}{\pi D_w} \Rightarrow \therefore D_w = \dfrac{\ell}{\pi \tan\beta} = \dfrac{60}{\pi \times \tan 18.19°} = 58.12\,mm$

  $\pi D_g = p_s Z_g \Rightarrow \therefore D_g = \dfrac{p_s Z_g}{\pi} = \dfrac{30 \times 40}{\pi} = 381.97\,mm$

(3) $C = \dfrac{D_w + D_g}{2} = \dfrac{58.12 + 381.97}{2} = 220.05\,mm$

(4) 1, 2줄 나사일 때 압력각은 $\alpha_n = 14.5°$ 이다.

$$\mu' = \tan\rho' = \frac{\mu}{\cos\alpha_n} \Rightarrow \rho' = \tan^{-1}\left(\frac{\mu}{\cos\alpha_n}\right) = \tan^{-1}\left(\frac{0.05}{\cos 14.5°}\right) = 2.96°$$

$$\therefore \eta = \frac{\tan\beta}{\tan(\beta+\rho')} = \frac{\tan 18.19}{\tan(18.19+2.96)} = 0.8493 ≒ 84.93\%$$

25

3줄 나사로 구성된 웜과 웜기어 전동장치가 있다. 웜의 축방향 피치 $32mm$, 웜의 회전수 $1000rpm$, 전달 동력 $25kW$, 웜의 피치원 지름 $80mm$, 마찰계수 0.15일 때 다음을 구하시오.

(1) 웜의 리드각 $[°]$
(2) 웜의 접선력 $[N]$
(3) 웜의 저항력 $[N]$

해설

(1) $\tan\beta = \dfrac{\ell}{\pi D_w} = \dfrac{Z_w p_s}{\pi D_w} \Rightarrow \therefore \beta = \tan^{-1}\left(\dfrac{Z_w p_s}{\pi D_w}\right) = \tan^{-1}\left(\dfrac{3 \times 32}{\pi \times 80}\right) = 20.91°$

(2) $v_w = \dfrac{\pi D_w N_w}{60 \times 1000} = \dfrac{\pi \times 80 \times 1000}{60 \times 1000} = 4.19 m/s$

$H = P_w v_w \Rightarrow \therefore P_w = \dfrac{H}{v_w} = \dfrac{25 \times 10^3}{4.19} = 5966.59 N$

(3) 3, 4줄 나사는 압력각 $\alpha_n = 20°$ 이다.

$\therefore P_n = \dfrac{P_w}{\cos\alpha_n \sin\beta + \mu\cos\beta} = \dfrac{5966.59}{\cos 20° \sin 20.91° + 0.15 \cos 20.91°} = 12548.07 N$

26

4줄 나사인 웜과 웜 기어 장치에서 마찰계수가 0.12, 웜기어의 축직각 피치가 $34.56mm$, 웜의 피치원 지름이 $68mm$, 웜의 회전수 $1000rpm$으로 $25kW$의 동력을 전달할 때 다음을 구하시오.

(1) 웜의 리드각 $[°]$
(2) 웜의 전달력 $[N]$
(3) 웜 기어의 전달력 $[N]$

해설

(1) $\tan\beta = \dfrac{\ell}{\pi D_w} = \dfrac{Z_w p_s}{\pi D_w} \Rightarrow \therefore \beta = \tan^{-1}\left(\dfrac{Z_w p_s}{\pi D_w}\right) = \tan^{-1}\left(\dfrac{4 \times 34.56}{\pi \times 68}\right) = 32.91°$

(2) $v_w = \dfrac{\pi D_w N_w}{60 \times 1000} = \dfrac{\pi \times 68 \times 1000}{60 \times 1000} = 3.56 m/s$

$H = P_w v_w \;\Rightarrow\; \therefore P_w = \dfrac{H}{v_w} = \dfrac{25 \times 10^3}{3.56} = 7022.47 N$

(3) 3, 4줄 나사는 압력각이 $\alpha_n = 20°$ 이다.

$\tan\rho' = \dfrac{\mu}{\cos\alpha_n} \;\Rightarrow\; \rho' = \tan^{-1}\left(\dfrac{\mu}{\cos\alpha_n}\right) = \tan^{-1}\left(\dfrac{0.12}{\cos 20°}\right) = 7.28°$

$\therefore P_g = \dfrac{P_w}{\tan(\beta + \rho')} = \dfrac{7022.47}{\tan(32.91° + 7.28°)} = 8312.91 N$

27

4줄 나사인 웜과 웜 기어 장치가 웜의 회전수 $1200 rpm$, $23.5 kW$의 동력 전달을 하려 한다. 웜의 피치원 직경이 $85 mm$, 웜의 축방향 피치 $40.84 mm$, 마찰계수 0.13일 때 다음을 구하시오.

(1) 진입각 [°]
(2) 웜의 접선력 [N]
(3) 전체 하중 [N]

해설

(1) $\tan\beta = \dfrac{\ell}{\pi D_w} = \dfrac{Z_w p_s}{\pi D_w} \;\Rightarrow\; \therefore \beta = \tan^{-1}\left(\dfrac{Z_w p_s}{\pi D_w}\right) = \tan^{-1}\left(\dfrac{4 \times 40.84}{\pi \times 85}\right) = 31.46°$

(2) $v_w = \dfrac{\pi D_w N_w}{60 \times 1000} = \dfrac{\pi \times 85 \times 1200}{60 \times 1000} = 5.34 m/s$

$H = P_w v_w \;\Rightarrow\; P_w = \dfrac{H}{v_w} = \dfrac{23.5 \times 10^3}{5.34} = 4400.75 N$

(3) 3, 4줄 나사는 압력각이 $\alpha_n = 20°$ 이다.

$\tan\rho' = \dfrac{\mu}{\cos\alpha_n} \;\Rightarrow\; \rho' = \tan^{-1}\left(\dfrac{\mu}{\cos\alpha_n}\right) = \tan^{-1}\left(\dfrac{0.13}{\cos 20°}\right) = 7.88°$

$P_g = \dfrac{P_w}{\tan(\beta + \rho')} = \dfrac{4400.75}{\tan(31.46° + 7.88°)} = 5369.01 N$

$\therefore P = \sqrt{P_w^2 + P_g^2} = \sqrt{4400.75^2 + 5369.01^2} = 6942.11 N$

28

감속비가 $\frac{1}{20}$인 3줄 나사로 구성된 웜과 웜휠 동력전달장치가 있다. 웜의 축방향 모듈 6, 웜의 회전수 $1800rpm$, 압력각 $20°$, 피치원 지름 $60mm$, 웜휠의 이너비 $48mm$, 유효 이너비가 $40mm$일 때 다음을 구하시오.
(단, 웜의 재질은 담금질강, 웜휠은 인청동을 사용한다.)

재료		내마멸계수 $[MPa]$
웜	웜휠	
강	인청동	411×10^{-3}
담금질강	인청동	549×10^{-3}
	주철	343×10^{-3}
	합성수지	833×10^{-3}
주철	인청동	1039×10^{-3}

(1) 웜의 리드각 $[°]$
(2) 웜의 치직각 피치 $[mm]$
(3) 최대 전달동력 $[kW]$
    (단, 웜휠의 굽힘응력 $180MPa$, 치형계수 $y = 0.138$, 웜의 리드각에 의한 계수 1.3이며, 효율은 고려하지 않는다.)

해설

(1) $\tan\beta = \dfrac{\ell}{\pi D_w} = \dfrac{Z_w p_s}{\pi D_w} = \dfrac{Z_w \pi m_s}{\pi D_w} = \dfrac{Z_w m_s}{D_w}$ 에서,

$\therefore \beta = \tan^{-1}\left(\dfrac{Z_w m_s}{D_w}\right) = \tan^{-1}\left(\dfrac{3 \times 6}{60}\right) = 16.7°$

(2) $p_n = p_s \cos\beta = \pi m_s \cos\beta = \pi \times 6 \times \cos 16.7° = 18.05mm$

(3) $\varepsilon = \dfrac{N_g}{N_w} = \dfrac{Z_w}{Z_g} \Rightarrow Z_g = \dfrac{Z_w}{\varepsilon} = 20 \times 3 = 60$개, $N_g = \varepsilon N_w = \dfrac{1}{20} \times 1800 = 90rpm$

$D_g = m_s Z_g = 6 \times 60 = 360mm$

$v_g = \dfrac{\pi D_g N_g}{60 \times 1000} = \dfrac{\pi \times 360 \times 90}{60 \times 1000} = 1.7 m/s$

$f_v = \dfrac{6}{6+v_g} = \dfrac{6}{6+1.7} = 0.78$ (금속재료이다.)

(하중계수가 주어지지 않으면 $f_w = 1$로 가정한다.)
여기서 굽힘강도를 고려한 전달하중 F_A와 면압강도를 고려한 전달하중 F_B를 비교하면
$F_A = f_v f_w \sigma_b p_n by = 0.78 \times 1 \times 180 \times 18.05 \times 48 \times 0.138 = 16786.67N$
$F_B = f_v \phi D_g b_e K = 0.78 \times 1.3 \times 360 \times 40 \times 549 \times 10^{-3} = 8016.28N$
안전을 고려하여 작은 값을 선정하면 $F_B = F_g = 8016.28N$
$\therefore H = F_g v_g = 8016.28 \times 10^{-3} \times 1.7 = 13.63kW$

29

한 쌍의 금속재 웜과 웜기어에서 속비 $\frac{1}{5}$, 웜의 회전수가 $650rpm$으로 동력을 전달한다. 웜의 줄수는 4, 치직각 압력각은 $20°$, 웜기어의 축직각 모듈은 8, 웜기어의 이 너비는 $48mm$, 웜의 피치원 지름은 $60mm$, 웜과 웜기어의 마찰계수가 0.11일 때 다음을 구하시오.

(1) 웜기어의 속도 $[m/s]$
(2) 웜기어의 굽힘강도 $[N]$ (단, 치형계수는 $y=0.15$, 웜기어의 굽힘강도는 $30MPa$이다.)
(3) 웜의 전달력 $[N]$
(4) 면압강도에 의한 전달동력 $[kW]$ (단, 웜기어의 유효 이너비는 $44mm$, 웜의 재료는 강, 웜기어의 재료는 인청동이며, 웜의 리드각에 의한 계수는 1.6이다.)

웜의 재료	웜기어의 재료	내마멸계수
강	인청동	0.41
담금질강	인청동	0.55
	주철	0.34
	합성수지	0.83
주철	인청동	1.04

해설

(1) $\varepsilon = \dfrac{N_g}{N_w} = \dfrac{Z_w}{Z_g} \Rightarrow N_g = \varepsilon N_w = \dfrac{1}{5} \times 650 = 130rpm$

$\Rightarrow Z_g = \dfrac{Z_w}{\varepsilon} = 5 \times 4 = 20개$

$D_g = m_s Z_g = 8 \times 20 = 160mm$

$\therefore v_g = \dfrac{\pi D_g N_g}{60 \times 1000} = \dfrac{\pi \times 160 \times 130}{60 \times 1000} = 1.09 m/s$

(2) $f_v = \dfrac{6}{6+v_g} = \dfrac{6}{6+1.09} = 0.85$

$\tan\beta = \dfrac{\ell}{\pi D_w} \Rightarrow \beta = \tan^{-1}\left(\dfrac{\ell}{\pi D_w}\right) = \tan^{-1}\left(\dfrac{pZ_w}{\pi D_w}\right) = \tan^{-1}\left(\dfrac{\pi m_s Z_w}{\pi D_w}\right) = \tan^{-1}\left(\dfrac{m_s Z_w}{D_w}\right)$

$= \tan^{-1}\left(\dfrac{8 \times 4}{60}\right) = 28.07°$

$p_n = p_s \cos\beta = \pi m_s \cos\beta = \pi \times 8 \times \cos 28.07° = 22.18mm$

하중계수가 주어지지 않는다면 $f_w = 1$로 가정한다.

$\therefore P = f_v f_w \sigma_b p_n b y = 0.85 \times 1 \times 30 \times 22.18 \times 48 \times 0.15 = 4072.25N$

(3) $\mu' = \tan\rho' = \dfrac{\mu}{\cos\alpha_n} \Rightarrow \rho' = \tan^{-1}\left(\dfrac{\mu}{\cos\alpha_n}\right) = \tan^{-1}\left(\dfrac{0.11}{\cos 20°}\right) = 6.68°$

$\therefore P_t = P\tan(\beta+\rho') = 4072.25 \times \tan(28.07+6.68) = 2825.02N$

(4) $P = f_v \phi D_g b_e K = 0.85 \times 1.6 \times 160 \times 44 \times 0.41 = 3925.5N$

$\therefore H = Pv_g = 3925.5 \times 10^{-3} \times 1.09 = 4.28kW$

30

웜과 웜기어 전동장치에서 동력 $1.84kW$으로, 웜의 분당 회전수 $1750rpm$을 전달하여 회전비 $\dfrac{1}{12.25}$로 웜 기어를 감속시키려 한다. 이때, 웜 기어는 4줄나사 형태로 이직각 압력각 $20°$ 축직각 모듈 3.5, 축간거리 $110mm$일 때 다음을 구하시오.
(단, 접촉면 마찰계수는 0.1이다.)

(1) 웜의 효율 $[\%]$
(2) 웜기어의 전달력 $[N]$ (단, (1)에서 구한 웜의 효율을 고려하시오.)

해설

(1) $\varepsilon = \dfrac{Z_w}{Z_g} \Rightarrow Z_g = \dfrac{Z_w}{\varepsilon} = 4 \times 12.25 = 49$개

$D_g = m_s Z_g = 3.5 \times 49 = 171.5mm$

$C = \dfrac{D_w + D_g}{2} \Rightarrow D_w = 2C - D_g = 2 \times 110 - 171.5 = 48.5mm$

$\tan\beta = \dfrac{\ell}{\pi D_w} = \dfrac{Z_w p_s}{\pi D_w} = \dfrac{Z_w \pi m_s}{\pi D_w} = \dfrac{Z_w m_s}{D_w} \Rightarrow \beta = \tan^{-1}\left(\dfrac{Z_w m_s}{D_w}\right)$에서,

리드각 : $\beta = \tan^{-1}\left(\dfrac{4 \times 3.5}{48.5}\right) = 16.1°$

상당마찰각 : $\rho' = \tan^{-1}\left(\dfrac{\mu}{\cos\alpha_n}\right) = \tan^{-1}\left(\dfrac{0.1}{\cos 20}\right) = 6.07°$

$\eta = \dfrac{\tan\beta}{\tan(\beta + \rho')} = \dfrac{\tan 16.1}{\tan(16.1 + 6.07)} = 0.7083 = 70.83\%$

(2) $\varepsilon = \dfrac{N_g}{N_w} \Rightarrow N_g = N_w \varepsilon = 1750 \times \dfrac{1}{12.25} = 142.86 rpm$

$v_g = \dfrac{\pi D_g N_g}{60 \times 1000} = \dfrac{\pi \times 171.5 \times 142.86}{60 \times 1000} = 1.28 m/s$

$H = \dfrac{P_g v_g}{\eta} \Rightarrow \therefore P_g = \dfrac{H\eta}{v_g} = \dfrac{1.84 \times 10^3 \times 0.7083}{1.28} = 1018.18N$

31

압력각 $14.5°$, 피니언의 전위 계수 0.38, 큰 기어의 전위 계수 0.13, 피니언의 잇수 20개, 큰 기어의 잇수 28개인 한 쌍의 기어가 회전하고 있을 때 두 기어의 치면 높이(백래시)가 0이 되도록 하는 물림 압력각 $inv a_b°$을 구하시오.
(단, $inv 14.5° = 0.005545$이다.)

해설

$inv a_b° = inv a + 2\left(\dfrac{x_A + x_B}{Z_A + Z_B}\right)\tan a = 0.005545 + 2\left(\dfrac{0.38 + 0.13}{20 + 28}\right)\tan 14.5° = 0.011$

32

모듈 5, 압력각이 14.5°, 소 기어의 잇수가 24개, 대 기어의 잇수가 32개인 전위기어가 있다. 다음을 구하시오.

압력각 (α)	소수점 둘째 자리				
	0	2	4	6	8
14.0	0.004982	0.005004	0.005025	0.005047	0.002069
14.1	0.005091	0.005113	0.005135	0.005158	0.005180
14.2	0.005202	0.005225	0.005247	0.005269	0.005292
14.3	0.005315	0.005337	0.005360	0.005383	0.005406
14.4	0.005429	0.005452	0.005475	0.005498	0.005522
14.5	0.005545	0.005568	0.005592	0.005615	0.005639
14.6	0.005662	0.005686	0.005710	0.005734	0.005758
14.7	0.005782	0.005806	0.005830	0.005854	0.005878
14.8	0.005903	0.005927	0.005952	0.005976	0.006001
14.9	0.006025	0.006050	0.006075	0.006100	0.006125
15.0	0.006150	0.006175	0.006200	0.006225	0.006251
15.1	0.006276	0.006301	0.006327	0.006353	0.006378
15.2	0.006404	0.006430	0.006456	0.006482	0.006508
15.3	0.006534	0.006560	0.006586	0.006612	0.006639
15.4	0.006665	0.006692	0.006718	0.006745	0.006772
15.5	0.006799	0.006825	0.006852	0.006879	0.006906
15.6	0.006934	0.006961	0.006988	0.007016	0.007043
15.7	0.007071	0.007098	0.007216	0.007154	0.007182
15.8	0.007209	0.007237	0.007266	0.007294	0.007322
15.9	0.007350	0.007379	0.007407	0.007435	0.007464
16.0	0.007493	0.007521	0.007550	0.007579	0.007608
16.1	0.007637	0.007666	0.007695	0.007725	0.007754
16.2	0.007784	0.007813	0.007843	0.007872	0.007902
16.3	0.007932	0.007962	0.007992	0.008022	0.008052
16.4	0.008082	0.008112	0.008143	0.008173	0.008204
16.5	0.008234	0.008265	0.008296	0.008326	0.008357

(1) 소 기어와 대 기어의 전위량 $[mm]$
(2) 두 기어의 치면 높이가 0이 되게 하는 물림 압력각 $[°]$
　　(단, 표를 이용하여, 소수점 4자리까지 나타내시오.)
(3) 축간 중심거리 $[mm]$
(4) 소 기어와 대 기어의 외경 $[mm]$
(5) 기어의 총 이높이 $[mm]$ (단, 조립부의 틈새 $0.3mm$이다.)

해설

(1) $\alpha_n = 14.5°$ 일 때 $x = 1 - \dfrac{Z}{32}$ 에서,

소 기어의 전위 계수 : $x_A = 1 - \dfrac{Z_A}{32} = 1 - \dfrac{24}{32} = 0.25$

대 기어의 전위 계수 : $x_B = 1 - \dfrac{Z_B}{32} = 1 - \dfrac{32}{32} = 0$

$\therefore x_A m = 0.25 \times 5 = 1.25mm, \ x_B m = 0mm$

(2) $inv\alpha_b° = inv\alpha + 2\left(\dfrac{x_A + x_B}{Z_A + Z_B}\right)\tan\alpha = 0.005545 + 2 \times \left(\dfrac{0.25 + 0}{24 + 32}\right) \times \tan 14.5° = 0.007854$

여기서 표를 보면, 0.007854는,
$\alpha = 16.24°\,(=0.007843)$값과 $\alpha = 16.26°\,(=0.007872)$값 사이에 있으므로 보간법을 이용하여 값을 도출한다.

$\therefore \alpha_b = 16.24 + \dfrac{0.007854 - 0.007843}{0.007872 - 0.007843} \times (16.26 - 16.24) = 16.2476°$

(3) $y = \dfrac{Z_A + Z_B}{2}\left(\dfrac{\cos\alpha}{\cos\alpha_b} - 1\right) = \dfrac{24 + 32}{2} \times \left(\dfrac{\cos 14.5°}{\cos 16.2476°} - 1\right) = 0.2358$

$\Delta C = ym = 0.2358 \times 5 = 1.18mm$

$\therefore C_f = C + \Delta C = \dfrac{m(Z_A + Z_B)}{2} + \Delta C = \dfrac{5(24 + 32)}{2} + 1.18 = 141.18mm$

(4) $D_{kA} = (Z_A + 2)m + 2(y - x_B)m = (24 + 2) \times 5 + 2(0.2358 - 0) \times 5 = 132.36mm$

$D_{kB} = (Z_B + 2)m + 2(y - x_A)m = (32 + 2) \times 5 + 2(0.2358 - 0.25) \times 5 = 169.86mm$

(5) $h_t = (c + 2)m - (x_A + x_B - y)m$ 에서,
$= (0.3 + 2) \times 5 - (0.25 + 0 - 0.2358) \times 5 = 11.43mm$

33

모듈 3, 압력각이 $14.5°$, 소 기어의 잇수가 12개, 대 기어의 잇수가 28개인 전위기어가 있을 때 다음을 구하시오.

압력각 (α)	소수점 둘째 자리				
	0	2	4	6	8
14.0	0.004982	0.005004	0.005025	0.005047	0.002069
14.1	0.005091	0.005113	0.005135	0.005158	0.005180
14.2	0.005202	0.005225	0.005247	0.005269	0.005292
14.3	0.005315	0.005337	0.005360	0.005383	0.005406
14.4	0.005429	0.005452	0.005475	0.005498	0.005522
14.5	0.005545	0.005568	0.005592	0.005615	0.005639
14.6	0.005662	0.005686	0.005710	0.005734	0.005758
14.7	0.005782	0.005806	0.005830	0.005854	0.005878
14.8	0.005903	0.005927	0.005952	0.005976	0.006001
14.9	0.006025	0.006050	0.006075	0.006100	0.006125
15.0	0.006150	0.006175	0.006200	0.006225	0.006251
15.1	0.006276	0.006301	0.006327	0.006353	0.006378
15.2	0.006404	0.006430	0.006456	0.006482	0.006508
15.3	0.006534	0.006560	0.006586	0.006612	0.006639
15.4	0.006665	0.006692	0.006718	0.006745	0.006772
15.5	0.006799	0.006825	0.006852	0.006879	0.006906
15.6	0.006934	0.006961	0.006988	0.007016	0.007043
15.7	0.007071	0.007098	0.007216	0.007154	0.007182
15.8	0.007209	0.007237	0.007266	0.007294	0.007322
15.9	0.007350	0.007379	0.007407	0.007435	0.007464
⋅	⋅	⋅	⋅	⋅	⋅
⋅	⋅	⋅	⋅	⋅	⋅
20.0	0.014904	0.014951	0.014997	0.015044	0.015090
20.1	0.015102	0.015184	0.015235	0.015287	0.015321
20.2	⋅	⋅	⋅	⋅	⋅
20.3	⋅	⋅	⋅	⋅	⋅
20.4	⋅	⋅	⋅	⋅	⋅
20.5	⋅	⋅	⋅	⋅	⋅
20.6	⋅	⋅	⋅	⋅	⋅
20.7	⋅	⋅	⋅	⋅	⋅
20.8	⋅	⋅	⋅	⋅	⋅
20.9	⋅	⋅	⋅	⋅	⋅
21.0	⋅	⋅	⋅	⋅	⋅

(1) 언더컷이 발생하지 않는 소기어와 대기어의 이론 전위계수
  (단, 소수점 다섯 째 자리까지 표기하시오.)
(2) 백래쉬가 0일 때 축간 중심거리 $[mm]$
(3) 전위기어의 총 이높이 $[mm]$
  (단, 조립부의 간극 $0.25 \times m$ [모듈]이며, 소수점 넷 째 자리까지 표기하시오.)

(1) $\alpha_n = 14.5°$ 일 때 $x = 1 - \dfrac{Z}{2}\sin^2\alpha$

∴ 소 기어의 전위 계수 : $x_A = 1 - \dfrac{Z_A}{2}\sin^2\alpha = 1 - \dfrac{12}{2}\sin^2(14.5) = 0.62386$

∴ 대 기어의 전위 계수 : $x_B = 1 - \dfrac{Z_B}{2}\sin^2\alpha = 1 - \dfrac{28}{2}\sin^2(14.5) = 0.12234$

(2) $inv\alpha_b° = inv\alpha + 2\left(\dfrac{x_A + x_B}{Z_A + Z_B}\right)\tan\alpha = 0.005545 + 2 \times \left(\dfrac{0.62386 + 0.12234}{12 + 28}\right) \times \tan 14.5° = 0.015194$

여기서 표를 보면, 0.015194는,
$\alpha = 20.12°\,(= 0.015184)$값과 $\alpha = 20.14°\,(= 0.015235)$값 사이에 있으므로
보간법을 이용하여 값을 도출한다.

∴ $\alpha_b = 20.12 + \dfrac{0.015194 - 0.015184}{0.015235 - 0.015184} \times (20.14 - 20.12) = 20.13804°$

$y = \dfrac{Z_A + Z_B}{2}\left(\dfrac{\cos\alpha}{\cos\alpha_b} - 1\right) = \dfrac{12 + 28}{2} \times \left(\dfrac{\cos 14.5°}{\cos 20.13804°} - 1\right) = 0.6238$

$\triangle C = ym = 0.6238 \times 3 = 1.87mm$

∴ $C_f = C + \triangle C = \dfrac{m(Z_A + Z_B)}{2} + \triangle C = \dfrac{3(12 + 28)}{2} + 1.87 = 61.87mm$

(3) $h_t = (c + 2)m - (x_A + x_B - y)m = (0.75 + 2) \times 3 - (0.62386 + 0.12234 - 0.6238) \times 3 = 7.88mm$

13

공정도, 공사비, 대수평균온도차

13-1. 공정도

13-2. 공사비

13-3. 대수평균온도차(LMTD)

Chapter 13

공정관리 및 대수평균온도차

13-1 공정도

(1) 공정도의 구성

① 작업(Activity) : ———→
② 결합점(Event) : ○
③ 더미(Dummy) : ------------>

(2) 공정도 사용 용어

① EST(Earliest Starting Time) : 가장 빠른 작업 시작 시각
② LST(Latest Starting Time) : 가장 느린 작업 시작 시각
③ EFT(Earliest Finishing Time) : 가장 빠른 작업 완료 시각
④ LFT(Latest Finishing Time) : 가장 느린 작업 완료 시각
⑤ TF(Total Float) : 전체 여유(총 여유)
⑥ FF(Free Float) : 자유 여유
⑦ DF(Dependent Float) : 종속 여유
⑧ CP(Critical Path) : 주공정선(소요일수가 가장 긴 경로)

(3) 공정도 제작시 주의 사항

① 이벤트와 이벤트 사이에는 하나의 작업만이 존재한다.
② 네트워크상 작업을 표시하는 화살표는 오른쪽 방향으로만 진행되어야 한다.
③ 부득이한 경우를 제외하고는 작업 화살선은 교차하면 안된다.
④ 무의미한 더미는 만들지 않는다.

(4) PERT 공정표 제작 방법

앞칸 (TE)	뒷칸 (TL)

앞칸 : 앞 공정의 작업들 중에 가장 큰 작업일수
뒷칸 : 뒷 공정의 작업들 중에 가장 큰 작업일수 - 작업일수

작업명	EST	EFT	LST	LFT	TF	FF	DF	CP
기입법	앞공정 앞칸	EST + 작업 일수	LFT - 작업 일수	뒷공정 뒷칸	LFT - EFT	뒷공정 앞칸 - EFT	TF - FF	주공정선 작업만 체크 (○)

✔ CP에 체크가 된다면 TF, FF, DF는 0이다.
✔ 음수가 나오면 절대값 씌워 양수 또는 0으로 표현한다.

(5) CPM 공정표 제작 방법

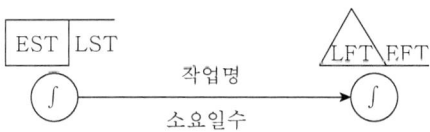

▌CPM 공정표 제작 방법

① LST, LFT칸 : 앞 공정의 작업들 중에 가장 큰 작업일수
② EST, EFT칸 : 뒷 공정의 작업들 중에 가장 작은 작업일수

(6) 공정도 제작 예시

예제) PERT 기법으로 네트워크 공정도를 작성하고 주공정은 굵은 선으로 표시하고 아래 표를 채우시오.

작업명	선행작업	작업일수
A	-	5
B	-	18
C	-	16
D	A	8
E	A	7
F	A	6
G	D, E, F	7

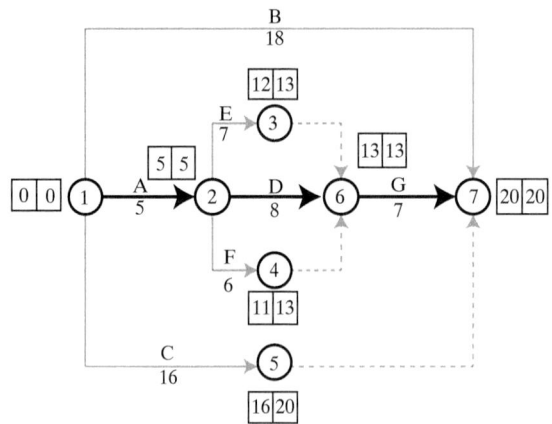

작업명	선행작업	작업일수	EST	EFT	LST	LFT	TF	FF	DF	CP
A	-	5	0	5	0	5	0	0	0	○
B	-	18	0	18	2	20	2	2	0	
C	-	16	0	16	4	20	4	4	0	
D	A	8	5	13	5	13	0	0	0	○
E	A	7	5	12	6	13	1	1	0	
F	A	6	5	11	7	13	2	2	0	
G	D, E, F	7	13	20	13	20	0	0	0	○

(7) 비용구배(=비용경사, 공비증가율, C_s) : 작업을 1일 단축할 때 추가되는 직접비용

$$\text{비용구배} = \frac{\text{특급비용} - \text{표준비용}}{\text{표준시간} - \text{특급시간}}$$

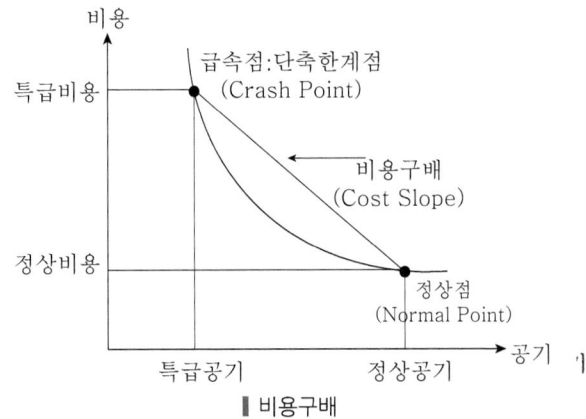
▌비용구배

① 특급비용 : 공기를 최대한 단축할 때의 비용
② 특급시간 : 공기를 최대한 단축할 수 있는 가능한 시간
③ 표준비용 : 정상적인 소요일수에 대한 공비
④ 표준시간 : 정상적인 소요시간
⑤ 단축일수 : 표준시간(표준일수) - 특급시간(특급일수)
⑥ 최소비용 : 비용구배(C_s)×단축일수의 전체 합

✔ 표준시간과 특급시간이 동일하면 비용구배는 "불가능"으로 적는다.

(8) 논리적 더미(Logical Dummy)
  : 선후관계를 나타내는 더미

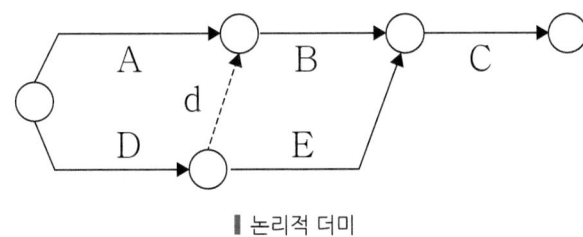
▌논리적 더미

(9) 넘버링 더미(Numbering Dummy)
: 논리적 순서와는 관계없이 요소작업의 중복을 피하기 위한 더미

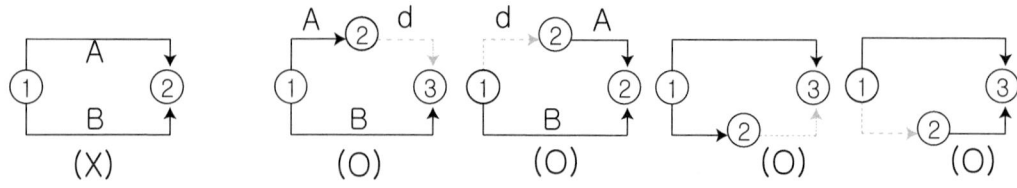

① 위의 4가지 유형에 관계없이 모두 맞는 표현이며, 이때 여유시간(TF, FF, DF)계산은 최종결합점 ③에서 행한다.

② 그리고 해당 작업의 표를 작성할 때 넘버링 더미 이후이 PERT 또는 CPM칸을 고려해야한다.

13-2 공사비

구분			금액	구성비	비고
순공사원가	재료비	직접 재료비	ⓐ		
		간접 재료비 (작업실, 부산물 등)			
		소계	①		
	노무비	직접 노무비	ⓑ		
		간접 노무비			
		소계	②		
	경비	전력비 수도 광열비 운반비			
		기계정비	ⓒ		
		특허권사용료 기술료 연구개발비 품질관리비 가설비 지급임차료 보험료 복리후생비 보관비 외주가공비 안전관리비 소모품비 여비·교통비·통신비 세금과공과 폐기물처리비 도서인쇄비 지급수수료 환경보전비 보상비 안전점검비 건설근로자퇴즉공제부금비 기타법정경비			
		소계	③		
일반 관리비 ( )%			④		
이윤 ( )%			⑤		
총 원가					

(1) 직접공사비 = ⓐ + ⓑ + ⓒ
(2) 순공사비(순공시원가) = ① + ② + ③
(3) 총공사비(총원가) = ① + ② + ③ + ④ + ⑤

13-3 대수평균온도차(LMTD)

(1) 향류(대향류)의 대수평균온도차[℃]

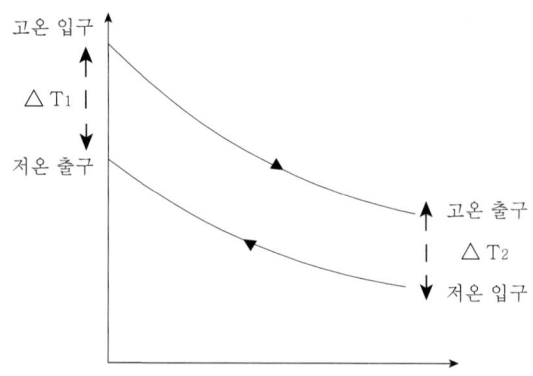

$$\Delta t_m = \frac{\Delta t_1 - \Delta t_2}{\ln \dfrac{\Delta t_1}{\Delta t_2}} \ [℃]$$

(2) 병류(평행류)의 대수평균온도차[℃]

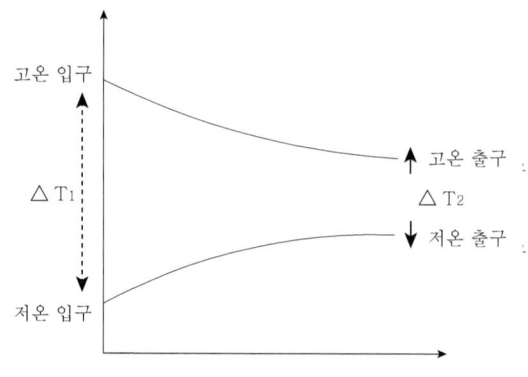

$$\Delta t_m = \frac{\Delta t_1 - \Delta t_2}{\ln \dfrac{\Delta t_1}{\Delta t_2}} \ [℃]$$

(3) 산술평균온도차[℃] : $\Delta t_m = \dfrac{\Delta t_1 + \Delta t_2}{2}$

(4) 대수평균온도차를 통한 시간당 열전달률[$kcal/hr$] : $Q = kA \triangle t_m$

여기서,
k : 총괄 열전달 계수[$kcal/m^2 \cdot hr \cdot ℃$]
A : 열전달 면적 [m^2]
$\triangle t_m$: 대수온도평균차 [℃]

핵심 예상문제

건설기계설비기사 필답형
13. 공정도, 공사비, 대수평균온도차

01
아래의 표를 보고 다음을 구하시오.

작업명	선행작업	작업일수
A	–	15
B	–	20
C	–	13
D	B	8
E	B	5
F	D, E	9

(1) PERT 기법으로 네트워크 공정표를 작성하고 주공정선은 굵은 선으로 표시하시오.
(2) 총 작업일수[일]
(3) 아래의 빈칸을 채우시오.

작업명	EST	EFT	LST	LFT	TF	FF	DF	CP
A								
B								
C								
D								
E								
F								

해설

(1)

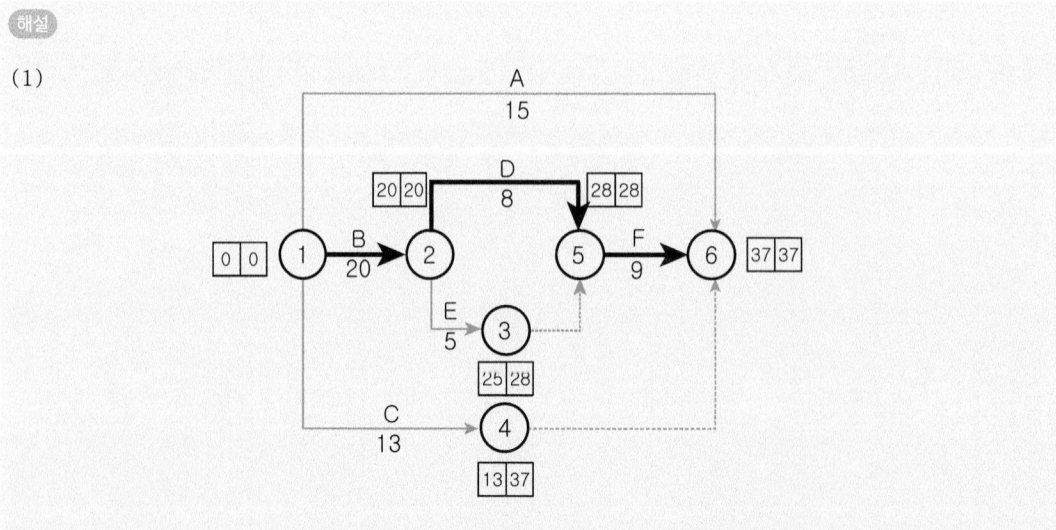

(2) 총 작업일수 : 20+8+9 = 37일
(3)

작업명	EST	EFT	LST	LFT	TF	FF	DF	CP
A	0	15	22	37	22	22	0	
B	0	20	0	20	0	0	0	○
C	0	13	24	37	24	24	0	
D	20	28	20	28	0	0	0	○
E	20	25	23	28	3	3	0	
F	28	37	28	37	0	0	0	○

02

아래의 표를 보고 다음을 구하시오.

작업명	선행작업	작업일수
A	-	5
B	-	10
C	-	6
D	A, B	5
E	B, C	6

(1) PERT 기법으로 네트워크 공정표를 작성하고 주공정선은 굵은 선으로 표시하시오.
(2) 아래의 빈칸을 채우시오.

작업명	작업시간				여유시간			주공정
	EST	EFT	LST	LFT	TF	FF	DF	CP
A								
B								
C								
D								
E								

해설

(1)

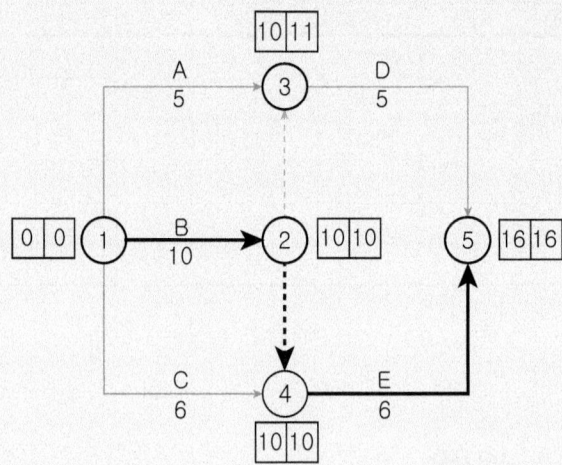

(2)

작업명	작업시간				여유시간			주공정
	EST	EFT	LST	LFT	TF	FF	DF	CP
A	0	5	6	11	6	5	1	
B	0	10	0	10	0	0	0	○
C	0	6	4	10	4	4	0	
D	10	15	11	16	1	1	0	
E	10	16	10	16	0	0	0	○

03

아래의 표를 보고 다음을 구하시오.

작업명	선행작업	작업일수
A	–	6
B	–	3
C	–	5
D	C	2
E	A	6
F	A, B, C	5
G	C	4

(1) PERT 기법으로 네트워크 공정표를 작성하고 주공정선은 굵은 선으로 표시하시오.

(2) 아래의 빈칸을 채우시오.

활동	작업시간				여유시간			주공정
	EST	EFT	LST	LFT	TF	FF	DF	CP
A								
B								
C								
D								
E								
F								
G								

해설

(1)

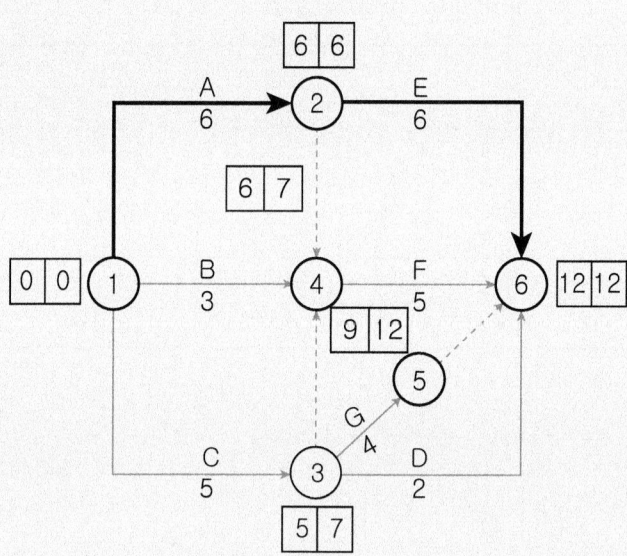

(2)

활동	작업시간				여유시간			주공정
	EST	EFT	LST	LFT	TF	FF	DF	CP
A	0	6	0	6	0	0	0	○
B	0	3	4	7	4	3	1	
C	0	5	2	7	2	0	2	
D	5	7	10	12	5	5	0	
E	6	12	6	12	0	0	0	○
F	6	11	7	12	1	1	0	
G	5	9	8	12	3	3	0	

04

아래의 표를 보고 다음을 구하시오.

작업명	선행작업	작업일수
A	–	6
B	–	3
C	–	5
D	C	3
E	A	6
F	A, B, D	5
G	C	4

(1) PERT 기법으로 네트워크 공정표를 작성하고 주공정선은 굵은 선으로 표시하시오.
(2) 아래의 빈칸을 채우시오.

작업명	작업시간				여유시간			주공정
	EST	EFT	LST	LFT	TF	FF	DF	CP
A								
B								
C								
D								
E								
F								
G								

해설

(1)

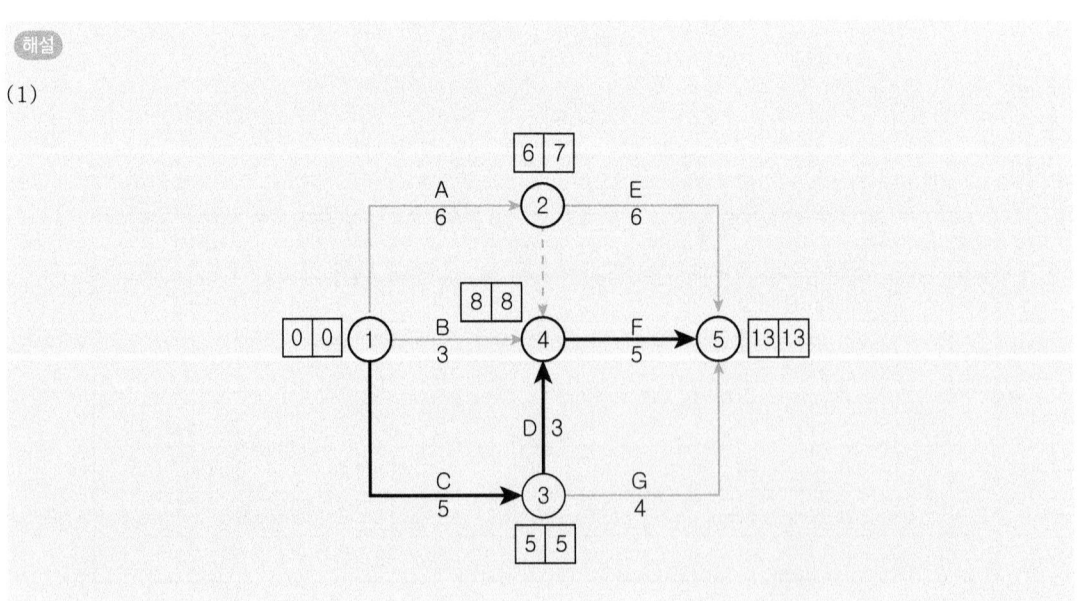

(2)

작업명	작업시간				여유시간			주공정
	EST	EFT	LST	LFT	TF	FF	DF	CP
A	0	6	1	7	1	0	1	
B	0	3	5	8	5	5	0	
C	0	5	0	5	0	0	0	○
D	5	8	5	8	0	0	0	○
E	6	12	7	13	1	1	0	
F	8	13	8	13	0	0	0	○
G	5	9	9	13	4	4	0	

05

아래의 표를 보고 다음을 구하시오.

작업명	선행작업	작업일수
A	–	7
B	–	4
C	–	20
D	A	11
E	A	9
F	B	8
G	C, D, F	11
H	C	8

(1) PERT 기법으로 네트워크 공정표를 작성하고 주공정선은 굵은 선으로 표시하시오.
(2) 총 작업일수[일]
(3) 아래의 빈칸을 채우시오.

작업명	작업시간				여유시간			주공정
	EST	EFT	LST	LFT	TF	FF	DF	CP
A								
B								
C								
D								
E								
F								
G								
H								

해설

(1)

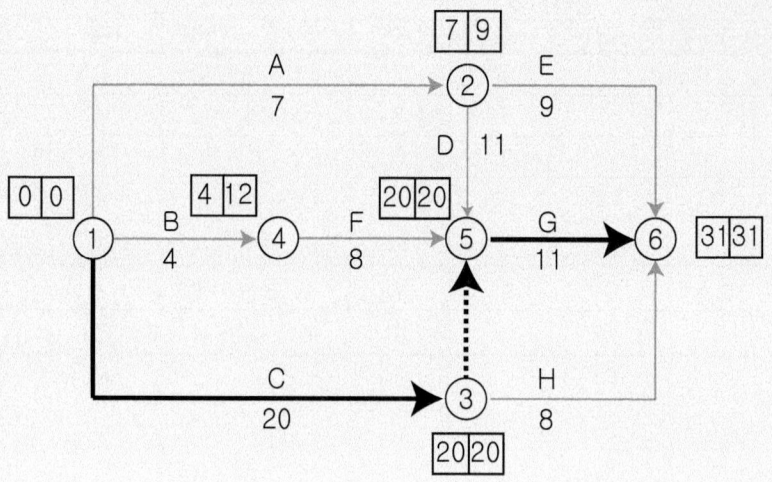

(2) 총 작업일수 : 20+11 = 31일

(3)

작업명	작업시간				여유시간			주공정
	EST	EFT	LST	LFT	TF	FF	DF	CP
A	0	7	2	9	2	0	2	
B	0	4	8	12	8	0	8	
C	0	20	0	20	0	0	0	○
D	7	18	9	20	2	2	0	
E	7	16	22	31	15	15	0	
F	4	12	12	20	8	8	0	
G	20	31	20	31	0	0	0	○
H	20	28	23	31	3	3	0	

06

아래의 표를 보고 다음을 구하시오.

작업명	선행작업	작업일수
A	—	6
B	—	7
C	—	8
D	A	6
E	A, B	7
F	A, B, C	8

(1) PERT 기법으로 네트워크 공정표를 작성하고 주공정선은 굵은 선으로 표시하시오.
(2) 총 작업일수[일]

(3) 아래의 빈칸을 채우시오.

작업명	작업시간				여유시간			주공정
	EST	EFT	LST	LFT	TF	FF	DF	CP
A								
B								
C								
D								
E								
F								

해설

(1)

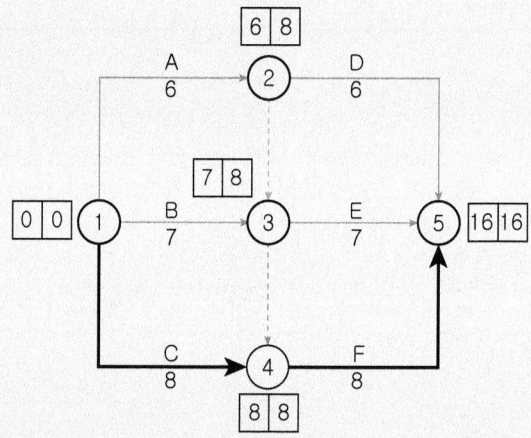

(2) 총 작업일수 : 8 + 8 = 16일

(3)

작업명	작업시간				여유시간			주공정
	EST	EFT	LST	LFT	TF	FF	DF	CP
A	0	6	2	8	2	0	2	
B	0	7	1	8	1	0	1	
C	0	8	0	8	0	0	0	○
D	6	12	10	16	4	4	0	
E	7	14	9	16	2	2	0	
F	8	16	8	16	0	0	0	○

07

아래의 표를 보고 다음을 구하시오.

작업명	선행작업	작업일수
A	-	6
B	-	5
C	-	2
D	A	4
E	A, B, C	7
F	C	8
G	D, E, F	2

(1) PERT 기법으로 네트워크 공정표를 작성하고 주공정선은 굵은 선으로 표시하시오.

(2) 아래의 빈칸을 채우시오.

작업명	작업시간				여유시간			주공정
	EST	EFT	LST	LFT	TF	FF	DF	CP
A								
B								
C								
D								
E								
F								
G								

해설

(1)

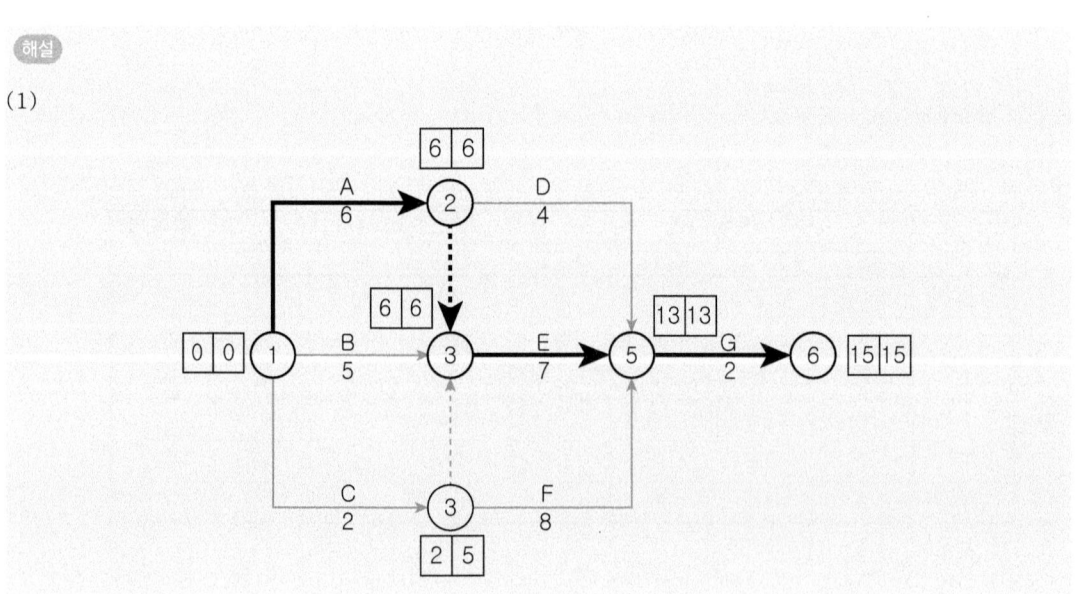

(2)

작업명	작업시간				여유시간			주공정
	EST	EFT	LST	LFT	TF	FF	DF	CP
A	0	6	0	6	0	0	0	○
B	0	5	1	6	1	1	0	
C	0	2	3	5	3	0	3	
D	6	10	9	13	3	3	0	
E	6	13	6	13	0	0	0	○
F	2	10	5	13	3	3	0	
G	13	15	13	15	0	0	0	○

08

아래의 표를 보고 다음을 구하시오.

작업명	선행작업	작업일수
A	–	4
B	A	6
C	A	5
D	A	4
E	B	3
F	B, C, D	7
G	D	8
H	E	6
I	E, F	5
J	E, F, G	8
K	H, I, J	6

(1) PERT 기법으로 네트워크 공정표를 작성하고 주공정선은 굵은 선으로 표시하시오.
(2) 아래의 빈칸을 채우시오.

작업명	작업시간				여유시간			주공정
	EST	EFT	LST	LFT	TF	FF	DF	CP
A	0	4	0	4	0	0	0	○
B	4	10	4	10	0	0	0	○
C	4	9	5	10	1	1	0	
D	4	8	5	9	1	0	1	
E	10	13	14	17	4	0	4	
F	10	17	10	17	0	0	0	○
G	8	16	9	17	1	1	0	
H	13	19	19	25	6	6	0	
I	17	22	20	25	3	3	0	
J	17	25	17	25	0	0	0	○
K	25	31	25	31	0	0	0	○

(1)

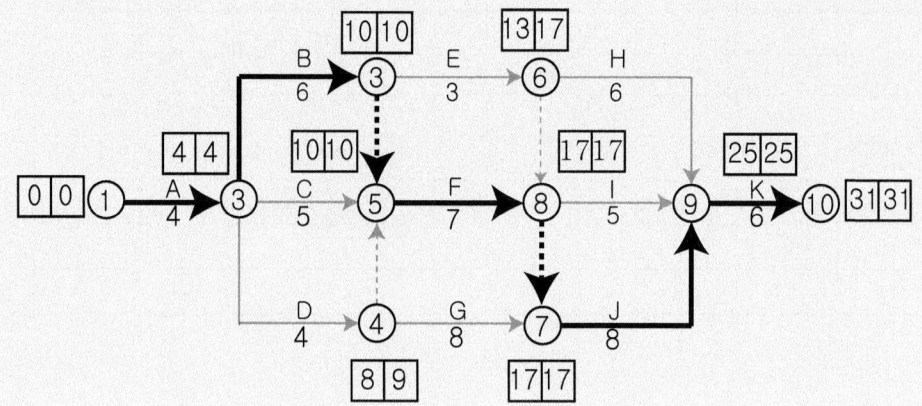

(2)

작업명	작업시간				여유시간			주공정
	EST	EFT	LST	LFT	TF	FF	DF	CP
A	0	4	0	4	0	0	0	○
B	4	10	4	10	0	0	0	○
C	4	9	5	10	1	1	0	
D	4	8	5	9	1	0	1	
E	10	13	14	17	4	0	4	
F	10	17	10	17	0	0	0	○
G	8	16	9	17	1	1	0	
H	13	19	19	25	6	6	0	
I	17	22	20	25	3	3	0	
J	17	25	17	25	0	0	0	○
K	25	31	25	31	0	0	0	○

09

아래의 표를 보고 다음을 구하시오.

작업	작업일수
① → ②	3
② → ③	3
② → ④	4
② → ⑤	5
③ → ⑥	4
④ → ⑥	6
④ → ⑦	6
⑤ → ⑧	7
⑥ → ⑨	8
⑦ → ⑨	4
⑧ → ⑨	2
⑨ → ⑩	2

(1) PERT 기법으로 네트워크 공정표를 작성하고 주공정선은 굵은 선으로 표시하시오.
(2) 아래의 빈칸을 채우시오.

작업	EST	EFT	LST	LFT	TF	FF	DF	CP
① → ②								
② → ③								
② → ④								
② → ⑤								
③ → ⑥								
④ → ⑥								
④ → ⑦								
⑤ → ⑧								
⑥ → ⑨								
⑦ → ⑨								
⑧ → ⑨								
⑨ → ⑩								

해설

(1)

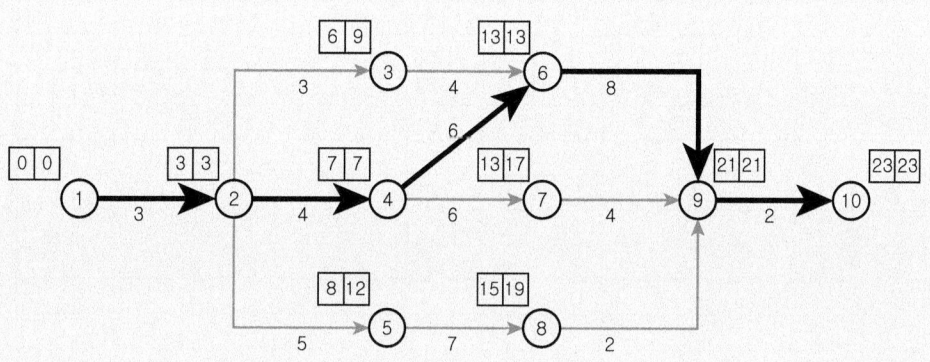

(2)

작업	EST	EFT	LST	LFT	TF	FF	DF	CP
① → ②	0	3	0	3	0	0	0	○
② → ③	3	6	6	9	3	0	3	
② → ④	3	7	3	7	0	0	0	○
② → ⑤	3	8	7	12	4	0	4	
③ → ⑥	6	10	9	13	3	3	0	
④ → ⑥	7	13	7	13	0	0	0	○
④ → ⑦	7	13	11	17	4	0	4	
⑤ → ⑧	8	15	12	19	4	0	4	
⑥ → ⑨	13	21	13	21	0	0	0	○
⑦ → ⑨	13	17	17	21	4	4	0	
⑧ → ⑨	15	17	19	21	4	4	0	
⑨ → ⑩	21	23	21	23	0	0	0	○

10

아래의 표를 보고 다음을 구하시오.

작업	작업일수	비고
① → ②	3	(1) 결합점에서는 다음과 같이 표시한다.
② → ③	3	
② → ④	4	
② → ⑤	5	
③ → ⑥	4	
④ → ⑥	6	
④ → ⑦	6	
⑤ → ⑧	7	
⑥ → ⑨	8	
⑦ → ⑨	4	(2) 주공정선은 굵은선으로 표시한다.
⑧ → ⑨	2	
⑨ → ⑩	2	

(1) 네트워크 공정표를 CPM 기법으로 작성하시오.
(2) 아래의 빈칸을 채우시오.

작업	EST	EFT	LST	LFT	TF	FF	DF	CP
① → ②								
② → ③								
② → ④								
② → ⑤								
③ → ⑥								
④ → ⑥								
④ → ⑦								
⑤ → ⑧								
⑥ → ⑨								
⑦ → ⑨								
⑧ → ⑨								
⑨ → ⑩								

해설

(1)

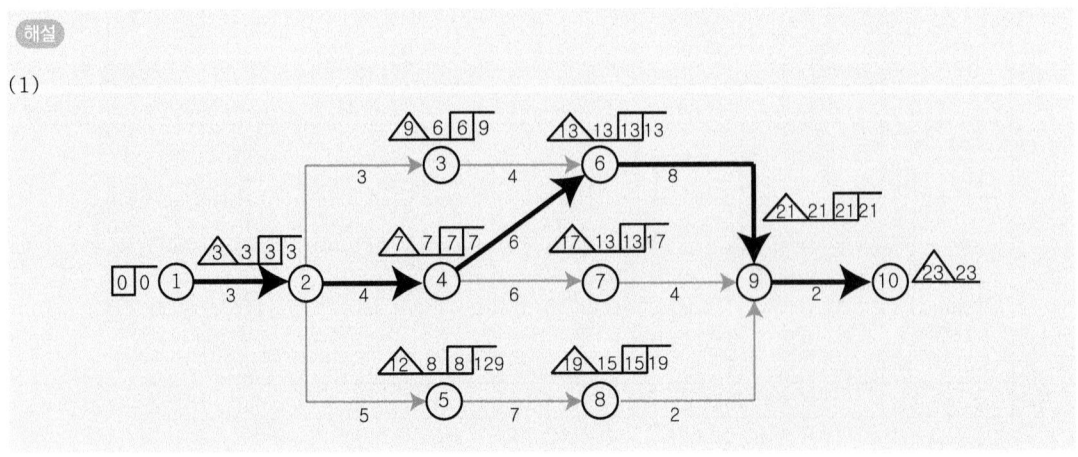

(2)

작업	EST	EFT	LST	LFT	TF	FF	DF	CP
① → ②	0	3	0	3	0	0	0	○
② → ③	3	6	6	9	3	0	3	
② → ④	3	7	3	7	0	0	0	○
② → ⑤	3	8	7	12	4	0	4	
③ → ⑥	6	10	9	13	3	3	0	
④ → ⑥	7	13	7	13	0	0	0	○
④ → ⑦	7	13	11	17	4	0	4	
⑤ → ⑧	8	15	12	19	4	0	4	
⑥ → ⑨	13	21	13	21	0	0	0	○
⑦ → ⑨	13	17	17	21	4	4	0	
⑧ → ⑨	15	17	19	21	4	4	0	
⑨ → ⑩	21	23	21	23	0	0	0	○

11

아래의 표를 보고 네트워크 공정표를 CPM기법으로 작성하시오.

작업	선행작업	작업일수	비고
A	–	2	(1) 결합점에서는 다음과 같이 표시한다.
B	–	4	
C		6	
D	A, B, C	12	
E	B, C	8	
F	C	4	(2) 주공정선은 굵은선으로 표시한다.

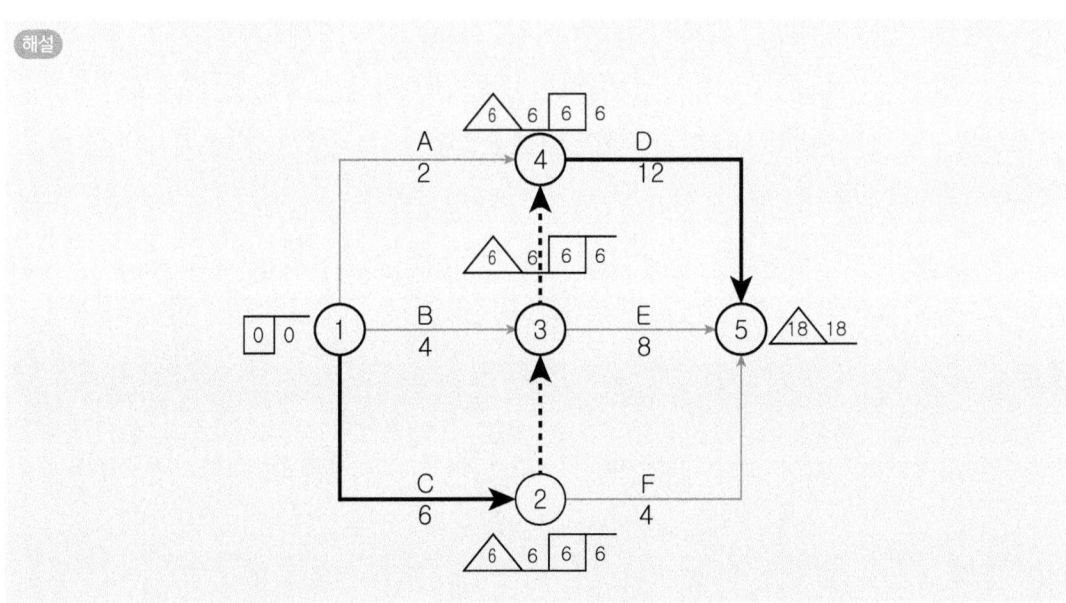

12

아래의 표를 보고 네트워크 공정표를 CPM기법으로 작성하시오.

작업	선행작업	작업일수	비고
A	–	6	(1) 결합점에서는 다음과 같이 표시한다.
B	–	10	
C	–	4	EST│LST 작업명 LFT\EFT
D	B	6	∫ ──소요일수──▶ ∫
E	A, B, C	8	
F	C	4	(2) 주공정선은 굵은선으로 표시한다.

해설

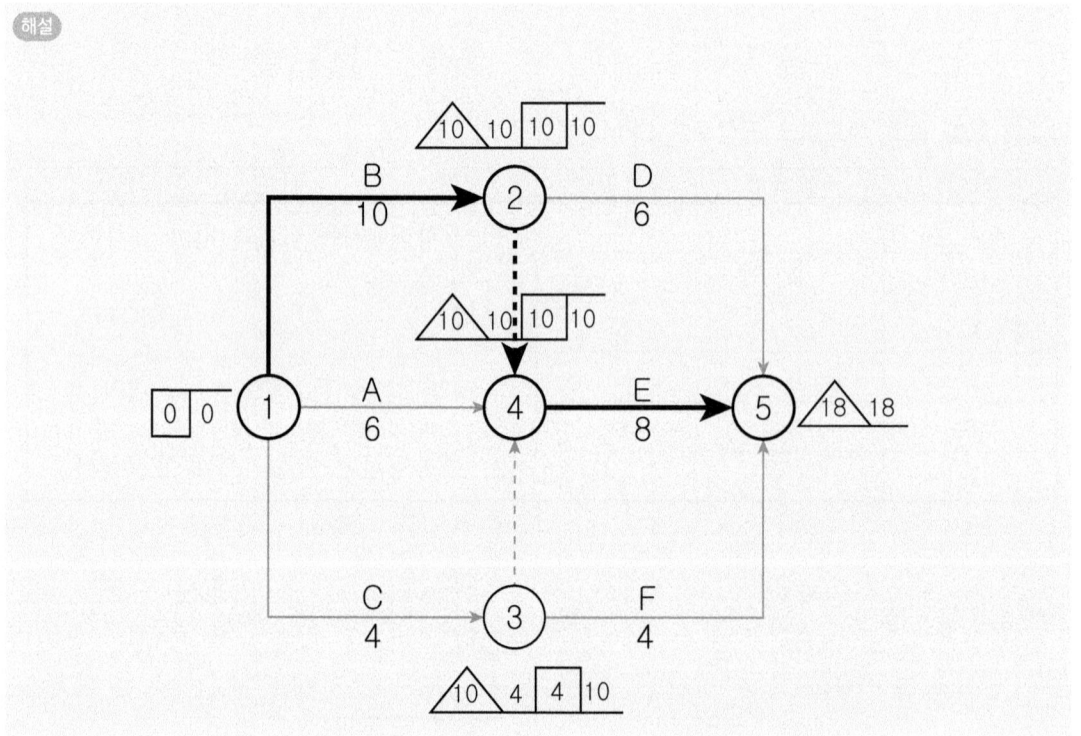

13

아래의 표를 보고 네트워크 공정표를 CPM기법으로 작성하시오.

작업	선행작업	작업일수	비고
A	–	4	(1) 결합점에서는 다음과 같이 표시한다.
B	–	10	
C	–	6	
D	A, B	8	
E	A, B	6	(2) 주공정선은 굵은선으로 표시한다.

해설

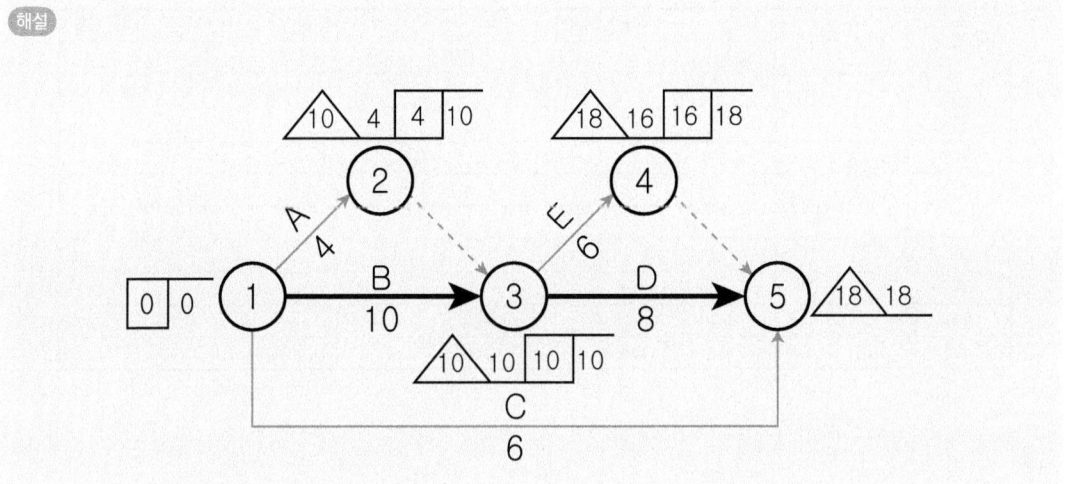

14

아래의 표를 보고 다음을 구하시오.

작업명	선행작업	표준상태		특급상태	
		일수	공비(만원)	일수	공비(만원)
A	–	12	300	10	330
B	A	8	500	4	560
C	A	8	180	6	200
D	B	6	250	4	300
E	B	4	500	4	540
F	C	14	300	10	360
G	C, D	10	200	6	220
H	E	8	150	7	180
I	F, G, H	4	300	3	330

(1) PERT기법으로 네트워크 공정표를 작성하고 주공정선은 굵은 선으로 표시하시오.
(2) 표준상태의 총 작업일수를 구하시오.
(3) 아래의 빈칸을 채우시오.

작업명	비용구매	작업시간				여유시간			주공정
		EST	EFT	LST	LFT	TF	FF	DF	CP
A									
B									
C									
D									
E									
F									
G									
H									
I									

해설

(1)

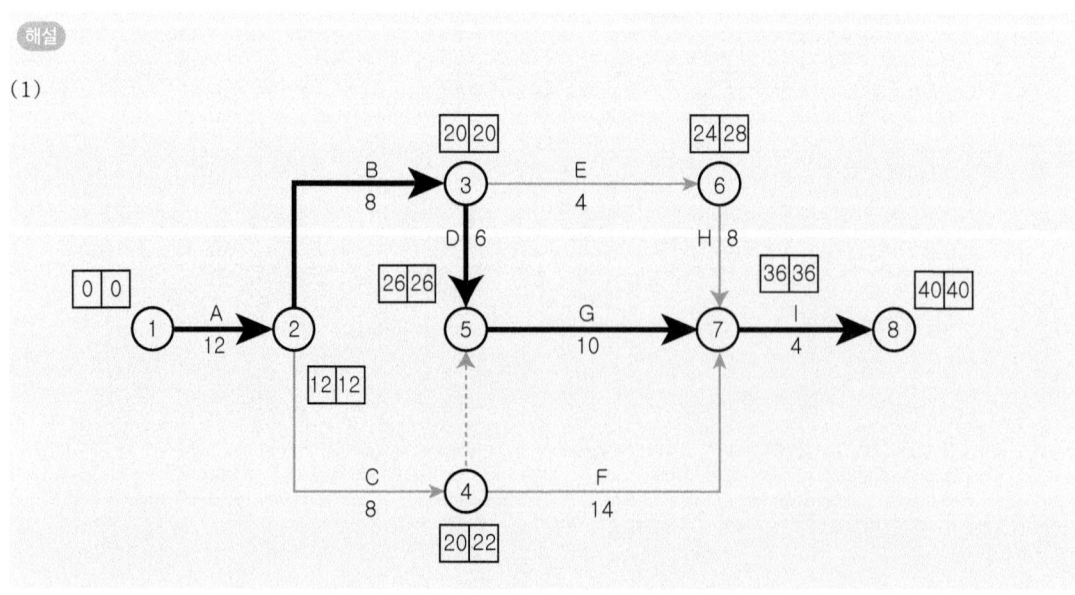

(2) 총 작업일수 : 12 + 8 + 6 + 10 + 4 = 40일
(3)

작업명	비용구매	작업시간				여유시간			주공정
		EST	EFT	LST	LFT	TF	FF	DF	CP
A	15	0	12	0	12	0	0	0	○
B	15	12	20	12	20	0	0	0	○
C	10	12	20	14	22	2	0	2	
D	25	20	26	20	26	0	0	0	○
E	불가능	20	24	24	28	4	0	4	
F	15	20	34	22	36	2	2	0	
G	5	26	36	26	36	0	0	0	○
H	30	24	32	28	36	4	4	0	
I	30	36	40	36	40	0	0	0	○

*비용구배 = $\dfrac{특급비용 - 표준비용}{표준시간 - 특급시간}$

15

아래의 표를 보고 다음을 구하시오.

작업명	선행작업	표준상태		특급상태	
		일수	공비(만원)	일수	공비(만원)
A	–	8	300	7	400
B	–	16	350	14	450
C	A	12	400	10	550
D	A	18	450	17	600
E	B,C	8	500	7	650
F	B,C	10	550	6	750
G	E	6	600	4	800
H	D,F	14	650	13	900

(1) PERT기법으로 네트워크 공정표를 작성하고 주공정선은 굵은 선으로 표시하시오.
(2) 아래의 빈칸을 채우시오.

작업명	비용구매	작업시간				여유시간			주공정
		EST	EFT	LST	LFT	TF	FF	DF	CP
A									
B									
C									
D									
E									
F									
G									
H									
I									

해설

(1)

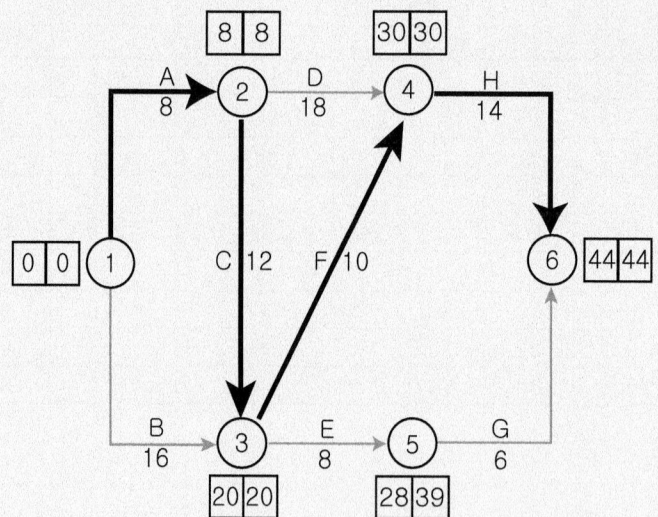

(2)

작업명	비용구배	작업시간				여유시간			주공정
		EST	EFT	LST	LFT	TF	FF	DF	CP
A	100	0	8	0	8	0	0	0	○
B	50	0	16	4	20	4	4	0	
C	75	8	20	8	20	0	0	0	○
D	150	8	26	12	30	4	4	0	
E	150	20	28	30	38	10	0	10	
F	50	20	30	20	30	0	0	0	○
G	100	28	34	38	44	10	10	0	
H	250	30	44	30	44	0	0	0	○

*비용구배 = $\dfrac{특급비용 - 표준비용}{표준시간 - 특급시간}$

16

아래의 표를 참고하여 PERT기법으로 네트워크 공정표를 작성하고 주공정선은 굵은 선으로 표시하시오.

작업명	활동	작업일수
A	① → ②	4
B	① → ③	10
C	② → ④	4
D	③ → ④	—
E	③ → ⑥	6
F	④ → ⑤	8
G	⑤ → ⑥	—
H	⑤ → ⑦	8
I	⑥ → ⑦	12

해설

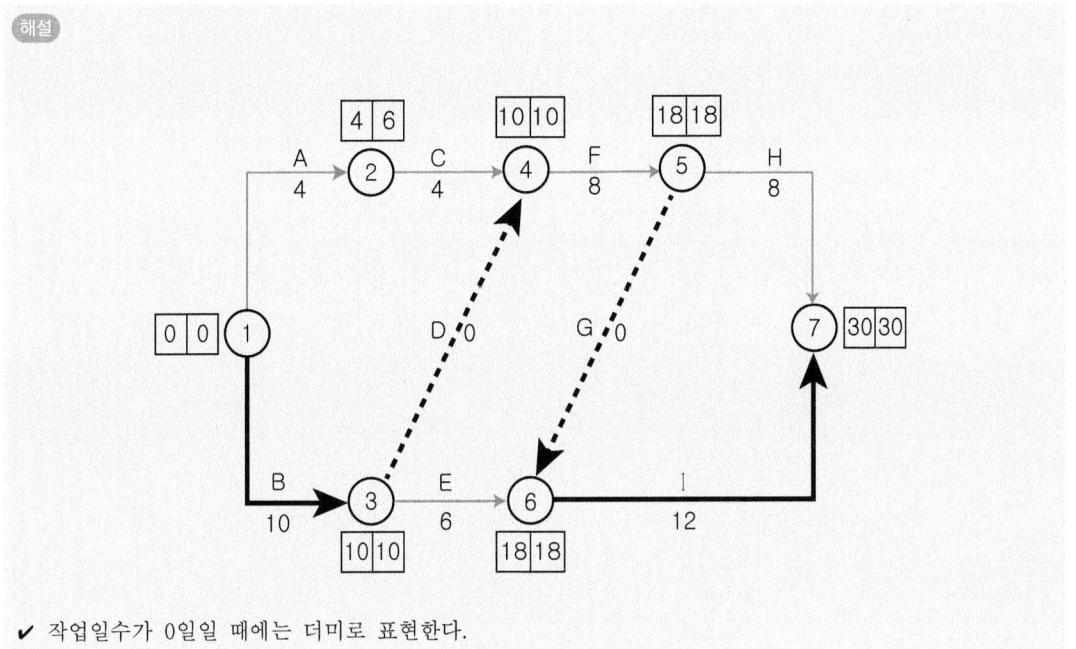

✓ 작업일수가 0일일 때에는 더미로 표현한다.

17

다음 아래와 같은 공사 계산서에서 총공사비를 구하시오.

구분			금액	구성비	비고
순공사원가	재료비	직접 재료비	170,003,759		
		간접 재료비 (작업실, 부산물 등)			
		소계	170,003,759	59.15%	
	노무비	직접 노무비	59,039,952		
		간접 노무비	43,234,581		
		소계	102,274,533	35.59%	
	경비	전력비			
		수도 광열비			
		운반비			
		기계경비	7,421,894		
		특허권사용료			
		기술료			
		연구개발비			
		품질관리비			
		가설비			
		지급임차료			
		보험료			
		복리후생비			
		보관비			
		외주가공비			
		안전관리비			
		소모품비			
		여비·교통비·통신비			
		세금과공과			
		폐기물처리비			
		도서인쇄비			
		지급수수료			
		환경보전비			
		보상비			
		안전점검비			
		건설근로자퇴직공제부금비			
		기타법정경비			
		소계	7,421,894	2.58%	
일반 관리비 (　)%			4,523,102	1.57%	
이윤 (　)%			3,183,295	1.11%	
총 원가					

총공사비(총원가) = 재료비+노무비+경비+일반 관리비+이윤
= 170,003,759 + 102,274,533 + 7,421,894 + 4,523,102 + 3,183,295
= 287,406,583원

18

다음 아래와 같은 공사 계산서에서 (1) 직접공사비, (2) 순공사비를 구하시오.

구분			금액	구성비	비고
순공사원가	재료비	직접 재료비	300,534,994		
		간접 재료비 (작업실, 부산물 등)			
		소계	300,534,994	83.97%	
	노무비	직접 노무비	41,412,523		
		간접 노무비	8,282,505		직접노무비의 20%
		소계	49,695,028	13.89%	
	경비	전력비			
		수도 광열비			
		운반비			
		기계경비	4,124,522		
		특허권사용료			
		기술료			
		연구개발비			
		품질관리비			
		가설비			
		지급임차료			
		보험료			
		복리후생비			
		보관비			
		외주가공비			
		안전관리비			
		소모품비			
		여비·교통비·통신비			
		세금과공과			
		폐기물처리비			
		도서인쇄비			
		지급수수료			
		환경보전비			
		보상비			
		안전점검비			
		건설근로자퇴직공제부금비			
		기타법정경비			
		소계	4,124,522	1.15%	
일반 관리비 ( )%			2,411,523	0.67%	
이윤 ( )%			1,124,634	0.32%	
총 원가			357,890,701	100%	

해설

(1) 직접공사비 = 직접재료비 + 직접노무비 + 기계경비
    = 300,534,994 + 41,412,523 + 4,124,522 = 346,072,039원
(2) 순공사비 = 재료비 + 노무비 + 경비
    = 300,534,994 + 49,695,028 + 4,124,522 = 354,354,544원

19

이중 열교환기에서 외관의 고온 유체가 입구에서 120℃, 출구에서 105℃이며 저온 유체가 내관에서 입구에서 30℃, 출구에서 85℃일 때 다음을 구하시오.

(1) 병류일 때의 대수 평균 온도차 [℃]
(2) 향류일 때의 대수 평균 온도차 [℃]

해설

(1) $\Delta t_1 = 120 - 30 = 90℃$, $\Delta t_2 = 105 - 85 = 20℃$

$$\therefore \Delta t_m = \frac{\Delta t_1 - \Delta t_2}{\ln\frac{\Delta t_1}{\Delta t_2}} = \frac{90 - 20}{\ln\frac{90}{20}} = 46.54℃$$

(2) $\Delta t_1 = 120 - 85 = 35℃$, $\Delta t_2 = 105 - 30 = 75℃$

$$\therefore \Delta t_m = \frac{\Delta t_1 - \Delta t_2}{\ln\frac{\Delta t_1}{\Delta t_2}} = \frac{35 - 75}{\ln\frac{35}{75}} = 52.48℃$$

20

그림과 같은 이중 열교환기에서 대향류(향류)일 때의 대수 평균 온도차[℃]를 구하시오.

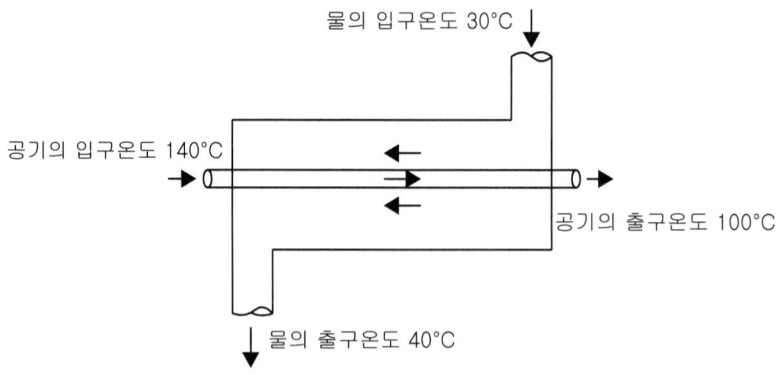

해설

$\Delta t_1 = 140 - 40 = 100℃$, $\Delta t_2 = 100 - 30 = 70℃$

$$\therefore \Delta t_m = \frac{\Delta t_1 - \Delta t_2}{\ln\frac{\Delta t_1}{\Delta t_2}} = \frac{100 - 70}{\ln\frac{100}{70}} = 84.11℃$$

21

그림과 같은 이중 열교환기에서 평행류(병류)일 때의 대수 평균 온도차[℃]를 구하시오.

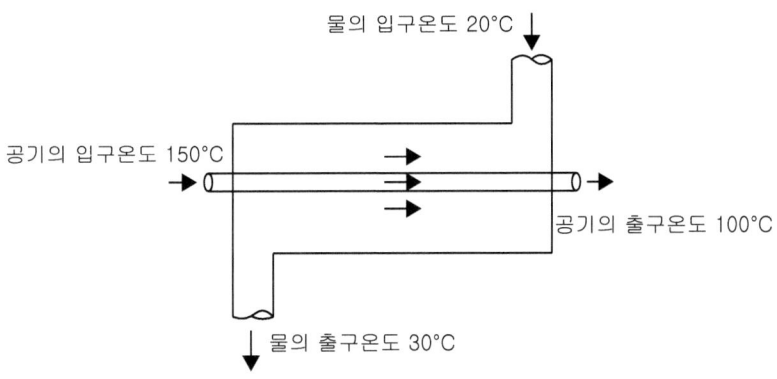

해설

$\Delta t_1 = 150 - 20 = 130℃$, $\Delta t_2 = 100 - 30 = 70℃$

$\therefore \Delta t_m = \dfrac{\Delta t_1 - \Delta t_2}{\ln \dfrac{\Delta t_1}{\Delta t_2}} = \dfrac{130 - 70}{\ln \dfrac{130}{70}} = 96.92℃$

22

이중 열교환기에서 외관의 고온 유체가 입구에서 $120℃$, 출구에서 $105℃$이며 저온 유체가 내관에서 입구에서 $30℃$, 출구에서 $85℃$일 때 대수온도평균차[평행류(병류)]를 통한 시간당 열전달률 $[kcal/hr]$을 구하시오.
(단, 총괄 열전달 계수 $25 kcal/m^2 \cdot hr \cdot ℃$, 열전달 면적 $5.11 m^2$이다.)

해설

$\Delta t_1 = 120 - 30 = 90℃$, $\Delta t_2 = 105 - 85 = 20℃$

$\Delta t_m = \dfrac{\Delta t_1 - \Delta t_2}{\ln \dfrac{\Delta t_1}{\Delta t_2}} = \dfrac{90 - 20}{\ln \dfrac{90}{20}} = 46.54℃$

$\therefore Q = kA\Delta t_m = 25 \times 5.11 \times 46.54 = 5945.49 kcal/hr$

23

이중 열교환기에서 외관의 고온 유체가 입구에서 950℃, 출구에서 220℃이며 저온 유체가 내관에서 입구에서 35℃, 출구에서 80℃일 때 대수온도평균차[평행류(병류)]를 통한 시간당 열전달률 $[kcal/hr]$을 구하시오.
(단, 총괄 열전달 계수 $k = 5.5 kcal/m^2 \cdot hr \cdot ℃$, 열전달 면적 $A = 3.3 m^2$이다.)

해설

$\Delta t_1 = 950 - 35 = 915℃, \Delta t_2 = 220 - 80 = 140℃$

$\Delta t_m = \dfrac{\Delta t_1 - \Delta t_2}{\ln \dfrac{\Delta t_1}{\Delta t_2}} = \dfrac{915 - 140}{\ln \dfrac{915}{140}} = 412.83℃$

$\therefore Q = kA\Delta t_m = 5.5 \times 3.3 \times 412.83 = 7492.86 kcal/hr$

24

이중 열교환기에서 외관의 고온 유체가 입구에서 120℃, 출구에서 105℃이며 저온 유체가 내관에서 입구에서 30℃, 출구에서 85℃이라고 한다. 병류일 때 보다 향류일 때 대수 온도 평균차가 몇 배 더 큰가?

해설

병류 : $\Delta t_1 = 120 - 30 = 90℃, \Delta t_2 = 105 - 85 = 20℃$

$\Delta t_m = \dfrac{\Delta t_1 - \Delta t_2}{\ln \dfrac{\Delta t_1}{\Delta t_2}} = \dfrac{90 - 20}{\ln \dfrac{90}{20}} = 46.54℃$

향류 : $\Delta t_1 = 120 - 85 = 35℃, \Delta t_2 = 105 - 30 = 75℃$

$\Delta t_m = \dfrac{\Delta t_1 - \Delta t_2}{\ln \dfrac{\Delta t_1}{\Delta t_2}} = \dfrac{35 - 75}{\ln \dfrac{35}{75}} = 52.48℃$

$\therefore \dfrac{52.48℃}{46.54℃} = 1.13$배 더 크다.

25

이중 열교환기의 공기의 입구온도 30℃, 출구온도 15℃ 그리고 물의 입구온도 10℃, 출구온도 13℃일 때 대수온도평균차[평행류(병류)]를 통한 시간당 열전달률[$kcal/hr$]을 구하시오.
(단, 총괄 열전달 계수 $k = 800 kcal/m^2 \cdot hr \cdot ℃$, 열전달 면적 $A = 93 m^2$이다.)

(1) 이중 열교환기가 평행류일 때 열교환량 [$kcal/hr$]
(2) 이중 열교환기가 대향류일 때 열교환량 [$kcal/hr$]
(3) 대향류와 평행류의 열교환량 차이 [$kcal/hr$]

해설

(1) $\Delta t_1 = 30 - 10 = 20℃$, $\Delta t_2 = 15 - 13 = 2℃$

$$\Delta t_m = \frac{\Delta t_1 - \Delta t_2}{\ln\frac{\Delta t_1}{\Delta t_2}} = \frac{20 - 2}{\ln\frac{20}{2}} = 7.82℃$$

$\therefore Q = kA\Delta t_m = 800 \times 93 \times 7.82 = 581808 kcal/hr$

(2) $\Delta t_1 = 30 - 13 = 17℃$, $\Delta t_2 = 15 - 10 = 5℃$

$$\Delta t_m = \frac{\Delta t_1 - \Delta t_2}{\ln\frac{\Delta t_1}{\Delta t_2}} = \frac{17 - 5}{\ln\frac{17}{5}} = 9.81℃$$

$\therefore Q = kA\Delta t_m = 800 \times 93 \times 9.81 = 729864 kcal/hr$

(3) $Q = 729864 - 581808 = 148056 kcal/hr$

14

건설기계설비 이론

14-1. 유체기계의 기본

14-2. 수력기계(펌프)

14-3. 수력기계(수차)

14-4. 공기기계

14-5. 건설용 굴착기계

14-6. 건설용 크레인, 적재 및 운반기계

14-7. 건설용 다짐, 포장 및 준설기계

14-8. 건설용 항타기, 항발기 및 기타 건설기계

14-9. 플랜트 배관 재료

14-10. 플랜트 배관 이음 및 지지

14-11. 플랜트 배관 공작

14-12. 플랜트 배관 도시 및 급수

14-13. 플랜트 배관 시험

Chapter 14

건설기계설비 이론

14-1 유체기계의 기본

1. **유체커플링**의 주요 구성요소는 회전차(=펌프, 임펠러), 깃차(=수차, 러너), 케이싱, 코어링이 있다.

2. **토크컨버터**의 주요 구성요소는 회전차(=펌프, 임펠러), 깃차(=수차, 러너), 안내깃(=스테이터)가 있다.

3. 토크 컨버터의 특성 곡선

   ① 속도비 0에서 토크비가 가장 크다.
   ② 속도비가 증가하면 효율은 일정부분 증가하다가 다시 감소한다.
   ③ 토크비가 1이 되는 점을 클러치 점(clutch point)이라고 한다.
   ④ 토크 컨버터의 최고 효율은 약 90%를 미치지 못한다.
   ✔ 유체 커플링의 효율 97%에 비해 다소 낮다.
   ⑤ 동력 손실은 열에너지로 전환되어 작동 유체의 온도 상승에 영향을 미친다.
   ⑥ 유체 커플링과는 달리 입력축과 출력축의 토크차를 발생하게 하는 장치이다.

14-2 수력기계(펌프)

1. **터보형 펌프**는 원심펌프, 사류펌프, 축류펌프 3가지로 나누어진다.

2. 원심펌프의 분류

   (1) 단의 수에 따라 분류

   ① 단단펌프 : 회전차(임펠러)가 1개만 있는 펌프(저양정에서 사용)

   ② 다단펌프 : 1개의 축에 회전차(임펠러)를 여러개 장치하여 순서대로 압력을 증가시키는 펌프(고양정에서 사용)

(2) 안내깃의 유무에 따라 분류

① 볼류트 펌프 : 안내깃이 없는 펌프(저양정에서 사용)

② 터빈 펌프(=디퓨저 펌프) : 안내깃이 있는 펌프(고양정에서 사용)

(3) 케이싱에 의한 분류 : 원통형, 베럴형, 분할형, 상하분할형

3. 실속(stall) 현상 : 익형의 영각 증가에 따라 양력계수가 직선적으로 증가하여 최대 값에 달한 후 급격히 감소하는 현상.

4. 종횡비(aspect ratio) : 익폭과 익현의 길이의 비

5. 공동현상(=캐비테이션)
펌프 회전차나 동체 속에 흐르는 압력이 국소적으로 저하하여 그 액체의 포화 증기압 이하로 떨어져 발생하는 현상(기포가 발생하는 현상). 주로, 회전차 날개의 입구를 조금 지나 날개의 이면(back)에서 일어난다.

6. 공동현상(=캐비테이션) 발생 원인

① 배관 속 유체 및 배관의 온도가 높은 경우
② 임펠러의 회전 속도가 너무 큰 경우
③ 흡입 관경이 너무 작은 경우
④ 펌프의 마찰 손실이 큰 경우
⑤ 유량이 크고 배관의 길이가 긴 경우

7. 공동현상(=케비테이션) 방지대책

① 흡입관은 가능한 짧게 한다.
② 펌프의 설치높이를 최소로 낮게 설정하여 흡입양정을 짧게 한다.
③ 회전차를 수중에 완전히 잠기게 하여 운전한다.
④ 편흡입 보다는 양흡입 펌프를 사용한다.
⑤ 펌프의 회전수를 낮추어 흡입 비속도를 적게한다.
⑥ 마찰저항이 적은 흡입관을 사용한다.
⑦ 배관을 경사지게 하지 말고 완만하고 짧은 것을 사용한다.
⑧ 필요유효흡입수두를 작게 하거나 가용유효흡입수두를 크게 하여 방지한다.

8. 수격작용(water hammering)

유체의 움직임이 변화함에 따라 순간적인 압력으로 인해 관 내부에 소음과 충격을 발생시키는 현상이며, 펌프특성범위를 제 1기간(압력강하), 제동특성범위를 제 2기간(압력상승)이라 한다.

9. 수격작용 발생원인

① 관경이 작을 경우
② 유속이 빠를 경우
③ 플러시밸브나 수전류를 급격히 열고 닫을 경우
④ 굴곡 개소가 많을 경우

10. 수격작용 방지대책

① 펌프에 플라이 휠을 붙여 펌프의 관성을 증가시킨다.
② 펌프가 급정지 하지 않도록 한다.
③ 토출 관로에 서지탱크 또는 서지밸브를 설치한다.
④ 토출배관은 가능한 큰 구경을 사용하여 관내의 유속을 낮춘다.
⑤ 밸브는 송출구 가까이 설치하여 제어한다.
⑥ 서지탱크(조압수조)를 관로에 설치한다.

11. 서징현상(=맥동현상)

펌프, 송풍기 등이 운전 중에 한숨을 쉬는 것과 같은 상태가 되어, 펌프인 경우 입구와 출구의 진공계, 압력계의 바늘이 흔들리고 동시에 송출유량이 변화하는 현상

12. 서징현상(=맥동현상) 발생 원인

① 펌프의 특성곡선($H-Q$곡선)이 우향상승(산형) 구배일 때
② 배관 중에 물탱크나 공기탱크가 있는 경우
③ 유량조절 밸브가 탱크의 뒤쪽에 있는 경우

13. 서징현상(=맥동현상) 방지대책

① 유량 조절 밸브를 펌프 토출 측 직후에 설치한다.
② 배관 중에 수조 또는 기체 상태인 부분이 없도록 한다.
③ 펌프의 양수량을 증가시키거나 임펠러의 회전수를 변경한다.

14. 축추력(axial thrust)

　　터보형 유체기계의 회전 부분에 작용하는 힘에 의하여 생기는 축 방향의 힘

15. 축추력의 방지대책

　　① 평형원판, 평형공, 웨어링 링을 설치한다.
　　② 스러스트 베어링을 사용한다.
　　③ 양흡입형 회전차를 사용한다.
　　④ 자기평형 방식의 회전차를 반대 방향으로 배치한다.
　　⑤ 후면측벽에 방사상의 리브를 설치한다.
　　⑥ 밸런스 홀을 설치한다.

16. **용적형 펌프**는 왕복식 펌프, 회전식 펌프, 특수형 펌프 3가지로 나누어진다.

17. **왕복식 펌프**는 버킷 펌프, 피스톤 펌프, 플런저 펌프 3가지로 나누어진다.

18. **왕복식 펌프의 주요 구성요소**

　　① 공기실 : 왕복식 펌프의 유량변동을 평균화 시키는 역할
　　② 풋밸브 : 운전이 정지되더라도 흡입관 내에 물이 역류하는 것을 방지
　　③ 스트레이너 : 물속에 불순물이 들어가는 것을 방지

19. **회전식 펌프**는 재생펌프, 기어펌프, 베인펌프, 나사펌프 4가지로 나누어진다.

20. **특수형 펌프**는 기포펌프, 분사펌프(제트펌프), 진공펌프, 수격펌프 4가지로 나누어진다.

14-3　수력기계(수차)

1. **펠톤수차**는 충격수차(=충동수차)의 종류 중 하나로 물의 송출 방향은 접선방향이다.

2. **전향기(deflector)**를 설치하는 목적은 수격작용 방지이다.

3. **니들밸브(needle valve)**를 설치하는 목적은 유량조절이다.

4. **반동수차**는 대표적으로 프란시스수차, 프로펠러수차, 카플란수차 3개의 종류로 나누어진다.

5. **흡출관의 특징**

    ① 흡출관은 회전차에서 나온 물이 가진 속도수두와 방수면 사이의 낙차를 유효하게 이용하기 위해 사용한다.
    ② 캐비테이션을 일으키지 않기 위해서 흡출관의 높이는 일반적으로 $7m$ 이하로 한다.
    ③ 흡출관 입구의 속도가 빠를수록 흡출관의 효율은 커진다.
    ④ 흡출관의 종류는 원심형($\eta=90\%$), 무디형($\eta=85\%$), 엘보형($\eta=60\%$)이 있다.

6. **프란시스 수차의 분류 중 spiral(구조상) 형식**

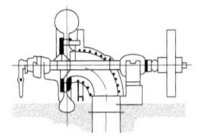 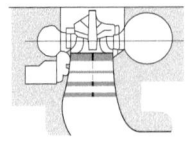 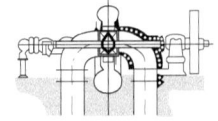 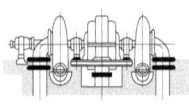

① 횡축 단류 단사형   ② 입축 단류 단사형   ③ 횡축 단류 복사형   ④ 횡축 이류 단사형

7. 안내깃을 설치하는 목적은 유량조절이다.

8. **프로펠러 수차**는 날개가 고정된 형식이고 카플란 수차는 가동 날개형이 있는 형식이다.

9. **양수식(=펌프양수식)**

    회전차를 정방향과 역방향으로 자유롭게 변경하여 펌프의 작용도 하고, 수차의 역할도 하는 펌프 수차(pump-turbine)가 주로 이용되며, 고낙차 및 소유량을 이용한다.
    주로 원가가 낮은 심야의 여유 있는 전력으로 펌프를 돌려 저수지에 물을 올려놓았다가 전력을 필요로 할 때 다시 발전하여 사용한다.

10. **수차에서 캐비테이션이 발생하기 쉬운 부분**

    ① 펠톤수차에서 노즐의 팁(tip) 부분과 버킷의 릿지(ridge)선단 부분
    ② 프로펠러수차에서 회전차 바깥둘레의 깃 이면 부분
    ③ 비속도가 100이하의 프란시스수차에서의 깃 입구쪽의 이면 부분

11. 수차의 비교회전도(n_s)

① 펠톤수차 : n_s=8~30(고낙차)

② 프란시스수차 : n_s=40~350(중낙차)

③ 프로펠러수차 : n_s=400~800(저낙차)

12. 무구속 속도(Run away speed)

① 펠톤수차의 무구속 속도는 정격 속도의 1.8~1.9배이다.

② 프란시스수차의 무구속 속도는 정격 속도의 1.6~2.2배이다.

③ 프로펠러수차의 무구속 속도는 정격 속도의 2~2.5배이다.

14-4 공기기계

1. 공기기계의 압력상승범위 비교

① 팬(fan) : $10kPa$ 미만$(=0.1kg_f/cm^2$미만$)$

② 송풍기(blower) : $10~100kPa$ 미만$(=0.1kg/cm^2~1kg_f/cm^2)$

③ 압축기(compressor) : $100kPa$ 이상$(=0.1kg_f/cm^2$이상$)$

2. 다익 팬(=시로코 팬)의 특징

① 회전차의 깃이 회전방향으로 경사되어 있다.
② 익현의 길이가 짧다.
③ 풍량이 많다.
④ 깃 폭이 넓은 깃을 다수 부착한다.

3. 회전축의 방향에 따른 풍차의 분류

① 수평축 풍차 : 프로펠러형, 네덜란드형, 다익형, 그리스형, 1~3형 블레이드
② 수직축 풍차 : 다리우스형, 사보니우스형, 패들형, 크로스프로형

4. 프로펠러 풍차에서 이론효율이 최대로 되는 조건

$V_2 = \dfrac{V_0}{3}$ 여기서 $\begin{cases} V_2 : \text{풍차후류의 풍속} \\ V_0 : \text{풍속} \end{cases}$

5. 회전 압축기는 루츠 압축기, 가동익 압축기, 나사 압축기 3가지로 나누어진다.

6. 저진공 펌프의 종류

   ① 왕복형 진공펌프
   ② 루츠형 진공펌프(=부스터 진공펌프)
   ③ 액봉형 진공펌프(=Nush type)
   ④ 유회전(오일회전) 진공펌프 : 게데(Gaede)형, 키니(Kinney)형, 센코(Cenco)형이 있다.
   ⑤ 드라이 진공펌프
   ⑥ 섭션 진공펌프
   ⑦ 벤츄리 진공펌프

7. 고진공 펌프의 종류

   ① 확산 펌프
   ② 터보분자 펌프
   ③ 크라이오 펌프

8. 압축기 효율의 종류

   ① 단열효율
   ② 등온효율
   ③ 폴리트로픽효율

14-5 건설용 굴착기계

1. 굴착기계의 종류로는 도저, 스크레이퍼, 모터그레이더, 셔블계 굴착기가 있다.

2. 도저 : 트랙터에 블레이드를 부착하고 10~100M 이내의 경제적인 작업거리에서 작업한다. 도저의 3대 작업은 굴토, 송토, 확토이며, 규격은 자체중량(ton 또는 kg) 으로 표시한다.

3. 도저의 동력전달순서

   엔진 → 클러치 → 변속기 → 베벨기어 → 조향 클러치(스티어링 클러치) → 최종 감속기어(파이널 드라이브 기어) → 스프로킷 → 트랙

4. 도저의 구조

   ① 캐리어 롤러(상부 롤러) : 프론트 아이들러와 스프로킷 사이에 1~2개가 설치되어 트랙이 밑으로 처지지 않도록 받쳐주며, 트랙의 회전 위치를 정확히 유지하는 일을 한다.

   ② 트랙 롤러(하부 롤러) : 트랙 프레임에 4~7개 정도 설치되며 도저의 전체 중량을 지지하고, 전체 중량을 트랙에 균등하게 분배 해주며 트랙의 회전 위치를 정확히 유지하는 일을 한다.

   ③ 프론트 아이들러(트랙 아이들러, 전부 유도륜) : 스프로킷에 의해 회전하는 앞바퀴 이며 트랙 프레임의 앞 쪽에 설치되어 프레임 위에서 미끄럼 운동을 할 수 있는 요크(yoke)에 해서 장착되어 있다. 주 기능은 트랙의 진로를 조정하면서 트랙을 유도하며 진행 방향을 유도한다.

   ④ 리코일 스프링 : 안쪽 스프링과 바깥쪽 스프링의 이중으로 된 구조이며, 주행 중 프론트 아이들러가 받는 충격을 완화시켜 차체 파손을 방지해 준다.

   ⑤ 환향 클러치(조향 클러치) : 베벨 기어의 동력을 스프로킷으로 전달 및 차단하여 도저의 진행방향을 바꿔주는 역할을 한다.

   ⑥ 조향 브레이크 : 두 개의 페달에 의해 적용되며, 페달을 밟으면 브레이크 밴드가 조향 클러치 수동 드럼의 바깥쪽을 수축하여 스프로킷의 회전을 정지 시킴으로써 도저를 정지하거나 진행방향을 바꿔주는 역할을 한다.

   ⑦ 최종 구동 기어 : 조향 클러치로부터 동력을 받아 최종적으로 엔진의 동력을 감속하여 구동력을 증대시켜 스프로킷으로 전달하는 기어이다.

⑧ 스프로킷(구동) : 최종 구동 기어로부터 동력을 받아 트랙을 구동한다.

⑨ 타이 로드 : 조향력을 바퀴에 전달하여 바퀴의 토(toe) 값을 조장 가능하다.

⑩ 트랙 : 링크, 핀, 부싱 및 트랙 슈 등으로 구성되어 있고, 프런트 아이들러, 상·하부 롤러, 스프로킷에 감겨 있으며 스프로킷에서 동력을 받아 구동하게 된다.
이 트랙은 무한 궤도식(크롤러형)과 타이어식(휠형)으로 구분된다.

ⓐ 무한궤도식(크롤러형) : 접지면적이 넓고 접지압력($0.5 kg_f/cm^2$)이 낮아 습지, 모래밭과 같은 연약 지반에서 작업이 가능하며 견인력과 등판능력이 커 험지작업이 가능하다. 또한 수중 작업이 가능하나, 기동성이 낮아 장거리 이동 시 트레일러를 이용해야 한다.

ⓑ 타이어식(휠형) : 주행속도가 $30 \sim 40 km/h$ 정도로 기동성이 좋고 포장된 도로의 주행이 가능하나, 견인력이 적고 접지압력($2.5 \sim 3.0 kg_f/cm^2$)이 커서 습지, 모래밭 및 험지 등의 작업을 할 수 없다.

항목	무한궤도식(크롤러형)	타이어식(휠형)
작업속도 및 기동성	느리다	빠르다
토질의 영향	적다	크다
연약지반 및 경사지작업	용이하다	곤란하다
작업의 안정성	안정	조금 떨어지는 편
등판 및 견인능력	크다	작다
작업거리의 영향	크다	적다
접지압 = $\dfrac{차체총중량(W)}{접지면적(A)}$	$0.5 kg_f/cm^2$	$2.5 kg_f/cm^2$

5. 블레이드(삽날) 설치방식에 의한 분류

① 불도저(=스트레이트 도저) : 트랙터 앞 부분에 블레이드를 90도로 부착한 것이며, 블레이드를 상하 조종하면서 작업을 수행할 수 있다. 또한 블레이드를 앞뒤로 10도 정도 변화각을 줄 수 있으나 상하 및 좌우로는 변화각을 줄 수 없다. 불도저의 주 작업은 직선 송토, 굴토작업 및 거친 배수로 매몰작업 등이 있다. 또한 블레이드를 변경할 수 없다는 특징을 가지고 있다.

② 앵글 도저 : 트랙터의 빔을 기준으로 하여 블레이드를 좌우로 20도~30도 정도 변화각을 줄 수 있어 토사를 한 쪽 방향으로 밀어낼 수 있다. 불도저나 틸트 도저보다 블레이드 길이가 길고 폭이 좁은 특징을 가지며 주 작업은 매몰작업, 산허리 깎기(=측능절단), 지균 작업 등이다.

③ 틸트 도저 : 수평면을 기준으로 하여 블레이드를 좌우로 15cm ~ 30cm 정도 기울일 수 있어 블레이드의 한 쪽 끝 부분에 힘을 집중시킬 수 있다. 주 작업은 V형 배수로 굴삭, 나무뿌리 뽑기, 바위 굴리기, 언 땅 및 굳은 땅 파기 등이다.

④ U형 도저 : 블레이드 좌우를 U자형으로 되어있는 것이며, 블레이드가 대용량이므로 나무조각, 석탄, 부드러운 흙 등 비교적 비중이 적은 것의 운반처리에 적합하다.

⑤ 습지 도저 : 트랙 슈가 삼각형으로 된 것이며, 접지압력이 $0.1~0.3kg_f/cm$이다. 습지용 슈는 접지면적을 크게하는 특징을 가지고 있다.

⑥ 레이크 도저 : 블레이드 대신에 갈퀴(레이크)를 설치하고 나무 뿌리 및 잡목을 제거하는데 사용하며, 암석을 굴착할 때도 사용한다.

⑦ 트리밍 도저 : 블레이드 변경이 가능하며 좁은 장소에서 설탕, 소금, 곡물, 철광석, 광물, 석탄 등을 내밀거나 긁어 모을 때 효과적이다.

⑧ 힌지 도저 : 제설 및 토사 운반용으로 다량의 흙을 운반하는데 적합하다.

⑨ 백호 : 백호가 서있는 곳보다 낮은 곳의 굴착에 주로 쓰이며 수중굴착도 가능하다. 파워 셔블과 같이 단단한 지반의 토질에서도 굴착 정형이 가능하다는 특징을 가지고 있다.

⑩ 유압 리퍼 : 트랙터의 뒷 부분에 장치하여 유압으로 조작하는 도저의 부속장치이며 굳고 단단한 지반에서 블레이드로는 굴착이 곤란한 지반이나 포장의 분쇄, 뿌리 뽑기 등에 이용된다.

6. 브레이크 라이닝의 구비 조건

① 마찰계수가 커야 한다.
② 페이드 현상에 견딜 수 있어야 한다.
③ 불쾌음 및 소음의 발생이 없을 것
④ 내마모성이 우수할 것

7. 스크레이퍼의 규격은 볼(bowl)의 용량(m^3)으로 표시한다.

8. 스크레이퍼 종류 비교

모터 스크레이퍼 (=자주식 스크레이퍼)	견인식 스크레이퍼 (=비자주식 스크레이퍼)
이동속도가 빠르다.	이동속도가 느리다.
작업범위가 넓다. ($500 \sim 1500m$)	작업범위가 좁다. ($50 \sim 500m$)
험난지 작업이 곤란. 굴토력 작다.	험난지 작업이 가능. 굴토력 크다.
스스로 동력을 내어 이동한다.	트랙터 또는 도저를 이용하여 견인하여 이동한다.
볼의 용량이 크다. ($10 \sim 20m^3$)	볼의 용량이 크다. ($6 \sim 9m^3$)

9. 모터 그레이더

규격 표시는 블레이드(=삽날, 배토판)의 길이[m]로 표시하며, 주요작업은 제설작업, 살포작업, 측구작업, 정형작업, 절삭작업, 지균작업, 도로구축 작업, 도로유지, 보수작업 등에 사용한다. 특이하게 차동기구가 없는데 이유는 작업 시 직진성을 좋게하여 정밀도와 능률을 높이기 위해서이다.

10. 스캐리파이어=(쇠스랑)의 절삭각도

① 최소($51 \sim 60°$) : 부드러운 흙에 자그마한 돌들이 섞인 도로의 굴삭 작업할 때
② 보통(=표준, $60 \sim 66°$) : 자갈이 많이 섞인 건조 포장도로의 굴삭 작업할 때
③ 최대($66 \sim 86°$) : 아스팔트 도로의 굴삭 작업할 때

11. 리닝 장치(=앞바퀴 경사 장치)

모터 그레이더는 차동 기어 장치가 없어 회전 반경이 커지는 단점을 보완하기 위하여 좌우 $20 \sim 30°$의 앞바퀴 경사를 주어 회전 반경을 작게하여 선회를 용이하게 한다.

12. 탠덤 드라이브 장치

4개의 뒷바퀴를 구동하여 최대 견인력을 주며, 최종 감속 작용을 한다. 그레이더 본체의 상하좌우 움직임에도 수평 작업이 가능하다. 기어 오일을 사용하며 상하로 움직여 그레이더의 균형을 유지하는 모터 그레이더의 최종감속 장치이며, 차량의 직진성도 좋으며 완충작용도 한다.

13. 셔블계 굴착기의 규격은 작업가능상태의 중량[ton]으로 표시한다.

14. 셔블계 굴착기의 주요장치 3가지

   ① 작업장치(=전부장치)
   ② 상부 회전체
   ③ 하부 주행장치(=하부 구동체)

15. 굴착기 상부 프레임지지 장치의 종류 3가지

   ① 롤러식   ② 볼 베어링식   ③ 포스트식

16. 굴착기의 주행장치에 따른 분류

   ① 크롤러형(무한궤도식) [주행속도 : 3.2km/hr, 등판능력 : 30%]

   ⓐ 기복이 심한 곳에서 작업이 쉽다.
   ⓑ 습지, 사지, 연약지에서 작업하는데 유리하다.
   ⓒ 큰 견인력을 가지고 있다.

   ② 휠형(타이어식) [주행속도 : 40km/hr, 등판능력 25%]

   ⓐ 습지나 사지 등의 작업이 곤란하다.
   ⓑ 장거리 이동이 쉽고 기동성이 좋다.
   ⓒ 변속 및 주행 속도가 빠르다.
   ⓓ 작업능률이 크롤러형보다 30~35% 높다.

   ③ 트럭탑재형 [주행속도 : 60km/hr]

   ⓐ 트럭에 굴착기를 탑재하여 작업하는 형식이다.
   ⓑ 주로 소형으로만 이용한다.
   ⓒ 작업능률이 좋지 않은 편이다.

17. 굴착기의 조작방법에 따른 분류

   ① 공기식   ② 전기식   ③ 수동식   ④ 유압식

18. 굴착기의 전부 장치(=프런트 어태치먼트)

① 백호(성능표시 : 버킷의 용량($6m^3$)으로 표시한다.)
본체의 작업 위치보다 낮은 굴착에 쓰이고 공사장 지하 및 도랑파기 등에 적합하다.

② 셔블(성능표시 : 버킷의 용량($6m^3$)으로 표시한다.)
작업 위치보다 높은 곳 굴착작업에 이용되는 것으로 삽의 역할을 하며, 토량을 빠른 속도로 굴착 운반할 때 사용한다. 백호 버킷을 뒤집어 사용한 형상이며, 구조가 간단하고 프런트 교환과 주행이 쉬우며 보수와 운전조작이 쉽다.

③ 드래그 라인(성능표시 : 버킷의 용량($6m^3$)으로 표시한다.)
지면보다 낮은 곳을 넓게 굴착하는데 사용하며 작업반경이 크고, 수중굴착 및 긁어 파기에 이용한다. 자갈 굴착엔 이용하지 않는다.

④ 어스 드릴(성능표시 : 굴착구경으로 표시한다.)
시가지의 큰 건물이나 구조물 등의 기초공사 작업 시, 회전식 버킷에 의해 지반을 천공하여 소음과 진동이 작고 큰 지름의 깊은 구멍을 뚫는데 사용된다.

⑤ 파일 드라이브(성능표시 : 해머의 중량으로 표시한다.)
콘크리트나 시트에 말뚝이나 기둥을 박거나 교량의 교주 항타작업을 한다.

⑥ 크램셸
수중굴착 및 깊은 구멍을 굴착한다.

19. 굴착기 구성 장치의 종류

① 리퍼 및 루터 : 단단한 지반에서 굴착이 곤란할 경우에 도저의 뒤에서 접지시켜 차체의 중량을 이용하여 긁어 파는 것이며, 주로 암석, 노반파쇄 및 아스팔트 파괴작업에 사용된다.

② 타워 굴착기 : 제방에 탑을 설치하여 탑과 탑 사이의 로프에 레일을 장착하여 레일을 타고 다니며 타워를 이동작업 한다. 수중일 때 싼 공사비로 선박에 대신 하여 작업하거나 하천지소 춘하 등에서 자갈 채취작업을 한다.

③ 트렌쳐 : 긴 곳의 배수관을 매설할 때 도랑파기나 기초굴착 또는 매립공사 할 때 사용한다. 버킷래더굴착기와 유사한 구조로서 커터비트를 규칙적으로 배열한 체인 커터를 회전시키는 커터붐을 차체에 설치하고 커터의 회전으로 토사를 굴착한다.

④ 유압 셔블 : 구조가 간단하며, 날 끝에 본체의 중량을 걸 수 있고 바닥이나 도랑 굴착에 편리하다. 소형으로 정도가 좋은 굴착이 가능하며 보수가 쉽다.

⑤ 아우트리거(=아웃리거) : 대형굴착기에 스프링을 보호할 목적으로 장착해 놓은 스프링 현가장치이며, 전후, 좌우 방향에 안전성을 주어 기중 작업시 타이어를 보호하며 전도되는 것을 방지해 주는 안전장치이다.

14-6 건설용 크레인, 적재 및 운반기계

1. 크레인(기중기)의 규격은 최대 권상하중을 톤(ton)으로 표시한다.

2. 크레인의 전부 장치(프런트 어태치먼트)의 작업장치 여섯 가지

   ① 크레인(훅)   ② 클램셀   ③ 셔블
   ④ 드래그라인   ⑤ 파일 드라이버   ⑥ 트렌치호

3. 크레인의 일곱가지 기본동작

   ① 호이스트 동작 : 짐을 올리고 내리는 동작
   ② 붐 호이스트 동작 : 붐을 올리고 내리는 동작
   ③ 스윙 동작 : 상부 회전체를 돌리는 동작
   ④ 리프랙터 동작 : 크레인 셔블 당기기 동작
   ⑤ 크라우드 동작 : 흙 파기 동작
   ⑥ 덤프 동작 : 짐 부리기(내리기) 동작
   ⑦ 트레벨 동작 : 크레인을 추진하는 동작

4. 크레인 붐의 종류

   ① 크레인 붐 : 격자형으로 되어있다. (붐의 각도는 30~60도)
   ② 쉬브 붐 : 상사형으로 되어있다. (붐의 각도는 45~65도)
   ③ 트렌치호 붐 : 상사형으로 트렌치호 장치에만 쓰인다. (파이프형 : 도랑파기)
   ④ 보조 붐 : 격자형으로 붐의 길이가 짧을 때 붙여서 사용하는 것으로 크레인 붐에만 사용할 수 있다.
   ⑤ 지브 붐 : 전단 연장용 붐으로 일반 붐의 끝에다가 지브를 연결한다. 작업하기 어려운 곳에 사용한다는 특징을 가지고 있다.
   ⑥ 마스터 붐 : 하부붐과 상부붐을 연결하는 역할을 한다. 또한 크레인 작업 시 물체의 무게가 무거울수록 붐의 길이는 짧게 지면과의 각도는 크게 한다.
   (붐의각도(θ) : $20° \leq \theta \leq 78°$)

5. 크레인의 종류

① 드래그 크레인 : 휠형으로 접지압이 크다. 그러므로 연약한 지반에서 작업이 곤란하고 스프링 부하 장치가 견디기 어렵다. 이러한 문제점을 보안하기 위해서 4곳의 아웃트리거를 설치 하여 차의 중량을 지지하는 역할을 한다. 또한 기동성이 좋고, 고층 건물의 철골 조립, 자재의 적재 운반, 항만 하역작업 등을 한다.

② 휠 크레인
크롤러 크레인의 크롤러 대신 차륜을 장치한 것으로서 드래그 크레인보다 소형이며 모빌 크레인이라고도 한다. 지면과의 접지면적이 작고 접지압력이 큰 편이라 습지, 사지에서의 작업이 불가능하다.

③ 크롤러 크레인
바퀴형태가 크롤러인 무한궤도식으로 습지대 및 협소한 지역에서 작업이 가능한 크레인이다.

④ 케이블 크레인
양 끝을 타워에 굵은 케이블을 처서 트롤리(활차)를 달아 운반물을 끌어 올리는 방식의 기계로 권상능력은 1~25ton이다. 또한 댐 공사시 콘크리트나 자재 운반용으로 사용한다.

⑤ 가이데릭 크레인
건축 공사장의 철골조립 및 철거 항만하역 등에 사용하며 권상능력과 작업 반경이 크므로 경제성이 좋다. 또한 취급 및 조립해체가 용이하다.

⑥ 트랙터 크레인
셔블계 굴착기의 상체부에 크레인을 장착한 것이다. 고르지 못한 지형이나 연약 지반에서의 작업에는 강제식을 사용한다. 또한 고속 주행을 요구할 경우에는 휠식 크레인을 사용한다.

⑦ 유압 크레인
유압으로 하역장치를 조작하는 이동 크레인이다. 붐의 기울기로 유압잭에 의해 행해지며 5~10m까지 신축이 가능하고 권상하중은 3~10ton이다. 주로 토목공사, 고층 건물공사, 중량물의 권상작업, 전기공사의 전주작업, 항만하역작업 등에 사용한다.

⑧ 타워 크레인
고층빌딩 및 높은 곳을 작업할 때 필요로 하는 작업이다. 높은 탑 위에 짧은 지브나 해머 헤드식 트러스를 장착한 크레인이며 360도 선회가 가능하다.

⑨ 지브 크레인
붐의 끝단에 중간 붐이 추가로 설치된 크레인이며, 작업 반경을 조정하면서 작업을 하게 되어 아파트, 교량 등의 건설 공사시 적합하고 경사각도에 따라 작업 반경과 인상 능력의 차가 발생하는 크레인이다.

6. 로더(=적재기)

트랙터 앞 부분에 버킷을 부착하고 건설 공사에서 자갈, 모래, 흙 등을 덤프트럭에 적재하는 건설용 적재기계이다. 다른 부속 장비를 설치하여 나무뿌리를 제거하거나 제설 작업 등을 할 수 있다. 규격은 표준 버킷용량을 으로 표시한다.

7. 로더의 적하 방식에 따른 분류

① 프론트 엔드형
  가장 일반적인 형태이며 트랙터 앞 쪽에 버킷이 부착되어 있어 굴착하여 앞으로 적재한다.

② 사이드 덤프형
  버킷을 좌우로 기울일 수 있으며, 터널이나 좁은 공간에서 작업이 가능하다.

③ 백호 셔블형
  트랙터 뒤쪽에 백호를 부착하고 앞쪽에는 로더용 버킷을 부착한다. 깊은 곳의 굴착과 적재가 동시에 가능하다는 특징을 가지고 있다.

④ 오버 헤드 형
  앞쪽에서 굴착하여 로더 차체 위를 넘어서 뒤쪽에 적재할 수 있는 방식이다. 터널 공사에 효과적이라는 특징을 가지고 있다.

⑤ 스윙형
  프론트 엔드형과 오버 헤드형이 조합된 것이며, 전후 양쪽으로 덤프가 가능하다.

⑥ 쿠션형 로더
  튜브리스타이어에 강철제 트랙을 감은 형태의 로더이다.

8. 로더 버킷 각의 기준

① 전경각(45° 이상)   ② 후경각(35° 이상)

9. 덤프트럭의 규격은 최대 적재량(ton)으로 표시한다.

10. 덤프트럭의 종류

① 사이드 덤프트럭
  적재함을 옆쪽이 샤시에 붙어서 적재함을 옆으로 기울일 수 있는 구조

② 리어 덤프트럭
  적재함의 뒤쪽이 샤시에 붙어서 적재함을 뒤쪽으로 60° 기울일 수 있는 구조

③ 3방향 열림 덤프트럭 : 짐칸이 좌우나 뒤쪽 어느 쪽으로도 기울일 수 있는 구조
④ 바텀 덤프트럭 : 적재함의 밑부분이 열려 짐을 아래로 부릴 수 있는 구조

11. 지게차

후륜 환향식(조향식)에 유압식으로 제어하며 전륜 구동형태이며 지게차의 앞 부분에 두 개의 길쭉한 철판이 나와 있어 짐을 싣고 위아래로 움직이는 운반기계이다. 규격은 최대로 들어올릴 수 있는 용량을 톤(ton)으로 표시한다.

12. 지게차 마스트의 각도 비교

분류	카운터 밸런스	리치	사이드 포크
전경각[°]	5 ~ 6 이하	3 이하	3 ~ 5 이하
후경각[°]	12 이하	5 이하	5 이하

13. 프리 리프트 마스트 : 선내하역 작업이나, 낮은 장소에 적합한 형식

14. 마스터 실린더 : 단동 실린더이며, 하중을 실어 오르내리게 하는 유압장치

15. 컨베이어 : 물건을 연속적으로 이동 또는 운반하는 띠 모양의 운반하는 기계이다.

16. 호이스팅 머신 : 중량물을 달아서 운반하는 기계이다.

14-7 건설용 다짐, 포장 및 준설기계

1. 롤러

전륜 환향식, 후륜 구동이며 주로 도로다지기, 비행장 활주로 다지기, 포장 재료 다지기 등 다짐작업에서 사용하는 다짐기계이다. 규격은 롤러의 중량을 톤(ton) 으로 표시한다.

2. 전압식 롤러의 종류

① 탠덤 롤러 : 아스팔트 포장의 표층 다짐에 적합하여 아스팔트의 끝마무리 작업에 사용한다. 앞바퀴와 뒷바퀴가 각각 1개씩 일직선으로 되어 있는 롤러이며 차축이 나란히 되어있다.

② 머캐덤 롤러 : 쇄석(자갈)기층, 노상, 노반, 아스팔트 포장시 초기 다짐에 적합하다. 2축 3륜으로 되어 있으며, 머캐덤 롤러는 차동장치를 가지고 있는데 이 차동 장치는 커브에서 무리한 힘을 가하지 않고 선회하는 목적을 가진 장치이다.

③ 탬핑 롤러 : 댐의 축제공사와 제방, 도로, 비행장 등의 다짐 작업에 쓰인다. 다수의 돌기 형태의 구조물이 롤러에 붙어있는 특징을 가지고 있다.

④ 타이어 롤러 : 공기 타이어의 특성을 이용한 것으로, 탠덤 롤러에 비해 기동성이 좋다.

3. 충격식 롤러의 종류

① 래머 : 내연기관의 폭발로 인한 반력과 낙하하는 충격으로 다짐, 댐 코어 다짐과 같은 국부적인 다짐에 양호하다.

② 탬퍼 : 전압판의 연속적인 충격으로 전압하는 기계로 갓길 및 소규모 도로 토공에 쓰인다.

4. 롤러의 다짐압력(선압) = $\dfrac{바퀴접지 중량}{롤 폭}$

5. 콘크리트 제조기계의 종류

① 콘크리트 배칭 플랜트(Batcher plant)
콘크리트를 구성하는 재료를 저장하고 소정의 배합 비율대로 계량하고 믹서에 투입하여 요구되는 품질의 콘크리트를 생산하는 기계이다. 규격은 시간당 생산량 $[ton/hr]$으로 표시한다.

② 콘크리트 믹서
모래, 자갈, 시멘트, 물 등을 혼합하는 제조 기계이다. 규격은 1회 혼합할 수 있는 콘크리트 생산량$[m^3]$으로 표시한다.

6. 콘크리트 운반기계의 종류

① 콘크리트 믹서 트럭
흔히 레미콘이라고 부르는 운반기계이다. 규격은 용기내에 1회 혼합할 수 있는 생산량$[m^3]$, 혼합 및 교반장치의 1회 작업능력으로 표시한다.

② 콘크리트 펌프
콘크리트 수송용 펌프를 이용하여 콘크리트를 타설하는 방법으로서, 정치식과 트럭탑재식이 있다. 규격은 시간당 배송능력$[m^3/hr]$으로 표시한다.

7. 콘크리트 타설기계의 종류

① 콘크리트 피니셔 (규격표시 : 시공할 수 있는 표준 폭[m])
  콘크리트 스프레더가 깔아 놓은 콘크리트를 평탄하고 균일하게 다듬질 하기 위해
  1차 스크리드, 바이브레이터, 피니싱 스크리드 등의 정리 및 사상 장치를 가진
  원동기를 설치한 기계이다.

② 콘크리트 살포기(콘크리트 스프레더) (규격표시 : 시공할 수 있는 표준 폭[m])
  콘크리트를 균일하게 살포하는 기계이다.

8. 아스팔트 포장기계의 종류

① 아스팔트 믹싱 플랜트
  아스팔트 도로공사에 사용되는 포장재료를 혼합, 생산하는 기계로서 골재 공급 장치 로서
  건조 가열장치, 혼합장치, 아스팔트 공급 장치와 원동기를 가진 것을 말한다. 규격은
  아스팔트 혼합채(아스콘)의 시간당 생산량[m^3/hr]으로 표시한다.

② 배기집진장치 : 가스에서 더스트 및 미스트 등을 분리 포집하여 청정시키는 장치이다.

③ 아스팔트 피니셔
  혼합재료를 균일한 두께로 포장 폭 만큼 노면위에 깔고 다듬는 건설기계이다. 규격은
  아스팔트 콘크리트를 포설할 수 있는 표준포장너비[m]로 표시한다.

④ 아스팔트 디스트리뷰터(아스팔트 살포기)
  규격은 최대 살포너비[m] 및 탱크 용량[m^3]으로 표시한다.

9. 아스팔트 피니셔의 기구의 종류

① 피더 : 호퍼 바닥에 설치되어 혼합재를 스프레이팅 스크루로 혼합재료를 이동시키는
  역할을 한다.

② 스크리드 : 노면에 살포된 혼합재(아스팔트)를 매끈하고 균일하게 다듬는 판이다.

③ 호퍼 : 운반된 혼합재(아스팔트)를 저장하는 용기이다. 혼합물을 내리는데 편리하도록
  낮게 설치되어 있다.

④ 스프레이팅 스크루 : 스크리드에 설치되어 혼합재료를 균일하게 살포하는 장치이다.

⑤ 댐퍼 : 스크리드 앞쪽에 설치되어 노면에 살포된 혼합재를 요구하는 두께로 다져주는
  장치이다.

10. 비자항식 준설선의 특징

① 자항식에 비해 구조가 간단하며 가격이 싼 편이다.
② 토운선이나 예인선이 필요하다.
③ 경토질(단단한 토질) 이외에는 준설능력이 큰 편이다.
④ 펌프식의 경우 경토질에 부적합하며, 파이프를 통해 송토하므로 거리에 제한을 받는다.
⑤ 내항의 준설작업에 주로 이용된다.
⑥ 펌프식의 경우 매립 성능이 좋다.

11. 자항식 준설선의 특징

① 비자항식에 비해 구조가 복잡하여 가격이 비싼 편이다.
② 토운선이나 예인선이 필요없다.
③ 외항의 준설작업에 주로 이용된다.
④ 비자항식과 다르게 송토거리에 제한을 받지 않는 편이다.
⑤ 펌프식의 경우 항로가 좁거나 이질의 토질작업이 가능하다.
⑥ 준설시간이 길다.
⑦ 침전이 불량한 토질은 물을 많이 운반해야 한다.
⑧ 단단한 토질에는 부적합하다.
⑨ 매립용으로 부적합하고 수련된 기술이 필요하다.

12. 준설방식에 의한 분류

① 버킷 준설선
대규모의 항로 등에서 사용되며, 래더 상의 양 덤블러를 중심으로 한 버킷 라인이 회전하여 굴착하는 준설기계로 양쪽의 앵커에 의해 좌우로 스윙하며 작업한다. 버킷의 용량은 약 $0.5 \sim 0.8m^3$ 정도이며 굴착된 토사는 슈트를 통하여 적재하고 예인선에 의해 이동하며 선박 항해에 지장이 없는 위치에 투기한다. 규격은 주 엔진의 연속 정격출력(PS)으로 표시한다.

② 펌프 준설선
대규모 항로 준설 등에 사용하는 것으로 선체에 펌프를 설치하고 항해하면서 동력에 의해 해저의 토사를 흡상하는 방식의 준설선이다. 규격은 구동엔진의 정격출력(PS)으로 표시한다.

③ 디퍼 준설선

굴착력이 강력하여 견고한 지반이나 깨어진 암석 등을 준설하기 위하여 고안된 것으로 육상에서 사용하는 셔블을 대신해 설치한 것으로 구조가 복잡하고 건조 비용이 비싸고 작업 능률이 비교적 낮아 특수한 목적 이외에는 사용하지 않는다. 규격은 버킷 용량(m^3)으로 표시한다.

④ 그래브 준설선

주로 규모가 적은 공사에 사용되며, 그래브 준설선의 형식은 대부분 소형이고 개폐가 자유스러운 그래브를 붐 끝에 설치하여 기관과 조립되어 있으며 비자항 식과 자항식이 있다. 퍼올린 토사는 토사 운반용 배에 적재한 후 만재된 토사 운반용 배를 예인선으로 예인하여 선박 항해에 지장이 없는 위치에 투기한다. 전후, 좌우 이동은 4개의 앵커를 조정하여 작업하며, 기계가 간단하고 저렴한 편이다. 협소한 지역의 작업은 좋은 편에 비해 준설 능력이 작다. 규격은 그래브 버킷의 평적용량(m^3)으로 표시한다.

⑤ 드래그 석션 준설선

주로 대규모 항로 준설 등에 사용하는 것으로 선체 중앙에 진흙 창고를 설치하고 항해하면서 해저의 토사를 준설 펌프로 빨아 올려 진흙 창고에 적재하는 준설선이다.

14-8 건설용 항타기, 항발기 및 기타 건설기계

1. **파일 드라이버** : 해머 들을 통틀어서 말하는 단어이며, 콘크리트 말뚝을 박기 위한 천공작업에 사용되는 작업 장치이다.

2. **천공기(착암기)** : 지면이나 바위 등에 구멍을 뚫는 건설기계이다.

3. **천공기의 분류**

충격식(타격식)	회전식
① 천공 속도가 빠르다. ② 깊거나 큰 구멍을 뚫기 어렵다. ③ 점보 드릴, 드리프터, 크롤러 드릴 등이 있다.	① 천공 속도가 느리다. (깊거나 큰 구멍을 뚫는데 적합한 편이다.) ② 모래 기반의 땅은 벽이 무너지기 쉽다. ③ 어스 오거, 어스 드릴, 쉴드 굴진기 등이 있다.

4. 천공기의 규격표시

① 크롤러형(무한궤도형) : 착암기의 중량(kg)과 매분당 공기 소비량($L/\min$) 및 유압펌프 토출량($L/\min$)
② 크롤러 점보형(=무한궤도 점보형) : 프레트를 단수와 착암기 대수(○ 단 × ○ 대)
③ 실드 굴진기 : 사용 설비의 동력(kW)
④ 터보 보링머신(=터널 굴진기) : 최대 굴착지수(mm)

5. 천공기의 주요 장치

① 브레이커 : 굴삭기에서 버킷을 떼어내고 부착, 사용하는 천공기(착암기)
② 드리프터 : 타격력과 회전력을 발생시키고, 타격 실린더와 회전용 오일 모터 등으로 구성
③ 핸드해머 : 좁은 장소의 굴진, 파쇄 작업 등에 적합하고 크기에 비해 굴진력이 크며 방음, 방진 장치가 부착되어 있다.
④ 싱커 : 댐의 굴착, 터널 굴착 작업용이며, 주로 단단한 암석에 구멍을 뚫는데 사용된다.
⑤ 레그드릴 : 댐의 굴착, 펀치 절단, 터널의 반 하향 작업(채탄, 채석)에 적합하다.
⑥ 스토퍼 : 상향 천공용으로 안전도가 높으며 절삭 수직갱, 상향 채굴에 적합하다.
⑦ 공기 압축기
　공기 압축기는 착암기, 바이브레이터 등의 동력이 되는 압축공기를 만드는 기계이다. 구성으로 구동유닛과 압축유닛 및 그 밖의 부품으로 되어 있으며, 구동유닛은 압축기를 작동하는 동력을 공급하는 주요부로서 가솔린기관 또는 디젤기관에 사용된다. 종류로는 현장에 설치하여 놓은 고정식과 자유로이 이동시킬 수 있는 이동식이 있다. 규격은 매분당 공기토출량($m^3/\min$)으로 표시한다.

6. 공기 압축기의 구성요소

① 애프터 쿨러(=드라이어) : 공기 압축기에 압축 공기의 수분을 제거하여 공기 압축기의 부식을 방지하는 역할을 한다.
② 인터 쿨러 : 중간 냉각기라고도 불리며, 공기 압축기로 가압한 공기를 냉각하여 공기 밀도를 올리는 역할을 한다.

7. 천공기 로드 회전수 조정법

① 암질과 비트의 구멍에 따라 회전수가 달라진다.
② 단단한 바위나 큰 지름의 구멍일 때에는 회전수를 늦춘다.
③ 연한 바위나 작은 지름의 구멍은 회전수를 빠르게 한다.

8\. 유압식 크롤러 드릴 작업시 주의사항

① 천공작업 시 다른 크롤러 드릴 장비가 이미 천공한 구멍을 다시 천공하지 않아야한다.
② 천공 방법을 확인한다.
③ 천공작업 중 암석가루가 밖으로 잘 나오는지 확인한다.
④ 천공작업장의 수평상태를 확인한다.

9\. 비트의 종류

① 일자형   ② 버튼형   ③ 스파이크형   ④ 십자형(크로스형)

10\. 쇄석기(크러셔)의 규격은 시간당 쇄석능력을 톤(ton)으로 표시한다.

11\. 쇄석기의 구조

① 호퍼 : 쇄석기에서 쇄석하려는 돌을 넣어주는 용기이다.
② 딜리버리 컨베이어(=전달 컨베이어) : 1차 쇄석기에서 쇄석된 골재를 2차 쇄석기에 운반하거나 골재 선별장으로 운반한다.
③ 진동 스크린 : 일종의 체이며 진동을 주어 골재를 크기별로 분류하는 선별작용을 하며 스크린의 크기는 메시(평방 인치당 구멍의 수)로 표시한다.
④ 승강기 : 골재를 수직으로 이동시키는 장치이다.
⑤ 컨베이어 벨트 : 골재를 이동시키는 장치이다.

12\. 쇄석기의 종류

① 1차 쇄석기(=1차 크러셔)

ⓐ 조 쇄석기(=조 크러셔)
고정된 수동판과 요동하는 구동판을 마주보게 한 구조이며, 파쇄용량과 파쇄 비율이 크며 투입구가 몸체에 비해 큰 편이다. 조 쇄석기 투입구의 크기는 조사이의 최대거리(mm) × 쇄석판의 폭(mm)으로 표시한다.

ⓑ 임팩트 쇄석기(=임팩트 크러셔)
타격판을 부착한 로터를 고속회전 시켜서 충격적으로 파쇄작용을 하며, 생산물이 입방체로 나온다. 파쇄 비율이 다른 쇄석기에 비하여 큰 편이다. 규격은 시간당 쇄석능력(ton/hr)으로 표시한다.

ⓒ 자이러토리 쇄석기

고정된 도립 원추형 용기내부에 원뿔형의 머리를 주축에 부착하여 파쇄 실을 형성하고 편심축의 회전에 의하여 원뿔형의 머리가 편심 선회하면서 파쇄하는 형식이다. 투입구의 크기는 맨틀 사이의 간격(mm) × 맨틀 지름(mm)으로 표시한다.

② 2차 쇄석기(2차 크러셔)

ⓐ 콘 쇄석기

고속으로 선회운동을 시켜서 잘게 파쇄하는 작업을 하여 균일한 크기의 쇄석으로 만들 수 있다. 무부하 운전을 할 때에는 귀환 오일의 온도, 맨틀 자유 회전상태 등에 대하여 점검한다. 규격은 배드의 지름(mm)으로 표시한다.

ⓑ 해머 쇄석기

해머로 돌을 타격하거나 케이싱에 충돌시켜 순간적으로 큰 힘으로 쇄석 작업을 한다.

ⓒ 롤 쇄석기(=더블 롤 쇄석기)

2개의 강철로 만들어진 원통 모양의 롤이 각각 다른 수평축에 고정되어 골재의 크기에 따라 롤 사이의 간격을 자유롭게 조절할 수 있다.

③ 3차 쇄석기(=3차 크러셔)

ⓐ 로드 밀

$25mm$ 이하의 골재를 일정량으로 공급하여 일반적으로 5mm 이하로 분쇄한다. 규격은 드럼지름(mm)×드럼길이(mm)으로 표시한다.

ⓑ 볼 밀

원통 속에 분쇄하고자 하는 물건을 강구와 함께 넣어 회전시켜 서로의 충돌로 분쇄한다. 볼 밀로 쇄석 작업을 할 때 물이 많으면 입도의 거칠기가 크며, 적으면 곱게 파쇄된다.

14-9 플랜트 배관 재료

1. 강관의 종류와 용도

KS명칭 및 규격	사용온도 및 압력	용도
(일반) 배관용 탄소 강관 [SPP]	350℃ 이하 10kg/cm² 이하	일명 가스관이라고 하며, 압력이 낮은 물, 증기, 공기 및 가스 등의 배관용으로 사용하며, 아연도금에 따라 흑강관과 백강관(400/m²)으로 구분되며, 25kg/cm²의 수압 시험에 결함이 없어야 하고 인장강도는 30kg/mm² 이상이어야 하며 1본의 길이가 6m이며 호칭지름은 6~600A까지 24종이 있다.
압력 배관용 탄소 강관 [SPPS]	350℃ 이하 10~100kg/cm² 이하	증기관, 유압관, 수압관 등의 압력배관에 사용하며, 호칭은 관두께(스케줄 번호)에 의하여, 호칭지름이 6~500A까지 25종이 있다.
고압 배관용 탄소 강관 [SPPH]	350℃ 이하 100kg/cm² 이상	화학공업 등의 고압 배관용으로 사용하며, 관두께(스케줄 번호)에 의하여 호칭지름이 6~500A까지 25종이 있다.
고온 배관용 탄소 강관 [SPHT]	350~450℃ 이상	과열 증기를 사용하는 고온배관용으로 호칭은 호칭지름과 관두께(스케줄 번호)에 의한다.
저온 배관용 탄소 강관 [SPLT]	0℃ 이하	물의 빙점 이하의 석유화학공업 및 LPG, LNG 저장탱크 배관 등 저온 배관용으로 두께는 스케줄 번호에 의한다.
배관용 아크용접 탄소 강관 [SPW]	350℃ 이하 10kg/cm² 이하	SPP와 같이 사용압력이 비교적 낮은 물, 증기, 공기 및 가스 등의 대구경 배관용으로 호칭지름이 350~2400까지 22종이 있다.
배관용 스테인리스 강관 [STS×T]	-350~350℃	내식성, 내열성, 고온 배관용 및 저온 배관용에 사용하며, 관두께는 스케줄 번호에 의하여 호칭지름이 6~300A이다.
배관용 합금 강관 [SPA]	350℃ 이상	주로 고온도의 배관용으로 두께는 스케줄 번호에 의하며 호칭지름은 6~500A이다.

2. 강관의 특징

① 연관 및 주철관에 비해 가볍고 인장강도가 큼
② 내충격성 및 굴요성이 큼
③ 관의 접합방법이 용이
④ 주철관에 비해 내압성이 양호함

3. 강관의 표시 기호

표기	제조방법
-E	전기 저항 용접관
-E-C	냉간가공 전기 저항 용접관
B	단접관
-B-C	냉간가공 단접관
-A	아크 용접관
-A-C	냉간가공 아크 용접관
-S-H	열간 가공 이음매 없는 관
-S-C	냉간완성 이음매 없는 관

4. 주철관의 특징

① 내구력이 크고 내식성이 커 지하 매설배관에 적합
② 다른 배관에 비해 압축강도가 크나 인장에 약하고 충격에 약함
③ 상수도 본관, 배수, 오수관 등에 사용

5. 동관의 특징

① 전연성이 풍부하여 가공이 용이
② 전기 및 열전도율이 좋음
③ 각종 수용액과 유기화합물의 내식성이 우수하다.
④ 일상생활과 공업용으로 자주 사용된다.
⑤ 내식성 및 알칼리에 강하고 산성에 약함
⑥ 가볍고 마찰저항은 적으나 충격에 약함
⑦ 연수나 증류수, 증기에 적합하지 않음

6. 사용압력에 따른 동관의 종류

① K형 : 두께가 두꺼우며, 주로 고압배관에 사용
② L형 : 두께가 보통이며, 지하 매설관, 온수의 급수관 및 지하 하수관 등 사용
③ M형 : 두께가 얇으며, 주로 옥내의 온수, 냉수의 급수관, 지하 하수관 등 사용

7. 라이닝 강관의 특징

① 탄소강관의 내면 또는 외면을 폴리에틸렌, 경질 염화비닐 및 타르 에폭시수지로 피복한다.
② 내구성과 내식성이 우수

8. 스테인리스 강관의 특징

① 내식성이 우수하고, 위생적이다.
② 저온 충격성이 커서 한랭지 배관에 적용하기 쉽다.
③ 나사식, 용접식, 몰코식 등의 종류로 나누어진다.
④ 강관에 비해 두께가 얇고 가벼워 운반 및 시공이 쉽다.
⑤ 용접봉은 가능한 한 직경이 작은 것을 사용하여 모재의 입열을 적게 하는 것이 좋다.

9. 배관 선택 시 고려사항

① 관의 이음방법
② 재료의 부식성
③ 유체의 화학적 성질
④ 유체의 사용압력 및 온도

10. 강관 부속품의 용도

① 배관의 방향을 바꿀 때 : 엘보, 밴드
② 배관을 도중에 분기할 때 : 티, 와이, 크로스
③ 동일 직경의 관을 직선 연결할 때 : 소켓, 니플, 유니온, 플랜지
④ 직경이 다른 관을 연결할 때 : 레듀셔(이경소켓), 이경엘보, 이경티
⑤ 직경이 다른 부속을 연결할 때 : 부싱
⑥ 배관의 끝을 막을 때 : 캡, 막힘(맹), 플랜지
⑦ 부속의 끝을 막을 때 : 플러그
⑧ 관을 분해, 수리 교체하고자 할 때 : 유니온(소구경), 플랜지(대구경)

11. 강관 부속품

엘보	45도 엘보	이경엘보	밴드	45도 밴드	티
이경티	이경티	편심 이경티	크로스	소켓	이경소켓
니플	유니온	플랜지	캡	부싱	플러그

14-10 플랜트 배관 이음 및 지지

1. 주철관 이음의 종류

① 소켓 이음 : 접합부의 틈에 마를 막아 넣고 그 위에 납(Pb)을 흘러 넣어 접합한다.
② 플랜지 이음 : 리벳 및 나사를 가지고 접합하며, 진동을 받는 곳 등에 사용된다.
③ 기계식 이음(매커니컬 이음) : 이음 부분에 고무 링을 끼우고 압력 링으로 눌러서 접합하는 방법이며, 다소 굴곡에도 누수되지 않고 가요성과 신축성이 있다.
④ 타이튼 이음 : 고무링 하나로 접합하는 이음
⑤ 빅토릭 이음 : 고무링과 칼라를 사용하여 접합하는 이음

2. 신축 이음의 종류

① 루프형 신축이음(=만곡관형)
설치장소가 크고 고온 고압의 옥외용에 주로 사용하며 곡률반경은 관지름의 6배 이상이다.

② 슬리브형 신축이음(=미끄럼형)
신축량이 넓고 설치공간이 적어도 가능하고 활동부 패킹의 파손 우려가 있어서 AS유지보수가 좋은 곳에 설치해야 한다. 주로 급탕, 난방용으로 많이 사용된다.

③ 벨로즈형 신축이음
주름관 모양으로 신축을 잘 흡수하나, 높은 고압에 적합하지 않다. 주로 급탕 및 스팀 배관에 사용되며 설치공간이 작다.

④ 스위블형 신축이음
2개 이상의 나사 엘보를 사용하며 온수나 저압증기 난방 등의 방열기 주위에 사용 하는 신축이음이다.

⑤ 볼조인트형 신축이음
평면상의 변위뿐만 아니라 입체적인 변위까지도 안전하게 흡수하므로 어떠한 형상에 의한 신축에도 배관이 안전하며 설치 공간이 적은 신축이음

3. 배관 밸브

① 게이트 밸브(=슬루스 밸브)
밸브를 완전히 열면 유체 흐름의 저항이 다른 밸브에 비해 아주 적어 큰 관에서 완전히 열거나 막을 때 적합하다. 즉, 유체의 흐름을 단속하는 밸브이다.

유체가 아래에서 위로 평행하게 흐르고 유량조절용으로 사용하며 관내 마찰 저항 손실이 크다.

③ 앵글 밸브

　유체의 흐름 방향이 90도로 되어 있어 유량조절 및 방향을 전환 시켜주며 주로 방열기 밸브로 사용한다.

④ 볼 밸브 : 90도 회전으로 개폐조작이 용이하다.

⑤ 스트레이너(=여과기)

　밸브 트랩, 기기 등의 앞에 스트레이너를 설치하여 관 속의 유체에 섞여 있는 모래, 쇠부스러기 등 이물질을 제거한다. 스트레이너를 방치하면 유체의 흐름 장애가 발생한다.

　ⓐ Y형 : 유체의 마찰저항이 적고, 아래쪽에 있는 플러그를 열어 망을 꺼내 불순물을 제거하도록 되어 있다.

　ⓑ U형 : 주철제의 본체 안에 원통형 망을 수직으로 넣어 유체가 망의 안쪽에서 바깥 쪽으로 흐르고 Y형에 비해 유체 저항이 크다.

　ⓒ V형 : 주철제의 본체 안에 금속여과 망을 끼운 것이며 불순물을 통과하는 것은 Y형, U형과 같으나 유체가 직선적으로 흘러 유체저항이 적다.

⑥ 체크밸브(=역지밸브) : 유체의 역류를 방지한다.

　ⓐ 스윙형 : 수평, 수직 배관에 사용한다.
　ⓑ 리프트형 : 수평 배관에만 사용한다.
　ⓒ 풋형 : 펌프 흡입관에서 여과기와 체크밸브를 조합하여 사용한다.

4. 배관의 지지장치

① 행거 : 배관의 하중을 위에서 잡아 지지한다.
　　　　 종류로는 리지드 행거, 스프링 행거, 콘스탄트 행거 등이 있다.

② 서포트 : 배관의 하중을 밑에서 떠받쳐 지지한다.
　　　　　 종류로는 파이프슈, 리지드 서포트, 스프링 서포트, 롤러 서포트 등이 있다.

③ 레스트레인트 : 열팽창에 의한 배관의 측면이동을 막아주어 지지한다.
　　　　　　　　 종류로는 앵커, 스토퍼, 가이드 등이 있다.

④ 브레이스 : 펌프에서 발생하는 진동 및 밸브의 급격한 폐쇄에서 발생하는 수격작용을 방지하거나 억제시키며 지지한다. 유압식 브레이스는 구조상 배관의 이동에 대하여 저항이 없고 방진효과가 크므로 규모가 큰 배관에 많이 사용하며, 방진 효과를 높이려면 스프링 정수를 크게 해야 한다. 종류로는 완충기와 방진기가 있다.

5. 배관 지지장치의 필요조건

① 관내의 유체 및 피복제의 합계 중량을 지지하는데 충분한 재료일 것
② 외부에서의 진동과 충격에 대해서도 견고할 것
③ 배관 시공에 있어서 기울기의 조정이 용이하게 될 수 있는 구조일 것
④ 관의 지지 간격이 적당할 것
⑤ 온도변화에 대한 관의 신축을 고려할 것

14 - 11 플랜트 배관 공작

1. 강관배관용 공구 및 절삭기의 종류

① 파이프(수직) 바이스 : 관 절단 및 나사작업 시 관을 고정한다. 이 때 크기는 고정 가능한 파이프 지름의 치수를 말한다.

② 탁상(수평)바이스 : 관 조립 및 벤딩시 관을 고정한다. 이 때 크기는 좌우의 너비를 말한다.

③ 파이프 커터 : 강관의 절단용 공구이다. 이 때 크기는 관을 절단할 수 있는 파이프 지름의 치수를 말한다.

④ 파이프 리머 : 버(burr, 거스러미) 제거

⑤ 파이프 렌치 : 관 접합부의 이음쇠 및 부속류 분해 또는 이음 시 사용한다. 이 때 크기는 입을 최대로 벌려 놓은 전길이를 말한다.

⑥ 동력 나사 절삭기 : 동력을 이용하여 파이프 절단, 나사절삭, 리머작업 등을 할 수 있는 기계이다. 종류로는 호브식, 오스터식, 다이헤드식 등이 있다.

⑦ 수동 나사 절삭기 : 수동으로 나사를 절삭하는 기계이다. 종류로는 오스터식, 리드식 등이 있다.

⑧ 가스 절단기(=산소절단) : 산소(O_2)와 아세틸렌(C_2H_2) 또는 프로판(C_3H_8)의 불꽃을 이용하여 절단한다.

ⓐ 모재의 성분 중 연소를 방해하는 원소가 적어야 한다.
ⓑ 모재의 연소온도가 모재의 용융온도보다 낮아야 한다.
ⓒ 금속 산화물의 용융온도가 모재의 용융온도보다 낮아야 한다.
ⓓ 금속 산화물의 유동성이 좋으며, 모재로부터 쉽게 이탈될 수 있어야 한다.

⑨ 고속 숫돌 절단기 : 0.5~3mm 정도의 얇은 연삭 원판을 고속으로 회전시켜 재료를 절단한다.

2. 강관 공작용 기계의 종류

① 파이프 벤딩기
② 동력 나사 절삭기
③ 기계톱
④ 고속 숫돌 절단기 등

3. 강관 공작용 공구의 종류

① 파이프(수직) 바이스
② 탁상(수평) 바이스
③ 수동 나사 절삭기
④ 파이프 렌치
⑤ 파이프 리머
⑥ 쇠톱 등

4. 강관용 공구 중 바이스의 종류

① 탁상(수평) 바이스
② 체인 바이스
③ 파이프 바이스

5. 측정용 공구의 종류

① 버니어 캘리퍼스   ② 직각자   ③ 수준기

6. 기타 공구

① 기계톱 : 관 또는 환봉을 절단하는 기계로서 절삭 시는 톱날에 하중이 걸리고 귀환 시는 하중이 걸리지 않는 공작용 기계

② 기계활톱(=핵 소잉 머신) : 관 또는 환봉을 동력에 의해 톱날이 상하 또는 좌우 왕복을 하며 공작물을 한쪽 방향으로 절단하는 기계

③ 그루빙 조인트 머신 : 파이프와 파이프를 홈 조인트로 체결하기 위해 파이프 끝을 가공하는 기계

④ 금긋기 공구 : 공작물을 만들 때 대상 물체에 치수와 홀 위치 등 가공시에 필요한 표시를 넣는 공구이다. 종류는 아래와 같다.

ⓐ 펀치   ⓑ 컴퍼스   ⓒ 서피스 게이지
ⓓ 캘리퍼스 ⓔ 정반   ⓕ 평행대 등

14-12 플랜트 배관 도시 및 급수

1. 유체의 기호 표시

종류	도색
물	청색
공기	백색
가스	황색
수증기(증기)	적색
유류(기름)	주황색
산 또는 알칼리	회보라
전기	연한 황색

2. 급수법

① 수도 직결식 급수법 : 상수도 본관의 급수 압력을 그대로 이용한다.

  ⓐ 소규모 건물에 적합하며 설비비가 저렴하다.
  ⓑ 급수오염이 가장 적은 편이다.
  ⓒ 정전시에도 급수가 가능하나, 단수시에는 급수가 불가능하다.

② 고가(옥상)탱크식 급수법 : 고가수조의 중력에 의해 하향 급수하는 방식

    ⓐ 대규모에 적합하며 가장 많이 사용한다.
    ⓑ 수압이 일정하다. (층고에 따라 변화한다.)
    ⓒ 급수 오염의 우려가 있다.
    ⓓ 저수량을 확보할 수 있어 정전시에도 급수가 가능하다.

③ 탱크없는 부스터식 급수법 : 압력 탱크 없이 부스터 방식으로 직접 물을 공급하는 방식

14-13 플랜트 배관 시험

1. 배관 시험 분류

급배수 배관시험	냉난방 배관시험
① 수압시험 ② 기압시험 ③ 연기시험 ④ 만수시험 ⑤ 통수시험	① 수압시험 ② 진공시험 ③ 기밀시험 ④ 통기시험

2. 배관 시험 정의

 ① 수압시험
   배관의 안전성을 확인을 위해 수압을 가해서 누설의 유무나 변형 등의 이상 여부를 미리 확인하는 시험

 ② 기압시험
   공기시험이라고 하며 물 대신 압축공기를 관 속에 삽입하여 이음매에서 공기가 새는 것을 조사하는 시험

 ③ 연기시험
   만수시험으로 확인 안된 배수관의 기구 접속부나 통기관의 누설, 트랩의 봉수 성능을 최종적으로 확인하는 시험

 ④ 만수시험
   배수 직수관, 배수 횡수관 및 기구 배수관의 완료 지점에서 각 층마다 분류하여 배관의 최상부로 물을 넣어 이상여부를 확인하는 시험 또는 배수관 시공완료 후 각 기구의 접속부 기타 개구부를 밀폐하고, 배관의 최고부에서 물을 가득 넣어 누수 유무를 판정하는 시험

⑤ 통수시험

전 배관계와 기기를 완전한 상태에서 사용할 수 있는가 조사하는 시험이다. 이 시험은 기기류와 배관을 접속하여 모든 공사가 완료된 다음, 실제로 사용할 때와 같은 상태에서 물을 배출하여 배관기능이 충분히 발휘되는 것을 조사함과 동시에 기기 설치 부분의 누수를 점검한다.

⑥ 기밀시험

내압시험에 합격한 배관에 대하여 하는 가스압 시험. 이때 사용하는 가스는 건조 공기, 질소, 탄산가스, 아르곤 등의 무해한 가스를 넣어서 시험을 해야 한다.

⑦ 진공시험

진공펌프나 장치 내의 압축기를 사용한다. 누설시험이 끝나고 냉매 충진 전에 배기 밸브나 배유밸브를 열어 장치 내의 가스를 배출함과 동시에 이물질, 수분 등을 제거하고 장치의 누설 여부를 시험한다.

⑧ 통기시험

마무리 시험이며 기타 시험들을 마치고 배관 및 기기류를 접속하여 실제 사용하는 증기를 내보내어 기능이 정상적으로 작동할 때 설치부에 누기가 있는지 조사하는 시험이다.

⑨ 방수 및 방출시험

옥내 및 옥외소화전의 시험으로 수원으로부터 가장 높은 위치와 가장 먼 거리에 대하여 규정된 호스와 노즐을 접속하여 실시하는 시험이다.

14. 건설기계설비 이론

건설기계설비기사 필답형

01

유체기계의 종류 3가지 쓰시오.

① 수력기계
② 공기기계
③ 유압기기
④ 액체전동장치
⑤ 유체수송장치

02

수력기계에서 터보형 펌프의 종류 3가지를 쓰시오.

① 원심식(볼류트 펌프, 터빈 펌프)
② 사류식(사류펌프)
③ 축류식(축류펌프)

03

다음 중 보기에서 용적형 펌프의 종류 중 (1) 왕복식 펌프와 (2) 회전식 펌프로 나누시오.

[보기]
① 기어 펌프 ② 피스톤 펌프 ③ 베인 펌프 ④ 플런저 펌프

(1) 왕복식 펌프 : ②, ④   (2) 회전식 펌프 : ①, ③

04
특수형 펌프의 종류 4가지를 쓰시오.

> 해설
> ① 마찰펌프
> ② 수격펌프
> ③ 제트펌프
> ④ 기포펌프

05
다음 중 보기에서 수차의 종류 중 (1) 충격수차와 (2) 반동수차로 나누시오.

[보기]
① 프란시스수차   ② 펠톤수차   ③ 프로펠러수차   ④ 카플란수차

> 해설
> (1) 충격수차 : ②   (2) 반동수차 : ①, ③, ④

06
다음 중 보기에서 공기기계의 종류 중 (1) 저압식과 (2) 고압식으로 나누시오.

[보기]
압축기, 진공펌프, 풍차, 압축공기기계, 송풍기

> 해설
> (1) 저압식 공기기계 : 풍차, 송풍기
> (2) 고압식 공기기계 : 압축기, 진공펌프, 압축공기기계

07
유압펌프의 종류 3가지를 쓰시오.

> **해설**
> ① 로터리 플런저 펌프
> ② 기어 펌프
> ③ 베인 펌프

08
제어밸브의 종류 3가지를 쓰시오.

> **해설**
> ① 압력 제어밸브
> ② 유량 제어밸브
> ③ 방향 제어밸브

09
유압 엑추에이터의 종류 2가지를 쓰시오.

> **해설**
> ① 유압 모터
> ② 유압 실린더

10
유압 수송장치의 종류 2가지를 쓰시오.

> **해설**
> ① 공기 수송장치
> ② 수력 수송장치

11
액체 전동장치의 종류 2가지를 쓰시오.

해설
① 유체 커플링
② 토크 컨버터

12
액체 전동장치의 장점 3가지를 쓰시오.

해설
① 입력축(원동축)의 진동이나 충격이 출력축(종동축)에 전달되지 않는다.
② 전동이 확실하고 신속하게 이루어진다.
③ 두 축간의 회전비는 임의로 선정할 수 있다.

13
토크 컨버터에는 있는데 유체 커플링에는 없는 주요 구성요소는?

해설
안내깃(=안내날개, 스테이터)

14
토크 컨버터의 주요 구성요소 3가지를 쓰시오.

해설
① 펌프(=회전차, 임펠러)
② 수차(=깃차, 러너)
③ 안내깃(=안내날개, 스테이터)

15
유체 커플링의 주요 구성요소 3가지를 쓰시오.

> **해설**
> ① 회전차(=펌프, 임펠러)
> ② 깃차(=수차, 러너)
> ③ 케이싱
> ④ 코어링

16
유체 커플링과 토크 컨버터의 최대 효율은 각각 약 몇 %인가?

> **해설**
> ① 유체 커플링 : 약 97%   ② 토크 컨버터 : 약 90%

17
토크 컨버터의 특성 곡선에 대한 설명으로 다음을 구하시오.

(1) 속도비가 몇일 때 토크비가 가장 큰가?
(2) 속도비가 증가하면 효율은 어떻게 되는가?
(3) 토크비가 1이 되는 점을 무엇이라 하는가?

> **해설**
> (1) 0
> (2) 효율은 일정부분 증가하다가 다시 감소한다.
> (3) 클러치 점(clutch point)

18
원심펌프를 흡입구의 수에 따라 2가지로 분류하시오.

① 편흡입펌프(=단흡입펌프)
② 양흡입펌프

19
원심펌프를 단의 수에 따라 2가지로 분류하시오.

① 단단펌프
② 다단펌프

20
원심펌프를 안내깃의 유무에 따라 2가지로 분류하시오.

① 볼류트 펌프
② 터빈 펌프(=디퓨저 펌프)

21
사류펌프의 특징 3가지를 쓰시오.

① 원심펌프보다 고속 회전을 할 수 있다.
② 소형 경량으로 제작이 가능하다.
③ 원심력과 양력을 이용한 터보형 펌프이다.
④ 임의의 송출량에서도 안전한 운전을 할 수 있고, 체절운전도 가능하다.
⑤ 구동 동력은 송출량에 따라 크게 변화하지 않는다.

22
사류펌프의 종류 2가지를 쓰시오.

> 해설
> ① 원심형 사류펌프
> ② 축류형 사류펌프

23
축류펌프의 특징 3가지를 쓰시오.

> 해설
> ① 대용량, 저양정의 단단 펌프로써 많이 사용된다.
> ② 비속도가 크며, 유량이 크며, 저양정에 적합하다.
> ③ 구조가 간단하고, 유로가 짧아 고속운전에 적합하다.
> ④ 임펠러의 날개가 매우 큰 편이다.

24
다음 아래에서 설명하는 것에 대한 알맞은 답을 쓰시오.

(1) 익형의 영각 증가에 따라 양력계수가 직선적으로 증가하여 최대 값에 달한 후 급격히 감소하는 현상
(2) 익폭과 익현의 길이의 비

> 해설
> (1) 실속(stall) 현상
> (2) 종횡비(aspect ratio)

25

주로, 회전차 날개의 입구를 조금 지나 날개의 이면(back)에서 일어나며, 펌프 회전차나 동체 속에 흐르는 압력이 국소적으로 저하하여 그 액체의 포화 증기압 이하로 떨어져 발생하는 현상(기포가 발생하는 현상)은 무엇인가?

해설

공동현상(캐비테이션)

26

캐비테이션의 발생 원인 3가지를 쓰시오.

해설

① 배관 속 유체 및 배관의 온도가 높은 경우
② 임펠러의 회전 속도가 너무 큰 경우
③ 흡입 관경이 너무 작은 경우
④ 펌프의 마찰 손실이 큰 경우
⑤ 유량이 크고 배관의 길이가 긴 경우

27

캐비테이션의 방지대책 3가지를 쓰시오.

해설

① 흡입관은 가능한 짧게 한다.
② 펌프의 설치높이를 최소로 낮게 설정하여 흡입양정을 짧게 한다.
③ 회전차를 수중에 완전히 잠기게 하여 운전한다.
④ 편흡입 보다는 양흡입 펌프를 사용한다.
⑤ 펌프의 회전수를 낮추어 흡입 비속도를 적게한다.
⑥ 마찰저항이 적은 흡입관을 사용한다.
⑦ 배관을 경사지게 하지 말고 완만하고 짧은 것을 사용한다.
⑧ 필요유효흡입수두를 작게 하거나 가용유효흡입수두를 크게 하여 방지한다.

28
유체의 움직임이 변화함에 따라 순간적인 압력으로 인해 관 내부에 소음과 충격을 발생시키는 현상은 무엇인가?

> 해설
> 수격작용(water hammering)

29
수격작용에 대한 설명 중 아래에 알맞은 답을 쓰시오.

(1) 제 1기간(압력강하)
(2) 제 2기간(압력상승)

> 해설
> (1) 펌프특성범위
> (2) 제동특성범위

30
수격작용 발생원인 3가지를 쓰시오.

> 해설
> ① 관경이 작을 경우
> ② 유속이 빠를 경우
> ③ 플러시밸브나 수전류를 급격히 열고 닫을 경우
> ④ 굴곡 개소가 많을 경우

31
수격작용 방지대책 3가지를 쓰시오.

① 펌프에 플라이 휠을 붙여 펌프의 관성을 증가시킨다.
② 펌프가 급정지 하지 않도록 한다.
③ 토출 관로에 서지탱크 또는 서지밸브를 설치한다.
④ 토출배관은 가능한 큰 구경을 사용하여 관내의 유속을 낮춘다.
⑤ 밸브는 송출구 가까이 설치하여 제어한다.
⑥ 서지탱크(조압수조)를 관로에 설치한다.

32
펌프, 송풍기 등이 운전 중에 한숨을 쉬는 것과 같은 상태가 되어, 펌프인 경우 입구와 출구의 진공계, 압력계의 바늘이 흔들리고 동시에 송출유량이 변화하는 현상은 무엇인가?

서징현상(맥동현상)

33
서징현상 발생 원인 3가지를 쓰시오.

① 펌프의 특성곡선($H-Q$곡선)이 우향상승(산형) 구배일 때
② 배관 중에 물탱크나 공기탱크가 있는 경우
③ 유량조절 밸브가 탱크의 뒤쪽에 있는 경우

34
서징현상 방지대책 3가지를 쓰시오.

① 유량 조절 밸브를 펌프 토출 측 직후에 설치한다.
② 배관 중에 수조 또는 기체 상태인 부분이 없도록 한다.
③ 펌프의 양수량을 증가시키거나 임펠러의 회전수를 변경한다.

35
터보형 유체기계의 회전 부분에 작용하는 힘에 의하여 생기는 축 방향의 힘은 무엇인가?

축추력(axial thrust)

36
축추력의 방지대책 3가지를 쓰시오.

① 평형원판, 평형공, 웨어링 링을 설치한다.
② 스러스트 베어링을 사용한다.
③ 양흡입형 회전차를 사용한다.
④ 자기평형 방식의 회전차를 반대 방향으로 배치한다.
⑤ 후면측벽에 방사상의 리브를 설치한다.
⑥ 밸런스 홀을 설치한다.

37

왕복식 펌프(reciprocating pump)의 특징 3가지를 쓰시오.

> **해설**
> ① 소형, 고압, 고점도 유체가 적당하다
> ② 회전수가 변해도 토출압력의 변화가 적다.
> ③ 정량토출이 가능하고 수송량을 가감 가능하다.
> ④ 맥동이 일어나기 쉽다.
> ⑤ 액의 성질이 변할 수 있다.

38

다음 아래의 보기는 왕복식 펌프의 주요 구성요소이다. 알맞은 답을 쓰시오.

> [보기]
> (1) 왕복식 펌프의 유량변동을 평균화 시키는 역할을 하는 장치
> (2) 운전이 정지되더라도 흡입관 내에 물이 역류하는 것을 방지하는 장치
> (3) 물속에 불순물이 들어가는 것을 방지하는 장치

> **해설**
> (1) 공기실
> (2) 풋 밸브
> (3) 스트레이너

39

펠톤 수차의 특징 3가지를 쓰시오.

> **해설**
> ① 비교 회전속도가 적고, 높은 낙차에 적합하다.
> ② 부하가 급 감소하였을 때 수압관 내의 수격현상을 방지하는 디플렉터를 두고 있다.
> ③ 유량을 조절하는 니들 밸브를 사용하며, 니들밸브 바깥쪽에 노즐이 설치되어 있다.
> ④ 배출 손실이 크다.
> ⑤ 회전차의 바깥쪽에 약 15~25개의 버킷이 설치된다.

⑥ 러너 주위에 물은 압력이 가해지지 않으므로 누수 방지에 문제가 없다.
⑦ 마모 부분의 교체가 비교적 용이하다.
⑧ 출력 변화에 효율의 저하가 적기 때문에 변동 부하에 유리하다.
⑨ 부분 부하 시에도 효율이 좋다.

40

펠톤수차의 구성요소에 대한 설명으로 알맞은 답을 쓰시오.

(1) 전향기(deflector)를 설치하는 목적은?
(2) 니들 밸브(needle valve)를 설치하는 목적은?

(1) 수격작용 방지
(2) 유량조절

41

반동수차의 전효율에서 고려되는 효율의 종류 3가지를 쓰시오.

① 체적효율
② 수력효율
③ 기계효율

42

프란시스 수차의 특징 3가지를 쓰시오.

① 적용 낙차 범위가 가장 넓다.
② 구조가 간단하고 가격이 저렴하다.
③ 고낙차 영역에서는 펠톤 수차에 비해 비속도가 높기 때문에 소형 고속으로 제작되므로 경제적이다.
④ 효율을 향상하기 위해 경부하러너와 정규러너를 사용한다.

43

흡출관의 특징 3가지를 쓰시오.

① 흡출관은 회전차에서 나온 물이 가진 속도수두와 방수면 사이의 낙차를 유효하게 이용하기 위해 사용한다.
② 캐비테이션을 일으키지 않기 위해서 흡출관의 높이는 일반적으로 $7m$ 이하로 한다.
③ 흡출관 입구의 속도가 빠를수록 흡출관의 효율은 커진다.
④ 흡출관의 종류는 원심형($\eta = 90\%$), 무디형($\eta = 85\%$), 엘보형($\eta = 60\%$)이 있다.

44

흡출관의 종류 3가지를 쓰시오.

① 원심형
② 무디형
③ 엘보형

45

프린시스수차의 분류 중 케이싱(casing) 유무에 따른 형식 3가지를 쓰시오.

해설
① 노출형(open type)
② 전구형(frontal type)
③ 원심형(spiral type)

46

다음 보기에서 프란시스 수차의 스파이럴(구조상) 형식에 대한 알맞은 답을 쓰시오.

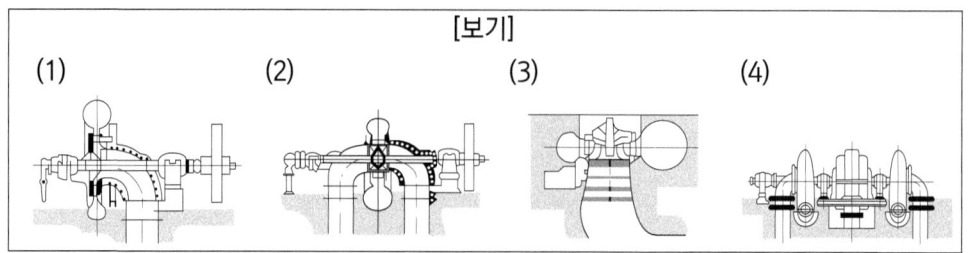

(1) 횡축 단륜 단사형
(2) 횡축 단륜 복사형
(3) 입축 단륜 단사형
(4) 횡축 이륜 단사형

47

프란시스 수차에서 안내깃을 설치하는 목적을 설명하시오.

유량조절

48

축류수차는 반동 수차의 일종으로 러너의 축방향을 통과하는 수차가 있을 때 다음을 구하시오.

(1) 날개가 고정된 형식의 축류수차
(2) 가동날개형이 있는 형식의 축류수차

해설

(1) 프로펠러 수차
(2) 카플란 수차

49

축류수차의 특징 3가지를 쓰시오.

> 해설
> ① 날개를 분해할 수 있는 구조여서 제작, 수송, 조립 등이 편리하다.
> ② 비속도가 높아 저낙차 지점에 적합하여 30m이하에는 거의 카플란 수차를 사용한다.
> ③ 고정 날개형은 구조가 간단해서 가격도 저렴하다.
> ④ 카플란 수차는 낙차, 부하의 변동에 대하여 효율 저하가 작다는 장점이 있다.

50

다음 중 수력발전의 형태로 알맞은 답을 쓰시오.

(1) 표고가 높은 곳에서 흐르고 있는 물의 에너지를 이용하며 고낙차, 소유량의 물의 에너지를 이용하는 특징을 가진 수력 발전은?
(2) 회전차를 정방향과 역방향으로 자유롭게 변경하여 펌프 수차가 주로 이용되며, 고낙차 및 소유량을 이용한다. 주로 원가가 낮은 심야의 여유 있는 전력으로 펌프를 돌려 저수지에 물을 올려 놓았다가 전력이 필요할 때 다시 발전하여 사용하는 수력 발전은?
(3) 표고가 낮은 곳에서 댐을 설치하여 많은 양의 물을 저장하고 수차에 공급하는 방식이며, 중 ~ 저 낙차에 적합한 수력 발전은?

> 해설
> (1) 수로식
> (2) 양수식(펌프양수식)
> (3) 댐식

51

수차에서 캐비테이션이 발생하기 쉬운 부분 3가지를 쓰시오.

> 해설
> ① 펠톤수차에서 노즐의 팁(tip) 부분과 버킷의 릿지(ridge)선단 부분
> ② 프로펠러수차에서 회전차 바깥둘레의 깃 이면 부분
> ③ 비속도가 100이하의 프란시스수차에서의 깃 입구쪽의 이면 부분

52

아래의 보기에서 수차의 비교회전도를 나열하였을 때, 알맞은 수차를 넣으시오.

[보기]
① 고낙차용($n_s = 8~30$)   ② 중낙차용($n_s = 40~350$)
③ 저낙차용($n_s = 400~800$)

해설

① 펠톤 수차
② 프란시스 수차
③ 프로펠러 수차

53

수차에서 낙차 및 안내날개의 개도 등 유량의 가감장치를 일정하게 하여 수차의 부하를 감소시키면 정격 회전 속도 이상으로 속도가 상승하게 되는 속도는 무엇인가?

해설

무구속 속도(run away speed)

54

아래의 보기는 각 수차의 무구속 속도는 정격 속도의 몇 배인지 나타내는 것일 때 알맞은 수차를 쓰시오.

[보기]
① 1.8 ~ 1.9배   ② 1.6 ~ 2.2배   ③ 2 ~ 2.5배

해설

① 펠톤수차
② 프란시스수차
③ 프로펠러수차

55

다음 공기기계에서 팬(fan), 송풍기(blower), 압축기(compressor)의 압력상승범위를 비교하시오.

해설

① 팬(fan) : $10kPa$ 미만($=0.1kg_f/cm^2$ 미만)
② 송풍기(blower) : $10 \sim 100kPa$($=0.1kg_f/cm^2 \sim 1kg_f/cm^2$)
③ 압축기(compressor) : $100kPa$ 이상($=1kg_f/cm^2$) 이상

56

원심송풍기의 종류 3가지를 쓰시오.

해설

① 원심 팬
② 다익 팬(=시로코 팬)
③ 레이디얼 팬
④ 터보 팬
⑤ 익형 팬

57

다음 중 다익 팬(=시로코 팬)의 특징 3가지를 쓰시오.

해설

① 회전차의 깃이 회전방향으로 경사되어 있다.
② 익현의 길이가 짧다.
③ 풍량이 많다.
④ 깃 폭이 넓은 깃을 다수 부착한다.

58

바람의 힘을 이용하여 동력을 얻는 공기기계인 풍차에서 회전축의 방향에 따른 풍차의 종류 각각 3가지씩 쓰시오.

(1) 수평축 풍차
(2) 수직축 풍차

해설
(1) 수평축 풍차 : 프로펠러형, 네덜란드형, 다익형, 그리스형, 1~3형 블레이드
(2) 수직축 풍차 : 다리우스형, 사보니우스형, 패들형, 크로스프로형

59

다음 중 프로펠러 풍차에서 이론효율이 최대로 되는 조건식을 쓰시오.
(단, V_2 : 풍차 후류의 풍속, V_0 : 풍속이다.)

해설
$$V_2 = \frac{V_0}{3}$$

60

회전 압축기의 종류 3가지를 쓰시오.

해설
① 루츠 압축기
② 가동익 압축기
③ 나사 압축기

61
터보형 압축기의 종류 2가지를 쓰시오.

① 축류 압축기
② 원심 압축기

62
압축기 효율의 종류 3가지를 쓰시오.

① 단열효율
② 등온효율
③ 폴리트로픽효율
④ 전효율

63
저진공 펌프의 종류 3가지를 쓰시오.

해설
① 왕복형 진공펌프
② 루츠형 진공펌프(=부스터 진공펌프)
③ 액봉형 진공펌프(=Nush type)
④ 유회전(오일회전) 진공펌프
⑤ 드라이 진공펌프
⑥ 섭션 진공펌프
⑦ 벤츄리 진공펌프

64

유회전(오일회전) 진공펌프의 종류 3가지를 쓰시오.

> **해설**
>
> ① 게데형
> ② 키니형
> ③ 센코형

65

고진공 펌프의 종류 3가지를 쓰시오.

> **해설**
>
> ① 확산 펌프
> ② 터보분자 펌프
> ③ 크라이오 펌프

66

왕복형 진공펌프의 구성요소 3가지를 쓰시오.

> **해설**
>
> ① 크랭크축   ② 크로스 헤드
> ③ 실린더 헤드 ④ 실린더
> ⑤ 피스톤   ⑥ 피스톤링
> ⑦ 피스톤 로드 ⑧ 흡배기밸브

67

펠톤 수차의 노즐 입구에서 유효 낙차가 $1000m$이고, 노즐 속도계수가 0.98이면 수축부에서 속도$[m/s]$는 얼마인가?

해설

$$V = C_v\sqrt{2gh} = 0.98\sqrt{2\times 9.8\times 1000} = 137.2 m/s$$

68

수차의 전효율(η)이 0.85이고 수력효율(η_h)이 0.94, 체적효율(η_v)이 0.97일 때에 이 수차의 기계효율$(\eta_m)[\%]$은 얼마인가?

해설

$$\eta = \eta_v \times \eta_h \times \eta_m \Rightarrow \therefore \eta_m = \frac{\eta}{\eta_v \times \eta_h} = \frac{0.85}{0.97\times 0.94} = 0.9322 = 93.22\%$$

69

다음 중 왕복 펌프의 양수량 $Q[m^3/\min]$를 구하는 식을 쓰시오.
(단, 실린더 지름을 $D[m]$, 행정을 $L[m]$, 크랭크 회전수를 $n[rpm]$, 체적효율을 η_v이라 한다.)

해설

$$Q[m^3/\min] = \eta_v \frac{\pi D^2}{4} Ln$$

70

댐의 물을 $3km$ 하류에 있는 발전소까지 관로를 설치하여 $15MW$의 발전을 할 계획이다. 댐의 유효낙차가 $80m$이고, 수차와 발전기의 전 효율을 70%라 할 때 수차 유량은 약 몇 m^3/s인가?

해설

$$L = \gamma Q H \eta \Rightarrow \therefore Q = \frac{L}{\gamma H \eta} = \frac{15\times 10^6}{9800\times 80\times 0.7} = 27.33 m^3/s$$

71

캐비테이션을 방지하기 위해서는 유효흡입수두($NPSH_{aV}$)가 필요흡입수두($NPSH_{req}$)보다 40% 이상의 여유가 있어야 한다. 대기에 개방된 흡수정으로부터 흡입양정 $6m$로 흡입하는 물펌프계에서 최대로 허용되는 $NPSH_{req}[m]$의 값은?
(단, 물의 포화증기압과 흡입손실양정을 무시한다.)

해설

$$NPSH_{aV} = p_a - (p_s + Z_s + h_{\ell s}) \quad \begin{cases} p_a : \text{수면상의 대기압}[mAq] \\ p_s : \text{물의 포화증기압}[mAq] \\ Z_s : \text{흡입양정}[m] \\ h_{\ell s} : \text{흡입손실양정}[m] \end{cases}$$

$NPSH_{aV} = 10.332 - (0 + 6 + 0) = 4.332m$
여기서, 40%이상 여유가 있어야하니,
$NPSH_{aV} = 1.4 NPSH_{req} \Rightarrow \therefore NPSH_{req} = \dfrac{NPSH_{aV}}{1.4} = \dfrac{4.332}{1.4} = 3.09m$

72

유효 낙차 $80m$, 유량 $55m^3/s$인 하천에서 수차를 이용하여 발생한 동력이 $38200kW$일 때 이 수차의 효율은 몇 %인가?

해설

$L = \gamma Q H \eta \Rightarrow \therefore \eta = \dfrac{L}{\gamma Q H} = \dfrac{38200 \times 10^3}{9800 \times 55 \times 80} = 0.8859 = 88.59\%$

73

출력을 $L(kW)$, 유효 낙차를 $H(m)$, 유량을 $Q(m^3/\min)$, 매 분 회전수를 $n(rpm)$이라 할 때, 수차의 비교회전도(혹은 비속도[specific speed], n_s)를 구하는 식을 쓰시오.

해설

$$n_s = \frac{n\sqrt{L}}{H^{\frac{5}{4}}}$$

참고

*펌프의 비교회전도

$$n_s = \frac{n\sqrt{Q}}{\left(\frac{H}{i}\right)^{\frac{3}{4}}} \quad \begin{cases} n : \text{회전차의 회전수}(rpm) \\ Q : \text{유량} \\ H : \text{양정} \\ i : \text{단수} \end{cases}$$

74

왕복압축기에서 총 배출 유량 $1.5 m^3/\min$, 실린더 지름 $20cm$, 피스톤 행정 $30cm$, 체적 효율 0.8, 실린더 수가 5일 때 회전수(rpm)는 얼마인가?

해설

$$Q = \eta_v \frac{\pi D^2}{4} LnZ \Rightarrow \therefore n = \frac{4Q}{\eta_v \pi D^2 LZ} = \frac{4 \times 1.5}{0.8 \times \pi \times 0.2^2 \times 0.3 \times 5} = 39.79 rpm$$

75

비교회전도 $180[m^3/\min, m, rpm]$, 회전수 $3000 rpm$, 양정 $250m$인 4단 원심펌프에서 유량은 몇 $m^3/\min$인가?

해설

$$n_s = \frac{n\sqrt{Q}}{\left(\frac{H}{i}\right)^{\frac{3}{4}}} \Rightarrow 180 = \frac{3000\sqrt{Q}}{\left(\frac{250}{4}\right)^{\frac{3}{4}}}$$

$$\therefore Q = 1.78 m^3/\min$$

76

흡입 실양정 $50m$, 송출 실양정 $5.5m$인 펌프장치에서 전양정은 약 몇 m인가?
(단, 손실수두는 $4.5m$이다.)

해설

$H_a(\text{실양정}) = H_s + H_d = 50 + 5.5 = 55.5m$
$\therefore H(\text{전양정}) = H_a + h_\ell = 55.5 + 4.5 = 60m$

77

펌프의 유량 $45m^3/\min$, 흡입실 양정 $10m$, 토출실 양정 $90m$인 물펌프계가 있다. 여기서 손실양정은 흡입실과 토출실 양정의 합과 같은 값이고, 펌프효율이 70%인 경우 펌프에 요구되는 축동력은 몇 kW인가?

해설

$H_a(\text{실양정}) = H_s + H_d = 10 + 90 = 100m$
$H(\text{전양정}) = H_a + h_\ell = 100 + 100 = 200m$
$\therefore L_w = \dfrac{\gamma QH}{\eta} = \dfrac{9.8 \times \dfrac{45}{60} \times 200}{0.7} = 2100\,kW$

78

펌프의 양수량 $Q(m^3/\min)$, 양정 $H(m)$, 회전수 $n(rpm)$인 원심 펌프의 비교 회전도(specific speed) 식을 쓰시오.

해설

$n_s = \dfrac{n\sqrt{Q}}{H^{\frac{3}{4}}}$

79

$1000 rpm$으로 $0.9 m^3/\min$의 수량을 방출할 수 있는 펌프가 있는데 이를 $3000 rpm$으로 운전할 때 수량은 약 몇 $m^3/\min$인가?
(단, 이 펌프는 상사법칙이 적용된다.)

해설

$$Q_2 = Q_1 \times \frac{n_2}{n_1} = 0.9 \times \frac{3000}{1000} = 2.7 m^3/\min$$

80

유량은 $30 m^3/\min$, 양정은 $70 m$, 펌프회전수는 $2500 rpm$인 2단 편흡입 원심펌프의 비속도 (specific speed, $(m^3/\min, m, rpm)$)를 구하시오.

해설

$$n_s = \frac{n\sqrt{Q}}{\left(\frac{H}{i}\right)^{\frac{3}{4}}} = \frac{2500\sqrt{30}}{\left(\frac{70}{2}\right)^{\frac{3}{4}}} = 951.59 m^3/\min, m, rpm$$

81

송풍기에서 발생하는 공기가 전압 $500 mmAq$, 풍량 $50 m^3/\min$이고, 송풍기의 전압 효율이 85%라면 이 송풍기의 축동력은 몇 kW인가?

해설

$$L = \frac{PQ}{102\eta} = \frac{500 \times \frac{50}{60}}{102 \times 0.85} = 4.81 kW$$

82

터보팬에서 송풍기 전압이 $250mmAq$일 때 풍량은 $3m^3/\min$이고, 이 때의 축동력은 $0.61kW$ 이다. 이때 전압 효율은 몇 %인가?

[해설]

$$L = \frac{PQ}{102\eta} \Rightarrow \therefore \eta = \frac{PQ}{102L} = \frac{250 \times \frac{3}{60}}{102 \times 0.61} \times 100(\%) = 20.09\%$$

83

수차에 직결되는 교류 발전기에 대해서 주파수를 $f(Hz)$, 발전기의 극수를 p라고 할 때 회전수 $n(rpm)$을 구하는 식을 쓰시오.

[해설]

$$f = \frac{pn}{120} \Rightarrow \therefore n = 120\frac{f}{p}$$

84

양정 $50m$, 송출량 $0.3m^3/\min$, 효율 82%인 물펌프의 축동력은 약 얼마인가?

[해설]

$$L_w = \frac{\gamma QH}{102} = \frac{1000 \times \frac{0.3}{60} \times 50}{102} = 2.45kW$$

$$\therefore L = \frac{L_w}{\eta} = \frac{2.45}{0.82} = 2.99kW$$

85

유체 커플링의 입력축의 회전수 $1300rpm$, 출력축의 회전수 $940rpm$일 때 효율(%)을 구하시오.

해설

$$\eta = \frac{N_2}{N_1} \times 100(\%) = \frac{940}{1300} \times 100(\%) = 72.31\%$$

86

운전 중인 급수펌프의 유량이 $5m^3/\min$, 흡입관에서의 게이지 압력이 $-50kPa$, 송출관에서 게이지 압력이 $500kPa$이다. 흡입관경과 송출관경이 같고, 송출관의 압력 측정 장치는 흡입관의 압력 측정 장치의 설치 위치보다 $40cm$ 높게 설치가 되어있을 때 다음을 구하시오.

(1) 펌프의 전양정$[m]$
(2) 펌프의 동력$[kW]$

해설

(1) 직경이 같으므로 송출관과 흡입관의 유속은 같다. ($V_1 = V_2$)

$$\frac{p_1}{\gamma} + Z_1 + H = \frac{p_2}{\gamma} + Z_2$$

$$\therefore H = \frac{p_2 - p_1}{\gamma} + (Z_2 - Z_1) = \frac{500 - (-50)}{9.8} + 0.4$$
$$= 56.52m$$

(2) $L = \gamma QH = 9.8 \times \frac{5}{60} \times 56.52 = 46.16 kW$

87

원심펌프의 송출유량이 $0.85m^3/\min$이고, 관로의 손실수두가 $8m$이었다. 이 펌프로 펌프 중심에서 $2m$ 아래에 있는 저수조에서 물을 흡입하여 $35m$의 높이에 있는 송출 탱크면으로 양수하려고 할 때, 이 펌프의 수동력(kW)은?

해설

$H = 8 + 2 + 35 = 45m$

$\therefore L_w = \gamma QH = 9.8 \times \frac{0.85}{60} \times 45 = 6.25 kW$

88

유효 낙차를 $H(m)$, 유량을 $Q(m^3/s)$, 물의 비중량을 $\gamma(kg/m^3)$라고 할 때 수차의 이론 출력 $L_{th}(kW)$을 나타내는 식을 쓰시오.

해설

$$L_{th} = \frac{\gamma QH}{102}$$

참고

*수차의 동력

$$L_w = \frac{\gamma QH}{75}[PS] = \frac{\gamma QH}{102}[kW] \quad (단, \gamma의\ 단위는\ kg_f/m^3)$$
$$= \frac{\gamma QH}{735}[PS] = \frac{\gamma QH}{1000}[kW] \quad (단, \gamma의\ 단위는\ N/m^3)$$

89

토크 컨버터에서 임펠러가 작동유에 준 토크를 T_1, 스테이터가 작동유에 준 토크를 T_s, 러너가 받는 토크를 T_2라고 할 때 이들의 관계식을 쓰시오.

해설

$$T_2 = T_1 + T_s$$

90

땅을 파거나 깎을 때 사용하는 건설기계인 굴착기계의 종류 3가지를 쓰시오.

① 도저
② 스크레이퍼
③ 모터 그레이더
④ 셔블계 굴착기

91
도저의 규격을 표시하시오.

해설

자체중량(ton 또는 kg)으로 표시

92
도저의 3대 작업을 쓰시오.

해설

① 굴토(흙 파기)
② 송토(흙 운반)
③ 확토(흙 넓히기)

93
다음 보기를 참고하여 도저의 동력전달순서를 쓰시오.

[보기]
① 베벨기어   ② 스프로킷   ③ 파이널 드라이브 기어   ④ 엔진
⑤ 클러치   ⑥ 스티어링 클러치   ⑦ 변속기   ⑧ 트랙

해설

④ → ⑤ → ⑦ → ① → ⑥ → ③ → ② → ⑧
*도저의 동력전달순서
: 엔진 → 클러치 → 변속기 → 베벨기어 → 조향 클러치(스티어링 클러치) → 최종 감속기어(파이널 드라이브 기어) → 스프로킷 → 트랙

94

도저의 주요 구성요소 3가지를 쓰시오.

> **해설**
> ① 캐리어 롤러(상부 롤러)
> ② 트랙 롤러(하부 롤러)
> ③ 프런트 아이들러(트랙 아이들러, 전부 유도륜)
> ④ 리코일 스프링
> ⑤ 환향 클러치(조향 클러치)
> ⑥ 조향 브레이크
> ⑦ 최종 구동 기어
> ⑧ 스프로킷
> ⑨ 타이 로드
> ⑩ 트랙

95

다음 중 보기를 참고하여 ( ) 안에 알맞은 답을 쓰시오.

> [보기]
> *도저
> : 트랙터에 (①)를 부착하고 10~100m 이내의 경제적인 작업 거리에서 작업한다. 도저의 3대 작업은 (②), (③), (④)이다.

> **해설**
> ① 블레이드(=삽날, 배토판, 토공판)
> ② 굴토(흙 파기)
> ③ 송토(흙 운반)
> ④ 확토(흙 넓히기)

96
다음 중 도저의 구조에서 알맞은 답을 쓰시오.

(1) 트랙 프레임에 4~7개 정도 설치되며 도저의 전체 중량을 지지하고, 전체 중량을 트랙에 균등하게 분배 해주며 트랙의 회전 위치를 정확히 유지하는 일을 하는 장치
(2) 프론트 아이들러와 스프로킷 사이에 1~2개가 설치되어 트랙이 밑으로 처지지 않도록 받쳐주며, 트랙의 회전 위치를 정확히 유지하는 일을 하는 장치
(3) 베벨 기어의 동력을 스프로킷으로 전달 및 차단하여 도저의 진행 방향을 바꿔주는 역할을 하는 장치
(4) 조향력을 바퀴에 전달하여 바퀴의 토(toe) 값을 조장 가능한 장치

(1) 트랙 롤러(하부 롤러)
(2) 캐리어 롤러(상부 롤러)
(3) 환향 클러치(조향 클러치)
(4) 타이 로드

97
도저의 구조 중 하나인 트랙의 구성요소 4가지를 쓰시오.

① 링크   ② 핀
③ 부싱   ④ 트랙 슈

98
도저의 구조 중 하나인 트랙을 2가지로 구분하시오.

① 무한궤도식(크롤러형)
② 타이어식(휠형)

99

아래의 소문제에서 무한궤도식과 타이어식을 비교하시오.

(1) 작업속도 및 기동성
(2) 토질의 영향
(3) 연약지반 및 경사지작업
(4) 작업의 안정성
(5) 등판 및 견인능력
(6) 작업거리의 영향
(7) 접지압 $[kg_f/cm^2]$

해설

(1) 무한궤도식 : 느림   타이어식 : 빠름
(2) 무한궤도식 : 적음   타이어식 : 큼
(3) 무한궤도식 : 용이   타이어식 : 곤란
(4) 무한궤도식 : 안정   타이어식 : 조금 떨어지는 편
(5) 무한궤도식 : 큼   타이어식 : 작음
(6) 무한궤도식 : 큼   타이어식 : 작음
(7) 무한궤도식 : $0.5 kg_f/cm^2$ 타이어식 : $2.5 kg_f/cm^2$

100

블레이드(삽날) 설치방식에 의한 도저의 종류 3가지를 쓰시오.

해설

① 불도저(=스트레이트 도저)
② 앵글 도저
③ 틸트 도저
④ U형 도저
⑤ 습지 도저
⑥ 레이크 도저
⑦ 트리밍 도저
⑧ 힌지 도저
⑨ 백호
⑩ 유압 리퍼

101

다음 블레이드 설치방식에 따른 도저의 종류에 대한 설명이다. 알맞은 것을 쓰시오.

(1) 트랙터의 빔을 기준으로 하여 블레이드를 좌우로 20도~30도 정도 변화각을 줄 수 있어 토사를 한 쪽 방향으로 밀어낼 수 있으며 불도저나 틸트 도저보다 블레이드 길이가 길고 폭이 좁은 특징을 가지며 주 작업은 매몰작업, 산허리 깎기(측능절단), 지균 작업 등을 하는 도저
(2) 트랙터 앞 부분에 블레이드를 90도로 부착한 것이며, 블레이드를 상하 조종하면서 작업을 수행할 수 있고 또한 블레이드를 앞뒤로 10도 정도 변화각을 줄 수 있으나 상하 및 좌우로는 변화각을 줄 수 없고 불도저의 주 작업은 직선 송토, 굴토작업 및 거친 배수로 매몰작업 등을 하며 블레이드를 변경이 불가능한 특징을 가진 도저
(3) 수평면을 기준으로 하여 블레이드를 좌우로 $15cm$~최대 $30cm$ 정도 기울일 수 있어 블레이드의 한 쪽 끝 부분에 힘을 집중시킬 수 있으며 주 작업은 V형 배수로 굴삭, 나무뿌리 뽑기, 바위 굴리기, 언 땅 및 굳은 땅 파기 등인 도저
(4) 블레이드 좌우를 U자형으로 되어있는 것이며, 블레이드가 대용량이므로 나무조각, 석탄, 부드러운 흙 등 비교적 비중이 적은 것의 운반처리에 적합한 도저
(5) 트랙 슈가 삼각형으로 된 것이며, 접지압력이 $0.1~0.3kg_f/cm^2$ 정도인 도저

해설
(1) 앵글 도저
(2) 불도저(스트레이트 도저)
(3) 틸트 도저
(4) U형 도저
(5) 습지 도저

102

다음 블레이드 설치방식에 따른 도저의 종류에 대한 설명이다. 알맞은 것을 쓰시오.

(1) 블레이드 대신에 갈퀴를 설치하고 나무 뿌리 및 잡목을 제거하는데 사용하며, 암석을 굴착할 때 사용하는 도저
(2) 블레이드 변경이 가능하며 좁은 장소에서 설탕, 소금, 곡물, 철광석, 광물, 석탄 등을 내밀거나 긁어 모을 때 효과적인 도저
(3) 제설 및 토사 운반용으로 다량의 흙을 운반하는데 적합한 도저

(4) 도저가 서있는 곳보다 낮은 곳의 굴착에 주로 쓰이며 수중굴착도 가능하며 파워 셔블과 같이 단단한 지반의 토질에서도 굴착 정형이 가능하다는 특징을 가지고 있는 도저
(5) 굳고 단단한 지반에서 블레이드로는 굴착이 곤란한 지반이나 포장의 분쇄, 뿌리 뽑기 등에 이용되며 트랙터의 뒷 부분에 장치하여 유압으로 조작하는 도저의 부속장치

(1) 레이크 도저
(2) 트리밍 도저
(3) 힌지 도저
(4) 백호
(5) 유압 리퍼

103
브레이크 라이닝의 구비 조건 3가지를 쓰시오.

① 마찰계수가 커야 함
② 페이드 현상에 견딜 수 있어야 함
③ 불쾌음 및 소음의 발생이 없을 것
④ 내마모성 우수

104
일반적으로 도저보다 작업거리가 길고 일명 carry all(캐리 올)이라고도 부르며 굴착, 적재, 부설, 운반, 다짐, 성토 등의 작업을 연속적으로 할 수 있으며, 주로 토사운반작업을 하고 비교적 규모가 큰 공사에 사용되며 비행장, 도로의 신설 등과 같은 대규모 공사에도 아주 적합한 굴착기계는?

스크레이퍼

105

스크레이퍼의 규격을 표시하시오.

볼의 용량(m^3)으로 표시

106

다음 보기를 참고하여 스크레이퍼의 작업 순서를 쓰시오.

[보기]
① 운반 작업   ② 살포, 뿌리기(스프레딩) 작업   ③ 방향 전환   ④ 토사 절삭(땅깎기)

④ → ① → ② → ③

107

다음 보기는 스크레이퍼의 동력전달순서일 때 알맞은 답을 쓰시오.

[보기]
엔진 → 토크 → (①) → (②) → 피니언 베벨기어 → 액슬(샤프트) → (③) → 휠

① 유니버셜 조인트
② 트랜스미션
③ 유성기어

108

스크레이퍼의 주요 구성요소 3가지를 쓰시오.

> 해설
> ① 볼
> ② 에이프런
> ③ 이젝터(=테일 게이트)
> ④ 푸셔
> ⑤ 시어핀(=전단핀)
> ⑥ 컷팅에지

109

다음은 스크레이퍼의 주요 구조의 설명으로 알맞은 답을 쓰시오.

(1) 마모가 일어나는 것을 방지해주는 장치.
(2) 레버를 눕힌 체 강하게 누르거나 급하게 커브를 돌 때 이를 보호하는 장치.
(3) 볼의 뒷면에 위치하고 볼 안에서 흙을 밀어내기 위해 전·후진하는 장치이며, 볼의 토자 적재 공간.
(4) 흙 손실을 막기 위한 벽을 볼의 전면에 설치한 장치

> 해설
> (1) 컷팅에지
> (2) 시어핀(=전단핀)
> (3) 이젝터(=테일 게이트)
> (4) 에이프런

110

다음 중 스크레이퍼는 크게 모터 스크레이퍼(=자주식 스크레이퍼), 견인식 스크레이퍼(=비 자주식 스크레이퍼)로 나누어진다. 둘을 비교하시오.

(1) 이동속도
(2) 작업범위
(3) 험난지 작업
(4) 굴토력
(5) 볼의 용량

> **해설**
>
> (1) 모터 스크레이퍼 : 빠름   견인식 스크레이퍼 : 느림
> (2) 모터 스크레이퍼 : 넓음   견인식 스크레이퍼 : 좁음
> (3) 모터 스크레이퍼 : 곤란   견인식 스크레이퍼 : 가능
> (4) 모터 스크레이퍼 : 작음   견인식 스크레이퍼 : 큼
> (5) 모터 스크레이퍼 : 큼   견인식 스크레이퍼 : 작음

111

아래의 보기는 스크레이퍼의 시간당 작업량을 구하기 위한 물성치이다. 다음 중 시간당 작업량과 비례하는 물성치를 고르시오.

[보기]
① 볼의 1회 운반량 $[m^3]$ ② 토량환산계수
③ 작업효율 $[\%]$ ④ 1회 사이클 타임 $[hr]$

> **해설**
>
> ①, ②, ③
>
> **참고**
>
> $$Q[m^3/hr] = \frac{3600qfE}{C_m[\sec]} \begin{cases} q : \text{볼의 1회 운반량}[m^3] \\ f : \text{토량환산계수} \\ E : \text{작업효율}[\%] \\ C_m : \text{1회 사이클 타임}[1hr = 60\min = 3600\sec] \end{cases}$$

112

지면을 매끈하게 다듬어 끝맺음을 할 때 주로 사용하고 제설작업(가장 효과적), 살포작업, 측구작업, 정형작업, 절삭작업, 지균작업, 도로구축작업, 도로유지보수작업 등에 사용하고 토공대패라고 불리며 토목공사에 주로 사용하는 블레이드(=삽날, 배토판)을 탑재하여 지표를 긁어 땅을 고르게 하는 건설기계는 무엇인가?

모터 그레이더

113

모터 그레이더의 규격을 표시하시오.

블레이드의 길이[m]로 표시

114

다음 보기는 모터 그레이더의 동력전달순서일 때 알맞은 답을 쓰시오.

[보기]
엔진 → 변속기 → (①) → 베벨기어 → 구동기어 → (②) → 바퀴

① 감속기어
② 탠덤 장치

115

다음 보기를 참고하여 모터 그레이더의 동력전달순서를 구하시오.

[보기]
상부축, 하부축, 중간축, 유전축

(1) 전진시
(2) 후진시

해설

(1) 상부축 → 중간축 → 하부축
(2) 상부축 → 유전축 → 중간축 → 하부축

116

모터 그레이더의 구조 3가지를 쓰시오.

해설

① 오일 모터   ② 블레이드
③ 서클 장치   ④ 스캐리파이어(쇠스랑)
⑤ 스냅 파워 장치 ⑥ 리닝 장치
⑦ 탠덤 드라이브 장치 ⑧ 시어핀

117

아래의 내용은 모터 그레이더의 구조 중 하나인 서클 장치의 내용이다. 괄호에 알맞은 답을 쓰시오.

블레이드를 좌우, 가로 방향으로 이동시키는 장치이며, 스캐리파이어(쇠스랑)을 제거하면 (①), 그렇지 않으면 (②)까지 회전이 가능하다.

해설

① 360° ② 150°

118

다음 내용을 보고 스캐리파이어의 절삭 각도를 쓰시오.

(1) 부드러운 흙에 자그마한 돌들이 섞인 도로의 굴삭 작업할 때
(2) 자갈이 많이 섞인 건조 포장도로의 굴삭 작업할 때
(3) 아스팔트 도로의 굴삭 작업할 때

해설

(1) 약 51~60°(최소)
(2) 약 60~66°(표준)
(3) 약 66~86°(최대)

119

모터 그레이더는 특이하게 차동기어가 없어서 회전 반경이 커지는 단점을 보완하기 위하여 좌우 20~30°의 앞바퀴 경사를 주어 회전 반경을 작게 하여 선회를 용이하게 하는 장치는?

해설

리닝 장치(앞바퀴 경사 장치)

120

모터 그레이더의 블레이드 용량$[m^3]$의 공식을 쓰시오.
(단, B : 블레이드의 폭$[m]$, H : 블레이드의 높이$[m]$이다.)

$Q = BH^2$

121

일반적으로 포크레인이라고 부르는 굴착기계이며, 주행하는 하부 본체에 동력을 장착한 상부회전체 및 교체 가능한 전부 장치로 구성되어 굴착 및 적재, 샌드드레인, 어스드릴작업, 말뚝박기, 크레인, 도랑파기 등의 많은 작업을 할 수 있는 다목적 기계는 무엇인가?

셔블계 굴착기

122

셔블계 굴착기의 주요장치 3가지를 쓰시오.

① 작업장치(전부장치)
② 상부 회전체
③ 하부 구동체(하부 주행장치)

123

굴삭기 상부 프레임지지 장치의 종류 3가지를 쓰시오.

① 롤러식 ② 볼 베어링식 ③ 포스트식

124

굴삭기의 주행장치에 따른 분류 3가지를 쓰시오.

① 크롤러형(무한궤도식)
② 휠형(타이어식)
③ 트럭탑재형

125

굴삭기의 조작방법에 따른 분류 3가지를 쓰시오.

> **해설**
> ① 공기식
> ② 전기식
> ③ 수동식
> ④ 유압식

126

굴삭기의 전부장치(프런트 어태치먼트)의 종류 3가지를 쓰시오.

> **해설**
> ① 백호
> ② 셔블
> ③ 드래그 라인
> ④ 어스 드릴
> ⑤ 파일 드라이브
> ⑥ 크램셸

127

다음 아래는 굴삭기 전부장치의 설명일 때 알맞은 답을 쓰시오.

(1) 작업 위치보다 높은 곳 굴착작업에 이용되는 것으로 삽의 역할을 하며, 토량을 빠른 속도로 굴착 운반할 때 사용한다. 백호 버킷을 뒤집어 사용한 형상이며, 구조가 간단하고 프런트 교환과 주행이 쉬우며 보수와 운전조작이 쉽다.
(2) 본체의 작업 위치보다 낮은 굴착에 쓰이고 공사장 지하 및 도랑파기 등에 적합하다.
(3) 지면보다 낮은 곳을 넓게 굴착하는데 사용하며 작업반경이 크고, 수중굴착 및 긁어 파기에 이용하며, 자갈 채취는 안된다.
(4) 시가지의 큰 건물이나 구조물 등의 기초공사 작업 시, 회전식 버킷에 의해 지반을 천공하여 소음과 진동이 작고 큰 지름의 깊은 구멍을 뚫는데 사용된다.
(5) 콘크리트나 시트에 말뚝이나 기둥을 박거나 교량의 교주 항타작업을 한다.

(1) 셔블
(2) 백호
(3) 드래그 라인
(4) 어스 드릴
(5) 파일 드라이브

128
굴삭기의 종류 3가지를 쓰시오.

① 타워 굴착기
② 트렌쳐
③ 유압 셔블

129
대형굴착기에 스프링을 보호할 목적으로 장착해 놓은 스프링 현가장치이며, 전후, 좌우 방향에 안전성을 주어 기중 작업 시 타이어를 보호하며, 전도되는 것을 방지해 주는 안전장치는 무엇인가?

아우트리거(아웃리거)

130
셔블계 굴착기의 규격을 표시하시오.

작업가능상태의 중량[ton]

131
크레인(기중기)의 구조 3가지를 쓰시오.

> 해설
> ① 하부 본체
> ② 상부 회전체
> ③ 전부 장치(프론트 어태치먼트)

132
크레인의 전부 장치(프론트 어태치먼트)의 작업장치를 3가지 쓰시오.

> 해설
> ① 크레인(훅)
> ② 클램셸
> ③ 셔블
> ④ 드래그 라인
> ⑤ 파일 드라이버
> ⑥ 트렌치 호

133
크레인의 일곱가지 기본동작을 쓰시오.

> 해설
> ① 호이스트 동작
> ② 붐 호이스트 동작
> ③ 스윙 동작
> ④ 리프랙터 동작
> ⑤ 크라우드 동작
> ⑥ 덤프 동작
> ⑦ 트레벨 동작

134
크레인 붐의 종류 3가지를 쓰시오.

① 크레인 붐
② 쉬브 붐
③ 트렌치호 붐
④ 보조 붐
⑤ 지브 붐
⑥ 마스터 붐

135
크레인 붐의 ① 최대 각도와 ② 최소 각도를 쓰시오.

① 78도
② 20도

136
다음 보기에 알맞은 답을 쓰시오.

[보기]
크레인 작업 시 물체의 무게가 무거울수록 붐의 길이는 (①) 지면과의 각도는 (②)한다.

① 짧게
② 크게

137

크레인의 종류 3가지를 쓰시오.

① 드래그 크레인　② 휠 크레인
③ 크롤러 크레인　④ 케이블 크레인
⑤ 가이데릭 크레인　⑥ 트랙터 크레인
⑦ 유압 크레인　⑧ 타워 크레인
⑨ 지브 크레인

138

다음 크레인의 종류에서 알맞은 답을 쓰시오.

(1) 건축 공사장의 철골조립 및 철거 항만하역 등에 사용하며 권상능력과 작업반경이 크므로 경제성이 좋고 또한 취급 및 조립해체가 용이한 크레인은?
(2) 고층빌딩 및 높은 곳을 작업할 때 필요로 하는 작업이며 높은 탑 위에 짧은 지브나 해머 헤드식 트러스를 장착한 크레인이며 360도 선회가 가능한 크레인은?
(3) 붐의 끝단에 중간 붐이 추가로 설치된 크레인이며, 작업 반경을 조정하면서 작업을 하게 되어 아파트, 교량 등의 건설 공사시 적합하고 경사각도에 따라 작업 반경과 인상능력의 차가 발생하는 크레인은?

(1) 가이데릭 크레인
(2) 타워 크레인
(3) 지브 크레인

139

트랙터 앞 부분에 버킷을 부착하고 건설 공사에서 자갈, 모래, 흙 등을 덤프트럭에 적재하고 다른 부속 장비를 설치하여 나무 뿌리를 제거하거나 제설 작업 등을 할 수 있는 건설용적재기계는?

로더

140
로더의 규격을 표시하시오.

표준 버킷용량(m^3)으로 표시

141
로더의 주행 장치에 따른 분류 3가지를 쓰시오.

해설
① 휠형 로더(=차륜식, 타이어식)
② 크롤러형 로더(무한궤도식)
③ 반무한 궤도식 로더

142
로더의 적하 방식에 따른 종류 3가지를 쓰시오.

해설
① 프론트 엔드형
② 사이드 덤프형
③ 백호 셔블형
④ 오버 헤드 형
⑤ 스윙형

143
튜브리스 타이어에 강철제 트랙을 감은 형태의 로더는?

쿠션형 로더

144
로더의 버킷 각의 기준을 쓰시오.

(1) 전경각
(2) 후경각

(1) 45° 이상
(2) 35° 이상

145
덤프트럭의 규격을 표시하시오.

최대 적재량(ton)으로 표시

146
다음 보기는 덤프 트럭의 동력전달순서일 때 알맞은 답을 쓰시오.

[보기]
엔진 → 클러치 → 변속기 → 추진축 → (①) → 차축 → (②) → 구동륜

① 차동기어 장치
② 종감속기

147
덤프트럭의 종류 3가지를 쓰시오.

① 사이드 덤프트럭
② 리어 덤프트럭
③ 3방향 열림 덤프트럭
④ 바텀 덤프트럭

148
후륜 환향식(조향식)에 유압식으로 제어하며 전륜 구동형태이며 지게차의 앞 부분에 두 개의 길쭉한 철판이 나와 있어 짐을 싣고 위아래로 움직이는 운반기계는?

지게차

149
지게차의 규격을 표시하시오.

최대로 들어 올릴 수 있는 용량(ton)으로 표시

150
다음 보기는 지게차의 동력전달순서일 때 알맞은 답을 쓰시오.

[보기]
엔진 → 클러치 → 변속기 → 추진축 → (①) → 차축 → (②) → 구동륜

① 차동기어 장치
② 종감속기

151

지게차 마스트의 각도의 표를 완성하시오.

분류	카운터 밸런스	리치	사이드 포크
전경각[°]	5 ~ 6 이하	(①) 이하	3 ~ 5 이하
후경각[°]	(②) 이하	5 이하	(③) 이하

해설
① 3
② 12
③ 5

152

다음 지게차에서 선내하역 작업이나, 낮은 장소에 적합한 형식은?

해설
프리 리프트 마스트

153

지게차에서 단동 실린더이며, 하중을 실어 오르내리게 하는 유압장치는?

해설
마스터 실린더

154

벨트 컨베이어의 운반능력 $W[m^3/hr]$의 식을 쓰시오.
(단, A : 운반물의 적재 단면적$[m^2]$, V : 벨트의 속도$[m/\min]$, E : 작업효율$[\%]$이다.)

해설
$W = 60AVE[m^3/hr]$

155

전륜 환향식, 후륜 구동이며 주로 도로다지기, 비행장 활주로 다지기, 포장재료 다지기 등 다짐작업에서 사용하는 다짐기계는 무엇인가?

롤러

156

롤러의 규격을 표시하시오.

롤러의 중량을 톤(ton)으로 표시

157

다음 보기는 롤러의 동력전달순서일 때 알맞은 답을 쓰시오.

[보기]
엔진 → 클러치 → 변속기 → 전, 후진기 → (①) → (②) → 후륜

① 차동기어 장치   ② 종감속장치

158

전압식 롤러의 종류 3가지를 쓰시오.

해설

① 탠덤 롤러   ② 머캐덤 롤러
③ 탬핑 롤러   ④ 타이어 롤러

159
충격식 롤러의 종류 3가지를 쓰시오.

> 해설
> ① 래머
> ② 프로그 래머
> ③ 탬퍼

160
롤러의 자중으로 지반을 다지는 방식인 전압식 롤러의 종류에 대한 설명으로 알맞은 답을 쓰시오.

(1) 아스팔트 포장의 표층 다짐에 적합하여 아스팔트의 끝마무리 작업에 사용하며 앞바퀴와 뒷바퀴가 각각 1개씩 일직선으로 되어 있고 차축이 나란히 되어있는 롤러는?
(2) 댐의 축제공사와 제방, 도로, 비행장 등의 다짐 작업에 쓰이고 다수의 돌기 형태의 구조 물이 롤러에 붙어있는 특징을 가진 롤러는?
(3) 쇄석(자갈)기층, 노상, 노반, 아스팔트 포장시 초기 다짐에 적합하고 2축 3륜으로 되어있는 롤러는?

> 해설
> (1) 탠덤 롤러
> (2) 탬핑 롤러
> (3) 머캐덤 롤러

161
다음 보기에 알맞은 답을 쓰시오.

[보기]

롤러의 다짐압력(선압) = $\dfrac{①}{②}$

> 해설
> ① 바퀴 접지 중량   ② 롤 폭

162
콘크리트 포장기계 종류를 크게 3가지로 나누시오.

① 콘크리트 제조기계
② 콘크리트 운반기계
③ 콘크리트 타설기계

163
콘크리트 제조기계의 종류 2가지를 쓰시오.

① 콘크리트 배칭 플랜트
② 콘크리트 믹서

164
콘크리트 배칭 플랜드의 규격을 표시하시오.

해설
시간당 생산량(ton/hr)

165
콘크리트 믹서의 규격을 표시하시오.

① 1회 혼합할 수 있는 콘크리트 생산량(m^3)

166
콘크리트 운반기계의 종류 2가지를 쓰시오.

해설
① 콘크리트 믹서 트럭
② 콘크리트 펌프

167
흔히 레미콘이라고 부르는 콘크리트 믹서 트럭의 규격을 표시하시오.

해설
용기내에 1회 혼합할 수 있는 생산량(m^3), 혼합 및 교반장치의 1회 작업능력

168
콘크리트 펌프의 종류 2가지를 쓰시오.

해설
① 정치식
② 트럭 탑재식

169
콘크리트 타설기계의 종류 2가지를 쓰시오.

해설
① 콘크리트 피니셔
② 콘크리트 살포기

170
콘크리트 피니셔와 살포기의 규격을 각각 표시하시오.

해설
① 콘크리트 피니셔 : 시공할 수 있는 표준 폭(m)
② 콘크리트 살포기 : 시공할 수 있는 표준 폭(m)

171
아스팔트 포장기계의 종류 3가지를 쓰시오.

해설
① 아스팔트 믹싱 플랜트
② 아스팔트 피니셔
③ 아스팔트 살포기(아스팔트 디스트리뷰터)

172
다음 아래에 대한 규격을 각각 표시하시오.

(1) 아스팔트 믹싱 플랜트
(2) 아스팔트 피니셔
(3) 아스팔트 디스트리뷰터

해설
(1) 아스팔트 혼합채(아스콘)의 시간당 생산량[m^3/hr]
(2) 아스팔트 콘크리트를 포설할 수 있는 표준포장너비[m]
(3) 최대 살포너비[m] 및 탱크 용량[m^3]

173

아스팔트 피니셔의 기구를 3가지 쓰시오.

① 피더
② 스크리드
③ 호퍼
④ 스프레이팅 스크루
⑤ 댐퍼

174

다음 보기는 아스팔트 피니셔의 기구에 대한 설명이다. 보기를 참고하여 알맞은 답을 쓰시오.

[보기]
① 호퍼 바닥에 설치되어 혼합재를 스프레이팅 스크루로 혼합재료를 이동시키는 역할
② 운반된 아스팔트를 저장하는 용기
③ 스크리드에 설치되어 혼합재료를 균일하게 살포하는 장치
④ 노면에 살포된 아스팔트를 매끈하게 균일하게 다듬는 판
⑤ 노면에 살포된 아스팔트를 요구하는 두께로 다져주는 장치

① 피더
② 호퍼
③ 스프레이팅 스크루
④ 스크리드
⑤ 댐퍼

175

노상안전기의 규격을 표시하시오.

유체탱크의 용량(m^3 or ℓ)

176
준설선을 크게 2가지 종류로 나타내시오.

해설
① 자항식 준설선
② 비자항식 준설선

177
비자항식 준설선 특징 3가지를 쓰시오.

해설
① 자항식에 비해 구조가 간단하며 가격이 싼 편이다.
② 토운선이나 예인선이 필요하다.
③ 경토질(단단한 토질) 이외에는 준설능력이 큰 편이다.
④ 펌프식의 경우 경토질에 부적합하며, 파이프를 통해 송토하므로 거리에 제한을 받는다.
⑤ 내항의 준설작업에 주로 이용된다.
⑥ 펌프식의 경우 매립 성능이 좋다.

178
자항식 준설선 특징 3가지를 쓰시오.

해설
① 비자항식에 비해 구조가 복잡하여 가격이 비싼 편이다.
② 토운선이나 예인선이 필요없다.
③ 외항의 준설작업에 주로 이용된다.
④ 비자항식과 다르게 송토거리에 제한을 받지 않는 편이다.
⑤ 펌프식의 경우 항로가 좁거나 이질의 토질작업이 가능하다.
⑥ 준설시간이 길다.
⑦ 침전이 불량한 토질은 물을 많이 운반해야 한다.
⑧ 단단한 토질에는 부적합하다.
⑨ 매립용으로 부적합하고 숙련된 기술이 필요하다.

179

준설선의 준설방식에 의한 종류 3가지를 쓰시오.

> 해설
>
> ① 버킷 준설선
> ② 펌프 준설선
> ③ 디퍼 준설선
> ④ 그래브 준설선
> ⑤ 드래그 석션 준설선

180

다음 아래의 준설선들의 규격을 각각 표시하시오.

(1) 버킷 준설선
(2) 펌프 준설선
(3) 디퍼 준설선
(4) 그래브 준설선

> 해설
>
> (1) 주 엔진의 연속 정격출력(PS)
> (2) 구동엔진의 정격출력(PS)
> (3) 버킷의 용량(m^3)
> (4) 그래브 버킷의 평적 용량(m^3)

181

버킷 준설선의 특징 3가지를 쓰시오.

> 해설
>
> ① 30~70여개 정도의 연속된 버킷을 수저에 내려 회전시키면서 토사를 연속적으로 절삭하여 올리는 구조이다.
> ② 소음과 진동이 큰 편이다.
> ③ 소형은 대부분의 스퍼드가 장착된 비자항식이지만, 중형이상은 스퍼드가 없이 자체 동력을 가진 자항식이 주를 이룬다.
> ④ 점토, 모래, 자갈, 연암 등 광범위한 토질에 적용이 가능하나, 암반 준설에는 부적합하다.
> ⑤ 토질에 영향이 적은 편이다.
> ⑥ 협소한 장소에서 작업이 어려울뿐만 아니라 작업 반경이 큰 장소에서도 작업이 어렵다.

182
펌프 준설선의 특징 3가지를 쓰시오.

해설
① 펌프 준설선의 크기는 주 펌프의 구동동력에 따라 소형부터 초대형으로 구분할 수 있다.
② 샌드 펌프를 설치한다.
③ 펌프 준설선의 작업능력을 결정하는 주요소는 흙을 퍼올리고 보내는 거리 및 준설 깊이 등이다.

183
항타기의 종류 3가지를 쓰시오.

해설
① 진동해머
② 증기해머
③ 드롭해머
④ 디젤 파일 해머
⑤ 파일 드라이버

184
다음 아래의 해머들의 규격을 각각 표시하시오.

(1) 진동 해머
(2) 증기 해머
(3) 디젤 파일 해머

해설
(1) 모터의 출력(kW) 및 기진력(ton)
(2) 피스톤 중량(ton)
(3) 램의 중량(ton)으로 표시

185
공기 압축기의 규격을 표시하시오.

매분당 공기 토출량(m^3/min)

186
다음 보기는 공기 압축기의 부품에 대한 내용이다. 알맞은 답을 쓰시오.

> [보기]
> ① 공기 압축기에 압축 공기의 수분을 제거하여 공기 압축기의 부식을 방지하는 부품
> ② 중간 냉각기라고도 불리며, 공기 압축기로 가압한 공기를 냉각하여 공기 밀도를 올리는 부품

① 애프터 쿨러(드라이어)
② 인터 쿨러

187
천공기를 크게 2가지로 구분하시오.

① 충격식(타격식)
② 회전식

188
다음 천공기의 규격을 각각 표시하시오.

(1) 크롤러형 천공기
(2) 크롤러 점보형 천공기
(3) 실드 굴진기
(4) 터보 보링머신(터널 굴진기)

해설
(1) 착암기의 중량(kg)과 매분당 공기 소비량(m^3/min) 및 유압펌프토출량(L/min)
(2) 프레트를 단수와 착암기 대수(○단×○대)
(3) 사용 설비의 동력(kW)
(4) 최대 굴착지수(mm)

189
천공기의 주요장치 3가지를 쓰시오.

해설
① 브레이커
② 드리프터
③ 핸드해머
④ 싱커
⑤ 레그드릴
⑥ 스토퍼

190

다음 보기는 천공기의 주요장치에 대한 설명이다. 알맞은 답을 쓰시오.

[보기]
① 굴삭기에서 버킷을 떼어내고 부착, 사용하는 장치
② 타격력과 회전력을 발생시키고, 타격 실린더와 회전용 오일 모터 등으로 구성된 장치
③ 댐의 굴착, 터널 굴착 작업용이며, 주로 단단한 암석에 구멍을 뚫는데 사용하는 장치
④ 댐의 굴착, 펀치 절단, 터널의 반 하향 작업(채탄, 채석)에 적합한 장치
⑤ 상향 천공용으로 안전도가 높으며 절삭 수직갱, 상향 채굴에 적합한 장치
⑥ 좁은 장소의 굴진, 파쇄 작업 등에 적합하고 크기에 비해 굴진력이 크며 방음, 방진 장치가 부착된 장치

해설
① 브레이커
② 드리프터
③ 싱커
④ 레그드릴
⑤ 스토퍼
⑥ 핸드해머

191

천공기 로드 회전수의 조정법 3가지를 쓰시오.

해설
① 암질과 비트의 구멍에 따라 회전수가 달라진다.
② 단단한 바위나 큰 지름의 구멍일 때에는 회전수를 늦춘다.
③ 연한 바위나 작은 지름의 구멍은 회전수를 빠르게 한다.

192

유압식 크롤러 드릴 작업시 주의사항 3가지를 쓰시오.

① 천공작업 시 다른 크롤러 드릴 장비가 이미 천공한 구멍을 다시 천공하지 않아야 한다.
② 천공 방법을 확인한다.
③ 천공작업 중 암석가루가 밖으로 잘 나오는지 확인한다.
④ 천공작업장의 수평상태를 확인한다.

193

착암기에서 직접 암반을 파쇄해 나가는 부분인 비트의 종류 3가지를 쓰시오.

① 일자형
② 버튼형
③ 스파이크형
④ 십자형(크로스형)

194

도로공사 및 콘크리트 공사에 사용되는 골재를 생산하기 위해 원석을 부수어 자갈을 만드는 건설기계는 무엇인가?

쇄석기(크러셔)

195

쇄석기의 규격을 표시하시오.

시간당 쇄석능력을 톤(ton)으로 표시

196
쇄석기의 영향인자의 종류 3가지를 쓰시오.

① 파쇄비　② 골재의 입도　③ 골재원석의 종류

197
쇄석기의 구조 3가지를 쓰시오.

해설
① 호퍼
② 딜리버리 컨베이어
③ 진동 스크린
④ 승강기
⑤ 컨베이어 벨트

198
쇄석기를 크게 3가지 종류로 나누시오.

해설
① 1차 쇄석기
② 2차 쇄석기
③ 3차 쇄석기

199
1차 쇄석기(크러셔)의 종류 3가지를 쓰시오.

① 조 쇄석기　② 임팩트 쇄석기
③ 자이러토리 쇄석기　④ 햄머밀 쇄석기

200
2차 쇄석기(크러셔)의 종류 3가지를 쓰시오.

해설
① 콘 쇄석기
② 해머 쇄석기
③ 롤 쇄석기

201
3차 쇄석기(크러셔)의 종류 2가지를 쓰시오.

해설
① 로드 밀
② 볼 밀

202
압축비의 공식을 쓰시오.
(단, V_S : 행정체적, V_C : 연소실의 체적이다.)

해설
$$\varepsilon = 1 + \frac{V_S}{V_C}$$

203

다음 보기는 건설기계관리법에 따라 국토교통부령으로 정하는 소형건설기계의 기준으로 옳은 것은 ○, 틀린 것은 ×로 표시하라.

[보기]
① 10톤 불도저 (　　)
② 4.5톤 로더 (　　)
③ 4톤 지게차 (　　)
④ 5톤 굴착기 (　　)
⑤ 공기 압축기 (　　)
⑥ 고정식 콘크리트 펌프 (　　)
⑦ 조 쇄석기 (　　)
⑧ 펌프 준설선 (　　)

해설
① ×
② ○
③ ×
④ ×
⑤ ○
⑥ ×
⑦ ○
⑧ ○

참고
*②법 제 26조 제 4항에서 "국토교통부령으로 정하는 소형건설기계"란 다음 각 호의 건설기계를 말한다.
① 5톤 미만의 불도저
② 5톤 미만의 로더
③ 3톤 미만의 지게차
④ 3톤 미만의 굴착기
⑤ 공기압축기
⑥ 콘크리트 펌프(이동식에 한정한다.)
⑦ 쇄석기
⑧ 준설선

204

플랜트 기계설비용 알루미늄계 재료의 특징 3가지를 쓰시오.

① 내식성이 양호하다.
② 가공성, 성형성이 양호하다.
③ 빛이나 열의 반사율이 높다.
④ 열과 전기의 전도성이 좋다.
⑤ 순도가 높을수록 연하다.

205

다음 보기와 같은 지역의 공사에 사용하는 운반기계는 무엇인가?

[보기]
가) 홍수나 적설로 인한 피해가 많은 장소이다.
나) 주변지역의 땅값이 매우 비싸다.
다) 지형적 특성상 운반로의 건설이 쉽지 않다.

가공삭도

206

건설기계관리법에 따라 건설기계의 소유자는 그 건설기계에 대하여 국토교통부령으로 정하는바에 따라 국토교통부 장관이 실시하는 검사를 받아야 한다. 이때 검사 대상에 해당하는 건설기계는 ○, 그렇지 않으면 ×로 표시하라.

```
                         [보기]
① 정격하중 6톤 타워크레인 (    )
② 자체중량 3톤 로더 (    )
③ 무한궤도식 불도저 (    )
④ 적재용량 10톤 덤프트럭 (    )
⑤ 굴삭장치를 가진 0.5톤 무한궤도식 굴삭기 (    )
⑥ 궤도식 기중기 (    )
⑦ 비자항식 펌프 준설선 (    )
⑧ 무한궤도식 지게차 (    )
```

해설

① ○
② ○
③ ○
④ ×
⑤ ×
⑥ ×
⑦ ○
⑧ ×

참고

*건설기계 관리법의 건설기계
① 불도저 : 무한궤도 또는 타이어식인 것
② 굴삭기 : 무한궤도 또는 타이어식으로 굴삭장치를 가진 1톤 이상인 것
③ 로더 : 무한궤도 또는 타이어식으로 적재장치를 가진 1톤 이상인 것
④ 지게차 : 타이어식으로 들어올림 장치를 가진 것
⑤ 스크레이퍼 : 흙, 모래의 굴삭 및 운반장치를 가진 자주적인 것
⑥ 덤프트럭 : 적재용량이 12톤 이상인 것 다만, 적재용량 12톤 이상 20톤 미만인 것으로 화물운송에 사용하기 위하여 자동차 관리법에 의한 자동차로 등록된 것은 제외.
⑦ 기중기 : 무한궤도 또는 타이어식으로 강재의 지주 및 선회장치를 가진 것, 다만 궤도(레일)식은 제외한다.
⑧ 모터 그레이더 : 정지 장치를 가진 자주적인 것
⑨ 롤러 : 조정석과 전압장치를 가진 자주적인 것 및 피견인 진동식인 것
⑩ 노상 안정기 : 노상안정장치를 가진 자주적인 것

⑪ 콘크리트 배칭플랜트 : 골재 저장통, 계량장치 및 혼합장치를 가진 것으로서 원동기를 가진 이동식인 것
⑫ 콘크리트 피니셔 : 정리 및 사상장치를 가진 것으로 원동기를 가진 것
⑬ 콘크리트 스프레드 : 정리 장치를 가진 것으로 원동기를 가진 것
⑭ 콘크리트 믹서트럭 : 혼합장치를 가진 자주식인 것(재료의 투입 배출을 위한 보조장치가 부착된 것을 포함
⑮ 콘크리트 펌프 : 콘크리트 배송능력이 매 시간당 $5m^3$이상으로 원동기를 가진 이동식과 트럭 적재인 것
⑯ 아스팔트 믹싱 플랜트 : 골재공급장치, 건조가열장치, 혼합장치, 아스팔트 공급장치를 가진 것으로 원동기를 가진 것
⑰ 아스팔트 피니셔 : 정리 및 사상장치를 가진 것으로 원동기를 가진 것
⑱ 아스팔트 살포기 : 아스팔트 살포장치를 가진 자주식인 것
⑲ 골재 살포기 : 골재살포 장치를 가진 자주식인 것
⑳ 쇄석기 : 20kW이상의 원동기를 가진 이동식인 것
㉑ 공기 압축기 : 공기 토출량이 매분당 $2.83m^3$(매 cm^2당 $7kg$ 기준 이상의 이동식인 것)
㉒ 천공기 : 천공장치를 가진 자주식인 것
㉓ 항타 및 항발기 : 원동기를 가진 것으로 해머 또는 뽑는장치의 중량이 0.5톤 이상인 것
㉔ 사리채취기 : 사리채취장치를 가진 것으로 원동기를 가진 것
㉕ 준설선 : 펌프식, 버킷식, 디퍼식 또는 그래브식으로 비자항식인 것
㉖ 특수건설기계

207

건설기계의 비금속 재료인 열경화성 수지의 종류 3가지를 쓰시오.

해설

① 페놀수지
② 요소수지
③ 에폭시수지
④ 멜라민수지
⑤ 규소수지
⑥ 푸란수지
⑦ 폴리에스테르수지
⑧ 폴리우레탄수지

208

건설기계의 비금속 재료인 열가소성 수지의 종류 3가지를 쓰시오.

① 폴리에틸렌
② 폴리프로필렌
③ 폴리스티렌
④ 폴리아미드
⑤ 폴리염화비닐(PVC)
⑥ 아크릴수지
⑦ 플루오르수지

209

플랜트 기계설비에 사용되는 티타늄에 대한 특징 3가지를 쓰시오.

① 가볍다.
② 녹슬지 않는다.
③ 생체와의 친화성이 좋다.
④ 석유화학 공업, 합성섬유 공업, 유기약품 공업 등에서 주로 사용된다.

210

건설공사의 조사, 설계, 시공, 감리, 유지관리, 기술관리 등에 관한 기본적인 사항과 건설업의 등록, 건설공사의 도급에 관하여 필요한 사항을 규정한 법은?

건설산업기본법

211

건설기계에서 사용되는 윤활유의 역할 3가지를 쓰시오.

① 밀봉 작용   ② 냉각 작용
③ 세척 작용   ④ 완충 작용
⑤ 방청 작용   ⑥ 윤활 작용

212

다이렉트 드라이브 변속기가 장착된 무한궤도식 불도저가 작업 중에 과부하로 인하여 작업속도가 급격히 떨어졌으나 엔진 회전 속도는 저하되지 않았다고 하면 우선 점검할 장치는?

메인 클러치(main clutch)

213

기계부품에서 예리한 모서리가 있으면 국부적인 집중응력이 생겨 파괴되기 쉬워지는 것으로 강도가 감소하는 것은 무슨 현상인가?

노치효과

214

증기사용설비 중 응축수를 자동적으로 외부로 배출하는 장치로서 응축수에 의한 효율 저하를 방지하기 위한 장치는?

증기트랩

215

지게차의 스티어링 장치는 주로 어떠한 방식을 채택하고 있는가?

> **해설**
>
> 후륜 조향식(후륜 환향식)

216

모터 스크레이퍼와 견인식 스크레이퍼의 작업범위는 일반적으로 약 몇 m 정도인가?

> **해설**
>
> ① 모터 스크레이퍼(자주식 스크레이퍼)의 작업거리 : $500 \sim 1500m$
> ② 견인식 스크레이퍼(비자주식 스크레이퍼)의 작업거리 : $50 \sim 500m$

217

모터 스크레이퍼와 견인식 스크레이퍼의 볼의 용량은 일반적으로 약 몇 m^3 정도인가?

> **해설**
>
> ① 모터 스크레이퍼(자주식 스크레이퍼)의 볼의 용량 : $10 \sim 20m^3$
> ② 견인식 스크레이퍼(비자주식 스크레이퍼)의 볼의 용량 : $6 \sim 9m^3$

218

플랜트 기계설비에서 액체형 물질을 운반하기 위한 파이프 재질 선정 시 고려할 사항 3가지를 쓰시오.

> **해설**
>
> ① 유체의 온도
> ② 유체의 압력
> ③ 유체의 화학적 성질
> ④ 유체의 압축성

219

무한궤도식 굴삭기와 타이어식 굴삭기의 등판능력은 각각 몇 %인가?

① 무한궤도식 굴삭기 : 30%
② 타이어식 굴삭기 : 25%

220

건설기계관리법에 따라 정기검사를 하는 경우 관련 규정에 의한 시설을 갖춘 검사소에서 검사를 하는 경우 3가지를 쓰시오.

① 덤프트럭
② 콘크리트 믹서트럭
③ 콘크리트 펌프(트럭적재식)
④ 아스팔트 살포기
⑤ 트럭 지게차

221

건설기계관리법에 따라 정기검사를 하는 경우 관련 규정에 의한 시설을 갖춘 검사소에서 검사를 해야 하나 특정 경우에 검사소가 아닌 그 건설기계가 위치한 장소에서 검사를 할 수 있다. 검사를 할 수 있는 것은 ○, 할 수 없는 것은 ×로 표시하라.

[보기]
① 최고속도가 $35km/h$ 이상인 경우 (   )
② 도서지역에 있는 경우 (   )
③ 너비가 2.5미터를 초과하는 경우 (   )
④ 자체중량이 40톤을 초과하거나 축중이 10톤을 초과하는 경우 (   )

해설
① ×
② ○
③ ○
④ ○

참고
*규정에도 불구하고 당해 건설기계가 위치한 장소에서 검사를 하는 경우
① 최고속도가 $35km/h$ 미만인 경우
② 도서지역에 있는 경우
③ 너비가 $2.5m$를 초과하는 경우
④ 자체중량이 40톤을 초과하거나 축중이 10톤을 초과하는 경우

222

건설플랜트용 공조설비를 건설할 때 합성섬유의 방사, 사진필름 제로, 정밀기계 가공공정과 같이 일정 온도와 일정 습도를 유지할 필요가 있는 경우 적용하여야 하는 설비는?

해설
항온항습설비

223

컨베이어의 종류 3가지를 쓰시오.

해설

① 포터블 컨베이어
② 스크루 컨베이어
③ 벨트 컨베이어

224

공기압축기의 종류 3가지를 쓰시오.

해설

① 왕복형
② 회전식
③ 스크루식

225

굴삭기의 시간당 작업량 $[Q,\ m^3/h]$을 산정하는 식을 쓰시오.
(단, q는 버킷 용량$[m^3]$, f는 체적환산계수, E는 작업효율, K는 버킷 계수, C_m은 1회 사이클 시간$[초]$ 이다.)

해설

$$Q[m^3/hr] = \frac{3600qKfE}{C_m[\sec]}$$

226

불도저에서 거리를 고려하지 않은 삽날의 용량은 $3m^3$, 운반거리계수는 0.98, 체적환산계수는 1.12, 작업효율은 0.83, 1회 사이클 시간은 6.8분이 소요된다고 하면 이 불도저의 시간당 작업량은 몇 m^3/h 인가?

해설

$$Q = \frac{60KqfE}{C_m[\min]} = \frac{60 \times 0.98 \times 3 \times 1.12 \times 0.83}{6.8} = 24.11 m^3/hr$$

227

굴삭기의 상부 회전체가 하부 프레임의 스윙 베어링에 지지되어 있다. 상부 회전체의 무게(W) $= 3t$, 선회속도(V) $= 2.5 m/s$, 마찰계수(μ) $= 0.12$일 경우 선회동력(H)은 몇 kW 인가?

해설

$$H = \frac{\mu WV}{102} = \frac{0.12 \times 3000 \times 2.5}{102} = 8.82 kW$$

228

불도저의 시간당 작업량 계산에 필요한 사이클 타임 $C_m(\min)$식을 쓰시오.
(단, ℓ=운반거리(m), v_1=전진속도($m/\min$), v_2=후진속도($m/\min$), t=기어변속시간($\min$)이다.)

해설

$$C_m[\min] = \frac{\ell}{V_1} + \frac{\ell}{V_2} + t$$

229

불도저를 이용한 확토작업에서 작업거리 $150m$, 전진속도 $15m/\min$, 후진속도 $10m/\min$, 기어변환 소요시간 30초일 경우 1회 작업 사이클 시간(Cm)은 약 몇 $\min$인가?

해설

$$C_m = \frac{\ell}{V_1} + \frac{\ell}{V_2} + t = \frac{150}{15} + \frac{150}{10} + \frac{30}{60} = 25.5 \min$$

230

스트레이트 도저를 사용하여 산허리를 절토하고 있다. 도저의 견인력이 $30kN$이고, 주행속도가 $5m/s$이면 이 도저의 견인동력은 몇 kW인가?

해설

$H = FV = 30 \times 5 = 150 kW$

231

파워셔블의 작업에 있어서 버킷 용량은 $1.8 m^3$, 체적환산계수는 0.95, 작업 효율은 0.75, 버킷계수는 1.3, 1회 사이클 시간은 150초일 때 시간당 작업량(m^3/h)은?

해설

$Q = \dfrac{3600qkfE}{C_m[\text{sec}]} = \dfrac{3600 \times 1.8 \times 1.3 \times 0.95 \times 0.75}{150} = 40.01 m^3/hr$

232

불도저가 $50m$ 떨어진 곳에 흙을 운반할 때 사이클 시간(Cm)은 몇 분 몇 초인가? (단, 전진속도는 $2.5km/h$, 후진속도는 $3.5km/h$, 변속에 요하는 시간은 10초이다.)

해설

$C_m = \dfrac{\ell}{V_1} + \dfrac{\ell}{V_2} + t = \dfrac{50}{\left(\dfrac{2.5 \times 10^3}{3600}\right)} + \dfrac{50}{\left(\dfrac{3.5 \times 10^3}{3600}\right)} + 10 = 133.42초 ≒ 2분 13.42초$

233

버킷계수는 1.15, 토량환산계수는 1.1, 작업효율은 80%이고, 1회 사이클 타임은 50초, 버킷 용량은 1.5인 로더의 시간당 작업량은 약 몇 m^3/hr인가?

해설

$Q = \dfrac{3600qKfE}{C_m} = \dfrac{3600 \times 1.5 \times 1.15 \times 1.1 \times 0.8}{50} = 109.3 m^3/hr$

234

백호, 크렘셸, 드래그 라인 등의 작업량 공식을 쓰시오.
(단, Q : 시간당 작업량(m^3/hr), q : 버켓용량(m^3), f : 토량 환산계수, E : 작업효율, K : 버켓계수, C_m : 1회 사이클 시간(sec)이다.)

해설

$$Q[m^3/hr] = \frac{3600qKfE}{C_m[\sec]}$$

235

다음 보기는 불도저의 작업량에 영향을 주는 변수들이다. 이들 중 작업량에 비례하는 변수로 알맞은 것을 쓰시오.

[보기]
① 블레이드 폭
② 토공판 용량
③ 작업 효율
④ 토량 환산계수
⑤ 사이클 타임(1순환 소요시간)

해설

비례 : ①, ②, ③, ④

236

셔블계 굴삭기를 이용한 굴착작업에서 아래와 같을 때, 이 굴삭기의 예상작업량(Q)는 몇 m^3/hr인가?
(단, 버킷용량(q)=$1m^3$, 1회 사이클시간(C_m)= $20\sec$, 버킷계수(K)= 0.7, 토량환산계수(f)= 0.9, 작업효율(E)= 0.8이다.)

해설

$$Q = \frac{3600qKfE}{C_m[\sec]} = \frac{3600 \times 1 \times 0.7 \times 0.9 \times 0.8}{20} = 90.72 m^3/hr$$

237

버킷 평적 용량이 $0.45m^3$인 굴삭기로 35초에 1회의 속도로 작업을 하고 있을 때 1시간 동안의 이론 작업량은 약 몇 m^3/h인가?
(단, 버킷 계수는 0.75, 작업효율은 0.65, 토량환산계수는 0.95이다.)

해설

$$Q = \frac{3600qKfE}{C_m} = \frac{3600 \times 0.45 \times 0.75 \times 0.95 \times 0.65}{35} = 21.44 m^3/hr$$

238

건설기계의 내연기관에서 연소실의 체적이 $90cc$이고 행정체적이 $270cc$인 경우, 압축비는 얼마인가?

해설

$$\varepsilon = 1 + \frac{V_S}{V_C} = 1 + \frac{270}{90} = 4$$

239

덤프트럭의 축간거리가 $1.5m$인 차를 왼쪽으로 완전히 꺾을 때 오른쪽 바퀴의 각도가 $45°$이고, 왼쪽바퀴의 각도가 $30°$일 때, 이 덤프트럭의 최소 회전 반경은 몇 m인가?
(단, 킹핀과 타이어 중심간의 거리는 $0.2m$ 이다.)

해설

$$R = \frac{L}{\sin\alpha} + \gamma = \frac{1.5}{\sin 45°} + 0.2 = 2.32m$$

240

덤프트럭의 축간거리가 $1.5m$인 차를 오른쪽으로 완전히 꺾을 때 오른쪽 바퀴의 각도가 $45°$이고, 왼쪽바퀴의 각도가 $30°$일 때, 이 덤프트럭의 최소 회전 반경은 약 몇 m인가?
(단, 킹핀과 타이어 중심간의 거리는 $0.9m$ 이다.)

해설

$$R = \frac{L}{\sin\alpha} + \gamma = \frac{1.5}{\sin 30°} + 0.9 = 3.9m$$

241

배토판 폭이 $3m$, 높이가 $0.9m$인 불도저의 배토판 용량(m^3)은?

해설

$Q = BH^2 = 3 \times 0.9^2 = 2.43 m^3$

242

강관의 종류 3가지를 쓰시오.

해설

① 배관용 탄소 강관(SPP)
② 압력 배관용 탄소 강관(SPPS)
③ 고압 배관용 탄소 강관(SPPH)
④ 고온 배관용 탄소 강관(SPHT)
⑤ 저온 배관용 탄소 강관(SPLT)
⑥ 배관용 아크용접 탄소 강관(SPW)
⑦ 배관용 스테인리스 강관(STS×T)
⑧ 배관용 합금 강관(SPA)

243

관 두께를 표시하는 스케줄 번호(Sch No.)의 공식을 쓰시오.
(단, P는 사용압력, S는 허용응력이다.)

해설

$Sch\ No. = 10 \times \dfrac{P}{S}$

244

강관의 특징 3가지를 쓰시오.

해설
① 연관 및 주철관에 비해 가볍고 인장강도가 큼
② 내충격성 및 굴요성이 큼
③ 관의 접합방법이 용이
④ 주철관에 비해 내압성이 양호함

245

다음 배관용 탄소 강관의 표시들이 나타내는 의미를 순서대로 쓰시오.

☐ - ⓚ - SPP - B - 80A - 2005 - 6

해설
① ☐ : 상표
② ⓚ : 한국산업규격 표시기호
③ SPP : 관 종류
④ B : 제조 방법
⑤ 80A : 호칭 방법
⑥ 2005 : 제조년
⑦ 6 : 길이

246

다음 압력 배관용 탄소 강관의 표시들이 나타내는 의미를 순서대로 쓰시오.

☐ - Ⓚ - SPPS - S - H - 2005.11 - 100AXSCH40X6

해설

① ☐ : 상표
② Ⓚ : 한국산업규격 표시기호
③ SPPS : 관 종류
④ S - H : 제조 방법
⑤ 2005.11 : 제조년월
⑥ 100A : 호칭방법
⑦ 스케줄 번호
⑧ 6 : 길이

247

아래는 강관의 표시기호일 때 알맞은 답을 쓰시오.

표기	제조방법
-E	(①)
-E-C	냉간가공 전기 저항 용접관
-B	단접관
-B-C	(②)
-A	아크 용접관
-A-C	(③)
-S-H	(④)
-S-C	(⑤)

해설

① 전기 저항 용접관
② 냉간가공 단접관
③ 냉간가공 아크 용접관
④ 열간 가공 이음매 없는 관
⑤ 냉간완성 이음매 없는 관

248

주철관의 특징 3가지를 쓰시오.

① 내구력이 크고 내식성이 커 지하 매설배관에 적합
② 다른 배관에 비해 압축강도가 크나 인장에 약하고 충격에 약함
③ 상수도 본관, 배수, 오수관 등에 사용

249

동관의 특징 3가지를 쓰시오.

① 전연성이 풍부하여 가공이 용이
② 전기 및 열전도율이 좋음
③ 각종 수용액과 유기화합물의 내식성이 우수하다.
④ 일상생활과 공업용으로 자주 사용된다.
⑤ 내식성 및 알칼리에 강하고 산성에 약함
⑥ 가볍고 마찰저항은 적으나 충격에 약함
⑦ 연수니 증류수, 증기에 적합하지 않음

250

사용압력에 따른 동관의 종류 3가지를 쓰시오.

① K형
② L형
③ M형

251
라이닝 강관의 특징 3가지를 쓰시오.

> 해설
> ① 탄소강관의 내면 or 외면을 폴리에틸렌, 경질 염화비닐 및 타르 에폭시수지로 피복함
> ② 내구성 우수
> ③ 내식성 우수

252
스테인리스 강관의 특징 3가지를 쓰시오.

> 해설
> ① 내식성이 우수하고, 위생적이다.
> ② 저온 충격성이 커서 한랭지 배관에 적용하기 쉽다.
> ③ 나사식, 용접식, 몰코식 등의 종류로 나누어진다.
> ④ 강관에 비해 두께가 얇고 가벼워 운반 및 시공이 쉽다.
> ⑤ 용접봉은 가능한 한 직경이 작은 것을 사용하여 모재의 입열을 적게 하는 것이 좋다.

253
PVC관(경질염화비닐관)의 특징 3가지를 쓰시오.

> 해설
> ① 내식성이 크나 산 알칼리, 염류(해수)에 강함
> ② 가격이 싸고 가공 및 시공이 용이
> ③ 가볍고 운반 및 취급이 용이
> ④ 열 및 저온에 약함
> ⑤ 전기절연성이 크고 마찰저항이 적음

254
PE관(폴리에틸렌관)의 특징 3가지를 쓰시오.

> 해설
> ① 화학적, 전기적 성질 우수
> ② 내충격성이 크고 내한성이 좋음
> ③ 저압가스배관에 주로 사용

255
배관 선택시 고려사항 3가지를 쓰시오.

> 해설
> ① 관의 이음방법
> ② 재료의 부식성
> ③ 유체의 화학적 성질
> ④ 유체의 사용압력 및 온도

256
강관의 부속품 중에서 배관의 방향을 바꿀 때 사용하는 부속품 2가지를 쓰시오.

> 해설
> ① 엘보
> ② 밴드

257
강관의 부속품 중에서 배관을 도중에 분기할 때 사용하는 부속품 3가지를 쓰시오.

> 해설
> ① 티
> ② 와이
> ③ 크로스

258

동일 직경의 관을 직선 연결할 때 사용하는 강관의 부속품 3가지를 쓰시오.

해설
① 소켓
② 니플
③ 유니온
④ 플랜지

259

직경이 다른 관을 연결할 때 사용하는 강관의 부속품 3가지를 쓰시오.

해설
① 레듀셔(이경소켓)
② 이경엘보
③ 이경티

260

직경이 다른 부속을 연결할 때 사용하는 강관의 부속품을 쓰시오.

해설
부싱

261

배관의 끝을 막을 때 사용하는 강관의 부속품 3가지를 쓰시오.

해설
① 캡
② 막힘(맹)
③ 플랜지

262
부속의 끝을 막을 때 사용하는 강관의 부속품을 쓰시오.

플러그

263
관을 분해, 수리 교체하고자 할 때 사용하는 강관의 부속품 2가지를 쓰시오.

① 유니온
② 플랜지

264
다음 보기는 강관의 부속품들이다. 그림을 보고 알맞은 답을 쓰시오.

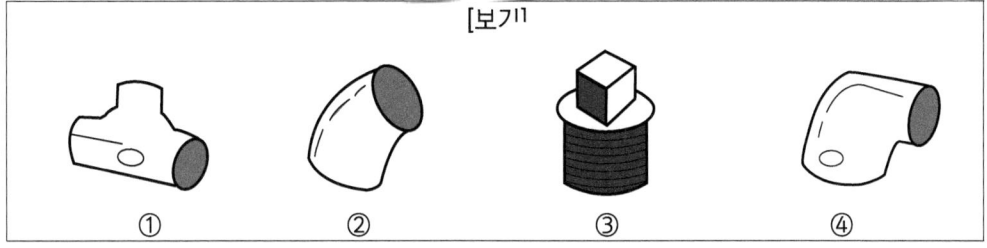

① 티
② 45도 엘보
③ 플러그
④ 90도 엘보

265
용접이음의 특징 3가지를 쓰시오.

해설
① 강도가 크며 누수의 우려가 적음
② 보온(피복) 작업이 쉬움
③ 부속이 적게 들어 재료비 절약
④ 가공이 쉬워 공정이 단축
⑤ 관내 돌출부가 적어 마찰저항이 적음

266
주철관 이음의 종류 3가지를 쓰시오.

해설
① 소켓 이음
② 플랜지 이음
③ 기계식 이음(매커니컬 이음)
④ 타이튼 이음
⑤ 빅토릭 이음

267
동관 이음의 종류 3가지를 쓰시오.

해설
① 납땜 이음
② 용접 이음
③ 플레어 이음
④ 플랜지 이음

268

신축 이음의 종류 3가지를 쓰시오.

해설
① 루프형
② 슬리브형
③ 벨로즈형
④ 스위블형
⑤ 볼조인트형

269

다음 보기는 신축 이음의 종류들이다. 신축 허용길이가 큰 순서대로 나열하시오.

[보기]
스위블형, 벨로즈형, 루프형, 슬리브형

해설
루프형 > 슬리브형 > 벨로즈형 > 스위블형

270

슬루스 밸브라고도 하며, 밸브를 완전히 열면 유체 흐름의 저항이 다른 밸브에 비해 아주 적어큰 관에서 완전히 열거나 막을 때 적합하다. 즉, 유체의 흐름을 단속하는 밸브는 무엇인가?

해설
게이트 밸브

271

유체가 아래에서 위로 평행하게 흐르고 유량조절용으로 사용하며 관내 마찰 저항 손실이 큰 밸브는?

글로브 밸브

272

유체의 흐름 방향이 90도로 되어 있어 유량조절 및 방향을 전환 시켜주며 주로 방열기 밸브로 사용하는 밸브는?

앵글 밸브

273

다음 보기를 보고 알맞은 답을 쓰시오.

[보기]
밸브 트랩, 기기 등의 앞에 (①)을(를) 설치하여 관 속의 유체에 섞여 있는 모래, 쇠 부스러기 등 이물질을 제거한다. (①)을(를) 방치하면 유체의 흐름장애가 발생한다.

스트레이너(여과기)

274

스트레이너의 종류 3가지를 쓰시오.

① Y형　　② U형　　③ V형

275
체크밸브의 종류 3가지를 쓰시오.

① 스윙형　　② 리프트형　　③ 풋형

276
배관 지지장치의 종류 3가지를 쓰시오.

① 행거
② 서포트
③ 레스트레인트
④ 브레이스

277
행거의 종류 3가지를 쓰시오.

① 리지드 행거
② 스프링 행거
③ 콘스탄트 행거

278
서포트의 종류 3가지를 쓰시오.

① 파이프슈
② 리지드 서포트
③ 스프링 서포트
④ 롤러 서포트

279
레스트레인트의 종류 3가지를 쓰시오.

① 앵커
② 스토퍼
③ 가이드

280
브레이스의 종류 2가지를 쓰시오.

① 완충기
② 방진기

281
배관 지지장치의 필요조건 3가지를 쓰시오.

해설
① 관내의 유체 및 피복제의 합계 중량을 지지하는데 충분한 재료일 것
② 외부에서의 진동과 충격에 대해서도 견고할 것
③ 배관 시공에 있어서 기울기의 조정이 용이하게 될 수 있는 구조일 것
④ 관의 지지 간격이 적당할 것
⑤ 온도변화에 대한 관의 신축을 고려할 것

282
패킹을 사용하는 주 목적이 무엇인가?

유체의 누설방지

283
패킹의 종류를 크게 2가지로 나누시오.

① 나사용 패킹
② 고무용 패킹

284
나사용 패킹의 종류 3가지를 쓰시오.

① 액상 합성수지
② 페인트
③ 일산화연

285
플랜지 패킹의 종류 3가지를 쓰시오.

① 고무패킹
② 금속패킹
③ 석면패킹

286
단열재(보온재)의 종류 3가지를 쓰시오.

① 유기질 보온재
② 무기질 보온재
③ 금속질 보온재

287
유기질 보온재의 종류 3가지를 쓰시오.

① 코르크　② 펠트
③ 테스류　④ 폼류

288
무기질 보온재의 종류 3가지를 쓰시오.

① 펄라이트　② 유리섬유
③ 규조토　　④ 석면
⑤ 탄산마그네슘　⑥ 암면

289
금속질 보온재의 종류를 쓰시오.

알루미늄박

290
보온재(단열재)의 구비조건 3가지를 쓰시오.

① 열전도율이 작을 것
② 비중이 작을 것
③ 내열성 및 내구성이 있을 것
④ 불연성이고 내흡수성이 클 것
⑤ 다공질이며 기공이 균일할 것

291

방청용 도료의 종류 3가지를 쓰시오.

① 광명단 도료
② 합성수지 도료
③ 알루미늄 도료
④ 산화철 도료
⑤ 타르 및 아스팔트 도료

292

강관 공작용 기계의 종류 3가지를 쓰시오.

① 파이프 벤딩기
② 동력 나사 절삭기
③ 기계톱
④ 고속 숫돌 절삭기

293

강관 공작용 공구의 종류 3가지를 쓰시오.

해설
① 파이프(수직) 바이스
② 탁상(수평) 바이스
③ 수동 나사 절삭기
④ 파이프 렌치
⑤ 파이프 리머
⑥ 쇠톱

294
크기는 고정 가능한 파이프 지름의 치수이며, 관 절단 및 나사작업 시 관을 고정하는 강관공작용 공구는?

해설
파이프(수직) 바이스

295
크기는 좌우의 너비이며, 관 조립 및 벤딩시 관을 고정하는 강관 공작용 공구는?

해설
탁상(수평) 바이스

296
크기는 관을 절단할 수 있는 파이프 지름의 치수이며, 강관의 절단용 공구는?

해설
파이프 커터

297
거스러미(burr)를 제거하는 강관 공작용 공구는?

해설
파이프 리머

298

크기는 입을 최대로 벌려 놓은 전길이이며, 관 접합부의 이음쇠 및 부속류 분해 또는 이음 시 사용하는 강관 공작용 공구는?

파이프 렌치

299

동력 나사 절삭기의 종류 3가지를 쓰시오.

① 호브식
② 오스터식
③ 다이헤드식

300

수동 나사 절삭기의 종류 2가지를 쓰시오.

해설
① 오스터식
② 리드식

301

가스 절단기에서 사용하는 불꽃 원소의 종류 3가지를 쓰시오.

① 산소(O_2)
② 아세틸렌(C_2H_2)
③ 프로판(C_3H_8)

302
가스 절단기의 조건 3가지를 쓰시오.

① 모재의 성분 중 연소를 방해하는 원소가 적어야 한다.
② 모재의 연소온도가 모재의 용융온도보다 낮아야 한다.
③ 금속 산화물의 용융온도가 모재의 용융온도보다 낮아야 한다.
④ 금속 산화물의 유동성이 좋으며, 모재로부터 쉽게 이탈될 수 있어야 한다.

303
관 벤딩용 기계의 종류 2가지를 쓰시오.

① 유압식(램식)
② 로터리식

304
열간 벤딩시 가열온도를 각각 쓰시오.

(1) 동관 벤딩시
(2) 강관 벤딩시

(1) 600 ~ 700℃
(2) 800 ~ 900℃

305

강관용 공구 중 바이스의 종류 3가지를 쓰시오.

① 탁상(수평) 바이스
② 체인 바이스
③ 파이프(수직) 바이스

306

동관용 공구의 종류 3가지를 쓰시오.

① 사이징 툴
② 플레어링 툴(나팔관 확산기)
③ 확산기(익스팬더)
④ 튜브 커터(파이프 커터)
⑤ 리머
⑥ 토치램프
⑦ 튜브 벤더

307

주철관용 공구의 종류 3가지를 쓰시오.

① 납 용해용 공구 세트
② 클립
③ 링크형 파이프 커터
④ 코킹 정

308
연관용 공구의 종류 3가지를 쓰시오.

> 해설
> ① 연관 톱
> ② 드레서
> ③ 토치 램프
> ④ 말렛
> ⑤ 턴핀
> ⑥ 벤드 벤
> ⑦ 봄 볼

309
측정용 공구 3가지를 쓰시오.

> 해설
> ① 버니어 캘리퍼스
> ② 직각자
> ③ 수준기

310
금긋기 공구의 종류 3가지를 쓰시오.

> 해설
> ① 펀치
> ② 컴퍼스
> ③ 서피스 게이지
> ④ 캘리퍼스
> ⑤ 정반
> ⑥ 평형대

311

다음 보기는 강관의 호칭지름을 나타낸다. 빈칸에 알맞은 답을 쓰시오.

호칭지름					
A[mm]	B[inch]	A[mm]	B[inch]	A[mm]	B[inch]
6A	$\frac{1}{8}$"	32A	$1\frac{1}{4}$"	125A	5"
8A	$\frac{1}{4}$"	(②)	$1\frac{1}{2}$"	150A	6"
10A	$\frac{3}{8}$"	50A	2"	200A	8"
(①)	$\frac{1}{2}$"	65A	$2\frac{1}{2}$"	250A	10"
20A	$\frac{3}{4}$"	80A	3"	(③)	12"
25A	1"	100A	4"	350A	14"

해설
① 15A
② 40A
③ 300A

312

다음 기호들은 배관의 높이를 표시한 것들이다. 각각 설명하시오.

(1) GL
(2) TOP
(3) BOT
(4) EFL
(5) EL

해설
(1) GL : 지면의 높이를 기준
(2) TOP : 관의 윗면까지의 높이를 표시
(3) BOT : 관의 아랫면까지의 높이를 표시
(4) EFL : 층의 바닥면을 기준
(5) EL : 관의 중심을 기준

313

다음 보기에 있는 유체의 기호를 색깔로 나타내시오.

종류	도색
물	(①)
공기	(②)
가스	(③)
수증기(증기)	(④)
유류(기름)	(⑤)
산 또는 알칼리	(⑥)
전기	(⑦)

해설

① 청색
② 백색
③ 황색
④ 적색
⑤ 주황색
⑥ 회보라
⑦ 연한 황색

314

다음 보기는 관의 접속 상태를 기호로 나타낸 것이다. 알맞은 답을 쓰시오.

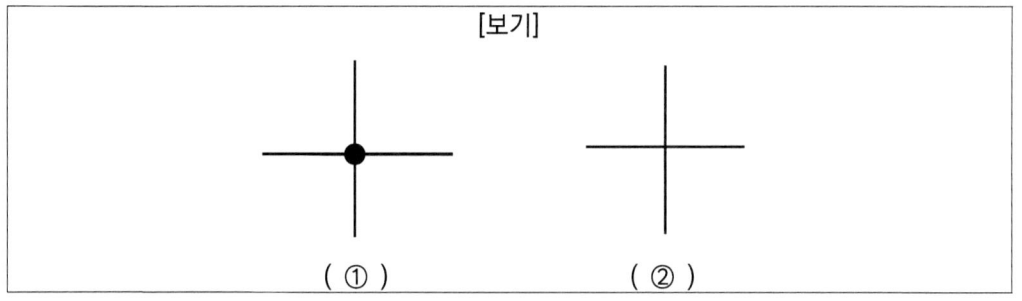

해설

① 관이 접속하고 있을 때
② 관이 접속하지 않을 때

315

다음 보기는 관 이음의 종류에 대한 기호이다. 알맞은 답을 쓰시오.

해설

① 나사이음
② 용접이음(땜이음)
③ 플랜지이음
④ 턱걸이이음

316

다음 보기는 신축 이음의 종류에 대한 기호이다. 알맞은 답을 쓰시오.

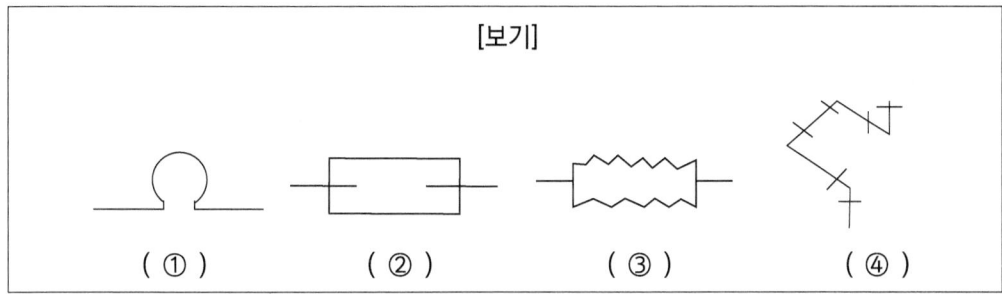

해설

① 루프형
② 슬리브형
③ 벨로즈형
④ 스위블형

317

다음 보기의 배관 기호에 대해 알맞은 답을 쓰시오.

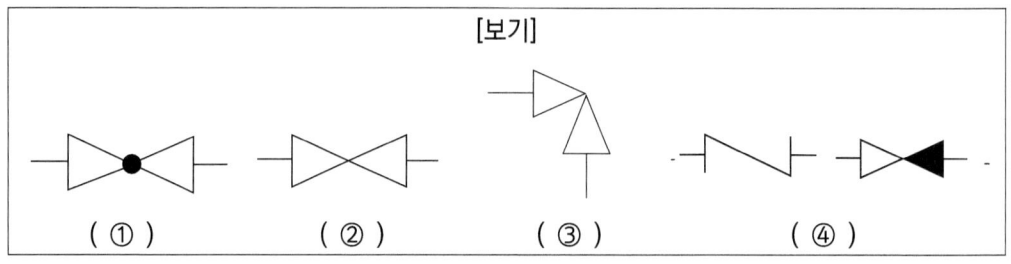

해설
① 글로브 밸브(스톱 밸브)
② 게이트 밸브(슬루스 밸브)
③ 앵글 밸브
④ 체크 밸브(역지 밸브)

318

다음 보기의 배관 기호에 대해 알맞은 답을 쓰시오.

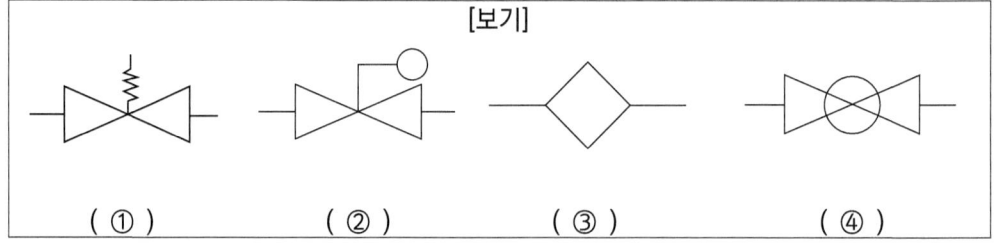

해설
① 스프링식 안전밸브
② 추식 안전밸브
③ 일반 콕크
④ 볼 밸브

319

다음 보기의 배관 기호에 대해 알맞은 답을 쓰시오.

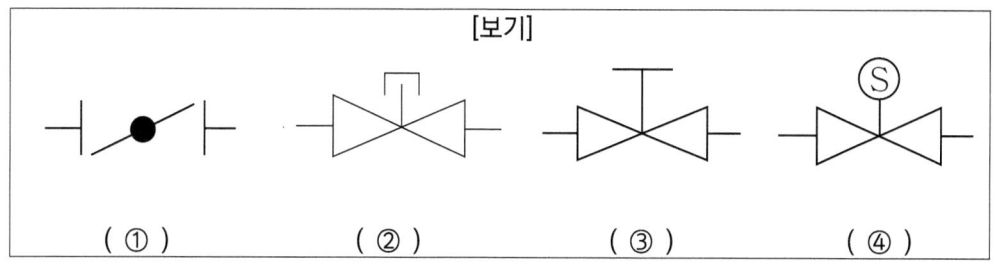

> **해설**
> ① 버터플라이 밸브
> ② 봉함 밸브
> ③ 일반조작 밸브
> ④ 전자 밸브

320

다음 보기의 배관 기호에 대해 알맞은 답을 쓰시오.

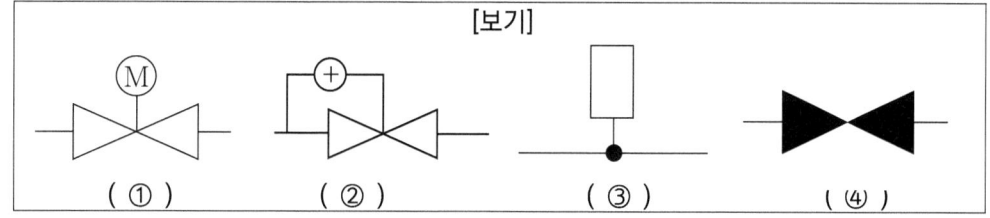

> **해설**
> ① 전동 밸브
> ② 도출 밸브
> ③ 공기빼기 밸브
> ④ 닫혀 있는 일반밸브

321

다음 보기의 배관 기호에 대해 알맞은 답을 쓰시오.

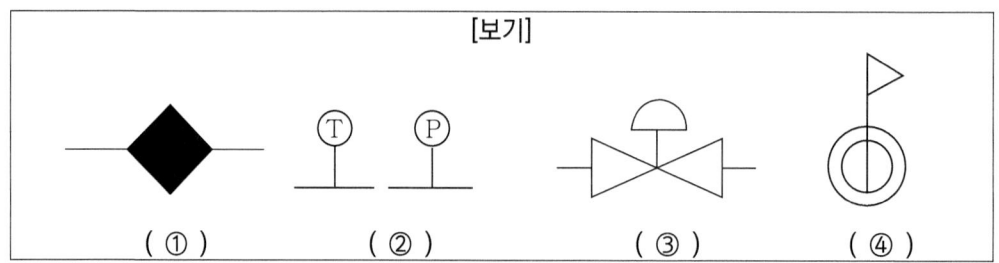

> 해설
> ① 닫혀 있는 일반콕크
> ② 온도계 및 압력계
> ③ 다이어프램 밸브
> ④ 감압 밸브

322

다음 보기는 배관의 말단을 표시한 기호일 때 알맞은 답을 쓰시오.

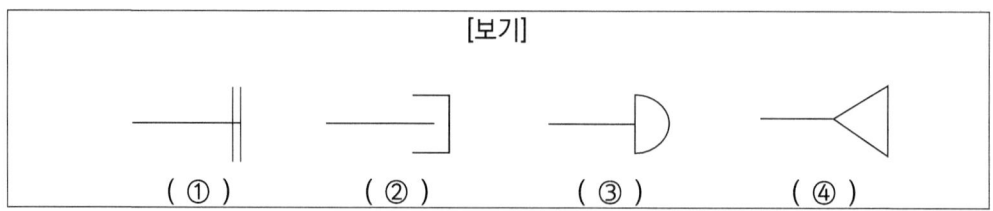

> 해설
> ① 막힘 플랜지
> ② 나사캡
> ③ 용접캡
> ④ 플러그

323

다음 보기의 배관 기호에 대해 알맞은 답을 쓰시오.

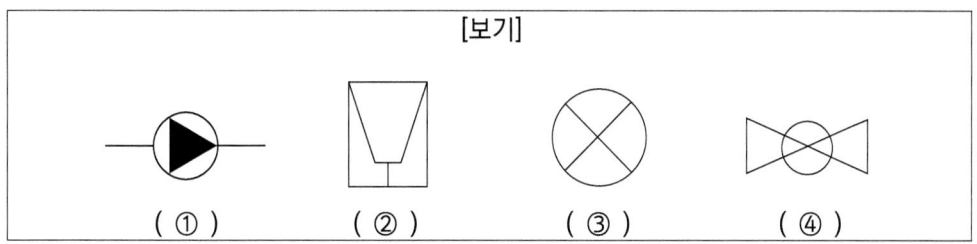

해설
① 펌프
② 냉각탑
③ 증기트랩(팽창밸브)
④ 볼 밸브

324

다음 보기의 배관 기호에 대해 알맞은 답을 쓰시오.

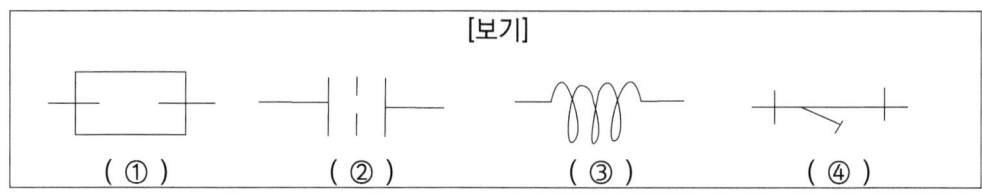

해설
① 팽창이음(슬리브형)
② 오리피스
③ 가열코일
④ 여과기

325

다음 보기의 배관 기호에 대해 알맞은 답을 쓰시오.

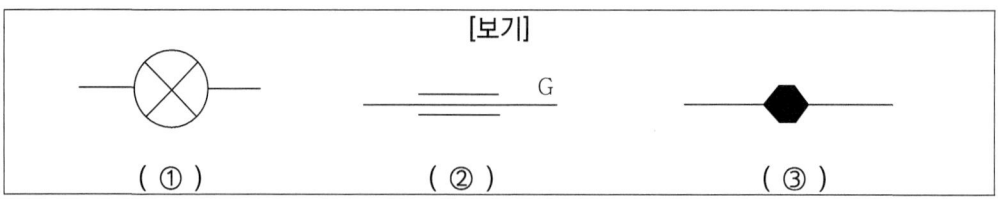

> 해설
> ① 앵커
> ② 가이드
> ③ 슈

325

다음 보기의 배관 기호에 대해 알맞은 답을 쓰시오.

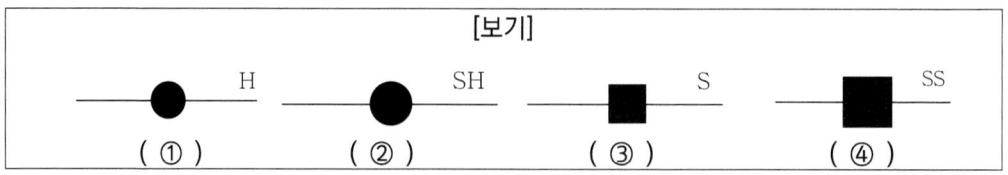

> 해설
> ① 행거
> ② 스프링 행거
> ③ 바닥 지지
> ④ 스프링지지

326

15℃인 강관 $25m$가 있다. 이 강관에 온수 60℃의 온수를 공급할 때 강관의 신축량은 몇 mm인가?
(단, 강관의 열팽창 계수는 $0.012mm/m \cdot ℃$ 이다.)

해설
$\Delta \ell = \alpha \times \Delta t \times L = 0.012 \times (60-15) \times 25 = 13.5 mm$

327

수도 직결식의 특징 3가지를 쓰시오.

해설
① 소규모 건물에 적합하며 설비비가 저렴하다.
② 급수오염이 가장 적은 편이다.
③ 정전시에도 급수가 가능하나, 단수시에는 급수가 불가능하다.

328

다음 보기는 고가(옥상)탱크식 급수법에 대한 공급방식이다. 알맞은 답을 쓰시오.

[보기]
상수도본관 → 저수조 → (①) → 양수관 → (②) → 급수관 → 수전

해설
① 양수펌프
② 고가수조

329
고가(옥상)탱크식 급수법의 특징 3가지를 쓰시오.

① 대규모에 적합하며 가장 많이 사용한다.
② 수압이 일정하다. (층고에 따라 변화한다.)
③ 급수 오염의 우려가 있다.
④ 저수량을 확보할 수 있어 정전시에도 급수가 가능하다.

330
급배수 배관시험의 종류 3가지를 쓰시오.

① 수압시험
② 기압시험
③ 연기시험
④ 만수시험
⑤ 통수시험

331
냉난방 배관시험의 종류 3가지를 쓰시오.

① 수압시험
② 기밀시험
③ 진공시험
④ 통기시험

332

다음 시험의 종류에 대한 설명이다. 알맞은 답을 쓰시오.

(1) 배관의 안전성을 확인을 위해 수압을 가해서 누설의 유무나 변형 등의 이상여부를 미리 확인하는 시험
(2) 공기시험이라고 하며 물 대신 압축공기를 관 속에 삽입하여 이음매에서 공기가 새는 것을 조사하는 시험
(3) 만수시험으로 확인 안된 배수관의 기구 접속부나 통기관의 누설, 트랩의 봉수 성능을 최종적으로 확인하는 시험
(4) 배수 직수관, 배수 황수관 및 기구 배수관의 완료 지점에서 각 층마다 분류하여 배관의 최상부로 물을 넣어 이상여부를 확인하는 시험 또는 배수관 시공완료 후 각 기구의 접속부 기타 개구부를 밀폐하고, 배관의 최고부에서 물을 가득 넣어 누수 유무를 판정하는 시험
(5) 전 배관계와 기기를 완전한 상태에서 사용할 수 있는가 조사하는 시험이다. 이 시험은 기기류와 배관을 접속하여 모든 공사가 완료된 다음, 실제로 사용할 때와 같은 상태에서 물을 배출하여 배관기능이 충분히 발휘되는 것을 조사함과 동시에 기기 설치 부분의 누수를 점검한다.

해설
(1) 수압시험
(2) 기압시험
(3) 연기시험
(4) 만수시험
(5) 통수시험

333
다음 시험의 종류에 대한 설명이다. 알맞은 답을 쓰시오.

(1) 내압시험에 합격한 배관에 대하여 하는 가스압 시험. 이때 사용하는 가스는 건조공기, 질소, 탄산가스, 아르곤 등의 무해한 가스를 넣어서 시험을 해야 한다.
(2) 진공펌프나 장치 내의 압축기를 사용한다. 누설시험이 끝나고 냉매 충진 전에 배기밸브나 배유밸브를 열어 장치 내의 가스를 배출함과 동시에 이물질, 수분 등을 제거하고 장치의 누설 여부를 시험한다.
(3) 마무리 시험이며 기타 시험들을 마치고 배관 및 기기류를 접속하여 실제 사용하는 증기를 내보내어 기능이 정상적으로 작동할 때 설치부에 누기가 있는지 조사하는 시험이다.
(4) 옥내 및 옥외소화전의 시험으로 수원으로부터 가장 높은 위치와 가장 먼 거리에 대하여 규정된 호스와 노즐을 접속하여 실시하는 시험

(1) 기밀시험
(2) 진공시험
(3) 통기시험
(4) 방수 및 방출시험

334
기밀시험에 사용하는 가스의 종류 3가지를 쓰시오.

① 건조공기 ② 질소
③ 탄산가스 ④ 아르곤

335
구상흑연 주철관(덕타일 주철관)의 특징 3가지를 쓰시오.

해설
① 보통 회주철관보다 관의 수명이 길다.
② 강관과 같은 높은 강도와 인성이 있다.
③ 변형에 대한 높은 가요성과 가공성이 있다.
④ 높은 연성을 가지고 있으며 내식성이 좋다.

336
일반 배관용 스테인리스 강관의 종류 2가지를 쓰시오.

해설
① STS 304 TPD
② STS 316 TPD

337
감압밸브의 작동방법에 따른 종류 3가지를 쓰시오.

해설
① 다이어프램식
② 벨로우즈식
③ 피스톤식

338
기계적 세정방법의 종류 3가지를 쓰시오.

해설
① 물분사기 세정법
② 샌드블라스트 세정법
③ 피그 세정법

339
화학적 세정방법의 종류 3가지를 쓰시오.

① 순환 세정법
② 침적 세정법
③ 서징 세정법

340
구조용 강관의 종류 3가지를 쓰시오.

① SPS : 일반 구조용 탄소강관
② STM : 기계 구조용 탄소강관
③ SPSR : 일반 구조용 각형 강관
④ STA : 구조용 합금 강관
⑤ STST : 구조용 스테인리스강 강관

341
국부부식의 종류 3가지를 쓰시오.

① 입계부식　② 선택부식
③ 극간부식　④ 공식
⑤ 틈부식　　⑥ 이종금속접촉부식(전지작용부식)
⑦ 응력부식균열　⑧ 수소침식
⑧ 부식피로　⑨ 난류부식

342

지상 $20m$의 높이에 지름이 $4m$, 높이 $5m$인 물 탱크에 물이 가득 채워져 있을 때 물이 가지고 있는 위치에너지는 몇 kJ인가?
(단, 물의 밀도는 $1000kg_f/m^3$, 중력가속도는 $9.81m/s^2$로 한다.)

해설

$$E_P = mgH = \rho Vgh = \rho AHgh = 1000 \times \frac{\pi \times 4^2}{4} \times 5 \times 9.81 \times 20 \times 10^{-3} = 12327.61 kJ$$

343

호칭지름 $40mm$(바깥지름 48.6mm)의 관을 곡률반경(R) 120mm로 $90°$ 열간 구부림할 때 중심부의 곡선길이(L)는 몇 mm인가?

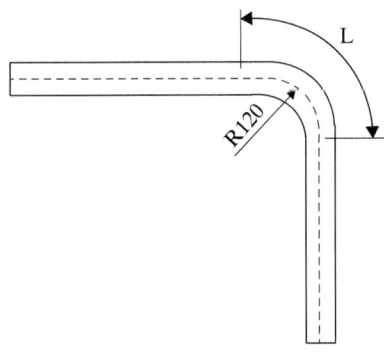

해설

$$L = 2\pi r \frac{\theta}{360} = 2\pi \times 120 \times \frac{90}{360} = 188.5 mm$$

344

최고사용 압력이 $5MPa$인 배관에서 압력 배관용 탄소강관의 인장강도가 $38kg/mm^2$인 것을 사용할 때 스케줄 번호(sch No.)는?
(단, 안전율 이며, SPPS-38의 Sch No. 10, 20, 40, 60, 80이다.)

해설

$$S = \frac{인장\ 강도}{안전율} = \frac{38 \times 9.8}{5} = 74.48 N/mm^2$$

$$Sch\ No. = 10 \times \frac{P}{S} = 10 \times \frac{5 \times 10^2}{74.48} = 67.13$$

안전을 고려하여 67.13보다 큰 값을 선정한다.
∴ $Sch\ No. = 80$

345

최고사용 압력이 $40kg/cm^2$, 관의 인장강도가 $20kg/mm^2$일 때, 스케줄 번호(sch No.)는?
(단, 안전율은 4이다.)

해설

$$S = \frac{인장강도}{안전율} = \frac{20}{4} = 5kg/mm^2$$

$$\therefore Sch\ No. = 10 \times \frac{P}{S} = 10 \times \frac{40}{5} = 80$$

346

루프형 신축 이음재의 곡률 반경은 일반적으로 관 지름의 몇 배인가?

해설

6배

347

실린더의 직경이 $500mm$이고 높이가 $1m$일 때 실린더 내 유체질량이 $200kg$이면 밀도는 몇 kg/m^3인가?

해설

$$\rho = \frac{m}{V} = \frac{m}{Ah} = \frac{200}{\frac{\pi}{4} \times 0.5^2 \times 1} = 1018.6 kg/m^3$$

348

물의 비중량이 $9810N/m^3$이며, $500kPa$의 압력이 작용할 때 압력수두는 약 몇 m인가?

해설

$$h_p = \frac{p}{\gamma} = \frac{500 \times 10^3}{9810} = 50.97m$$

349

이음쇠의 중심에서 단면까지의 길이가 $32mm$, 나사가 물리는 최소길이(여유치수)가 $13mm$인 배관의 중심선 간의 길이$[mm]$는?
(단, 배관의 길이는 $300mm$이다.)

해설

$$L = \ell + 2(A - a) = 300 + 2(32 - 13) = 338mm$$

350

이음쇠의 중심에서 A단면까지의 길이가 $40mm$, A나사가 물리는 최소길이가 $10mm$이고, B단면까지의 길이가 $50mm$, B나사가 물리는 최소길이가 $15mm$인 배관의 중심선 간의 길이$[mm]$는? (단, 배관의 길이는 $300mm$이다.)

해설
$L = \ell + (A-a) + (B-b)$
$\quad = 300 + (40-10) + (50-15) = 365mm$

351

다음 그림과 같은 대각배관의 길이$[mm]$는?

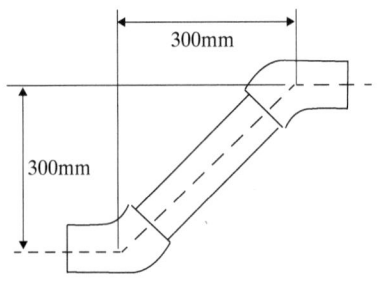

해설
$L = \sqrt{\ell^2 + \ell^2} = \sqrt{300^2 + 300^2} = 424.26mm$

352

기계요소의 분류 중 결합용 기계요소의 종류 3가지를 쓰시오.

해설
① 나사 ② 리벳 ③ 용접

353

기계요소의 분류 중 축계요소의 종류 3가지를 쓰시오.

> **해설**
> ① 축　② 축이음(커플링, 클러치)
> ③ 베어링　④ 키
> ⑤ 핀　⑥ 코터

354

기계요소의 분류 중 전동요소의 종류 3가지를 쓰시오.

> **해설**
> ① 마찰차
> ② 기어
> ③ 벨트
> ④ 로프
> ⑤ 체인

355

기계요소의 분류 중 운동 조정용 요소의 종류 3가지를 쓰시오.

> **해설**
> ① 브레이크
> ② 스프링
> ③ 플라이휠

356

기계요소의 분류 중 자동화 요소의 종류 3가지를 쓰시오.

해설
① 볼나사
② 감속기
③ 타이밍 벨트

357

다음 보기는 하중들에 대한 설명일 때 알맞은 답을 쓰시오.

[보기]
① 면의 방향과 힘의 작용방향이 일치할 때의 하중
② 면의 방향과 힘의 작용방향이 반대일 때의 하중
③ 면의 방향과 힘의 작용방향이 직각일 때의 하중
④ 하중의 크기와 방향이 일정하게 반복하는 하중
⑤ 하중의 크기와 방향이 충격없이 주기적으로 변화하는 하중

해설
① 인장하중
② 압축하중
③ 전단하중
④ 반복하중(=편진하중)
⑤ 교번하중(=양진하중)

358

다음 보기는 하중들에 대한 설명일 때 알맞은 답을 쓰시오.

[보기]
① 하중의 크기와 방향이 시간에 따라 변화하지 않고 일정한 하중
② 하중의 크기와 방향이 시간에 따라 변화하는 불규칙한 하중
③ 비교적 짧은 시간에 갑자기 작용하는 하중(큰 가속도를 가지고 작용하는 하중)
④ 물체상을 이동하면서 작용하는 하중

해설
① 정하중
② 변동하중
③ 충격하중
④ 이동하중

359

다음 하중의 분류를 각각 2가지씩 쓰시오.

(1) 방향에 따라
(2) 시간에 따라
(3) 분포상태에 따라

해설
(1) 방향 : 인장하중, 압축하중, 전단하중
(2) 시간 : 정하중, 동하중
(3) 분포상태 : 집중하중, 분포하중

360

다음 보기는 응력들에 대한 설명일 때 알맞은 답을 쓰시오.

> [보기]
> ① 응력의 방향은 일정하며, 그 크기가 일정한 범위안에서 주기적으로 변화하는 응력
> ② 응력의 방향과 크기가 충격없이 주기적으로 변화하는 응력으로 일정한 값 이상의 크기로 작용하면 재료가 파괴 된다.

① 편진 반복 응력
② 양진 반복 응력

361

다음 보기를 참고하여 응력의 크기가 큰 순서로 나열하시오.

> [보기]
> 탄성한도, 사용응력, 항복점, 허용응력, 극한강도

극한강도 > 항복점 > 탄성한도 > 허용응력 > 사용응력

362

재료 가공시 나타나는 효과의 종류 3가지를 쓰시오.

해설
① 노치효과
② 치수효과
③ 표면효과
④ 압입효과

참고
① 노치효과
: 단면 형상이 급격히 변화하는 부분에는 응력집중이 일어나 피로 한도까지 다다르는 효과

② 치수효과
: 형상이 같은 재료라도 부재의 부재의 치수가 커지면 그 피로 한도까지 다다르는 효과

③ 표면효과
: 표면경화, 부식 등에 의해 피로 한도가 저하되는 효과

④ 압입효과
: 부품을 조립하는 과정에서 발생하는 압축 응력에 의한 효과

363

각 재료의 안전율에 대한 기준 강도를 쓰시오.

(1) 연성재료
(2) 취성재료
(3) 반복하중을 받는 재료
(4) 고온에서 하중을 받는 재료
(5) 좌굴을 받는 재료

해설
(1) 항복점
(2) 극한강도
(3) 피로한도
(4) 크리프한도
(5) 좌굴응력

364

아래에 있는 것은 각 재료의 KS규격 표기법에 대한 표일 때 다음을 구하시오.

재료	표기법	재료	표기법
열간 압연 연강판 및 강대	SHP	탄소강 단조품	SF
철강 구조용 압연 강재	(①)	탄소 공구 강재	(③)
경강선	HSW	기계 구조용 탄소 강재	(④)
냉간 압연 강판 및 강재	APC	탄소강 주강품	(⑤)
용접 구조용 압연 강재	SWS	회 주철품	(⑥)
기계 구조용 탄소 강관	STKM	구상 흑연 주철품	GCD
연강 선재	MSWR	흑심 가단 주철품	BMC
피아노선	PW	백심 가단 주철품	WMC
스프링 강재	(②)	황동 주물	YBsC
크롬 강재	SCr	청동 주물	BrC
니켈 크롬 강재	SNC		

① SS ② SPS ③ STC
④ SM ⑤ SC   ⑥ GC

365

끼워맞춤 공차의 종류 3가지를 쓰시오.

해설
① 헐거운 끼워맞춤
② 중간 끼워맞춤
③ 억지 끼워맞춤

366
기하공차의 종류 중 형상공차의 종류 3가지를 쓰시오.

① 진직도
② 평면도
③ 진원도
④ 원통도

367
기하공차의 종류 중 윤곽도 공차의 종류 2가지를 쓰시오.

① 선의 윤곽도
② 면의 윤곽도

368
기하공차의 종류 중 자세공차의 종류 3가지를 쓰시오.

① 평행도
② 직각도
③ 경사도

369

기하공차의 종류 중 위치공차의 종류 3가지를 쓰시오.

> 해설
>
> ① 위치도
> ② 동심도
> ③ 대칭도

370

기하공차의 종류 중 흔들림공차의 종류 2가지를 쓰시오.

> 해설
>
> ① 원주 흔들림
> ② 온 흔들림

371

표면거칠기의 종류 3가지를 쓰시오.

> 해설
>
> ① 중심선 평균 거칠기
> ② 최대높이 거칠기
> ③ 10점 평균 거칠기

372

체결용 나사의 종류 3가지를 쓰시오.

> 해설
>
> ① 미터나사
> ② 유니파이 나사(=ABC 나사)
> ③ 관용 나사
> ④ 휘트워드 나사

> 참고
>
> ① 미터 나사
> : 호칭 치수는 바깥지름으로 나타 낸다. (나사산 각 : 60°)
>
> ② 유니파이 나사(=ABC 나사)
> : 실질적인 세계 표준 나사 (나사산 각 : 60°)
>
> ③ 관용 나사
> : 파이프의 얇은 살 두께에 가공한 나사로 누설을 방지하고 기밀을 유지하는데 사용 (나사산 각 : 55°)
>
> ④ 휘트워드 나사
> : 지름은 inch단위 KS규격 사용으로 현재는 폐지 (나사산 각 : 55°)

373

운동용 나사의 종류 3가지를 쓰시오.

> 해설
>
> ① 사각나사
> ② 사다리꼴 나사(=애크미 나사)
> ③ 톱니 나사
> ④ 너클 나사(=둥근 나사)
> ⑤ 볼 나사

> 참고
>
> ① 사각나사
> : 나사간의 단면이 정사각형으로 축방향 하중을 받는 운동용 나사로 추력을 전달시킬 수 있다.
>
> ② 사다리꼴 나사(=애크미 나사)
> : 사각 나사보다 강도가 높고, 저항력이 크다. (나사산 각 : 29~30°)
>
> ③ 톱니 나사
> : 힘을 한쪽 방향으로만 전달하거나 운동할 때 사용 (나사산 각 : 30~40°)
>
> ④ 너클 나사(=둥근 나사)
> : 전구 등과 같이 먼지, 모래 등의 이물질이 나사산을 통하여 들어갈 염려가 있을 때 사용 (나사산 각 : 30°)
>
> ⑤ 볼 나사
> : 수나사와 너트 부분에 나선 모양의 홈을 파고 그 2개의 홈들을 맞대어 맞추고 홈 사이에 수많은 볼을 채움

374
볼나사의 특징 3가지를 쓰시오.

해설
① 나사 효율이 좋다.
② 백래쉬를 작게 할 수 있다.
③ 윤활에 주의가 필요하지 않다.
④ 높은 정밀도를 유지할 수 있다.
⑤ 시동 토크 또는 작동 토크의 변동이 적다.
⑥ 자동 체결이 곤란하다.
⑦ 피치를 작게 하는데 한계가 있다.
⑧ 너트의 크기가 크게 된다.
⑨ 소음이 발생한다.
⑩ 가격이 비싸다.

375
볼트의 몸통(축부)모양에 따른 종류 3가지를 쓰시오.

해설
① 보통 원통부
② 가는 원통부
③ 감소 원통부
④ 확장 원통부
⑤ 숄더
⑥ 4각 목부

376

볼트의 머리에 따른 종류 3가지를 쓰시오.

① 육각머리
② 사각머리
③ 머리홈
④ 와셔면 붙이 육각 머리
⑤ 칼라붙이 육각 머리
⑥ 플랜지붙이 육각 머리
⑦ 육각 구멍붙이 머리
⑧ 십자구멍

377

일반 너트의 종류 3가지를 쓰시오.

① 육각 너트
② 육각 얇은 너트
③ 칼라붙이 육각 너트
④ 플랜지붙이 육각 너트
⑤ 와셔붙이 육각 너트

378

특수 볼트의 종류 3가지를 쓰시오.

해설
① 나비 나사
② 아이 볼트
③ 스테이 볼트
④ 스터드 볼트
⑤ 기초 볼트
⑥ T 볼트
⑦ 멈춤 나사
⑧ 태핑 나사

참고
① 나비 나사 : 스패너 없이 손으로 조이거나 푸는데 사용하는 머리모양이 나비모양인 나사
② 아이 볼트 : 둥근구멍이 있는 링모양의 머리를 가진 볼트
③ 스테이 볼트 : 두 물체 사이의 거리를 일정하게 유지하면서 결합하는 볼트
④ 스터드 볼트 : 볼트에 머리가 없으며, 한쪽은 미리 박아두고, 다른 한쪽에 너트를 끼워 죄는 볼트
⑤ 기초 볼트 : 기계 구조물 등을 콘크리트 기초에 고정 시키기 위하여 사용하는 볼트
⑥ T 볼트 : 공작기계로 가공할 때 공작물을 테이블에 고정하는데 사용하는 볼트
⑦ 멈춤 나사 : 키의 대용으로 자주 사용되며 보스부를 축부에 고정하는데 사용되는 나사
⑧ 태핑 나사 : 나사 자체로 나사깎기(구멍뚫기)를 할 수 있는 나사이며 침탄 담금질로 경화시킨다.

379

특수 너트의 종류 3가지를 쓰시오.

해설
① 와셔붙이 너트
② 스프링판 너트(=스피드 너트)
③ 육각 캡너트(=도토리 너트)

참고
① 와셔붙이 너트 : 볼트 구멍이 큰 경우나 접촉 압력을 작게 하고자 할 때 사용하는 너트
② 스프링판 너트(=스피드 너트) : 나사 박음을 하지 않고 간단하게 끼울 수 있는 너트
③ 육각 캡너트(=도토리 너트) : 육각 너트에 도토리 모양으로 튀어나온 형상의 모자를 붙인 너트

380
축에 키 홈을 가공할 때 사용하는 공구 2가지를 쓰시오.

해설
① 엔드밀
② 밀링커터

381
보스 부분에 키 홈을 가공할 때 사용하는 공구 한 가지를 쓰시오.

해설
브로치

382
키의 종류 3가지를 쓰시오.

해설
① 묻힘 키(=성크 키)
② 안장 키(=새들 키)
③ 평 키(=납작 키)
④ 원추 키(=원뿔 키)
⑤ 접선 키
⑥ 반달 키(=우드러프 키)
⑦ 둥근 키(=핀 키)
⑧ 스플라인
⑨ 세레이션

383

다음 보기는 여러 키의 설명을 나타낼 때 알맞은 답을 쓰시오.

[보기]
① 가장 널리 사용되는 키로서 단면 모양은 정사각형과 직사각형이 있다.
② 축에 키 홈을 가공하지 않고 한 면이 둥근 키를 삽입하고 보스에만 1/100 정도의 기울기를 주어 판 홈에 키를 삽입한다.
③ 축을 키의 너비만큼 평평하게 깎고 키를 삽입하고 보스에만 1/100 정도의 기울기를 주어 판 홈에 키를 삽입한다.
④ 축과 보스 사이에 축방향으로 쪼갠 원뿔을 때려박아 축과 보스를 마찰력으로 고정한 키
⑤ 축의 접선 방향으로 끼우는 키이며 1/100의 기울기를 가진 2개의 키를 한 쌍으로 하여 사용한다.

해설
① 묻힘 키(=성크 키)
② 안장 키(=새들 키)
③ 평 키(=납작 키)
④ 원추 키(=원뿔 키)
⑤ 접선 키

384

다음 보기는 여러 키의 설명을 나타낼 때 알맞은 답을 쓰시오.

[보기]
① 축에 반달모양의 홈을 만들어 반달모양으로 가공된 키를 삽입한다.
② 단면 모양이 원형인 원형 핀 또는 테이퍼 핀을 삽입한다.
③ 축에 여러개의 키 모양의 톱니를 같은 간격으로 깎아낸 것.
④ 수많은 작은 삼각형 단면의 이를 가진 스플라인.

해설
① 반달 키(=우드러프 키)
② 둥근 키(=핀 키)
③ 스플라인
④ 세레이션

385

다음 보기를 참고하여 키의 전달력 크기가 큰 순서대로 나열하시오.

> [보기]
> 세레이션, 접선 키, 반달 키, 핀 키, 평 키, 스플라인, 묻힘 키

해설

세레이션 > 스플라인 > 접선 키 > 묻힘 키 > 반달 키 > 평 키 > 핀 키

386

키에 작용하는 대표적인 응력 2가지를 쓰시오.

해설

① 전단응력
② 압축응력

387

핀의 종류 3가지를 쓰시오.

해설

① 평행 핀
② 테이퍼 핀
③ 분할 핀
④ 스프링 핀

참고

① 평행 핀
: 테이퍼가 붙어있지 않은 핀으로 빠질 염려가 없는 곳에 사용하며, 위치결정이나 막대의 연결용으로 사용
② 테이퍼 핀
: 1/50의 테이퍼가 달린 핀으로 구멍에 박아 부품을 고정시키는데 사용
③ 분할 핀
: 한쪽 끝이 두 가닥으로 갈라진 핀으로, 나사 및 너트의 이완을 방지하거나 축에 끼워진 부품이 빠지는 것을 막는 핀
④ 스프링 핀
: 구멍에 장착할 때 스프링 작용을 이용해 구멍 안에 밀어넣으면 벌어지면서 밀착되는 방식의 핀

388

다음 보기의 설명은 리벳 작업에 대한 설명일 때 알맞은 답을 쓰시오.

[보기]
① 기밀을 필요로 하는 경우에는 리벳팅이 끝난 뒤에 리벳머리의 주위와 강판의 가장자리를 정과 같은 공구로 때리는 작업이며, 강판의 가장자리를 75 ~ 85° 가량 경사지게 놓는다.
② 기밀을 더욱 완벽하게 하기 위하여 강판과 같은 너비의 끝이 넓은 공구로 때리는 작업.
③ 생크의 끝에 머리를 대고 손이나 기계력으로 두드려 성형하는 작업

① 코킹
② 플러링
③ 리벳팅

389

리벳의 종류를 다음 방법에 따라 종류 2가지씩 쓰시오.

(1) 제조방법에 따라
(2) 용도에 따라
(3) 머리형상에 따라

(1) 제조방법 : 냉간 리벳, 열간 리벳
(2) 용도 : 용기용 리벳, 구조용 리벳
(3) 머리형상 : 둥근머리, 접시머리, 납작머리, 둥근 접시머리, 얇은 납작머리, 냄비머리

390

다음 판재의 종류에 따라 사용되는 리벳의 재질을 각각 쓰시오.

(1) 강판
(2) 구리판
(3) 듀랄루민판

해설
(1) 연강 또는 특수강
(2) 구리
(3) 알루미늄

391

리벳이음의 특징 3가지를 쓰시오.

해설
① 영구적인 이음
② 소음 발생
③ 기밀, 수밀 유지가 곤란
④ 열응력에 의한 잔류응력이 생기지 않음
⑤ 용접이음보다 조립이 쉬움
⑥ 취성파괴가 일어나지 않음
⑦ 리벳 길이 방향으로 인장응력 생김
⑧ 길이방향 하중에 약함

392

리벳이음의 분류 중 판을 겹치는 방법에 따른 종류 2가지를 쓰시오.

해설
① 겹치기 이음
② 맞대기 이음

393

리벳이음의 분류 중 리벳의 전단면 수에 따른 종류 2가지를 쓰시오.

① 단일 전단면 이음
② 복 전단면 이음

394

리벳이음의 분류 중 리벳 배열 방법에 따른 종류 2가지를 쓰시오.

① 평행형 리벳 이음
② 지그재그형 리벳 이음

395

용접방법의 종류를 크게 3가지로 나누시오.

① 융접
② 압접
③ 납땜

참고
① 융접(fusion welding)
: 모재의 접합부를 용융 or 반용융상태로 가열하여 모재와 용가재가 융합되도록 한 용접
용접부의 열팽창 및 수축과정에서 변형 및 잔류응력이 발생

② 압접(pressure welding)
: 모재의 이음부를 냉간 or 반용융상태로 가열하고, 기계적으로 압력을 가하는 접합

③ 납땜(soldering)
: 모재를 용융시키지 않고 융점이 낮은 금속을 첨가재로 사용하여 접합시키는 방법

396

융접의 분류 중 가스 용접의 종류 3가지를 쓰시오.

① 산소-아세틸렌가스 용접
② 산소-수소가스 용접
③ 공기-아세틸렌가스 용접

397

융접의 분류 중 아크 용접의 종류 3가지를 쓰시오.

① TIG 아크용접
② MIG 아크용접
③ CO_2 아크용접

＊아크 용접의 종류
(1) 비소모전극식 : TIG 아크용접, 플라즈마 용접 등
(2) 소모전극식 : MIG 아크용접, 피복 아크용접, CO_2 아크용접, 서브머지드 아크용접 등

398

융접의 분류 중 기타용접의 종류 3가지를 쓰시오.

① 전자 빔 용접
② 테르밋 용접
③ 레이저 빔 용접
④ 일렉트로슬래그 용접

399
압접의 종류를 크게 2가지로 나누시오.

> **해설**
> ① 저항 용접
> ② 고상 용접

400
압접의 분류 중 저항 용접의 종류 2가지를 쓰시오.

> **해설**
> ① 겹치기 저항용접
> ② 맞대기 저항용접
>
> **참고**
> *저항 용접의 종류
> (1) 겹치기 저항용접 : 스포트 용접, 프로젝션 용접, 심용접
> (2) 맞대기 저항용접 : 버트용접, 플래시 용접

401
압점의 분류 중 고상 용접의 종류 3가지를 쓰시오.

> **해설**
> ① 단접
> ② 가스 용접
> ③ 마찰 용접
> ④ 냉간 용접
> ⑤ 폭발 용접
> ⑥ 초음파 용접

402
납땜의 종류 2가지를 쓰시오.

해설
① 연납땜   ② 경납땜

403
용접이음의 분류 중 용접부의 모양에 따른 종류 3가지를 쓰시오.

해설
① 그루브 용접
② 비드 용접
③ 필렛 용접
④ 플러그 용접
⑤ 덧붙이 용접

404
용접이음의 분류 중 모재의 상대적 위치에 따른 종류 3가지를 쓰시오.

해설
① 맞대기 용접 이음
② 덮개판 용접 이음
③ 겹치기 용접 이음

405
용접부의 구성 3가지를 쓰시오.

해설
① 용착부   ② 열영향부
③ 용접부   ④ 덧붙임

406

용접이음의 장점 3가지를 쓰시오.

> 해설
> ① 재료비 절감
> ② 보수 용이
> ③ 제품 생산율이 좋음
> ④ 리벳 구조에 비해서 강도가 큼
> ⑤ 소량 생산 적합
> ⑥ 판재 두께 제한이 없음
> ⑦ 무게를 줄일 수 있음
> ⑧ 이음 효율이 높음
> ⑨ 기밀성이 높음
> ⑩ 제작 기간이 적게 걸림

407

용접 이음의 단점 3가지를 쓰시오.

> 해설
> ① 진동을 감쇠시키기 어려움
> ② 응력 집중에 민감
> ③ 결함이 발생하기 쉬움
> ④ 용접부의 비파괴 검사가 어려움
> ⑤ 잔류응력이 남으면 재질 변화

408

축의 용도에 의한 종류를 3가지 쓰시오.

> 해설
> ① 차축
> ② 전동축
> ③ 스핀들

409
축의 모양에 의한 종류 2가지를 쓰시오.

해설
① 직선축   ② 크랭크축

410
축 설계 시 고려사항 3가지를 쓰시오.

해설
① 강도   ② 강성
③ 진동   ④ 열응력
⑤ 열팽창 ⑥ 부식

411
커플링 설계 시 고려사항 3가지를 쓰시오.

해설
① 무게
② 가격
③ 조립의 간편성
④ 전달 동력의 크기
⑤ 유지보수의 간편성

412
커플링의 분류를 크게 3가지로 나누시오.

해설
① 고정 커플링
② 유연한 커플링
③ 어긋난 축 연결

413
고정 커플링의 종류 3가지를 쓰시오.

① 슬리브형
② 분할원통형
③ 플랜지형

414
유연한 커플링의 종류 3가지를 쓰시오.

① 롤러체인 커플링
② 그리드 커플링
③ 디스크 커플링
④ 기어 커플링
⑤ 유체 커플링
⑥ 고무 커플링
⑦ 주름형 커플링
⑧ 슬릿형 커플링

415
어긋난 축 연결형태의 커플링 종류 2가지를 쓰시오.

① 유니버셜 조인트
② 등속 조인트

416
클러치의 종류 3가지를 쓰시오.

> **해설**
> ① 마찰 클러치
> ② 유체 클러치
> ③ 맞물림 클러치
> ④ 마그네틱 클러치
> ⑤ 자동 클러치

417
마찰 클러치의 종류 2가지를 쓰시오.

> **해설**
> ① 원판 클러치(단판식, 다판식)
> ② 원추 클러치

418
베어링을 크게 2가지로 분류하시오.

> **해설**
> ① 구름 베어링
> ② 미끄럼 베어링

419

미끄럼 베어링과 구름 베어링을 비교하여 아래 표를 완성하시오.

항목	미끄럼 베어링	구름 베어링
구조		
강성		
기동토크		
바깥지름		
마찰계수		
회전속도		
충격성		
소음		
가격		
규격화		
윤활장치		
호환성		

[해설]

항목	미끄럼 베어링	구름 베어링
구조	간단	복잡
강성	작다	크다
기동토크	유막형성이 늦은 경우 크다	적다
바깥지름	작다	크다
마찰계수	크다	작다
회전속도	고속	저속
충격성	강함	약함
소음	적다	크다
가격	저렴	고가
규격화	자가제작하는 경우가 많다	표준형 양산품
윤활장치	필요하다	필요없다
호환성	없다	있다

420

미끄럼 베어링의 분류 중 하중 지지방향에 대한 종류 2가지를 쓰시오.

① 레이디얼 베어링
② 스러스트 베어링

421

미끄럼 베어링의 분류 중 윤활 매체에 대한 종류 2가지를 쓰시오.

① 기름 베어링
② 공기 베어링

422

미끄럼 베어링의 분류 중 압력 형성 방법에 대한 종류 2가지를 쓰시오.

① 정압 베어링
② 동압 베어링

423

다음 보기는 여러 베어링에 대한 설명일 때 알맞은 답을 쓰시오.

[보기]
① 윤활유막을 매개로 미끄럼 접촉을 하는 베어링
② 축과 베어링 사이에 볼, 롤러 등을 넣어 접촉 압력에 의하여 하중을 지지하는 베어링
③ 축에 직각으로 작용하는 하중을 지지하는 베어링
④ 축방향으로 작용하는 하중을 지지하는 베어링
⑤ 레이디얼 하중과 스러스트 하중을 동시에 지지하는 베어링

해설

① 미끄럼 베어링
② 구름 베어링
③ 레이디얼 베어링
④ 스러스트 베어링
⑤ 테이퍼 베어링

424

베어링 마찰의 종류 2가지를 쓰시오.

해설

① 미끄럼 마찰
② 구름 마찰

425
베어링 재료의 구비조건 3가지를 쓰시오.

> **해설**
> ① 마모가 적을 것
> ② 내구성이 클 것
> ③ 가공이 쉬울 것
> ④ 강도 및 강성이 클 것
> ⑤ 충격하중에 강할 것
> ⑥ 내식성이 좋을 것
> ⑦ 가공이 쉬울 것
> ⑧ 열변형이 적을 것
> ⑨ 열전도율이 좋을 것

426
베어링 재료의 종류 3가지를 쓰시오.

> **해설**
> ① 주철
> ② 구리합금
> ③ 화이트 메탈
> ④ 카드뮴 합금
> ⑤ 알루미늄 합금
> ⑥ 포유소결합금

427
소결된 금속 분말은 다공질이므로 여러 개의 빈 구멍이 있으며 이것에 기름을 침투시켜 슬리브 베어링으로 사용하며, 축의 회전에 의해 표면온도가 상승하면 많은 양의 기름이 스며나와 윤활되고, 일반적으로 하중이 낮고 속도가 빠르지 않은 곳에 사용한다. 오랫동안 급유를 하지 않아도 베어링으로서 사용할 수 있고 재료는 주로 구리분말, 주석분말, 흑연분말을 혼합한 베어링은 무엇인가?

> **해설**
> 무급유 베어링(=자동윤활 베어링, 함유 베어링)

428

미끄럼 베어링의 종류 3가지를 쓰시오.

> 해설

① 엔드 저널
② 중간 저널
③ 피벗 저널
④ 칼라 저널
⑤ 원추형 저널
⑥ 구형 저널

429

6305 베어링을 해석하시오.

> 해설

6 : 단열 깊은홈 볼 베어링
3 : 중간하중
05 : 안지름 20mm

> 참고

기본기호 (ex. 6305)		
베어링 계열 기호		안지름 번호
첫 번째 숫자	두 번째 숫자	$10mm$: 00
		$12mm$: 01
		$15mm$: 02
1, 2, 3, 4 : 복렬 자동 조심형 볼 베어링	0, 1 : 특별 경하중	$17mm$: 03
6 : 단열 깊은홈 볼 베어링	2 : 경하중	$20mm$: 04 (숫자×5)
7 : 단열 앵귤러 콘텍트형	3 : 중간하중	$25mm$: 05 (숫자×5)
N : 원통 롤러형	4 : 고하중(중하중)	.... (숫자×5)
		$500mm$이상 : 해당 숫자

430

구름 베어링의 분류 중 전동체 모양에 따른 종류 2가지를 쓰시오.

① 볼 베어링
② 롤러 베어링

431

양방향 축하중을 지지할 수 있는 베어링 3가지를 쓰시오.

① 자동조심 볼 베어링
② 자동조심 롤러 베어링
③ 깊은홈 볼 베어링

432

한쪽 방향 축하중을 지지할 수 있는 베어링 3가지를 쓰시오.

① 단식 스러스트 베어링
② 매그니토 볼 베어링
③ 단열 원통 롤러 베어링

433

베어링의 윤활유의 유출을 방해하며 외부의 유해한 이물질의 침투를 방지하는 밀봉장치 종류 3가지를 쓰시오.

① 오일 실
② 펠트 실
③ 고무링

434

베어링에 넣는 윤활유의 공급법 3가지를 쓰시오.

해설
① 유욕법
② 적하 급유법
③ 비산 급유법
④ 순환 급유법
⑤ 분무 급유법
⑥ 제트 급유법
⑦ 적시 정량 급유법

435

마찰차의 분류 중 두 축이 평행한 마찰차의 종류 2가지를 쓰시오.

① 원통 마찰차
② 홈 마찰차

436

마찰차의 분류 중 두 축이 어느 각도로 만나는 마찰차는?

원추 마찰차

437

무단변속 마찰차의 종류 3가지를 쓰시오.

① 에반스 마찰차
② 크라운 마찰차
③ 구면 마찰차

438

마찰차의 특징 3가지를 쓰시오.

① 무단 변속이 가능
② 과부하 상태일 때 손상 방지
③ 운전 중 속도 변환 가능
④ 효율이 낮음
⑤ 일정한 속비를 얻지 못함
⑥ 큰 동력 전달이 불가능

439

평벨트의 종류 3가지를 쓰시오.

① 가죽벨트
② 직물벨트
③ 고무벨트
④ 강벨트

440

벨트를 걸어감는 방법 3가지를 쓰시오.

① 바로걸기
② 엇걸기
③ 직각방향걸기

441

다음 보기는 벨트에 나타나는 현상을 설명한다. 알맞은 답을 쓰시오.

[보기]
① 이완측에 가까운 부분에서 인장력의 감소로 변형량이 줄어들므로 벨트가 풀리 위를 기어가는 현상

② 축 중심간 거리가 긴 경우 고속으로 벨트 전동을 하면 벨트가 파닥파닥 소리와 같은 파도치는 현상

① 크리핑
② 플래핑

442
V-벨트의 특징 3가지를 쓰시오.

① 바로걸기에만 사용
② 평벨트에 비해 접촉면이 넓어 작은 장력으로 큰 동력을 얻음
③ 운전이 정숙
④ 충격을 잘 흡수

443
V-벨트의 용도 3가지를 쓰시오.

① 일반산업용
② 자동차용
③ 농기구용

444
체인의 종류 3가지를 쓰시오.

해설
① 롤러체인
② 부시체인
③ 옵셋체인
④ 사일런트 체인
⑤ 핀틀체인
⑥ 더블피치 롤러체인

448

평행축 기어의 종류 3가지를 쓰시오.

① 스퍼기어
② 헬리컬기어
③ 내접기어
④ 래크와 피니언
⑤ 헬리컬 래크
⑥ 더블 헬리컬 기어

449

교차축 기어의 종류 3가지를 쓰시오.

① 직선 베벨기어
② 스파이럴 베벨기어
③ 크라운기어
④ 제롤 기어

450

엇갈린축의 기어 3가지를 쓰시오.

① 웜과 웜기어
② 나사 기어
③ 하이포이드 기어

451

기어의 치형곡선의 종류 3가지를 쓰시오.

> **해설**
> ① 사이클로이드 치형
> ② 인벌류트 치형
> ③ 복합 치형

452

다음 보기는 기어의 용어일 때 알맞은 답을 쓰시오.

> [보기]
> ① 원둘레의 외측 또는 내측에 구름원을 놓고 미끄럼 없이 굴렸을 때 구름원의 한점이 그리는 궤적
> ② 기초원에 실을 감아 실의 한 끝을 잡아 당기면서 풀어나갈 때 실의 한점이 그리는 궤적
> ③ 한 쌍의 기어를 물게 하였을 때 이의 뒷면에 생기는 간격
> ④ 한 쌍의 기어를 물려 회전시킬 때 큰 기어의 이 끝이 피니언의 이뿌리에 부딪쳐서 회전할 수 없게 되는 현상
> ⑤ 이의 간섭에 의하여 피니언의 이뿌리를 깎아내면 강도가 약해지면서 물림길이가 짧아지는 현상
> ⑥ 열에 의하여 기어의 표면이 벗겨져 분리되는 현상

> **해설**
> ① 사이클로이드 곡선
> ② 인벌류트 곡선
> ③ 백래시
> ④ 이의 간섭
> ⑤ 언더컷
> ⑥ 박리현상

15

과년도 기출문제

16년 기출문제

17년 기출문제

18년 기출문제

19년 기출문제

20년 기출문제

21년 기출문제

22년 기출문제

23년 기출문제

24년 기출문제

2016 1회차 건설기계설비기사 필답형 기출문제

01

파이프의 두께 $8mm$, 외경 $240mm$의 파이프 속에 유량 $100\ell/\sec$의 물이 흐르고 있을 때 다음을 구하시오. (단, 허용 인장응력은 $80MPa$이다.)

(1) 파이프 내부에 작용하는 압력 $[MPa]$
(2) 유속 $[m/s]$
(3) 중량 유량 $[ton/hr]$

해설

(1) $d_o = d + 2t \Rightarrow d = d_o - 2t = 240 - 2 \times 8 = 224mm$

$\sigma_a = \dfrac{pd}{2t} \Rightarrow \therefore p = \dfrac{2t\sigma_a}{d} = \dfrac{2 \times 8 \times 80}{224} = 5.71 MPa$

(2) $Q = AV = \dfrac{\pi d^2}{4} \times V \Rightarrow \therefore V = \dfrac{4Q}{\pi d^2} = \dfrac{4 \times 100 \times 10^{-3}}{\pi \times 0.224^2} = 2.54 m/s$

(3) $\dot{G} = \gamma A V = 1000 \times \dfrac{\pi \times 0.224^2}{4} \times 2.54 = 100.1 kg_f/s = 100.1 \times 10^{-3} \times 3600 = 360.36 ton/hr$

02

중심거리 $20m$의 로프 풀리에서 로프가 $0.8m$가량 처짐이 발생하였다. 로프의 지름은 $50mm$이고 단위 길이에 대한 로프 무게는 $0.3kg/m$일 때 다음을 구하시오.

(1) 로프의 장력 $[N]$
(2) 로프의 길이 $[mm]$

해설

(1) $T = \dfrac{wC^2}{8h} + wh = \dfrac{0.3 \times 9.8 \times 20^2}{8 \times 0.8} + 0.3 \times 9.8 \times 0.8 = 186.1 N$

(2) $L = C\left(1 + \dfrac{8h^2}{3C^2}\right) = 20 \times \left(1 + \dfrac{8 \times 0.8^2}{3 \times 20^2}\right) = 20.08533 m = 20085.33 mm$

03

블록의 폭 $20mm$, 길이 $80mm$인 블록 브레이크가 있다. 브레이크 드럼을 누르는 힘 $1600N$일 때 블록의 접촉면압력 $[MPa]$을 구하시오.

해설

$q = \dfrac{P}{b\ell} = \dfrac{1600}{20 \times 80} = 1 MPa$

04

다음 그림과 같은 내확 브레이크로 $4kW$, $250rpm$의 동력을 제동하려고 한다. 마찰계수 0.3 $d = 30mm$, $D = 200mm$, , $a = 100mm$, $b = 50mm$, $c = 40mm$ 일 때 다음을 구하시오.

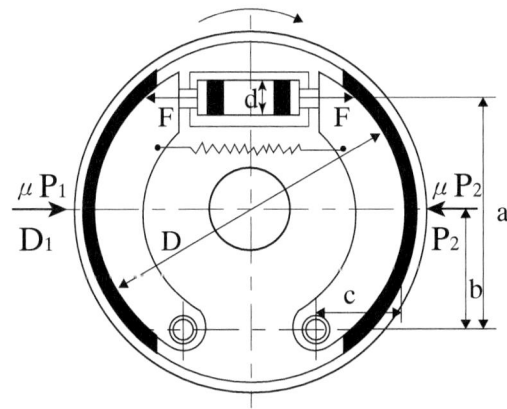

(1) 제동력 $[N]$
(2) 실린더를 미는 조작력 $[N]$
(3) 제동에 필요한 유압 $[MPa]$

해설

(1) $T = \dfrac{H}{\omega} = \dfrac{H}{\dfrac{2\pi N}{60}} = \dfrac{4 \times 10^3}{\dfrac{2\pi \times 250}{60}} = 152.79 N \cdot m$

$T = Q \times \dfrac{D}{2} \Rightarrow \therefore Q = \dfrac{2T}{D} = \dfrac{2 \times 152.79 \times 10^3}{200} = 1527.9 N$

(2) $M_1 = Fa - P_1 b + \mu P_1 c = Fa + P_1(\mu c - b) = 0 \Rightarrow P_1 = \dfrac{Fa}{b - \mu c} = \dfrac{F \times 100}{50 - 0.3 \times 40} = 2.63 F [N]$

$M_2 = -Fa + P_2 b + \mu P_2 c = -Fa + P_2(\mu c + b) = 0 \Rightarrow P_2 = \dfrac{Fa}{b + \mu c} = \dfrac{F \times 100}{50 + 0.3 \times 40} = 1.61 F [N]$

$Q = \mu(P_1 + P_2) \Rightarrow P_1 + P_2 = \dfrac{Q}{\mu} = \dfrac{1527.9}{0.3} = 5093 N$

$2.63 F + 1.61 F = 5093 \Rightarrow \therefore F = 1201.18 N$

(3) $q = \dfrac{F}{A} = \dfrac{4F}{\pi d^2} = \dfrac{4 \times 1201.18}{\pi \times 30^2} = 1.7 MPa$

05

지름이 $50mm$인 축에 보스를 끼웠을 때 사용한 묻힘 키의 길이가 $200mm$, 폭이 $20mm$, 높이가 $18mm$이다. 이 축을 회전수 $550rpm$, $8kW$의 동력으로 운전할 때 키의 전단응력$[MPa]$과 면압력$[MPa]$을 구하시오. (단, 키의 묻힘 깊이는 키 높이의 $\dfrac{1}{2}$이다.)

해설

$T = \dfrac{H}{\omega} = \dfrac{H}{\dfrac{2\pi N}{60}} = \dfrac{8 \times 10^3}{\dfrac{2\pi \times 550}{60}} = 138.9 N \cdot m$

① 키의 전단응력 $\tau_k = \dfrac{2T}{b \ell d} = \dfrac{2 \times 138.9 \times 10^3}{20 \times 200 \times 50} = 1.39 MPa$

② 키의 면압력 $q = \sigma_c = \dfrac{4T}{h \ell d} = \dfrac{4 \times 138.9 \times 10^3}{18 \times 200 \times 50} = 3.09 MPa$

06

너클 핀에 $15kN$의 인장 하중이 작용하며, 핀 재료의 허용 전단응력은 $50MPa$, 허용 굽힘응력은 $150MPa$, $a = 36mm$, $b = 24mm$일 때 다음을 구하시오.

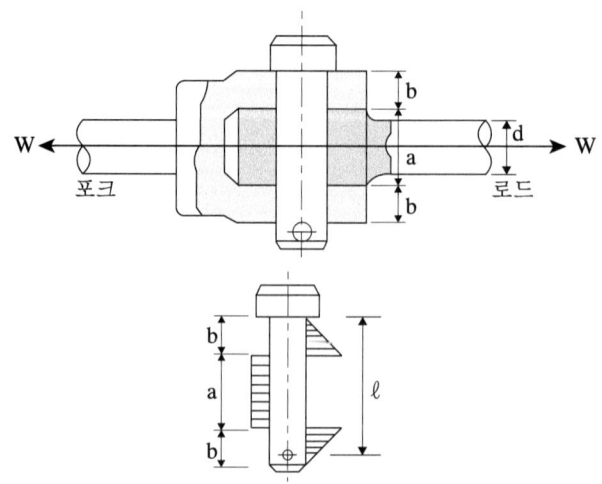

(1) 전단응력만 고려한 핀 지름 [mm]
(2) 굽힘응력만 고려한 핀 지름 [mm]

해설

(1) $\tau_a = \dfrac{W}{2A} = \dfrac{W}{2 \times \dfrac{\pi}{4}d^2}$ $\Rightarrow$ $\therefore d = \sqrt{\dfrac{2W}{\pi \tau_a}} = \sqrt{\dfrac{2 \times 15 \times 10^3}{\pi \times 50}} = 13.82 mm$

(2) $M = \sigma_a Z$에서 각 지점 거리가 주어지는 경우이니, $\dfrac{W}{24}(3a+4b) = \sigma_a \times \dfrac{\pi d^3}{32}$

$\therefore d = \sqrt[3]{\dfrac{4W(3a+4b)}{3\pi \sigma_a}} = \sqrt[3]{\dfrac{4 \times 15 \times 10^3 \times (3 \times 36 + 4 \times 24)}{3\pi \times 150}} = 20.53 mm$

07

바깥지름 $40mm$, 안지름 $36mm$이고 피치 $2mm$인 사각 나사잭으로 $30kN$ 하중을 올리려 할 때 다음을 구하시오.

(1) 레버의 길이 [mm] (단, 레버 끝에 힘 $300N$을 작용시키고, 나사부의 마찰계수는 0.15이다.)
(2) 너트의 유효높이 [mm] (단, 나사부의 허용 면압력이 $30MPa$이다.)

해설

(1) 일단, 유효직경 $d_e = \dfrac{d_1 + d_2}{2} = \dfrac{40 + 36}{2} = 38mm$

$T = FL = Q\left(\dfrac{p + \mu \pi d_e}{\pi d_e - \mu p}\right)\dfrac{d_e}{2}$ 에서,

$\therefore L = \dfrac{Q\left(\dfrac{p + \mu \pi d_e}{\pi d_e - \mu p}\right)\dfrac{d_e}{2}}{F} = \dfrac{30 \times 10^3 \times \left(\dfrac{2 + 0.15\pi \times 38}{\pi \times 38 - 0.15 \times 2}\right) \times \dfrac{38}{2}}{300} = 317.63mm$

(2) $H = \dfrac{pQ}{\dfrac{\pi}{4}(d_2^2 - d_1^2)q_a} = \dfrac{2 \times 30 \times 10^3}{\dfrac{\pi}{4}(40^2 - 36^2) \times 30} = 8.38mm$

08

다음 그림과 같은 측면 필렛 용접 이음에서 용접 사이즈는 $10mm$, 인장 하중은 $300kN$, 허용 전단응력은 $40MPa$일 때 용접 길이$[mm]$를 구하시오.

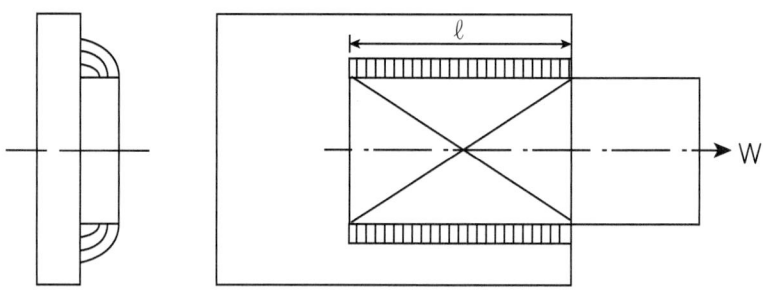

해설

$W = \tau_a A = \tau_a \times 2a\ell = \tau_a \times 2\ell h \cos 45°$

$\therefore \ell = \dfrac{W}{2h\cos 45° \times \tau_a} = \dfrac{300 \times 10^3}{2 \times 10 \times \cos 45° \times 40} = 530.33 mm$

09

다음 그림과 같은 $1500rpm$, $15kW$인 전동기에 연결된 중심축이다. 축의 허용 전단응력 $130MPa$일 때 상당 비틀림모멘트에 의한 회전 축 지름$[mm]$을 아래의 표를 보고 선정하시오.
(단, 키 홈과 축의 자중은 고려하지 않는다.)

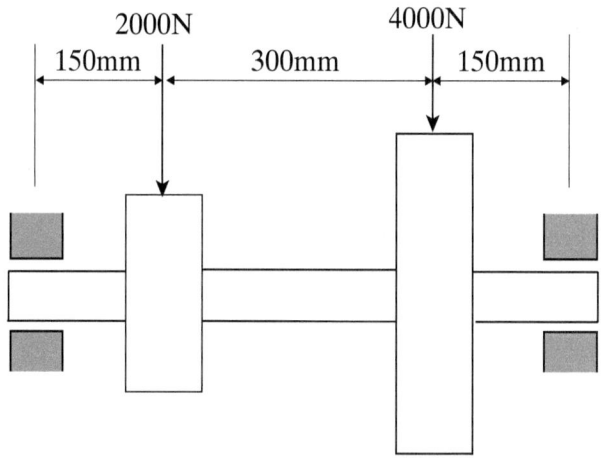

※회전축의 지름표 $[mm]$

22	25	28	30	35	40	45	50	55	60	65	70

해설

$\sum M_B = 0 \Rightarrow R_A \times 600 - 2000 \times 450 - 4000 \times 150 = 0 \Rightarrow R_A = 2500N$
$\sum M_A = 0 \Rightarrow R_B \times 600 - 4000 \times 450 - 2000 \times 150 = 0 \Rightarrow R_B = 3500N$

여기서, 최대 굽힘 모멘트는,

$M_{\max} = R_B \times 150 = 3500 \times 150 = 525000 N \cdot mm = 525 N \cdot m$

$T = \dfrac{H}{\omega} = \dfrac{H}{\dfrac{2\pi N}{60}} = \dfrac{15 \times 10^3}{\dfrac{2\pi \times 1500}{60}} = 95.49 N \cdot m$

$T_e = \sqrt{M_{\max}^2 + T^2} = \sqrt{525^2 + 95.49^2} = 533.61 N \cdot m$

$T_e = \tau_a Z_P = \tau \times \dfrac{\pi d_0^3}{16} \Rightarrow d_0 = \sqrt[3]{\dfrac{16 T_e}{\pi \tau_a}} = \sqrt[3]{\dfrac{16 \times 533.61 \times 10^3}{\pi \times 130}} = 27.55 mm$

표에서, 구한 d_0보다 크면서 근삿값인 것을 선정한다.
∴ $d = 28 mm$

10

아래의 표를 보고 네트워크 공정표를 CPM기법으로 작성하시오.

작업	선행작업	작업일수	비고
A	-	4	(1) 결합점에서는 다음과 같이 표시한다.
B	-	6	
C	-	8	EST|LST 작업명 LFT|EFT
D	B	9	◯ ──소요일수──▶ ◯
E	A, B, C	6	
F	C	4	(2) 주공정선은 굵은선으로 표시한다.

해설

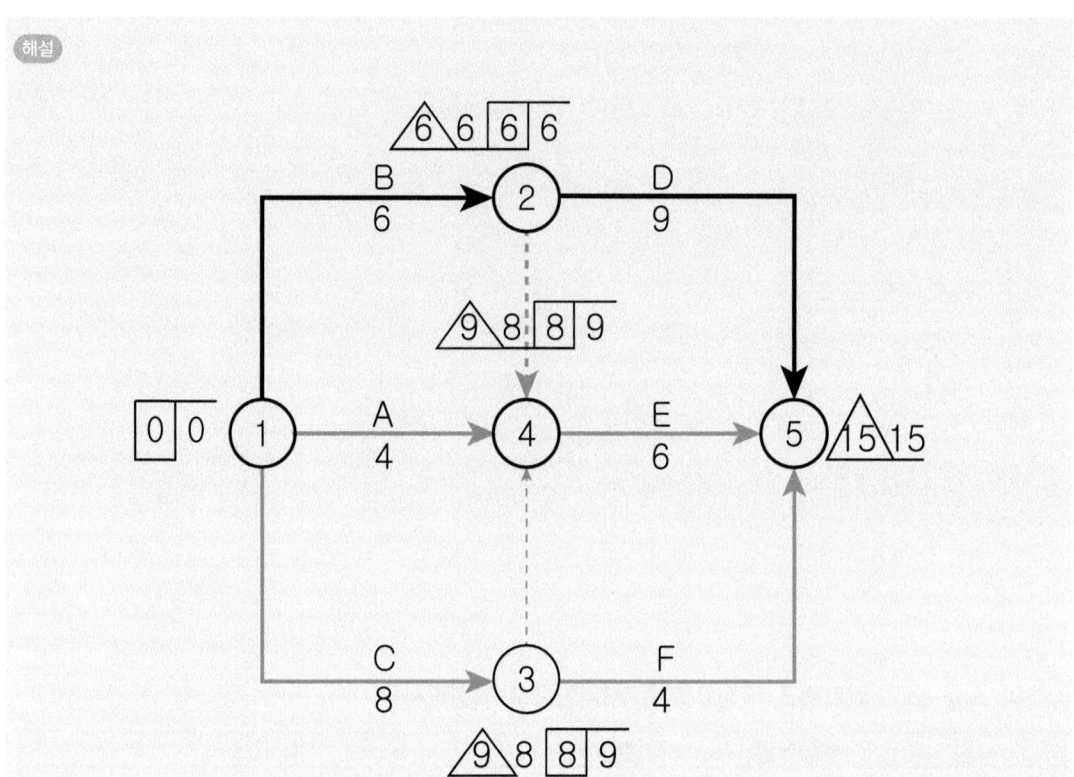

01

잇수 10개, 스플라인의 보스 길이 $200mm$, 외경 $50mm$, 내경 $44mm$, 이의 높이 $3mm$, 잇면의 모따기 $0.25mm$, 접촉효율이 75%인 스플라인 축이 있다. 이러한 스플라인 축이 $2000rpm$으로 $55kW$ 동력을 전달할 때 다음을 구하시오.

(1) 스플라인 전달 토크 $[N \cdot m]$
(2) 스플라인 이의 접촉면압력 $[MPa]$

해설

(1) $T = \dfrac{H}{\omega} = \dfrac{H}{\dfrac{2\pi N}{60}} = \dfrac{55 \times 10^3}{\dfrac{2\pi \times 2000}{60}} = 262.61 N \cdot m$

(2) $T = (h-2c)q_a \ell \left(\dfrac{D_2 + D_1}{4}\right) \eta Z$

$\therefore q_a = \dfrac{4T}{(h-2c) \times \ell \times (D_2 + D_1) \times \eta \times Z} = \dfrac{4 \times 262.61 \times 10^3}{(3 - 2 \times 0.25) \times 200 \times (50+44) \times 0.75 \times 10} = 2.98 MPa$

02

그림과 같이 $W = 50kN$의 하중을 받는 리벳 이음 구조물을 제작하고자 한다. 리벳의 전단응력은 $300MPa$, 안전율은 5일 때 리벳의 지름 $[mm]$을 구하시오.

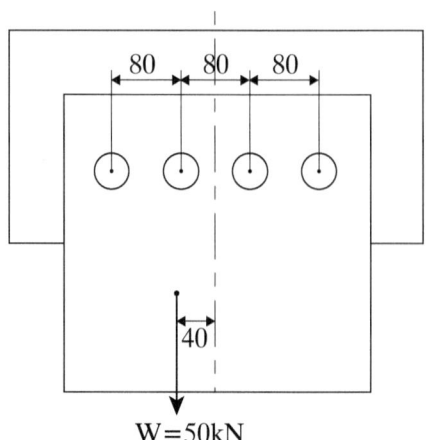

해설

$$Q = \frac{W}{n} = \frac{50 \times 10^3}{4} = 12500N$$

$$K = \frac{We}{N_1 r_1^2 + N_2 r_2^2} = \frac{50 \times 10^3 \times 40}{2 \times 120^2 + 2 \times 40^2} = 62.5 N/mm$$

$$F_1 = K r_1 = 62.5 \times 120 = 7500N$$

리벳에 작용하는 최대 전단하중 $(R_{\max}) = Q + F_1 = 12500 + 7500 = 20000N$

$$\tau_a = \frac{\tau}{S} = \frac{300}{5} = 60 MPa$$

$$\therefore d = \sqrt{\frac{4R_{\max}}{\pi \tau_a}} = \sqrt{\frac{4 \times 20000}{\pi \times 60}} = 20.6mm$$

03

다음 그림과 같이 하중이 $700N$인 스프로킷이 축 중앙에 메달려있다. 회전수 $630 rpm$, $17kW$으로 동력이 길이 $2m$인 축에 전달되고 있을 때 다음을 구하시오.
(단, 허용 비틀림응력은 $50MPa$이고, 축의 자중은 무시한다.)

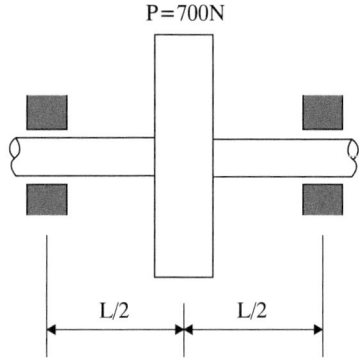

(1) 축의 최대 회전모멘트 $[N \cdot m]$
(2) 축의 최대 굽힘모멘트 $[N \cdot m]$
(3) 축의 지름 $[mm]$

해설

(1) $T = \dfrac{H}{\omega} = \dfrac{H}{\frac{2\pi N}{60}} = \dfrac{17 \times 10^3}{\frac{2\pi \times 630}{60}} = 257.68 N \cdot m$

(2) $M_{\max} = \dfrac{PL}{4} = \dfrac{700 \times 2}{4} = 350 N \cdot m$

(3) $T_e = \sqrt{M^2 + T^2} = \sqrt{350^2 + 257.68^2} = 434.63 N \cdot m \quad \therefore d = \sqrt[3]{\dfrac{16 T_e}{\pi \tau_a}} = \sqrt[3]{\dfrac{16 \times 434.63 \times 10^3}{\pi \times 50}} = 35.38 mm$

04

축 지름 $60mm$의 클램프 커플링에서 볼트 8개를 사용하여 회전수 $250rpm$, $19kW$ 동력을 마찰력으로만 전달하려 한다. 허용인장응력 $120MPa$, 마찰계수는 0.2일 때 다음을 구하시오.

(1) 원통이 축을 죄는 힘 $[N]$
(2) 볼트의 골지름 $[mm]$

해설

(1) $T = \dfrac{H}{\omega} = \dfrac{H}{\dfrac{2\pi N}{60}} = \dfrac{19 \times 10^3}{\dfrac{2\pi \times 250}{60}} = 725.75 N \cdot m$ ∴ $P = \dfrac{2T}{\mu \pi d} = \dfrac{2 \times 725.75 \times 10^3}{0.2\pi \times 60} = 38502.23 N$

(2) $\sigma_t = \dfrac{8P}{\pi \delta_B^2 Z}$ ⇒ ∴ $\delta_B = \sqrt{\dfrac{8P}{\pi Z \sigma_a}} = \sqrt{\dfrac{8 \times 38502.23}{\pi \times 8 \times 120}} = 10.11 mm$

05

마찰판 5개인 다판 클러치의 회전수 $1500rpm$, 전달동력이 $5kW$, 평균 지름이 $100mm$, 접촉 폭 $15mm$, 마찰계수 0.15일 때 다음을 구하시오.

(1) 클러치의 전달 토크 $[N \cdot m]$
(2) 축 방향으로 미는 힘 $[N]$
(3) 클러치가 안전한지 검토하시오. (단, 마찰판 허용응력은 $0.2MPa$이다.)

해설

(1) $T = \dfrac{H}{\omega} = \dfrac{H}{\dfrac{2\pi N}{60}} = \dfrac{5 \times 10^3}{\dfrac{2\pi \times 1500}{60}} = 31.83 N \cdot m$

(2) $T = \mu P \dfrac{D_m}{2}$ ⇒ ∴ $P = \dfrac{2T}{\mu D_m} = \dfrac{2 \times 31.83 \times 10^3}{0.15 \times 100} = 4244 N$

(3) $q = \dfrac{P}{\pi D_m b Z} = \dfrac{4244}{\pi \times 100 \times 15 \times 5} = 0.18 MPa$

$q_a = 0.2 MPa > q = 0.18 MPa$ 이므로,
∴ 안전하다.

06

분당회전수 $500rpm$으로 회전하는 엔드저널 $5000kg_f$의 베어링 하중을 지지하고 있다. 허용 압력속도계수 $pv = 5N/mm^2 \cdot m/s$일 때 다음을 구하시오.

(1) 저널의 길이 $[mm]$
(2) 저널의 직경 $[mm]$ (단, 허용 굽힘응력 $52MPa$이라고 가정한다.)

해설

(1) $pv = \dfrac{\pi WN}{60000\ell} \Rightarrow \therefore \ell = \dfrac{\pi WN}{60000pv} = \dfrac{\pi \times 5000 \times 9.8 \times 500}{60000 \times 5} = 256.56mm$

(2) $d = \sqrt[3]{\dfrac{32M_{\max}}{\pi \sigma_a}} = \sqrt[3]{\dfrac{32W \times \dfrac{\ell}{2}}{\pi \sigma_a}} = \sqrt[3]{\dfrac{16W\ell}{\pi \sigma_a}} = \sqrt[3]{\dfrac{16 \times 5000 \times 9.8 \times 256.56}{\pi \times 52}} = 107.18mm$

07

축간거리 $400mm$, 원동차의 회전수 $200rpm$, 종동차의 회전수 $100rpm$인 외접 원통 마찰차의 원동차의 직경$[mm]$과 종동차의 직경$[mm]$을 각각 구하시오.

해설

$\varepsilon = \dfrac{N_B}{N_A} = \dfrac{D_A}{D_B} \Rightarrow D_A = D_B \times \dfrac{N_B}{N_A} = D_B \times \dfrac{100}{200} = \dfrac{1}{2}D_B$

$C = \dfrac{D_A + D_B}{2} \Rightarrow D_A + D_B = 2C = 2 \times 400 = 800mm$

$\dfrac{1}{2}D_B + D_B = 800 \Rightarrow \therefore D_B = 533.33mm$

$\therefore D_A = \dfrac{1}{2}D_B = \dfrac{1}{2} \times 533.33 = 266.67mm$

08

지름이 $20mm$인 축에 보스를 끼웠을 때 사용한 묻힘 키의 길이가 $100mm$, 폭이 $14mm$, 높이가 $10mm$이다. 이 축을 회전수 $750rpm$, $5.5kW$의 동력으로 운전할 때 키의 전단응력$[MPa]$과 압축응력$[MPa]$을 구하시오.

(단, 키의 묻힘 깊이는 키 높이의 $\dfrac{1}{2}$이다.)

해설

$$T = \frac{H}{\omega} = \frac{H}{\frac{2\pi N}{60}} = \frac{5.5 \times 10^3}{\frac{2\pi \times 750}{60}} = 70.03 N \cdot m$$

① 키의 전단응력 : $\tau_k = \dfrac{2T}{b\ell d} = \dfrac{2 \times 70.03 \times 10^3}{14 \times 100 \times 20} = 5 MPa$

② 키의 압축응력 : $\sigma_c = \dfrac{4T}{h\ell d} = \dfrac{4 \times 70.03 \times 10^3}{10 \times 100 \times 20} = 14.01 MPa$

09

용접 길이가 $40mm$이고, 목 두께는 $8mm$인 맞대기 용접 이음의 강도설계를 하고자 한다. 이때 작용하는 인장하중$[kN]$을 구하시오.
(단, 허용 인장응력은 $50MPa$이다.)

해설

$P = \sigma_a A = \sigma_a t\ell = 50 \times 40 \times 8 = 16000N \fallingdotseq 16kN$

10

아래의 표를 보고 다음을 구하시오.

작업명	선행작업	작업일수
A	-	7
B	-	4
C	-	20
D	A	11
E	A	9
F	B	8
G	C, D, F	11
H	C	8

(1) PERT 기법으로 네트워크 공정표를 작성하고 주공정선은 굵은 선으로 표시하시오.
(2) 총 작업일수[일]
(3) 아래의 빈칸을 채우시오.

작업명	작업시간				여유시간			주공정
	EST	EFT	LST	LFT	TF	FF	DF	CP
A								
B								
C								
D								
E								
F								
G								
H								

해설

(1)

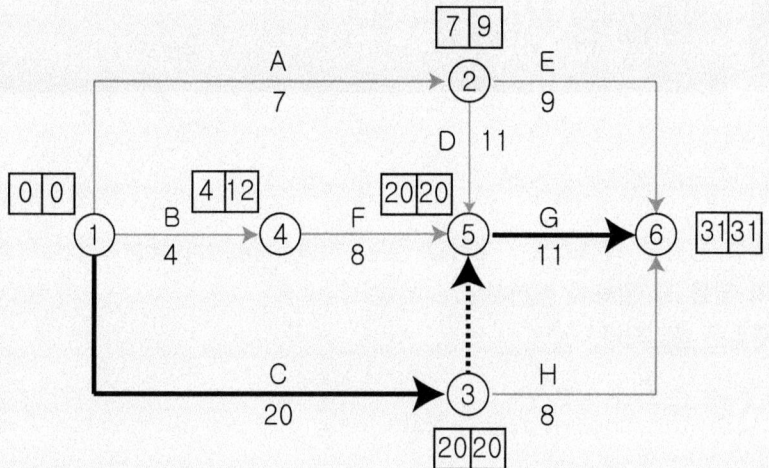

(2) 총 작업일수 : 20+11 = 31일

(3)

작업명	작업시간				여유시간			주공정
	EST	EFT	LST	LFT	TF	FF	DF	CP
A	0	7	2	9	2	0	2	
B	0	4	8	12	8	0	8	
C	0	20	0	20	0	0	0	○
D	7	18	9	20	2	2	0	
E	7	16	22	31	15	15	0	
F	4	12	12	20	8	8	0	
G	20	31	20	31	0	0	0	○
H	20	28	23	31	3	3	0	

2016 3회차 건설기계설비기사 필답형 기출문제

01

중실축과 중공축이 동일한 회전토크가 작용할 경우, 지름 $50mm$의 중실축과 내외경비가 0.75인 중공축의 길이가 같을 때 다음을 구하시오.
(단, 두 축의 재질은 동일하다.)

(1) 중공축의 내경$[mm]$, 외경$[mm]$을 구하시오.
(2) 중량비$\left(\dfrac{중공축의\ 중량}{중실축의\ 중량}\right)[\%]$를 구하시오.

해설

(1) $T = \tau Z_P$에서 $T_1 = T_2$, $\tau_1 = \tau_2$이므로, $Z_{P1} = Z_{P2} \Rightarrow \dfrac{\pi d^3}{16} = \dfrac{\pi d_2^3}{16}(1-x^4)$

$\therefore d_2 = \dfrac{d}{\sqrt[3]{1-x^4}} = \dfrac{50}{\sqrt[3]{1-0.75^4}} = 56.76mm$

$x = \dfrac{d_1}{d_2} = 0.75 \Rightarrow \therefore d_1 = 0.75 d_2 = 0.75 \times 56.76 = 42.57mm$

(2) $\varepsilon = \dfrac{d_2^2 - d_1^2}{d^2} = \dfrac{56.76^2 - 42.57^2}{50^2} = 0.5638 = 56.38\%$

02

$3ton$의 하중을 지탱할 수 있는 유효지름 $36mm$, 피치 $6mm$인 미터계 사다리꼴 나사잭이 있다. 나사의 유효마찰계수 0.13, 칼라부 마찰계수 0.01, 칼라부 반경 $30mm$일 때 다음을 구하시오.

(1) 나사에 작용하는 회전토크$[N \cdot m]$
(2) 나사잭의 효율$[\%]$
(3) 나사의 유효높이$[mm]$ (단, 나사면 허용압력은 $11.1MPa$, 나사산 높이는 $3mm$이다.)
(4) 나사의 소요동력$[kW]$ (단, 물체의 운동속도는 $3.5m/\min$이다.)

해설

(1) $T = T_1 + T_2 = \mu_1 Q r_m + Q\left(\dfrac{p + \mu'\pi d_e}{\pi d_e - \mu' p}\right)\dfrac{d_e}{2}$

$= 0.01 \times 3000 \times 9.8 \times 30 + 3000 \times 9.8 \times \left(\dfrac{6 + 0.13 \times \pi \times 36}{\pi \times 36 - 0.13 \times 6}\right)\dfrac{36}{2} = 106363.66 N \cdot mm = 106.36 N \cdot m$

(2) $\eta = \dfrac{pQ}{2\pi T} = \dfrac{6 \times 3000 \times 9.8}{2\pi \times 106.36 \times 10^3} = 0.264 = 26.4\%$

(3) $H = \dfrac{pQ}{\pi d_e h q_a} = \dfrac{6 \times 3000 \times 9.8}{\pi \times 36 \times 3 \times 11.1} = 46.84 mm$

(4) $H' = \dfrac{Qv}{\eta} = \dfrac{3000 \times 9.8 \times 10^{-3} \times \dfrac{3.5}{60}}{0.264} = 6.5 kW$

03

호칭지름이 $80mm$이고, 잇수가 10개인 스플라인 축이 $200rpm$으로 회전하고 있다. 허용 면압력이 $30MPa$, 보스길이 $180mm$일 때 다음을 구하시오.
(단, 스플라인의 외경은 $88mm$, 접촉효율은 0.7, 묻힘 키의 호칭치수($22 \times 15 \times 130$), 묻힘 키 설치부 지름 $80mm$이다.)

(1) 스플라인의 전달 동력 $[kW]$
(2) 고정된 키를 통하여 스플라인으로부터 받은 동력을 전달할 때 키에 생기는 전단응력 $[MPa]$
(3) 고정된 키를 통하여 스플라인으로부터 받은 동력을 전달할 때 키에 생기는 압축응력 $[MPa]$

해설

(1) $T = h q_a \ell \left(\dfrac{d_2 + d_1}{4}\right)\eta Z$ (잇면의 모떼기 c가 주어지지 않으면 $c = 0$으로 계산한다.)

스플라인에서 호칭지름은 d_1을 나타낸다. 즉, $d_1 = 80mm$을 의미한다.

$T = \left(\dfrac{88 - 80}{2}\right) \times 30 \times 180 \times \left(\dfrac{88 + 80}{4}\right) \times 0.7 \times 10 = 6350400 N \cdot mm = 6350.4 N \cdot m$

$\therefore H = T\omega = 6350.4 \times 10^{-3} \times \dfrac{2\pi \times 200}{60} = 133 kW$

(2) $\tau_k = \dfrac{2T}{b\ell d} = \dfrac{2 \times 6350400}{22 \times 130 \times 80} = 55.51 MPa$

(3) $\sigma_c = \dfrac{4T}{h\ell d} = \dfrac{4 \times 6350400}{15 \times 130 \times 80} = 162.83 MPa$

04

다음 그림과 같은 코터 이음에서 축에 작용하는 인장하중이 $20kN$, 소켓의 바깥지름 $100mm$ 나머지 물성치 조건들은 $d = 75mm$, $t = 34mm$일 때 다음을 구하시오.

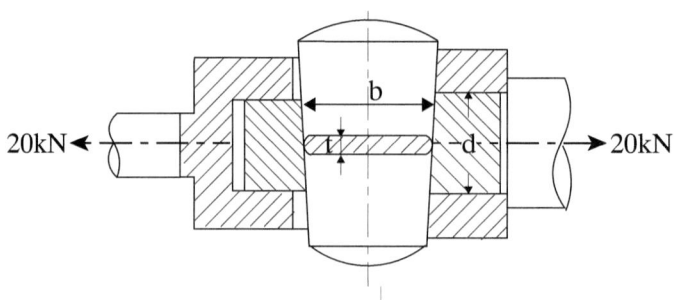

(1) 로드엔드가 코터에 닿을 때의 압축응력 $[N/mm^2]$
(2) 소켓에 코터가 닿을 때의 압축응력 $[N/mm^2]$

해설

(1) $\sigma_{c \cdot 1} = \dfrac{P}{td} = \dfrac{20 \times 10^3}{34 \times 75} = 7.84 N/mm^2$

(2) $\sigma_{c \cdot 2} = \dfrac{P}{(D-d)t} = \dfrac{20 \times 10^3}{(100-75) \times 34} = 23.53 N/mm^2$

05

한 줄 겹치기 리벳이음에서 강판 두께 $10mm$, 리벳 지름 $24mm$, 피치 $48mm$이다. 1피치 내의 인장 하중을 $5kN$으로 할 때 다음을 구하시오.
(단, 리벳의 지름과 리벳의 구멍 지름 크기가 동일하다.)

(1) 강판의 인장응력 $[MPa]$
(2) 리벳의 전단응력 $[MPa]$

해설

(1) $\sigma_t = \dfrac{\overline{W}}{(p-d)t} = \dfrac{5 \times 10^3}{(48-24) \times 10} = 20.83 MPa$

(2) $\tau = \dfrac{\overline{W}}{\dfrac{\pi}{4}d^2 n} = \dfrac{5 \times 10^3}{\dfrac{\pi}{4} \times 24^2 \times 1} = 11.05 MPa$

06

다음 그림과 같은 4측 필렛 용접이음에서 편심하중이 $40kN$이 작용한다. 용접 사이즈 $12mm$, 용접 길이 $300mm$일 때 최대 전단응력$[MPa]$을 구하시오.

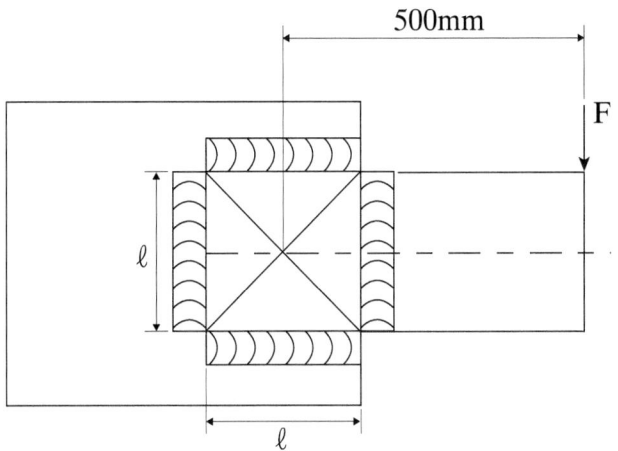

[해설]

편심하중에 의한 전단응력 : $\tau_1 = \dfrac{F}{4a\ell} = \dfrac{F}{4\ell h \cos 45°} = \dfrac{40 \times 10^3}{4 \times 300 \times 12 \cos 45°} = 3.93 MPa$

$r_{\max} = \sqrt{\left(\dfrac{\ell}{2}\right)^2 + \left(\dfrac{\ell}{2}\right)^2} = \sqrt{\left(\dfrac{300}{2}\right)^2 + \left(\dfrac{300}{2}\right)^2} = 212.13 mm$

$I_P = \dfrac{(\ell+\ell)^3}{6} \times a = \dfrac{(2\ell)^3}{6} \times h \cos 45° = \dfrac{600^3}{6} \times 12 \cos 45° = 305470129.5 mm^4$

비틀림에 의한 전단응력 : $\tau_2 = \dfrac{F L r_{\max}}{I_P} = \dfrac{40 \times 10^3 \times 500 \times 212.13}{305470129.5} = 13.89 MPa$

$\cos\theta = \dfrac{\left(\dfrac{\ell}{2}\right)}{r_{\max}} = \dfrac{150}{212.13} = 0.707$

최대전단응력 : $\tau_{\max} = \sqrt{\tau_1^2 + \tau_2^2 + 2\tau_1\tau_2\cos\theta} = \sqrt{3.93^2 + 13.89^2 + 2 \times 3.93 \times 13.89 \times 0.707}$

$\therefore \tau_{\max} = 16.9 MPa$

07

$500 rpm$, $7.34kW$의 동력을 길이 $2m$의 비틀림 중실축에 전달할 때 $1m$당 $\dfrac{1}{4}°$의 비틀림을 허용한다. 전단탄성계수가 $81GPa$일 때 비틀림 중실축의 직경$[mm]$을 구하시오.

해설

$$T = \frac{H}{\omega} = \frac{7.34 \times 10^3}{\frac{2\pi \times 500}{60}} = 140.18 N \cdot m$$

$$\theta = \frac{180}{\pi} \times \frac{TL}{GI_P} = \frac{180}{\pi} \times \frac{TL}{G \times \frac{\pi d^4}{32}} \text{에서,}$$

$$\therefore d = \sqrt[4]{\frac{180 \times 32 \times TL}{\pi^2 G\theta}} = \sqrt[4]{\frac{180 \times 32 \times 140.18 \times 10^3 \times 1000}{\pi^2 \times 81 \times 10^3 \times \frac{1}{4}}} = 44.83 mm$$

08

지름 $130mm$인 축이 $400rpm$으로 동력을 전달하는 플랜지 커플링이 있다. 축의 허용전단 응력은 $22MPa$, 볼트 피치원 지름은 $320mm$, 플랜지 뿌리부의 지름은 $240mm$, 플랜지 뿌리부의 두께는 $50mm$, $M28$의 볼트 6개를 사용하고자 한다. 마찰력을 무시할 때 다음을 구하라.

(1) 최대 전달동력 $[kW]$
(2) 볼트에 생기는 전단응력 $[MPa]$
(3) 플랜지 뿌리부의 전단응력 $[MPa]$

해설

(1) $T = \tau_a Z_P = \tau_a \times \frac{\pi d^3}{16} = 22 \times \frac{\pi \times 130^3}{16} = 9490358.71 N \cdot mm$

$\therefore H' = T\omega = T \times \frac{2\pi N}{60} = 9490358.71 \times 10^{-6} \times \frac{2\pi \times 400}{60} = 397.53 kW$

(2) $\delta_B = 0.8d = 0.8 \times 28 = 22.4mm$

$T = \tau_B \times \frac{\pi \delta_B^2}{4} \times \frac{D_B}{2} \times Z \Rightarrow \therefore \tau_B = \frac{8T}{\pi \delta_B^2 D_B Z} = \frac{8 \times 9490358.71}{\pi \times 22.4^2 \times 320 \times 6} = 25.09 MPa$

(3) $\tau_f = \frac{2T}{\pi D_f^2 t} = \frac{2 \times 9490358.71}{\pi \times 240^2 \times 50} = 2.1 MPa$

09

교차각 $25°$인 유니버설 조인트에서 원동축의 회전각속도 $1500rpm$일 때, 종동축의 회전 각속도$[rpm]$는 어떤 범위 내에서 변화하는지 쓰시오.

해설

$N_{B \cdot min} = N_A \cos\delta = 1500\cos25° = 1359.46 rpm$

$N_{B \cdot max} = \frac{N_A}{\cos\delta} = \frac{1500}{\cos25°} = 1655.07 rpm$

$\therefore N_B = 1359.46 rpm \sim 1655.07 rpm$

10

복렬 롤러 베어링이 $1800 rpm$으로 $1.5kN$의 레이디얼하중과 $1.2kN$의 스러스트 하중을 지지하고 있다. 베어링 수명시간이 45000시간, 호칭 접촉각 $25°$일 때 다음을 구하시오.

베어링 형식	단열		복열				
	$\frac{W_a}{VW_r} > e$		$\frac{W_a}{VW_r} \le e$		$\frac{W_a}{VW_r} > e$		e
	X	Y	X	Y	X	Y	
롤러베어링	0.4	$0.4 \times \cot\alpha$	1	$0.45 \times \cot\alpha$	0.67	$0.67 \times \cot\alpha$	$1.5 \times \tan\alpha$

(1) 등가 하중 $[kN]$
(2) 기본 동정격 하중 $[kN]$ (단, 하중계수 1.2이다.)

[해설]

(1) 복렬 롤러베어링이며 외,내륜이 주어지지 않으면 내륜으로 가정한다.
$V=1$, $W_r = 1.5kN$, $W_a = 1.2kN$

$e = 1.5\tan\alpha = 1.5\tan25° = 0.7 \Rightarrow \frac{W_a}{VW_r} = \frac{1.2}{1 \times 1.5} = 0.8 > e(=0.7)$

$X = 0.67$, $Y = 0.67\cot\alpha = 0.67\cot25° = 1.44$

$\therefore W = XVW_r + YW_a = 0.67 \times 1 \times 1.5 + 1.44 \times 1.2 = 2.73kN$

(2) $L_h = 500 \times \frac{33.3}{N} \times \left(\frac{C}{f_w W}\right)^r \Rightarrow 45000 = 500 \times \frac{33.3}{1800} \times \left(\frac{C}{1.2 \times 2.73}\right)^{\frac{10}{3}}$

$\therefore C = 41.83kN$

11

헬리컬 기어가 원주속도 $10m/s$, $50kW$의 동력을 전달할 때 추력$[N]$을 구하시오.
(단, 비틀림각 $30°$이다.)

[해설]

$H = Fv \Rightarrow F = \frac{H}{v} = \frac{50 \times 10^3}{10} = 5000N$

$\therefore F_t = F\tan\beta = 5000\tan30° = 2886.75N$

12

다음 아래와 같은 공사 계산서에서 (1) 직접공사비, (2) 순공사비를 구하시오.

구분			금액	구성비	비고
순공사원가	재료비	직접 재료비	300,534,994		
		간접 재료비 (작업실, 부산물 등)			
		소계	300,534,994	83.97%	
	노무비	직접 노무비	41,412,523		
		간접 노무비	8,282,505		직접노무비의 20%
		소계	49,695,028	13.89%	
	경비	전력비			
		수도 광열비			
		운반비			
		기계경비	4,124,522		
		특허권사용료			
		기술료			
		연구개발비			
		품질관리비			
		가설비			
		지급임차료			
		보험료			
		복리후생비			
		보관비			
		외주가공비			
		안전관리비			
		소모품비			
		여비·교통비·통신비			
		세금과공과			
		폐기물처리비			
		도서인쇄비			
		지급수수료			
		환경보전비			
		보상비			
		안전점검비			
		건설근로자퇴직공제부금비			
		기타법정경비			
		소계	4,124,522	1.15%	
일반 관리비 ( )%			2,411,523	0.67%	
이윤 ( )%			1,124,634	0.32%	
총 원가			357,890,701	100%	

(1) 직접공사비 = 직접재료비 + 직접노무비 + 기계경비
    = 300,534,994 + 41,412,523 + 4,124,522 = 346,072,039원

(2) 순공사비 = 재료비 + 노무비 + 경비
    = 300,534,994 + 49,695,028 + 4,124,522 = 354,354,544원

2017 1회차 건설기계설비기사 필답형 기출문제

01

평균지름이 $80mm$인 원통형 코일 스프링 $300N$의 하중이 작용하여 $55mm$만큼 처짐이 발생하였다. 왈의 수정계수 1.18, 스프링의 허용 전단응력 $400MPa$, 전단탄성계수 $80GPa$라고 할 때 다음을 구하시오.

(1) 소선의 지름 $[mm]$
(2) 유효 권수 $[회]$

해설

(1) $\tau_a = \dfrac{8PDK}{\pi d^3} \Rightarrow \therefore d = \sqrt[3]{\dfrac{8PDK}{\pi \tau_a}} = \sqrt[3]{\dfrac{8 \times 300 \times 80 \times 1.18}{\pi \times 400}} = 5.65mm$

(2) $\delta = \dfrac{8nPD^3}{Gd^4} \Rightarrow \therefore n = \dfrac{Gd^4 \delta}{8PD^3} = \dfrac{80 \times 10^3 \times 5.65^4 \times 55}{8 \times 300 \times 80^3} = 3.65 ≒ 4회$

02

피치 $50mm$, 리벳의 직경 $25mm$, 강판의 두께 $20mm$인 1줄 겹치기 리벳 이음에 피치당 하중 $20kN$이 작용할 때 다음을 구하시오.
(단, 리벳의 지름과 리벳의 구멍 지름 크기가 동일하다.)

(1) 리벳의 전단응력 $[MPa]$
(2) 강판의 인장응력 $[MPa]$
(3) 강판의 효율 $[\%]$

해설

(1) $\tau = \dfrac{\overline{W}}{\dfrac{\pi}{4}d^2 n} = \dfrac{20 \times 10^3}{\dfrac{\pi}{4} \times 25^2 \times 1} = 40.74 MPa$

(2) $\sigma_t = \dfrac{\overline{W}}{(p-d)t} = \dfrac{20 \times 10^3}{(50-25) \times 20} = 40 MPa$

(3) $\eta_t = 1 - \dfrac{d}{p} = 1 - \dfrac{25}{50} = 0.5 = 50\%$

03

$400rpm$, $3.72kW$의 동력을 전달하는 바로걸기 평벨트 전동장치에서 원동차의 직경 $500mm$, 종동차의 직경 $800mm$, 축간거리 $3m$, 마찰계수 0.3일 때 다음을 구하시오.
(단, 원심장력은 무시한다.)

(1) 원동차의 중심 접촉각 $[°]$
(2) 긴장측 장력 $[N]$
(3) 벨트의 너비×높이 $[mm^2]$ (단, 벨트의 허용 인장응력 $3MPa$, 이음효율 78%이다.)

해설

(1) $\theta_A = 180° - 2\sin^{-1}\left(\dfrac{D_B - D_A}{2C}\right) = 180° - 2\sin^{-1}\left(\dfrac{800-500}{2\times 3000}\right) = 174.27°$

(2) $e^{\mu\theta_A} = e^{0.3\times 174.27 \times \frac{\pi}{180}} = 2.49$

$v = \dfrac{\pi D_A N_A}{60\times 1000} = \dfrac{\pi\times 500 \times 400}{60\times 1000} = 10.47 m/s$

$H = P_e v \Rightarrow P_e = \dfrac{H}{v} = \dfrac{3.72\times 10^3}{10.47} = 355.3N$

$\therefore T_t = \dfrac{P_e e^{\mu\theta}}{e^{\mu\theta}-1} = \dfrac{355.3 \times 2.49}{2.49-1} = 593.76N$

(3) $\sigma_t = \dfrac{T_t}{bh\eta} \Rightarrow \therefore bh = \dfrac{T_t}{\eta\sigma_t} = \dfrac{593.76}{0.78\times 3} = 253.74mm^2$

04

원동차의 지름 $600mm$, 회전수 $1800rpm$인 원판 무단변속 마찰차에서 너비 $50mm$, 종동차의 지름 $800mm$, 종동차가 원동차의 중심에서 떨어진 거리 $x = 60\sim 180mm$, 마찰계수 0.25, 접촉면 압력 $30N/mm$일 때 다음을 구하시오.

(1) 종동차의 최대, 최소 회전수 $[rpm]$
(2) 최대, 최소 전달 동력 $[kW]$

해설

(1) x는 중심부터의 거리(반지름) → $D_A = 2x$이다.

$\therefore N_{B\cdot max} = \dfrac{D_{A\cdot max}}{D_B} \times N_A = \dfrac{2\times 180}{800}\times 1800 = 810rpm$

$\therefore N_{B\cdot min} = \dfrac{D_{A\cdot min}}{D_B} \times N_A = \dfrac{2\times 60}{800}\times 1800 = 270rpm$

(2) $v_{\max} = \dfrac{\pi D_B N_{B \cdot \max}}{60 \times 1000} = \dfrac{\pi \times 800 \times 810}{60 \times 1000} = 33.93 m/s$

$v_{\min} = \dfrac{\pi D_B N_{B \cdot \min}}{60 \times 1000} = \dfrac{\pi \times 800 \times 270}{60 \times 1000} = 11.31 m/s$

$f = \dfrac{Q}{b} \Rightarrow Q = fb = 30 \times 50 = 1500N$

$\therefore H_{\max} = \mu Q v_{\max} = 0.25 \times 1500 \times 10^{-3} \times 33.93 = 12.72 kW$

$\therefore H_{\min} = \mu Q v_{\min} = 0.25 \times 1500 \times 10^{-3} \times 11.31 = 4.24 kW$

05

그리스 윤활로 25000시간의 수명을 6312의 단열 레이디얼 볼 베어링에 주려 한다. 최대 사용 분당 회전수는 $400 rpm$, 기본 동정격 하중 $30kN$, 하중계수 1.2일 때 베어링 하중[kN]을 구하시오.

해설

$L_h = 500 \times \dfrac{33.3}{N} \times \left(\dfrac{C}{f_w \cdot W}\right)^r$ 에서,

$25000 = 500 \times \dfrac{33.3}{400} \times \left(\dfrac{30}{1.2 \times W}\right)^3 \Rightarrow \therefore W = 2.96 kN$

06

하중을 $50 kN$ 들어 올리는 Tr50(유효지름 $44mm$, 피치 $8mm$, 나사부 마찰계수 0.2)인 사다리꼴 나사잭이 있다. 칼라부의 평균반경은 $30mm$, 칼라부의 마찰계수 0.01일 때 다음을 구하시오.
(단, 레버를 누르는 힘은 $300N$ 이다.)

(1) 레버의 길이 [mm]
(2) 너트의 높이 [mm] (단, 허용 접촉 압력 $12 MPa$, 나사산의 높이를 $4mm$로 가정한다.)
(3) 나사잭의 효율 [$\%$]
(4) 나사를 들어 올리는데 필요한 동력 [kW] (단, 들어 올리는 속도는 $0.2 m/\min$이다.)

해설

(1) $\mu' = \dfrac{\mu}{\cos\dfrac{a}{2}} = \dfrac{0.2}{\cos 15°} = 0.207$

$T = FL = \mu_1 Q r_m + Q\left(\dfrac{p + \mu'\pi d_e}{\pi d_e - \mu' p}\right)\dfrac{d_e}{2}$ 에서,

$\therefore L = \dfrac{\mu_1 Q r_m + Q\left(\dfrac{p + \mu'\pi d_e}{\pi d_e - \mu' p}\right)\dfrac{d_e}{2}}{F}$

$= \dfrac{0.01 \times 50 \times 10^3 \times 30 + 50 \times 10^3 \times \left(\dfrac{8 + 0.207 \times \pi \times 44}{\pi \times 44 - 0.207 \times 8}\right) \times \dfrac{44}{2}}{300} = 1032.98 mm$

(2) $H = \dfrac{pQ}{\pi d_e hq} = \dfrac{8 \times 50 \times 10^3}{\pi \times 44 \times 4 \times 12} = 60.29 mm$

(3) $\eta = \dfrac{pQ}{2\pi T} = \dfrac{pQ}{2\pi FL} = \dfrac{8 \times 50 \times 10^3}{2\pi \times 300 \times 1032.98} = 0.2054 = 20.54\%$

(4) $H = \dfrac{Qv}{\eta} = \dfrac{50 \times \dfrac{0.2}{60}}{0.2054} = 0.81 kW$

07

압력이 $2MPa$, 유량이 $50L/\min$인 유압유가 유압펌프에 유입될 때 다음을 구하시오.
(단, 실린더의 지름이 $150mm$이다.)

(1) 피스톤의 힘 $[N]$
(2) 유압유의 속도 $[m/s]$ (단, 소수점 셋째 자리까지 나타내시오.)

해설

(1) $F = pA = 2 \times \dfrac{\pi \times 150^2}{4} = 35342.92 N$

(2) $V = \dfrac{Q}{A} = \dfrac{\left(\dfrac{50 \times 10^{-3}}{60}\right)}{\dfrac{\pi \times 0.15^2}{4}} = 0.047 m/s$

08

$500 rpm$으로 동력을 전달하는 홈 마찰차가 있다. 마찰차를 미는 힘 $2000N$, 원동차의 지름 $500mm$, 마찰차 홈의 각 $2\alpha = 38°$, 마찰계수 0.15일 때 다음을 구하시오.

(1) 원주 속도 $[m/s]$
(2) 전달 동력 $[kW]$

해설

(1) $v = \dfrac{\pi DN}{60 \times 1000} = \dfrac{\pi \times 500 \times 500}{60 \times 1000} = 13.09 m/s$

(2) $\mu' = \dfrac{\mu}{\sin\alpha + \mu\cos\alpha} = \dfrac{0.15}{\sin 19° + 0.15 \cos 19°} = 0.321$

$\therefore H = \mu' Pv = 0.321 \times 2000 \times 10^{-3} \times 13.09 = 8.4 kW$

09

표준 스퍼기어가 달린 동력전달장치에서 기어의 잇수 64개, 모듈 5, 회전수 $520rpm$, 이너비 $48mm$일 때 다음을 구하시오.
(단, 기어의 굽힘강도는 $180MPa$, 치형계수 $Y = \pi y = 0.38$이다.)

(1) 원주 속도 $[m/s]$
(2) 굽힘강도에 의한 전달 하중 $[N]$

해설

(1) $v = \dfrac{\pi DN}{60 \times 1000} = \dfrac{\pi mZN}{60 \times 1000} = \dfrac{\pi \times 5 \times 64 \times 520}{60 \times 1000} = 8.71 m/s$

(2) $f_v = \dfrac{3.05}{3.05 + v} = \dfrac{3.05}{3.05 + 8.71} = 0.26$
(하중계수가 주어지지 않으면 $f_w = 1$로 가정한다.)
∴ $F = f_v f_w \sigma_b mbY = 0.26 \times 1 \times 180 \times 5 \times 48 \times 0.38 = 4268.16 N$

10

아래의 표를 보고 다음을 구하시오.

작업명	선행작업	작업일수
A	-	6
B	-	3
C	-	5
D	C	3
E	A	6
F	A, B, D	5
G	C	4

(1) PERT 기법으로 네트워크 공정표를 작성하고 주공정선은 굵은 선으로 표시하시오.
(2) 아래의 빈칸을 채우시오.

작업명	작업시간				여유시간			주공정
	EST	EFT	LST	LFT	TF	FF	DF	CP
A								
B								
C								
D								
E								
F								
G								

(1)

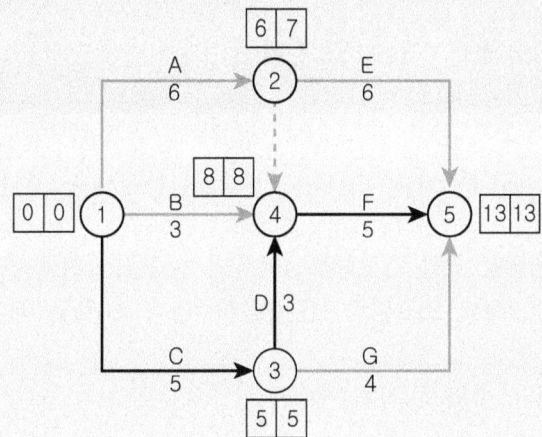

(2)

작업명	작업시간				여유시간			주공정
	EST	EFT	LST	LFT	TF	FF	DF	CP
A	0	6	1	7	1	0	1	
B	0	3	5	8	5	5	0	
C	0	5	0	5	0	0	0	○
D	5	8	5	8	0	0	0	○
E	6	12	7	13	1	1	0	
F	8	13	8	13	0	0	0	○
G	5	9	9	13	4	4	0	

2017 2회차 건설기계설비기사 필답형 기출문제

01

평균 지름이 $50mm$인 원통형 코일 스프링에 $400N$의 하중을 가하여 $30mm$의 처짐이 생겼다. 소선의 허용 전단응력 $400MPa$, 스프링의 전단탄성계수는 $80GPa$일 때 다음을 구하시오.

(1) 소선의 지름$[mm]$ (단, 왈의 응력수정계수가 1.25이다.)
(2) 유효 권수$[회]$

해설

(1) $\tau_a = \dfrac{8PDK}{\pi d^3}$ $\Rightarrow$ $\therefore d = \sqrt[3]{\dfrac{8PDK}{\pi \tau_a}} = \sqrt[3]{\dfrac{8 \times 400 \times 50 \times 1.25}{\pi \times 400}} = 5.42mm$

(2) $\delta = \dfrac{8nPD^3}{Gd^4}$ $\Rightarrow$ $\therefore n = \dfrac{Gd^4\delta}{8PD^3} = \dfrac{80 \times 10^3 \times 5.42^4 \times 30}{8 \times 400 \times 50^3} = 5.18 ≒ 6회$

02

외경 $40mm$, 내경 $34mm$, 피치 $6mm$, 마찰계수 0.15인 1줄 사각 나사잭으로 하중 $15kN$을 올리려 할 때 다음을 구하시오.

(1) 레버의 길이$[mm]$ (단, 레버를 누르는 힘은 $250N$이다.)
(2) 너트의 유효높이$[mm]$ (단, 나사산의 허용 면압력은 $25MPa$이다.)

해설

(1) $d_e = \dfrac{d_2 + d_1}{2} = \dfrac{40 + 34}{2} = 37mm$

$T = FL = Q\left(\dfrac{p + \mu\pi d_e}{\pi d_e - \mu p}\right)\dfrac{d_e}{2}$ 에서,

$\therefore L = \dfrac{Q\left(\dfrac{p + \mu\pi d_e}{\pi d_e - \mu p}\right)\dfrac{d_e}{2}}{F} = \dfrac{15 \times 10^3 \times \left(\dfrac{6 + 0.15 \times \pi \times 37}{\pi \times 37 - 0.15 \times 6}\right) \times \dfrac{37}{2}}{250} = 225.54mm$

(2) $H = \dfrac{pQ}{\dfrac{\pi}{4}(d_2^2 - d_1^2)q_a} = \dfrac{6 \times 15 \times 10^3}{\dfrac{\pi}{4}(40^2 - 34^2) \times 25} = 10.32mm$

03

$250rpm$으로 회전하는 헬리컬의 기어의 치직각 모듈 3, 잇수가 45개, 이너비 $36mm$, 압력 각 $20°$, 이의 비틀림각 $20°$, 허용 굽힘응력이 $190MPa$, 하중계수가 1.2일 때 다음을 구하시오.

(1) 피치원 지름 $[mm]$
(2) 상당 평치차 잇수 $[개]$
(3) 루이스 굽힘강도에 의한 전달 동력 $[kW]$
   (단, 아래의 상당 평치차 치형 계수의 표를 참고하시오.)

압력각 [°]	잇수 [개]		
	40	50	60
14.5	0.107	0.110	0.113
20	0.124	0.130	0.134
25	0.145	0.152	0.156

(4) 스러스트 하중 $[N]$

해설

(1) $D_s = \dfrac{D}{\cos\beta} = \dfrac{m_n Z}{\cos\beta} = \dfrac{3 \times 45}{\cos 20°} = 143.66 mm$

(2) $Z_e = \dfrac{Z}{\cos^3\beta} = \dfrac{45}{\cos^3 20°} = 54.23 ≒ 55개$

(3) 보간법을 이용하여 상당 평치차 치형 계수를 구하면,
$y_e = 0.130 + \dfrac{55-50}{60-50} \times (0.134 - 0.130) = 0.132$
$v = \dfrac{\pi D_s N}{60 \times 1000} = \dfrac{\pi \times 143.66 \times 250}{60 \times 1000} = 1.88 m/s$
$f_v = \dfrac{3.05}{3.05 + v} = \dfrac{3.05}{3.05 + 1.88} = 0.62$
$F = f_v f_w \sigma_b \pi m_n b y_e = 0.62 \times 1.2 \times 190 \times \pi \times 3 \times 36 \times 0.132 = 6331.03 N$
$\therefore H = Fv = 6331.03 \times 10^{-3} \times 1.88 = 11.9 kW$

(4) $F_t = F\tan\beta = 6331.03 \tan 20° = 2304.31 N$

04

$600rpm$으로 동력을 전달하는 원추 클러치가 있다. 클러치 접촉면의 안지름 $150mm$, 바깥지름 $160mm$, 허용 면압력 $0.3MPa$, 접촉면의 너비 $35mm$, 마찰계수가 0.3일 때 다음을 구하시오.

(1) 원추 클러치의 전달 토크 $[N \cdot m]$
(2) 원추 클러치의 전달 동력 $[kW]$
(3) 원추각 $\alpha [°]$
(4) 원추 클러치를 축방향으로 미는 힘 $[N]$

해설

(1) 평균 지름 : $D_m = \dfrac{D_2 + D_1}{2} = \dfrac{160 + 150}{2} = 155mm$

$q_a = \dfrac{Q}{\pi D_m b} \Rightarrow Q = \pi D_m b q_a = \pi \times 155 \times 35 \times 0.3 = 5112.94N$

$\therefore T = \mu Q \dfrac{D_m}{2} = 0.3 \times 5112.94 \times \dfrac{155}{2} = 118875.86N \cdot mm ≒ 118.88N \cdot m$

(2) $H = T\omega = T \times \dfrac{2\pi N}{60} = 118.88 \times 10^{-3} \times \dfrac{2\pi \times 600}{60} = 7.47kW$

(3) $b = \dfrac{D_2 - D_1}{2\sin\alpha} \Rightarrow \therefore \alpha = \sin^{-1}\left(\dfrac{D_2 - D_1}{2b}\right) = \sin^{-1}\left(\dfrac{160 - 150}{2 \times 35}\right) = 8.21°$

(4) $Q = \dfrac{P}{\sin\alpha + \mu\cos\alpha}$ 에서,

$\therefore P = Q(\sin\alpha + \mu\cos\alpha) = 5112.94 \times (\sin8.21° + 0.3\cos8.21°) = 2248.3N$

05

지름 $50mm$, 길이 $500mm$인 축에 $3500N$의 하중을 가진 회전체가 축 중앙에서 회전하고 있다. 축의 세로탄성계수는 $210GPa$일 때 축의 위험속도[rpm]을 구하시오.
(단, 축의 자중은 무시한다.)

해설

$\delta = \dfrac{PL^3}{48EI} = \dfrac{3500 \times 500^3}{48 \times 210 \times 10^3 \times \dfrac{\pi \times 50^4}{64}} = 0.14mm$

$\therefore N_C = \dfrac{30}{\pi}\sqrt{\dfrac{g}{\delta}} = \dfrac{30}{\pi}\sqrt{\dfrac{9800}{0.14}} = 2526.51rpm$

06

단동식 밴드 브레이크가 $250rpm$, $15kW$의 동력을 제동하려 한다. 드럼의 직경은 $400mm$, 밴드의 접촉각은 $230°$, 마찰계수 0.3, 밴드의 두께 $4mm$, 허용 인장응력이 $60MPa$일 때 다음을 구하시오.

(1) 제동력 $[N]$
(2) 긴장측 장력 $[N]$
(3) 밴드의 폭 $[mm]$ (단, 밴드의 이음효율을 고려하지 않는다.)

해설

(1) $v = \dfrac{\pi DN}{60 \times 1000} = \dfrac{\pi \times 400 \times 250}{60 \times 1000} = 5.24 m/s$

$H = fv \Rightarrow \therefore f = \dfrac{H}{v} = \dfrac{15 \times 10^3}{5.24} = 2862.6 N$

(2) $e^{\mu\theta} = e^{0.3 \times 230 \times \frac{\pi}{180}} = 3.33$

$\therefore T_t = \dfrac{fe^{\mu\theta}}{e^{\mu\theta} - 1} = \dfrac{2862.6 \times 3.33}{3.33 - 1} = 4091.18 N$

(3) $\sigma_t = \dfrac{T_t}{bt} \Rightarrow \therefore b = \dfrac{T_t}{t\sigma_t} = \dfrac{4091.18}{4 \times 60} = 17.05 mm$

07

$400 rpm$, $15 kW$의 동력을 전달하는 직경이 $80mm$인 축에 끼워진 묻힘 키의 폭은 $20mm$, 높이가 $13mm$이다. 키에 작용하는 전단강도는 $30 MPa$, 압축강도는 $88 MPa$일 때 다음을 구하시오.

(1) 전달 토크 $[N \cdot m]$
(2) 키에 작용하는 전단강도만 고려한 키의 길이 $\ell_A [mm]$
(3) 키에 작용하는 압축강도만 고려한 키의 길이 $\ell_B [mm]$

해설

(1) $T = \dfrac{H}{\omega} = \dfrac{H}{\dfrac{2\pi N}{60}} = \dfrac{15 \times 10^3}{\dfrac{2\pi \times 400}{60}} = 358.1 N \cdot m$

(2) $\tau_k = \dfrac{2T}{b\ell_A d} \Rightarrow \therefore \ell_A = \dfrac{2T}{bd\tau_k} = \dfrac{2 \times 358.1 \times 10^3}{20 \times 80 \times 30} = 14.92 mm$

(3) $\sigma_c = \dfrac{4T}{h\ell_B d} \Rightarrow \therefore \ell_B = \dfrac{4T}{hd\sigma_c} = \dfrac{4 \times 358.1 \times 10^3}{13 \times 80 \times 88} = 15.65 mm$

08

플랜지 커플링에 지름이 $80mm$인 축을 6개의 볼트를 사용하여 플랜지 이음을 하려 한다. 볼트구멍의 피치원 지름은 $140mm$, 마찰계수 0.3, 볼트의 지름은 $15mm$, 축의 허용 전단응력이 $25 MPa$일 때 볼트에 발생하는 전단응력 $[N/mm^2]$을 구하시오.

해설

$T = \tau_a Z_p = \tau_a \times \dfrac{\pi d^3}{16} = 25 \times \dfrac{\pi \times 80^3}{16} = 2513274.12 N \cdot mm$

$\therefore \tau_B = \dfrac{8T}{\pi \delta_B^2 D_B Z} = \dfrac{8 \times 2513274.12}{\pi \times 15^2 \times 140 \times 6} = 33.86 N/mm^2 (= MPa)$

09

회전수 $800 rpm$으로 베어링 하중 $5000N$을 지지하는 엔드 저널 베어링이 있다. 허용 베어링 압력은 $8MPa$, 허용압력 속도계수가 $3MPa \cdot m/s$, 마찰계수가 0.012일 때 다음을 구하시오.

(1) 저널의 길이 $[mm]$
(2) 저널의 직경 $[mm]$

> **해설**
> (1) $pv = \dfrac{\pi WN}{60000\ell} \Rightarrow \therefore \ell = \dfrac{\pi WN}{60000 pv} = \dfrac{\pi \times 5000 \times 800}{60000 \times 3} = 69.81 mm$
> (2) $p = \dfrac{W}{d\ell} \Rightarrow \therefore d = \dfrac{W}{p\ell} = \dfrac{5000}{8 \times 69.81} = 8.95 mm$

10

아래의 표를 보고 다음을 구하시오.

작업명	선행작업	작업일수
A	-	6
B	-	3
C	-	5
D	C	2
E	A	6
F	A, B, C	5
G	C	4

(1) PERT 기법으로 네트워크 공정표를 작성하고 주공정선은 굵은 선으로 표시하시오.
(2) 아래의 빈칸을 채우시오.

활동	작업시간				여유시간			주공정
	EST	EFT	LST	LFT	TF	FF	DF	CP
A								
B								
C								
D								
E								
F								
G								

(1)

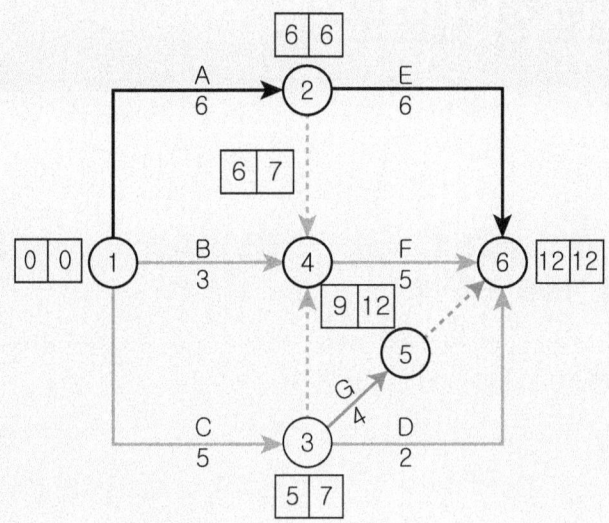

(2)

활동	작업시간				여유시간			주공정
	EST	EFT	LST	LFT	TF	FF	DF	CP
A	0	6	0	6	0	0	0	○
B	0	3	4	7	4	3	1	
C	0	5	2	7	2	0	2	
D	5	7	10	12	5	5	0	
E	6	12	6	12	0	0	0	○
F	6	11	7	12	1	1	0	
G	5	9	8	12	3	3	0	

2017년 3회차 건설기계설비기사 필답형 기출문제

01

축간거리 $300mm$, 피니언의 바깥지름 $120mm$, 이끝원 피치 $8.568mm$인 한 쌍의 외접 스퍼기어 전동장치가 있을 때 다음을 구하시오.

(1) 피니언의 잇수 [개]
(2) 모듈
(3) 기어의 잇수 [개]

[해설]

(1) $\pi D_{oA} = p_o Z_A \Rightarrow \therefore Z_A = \dfrac{\pi D_{oA}}{p_o} = \dfrac{\pi \times 120}{8.568} = 44$개

(2) $D_{oA} = m(Z_A + 2) \Rightarrow \therefore m = \dfrac{D_{oA}}{Z_A + 2} = \dfrac{120}{44+2} = 2.61 ≒ 3$

(3) $C = \dfrac{m(Z_A + Z_B)}{2} \Rightarrow \therefore Z_B = \dfrac{2C}{m} - Z_A = \dfrac{2 \times 300}{3} - 44 = 156$개

02

$1500rpm$으로 동력을 전달하는 평벨트 전동장치가 있다. 이 벨트의 전달토크는 $170N \cdot m$이고, 축의 허용전단응력이 $45MPa$일 때 다음을 구하시오.

(1) 축의 지름 $[mm]$
(2) 전달동력 $[kW]$

[해설]

(1) $T = \tau_a Z_P = \tau_a \times \dfrac{\pi d^3}{16} \Rightarrow \therefore d = \sqrt[3]{\dfrac{16T}{\pi \tau_a}} = \sqrt[3]{\dfrac{16 \times 170 \times 10^3}{\pi \times 45}} = 26.8mm$

(2) $H = T\omega = 170 \times \dfrac{2\pi \times 1500}{60} = 26703.54W = 26.7kW$

03

다음 코터 이음에서 축에 작용하는 인장하중 $44.2kN$, 소켓의 바깥지름 $140mm$, 로드 소켓 내의 지름 $70mm$, 코터의 너비 $70mm$, 코터의 두께 $25mm$일 때 다음을 구하시오.

(1) 로드의 코터 구멍 부분의 인장응력 $[MPa]$
(2) 코터의 굽힙응력 $[MPa]$

해설

(1) $\sigma_t = \dfrac{P}{\dfrac{\pi d_1^2}{4} - td_1} = \dfrac{44.2 \times 10^3}{\dfrac{\pi \times 70^2}{4} - 25 \times 70} = 21.06 MPa$

(2) $\sigma_b = \dfrac{M}{Z} = \dfrac{\dfrac{PD}{8}}{\dfrac{th^2}{6}} = \dfrac{3PD}{4th^2} = \dfrac{3 \times 44.2 \times 10^3 \times 140}{4 \times 25 \times 70^2} = 37.89 MPa$

04

외경 $30mm$, 유효경 $27mm$, 피치 $6mm$, 마찰계수 0.3인 사각 나사잭에서 $20kN$의 하중을 들어 올리려 할 때 다음을 구하시오.

(1) 레버를 돌리는 힘 $[N]$ (단, 레버의 길이는 $400mm$이다.)
(2) 나사잭의 효율 $[\%]$

해설

(1) $T = FL = Q\left(\dfrac{p + \mu\pi d_e}{\pi d_e - \mu p}\right)\dfrac{d_e}{2}$ 에서,

$\therefore F = \dfrac{Q\left(\dfrac{p + \mu\pi d_e}{\pi d_e - \mu p}\right)\dfrac{d_e}{2}}{L} = \dfrac{20 \times 10^3 \times \left(\dfrac{6 + 0.3 \times \pi \times 27}{\pi \times 27 - 0.3 \times 6}\right) \times \dfrac{27}{2}}{400} = 255.67N$

(2) $\eta = \dfrac{pQ}{2\pi T} = \dfrac{pQ}{2\pi FL} = \dfrac{6 \times 20 \times 10^3}{2\pi \times 255.67 \times 400} = 0.1868 = 18.68\%$

05

$500rpm$, $15kW$의 동력을 전달하는 지름 $70mm$인 축에 묻힘 키($b \times h \times \ell = 12 \times 10 \times 50$)를 설치했다. 키의 허용 전단응력은 $40MPa$, 허용 압축응력이 $80MPa$일 때 다음을 구하시오.

(1) 키의 압축응력을 구하여 안전도 검토
(2) 키의 전단응력을 구하여 안전도 검토

해설

(1) $T = \dfrac{H}{\omega} = \dfrac{H}{\dfrac{2\pi N}{60}} = \dfrac{15 \times 10^3}{\dfrac{2\pi \times 500}{60}} = 286.48 N \cdot m$

$\sigma_c = \dfrac{4T}{h\ell d} = \dfrac{4 \times 286.48 \times 10^3}{10 \times 50 \times 70} = 32.74 MPa$

$\sigma_a (= 80MPa) > \sigma_c (= 32.74MPa)$이므로, ∴ 안전하다.

(2) $\tau_k = \dfrac{2T}{b\ell d} = \dfrac{2 \times 286.48 \times 10^3}{12 \times 50 \times 70} = 13.64 MPa$

$\tau_a (= 40MPa) > \tau_k (= 13.64MPa)$이므로, ∴ 안전하다.

06

2열 롤러 체인의 피치 $15.88mm$, 원동 스프로킷 잇수 32개, 원동 스프로킷 회전수 $1200rpm$, 파단 하중 $22.1kN$, 다열 계수 1.7, 안전율 10일 때 다음을 구하시오.

(1) 롤러 체인의 속도 $[m/s]$
(2) 롤러 체인의 최대 전달 동력 $[kW]$
(3) 롤러 체인의 원동 스프로킷의 피치원 직경 $[mm]$
(4) 롤러 체인 원동 스프로킷의 외경 $[mm]$
(5) 롤러 체인 원동 스프로킷의 속도 변동률 $[\%]$

해설

(1) $v = \dfrac{pZ_A N_A}{60 \times 1000} = \dfrac{15.88 \times 32 \times 1200}{60 \times 1000} = 10.16 m/s$

(2) $F = \dfrac{F_B e}{S} = \dfrac{22.1 \times 1.7}{10} = 3.76 kN$

∴ $H = Fv = 3.76 \times 10.16 = 38.2 kW$

(3) $D_A = \dfrac{p}{\sin\dfrac{180}{Z_A}} = \dfrac{15.88}{\sin\dfrac{180}{32}} = 162.01 mm$

(4) $D_{o,A} = p(0.6 + \cot\dfrac{180}{Z_A}) = 15.88 \times (0.6 + \cot\dfrac{180}{32}) = 170.76 mm$

(5) $\varepsilon = (1 - \cos\dfrac{\pi}{Z_A}) \times 100\% = (1 - \cos\dfrac{180}{32}) \times 100\% = 0.48\%$

07

No. 6310인 단열 깊은 홈 볼베어링에 그리스 윤활로 50000시간의 수명을 주려 한다. 한계속도지수 200000, 기본 동정격 하중 $90kN$, 하중계수 1.8일 때 다음을 구하시오.

(1) 베어링 안지름 $[mm]$
(2) 베어링 최대 사용 회전수 $[rpm]$
(3) 허용 베어링 하중 $[kN]$

해설

(1) $d = 10 \times 5 = 50mm$

(2) $dN = 200000 \Rightarrow \therefore N = \dfrac{200000}{50} = 4000 rpm$

(3) $L_h = 500 \times \dfrac{33.3}{N} \times \left(\dfrac{C}{f_w W}\right)^r \Rightarrow 50000 = 500 \times \dfrac{33.3}{4000} \times \left(\dfrac{90}{1.8 \times W}\right)^3$
$\therefore W = 2.18 kN$

08

강판의 두께 $18mm$, 리벳의 지름 $28mm$, 피치 $56mm$인 1줄 겹치기 리벳 이음에서 피치당 하중이 $20kN$으로 작용할 때 다음을 구하시오.
(단, 리벳의 지름과 리벳의 구멍 지름 크기가 동일하다.)

(1) 강판의 인장응력 $[MPa]$
(2) 강판의 효율 $[\%]$

해설

(1) $\sigma_t = \dfrac{W}{(p-d)t} = \dfrac{20 \times 10^3}{(56-28) \times 18} = 39.68 MPa$

(2) $\eta_t = 1 - \dfrac{d}{p} = 1 - \dfrac{28}{56} = 0.5 = 50\%$

09

$300 rpm$, $4.24 kW$의 동력을 길이 $3m$의 축에 전달할 때 $1.5m$당 $\frac{1}{3}°$의 비틀림이 작용할 때 축의 직경$[mm]$을 구하시오.
(단, 전단탄성계수는 $85 GPa$이다.)

해설

$$T = \frac{H}{\omega} = \frac{H}{\frac{2\pi N}{60}} = \frac{4.24 \times 10^3}{\frac{2\pi \times 300}{60}} = 134.96 N \cdot m$$

$$\theta = \frac{180}{\pi} \times \frac{TL}{GI_P} = \frac{180}{\pi} \times \frac{TL}{G \times \frac{\pi d^4}{32}} \text{에서,}$$

$$\therefore d = \sqrt[4]{\frac{180 \times 32 TL}{\pi^2 G \theta}} = \sqrt[4]{\frac{180 \times 32 \times 134.96 \times 10^3 \times 1500}{\pi^2 \times 85 \times 10^3 \times \frac{1}{3}}} = 45.19 mm$$

10

다음 아래와 같은 공사 계산서에서 총공사비를 구하시오.

구분			금액	구성비	비고
순공사원가	재료비	직접 재료비	170,003,759		
		간접 재료비 (작업실, 부산물 등)			
		소계	170,003,759	59.15%	
	노무비	직접 노무비	59,039,952		
		간접 노무비	43,234,581		
		소계	102,274,533	35.59%	
	경비	전력비			
		수도 광열비			
		운반비			
		기계경비	7,421,894		
		특허권사용료			
		기술료			
		연구개발비			
		품질관리비			
		가설비			
		지급임차료			
		보험료			
		복리후생비			
		보관비			
		외주가공비			
		안전관리비			
		소모품비			
		여비·교통비·통신비			
		세금과공과			
		폐기물처리비			
		도서인쇄비			
		지급수수료			
		환경보전비			
		보상비			
		안전점검비			
		건설근로자퇴직공제부금비			
		기타법정경비			
		소계	7,421,894	2.58%	
일반 관리비 ( )%			4,523,102	1.57%	
이윤 ( )%			3,183,295	1.11%	
총 원가					

총공사비(총원가) = 재료비+노무비+경비+일반 관리비+이윤
 = 170,003,759 + 102,274,533 + 7,421,894 + 4,523,102 + 3,183,295
 = 287,406,583원

2018 1회차 건설기계설비기사 필답형 기출문제

01

원통형 코일 스프링에 $300N$의 하중이 가해질 때 $20mm$ 처짐이 발생한다. 최대 전단응력은 $400MPa$, 전단탄성계수가 $83GPa$, 왈의 응력수정계수가 1.25일 때 다음을 구하시오.
(단, 코일의 평균지름은 소선의 지름의 6배이다.)

(1) 소선의 지름 $[mm]$ (단, 정수로 나타내시오.)
(2) 코일의 유효 감김수 $[회]$

해설

(1) $\tau_{\max} = \dfrac{8PDK}{\pi d^3} = \dfrac{8PCK}{\pi d^2}$ 에서,

$\therefore d = \sqrt{\dfrac{8PCK}{\pi \tau_{\max}}} = \sqrt{\dfrac{8 \times 300 \times 6 \times 1.25}{\pi \times 400}} = 3.78 ≒ 4mm$

(2) $C = \dfrac{D}{d} \Rightarrow D = Cd = 6 \times 4 = 24mm$

$\delta = \dfrac{8nPD^3}{Gd^4} \Rightarrow \therefore n = \dfrac{Gd^4\delta}{8PD^3} = \dfrac{83 \times 10^3 \times 4^4 \times 20}{8 \times 300 \times 24^3} = 12.81 ≒ 13회$

02

$1500rpm$, $1.1kW$의 동력을 전달하는 외접 스퍼기어 전동장치가 있다. 압력각 $14.5°$, 모듈 3, 피니언의 잇수 30개, 기어의 잇수 90개일 때 다음을 구하시오.

(1) 합성 레이디얼 하중 $[N]$
(2) 종동축의 전달 토크 $[N \cdot m]$

해설

(1) $D_A = mZ_A = 3 \times 30 = 90mm$

$T_A = \dfrac{H}{\omega} = \dfrac{H}{\dfrac{2\pi N_A}{60}} = \dfrac{1.1 \times 10^3}{\dfrac{2\pi \times 1500}{60}} = 7 N \cdot m$

$T_A = F \times \dfrac{D_A}{2} \Rightarrow F = \dfrac{2T_A}{D_A} = \dfrac{2 \times 7 \times 10^3}{90} = 155.56N$

$\therefore F' = \dfrac{F}{\cos\alpha} = \dfrac{155.56}{\cos 14.5°} = 160.68N$

(2) $\varepsilon = \dfrac{N_B}{N_A} = \dfrac{Z_A}{Z_B} \Rightarrow N_B = N_A \times \dfrac{Z_A}{Z_B} = 1500 \times \dfrac{30}{90} = 500 rpm$

$T_B = \dfrac{H}{\omega} = \dfrac{H}{\dfrac{2\pi N_B}{60}} = \dfrac{1.1 \times 10^3}{\dfrac{2\pi \times 500}{60}} = 21.01 N \cdot m$

03

D형 V-벨트를 이용한 동력전달장치는 $1200rpm$의 전동기 축에서 $300rpm$의 종동축으로 전달하고자 한다. V-벨트 풀리의 축간거리는 $2m$, 직경은 각각 $300mm$, $1200mm$이다. 다음을 구하시오.
(단, 벨의 가닥 수는 2가닥, 접촉각수정계수 0.98, 부하수정계수 0.7, 마찰계수 0.35, 벨트의 밀도는 $1800kg/m^3$이다.)

종류	$a[mm]$	$b[mm]$	단면적 $[mm^2]$	단면각도 [°]	인장강도 $[MPa]$	허용장력$[N]$
M	10.0	5.5	44.0		784 이상	78.4
A	12.5	9.0	83.0		1470 이상	147.0
B	16.5	11.0	137.5	40	2352 이상	235.2
C	22.0	14.0	236.7		3920 이상	392.0
D	31.5	19.0	467.1		8428 이상	842.8
E	38.0	25.5	732.3		11760 이상	1176.0

(1) 벨트 1가닥당 허용 장력 $[N]$
(2) 전체 전달 동력 $[kW]$

해설

(1) D형 V-belt이므로 주어진 표에서 허용 장력을 선정한다.
  $\therefore T_t = 842.8 N$

(2) $v = \dfrac{\pi D_A N_A}{60 \times 1000} = \dfrac{\pi \times 300 \times 1200}{60 \times 1000} = 18.84 m/s$ (부가장력을 고려한다.)

$\omega = \gamma A = \rho g A = 1800 \times 9.8 \times 467.1 \times 10^{-6} = 8.24 N/m$

$T_e = \dfrac{wv^2}{g} = \dfrac{8.24 \times 18.84^2}{9.8} = 298.44 N$

$\theta = 180 - 2\sin^{-1}\left(\dfrac{D_B - D_A}{2C}\right) = 180 - 2\sin^{-1}\left(\dfrac{1200 - 300}{2 \times 2000}\right) = 153.99°$

$\mu' = \dfrac{\mu}{\sin\dfrac{\alpha}{2} + \mu\cos\dfrac{\alpha}{2}} = \dfrac{0.35}{\sin 20° + 0.35\cos 20°} = 0.52$

$e^{\mu'\theta} = e^{0.52 \times 153.99 \times \dfrac{\pi}{180}} = 4.05$

$H_o = (T_t - T_e)\left(\dfrac{e^{\mu'\theta} - 1}{e^{\mu'\theta}}\right)v = (842.8 - 298.44) \times 10^{-3} \times \left(\dfrac{4.05 - 1}{4.05}\right) \times 18.84 = 7.72 kW$

$H = k_1 k_2 H_o Z = 0.98 \times 0.7 \times 7.72 \times 2 = 10.59 kW$

04

$1000rpm$, $5.25kW$의 동력을 전달하는 롤러 체인을 사용하려 한다. 종동축의 분당 회전수는 $250rpm$, 안전율 10, 롤러 체인의 피치 $22.05mm$, 파단하중 $50kN$일 때 원동 스프로킷 잇수[개]와 종동 스프로킷 잇수[개]를 각각 구하시오.

해설

$F = \dfrac{F_B}{S} = \dfrac{50}{10} = 5kN$

$H = Fv \Rightarrow v = \dfrac{H}{F} = \dfrac{5.25}{5} = 1.05 m/s$

$v = \dfrac{pZ_A N_A}{60 \times 1000} \Rightarrow \therefore Z_A = \dfrac{60000v}{pN_A} = \dfrac{60000 \times 1.05}{22.05 \times 1000} = 2.86 ≒ 3개$

$\varepsilon = \dfrac{N_B}{N_A} = \dfrac{Z_A}{Z_B} \Rightarrow \therefore Z_B = Z_A \times \dfrac{N_A}{N_B} = 3 \times \dfrac{1000}{250} = 12개$

05

직경 $70mm$인 축에 묻힘 키를 이용하여 헬리컬 기어와 결합하려 한다. 묻힘 키의 너비 $10mm$, 높이 $12mm$, 길이 $50mm$이고 이 축은 $500rpm$, $2.4kW$의 동력을 전달하려 할 때 다음을 구하시오.

(1) 묻힘 키의 전단응력 $[MPa]$
(2) 묻힘 키의 압축응력 $[MPa]$ (단, 키 홈의 깊이는 키 높이의 절반이다.)

해설

(1) $T = \dfrac{H}{\omega} = \dfrac{H}{\dfrac{2\pi N}{60}} = \dfrac{2.4 \times 10^3}{\dfrac{2\pi \times 500}{60}} = 45.84 N \cdot m$

$\therefore \tau_k = \dfrac{2T}{b\ell d} = \dfrac{2 \times 45.84 \times 10^3}{10 \times 50 \times 70} = 2.62 MPa$

(2) $\sigma_c = \dfrac{4T}{h\ell d} = \dfrac{4 \times 45.84 \times 10^3}{12 \times 50 \times 70} = 4.37 MPa$

06

원동차의 분당 회전수 $600rpm$, 종동차의 분당 회전수 $200rpm$, 축간거리가 $1.5m$인 외접 원통마찰차가 있을 때 다음을 구하시오.

(1) 원동차의 지름 $[mm]$
(2) 종동차의 지름 $[mm]$

해설

(1) $\varepsilon = \dfrac{N_B}{N_A} = \dfrac{D_A}{D_B}$ ⇒ $D_B = D_A \times \dfrac{N_A}{N_B} = D_A \times \dfrac{600}{200} = 3D_A$

$C = \dfrac{D_A + D_B}{2}$ ⇒ $D_A + D_B = 2C = 2 \times 1500 = 3000mm$

$D_A + 3D_A = 3000mm$ ∴ $D_A = \dfrac{3000}{4} = 750mm$

(2) $D_B = 3D_A = 3 \times 750 = 2250mm$

07

$600rpm$, $8.3kW$의 동력을 전달하는 $1m$의 중실축 중앙에 하중 $600N$인 평기어가 회전하고 있다. 중실축의 허용전단응력 $35MPa$, 굽힘 동적 계수 1.8, 비틀림 동적 계수 1.5일 때 축지름 $[mm]$을 구하시오.

해설

$T = \dfrac{H}{\omega} = \dfrac{H}{\dfrac{2\pi N}{60}} = \dfrac{8.3 \times 10^3}{\dfrac{2\pi \times 600}{60}} = 132.1 N \cdot m$

$M = \dfrac{PL}{4} = \dfrac{600 \times 1}{4} = 150 N \cdot m$

$T_e = \sqrt{(k_m M)^2 + (k_t T)^2} = \sqrt{(1.8 \times 150)^2 + (1.5 \times 132.1)^2} = 334.91 N \cdot m$

$T_e = \tau_a Z_P = \tau_a \times \dfrac{\pi d^3}{16}$ ⇒ ∴ $d = \sqrt[3]{\dfrac{16 T_e}{\pi \tau_a}} = \sqrt[3]{\dfrac{16 \times 334.91 \times 10^3}{\pi \times 35}} = 36.53 mm$

08

드럼의 직경이 $500mm$인 밴드 브레이크에서 밴드가 드럼에 미치는 허용압력이 $0.67MPa$, 밴드의 너비 $120mm$, 밴드의 접촉각 $210°$, 마찰계수 0.3일 때 다음을 구하시오.

(1) 긴장측 장력 $[N]$
(2) 이완측 장력 $[N]$
(3) 제동 토크 $[N \cdot m]$

해설

(1) $W = pA = p \times \dfrac{D}{2} \theta b = 0.67 \times 10^6 \times \dfrac{0.5}{2} \times 210 \times \dfrac{\pi}{180} \times 0.12 = 73670.35 N$

$f = \mu W = 0.3 \times 73670.35 = 22101.11 N$

$e^{\mu\theta} = e^{0.3 \times 210 \times \frac{\pi}{180}} = 3$

∴ $T_t = \dfrac{fe^{\mu\theta}}{e^{\mu\theta} - 1} = \dfrac{22101.11 \times 3}{3 - 1} = 33151.67 N$

(2) $e^{\mu\theta} = \dfrac{T_t}{T_s}$ $\Rightarrow$ $\therefore T_s = \dfrac{T_t}{e^{\mu\theta}} = \dfrac{33151.67}{3} = 11050.56N$

(3) $T = f \times \dfrac{D}{2} = 22101.11 \times \dfrac{0.5}{2} = 5525.28N \cdot m$

09

유효지름 $46mm$, 피치 $3mm$의 사각 나사잭으로 $50kN$의 중량을 들어 올릴 때 필요한 레버를 누르는 힘[N]을 구하시오.
(단, 레버의 길이는 $500mm$, 나사의 마찰계수는 0.18이다.)

[해설]

(1) $T = FL = Q\left(\dfrac{p + \mu\pi d_e}{\pi d_e - \mu p}\right)\dfrac{d_e}{2}$ 에서,

$\therefore F = \dfrac{Q\left(\dfrac{p + \mu\pi d_e}{\pi d_e - \mu p}\right)\dfrac{d_e}{2}}{L} = \dfrac{50 \times 10^3 \times \left(\dfrac{3 + 0.18 \times \pi \times 46}{\pi \times 46 - 0.18 \times 3}\right) \times \dfrac{46}{2}}{500} = 463.48N$

10

아래의 표를 보고 다음을 구하시오.

작업명	선행작업	작업일수
A	-	15
B	-	20
C	-	13
D	B	8
E	B	5
F	D, E	9

(1) PERT 기법으로 네트워크 공정표를 작성하고 주공정선은 굵은 선으로 표시하시오.
(2) 총 작업일수[일]
(3) 아래의 빈칸을 채우시오.

작업명	EST	EFT	LST	LFT	TF	FF	DF	CP
A								
B								
C								
D								
E								
F								

(1)

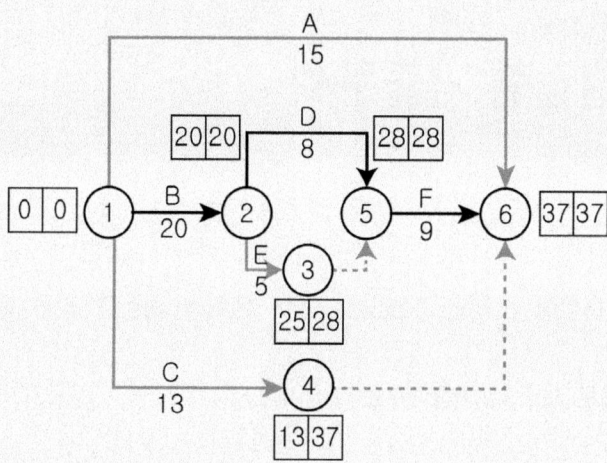

(2) 총 작업일수 : 20+8+9 = 37일

(3)

작업명	EST	EFT	LST	LFT	TF	FF	DF	CP
A	0	15	22	37	22	22	0	
B	0	20	0	20	0	0	0	○
C	0	13	24	37	24	24	0	
D	20	28	20	28	0	0	0	○
E	20	25	23	28	3	3	0	
F	28	37	28	37	0	0	0	○

2018 2회차 건설기계설비기사 필답형 기출문제

01

복열 자동조심 볼 베어링이 $500rpm$으로 $15kN$의 베어링 하중을 받을 때 베어링의 수명시간 $[hr]$을 구하시오.
(단, 기본 동정격 하중은 $90kN$, 하중계수는 1.8이다.)

해설

$$L_h = 500 \times \frac{33.3}{N} \times \left(\frac{C}{f_w W}\right)^r = 500 \times \frac{33.3}{500} \times \left(\frac{90}{1.8 \times 15}\right)^3 = 1233.33 hr$$

02

$800rpm$, $5.5kW$의 동력을 전달하는 롤러 체인이 있다. 축간거리 $900mm$, 종동축 분당 회전수 $200rpm$, 피치 $19.05mm$, 체인의 평균속도 $5m/s$일 때 다음을 구하시오.

(1) 종동축 스프로킷 잇수 $[개]$
(2) 종동축 스프로킷 피치원 지름 $[mm]$

해설

(1) $v = \dfrac{pZ_B N_B}{60 \times 1000}$ $\Rightarrow$ $\therefore Z_B = \dfrac{60000v}{pN_B} = \dfrac{60000 \times 5}{19.05 \times 200} = 78.74 ≒ 79개$

(2) $D_B = \dfrac{p}{\sin\dfrac{180°}{Z_B}} = \dfrac{19.05}{\sin\dfrac{180°}{79}} = 479.17 mm$

03

외경 $200mm$, 두께 $8mm$의 관에 유량 $144ton/hr$의 물을 수송하려 한다. 관의 허용응력을 $150MPa$이라 할 때 다음을 구하시오.

(1) 관의 내압 $[MPa]$
(2) 관의 유속 $[m/s]$

해설
(1) $d_o = d + 2t \Rightarrow d = d_o - 2t = 200 - 2 \times 8 = 184mm$
$\sigma_a = \dfrac{pd}{2t} \Rightarrow \therefore p = \dfrac{2t\sigma_a}{d} = \dfrac{2 \times 8 \times 150}{184} = 13.04 MPa$

(2) $Q = 144 ton/hr = \dfrac{144 \times 1000}{3600} = 40 kg/s = 40 \ell/s = 40 \times 10^{-3} m^3/s$
$Q = AV = \dfrac{\pi d^2}{4} \times V \Rightarrow \therefore V = \dfrac{4Q}{\pi d^2} = \dfrac{4 \times 40 \times 10^{-3}}{\pi \times 0.184^2} = 1.5 m/s$

04

강판의 두께 $12mm$, 리벳의 지름 $24mm$인 1줄 겹치기 리벳 이음에서 리벳의 허용 전단응력 $50MPa$, 허용 인장응력 $100MPa$일 때 피치$[mm]$를 구하시오.
(단, 리벳의 지름과 리벳의 구멍 지름 크기가 동일하다.)

해설
$p = d + \dfrac{n\pi d^2 \tau_a}{4t\sigma_a} = 24 + \dfrac{1 \times \pi \times 24^2 \times 50}{4 \times 12 \times 100} = 42.85 mm$

05

$800rpm$, $5kW$의 동력을 전달하는 홈 각도가 $40°$인 외접 홈붙이 마찰차에서 원동차의 평균지름은 $300mm$, 종동차의 평균지름은 $600mm$이다. 다음을 구하시오.
(단, 마찰계수가 0.25, 접촉면의 허용압력이 $30N/mm$이다.)

(1) 홈 마찰차의 전달력 $[N]$
(2) 홈 마찰차를 밀어 붙이는 힘 $[N]$
(3) 홈의 수 $[개]$

해설
(1) $v = \dfrac{\pi D_A N_A}{60 \times 1000} = \dfrac{\pi \times 300 \times 800}{60 \times 1000} = 12.57 m/s$
$H = Fv \Rightarrow \therefore F = \dfrac{H}{v} = \dfrac{5 \times 10^3}{12.57} = 397.77 N$

(2) $\mu' = \dfrac{\mu}{\sin\alpha + \mu\cos\alpha} = \dfrac{0.25}{\sin 20° + 0.25\cos 20°} = 0.43$
$H = \mu' Pv \Rightarrow \therefore P = \dfrac{H}{\mu' v} = \dfrac{5 \times 10^3}{0.43 \times 12.57} = 925.05 N$

(3) $h = 0.28\sqrt{\mu' P} = 0.28\sqrt{0.43 \times 925.05} = 5.58mm$

$F = \mu Q = \mu' P \Rightarrow Q = \dfrac{\mu' P}{\mu} = \dfrac{0.43 \times 925.05}{0.25} = 1591.09N$

$\therefore Z = \dfrac{Q}{2hf} = \dfrac{1591.09}{2 \times 5.58 \times 30} = 4.75 \fallingdotseq 5개$

06

분당 회전수 $1000rpm$, $45kW$의 동력을 전달하는 4사이클 엔진 기관에서 각속도 변동률이 $1/60$이고, 에너지 변동계수는 1.3, 플라이휠의 내외경비 0.6, 비중량 $80.764kN/m^3$, 림의 폭이 $50mm$일 때 다음을 구하시오.

(1) 1사이클당 발생하는 에너지 $[N \cdot m]$
(2) 질량 관성모멘트 $[N \cdot m \cdot s^2]$
(3) 림의 바깥지름 $[mm]$

해설

(1) $T_m = \dfrac{H}{\omega} = \dfrac{H}{\dfrac{2\pi N}{60}} = \dfrac{45 \times 10^3}{\dfrac{2\pi \times 1000}{60}} = 429.72 Nm$

$E = 4\pi T_m = 4\pi \times 429.72 = 5400.02 N \cdot m$

(2) $\triangle E = qE = 1.3 \times 5400.02 = 7020.03 N \cdot m$

$\triangle E = I\omega^2 \delta \Rightarrow \therefore I = \dfrac{\triangle E}{\omega^2 \delta} = \dfrac{7020.03}{\left(\dfrac{2\pi \times 1000}{60}\right)^2 \times \dfrac{1}{60}} = 38.41 N \cdot m \cdot s^2$

(3)
$I = \dfrac{\gamma b \pi (D_2^4 - D_1^4)}{32g} = \dfrac{\gamma b \pi D_2^4 (1-x^4)}{32g}$ 에서,

$\therefore D_2 = \sqrt[4]{\dfrac{32gI}{\gamma b \pi (1-x^4)}} = \sqrt[4]{\dfrac{32 \times 9.8 \times 38.41}{80.764 \times 10^3 \times 0.05 \times \pi \times (1-0.6^4)}} = 1.02198m = 1021.98mm$

07

바깥지름 $34mm$, 골지름 $30mm$, 피치 $6mm$ 인 한줄 사각나사를 사용하여 사각잭으로 $9800N$을 들어 올리려 할 때, 다음을 구하시오.
(이때, 레버를 돌리는 힘은 $300N$이고, 나사산 접촉부 마찰계수는 0.2)

(1) 레버의 최소유효길이 $[mm]$
(2) 나사 접촉부 최소길이 $[mm]$ (단, 나사산 허용 접촉면압력이 $6MPa$이다.)

해설

(1) $d_e = \dfrac{d_2 + d_1}{2} = \dfrac{34+30}{2} = 32mm$

$T = FL = Q\left(\dfrac{p+\mu\pi d_e}{\pi d_e - \mu p}\right)\dfrac{d_e}{2}$ 에서,

$\therefore L = \dfrac{Q\left(\dfrac{p+\mu\pi d_e}{\pi d_e - \mu p}\right)\dfrac{d_e}{2}}{F} = \dfrac{9800 \times \left(\dfrac{6+0.2\times\pi\times32}{\pi\times32-0.2\times6}\right)\times\dfrac{32}{2}}{300} = 137.37mm$

(2) $h = \dfrac{d_2 - d_1}{2} = \dfrac{34-30}{2} = 2mm$

$H = \dfrac{pQ}{\pi d_e h q_a} = \dfrac{6\times 9800}{\pi\times 32\times 2\times 6} = 48.74mm$

08

$300rpm$, $7.3kW$의 동력을 전달하는 외접 스퍼기어 전동장치가 있다. 피치원지름 $300mm$, 허용 굽힘응력 $130MPa$, 치형계수 $y = 0.114$, 하중계수 0.8일 때 다음을 구하시오.
(단, 치 폭은 원주피치의 2배이다.)

(1) 접선력 $[N]$
(2) 루이스 굽힘강도를 이용하여 아래 표에서 모듈을 선정하시오. (단, 가장 가까운 값을 골라라.)

모듈	2.0	2.5	3.0	3.5	4.0	4.5	5.0	5.5	6.0

해설

(1) $v = \dfrac{\pi DN}{60\times 1000} = \dfrac{\pi\times 300\times 300}{60\times 1000} = 4.71 m/s$

$H = Fv \Rightarrow \therefore F = \dfrac{H}{v} = \dfrac{7.3\times 10^3}{4.71} = 1549.89N$

(2) (치형계수가 약 0.2이하로 주어지면 π가 포함되지 않은 y이다.)

$f_v = \dfrac{3.05}{3.05+v} = \dfrac{3.05}{3.05+4.71} = 0.39$

$F = f_v f_w \sigma_b pby = f_v f_w \sigma_b p\times 2p\times y = 2f_v f_w \sigma_b \times (\pi m)^2 \times y$

$m = \sqrt{\dfrac{F}{2f_v f_w \sigma_b \pi^2 y}} = \sqrt{\dfrac{1549.89}{2\times 0.39\times 0.8\times 130\times \pi^2\times 0.114}} = 4.12$

안전을 고려하여 큰 값을 선정한다. $\therefore m = 4.5$

✔ 가까운 값 고르라는 의미는 안전을 고려하여 파괴되지 않은 선에서 값을 고르는 문제이기 때문에 4.0이 아닌 4.5가 정답입니다.

09

평균지름이 $50mm$인 원통형 코일 스프링의 초기하중이 $400N$이고, 최대 허용하중이 $560N$일 때 최대 처짐량은 $35mm$이다. 왈의 응력수정계수 1.17, 스프링의 최대 전단응력이 $520MPa$, 전단탄성계수 $82GPa$일 때 다음을 구하시오.

(1) 최소 소선의 지름 $[mm]$ (단, 초기하중은 고려하지 않는다.)
(2) 유효 권수 $[권]$ (단, (1)에서 구한 최소 소선의 지름을 이용하라.)
(3) 초기하중을 가했을 때의 처짐량 $[mm]$
   (단, (1)에서 구한 최소 소선의 지름과 (2)에서 구한 유효 권수를 이용하라.)

[해설]

(1) $\tau_{\max} = \dfrac{8P_{\max}DK}{\pi d^3}$ 에서,

$$\therefore d = \sqrt[3]{\dfrac{8P_{\max}DK}{\pi \tau_{\max}}} = \sqrt[3]{\dfrac{8 \times 560 \times 50 \times 1.17}{\pi \times 520}} = 5.43mm$$

(2) $\delta_{\max} = \dfrac{8nP_{\max}D^3}{Gd^4}$ $\Rightarrow$ $\therefore n = \dfrac{\delta_{\max}Gd^4}{8P_{\max}D^3} = \dfrac{35 \times 82 \times 10^3 \times 5.43^4}{8 \times 560 \times 50^3} = 4.46 ≒ 5권$

(3) $\delta_{\min} = \dfrac{8nP_{\min}D^3}{Gd^4} = \dfrac{8 \times 5 \times 400 \times 50^3}{82 \times 10^3 \times 5.43^4} = 28.06mm$

10

네트워크 공정도를 작성하고 주공정은 굵은 선으로 표시하고 아래 빈칸을 채우시오.

작업명	선행작업	작업일수
A	-	5
B	-	18
C	-	16
D	A	8
E	A	7
F	A	6
G	D, E, F	7

작업명	선행작업	작업일수	EST	EFT	LST	LFT	TF	FF	DF	CP
A	-	5								
B	-	18								
C	-	16								
D	A	8								
E	A	7								
F	A	6								
G	D, E, F	7								

(1)

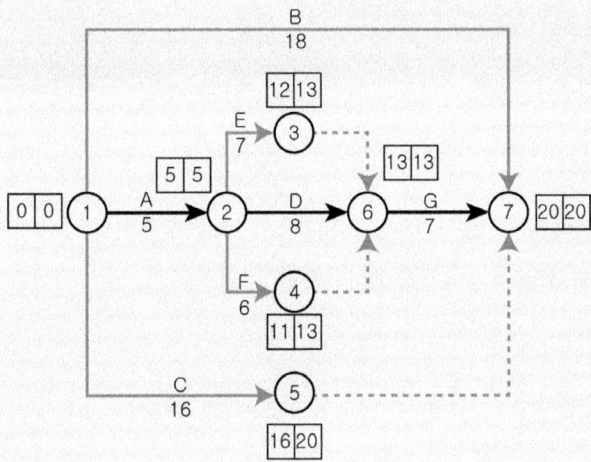

(2)

작업명	선행작업	작업일수	EST	EFT	LST	LFT	TF	FF	DF	CP
A	-	5	0	5	0	5	0	0	0	○
B	-	18	0	18	2	20	2	2	0	
C	-	16	0	16	4	20	4	4	0	
D	A	8	5	13	5	13	0	0	0	○
E	A	7	5	12	6	13	1	1	0	
F	A	6	5	11	7	13	2	2	0	
G	D, E, F	7	13	20	13	20	0	0	0	○

2018 3회차 건설기계설비기사 필답형 기출문제

01

소선의 지름 $8mm$인 원통형 코일 스프링에 하중 $3kN$이 작용하여 $25mm$의 처짐이 발생하였다. 스프링지수 7, 횡탄성계수 $81GPa$일 때 다음을 구하시오.

(1) 유효권수 [회]
(2) 스프링의 최대 전단응력[MPa]을 구하여 안전한지 판단하시오.
    (단, 허용 전단응력은 $900MPa$이다.)

해설

(1) $C = \dfrac{D}{d} \Rightarrow D = Cd = 7 \times 8 = 56mm$

$\delta = \dfrac{8nPD^3}{Gd^4} \Rightarrow \therefore n = \dfrac{Gd^4\delta}{8PD^3} = \dfrac{81 \times 10^3 \times 8^4 \times 25}{8 \times 3 \times 10^3 \times 56^3} = 1.97 \fallingdotseq 2회$

(2) $K = \dfrac{4C-1}{4C-4} + \dfrac{0.615}{C} = \dfrac{4 \times 7 - 1}{4 \times 7 - 4} + \dfrac{0.615}{7} = 1.21$

$\tau_{max} = \dfrac{8PDK}{\pi d^3} = \dfrac{8 \times 3 \times 10^3 \times 56 \times 1.21}{\pi \times 8^3} = 1011.03 MPa$

$\tau_{max}(=1011.03 MPa) > \tau_a(=900 MPa)$이므로, $\therefore$ 불안전하다.

02

지름이 $50mm$인 축과 지름이 $500mm$인 스퍼기어를 묻힘 키로 결합하려 한다. 묻힘 키의 길이는 축 지름의 2배이고, 축의 허용전단응력 $2.5MPa$, 허용압축응력 $5MPa$, 스퍼기어의 전달력이 $500N$으로 작용할 때 다음을 구하시오.

(1) 묻힘 키의 폭 [mm]
(2) 묻힘 키의 높이 [mm]

해설

(1) $T = F \times \dfrac{D}{2} = 500 \times \dfrac{500}{2} = 125000 N \cdot mm$

$\ell = 2d = 2 \times 50 = 100mm$

$\tau_a = \dfrac{2T}{b\ell d} \Rightarrow \therefore b = \dfrac{2T}{\ell d \tau_a} = \dfrac{2 \times 125000}{100 \times 50 \times 2.5} = 20mm$

(2) $\sigma_a = \dfrac{4T}{h\ell d}$ $\Rightarrow$ $\therefore h = \dfrac{4T}{\ell d \sigma_a} = \dfrac{4 \times 125000}{100 \times 50 \times 5} = 20mm$

03

$400rpm$으로 동력을 받는 끝저널의 지름은 $10mm$, 베어링 하중 $1kN$, 마찰계수 0.3일 때 다음을 구하시오.

(1) 저널의 길이 $[mm]$ (단, 허용 베어링압력은 $1MPa$이다.)
(2) 손실 동력 $[kW]$

해설

(1) $p_a = \dfrac{W}{d\ell}$ $\Rightarrow$ $\therefore \ell = \dfrac{W}{dp_a} = \dfrac{1 \times 10^3}{10 \times 1} = 100mm$

(2) $v = \dfrac{\pi dN}{60 \times 1000} = \dfrac{\pi \times 10 \times 400}{60 \times 1000} = 0.21 m/s$

$\therefore H = \mu Wv = 0.3 \times 1 \times 0.21 = 0.06kW$

04

$650rpm$, $4.5kW$의 동력을 전달받는 헬리컬 기어의 치직각 모듈 4, 비틀림각 $30°$, 원동 기어의 잇수 30개, 종동 기어의 잇수 120개일 때 다음을 구하시오.

(1) 중심거리 $[mm]$
(2) 축방향 하중 $[N]$

해설

(1) $C = \dfrac{D_{As} + D_{Bs}}{2} = \dfrac{D_A + D_B}{2\cos\beta} = \dfrac{m_n(Z_A + Z_B)}{2\cos\beta} = \dfrac{4(30+120)}{2\cos30°} = 346.41mm$

(2) $v = \dfrac{\pi D_{As} N_A}{60 \times 1000} = \dfrac{\pi D_A N_A}{60000\cos\beta} = \dfrac{\pi m_n Z_A N_A}{60000\cos\beta} = \dfrac{\pi \times 4 \times 30 \times 650}{60000 \times \cos30°} = 4.72 m/s$

$H = Fv$ $\Rightarrow$ $F = \dfrac{H}{v} = \dfrac{4.5 \times 10^3}{4.72} = 953.39N$

$\therefore F_t = F\tan\beta = 953.39 \times \tan30° = 550.44N$

05

$50mm$ 전진하는데 5회전을 하는 사각 나사잭이 있다. 외경 $50mm$, 내경 $44mm$, 마찰계수 0.2, 레버의 길이 $200mm$, 레버를 돌리는 힘 $100N$일 때 다음을 구하시오.

(1) 피치 $[mm]$
(2) 축방향 하중 $[N]$
(3) 나사잭의 효율 $[\%]$

해설

(1) 나사잭이 5회전을 하여 50mm를 전진시킨다. $\Rightarrow \ell = \dfrac{50}{5} = 10mm$

$\ell = np \Rightarrow p = \dfrac{\ell}{n} = \dfrac{10}{1} = 10mm$

(2) $d_e = \dfrac{d_2 + d_1}{2} = \dfrac{50 + 44}{2} = 47mm$

$T = FL = Q\left(\dfrac{p + \mu\pi d_e}{\pi d_e - \mu p}\right)\dfrac{d_e}{2}$ 에서,

$\therefore Q = \dfrac{FL}{\left(\dfrac{p + \mu\pi d_e}{\pi d_e - \mu p}\right)\dfrac{d_e}{2}} = \dfrac{100 \times 200}{\left(\dfrac{10 + 0.2 \times \pi \times 47}{\pi \times 47 - 0.2 \times 10}\right)\times \dfrac{47}{2}} = 3135.81N$

(3) $\eta = \dfrac{pQ}{2\pi T} = \dfrac{pQ}{2\pi \times FL} = \dfrac{10 \times 3135.81}{2\pi \times 100 \times 200} = 0.2495 = 24.95\%$

06

$1000rpm$, $6.3kW$의 동력을 전달하는 외접 원통 마찰차가 있다. 원동차의 지름 $300mm$, 종동차의 분당 회전수 $300rpm$, 마찰계수 0.25, 접촉 선압력 $13N/mm$일 때 다음을 구하시오.

(1) 종동차의 지름 $[mm]$
(2) 마찰차를 밀어 붙이는 힘 $[N]$
(3) 접촉 너비 $[mm]$

해설

(1) $\varepsilon = \dfrac{N_B}{N_A} = \dfrac{D_A}{D_B} \Rightarrow \therefore D_B = D_A \times \dfrac{N_A}{N_B} = 300 \times \dfrac{1000}{300} = 1000mm$

(2) $v = \dfrac{\pi D_A N_A}{60 \times 1000} = \dfrac{\pi \times 300 \times 1000}{60 \times 1000} = 15.71 m/s$

$H = \mu Q v \Rightarrow \therefore Q = \dfrac{H}{\mu v} = \dfrac{6.3 \times 10^3}{0.25 \times 15.71} = 1604.07N$

(3) $f = \dfrac{Q}{b} \Rightarrow \therefore b = \dfrac{Q}{f} = \dfrac{1604.07}{13} = 123.39mm$

07

지름 $80mm$, 길이 $800mm$인 축 중앙에 $300N$의 하중을 가진 스프로킷이 회전하고 있다. 종탄성계수가 $209GPa$이고, 축의 자중을 고려하지 않을 때 다음을 구하시오.

(1) 스프로킷 하중에 의한 축의 처짐량 $[\mu m]$
(2) 위험속도 $[rpm]$

해설

(1) $\delta = \dfrac{WL^3}{48EI} = \dfrac{300 \times 800^3}{48 \times 209 \times 10^3 \times \dfrac{\pi \times 80^4}{64}} = 7.62 \times 10^{-3} mm = 7.62 \mu m$

(2) $N_C = \dfrac{30}{\pi}\sqrt{\dfrac{g}{\delta}} = \dfrac{30}{\pi}\sqrt{\dfrac{9.8 \times 10^6}{7.62}} = 10829.46 rpm$

08

강판의 두께 $10mm$, 리벳의 지름 $20mm$, 피치 $80mm$의 양쪽 덮개판 맞대기 1줄 리벳이음을 하려 한다. 리벳의 전단응력= $0.8 \times$강판의 인장응력일 때 리벳 이음의 효율을 구하시오.
(단, 리벳의 지름과 리벳의 구멍 지름 크기가 동일하다.)

해설

$\eta_t = 1 - \dfrac{d}{p} = 1 - \dfrac{20}{80} = 0.75 = 75\%$

$\eta_s = \dfrac{1.8n\pi d^2 \tau}{4pt\sigma_t} = \dfrac{1.8n\pi d^2 \times 0.8\sigma_t}{4pt\sigma_t} = \dfrac{1.8 \times 1 \times \pi \times 20^2 \times 0.8}{4 \times 80 \times 10} = 0.5655 = 56.55\%$

리벳 이음의 효율은 안전을 고려하여 작은 값을 선정한다. $\therefore \eta = 56.55\%$

09

상온에서 파이프에 평균유속 $6m/s$로 비중이 1.3, 유량 $900kg_f/\min$을 흐르게 하려 한다. 파이프의 내압은 $5MPa$, 파이프의 안전율은 3, 파이프의 최소 인장강도 $240MPa$, 부식여유가 $2mm$일 때 다음을 구하시오.

(1) 파이프의 내경 $[mm]$
(2) 파이프의 두께 $[mm]$

해설

(1) 중량유량: $\dot{G} = \gamma A v_m = \gamma Q \Rightarrow Q = \dfrac{\dot{G}}{\gamma} = \dfrac{\dot{G}}{\gamma_{H_2O}S} = \dfrac{\dfrac{900}{60}}{1000 \times 1.3} = 0.0115 m^3/s$

$Q = A v_m = \dfrac{\pi d^2}{4} \times v_m \Rightarrow \therefore d = \sqrt{\dfrac{4Q}{\pi v_m}} = \sqrt{\dfrac{4 \times 0.0115}{\pi \times 6}} = 0.0494 m ≒ 49.4 mm$

✔ 물의 비중량 : $\gamma_{H_2O} = 9800 N/m^3 = 1000 kg_f/m^3$

(2) $\sigma_a = \dfrac{\sigma}{S} = \dfrac{240}{3} = 80 MPa$

$\therefore t = \dfrac{pd}{2\sigma_a} + C = \dfrac{5 \times 49.4}{2 \times 80} + 2 = 3.54 mm$

10

아래의 표를 보고 다음을 구하시오.

작업	작업일수
① → ②	3
② → ③	3
② → ④	4
② → ⑤	5
③ → ⑥	4
④ → ⑥	6
④ → ⑦	6
⑤ → ⑧	7
⑥ → ⑨	8
⑦ → ⑨	4
⑧ → ⑨	2
⑨ → ⑩	2

(1) PERT 기법으로 네트워크 공정표를 작성하고 주공정선은 굵은 선으로 표시하시오.
(2) 아래의 빈칸을 채우시오.

작업	EST	EFT	LST	LFT	TF	FF	DF	CP
① → ②								
② → ③								
② → ④								
② → ⑤								
③ → ⑥								
④ → ⑥								
④ → ⑦								
⑤ → ⑧								
⑥ → ⑨								
⑦ → ⑨								
⑧ → ⑨								
⑨ → ⑩								

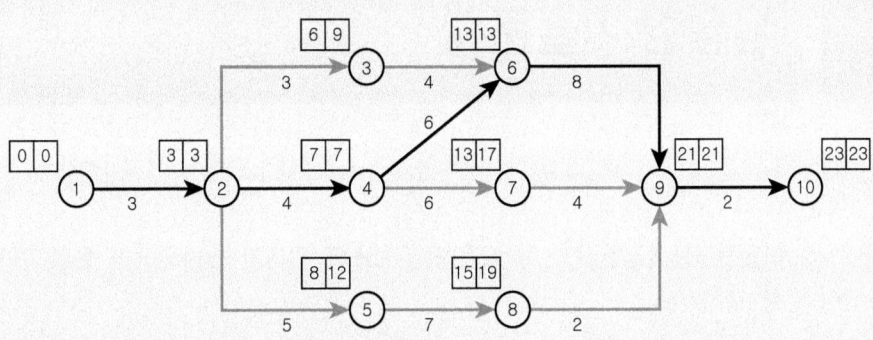

(2)

작업	EST	EFT	LST	LFT	TF	FF	DF	CP
① → ②	0	3	0	3	0	0	0	○
② → ③	3	6	6	9	3	0	3	
② → ④	3	7	3	7	0	0	0	○
② → ⑤	3	8	7	12	4	0	4	
③ → ⑥	6	10	9	13	3	3	0	
④ → ⑥	7	13	7	13	0	0	0	○
④ → ⑦	7	13	11	17	4	0	4	
⑤ → ⑧	8	15	12	19	4	0	4	
⑥ → ⑨	13	21	13	21	0	0	0	○
⑦ → ⑨	13	17	17	21	4	4	0	
⑧ → ⑨	15	17	19	21	4	4	0	
⑨ → ⑩	21	23	21	23	0	0	0	○

2019 1회차 건설기계설비기사 필답형 기출문제

01

전단하중 $500kN$, 허용전단응력 $70MPa$이 작용하는 보스의 길이가 $300mm$인 묻힘 키에서 묻힘 키의 너비 $[mm]$를 구하시오.

해설

$$\tau_a = \frac{W}{b\ell} \Rightarrow \therefore b = \frac{W}{\ell \tau_a} = \frac{500 \times 10^3}{300 \times 70} = 23.81mm$$

02

$400rpm$, $5.5kW$의 동력을 전달하는 치직각 모듈 5, 비틀림각 $30°$, 압력각 $14.5°$인 헬리컬 기어의 피니언 잇수 30개, 기어의 잇수 90개일 때 다음을 구하시오.

(1) 축간거리 $[mm]$
(2) 피니언의 피치원 직경 $[mm]$
(3) 추력 $[kN]$

해설

(1) $C = \dfrac{D_{As} + D_{Bs}}{2} = \dfrac{D_A + D_B}{2\cos\beta} = \dfrac{m_n(Z_A + Z_B)}{2\cos\beta} = \dfrac{5(30+90)}{2\cos 30°} = 346.41mm$

(2) $D_{As} = \dfrac{m_n Z_A}{\cos\beta} = \dfrac{5 \times 30}{\cos 30°} = 173.21mm$

(3) $v = \dfrac{\pi D_{As} N_A}{60 \times 1000} = \dfrac{\pi \times 173.21 \times 400}{60 \times 1000} = 3.63 m/s$

$H = Fv \Rightarrow F = \dfrac{H}{v} = \dfrac{5.5}{3.63} = 1.52 kN$

$\therefore F_t = F\tan\beta = 1.52\tan 30° = 0.88kN$

03

원추마찰차의 축각이 $85°$, 원동차가 $250rpm$, 종동차가 $125rpm$으로 $4kW$의 동력을 전달한다. 종동차의 외경 $500mm$, 너비 $120mm$, 마찰계수 0.3일 때 다음을 구하시오.

(1) 원동차의 원추반각 $\alpha[°]$
(2) 종동축 방향으로 미는 힘 $[N]$

해설

(1) $\varepsilon = \dfrac{N_B}{N_A} = \dfrac{125}{250} = \dfrac{1}{2}$

$\tan\alpha = \dfrac{\sin\theta}{\dfrac{1}{\varepsilon}+\cos\theta} \Rightarrow \therefore \alpha = \tan^{-1}\left(\dfrac{\sin\theta}{\dfrac{1}{\varepsilon}+\cos\theta}\right) = \tan^{-1}\left(\dfrac{\sin 85°}{2+\cos 85°}\right) = 25.52°$

(2) $\alpha + \beta = \theta \Rightarrow \beta = \theta - \alpha = 85 - 25.52 = 59.48°$

$D_B = D_{m \cdot B} + b\sin\beta \Rightarrow D_{m \cdot B} = D_B - b\sin\beta = 500 - 120\sin 59.48° = 396.63mm$

$v = \dfrac{\pi D_{m \cdot B} N_B}{60 \times 1000} = \dfrac{\pi \times 396.63 \times 125}{60 \times 1000} = 2.6 m/s$

$H = \mu Q v \Rightarrow Q = \dfrac{H}{\mu v} = \dfrac{4 \times 10^3}{0.3 \times 2.6} = 5128.21 N$

$\therefore F_{t,B} = Q\sin\beta = 5128.21 \sin 59.48° = 4417.71 N$

04

접촉면의 평균지름 $400mm$, 원추각이 $\alpha = 11°$, 마찰계수가 0.3인 원추 클러치에서 클러치를 축방향으로 미는 힘이 $800N$일 때 회전 토크$[N \cdot m]$를 구하시오.

해설

접촉면에 수직하는 힘 : $Q = \dfrac{P}{\sin\alpha + \mu\cos\alpha} = \dfrac{800}{\sin 11° + 0.3\cos 11°} = 1648.47 N$

$\therefore T = \mu Q \dfrac{D_m}{2} = 0.3 \times 1648.47 \times \dfrac{0.4}{2} = 98.91 N \cdot m$

05

다음 겹판 스프링에서, 스팬의 길이 $2000mm$, 하중 $4500N$, 너비 $120mm$, 밴드의 나이 $100mm$, 두께 $12mm$, 스프링에 발생하는 굽힘응력 $180MPa$일 때 다음을 구하시오.
(단, 종탄성계수 $210GPa$이다.)

(1) 판의 수 [장]
(2) 스프링의 처짐량 [mm]
(3) 고유 진동수 [Hz]

해설

(1) $\ell' = \ell - 0.6e = 2000 - 0.6 \times 100 = 1940mm$
$\sigma = \dfrac{3P\ell'}{2nbh^2} \Rightarrow \therefore n = \dfrac{3P\ell'}{2bh^2\sigma} = \dfrac{3 \times 4500 \times 1940}{2 \times 120 \times 12^2 \times 180} = 4.21 ≒ 5$장

(2) $\delta = \dfrac{3P\ell'^3}{8nbh^3E} = \dfrac{3 \times 4500 \times 1940^3}{8 \times 5 \times 120 \times 12^3 \times 210 \times 10^3} = 56.59mm$

(3) $f_n = \dfrac{w_n}{2\pi} = \dfrac{1}{2\pi}\sqrt{\dfrac{g}{\delta}} = \dfrac{1}{2\pi}\sqrt{\dfrac{9800}{56.59}} = 2.09Hz$

06

$400rpm$, $1.1kW$의 동력을 전달하는 원통 마찰차에서 축간거리 $500mm$, 감속비 $\dfrac{1}{4}$, 허용선압력 $15N/mm$, 마찰계수 0.15일 때 다음을 구하시오.

(1) 외접하는 경우의 원동 마찰차의 지름 [mm]
(2) 외접하는 경우의 종동 마찰차의 지름 [mm]
(3) 외접하는 경우의 마찰차의 너비 [mm]
(4) 내접하는 경우의 원동 마찰차의 지름 [mm]
(5) 내접하는 경우의 종동 마찰차의 지름 [mm]
(6) 내접하는 경우의 마찰차의 너비 [mm]

해설

(1) $\varepsilon = \dfrac{D_A}{D_B} = \dfrac{1}{4} \Rightarrow D_B = 4D_A$
$C = \dfrac{D_A + D_B}{2} \Rightarrow D_A + D_B = 2C = 2 \times 500 = 1000mm$
$D_A + 4D_A = 1000mm \quad \therefore D_A = 200mm$

(2) $D_B = 4D_A = 4 \times 200 = 800mm$

(3) $v = \dfrac{\pi D_A N_A}{60 \times 1000} = \dfrac{\pi \times 200 \times 400}{60 \times 1000} = 4.19 m/s$

$H = \mu P v \Rightarrow P = \dfrac{H}{\mu v} = \dfrac{1.1 \times 10^3}{0.15 \times 4.19} = 1750.2 N$

$f = \dfrac{P}{b} \Rightarrow \therefore b = \dfrac{P}{f} = \dfrac{1750.2}{15} = 116.68 mm$

(4) $\varepsilon = \dfrac{D_A}{D_B} = \dfrac{1}{4} \Rightarrow D_B = 4D_A$

$C = \dfrac{D_B - D_A}{2} \Rightarrow D_B - D_A = 2C = 2 \times 500 = 1000mm$

$4D_A - D_A = 1000mm \quad \therefore D_A = 333.33mm$

(5) $D_B = 4D_A = 4 \times 333.33 = 1333.32mm$

(6) $v = \dfrac{\pi D_A N_A}{60 \times 1000} = \dfrac{\pi \times 333.33 \times 400}{60 \times 1000} = 6.98 m/s$

$H = \mu P v \Rightarrow P = \dfrac{H}{\mu v} = \dfrac{1.1 \times 10^3}{0.15 \times 6.98} = 1050.62 N$

$f = \dfrac{P}{b} \Rightarrow \therefore b = \dfrac{P}{f} = \dfrac{1050.62}{15} = 70.04 mm$

07

외경 $150mm$, 내경 $70mm$인 다판 클러치 전체를 미는 힘이 $5kN$일 때 다음을 구하시오.
(단, 접촉면의 수 5개, 마찰계수 0.15이다.)

(1) 판에 가해지는 압력 $[MPa]$
(2) 전달 토크 $[N \cdot m]$

해설

(1) $D_m = \dfrac{D_A + D_B}{2} = \dfrac{70 + 150}{2} = 110mm, \quad b = \dfrac{D_B - D_A}{2} = \dfrac{150 - 70}{2} = 40mm$

$\therefore q = \dfrac{P}{\pi D_m b Z} = \dfrac{5 \times 10^3}{\pi \times 110 \times 40 \times 5} = 0.07 MPa$

(2) $T = \mu P \dfrac{D_m}{2} = 0.15 \times 5 \times 10^3 \times \dfrac{0.11}{2} = 41.25 N \cdot m$

08

복열 레이디얼 롤러 베어링에 베어링 하중 $5kN$이 작용한다. 분당 회전수는 $700rpm$, 기본 동적 하중이 $41kN$일 때 수명시간$[hr]$을 구하시오.

해설

$$L_h = 500 \times \frac{33.3}{N} \times \left(\frac{C}{W}\right)^r = 500 \times \frac{33.3}{700} \times \left(\frac{41}{5}\right)^{\frac{10}{3}} = 26446.14 hr$$

09

평균 지름 $80mm$인 원통형 코일 스프링에 하중 $15N$이 작용하여 $10mm$의 처짐이 발생하였다. 소선의 지름 $8mm$, 전단 탄성계수가 $83GPa$,일 때 스프링의 길이$[mm]$을 구하시오.

해설

$$\delta = \frac{8nPD^3}{Gd^4} \Rightarrow n = \frac{Gd^4\delta}{8PD^3} = \frac{83 \times 10^3 \times 8^4 \times 10}{8 \times 15 \times 80^3} = 55.33 \fallingdotseq 56회$$

$$\therefore \ell = \pi Dn = \pi \times 80 \times 56 = 14074.34mm$$

10

다음 아래와 같은 공사 계산서에서 (1) 직접공사비, (2) 순공사비를 구하시오.

구분			금액	구성비	비고
순공사원가	재료비	직접 재료비	300,534,994		
		간접 재료비 (작업실, 부산물 등)			
		소계	300,534,994	83.97%	
	노무비	직접 노무비	41,412,523		
		간접 노무비	8,282,505		직접노무비의 20%
		소계	49,695,028	13.89%	
	경비	전력비			
		수도 광열비			
		운반비			
		기계경비	4,124,522		
		특허권사용료			
		기술료			
		연구개발비			
		품질관리비			
		가설비			
		지급임차료			
		보험료			
		복리후생비			
		보관비			
		외주가공비			
		안전관리비			
		소모품비			
		여비·교통비·통신비			
		세금과공과			
		폐기물처리비			
		도서인쇄비			
		지급수수료			
		환경보전비			
		보상비			
		안전점검비			
		건설근로자퇴직공제부금비			
		기타법정경비			
		소계	4,124,522	1.15%	
일반 관리비 ( )%			2,411,523	0.67%	
이윤 ( )%			1,124,634	0.32%	
총 원가			357,890,701	100%	

(1) 직접공사비 = 직접재료비 + 직접노무비 + 기계경비
  = 300,534,994 + 41,412,523 + 4,124,522 = 346,072,039원
(2) 순공사비 = 재료비 + 노무비 + 경비
  = 300,534,994 + 49,695,028 + 4,124,522 = 354,354,544원

2019 2회차 건설기계설비기사 필답형 기출문제

01

약간 어긋난 각을 가진 두 축의 동력을 전달하기 위한 헬리컬 기어의 치직각 모듈 4, 피니언의 잇수 40개, 기어의 잇수 120개, 피니언의 회전수 $600 rpm$, 압력각 $20°$, 비틀림각 $30°$, 허용 굽힘응력 $120 MPa$, 접촉면 응력계수 $2.11 MPa$, 이 너비 $60 mm$, 피니언의 치형 계수 $Y_A = 0.41$, 기어의 치형 계수 $Y_B = 0.46$, 하중 계수 0.8, 공작정밀도를 고려한 면압 계수 0.75일때 다음을 구하시오.

(1) 피니언의 굽힘 강도에 의한 전달 하중 $F_A[N]$
(2) 기어의 굽힘 강도에 의한 전달 하중 $F_B[N]$
(3) 면압 강도에 의한 전달 하중 $F_C[N]$

해설

(1) $v = \dfrac{\pi D_{As} N_A}{60 \times 1000} = \dfrac{\pi \times \dfrac{D_A}{\cos\beta} \times N_A}{60 \times 1000} = \dfrac{\pi m_n Z_A N_A}{60000 \cos\beta} = \dfrac{\pi \times 4 \times 40 \times 600}{60000 \cos 30°} = 5.8 m/s$

$f_v = \dfrac{3.05}{3.05 + v} = \dfrac{3.05}{3.05 + 5.8} = 0.34$

$\therefore F_A = f_v f_w \sigma_b m_n b Y_A = 0.34 \times 0.8 \times 120 \times 4 \times 60 \times 0.41 = 3211.78 N$

(2) $F_B = f_v f_w \sigma_b m_n b Y_B = 0.34 \times 0.8 \times 120 \times 4 \times 60 \times 0.46 = 3603.46 N$

(3) $F_C = f_v K m_n b \left(\dfrac{2 Z_A Z_B}{Z_A + Z_B}\right)\left(\dfrac{C_w}{\cos^3\beta}\right) = 0.34 \times 2.11 \times 4 \times 60 \times \left(\dfrac{2 \times 40 \times 120}{40 + 120}\right) \times \left(\dfrac{0.75}{\cos^3 30°}\right)$

$\therefore F_C = 11928.7 N$

02

다음 그림과 같은 벨트 풀리의 무게 $W = 5000N$, 축 지름 $70mm$, $a = 400mm$, $b = 600mm$인 벨트 풀리축이 있다. 자중은 무시하고, 종탄성계수가 $210 GPa$일 때, 위험속도 $[rpm]$을 구하시오.

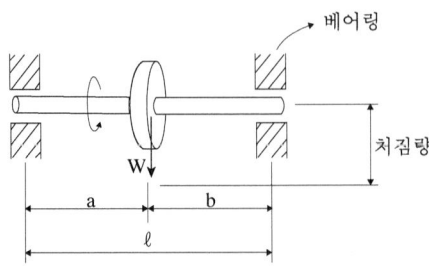

해설

$$\delta = \frac{Wa^2b^2}{3\ell EI} = \frac{5000 \times 400^2 \times 600^2}{3 \times 1000 \times 210 \times 10^3 \times \frac{\pi \times 70^4}{64}} = 0.39mm$$

$$\therefore N_C = \frac{30}{\pi}\sqrt{\frac{g}{\delta}} = \frac{30}{\pi}\sqrt{\frac{9800}{0.39}} = 1513.74 rpm$$

03

$250rpm$으로 $13kW$를 전달하는 스플라인 축이 있다. 이 측면의 허용 면압력은 $48MPa$이고, 잇수는 6개, 이 높이는 $2mm$, 모따기는 $0.15mm$일 때 아래의 표로부터 스플라인의 규격을 선정하시오.
(단, 전달효율은 75%, 보스의 길이는 $80mm$이다.)

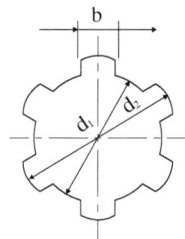

※ 스플라인의 규격[mm]

형식	1형						2형					
잇수	6		8		10		6		8		10	
호칭 지름 d_1	큰 지름 d_2	너비 b	큰 지름 d_2	너비 b	큰 지름 d_2	너비 b	큰 지름 d_2	너비 b	큰 지름 d_2	너비 b	큰 지름 d_2	너비 b
11	-	-	-	-	-	-	14	3	-	-	-	-
13	-	-	-	-	-	-	16	3.5	-	-	-	-
16	-	-	-	-	-	-	20	4	-	-	-	-
18	-	-	-	-	-	-	22	5	-	-	-	-
21	-	-	-	-	-	-	25	5	-	-	-	-
23	26	6	-	-	-	-	28	6	-	-	-	-
26	30	6	-	-	-	-	32	6	-	-	-	-
28	32	7	-	-	-	-	34	7	-	-	-	-
32	36	8	36	6	-	-	38	8	38	6	-	-
36	40	8	40	7	-	-	42	8	42	7	-	-
42	46	10	46	8	-	-	48	10	48	8	-	-
46	50	12	50	9	-	-	54	12	54	9	-	-
52	58	14	58	10	-	-	60	14	60	10	-	-
56	62	14	62	10	-	-	65	14	65	10	-	-
62	68	16	68	12	-	-	72	16	72	12	-	-
72	78	18	-	-	78	12	82	18	-	-	82	12
82	88	20	-	-	88	12	92	20	-	-	92	12
92	98	22	-	-	98	14	102	22	-	-	102	14
102	-	-	-	-	108	16	-	-	-	-	112	16
112	-	-	-	-	120	18	-	-	-	-	125	18

> 해설

$$T = \frac{H}{\omega} = \frac{H}{\frac{2\pi N}{60}} = \frac{13 \times 10^3}{\frac{2\pi \times 250}{60}} = 496.56 N \cdot m$$

$$T = (h-2c)q_a \ell \left(\frac{d_2+d_1}{4}\right)\eta Z \Rightarrow d_2+d_1 = \frac{4T}{(h-2c)q_a \ell \eta Z} = \frac{4 \times 496.56 \times 10^3}{(2-2 \times 0.15) \times 48 \times 80 \times 0.75 \times 6} = 67.61mm$$

$$h = \frac{d_2-d_1}{2} \Rightarrow d_2-d_1 = 2h = 2 \times 2 = 4mm$$

$d_2+d_1 = 67.61mm$과 $d_2-d_1 = 4mm$을 연립방정식 세우면, $\therefore d_2 = 35.81mm$

표에서 $d_2 = 35.81mm$과 근사한 값을 가진 1형의 $d_2 = 36mm$(호칭지름 : $d_1 = 32mm$)과 2형의 $d_2 = 38mm$
(호칭지름 : $d_1 = 32mm$)이 있다.
선정하는 방법은 크면서 근삿값인 것을 선정하면 된다.
$\therefore$ 호칭지름 : $d_1 = 32mm$(1형, $d_2 = 36mm$, $b = 8mm$)

04

$5000 rpm$ 으로 회전하는 단열 롤러 베어링의 등가하중이 $1.5kN$이고, 동정격 하중이 $23kN$일 때 수명시간$[hr]$을 구하시오.

> 해설

$$L_h = 500 \times \frac{33.3}{N} \times \left(\frac{C}{W}\right)^r = 500 \times \frac{33.3}{5000} \times \left(\frac{23}{1.5}\right)^{\frac{10}{3}} = 29824.02hr$$

05

마찰계수가 0.25일 때 그림과 같은 밴드 브레이크의 제동 토크$[N \cdot m]$를 구하시오.

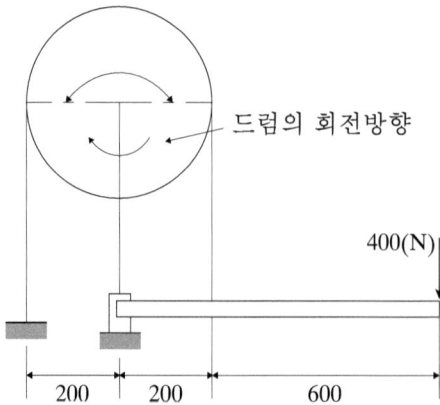

해설

$\theta = 180° = \pi$
$e^{\mu\theta} = e^{0.25\pi} = 2.19$
$T_s \times 200 - 400 \times 800 = 0 \Rightarrow T_s = \dfrac{400 \times 800}{200} = 1600N$
$T_s = \dfrac{f}{e^{\mu\theta}-1} \Rightarrow f = T_s(e^{\mu\theta}-1) = 1600 \times (2.19-1) = 1904N$
$\therefore T = f \times \dfrac{D}{2} = 1904 \times \dfrac{0.4}{2} = 380.8 N \cdot m$

06

$500 rpm$, $8.12 kW$의 동력을 전달하는 평벨트-풀리의 긴장측 장력은 $1.2kN$, 이완측 장력은 $0.6kN$으로 작용할 때 다음을 구하시오.
(단, 원심력은 무시한다.)

(1) 유효 장력 $[kN]$
(2) 드럼의 지름 $[mm]$

해설

(1) $P_e = T_t - T_s = 1.2 - 0.6 = 0.6 kN$
(2) $H = P_e v \Rightarrow v = \dfrac{H}{P_e} = \dfrac{8.12}{0.6} = 13.53 m/s$
$v = \dfrac{\pi D N}{60 \times 1000} \Rightarrow \therefore D = \dfrac{60000 v}{\pi N} = \dfrac{60000 \times 13.53}{\pi \times 500} = 516.81 mm$

07

롤러 체인의 파단하중 $15kN$, 안전율 18, 부하보정계수 1.2, 평균속도가 $8m/s$일 때 다음을 구하시오.

(1) 유효 장력 $[N]$
(2) 전달 동력 $[kW]$

해설

(1) $F = \dfrac{F_B}{Sk} = \dfrac{15 \times 10^3}{18 \times 1.2} = 694.44 N$
(2) $H = Fv = 694.44 \times 10^{-3} \times 8 = 5.56 kW$

08

평균지름이 $20mm$인 원통형 코일 스프링에 $600N$의 하중을 받아 $20mm$ 처짐이 발생한다. 소선의 지름이 $4mm$, 전단탄성계수는 $83GPa$일 때 다음을 구하시오.

(1) 유효 권수 [회]
(2) 최대 전단응력 $[N/mm^2]$

해설

(1) $\delta = \dfrac{8nPD^3}{Gd^4}$ ⇒ $n = \dfrac{Gd^4\delta}{8PD^3} = \dfrac{83\times 10^3 \times 4^4 \times 20}{8 \times 600 \times 20^3} = 11.07 ≒ 12$회

(2) $C = \dfrac{D}{d} = \dfrac{20}{4} = 5$, $K = \dfrac{4C-1}{4C-4} + \dfrac{0.615}{C} = \dfrac{4\times 5 -1}{4\times 5 -4} + \dfrac{0.615}{5} = 1.31$

∴ $\tau_{max} = \dfrac{8PDK}{\pi d^3} = \dfrac{8\times 600 \times 20 \times 1.31}{\pi \times 4^3} = 625.48 N/mm^2$

09

외경 $22mm$, 내경 $18mm$, 피치 $3mm$인 사각 나사잭에 $6kN$의 축방향 하중이 작용하며, 너트의 유효 높이가 $18mm$일 때 나사의 허용 면압력 $[MPa]$을 구하시오.

해설

$H = \dfrac{pQ}{\dfrac{\pi}{4}(d_2^2 - d_1^2)q_a}$ ⇒ ∴ $q_a = \dfrac{pQ}{\dfrac{\pi}{4}(d_2^2 - d_1^2)H} = \dfrac{3\times 6000}{\dfrac{\pi}{4}(22^2 - 18^2)\times 18} = 7.96 MPa$

10

아래의 표를 보고 다음을 구하시오.

작업명	선행작업	작업일수
A	-	5
B	-	10
C	-	6
D	A, B	5
E	B, C	6

(1) PERT 기법으로 네트워크 공정표를 작성하고 주공정선은 굵은 선으로 표시하시오.

(2) 아래의 빈칸을 채우시오.

작업명	작업시간				여유시간			주공정
	EST	EFT	LST	LFT	TF	FF	DF	CP
A								
B								
C								
D								
E								

> **해설**

(1)

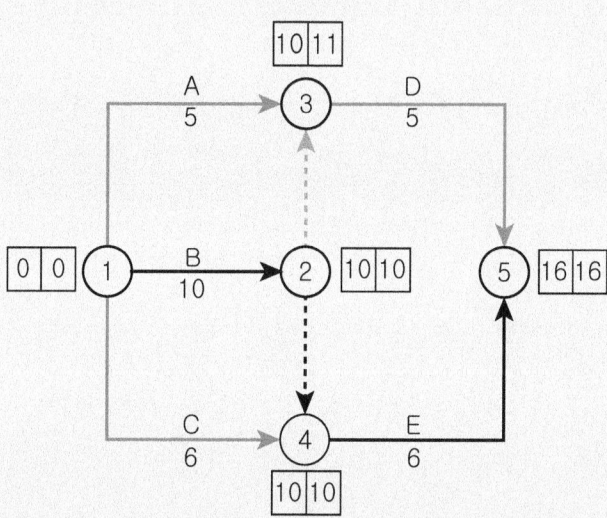

(2)

작업명	작업시간				여유시간			주공정
	EST	EFT	LST	LFT	TF	FF	DF	CP
A	0	5	6	11	6	5	1	
B	0	10	0	10	0	0	0	○
C	0	6	4	10	4	4	0	
D	10	15	11	16	1	1	0	
E	10	16	10	16	0	0	0	○

2019 3회차 건설기계설비기사 필답형 기출문제

01

$1800 rpm$, $3.12 kW$의 동력을 전달하는 외경이 $80mm$, 내경이 $60mm$인 단판 클러치의 마찰계수가 0.3일 때 다음을 구하시오.

(1) 전달 토크 $[N \cdot m]$
(2) 축방향으로 미는 힘 $[N]$

해설

(1) $T = \dfrac{H}{\omega} = \dfrac{H}{\dfrac{2\pi N}{60}} = \dfrac{3.12 \times 10^3}{\dfrac{2\pi \times 1800}{60}} = 16.55 N \cdot m$

(2) $D_m = \dfrac{D_2 + D_1}{2} = \dfrac{80 + 60}{2} = 70mm$

$T = \mu P \dfrac{D_m}{2} \Rightarrow \therefore P = \dfrac{2T}{\mu D_m} = \dfrac{2 \times 16.55 \times 10^3}{0.3 \times 70} = 1576.19 N$

02

두께 $25mm$의 강판이 다음 그림과 같이 용접사이즈 $10mm$로 필릿용접되어 하중을 받고 있다. 허용 전단응력이 $150MPa$, $b = d = 50mm$, $L = 150mm$이고, 용접부 단면의 극단면 모멘트 $I_P = 0.707h\dfrac{d(3b^2 + d^2)}{6}$일 때, 허용하중 $F[N]$를 구하시오.

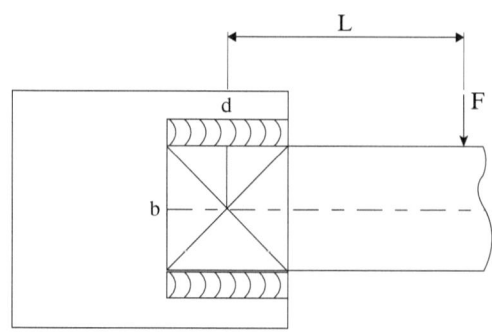

해설

$$\tau_1 = \frac{F}{A} = \frac{F}{2da} = \frac{F}{2dh\cos 45°} = \frac{F}{2 \times 50 \times 10\cos 45°} = 1414.21 \times 10^{-6} F[MPa] = 1414.21 F[Pa]$$

$$\tau_2 = \frac{FLr_{max}}{I_P} = \frac{F \times 150 \times \sqrt{25^2 + 25^2}}{0.707 \times 10 \times \frac{50(3 \times 50^2 + 50^2)}{6}} = 9001.36 \times 10^{-6} F[MPa] = 9001.36 F[Pa]$$

$$\cos\theta = \frac{25}{r_{max}} = \frac{25}{\sqrt{25^2 + 25^2}} = 0.707$$

$$\tau_{max} = \sqrt{\tau_1^2 + \tau_2^2 + 2\tau_1\tau_2\cos\theta} \Rightarrow \tau_{max}^2 = \tau_1^2 + \tau_2^2 + 2\tau_1\tau_2\cos\theta$$

$$(150 \times 10^6)^2 = F^2[(1414.21^2 + 9001.36^2) + (2 \times 1414.21 \times 9001.36 \times 0.707)]$$

$$\therefore F = 14923.75 N$$

03

치직각 모듈 3, 비틀림각 30°, 잇수 50개인 헬리컬 기어가 있을 때 다음을 구하시오.

(1) 상당 평치차 잇수 [개]
(2) 피치원 직경 [mm]
(3) 이끝원 직경 [mm] (단, 정수화 하시오.)

해설

(1) $Z_e = \dfrac{Z}{\cos^3\beta} = \dfrac{50}{\cos^3 30°} = 76.98 ≒ 77$개

(2) $D_s = \dfrac{m_n Z}{\cos\beta} = \dfrac{3 \times 50}{\cos 30°} = 173.21 mm$

(3) $D_o = D_s + 2m_n = 173.21 + 2 \times 3 = 179.21 ≒ 180 mm$

04

지름이 $50mm$, 길이가 $120mm$인 엔드 저널 베어링에 $5000 kg_f$의 하중이 작용할 때 베어링 압력$[MPa]$을 구하시오.

해설

$$p = \frac{W}{d\ell} = \frac{5000 \times 9.8}{50 \times 120} = 8.17 MPa$$

05

유효지름 $14.7mm$, 피치 $2mm$인 사각나사를 사용하여 길이가 $35cm$인 스패너를 이용하여 $200N$의 힘으로 나사를 졸라맬 때 축방향 하중$[kN]$을 구하시오.
(단, 나사의 마찰계수는 0.1이다.)

[해설]

$T = FL = Q\left(\dfrac{p + \mu\pi d_e}{\pi d_e - \mu p}\right)\dfrac{d_e}{2}$ 에서,

$\therefore Q = \dfrac{FL}{\left(\dfrac{p + \mu\pi d_e}{\pi d_e - \mu p}\right)\dfrac{d_e}{2}} = \dfrac{200 \times 350}{\left(\dfrac{2 + 0.1 \times \pi \times 14.7}{\pi \times 14.7 - 0.1 \times 2}\right) \times \dfrac{14.7}{2}} = 66169.37N = 66.17kN$

06

안지름이 $600mm$인 얇은 원통을 $1.2MPa$의 내압에 견딜 수 있는 두께$[mm]$를 구하시오.
(단, 얇은 원통의 재료는 주철이고, 주철제의 인장응력은 $350MPa$, 안전율 4.75, 이음효율 58%, 부식여유 $2mm$이다.)

[해설]

$\sigma_a = \dfrac{\sigma}{S} = \dfrac{350}{4.75} = 73.68MPa$

$\therefore t = \dfrac{pd}{2\sigma_a\eta} + C = \dfrac{1.2 \times 600}{2 \times 73.68 \times 0.58} + 2 = 10.42mm$

07

1줄에 리벳이 4개인 겹치기 리벳 이음에서 리벳구멍 지름 $18mm$, 강판의 두께 $10mm$일 때 다음을 구하시오.
(단, 리벳의 지름과 리벳의 구멍 지름 크기가 동일하다.)

(1) 전단 하중 $[kN]$ (단, 리벳의 허용 전단응력 $70MPa$이다.)
(2) 강판의 폭 $[mm]$ (단, 강판의 허용 인장응력 $80MPa$이며, (1)에서 구한 하중을 고려하시오.)

[해설]

(1) $W = \tau_a \dfrac{\pi d^2}{4} n = 70 \times \dfrac{\pi \times 18^2}{4} \times 4 = 71251.32N = 71.25kN$

(2) $W = \sigma_a(b - nd)t \Rightarrow \therefore b = \dfrac{W}{\sigma_a t} + nd = \dfrac{71.25 \times 10^3}{80 \times 10} + 4 \times 18 = 161.06mm$

08

축 지름 $90mm$의 클램프 커플링에서 볼트 8개를 사용하여 $120rpm$, $36.8kW$의 동력을 마찰력으로만 전달하려 한다. 허용 인장응력 $58.86MPa$, 마찰계수 0.25일 때 다음을 구하시오.

(1) 축을 졸라 매는 힘 $[kN]$
(2) 볼트의 골지름 $[mm]$

해설

(1) $T = \dfrac{H}{\omega} = \dfrac{H}{\dfrac{2\pi N}{60}} = \dfrac{36.8 \times 10^3}{\dfrac{2\pi \times 120}{60}} = 2928.45 N \cdot m$

$\therefore P = \dfrac{2T}{\mu \pi d} = \dfrac{2 \times 2928.45 \times 10^3}{0.25 \times \pi \times 90} = 82858.19 N = 82.86 kN$

(2) $\sigma_t = \dfrac{8P}{\pi \delta_B^2 Z} \Rightarrow \therefore \delta_B = \sqrt{\dfrac{8P}{\pi Z \sigma_t}} = \sqrt{\dfrac{8 \times 82.86 \times 10^3}{\pi \times 8 \times 58.86}} = 21.17 mm$

09

$1750rpm$, $5kW$의 동력을 전달하는 각도가 $40°$인 V-벨트 풀리가 있다. 축간거리가 $1100mm$, 원동 풀리의 지름은 $150mm$, 속비 $\dfrac{1}{4}$, 단위길이당 질량은 $0.12kg/m$, 마찰계수가 0.25일 때 다음을 구하시오.

(1) 벨트의 길이 $[mm]$
(2) 벨트의 원동 접촉 중심각 $[°]$
(3) 벨트의 최대 장력 $[N]$

해설

(1) $\varepsilon = \dfrac{D_A}{D_B} \Rightarrow D_B = \dfrac{D_A}{\varepsilon} = 150 \times 4 = 600 mm$

$\therefore L = 2C + \dfrac{\pi(D_B + D_A)}{2} + \dfrac{(D_B - D_A)^2}{4C} = 2 \times 1100 + \dfrac{\pi(600 + 150)}{2} + \dfrac{(600 - 150)^2}{4 \times 1100}$
$= 3424.12 mm$

(2) $\theta_A = 180° - 2\sin^{-1}\left(\dfrac{D_B - D_A}{2C}\right) = 180° - 2\sin^{-1}\left(\dfrac{600 - 150}{2 \times 1100}\right) = 156.39°$

(3) $v = \dfrac{\pi D_A N_A}{60 \times 1000} = \dfrac{\pi \times 150 \times 1750}{60 \times 1000} = 13.74 m/s$ (부가장력을 고려한다.)

$T_e = mv^2 = 0.12 \times 13.74^2 = 22.65 N$

$\mu' = \dfrac{\mu}{\sin\dfrac{\alpha}{2} + \mu \cos\dfrac{\alpha}{2}} = \dfrac{0.25}{\sin 20° + 0.25 \cos 20°} = 0.433$

$e^{\mu' \theta_A} = e^{0.433 \times 156.39 \times \frac{\pi}{180}} = 3.26$

$\therefore T_t = \left(\dfrac{e^{\mu' \theta_A}}{e^{\mu' \theta_A} - 1}\right)\dfrac{H}{v} + T_e = \left(\dfrac{3.26}{3.26 - 1}\right) \times \dfrac{5 \times 10^3}{13.74} + 22.65 = 547.57 N$

10

아래의 표를 보고 네트워크 공정표를 CPM기법으로 작성하시오.

작업	선행작업	작업일수	비고
A	-	6	(1) 결합점에서는 다음과 같이 표시한다.
B	-	10	
C	-	4	EST|LST 작업명 LFT|EFT
D	B	6	소요일수
E	A, B, C	8	
F	C	4	(2) 주공정선은 굵은선으로 표시한다.

해설

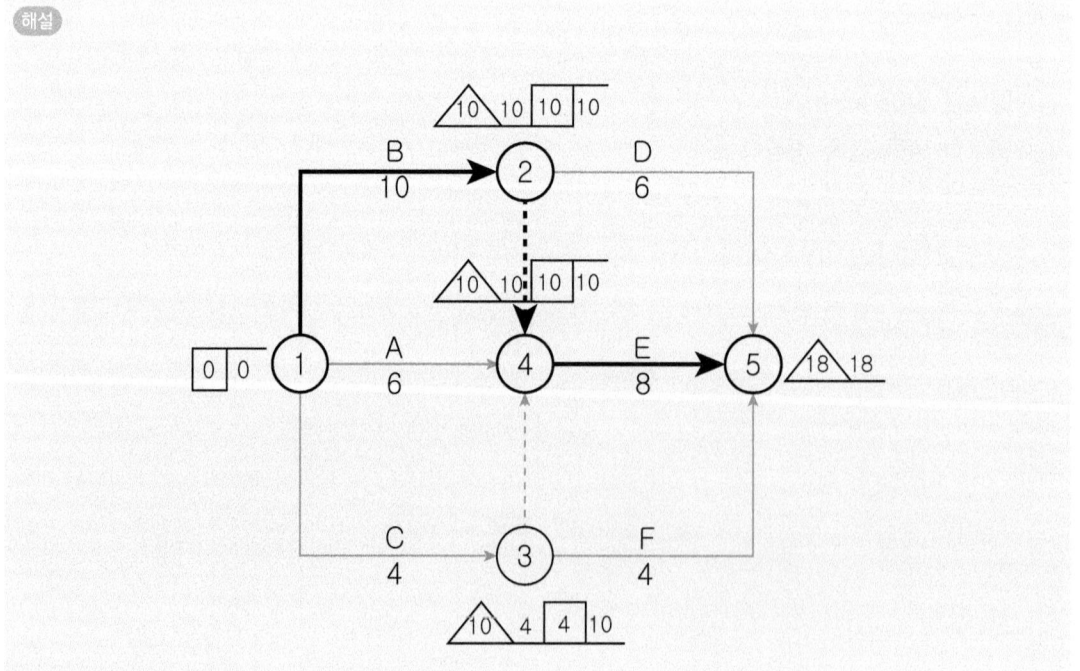

2020 1회차 건설기계설비기사 필답형 기출문제

01
나사 풀림 방지 방법 3가지를 쓰시오.

> **해설**
> ① 와셔에 의한 방법
> ② 플라스틱 플러그에 의한 방법
> ③ 로크너트에 의한 방법
> ④ 철사를 이용하는 방법
> ⑤ 분할핀에 의한 방법
> ⑥ 멈춤나사에 의한 방법
> ⑦ 자동죔너트에 의한 방법

02
클러치의 종류 3가지를 쓰시오.

> **해설**
> ① 맞물림 클러치(=물림 클러치, 클로 클러치)
> ② 마찰 클러치
> ③ 유체 클러치
> ④ 일방향 클러치
> ⑤ 원심 클러치
> ⑥ 전자 클러치

03
준설선의 종류 3가지를 쓰시오.

> **해설**
> ① 버킷 준설선 ② 펌프 준설선 ③ 디퍼 준설선
> ④ 그래브 준설선 ⑤ 드래그 석션 준설선

04
전동장치에 사용되는 체인의 종류 3가지를 쓰시오.

해설
① 롤러 체인
② 부시 체인
③ 옵셋 체인
④ 핀틀 체인
⑤ 사일런트 체인

05
브레이크의 종류 3가지를 쓰시오.

해설
① 블록 브레이크
② 밴드 브레이크
③ 내확 브레이크
④ 원추 브레이크
⑤ 원판 브레이크

06
배관 지지장치의 종류 3가지를 쓰시오.

해설
① 행거   ② 서포트
③ 레스트레인트   ④ 브레이스

07
주행장치에 따른 굴삭기의 종류 3가지를 쓰시오.

해설
① 크롤러형(무한궤도식)
② 휠형(타이어식)
③ 트럭탑재형

08

다음 커플링에 대한 설명 중 각각 알맞은 용어를 쓰세요

> [보기]
> ① 두 개의 축이 일직선상에 있으며, 상호 간에 상대운동이 없는 커플링
> ② 두 개의 축이 동일선상에 약간 빗나갔으며, 탄성체를 이용하여 진동이나 충격을 흡수하는 커플링
> ③ 두 개의 축이 같은 평면 내에서 어느 각으로 교차하는 경우에 사용하는 커플링

해설
① 고정 커플링(종류 : 분할원통 커플링, 플랜지 커플링)
② 플렉시블 커플링
③ 유니버설 커플링

09

외경 $50mm$, 내경 $44mm$이며 3회전할 때 $30mm$를 전진하는 사각 나사가 하중을 들어 올리려 한다. 마찰계수가 0.15일 때 다음을 구하시오.

(1) 피치 $[mm]$
(2) $50mm$의 길이를 가진 스패너를 $200N$의 힘으로 돌릴 때 들어 올릴 수 있는 하중 $[N]$
(3) 나사의 효율 $[\%]$

해설

(1) 나사잭이 3회전을 하여 $30mm$를 전진시킨다 $\Rightarrow \ell = \dfrac{30}{3} = 10mm$

$\ell = np \Rightarrow \therefore p = \dfrac{\ell}{n} = \dfrac{10}{1} = 10mm$

(2) $d_e = \dfrac{d_2 + d_1}{2} = \dfrac{50 + 44}{2} = 47mm$

$T = FL = Q\left(\dfrac{p + \mu\pi d_e}{\pi d_e - \mu p}\right)\dfrac{d_e}{2}$ 에서,

$\therefore Q = \dfrac{FL}{\left(\dfrac{p + \mu\pi d_e}{\pi d_e - \mu p}\right)\dfrac{d_e}{2}} = \dfrac{200 \times 50}{\left(\dfrac{10 + 0.15\pi \times 47}{\pi \times 47 - 0.15 \times 10}\right) \times \dfrac{47}{2}} = 1934.59N$

(3) $\eta = \dfrac{pQ}{2\pi T} = \dfrac{pQ}{2\pi \times FL} = \dfrac{10 \times 1934.59}{2\pi \times 200 \times 50} = 0.3079 ≒ 30.79\%$

10

지름이 $50mm$인 축에 장착되어있는 묻힘 키의 너비가 $18mm$, 높이는 $12mm$, 길이는 $80mm$이다. 회전수가 $900rpm$, $8.2kW$의 동력을 전달하려고 할 때 다음을 구하시오.

(1) 키에 작용하는 전단응력 $[MPa]$
(2) 키에 작용하는 압축응력 $[MPa]$

해설

(1) $T = \dfrac{H}{\omega} = \dfrac{H}{\frac{2\pi N}{60}} = \dfrac{8.2 \times 10^3}{\frac{2\pi \times 900}{60}} = 87 N \cdot m = 87 \times 10^3 N \cdot mm$

$\tau_k = \dfrac{2T}{b\ell d} = \dfrac{2 \times 87 \times 10^3}{18 \times 80 \times 50} = 2.42 MPa$

(2) $\sigma_c = \dfrac{4T}{h\ell d} = \dfrac{4 \times 87 \times 10^3}{12 \times 80 \times 50} = 7.25 MPa$

11

모듈 3, 피니언의 잇수 40개, 기어의 잇수 100개인 한 쌍의 외접 스퍼기어가 있다. 아래 두 개의 표를 참고하여 다음을 구하시오.
(단, 하중계수 0.8이다.)

구분	허용 굽힘응력 $[MPa]$	치형계수 $Y=\pi y$	회전수 $[rpm]$	압력각	치폭 $[mm]$	접촉면 허용 응력계수 $[MPa]$
피니언	200	0.39	1400	20°	12	0.38
기어	120	0.44	560			

저속($v = 10m/s$ 이하)	$f_v = \dfrac{3.05}{3.05+v}$
중속 ($v = 10m/s$ 초과 $20m/s$ 이하)	$f_v = \dfrac{6.1}{6.1+v}$
고속($v = 20m/s$ 이상)	$f_v = \dfrac{5.55}{5.55+\sqrt{v}}$

(1) 굽힘강도에 의한 피니언의 최대 전달하중 $F_A \; [N]$
(2) 굽힘강도에 의한 기어의 최대 전달하중 $F_B \; [N]$
(3) 면압강도에 의한 기어의 최대 전달하중 $F_C \; [N]$
(4) 기어의 최대 전달동력 $[kW]$

해설

(1) $v = \dfrac{\pi D_A N_A}{60 \times 1000} = \dfrac{\pi m Z_A N_A}{60 \times 1000} = \dfrac{\pi \times 3 \times 40 \times 1400}{60 \times 1000} = 8.8 m/s$

$f_v = \dfrac{3.05}{3.05 + v} = \dfrac{3.05}{3.05 + 8.8} = 0.26$

$\therefore F_A = f_v f_w \sigma_b m b Y = 0.26 \times 0.8 \times 200 \times 3 \times 12 \times 0.39 = 584.06 N$

(2) $F_B = f_v f_w \sigma_b m b Y = 0.26 \times 0.8 \times 120 \times 3 \times 12 \times 0.44 = 395.37 N$

(3) $F_C = f_v K m b \left(\dfrac{2 Z_A Z_B}{Z_A + Z_B} \right) = 0.26 \times 0.38 \times 3 \times 12 \times \left(\dfrac{2 \times 40 \times 100}{40 + 100} \right) = 203.25 N$

(4) 안전을 고려하여 허용 하중은 가장 작은 값을 선정한다.

$\therefore H = F_C v = 203.25 \times 10^{-3} \times 8.8 = 1.79 kW$

12

다음 그림과 같은 피벗 저널 베어링이 있다. 마찰계수 0.18, 분당 회전수 $600 rpm$, 허용 베어링압력 $2.5 MPa$일 때 다음을 구하시오.
(단, $d_2 = 150mm$, $d_1 = 50mm$이다.)

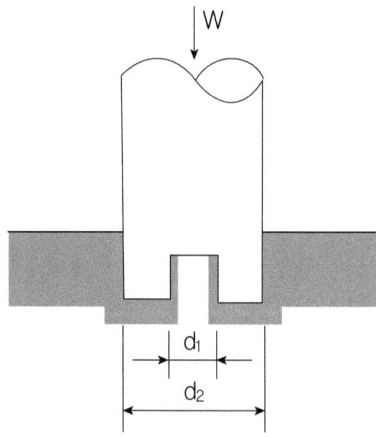

(1) 베어링 하중 $[N]$
(2) 마찰손실동력 $[kW]$

해설

(1) $W = p_a A = p_a \times \dfrac{\pi(d_2^2 - d_1^2)}{4} = 2.5 \times \dfrac{\pi(150^2 - 50^2)}{4} = 39269.91 N$

(2) $d_m = \dfrac{d_2 + d_1}{2} = \dfrac{150 + 50}{2} = 100mm$

$v = \dfrac{\pi d_m N}{60 \times 1000} = \dfrac{\pi \times 100 \times 600}{60000} = 3.14 m/s$

$\therefore H = \mu W v = 0.18 \times 39269.91 \times 10^{-3} \times 3.14 = 22.2 kW$

13

잇수가 8개, 스플라인의 유효길이는 $200mm$, 외경 $94mm$, 내경 $88mm$, 접촉효율이 75%인 스플라인 축이 있다. 이러한 스플라인 축이 $380rpm$으로 회전할 때 다음을 구하시오.
(단, 허용 접촉면 압력은 $25MPa$이다.)

(1) 전달 토크 $[N \cdot m]$
(2) 전달 동력 $[kW]$

해설

(1) $h = \dfrac{d_2 - d_1}{2} = \dfrac{94-88}{2} = 3mm$, 모따기($c$)는 주어지지 않으면 무시한다.

$\therefore T = (h-2c)q_a\ell\left(\dfrac{d_2+d_1}{4}\right)\eta Z = 3 \times 25 \times 200 \times \left(\dfrac{94+88}{4}\right) \times 0.75 \times 8$
$= 4095000 N \cdot mm ≒ 4095 N \cdot m$

(2) $H = T\omega = T \times \dfrac{2\pi N}{60} = 4095 \times 10^{-3} \times \dfrac{2\pi \times 380}{60} = 162.95 kW$

14

$170rpm$, $5.5kW$의 동력을 제동하는 밴드 브레이크가 있다. 마찰계수 0.3, 장력비 3.8, 밴드의 두께 $3mm$, 밴드의 허용 인장응력 $60MPa$, 이음 효율 80%일 때 다음을 구하시오.

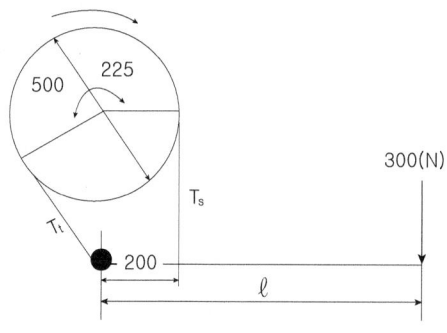

(1) 제동 토크 $[N \cdot m]$
(2) 제동력 $[N]$
(3) 레버의 길이 $[mm]$
(4) 밴드의 너비 $[mm]$

[해설]

(1) $T = \dfrac{H}{\omega} = \dfrac{H}{\dfrac{2\pi N}{60}} = \dfrac{5.5 \times 10^3}{\dfrac{2\pi \times 170}{60}} = 308.95 \, N \cdot m$

(2) $T = f \times \dfrac{D}{2} \Rightarrow \therefore f = \dfrac{2T}{D} = \dfrac{2 \times 308.95 \times 10^3}{500} = 1235.8 \, N$

(3) $T_s = \dfrac{f}{e^{\mu\theta} - 1} = \dfrac{1235.8}{3.8 - 1} = 441.36 \, N$

$T_s \times 200 - 300 \times \ell = 0 \Rightarrow \therefore \ell = \dfrac{T_s \times 200}{300} = \dfrac{441.36 \times 200}{300} = 294.24 \, mm$

(4) $T_t = T_s e^{\mu\theta} = 441.36 \times 3.8 = 1677.17 \, N$

$\sigma_a = \dfrac{T_t}{bt\eta} \Rightarrow \therefore b = \dfrac{T_t}{t\eta\sigma_a} = \dfrac{1677.17}{3 \times 0.8 \times 60} = 11.65 \, mm$

15

원통형 코일 스프링이 $300N$의 압축 하중이 작용되어 처짐량이 $15mm$가 되었다. 소선의 지름이 $8mm$이며, 코일의 유효지름이 $64mm$일 때 다음을 구하시오.
(단, 스프링의 전단탄성계수 $82GPa$이다.)

(1) 스프링의 유효 감김수 [권]
(2) 스프링의 최대 전단응력 [MPa]

[해설]

(1) $\delta = \dfrac{8nPD^3}{Gd^4} \Rightarrow \therefore n = \dfrac{Gd^4 \delta}{8PD^3} = \dfrac{82 \times 10^3 \times 8^4 \times 15}{8 \times 300 \times 64^3} = 8.01 ≒ 9권$

(2) $C = \dfrac{D}{d} = \dfrac{64}{8} = 8$, $K = \dfrac{4C-1}{4C-4} + \dfrac{0.615}{C} = \dfrac{4 \times 8 - 1}{4 \times 8 - 4} + \dfrac{0.615}{8} = 1.184$

$\therefore \tau_{max} = \dfrac{8PDK}{\pi d^3} = \dfrac{8 \times 300 \times 64 \times 1.184}{\pi \times 8^3} = 113.06 \, MPa$

16

원동차의 직경 $400mm$, 분당 회전수 $300rpm$, 마찰차의 너비가 $130mm$인 외접 원통마찰차가 있다. 허용압력이 $2.3N/mm$이고, 마찰계수가 0.2일 때 다음을 구하시오.

(1) 마찰차를 미는 힘 [N]
(2) 원동차의 원주속도 [m/s]
(3) 최대 전달동력 [kW]

해설

(1) $f = \dfrac{P}{b} \Rightarrow \therefore P = fb = 2.3 \times 130 = 299N$

(2) $v_A = \dfrac{\pi D_A N_A}{60 \times 1000} = \dfrac{\pi \times 400 \times 300}{60 \times 1000} = 6.28 m/s$

(3) $H = \mu P v = 0.2 \times 299 \times 10^{-3} \times 6.28 = 0.38 kW$

17

바깥지름이 $300mm$, 안지름이 200mm인 원판 클러치가 $300rpm$으로 회전하고 있다. 허용 면압력이 $0.2MPa$, 마찰계수가 0.3일 때 다음을 구하시오.

(1) 원판 클러치에 발생하는 토크 $[N \cdot m]$
(2) 원판 클러치가 전달하는 동력 $[kW]$

해설

(1) $P = qA = q \times \dfrac{\pi(D_2^2 - D_1^2)}{4} = 0.2 \times \dfrac{\pi(300^2 - 200^2)}{4} = 7853.98N$

$D_m = \dfrac{300 + 200}{2} = 250mm$

$\therefore T = \mu P \dfrac{D_m}{2} = 0.3 \times 7853.98 \times \dfrac{0.25}{2} = 294.52 N \cdot m$

(2) $H = T\omega = T \times \dfrac{2\pi N}{60} = 294.52 \times 10^{-3} \times \dfrac{2\pi \times 300}{60} = 9.25 kW$

18

이중 열교환기에서 외관의 고온 유체가 입구에서 $120℃$, 출구에서 $105℃$이며 저온 유체가 내관에서 입구에서 $30℃$, 출구에서 $85℃$일 때 다음을 구하시오.

(1) 병류일 때의 대수 평균 온도차 $[℃]$
(2) 향류일 때의 대수 평균 온도차 $[℃]$

해설

(1) $\Delta t_1 = 120 - 30 = 90℃$, $\Delta t_2 = 105 - 85 = 20℃$

$\therefore \Delta t_m = \dfrac{\Delta t_1 - \Delta t_2}{\ln \dfrac{\Delta t_1}{\Delta t_2}} = \dfrac{90 - 20}{\ln \dfrac{90}{20}} = 46.54℃$

(2) $\Delta t_1 = 120 - 85 = 35℃$, $\Delta t_2 = 105 - 30 = 75℃$

$\therefore \Delta t_m = \dfrac{\Delta t_1 - \Delta t_2}{\ln \dfrac{\Delta t_1}{\Delta t_2}} = \dfrac{35 - 75}{\ln \dfrac{35}{75}} = 52.48℃$

19

아래의 표를 보고 다음을 구하시오.

작업명	선행작업	작업일수
A	-	7
B	-	4
C	-	20
D	A	11
E	A	9
F	B	8
G	C, D, F	11
H	C	8

(1) PERT 기법으로 네트워크 공정표를 작성하고 주공정선은 굵은 선으로 표시하시오.
(2) 총 작업일수[일]
(3) 아래의 빈칸을 채우시오.

작업명	작업시간				여유시간			주공정
	EST	EFT	LST	LFT	TF	FF	DF	CP
A								
B								
C								
D								
E								
F								
G								
H								

해설

(1)

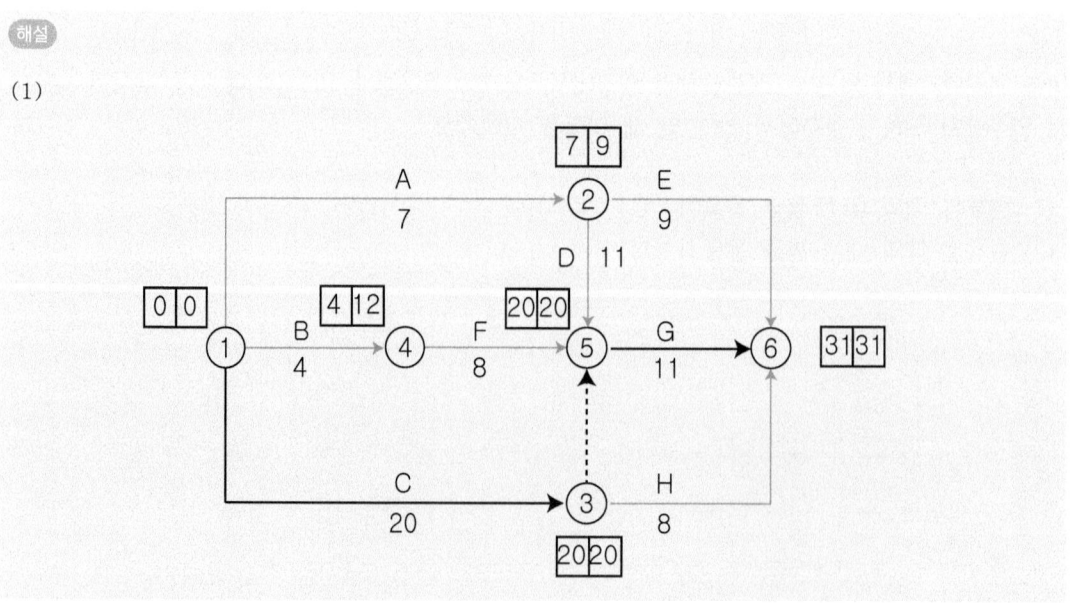

(2) 총 작업일수 : 20+11 = 31일
(3)

작업명	작업시간				여유시간			주공정
	EST	EFT	LST	LFT	TF	FF	DF	CP
A	0	7	2	9	2	0	2	
B	0	4	8	12	8	0	8	
C	0	20	0	20	0	0	0	○
D	7	18	9	20	2	2	0	
E	7	16	22	31	15	15	0	
F	4	12	12	20	8	8	0	
G	20	31	20	31	0	0	0	○
H	20	28	23	31	3	3	0	

2020 2회차 필답형 기출문제

01
토크 컨버터의 3대 구성요소를 쓰시오.

해설
① 펌프(=회전차, 임펠러)
② 수차(=깃차, 러너)
③ 안내깃(=안내날개, 스테이터)

02
배관 지지장치인 브레이스의 종류 2가지를 쓰시오.

해설
① 완충기
② 방진기

03
쇄석기의 종류 3가지를 쓰시오.

해설
① 조 쇄석기
② 임팩트 쇄석기
③ 콘 쇄석기

참고
*쇄석기의 종류
① 1차 쇄석기(1차 크러셔) : 조 쇄석기, 임팩드 쇄석기, 자이러도리 쇄석기
② 2차 쇄석기(2차 크러셔) : 콘 쇄석기, 롤 쇄석기, 햄머 쇄석기
③ 3차 쇄석기(3차 크러셔) : 로드 밀, 볼 밀

04

다음 보기에서 결합용 나사와 운동용 나사를 구별하시오.

[보기]
① 미터나사 ② 사각나사 ③ 유니파이나사 ④ 관용나사 ⑤ 톱니나사
⑥ 너클나사 ⑦ 휘트워드나사 ⑧ 볼나사 ⑨ 사다리꼴 나사

해설

(1) 결합용 나사 : ①, ③, ④, ⑦   (2) 운동용 나사 : ②, ⑤, ⑥, ⑧, ⑨

05

다음 보기에서 불활성가스 아크용접, 겹치기용접 및 맞대기용접을 구별하시오.

[보기]
① MIG ② TIG ③ 심용접 ④ 업셋용접

해설

(1) 불활성가스 아크용접 : ①, ②
(2) 겹치기용접 : ③
(3) 맞대기용접 : ④

06

미끄럼 베어링 윤활 방법의 종류 3가지 쓰시오.

해설

① 적하 급유법
② 링 급유법
③ 패드 급유법
④ 비말 급유법
⑤ 순환 급유법

07

아래의 설명을 참고하여 명칭을 쓰시오.

(1) 자동차의 현가장치로 사용되는 스프링의 종류 3가지를 쓰시오.
(2) 관성 모멘트를 이용하여 회전 속도를 알맞게 조절하는 장치는 무엇인가?

> **해설**
> (1) ① 코일 스프링   ② 겹판 스프링   ③ 토션바
> (2) 플라이 휠

08

$60kN$의 중량을 들어 올리는 나사의 유효지름 $64mm$, 피치 $5mm$인 사각나사잭이 있다. 레버에 작용하는 힘 $400N$, 마찰계수 0.12일 때 다음을 구하시오.

(1) 전달 토크 $[N \cdot mm]$
(2) 레버의 길이 $[mm]$

> **해설**
> (1) $T = Q\left(\dfrac{p + \mu \pi d_e}{\pi d_e - \mu p}\right)\dfrac{d_e}{2} = 60 \times 10^3 \times \left(\dfrac{5 + 0.12 \times \pi \times 64}{\pi \times 64 - 0.12 \times 5}\right) \times \dfrac{64}{2} = 278979 N \cdot mm$
> (2) $T = FL \Rightarrow \therefore L = \dfrac{T}{F} = \dfrac{278979}{400} = 697.45 mm$

09

$400rpm$, $15kW$의 동력을 전달하는 직경이 $80mm$인 축에 끼워진 묻힘 키의 폭은 $20mm$, 높이가 $13mm$이다. 키에 작용하는 전단강도는 $30MPa$, 압축강도는 $88MPa$일 때 다음을 구하시오.

(1) 전달 토크 $[N \cdot m]$
(2) 키에 작용하는 전단강도만 고려한 키의 길이 $\ell_A [mm]$
(2) 키에 작용하는 압축강도만 고려한 키의 길이 $\ell_B [mm]$

> **해설**
> (1) $T = \dfrac{H}{\omega} = \dfrac{H}{\dfrac{2\pi N}{60}} = \dfrac{15 \times 10^3}{\dfrac{2\pi \times 400}{60}} = 358.1 N \cdot m$
>
> (2) $\tau_k = \dfrac{2T}{b\ell_A d} \Rightarrow \therefore \ell_A = \dfrac{2T}{bd\tau_k} = \dfrac{2 \times 358.1 \times 10^3}{20 \times 80 \times 30} = 14.92 mm$
>
> (3) $\sigma_c = \dfrac{4T}{h\ell_B d} \Rightarrow \therefore \ell_B = \dfrac{4T}{hd\sigma_c} = \dfrac{4 \times 358.1 \times 10^3}{13 \times 80 \times 88} = 15.65 mm$

10

회전수 $400 rpm$, $35 kW$를 전달하는 축 이음을 하는 플랜지 커플링에서 직경이 $8mm$인 볼트 6개를 사용하였을 때 다음을 구하시오.
(여기서, 볼트 구멍의 피치원 직경은 $250mm$이다.)

(1) 전달 토크 $[N \cdot m]$
(2) 볼트의 전단응력 $[MPa]$

> **해설**
> (1) $T = \dfrac{H}{\omega} = \dfrac{H}{\dfrac{2\pi N}{60}} = \dfrac{35 \times 10^3}{\dfrac{2\pi \times 400}{60}} = 835.56 N \cdot m$
>
> (2) $T = \tau_B \times \dfrac{\pi \delta_B^2}{4} \times \dfrac{D_B}{2} \times Z \Rightarrow \therefore \tau_B = \dfrac{8T}{\pi \delta_B^2 D_B Z} = \dfrac{8 \times 835.56 \times 10^3}{\pi \times 8^2 \times 250 \times 6} = 22.16 MPa$

11

외경 $300mm$, 내경 $180mm$의 단판 클러치에서 접촉면압력 $0.26 MPa$, 마찰계수를 0.15로 할 때 단판 클러치는 $2000 rpm$으로 동력$[kW]$을 얼마나 전달하는지 계산하시오.

> **해설**
> $D_m = \dfrac{D_2 + D_1}{2} = \dfrac{300 + 180}{2} = 240mm$, $b = \dfrac{D_2 - D_1}{2} = \dfrac{300 - 180}{2} = 60mm$
> $q = \dfrac{2T}{\mu \pi D_m^2 b} \Rightarrow \therefore T = \dfrac{\mu \pi D_m^2 b q}{2} = \dfrac{0.15 \pi \times 240^2 \times 60 \times 0.26}{2} = 211718.21 N \cdot mm$
> $\therefore H = T\omega = T \times \dfrac{2\pi N}{60} = 211718.21 \times 10^{-6} \times \dfrac{2\pi \times 2000}{60} = 44.34 kW$

12

외접 표준 스퍼기어가 달린 동력전달장치에서 기어의 잇수 64개, 모듈 5, 회전수 $520 rpm$, 이너비 $48mm$일 때 다음을 구하시오.
(단, 기어의 굽힘강도는 $180MPa$, 치형계수 $Y = \pi y = 0.38$이다.)

(1) 스퍼기어의 원주 속도 $[m/s]$
(2) 스퍼기어의 굽힘강도에 의한 전달 하중 $[N]$

해설

(1) $v = \dfrac{\pi DN}{60 \times 1000} = \dfrac{\pi m ZN}{60 \times 1000} = \dfrac{\pi \times 5 \times 64 \times 520}{60 \times 1000} = 8.71 m/s$

(2) $f_v = \dfrac{3.05}{3.05 + v} = \dfrac{3.05}{3.05 + 8.71} = 0.26$
 (하중계수가 주어지지 않으면 $f_w = 1$로 가정한다.)
 $\therefore F = f_v f_w \sigma_b mbY = 0.26 \times 1 \times 180 \times 5 \times 48 \times 0.38 = 4268.16 N$

13

평벨트 바로걸기 전동장치에서 지름이 원동차는 $200mm$, 종동차는 $600mm$의 풀리가 $3m$ 떨어진 두 축 사이에 설치하여 $2000rpm$, $8kW$의 동력을 전달하고자 한다. 다음을 구하시오.

(1) 유효 장력 $[N]$
(2) 원동 접촉각 $[°]$

해설

(1) $v = \dfrac{\pi D_A N_A}{60 \times 1000} = \dfrac{\pi \times 200 \times 2000}{60 \times 1000} = 20.94 m/s$ (부가장력을 고려한다.)
 $H = P_e v \Rightarrow \therefore P_e = \dfrac{H}{v} = \dfrac{8 \times 10^3}{20.94} = 382.04 N$

(2) $\theta_A = 180° - 2\sin^{-1}\left(\dfrac{D_B - D_A}{2C}\right) = 180° - 2\sin^{-1}\left(\dfrac{600 - 200}{2 \times 3000}\right) = 172.35°$

14

축간거리 $12m$의 로프 풀리에서 로프가 $0.3m$가량 쳐졌다. 로프의 지름은 $25mm$이고 단위 길이에 대한 로프 무게는 $0.38kg/m$일 때 다음을 구하시오.

(1) 로프의 장력 $[N]$
(2) 로프의 길이 $[mm]$

해설

(1) $T = \dfrac{wC^2}{8h} + wh = \dfrac{0.38 \times 9.8 \times 12^2}{8 \times 0.3} + 0.38 \times 9.8 \times 0.3 = 224.56N$

(2) $L = C\left(1 + \dfrac{8h^2}{3C^2}\right) = 12 \times \left(1 + \dfrac{8 \times 0.3^2}{3 \times 12^2}\right) = 12.02m = 12020mm$

15

2열 롤러 체인의 피치 $15.88mm$, 원동 스프로킷 잇수 32개, 원동 스프로킷 회전수 $1200rpm$일 때 다음을 구하시오.

(1) 체인의 회전속도 $[m/s]$
(2) 체인의 원동 스프로킷의 피치원 직경 $[mm]$

해설

(1) $v = \dfrac{pZ_A N_A}{60 \times 1000} = \dfrac{15.88 \times 32 \times 1200}{60 \times 1000} = 10.16 m/s$

(2) $D_A = \dfrac{p}{\sin\dfrac{180}{Z_A}} = \dfrac{15.88}{\sin\dfrac{180}{32}} = 162.01 mm$

16

분당 회전수 $1000rpm$, $45kW$의 동력을 전달하는 4사이클 엔진 기관에서 각속도 변동률이 $1/60$이고, 에너지 변동계수는 1.3, 플라이휠의 내외경비 0.6, 비중량 $80.764kN/m^3$, 림의 폭이 $50mm$일 때 다음을 구하시오.

(1) 1사이클당 발생하는 에너지 $[N \cdot m]$
(2) 질량 관성모멘트 $[N \cdot m \cdot s^2]$
(3) 림의 바깥지름 $[mm]$

해설

(1) $T_m = \dfrac{H}{\omega} = \dfrac{H}{\dfrac{2\pi N}{60}} = \dfrac{45 \times 10^3}{\dfrac{2\pi \times 1000}{60}} = 429.72 N\cdot m$

$E = 4\pi T_m = 4\pi \times 429.72 = 5400.02 N\cdot m$

(2) $\triangle E = qE = 1.3 \times 5400.02 = 7020.03 N\cdot m$

$\triangle E = I\omega^2 \delta \Rightarrow \therefore I = \dfrac{\triangle E}{\omega^2 \delta} = \dfrac{7020.03}{\left(\dfrac{2\pi \times 1000}{60}\right)^2 \times \dfrac{1}{60}} = 38.41 N\cdot m\cdot s^2$

(3) $I = \dfrac{\gamma b\pi(D_2^4 - D_1^4)}{32g} = \dfrac{\gamma b\pi D_2^4(1-x^4)}{32g}$ 에서,

$\therefore D_2 = \sqrt[4]{\dfrac{32gI}{\gamma b\pi(1-x^4)}} = \sqrt[4]{\dfrac{32 \times 9.8 \times 38.41}{80.764 \times 10^3 \times 0.05 \times \pi \times (1-0.6^4)}} = 1.02198 m = 1021.98 mm$

17

압축 하중 $80N$을 받는 원통형 코일 스프링의 소선의 지름은 $8mm$이고, 코일의 평균지름이 $64mm$, 처짐량 $15mm$, 가로탄성계수는 $8.1 \times 10^4 MPa$일 때 다음을 구하시오.

(1) 유효 감김수 [회]
(2) 스프링의 최대 전단응력 [MPa]

해설

(1) $\delta = \dfrac{8nPD^3}{Gd^4} \Rightarrow \therefore n = \dfrac{Gd^4\delta}{8PD^3} = \dfrac{8.1 \times 10^4 \times 8^4 \times 15}{8 \times 80 \times 64^3} = 29.66 ≒ 30$회

(2) $C = \dfrac{D}{d} = \dfrac{64}{8} = 8$

$K = \dfrac{4C-1}{4C-4} + \dfrac{0.615}{C} = \dfrac{4 \times 8 - 1}{4 \times 8 - 4} + \dfrac{0.615}{8} = 1.18$

$\therefore \tau_{max} = \dfrac{8PDK}{\pi d^3} = \dfrac{8 \times 80 \times 64 \times 1.18}{\pi \times 8^3} = 30.05 MPa$

18

그림과 같은 이중 열교환기에서 대향류(향류)일 때의 대수 평균 온도차[℃]를 구하시오.

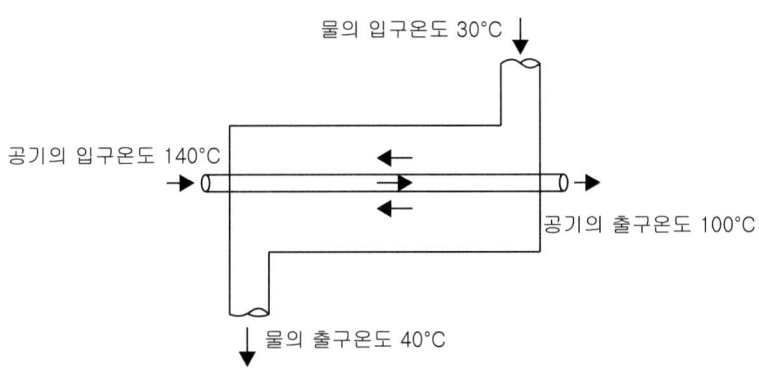

해설

$\Delta t_1 = 140 - 40 = 100℃,\ \Delta t_2 = 100 - 30 = 70℃$

$\therefore \Delta t_m = \dfrac{\Delta t_1 - \Delta t_2}{\ln \dfrac{\Delta t_1}{\Delta t_2}} = \dfrac{100 - 70}{\ln \dfrac{100}{70}} = 84.11℃$

19

아래의 표를 보고 다음을 구하시오.

작업명	선행작업	작업일수
A	-	6
B	-	7
C	-	8
D	A	6
E	A, B	7
F	A, B, C	8

(1) PERT 기법으로 네트워크 공정표를 작성하고 주공정선은 굵은 선으로 표시하시오.
(2) 총 작업일수[일]
(3) 아래의 빈칸을 채우시오.

작업명	작업시간				여유시간			주공정
	EST	EFT	LST	LFT	TF	FF	DF	CP
A								
B								
C								
D								
E								
F								

해설

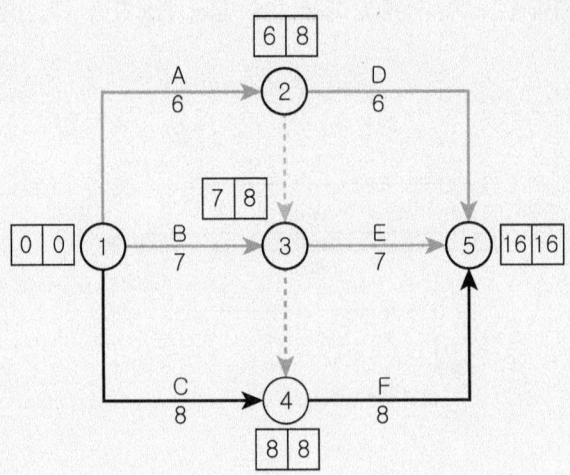

(2) 총 작업일수 : 8 + 8 = 16일

(3)

작업명	작업시간				여유시간			주공정
	EST	EFT	LST	LFT	TF	FF	DF	CP
A	0	6	2	8	2	0	2	
B	0	7	1	8	1	0	1	
C	0	8	0	8	0	0	0	○
D	6	12	10	16	4	4	0	
E	7	14	9	16	2	2	0	
F	8	16	8	16	0	0	0	○

2020 3회차 건설기계설비기사 필답형 기출문제

01

아래의 보기 중에서 "대형건설기계"에 해당하는 건설기계로 옳은 것은(O), 틀린 것은(X)로 나타내시오.

> [보기]
> ① 길이가 18m인 건설기계 (　)
> ② 높이가 3m인 건설기계 (　)
> ③ 너비가 3m인 건설기계 (　)
> ④ 최소회전반경이 10m인 건설기계 (　)
> ⑤ 총중량이 50톤인 건설기계 (　)

해설

① O　② X　③ O　④ X　⑤ O

참고

*"대형건설기계"란 다음 각 호의 어느 하나에 해당하는 건설기계를 말한다.
① 길이가 16.7m를 초과하는 건설기계
② 너비가 2.5m를 초과하는 건설기계
③ 높이가 4.0m를 초과하는 건설기계
④ 최소회전반경이 12m를 초과하는 건설기계
⑤ 총중량이 40톤을 초과하는 건설기계
⑥ 총중량 상태에서 축하중이 10톤을 초과하는 건설기계

02

캐비테이션의 방지법 3가지를 쓰시오.

해설

① 흡입관은 가능한 짧게 한다.
② 펌프의 설치높이를 최소로 낮게 설정하여 흡입양정을 짧게 한다.
③ 회전차를 수중에 완전히 잠기게 하여 운전한다.
④ 편흡입 보다는 양흡입 펌프를 사용한다.
⑤ 펌프의 회전수를 낮추어 흡입 비속도를 적게한다.
⑥ 마찰저항이 적은 흡입관을 사용한다.
⑦ 필요유효흡입수두를 작게 하거나 가용유효흡입수두를 크게 하여 방지한다.

03

형태에 따른 스프링의 종류 3가지를 쓰시오.

해설

① 코일 스프링
② 겹판 스프링
③ 토션바
④ 접시 스프링
⑤ 고무 스프링

04

평벨트 전동장치에서 바로걸기와 엇걸기의 접촉 중심각 공식을 나타내시오.

해설

① 바로걸기 접촉 중심각

   ⓐ 원동축의 접촉 중심각 : $\theta_A = 180° - 2\sin^{-1}\left(\dfrac{D_B - D_A}{2C}\right)$

   ⓑ 종동축의 접촉 중심각 : $\theta_B = 180° + 2\sin^{-1}\left(\dfrac{D_B - D_A}{2C}\right)$

② 엇걸기 접촉 중심각

$\theta_A = \theta_B = \theta = 180° + 2\sin^{-1}\left(\dfrac{D_B + D_A}{2C}\right)$

05

아래의 보기에서 두 축이 평행한 기어의 종류 3가지를 쓰시오.

[보기]
① 외접 스퍼기어   ② 인터널 기어   ③ 레크와 피니언   ④ 웜과 웜기어
⑤ 내접 스퍼기어   ⑥ 베벨 기어   ⑦ 하이포이드 기어

해설

두 축이 평행한 기어 : ①, ③, ⑤
(추가적으로 헬리컬 기어, 더블 헬리컬 기어 등이 있습니다.)

06

다음 보기에서 융접과 압접을 구분하시오.

[보기]
① 심 용접   ② 프로젝션 용접   ③ TIG 용접   ④ 서브머지드 아크 용접

해설
융접 : ③, ④   압접 : ①, ②

참고
*용접방법의 종류
① 융접 : TIG 용접, MIG 용접, CO_2 용접, 테르밋 용접, 서브머지드 아크용접 등
② 압접 : 심 용접, 프로젝션 용접, 플래쉬 용접, 마찰 용접 등

07

기중기의 전부장치 5가지를 쓰시오.

해설
① 크레인(훅)
② 클램셸
③ 셔블
④ 드래그 라인
⑤ 파일 드라이버
⑥ 트렌치 호

08

2열 롤러 체인의 피치 $15.88mm$, 원동 스프로킷 잇수 28개, 원동 스프로킷 회전수가 $1000rpm$, 파단 하중 $22.1kN$, 다열 계수 1.7, 부하수정계수 1.3 , 안전율 8일 때 다음을 구하시오.

(1) 롤러 체인의 최대 전달 동력 $[kW]$
(2) 롤러 체인의 원동 스프로킷의 피치원 직경 $[mm]$

해설

(1) $v = \dfrac{pZ_A N_A}{60 \times 1000} = \dfrac{15.88 \times 28 \times 1000}{60 \times 1000} = 7.41 m/s$

$F = \dfrac{F_B e}{Sk} = \dfrac{22.1 \times 1.7}{8 \times 1.3} = 3.61 kN$

$\therefore H = Fv = 3.61 \times 7.41 = 26.75 kW$

(2) $D_A = \dfrac{p}{\sin\dfrac{180}{Z_A}} = \dfrac{15.88}{\sin\dfrac{180}{28}} = 141.83 mm$

09

직경이 $300mm$, 분당 회전수가 $300rpm$인 드럼 브레이크에서 마찰계수가 0.18, 브레이크 블록의 허용응력 $0.3MPa$일 때 브레이크 용량$[MPa \cdot m/s]$을 구하시오.

해설

$v = \dfrac{\pi DN}{60 \times 1000} = \dfrac{\pi \times 300 \times 300}{60 \times 1000} = 4.71 m/s$

$\therefore \mu qv = 0.18 \times 0.3 \times 4.71 = 0.25 MPa \cdot m/s$

10

바깥지름 $38mm$, 유효지름 $34mm$, 피치 $6mm$, 나사의 마찰계수 0.15의 사각나사가 있다. $50kN$의 하중을 작용시킬 때 다음을 구하시오.

(1) 나사의 효율 $[\%]$
(2) 나사의 유효높이 $[mm]$
  (단, 나사부의 허용 접촉면 압력 $15MPa$, 나사산의 높이 $3.5mm$라고 가정한다.)

해설

(1) $T = Q\left(\dfrac{p + \mu\pi d_e}{\pi d_e - \mu p}\right)\dfrac{d_e}{2} = 50 \times 10^3 \times \left(\dfrac{6 + 0.15\pi \times 34}{\pi \times 34 - 0.15 \times 6}\right) \times \dfrac{34}{2} = 176735.63 N \cdot mm$

$\eta = \dfrac{pQ}{2\pi T} = \dfrac{6 \times 50 \times 10^3}{2\pi \times 176735.63} = 0.2702 = 27.02\%$

(2) $H = \dfrac{pQ}{\pi d_e h q_a} = \dfrac{6 \times 50 \times 10^3}{\pi \times 34 \times 3.5 \times 15} = 53.5 mm$

11

회전수 $550 rpm$ **으로 하중** $12kN$ **을 받쳐주는 엔드 저널 베어링이 있다. 압력속도계수는** $5N/mm^2 \cdot m/s$ **일 때 다음을 구하시오.**

(1) 저널의 길이 $[mm]$
(2) 저널의 지름 $[mm]$ (단, 저널의 길이는 지름보다 1.5배 크다고 가정한다.)
(3) 베어링 면압력 $[N/mm^2]$

해설

(1) $pv = \dfrac{\pi WN}{60000\ell} \Rightarrow \therefore \ell = \dfrac{\pi WN}{60000 pv} = \dfrac{\pi \times 12 \times 10^3 \times 550}{60000 \times 5} = 69.12 mm$

(2) $\ell = 1.5d \Rightarrow \therefore d = \dfrac{\ell}{1.5} = \dfrac{69.12}{1.5} = 46.08 mm$

(3) $p = \dfrac{W}{d\ell} = \dfrac{12 \times 10^3}{46.08 \times 69.12} = 3.77 MPa$

12

$700 rpm$, $2.2 kW$ **의 동력을 전달하는 홈 각도가** $2\alpha = 40°$ **인 홈 마찰차에서 원동차의 평균지름은** $200mm$, **종동차의 평균지름은** $400mm$ **이다. 다음을 구하시오.**
(단, 마찰계수가 0.15, **허용 면압력이** $300 N/cm$ **이다.)**

(1) 홈 마찰차를 밀어 붙이는 힘 $[N]$
(2) 홈의 수 $[개]$

해설

(1) $v = \dfrac{\pi D_A N_A}{60 \times 1000} = \dfrac{\pi \times 200 \times 700}{60 \times 1000} = 7.33 m/s$

$\mu' = \dfrac{\mu}{\sin\alpha + \mu\cos\alpha} = \dfrac{0.15}{\sin20° + 0.15\cos20°} = 0.31$

$H = \mu' Pv \Rightarrow \therefore P = \dfrac{H}{\mu' v} = \dfrac{2.2 \times 10^3}{0.31 \times 7.33} = 968.18 N$

(2) $h = 0.28\sqrt{\mu' P} = 0.28\sqrt{0.31 \times 968.18} = 4.85 mm$

$F = \mu Q = \mu' P \Rightarrow Q = \dfrac{\mu' P}{\mu} = \dfrac{0.31 \times 968.18}{0.15} = 2000.91 N$

$\therefore Z = \dfrac{Q}{2hf} = \dfrac{2000.91}{2 \times 4.85 \times 30} = 6.88 \fallingdotseq 7개$
$(f = 300 N/cm = 30 N/mm)$

13

잇수가 6개, 스플라인의 유효길이(보스 길이)는 $150mm$, 외경 $92mm$, 내경 $86mm$, 접촉효율이 75%인 스플라인 축이 있을 때 전달 토크 $[N\cdot mm]$를 구하시오.
(단, 허용 접촉면압력 $20MPa$이다.)

해설

이 높이 : $h = \dfrac{d_2 - d_1}{2} = \dfrac{92 - 86}{2} = 3mm$, 모따기 (c)는 주어지지 않으면 무시한다.

$\therefore T = (h - 2c)q_a \ell \left(\dfrac{d_2 + d_1}{4}\right)\eta Z = 3 \times 20 \times 150 \times \left(\dfrac{92 + 86}{4}\right) \times 0.75 \times 6 = 1802250 N\cdot mm$

14

$130N$의 압축 하중을 받고있는 원통형 코일 스프링의 소선의 지름이 $2mm$, 코일의 평균지름이 $10mm$이다. 이때 $20mm$가 늘어났을 때 다음을 구하시오.
(단, 코일 스프링의 전단탄성계수는 $81GPa$, 허용전단응력은 $300MPa$이다.)

(1) 유효 권수 [회] (단, 소수점 둘 째 자리 까지 표현하라.)
(2) 전단응력의 견지에서 안전성을 검토하라.

해설

(1) $\delta = \dfrac{8nPD^3}{Gd^4} \Rightarrow \therefore n = \dfrac{Gd^4\delta}{8PD^3} = \dfrac{81 \times 10^3 \times 2^4 \times 20}{8 \times 130 \times 10^3} = 24.92$회

(2) $C = \dfrac{D}{d} = \dfrac{10}{2} = 5$, $K = \dfrac{4C-1}{4C-4} + \dfrac{0.615}{C} = \dfrac{4 \times 5 - 1}{4 \times 5 - 4} + \dfrac{0.615}{5} = 1.31$

$\tau_{\max} = \dfrac{8PDK}{\pi d^3} = \dfrac{8 \times 130 \times 10 \times 1.31}{\pi \times 2^3} = 542.08 MPa$

즉, $\tau_{\max}(= 542.08MPa) > \tau_a (= 300MPa)$이므로
$\therefore$ 불안전하다.

15

베어링 하중 $150kN$을 받쳐주는 엔드 저널 베어링이 있다. 축의 허용 굽힘응력이 $60MPa$, 허용 베어링 압력이 $6.8MPa$일 때 다음을 구하시오.

(1) 저널의 직경 $[mm]$
(2) 저널의 길이 $[mm]$

해설

(1) 축의 허용 굽힘응력과 허용 베어링 압력이 주어질 때, 폭경비를 이용하여 구해야 한다.

$$\frac{\ell}{d} = \sqrt{\frac{\pi \sigma_a}{16p}} = \sqrt{\frac{\pi \times 60}{16 \times 6.8}} = 1.32 \Rightarrow \ell = 1.32d$$

$$p = \frac{W}{d\ell} = \frac{W}{d \times 1.32d} \Rightarrow \therefore d = \sqrt{\frac{W}{1.32p}} = \sqrt{\frac{150 \times 10^3}{1.32 \times 6.8}} = 129.27mm$$

(2) $\ell = 1.32d = 1.32 \times 129.27 = 170.64mm$

16

M14 나사 4개를 이용하여 플랜지 커플링에 체결하여 $2000rpm$, $8.12kW$의 동력을 전달하려 한다. 볼트의 허용 전단응력이 $3.8MPa$일 때 다음을 구하시오.

(1) 볼트의 골지름 $[mm]$
(2) 볼트의 안전 여부를 판단하시오. (단, 볼트 구멍의 피치원 지름은 $90mm$이다.)

해설

(1) $\delta_B = 0.8d_2 = 0.8 \times 14 = 11.2mm$

(2) $T = \frac{H}{\omega} = \frac{H}{\frac{2\pi N}{60}} = \frac{8.12 \times 10^3}{\frac{2\pi \times 2000}{60}} = 38.77 N \cdot m$

$\tau_B = \frac{8T}{\pi \delta_B^2 D_B Z} = \frac{8 \times 38.77 \times 10^3}{\pi \times 11.2^2 \times 90 \times 4} = 2.19MPa$

$\tau_a (=3.8MPa) > \tau_B (=2.19MPa)$ 이므로,

$\therefore$ 안전하다.

17

No.7208 단열 앵귤러 볼 베어링에 레이디얼 하중 $3kN$, 스러스트 하중 $1.8kN$이 작용한다. 외륜은 고정하고 내륜은 $2500rpm$으로 회전하며 레이디얼 계수 0.53, 스러스트 계수 1.58, 기본 동정격 하중 $63kN$일 때 베어링의 수명 시간 $[hr]$을 구하시오.

해설

내륜회전이므로 회전 계수 $V=1$이다.
$W = XVW_r + YW_t = 0.53 \times 1 \times 3 + 1.58 \times 1.8 = 4.43kN$

$\therefore L_h = 500 \times \frac{33.3}{N} \times \left(\frac{C}{W}\right)^r = 500 \times \frac{33.3}{2500} \times \left(\frac{63}{4.43}\right)^3 = 19155.11 hr$

18

이중 열교환기에서 외관의 고온 유체가 입구에서 120℃, 출구에서 105℃이며 저온 유체가 내관에서 입구에서 30℃, 출구에서 85℃일 때 대수온도평균차[평행류(병류)]를 통한 시간당 열전달률 $[kcal/hr]$을 구하시오.
(단, 총괄 열전달 계수 $25 kcal/m^2 \cdot hr \cdot ℃$, 열전달 면적 $5.11 m^2$이다.)

[해설]

$\Delta t_1 = 120 - 30 = 90℃$, $\Delta t_2 = 105 - 85 = 20℃$

$\Delta t_m = \dfrac{\Delta t_1 - \Delta t_2}{\ln \dfrac{\Delta t_1}{\Delta t_2}} = \dfrac{90 - 20}{\ln \dfrac{90}{20}} = 46.54℃$

$\therefore Q = kA \Delta t_m = 25 \times 5.11 \times 46.54 = 5945.49 kcal/hr$

19

아래의 표를 보고 다음을 구하시오.

작업명	선행작업	표준상태		특급상태	
		일수	공비(만원)	일수	공비(만원)
A	-	12	300	10	330
B	A	8	500	4	560
C	A	8	180	6	200
D	B	6	250	4	300
E	B	4	500	4	540
F	C	14	300	10	360
G	C, D	10	200	6	220
H	E	8	150	7	180
I	F, G, H	4	300	3	330

(1) PERT기법으로 네트워크 공정표를 작성하고 주공정선은 굵은 선으로 표시하시오.
(2) 표준상태의 총 작업일수를 구하시오.
(3) 아래의 빈칸을 채우시오.

작업명	비용구매	작업시간				여유시간			주공정
		EST	EFT	LST	LFT	TF	FF	DF	CP
A									
B									
C									
D									
E									
F									
G									
H									
I									

[해설]

(1)

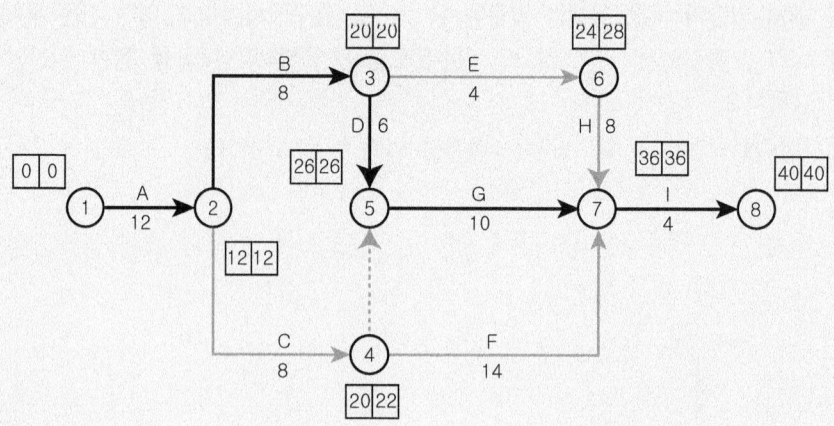

(2) 총 작업일수 : 12 + 8 + 6 + 10 + 4 = 40일

(3)

작업명	비용구배	작업시간				여유시간			주공정
		EST	EFT	LST	LFT	TF	FF	DF	CP
A	15	0	12	0	12	0	0	0	○
B	15	12	20	12	20	0	0	0	○
C	10	12	20	14	22	2	0	2	
D	25	20	26	20	26	0	0	0	○
E	불가능	20	24	24	28	4	0	4	
F	15	20	34	22	36	2	2	0	
G	5	26	36	26	36	0	0	0	○
H	30	24	32	28	36	4	4	0	
I	30	36	40	36	40	0	0	0	○

*비용구배 = $\dfrac{\text{특급비용} - \text{표준비용}}{\text{표준시간} - \text{특급시간}}$

2020 4, 5회차 건설기계설비기사 필답형 기출문제

01
끼워맞춤 공차의 종류 3가지를 쓰시오.

해설
① 헐거운 끼워맞춤
② 중간 끼워맞춤
③ 억지 끼워맞춤

02
굴삭기의 구성요소 3가지를 쓰시오.

해설
① 작업장치(전부장치)
② 상부 회전체
③ 하부 주행장치(하부 구동체)

03
덕트의 치수 설계 방법 3가지를 쓰시오.

해설
① 정압법(등마찰손실법)
② 정압 재취득법
③ 전압법
④ 등속법

04

다음 아래에 있는 베어링들을 "축"과 "하중"이란 단어를 포함하여 서술하시오.

(1) 레이디얼 베어링
(2) 스러스트 베어링
(3) 테이퍼 베어링

> **해설**
>
> (1) 레이디얼 베어링 : 축에 직각인 하중을 지지하는 베어링
> (2) 스러스트 베어링 : 축 방향의 하중을 지지하는 베어링
> (3) 테이퍼 베어링 : 축 방향 및 축에 직각인 하중을 동시에 지지하는 베어링

05

다음 아래에 있는 정의에 대해 알맞은 것을 쓰시오.

(1) 나사를 1회전 시킬 때, 축방향으로 나아간 거리
(2) 나사산과 산 또는 나사골과 골 사이의 거리
(3) 수나사에서, 축과 직각 방향의 최대거리

> **해설**
>
> (1) 리드
> (2) 피치
> (3) 바깥지름(=외경, 호칭지름)

06

셔블계 굴삭기를 이용한 굴착작업에서 버킷용량 $1m^3$, 1회 사이클시간 20sec, 버킷계수 0.7, 토량환산계수 0.9, 작업효율 0.8이다. 이 굴삭기의 예상작업량 $[m^3/hr]$을 구하시오.

> **해설**
>
> $$Q = \frac{3600qKfE}{C_m[\sec]} = \frac{3600 \times 1 \times 0.7 \times 0.9 \times 0.8}{20} = 90.72 m^3/hr$$

07

$500 rpm$, $1.1 kW$의 동력을 진달하는 외접 원통 마찰차가 있다. 감속비 $\frac{1}{3}$, 축간거리 $250mm$, 마찰계수 0.3, 허용 접촉선압력 $9.8N/mm$일 때 다음을 구하시오.

(1) 마찰차가 서로 미는 힘 $[N]$
(2) 마찰차의 폭 $[mm]$

[해설]

(1) $\varepsilon = \dfrac{N_B}{N_A} = \dfrac{D_A}{D_B} \Rightarrow D_B = \dfrac{D_A}{\varepsilon} = 3D_A$

$C = \dfrac{D_A + D_B}{2} \Rightarrow D_A + D_B = 2C = 2 \times 250 = 500mm$

$D_A + 3D_A = 500 \Rightarrow D_A = 125mm$

$v = \dfrac{\pi D_A N_A}{60 \times 1000} = \dfrac{\pi \times 125 \times 500}{60 \times 1000} = 3.27 m/s$

$H = \mu P v \Rightarrow \therefore P = \dfrac{H}{\mu v} = \dfrac{1.1 \times 10^3}{0.3 \times 3.27} = 1121.3 N$

(2) $f = \dfrac{P}{b} \Rightarrow \therefore b = \dfrac{P}{f} = \dfrac{1121.3}{9.8} = 114.42 mm$

08

바깥지름 $40mm$, 유효지름 $34mm$, 피치 $6mm$의 사각나사에 $35kN$의 하중을 작용시킬 때 다음을 구하시오.
(단, 나사의 마찰계수는 0.1이다.)

(1) 나사를 죄는 힘 $[N]$
(2) 나사의 효율 $[\%]$

[해설]

(1) $P = Q\left(\dfrac{p + \mu \pi d_e}{\pi d_e - \mu p}\right) = 35 \times 10^3 \times \left(\dfrac{6 + 0.1 \times \pi \times 34}{\pi \times 34 - 0.1 \times 6}\right) = 5496.91 N$

(2) $T = P \times \dfrac{d_e}{2} = 5496.91 \times \dfrac{34}{2} = 93447.47 N \cdot mm$

$\therefore \eta = \dfrac{pQ}{2\pi T} = \dfrac{6 \times 35 \times 10^3}{2\pi \times 93447.47} = 0.3577 - 35.77\%$

09

다음과 같은 조건의 한 쌍의 외접 평기어가 있다. 하중계수 0.8이다. 다음을 구하시오.

구분	회전수 [rpm]	잇 수	허용 굽힘응력 [MPa]	치형계수 $[Y=\pi y]$	압력각	모듈	폭 [mm]	허용 면압계수 [MPa]
피니언	600	30개	400	0.43	20°	4	40	0.8
기어	-	60개	150	0.57				

(1) 최대 전달력 $[N]$
(2) 전달 동력 $[kW]$

해설

(1) $v = \dfrac{\pi D_A N_A}{60 \times 1000} = \dfrac{\pi m Z_A N_A}{60 \times 1000} = \dfrac{\pi \times 4 \times 30 \times 600}{60 \times 1000} = 3.77 m/s$

$f_v = \dfrac{3.05}{3.05+v} = \dfrac{3.05}{3.05+3.77} = 0.45$

$F_A = f_v f_w \sigma_b m b Y = 0.45 \times 0.8 \times 400 \times 4 \times 40 \times 0.43 = 9907.2N$

$F_B = f_v f_w \sigma_b m b Y = 0.45 \times 0.8 \times 150 \times 4 \times 40 \times 0.57 = 4924.8N$

$F_C = f_v K m b \left(\dfrac{2 Z_A Z_B}{Z_A + Z_B} \right) = 0.45 \times 0.8 \times 4 \times 40 \times \left(\dfrac{2 \times 30 \times 60}{30+60} \right) = 2304N$

굽힘강도에 의한 피니언, 기어의 최대 전달하중과 면압강도에 의한 최대 전달하중을 구하여 안전을 고려한 최대 전달력은 "작은 값"을 선정해야 합니다. ∴ $F = F_C = 2304N$

(2) $H = Fv = 2304 \times 10^{-3} \times 3.77 = 8.69 kW$

10

바깥지름이 $80mm$인 원통형 코일 스프링이 있다. 이 코일 스프링의 스프링 지수는 7일 때 소선의 지름 $[mm]$을 구하시오.

해설

$D_2 = D + d = Cd + d = d(C+1)$ (평균지름 : $D = Cd$)

∴ $d = \dfrac{D_2}{C+1} = \dfrac{80}{7+1} = 10mm$

11

강판의 두께 $12mm$, 리벳의 지름 $20mm$인 판을 2줄 겹치기 리벳 이음을 하려 한다. 리벳의 전단응력 $40MPa$, 강판의 인장응력 $80MPa$일 때 피치$[mm]$를 구하시오.
(단, 리벳의 지름과 리벳의 구멍 지름 크기가 동일하다.)

해설

$$p = d + \frac{\pi d^2 n}{4\sigma_t t} = 20 + \frac{40\pi \times 20^2 \times 2}{4 \times 80 \times 12} = 46.18 mm$$

12

$800rpm$, $5.4kW$으로 회전하는 직경 $600mm$의 블록 브레이크 드럼이 있다. 접촉부의 마찰계수 0.25일 때 다음을 구하시오.

(1) 브레이크 제동 토크 $[N \cdot m]$
(2) 브레이크 드럼을 누르는 힘 $[N]$

해설

(1) $T = \dfrac{H}{\omega} = \dfrac{H}{\dfrac{2\pi N}{60}} = \dfrac{5.4 \times 10^3}{\dfrac{2\pi \times 800}{60}} = 64.46 N \cdot m$

(2) $T = \mu P \dfrac{D}{2} \Rightarrow \therefore P = \dfrac{2T}{\mu D} = \dfrac{2 \times 64.46}{0.25 \times 0.6} = 859.47 N$

13

$120rpm$, $3.68kW$의 동력을 전달하는 외경 $280mm$, 내경 $250mm$인 다판 클러치가 있다. 마찰계수가 0.2, 허용 접촉면압력이 $0.2MPa$일 때 다음을 구하시오.

(1) 전달 토크 $[N \cdot m]$
(2) 판 수 $[개]$

해설

(1) $T = \dfrac{H}{\omega} = \dfrac{H}{\dfrac{2\pi N}{60}} = \dfrac{3.68 \times 10^3}{\dfrac{2\pi \times 120}{60}} = 292.85 N \cdot m$

(2) $D_m = \dfrac{D_2 + D_1}{2} = \dfrac{280 + 250}{2} = 265mm$, $b = \dfrac{D_2 - D_1}{2} = \dfrac{280 - 250}{2} = 15mm$

$q_a = \dfrac{2T}{\mu \pi D_m^2 bZ} \Rightarrow \therefore Z = \dfrac{2T}{\mu \pi D_m^2 b q_a} = \dfrac{2 \times 292.85 \times 10^3}{0.2 \times \pi \times 265^2 \times 15 \times 0.2} = 4.42 ≒ 5개$

14

잇수가 6개, 스플라인의 유효길이는 $300mm$, 외경 $100mm$, 내경 $92mm$, 접촉효율이 75%인 스플라인 축이 있다. 이러한 스플라인 축이 $400rpm$으로 회전할 때 다음을 구하시오.
(단, 허용접촉면압력은 $25MPa$, 모따기는 $1mm$이다.)

(1) 전달 토크 $[N·m]$
(2) 전달 동력 $[kW]$

해설

(1) $h = \dfrac{d_2 - d_1}{2} = \dfrac{100 - 92}{2} = 4mm$

$\therefore T = (h - 2c)q_a \ell \left(\dfrac{d_2 + d_1}{4}\right)\eta Z = (4 - 2 \times 1) \times 25 \times 300 \times \left(\dfrac{100 + 92}{4}\right) \times 0.75 \times 6$
$= 3240000 N·mm ≒ 3240 N·m$

(2) $H = T\omega = T \times \dfrac{2\pi N}{60} = 3240 \times 10^{-3} \times \dfrac{2\pi \times 400}{60} = 135.72 kW$

15

다음 그림과 피벗 베어링 추력 축 받침에서 마찰계수 0.15, 회전수 $800rpm$, 베어링 압력 $2MPa$일 때 다음을 구하시오.

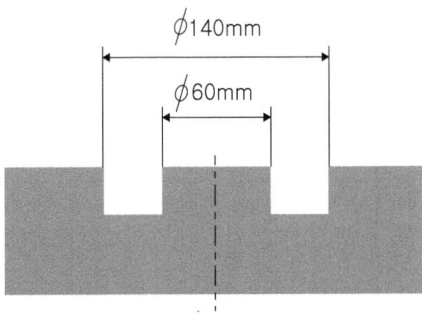

(1) 최대 하중 $[N]$
(2) 마찰손실동력 $[kW]$

> **해설**
>
> (1) $W = pA = p \times \dfrac{\pi(d_2^2 - d_1^2)}{4} = 2 \times \dfrac{\pi(140^2 - 60^2)}{4} = 25132.74 N$
>
> (2) $d_m = \dfrac{d_2 + d_1}{2} = \dfrac{140 + 60}{2} = 100 mm$
>
> $v = \dfrac{\pi d_m N}{60 \times 1000} = \dfrac{\pi \times 100 \times 800}{60000} = 4.19 m/s$
>
> $\therefore H = \mu W v = 0.15 \times 25132.74 \times 10^{-3} \times 4.19 = 15.8 kW$

16

단열 레이디얼 볼 베어링에서 동적하중 $27kN$, 상당하중 $1.8kN$, 분당 회전수 $400rpm$일 때 수명시간$[hr]$을 구하시오.
(단, 하중계수는 1.5이다.)

> **해설**
>
> $L_h = 500 \times \dfrac{33.3}{N} \times \left(\dfrac{C}{f_w W}\right)^r = 500 \times \dfrac{33.3}{400} \times \left(\dfrac{27}{1.5 \times 1.8}\right)^3 = 41625 hr$

17

지름이 $80mm$, 회전 모멘트가 $850000 N \cdot mm$인 축에 장착되어있는 묻힘 키의 호칭은 $(20 \times 25 \times 50)$일 때 묻힘 키에 작용하는 전단응력$[MPa]$을 구하시오.

> **해설**
>
> $\tau_k = \dfrac{2T}{b\ell d} = \dfrac{2 \times 850000}{20 \times 50 \times 80} = 21.25 MPa$

18

그림과 같은 이중 열교환기에서 대향류(향류)일 때의 대수 평균 온도차$[℃]$를 구하시오.

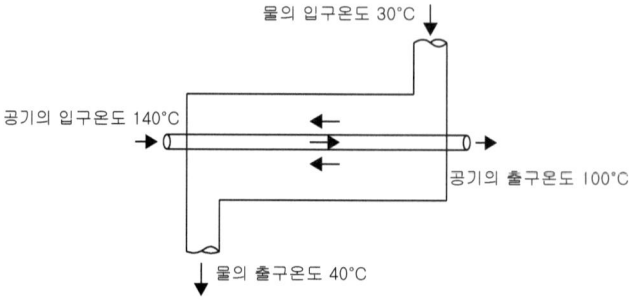

해설

$\Delta t_1 = 140 - 40 = 100℃$, $\Delta t_2 = 100 - 30 = 70℃$

$\therefore \Delta t_m = \dfrac{\Delta t_1 - \Delta t_2}{\ln \dfrac{\Delta t_1}{\Delta t_2}} = \dfrac{100 - 70}{\ln \dfrac{100}{70}} = 84.11℃$

19

아래의 표를 보고 다음을 구하시오.

작업명	선행작업	작업일수
A	-	4
B	A	6
C	A	5
D	A	4
E	B	3
F	B, C, D	7
G	D	8
H	E	6
I	E, F	5
J	E, F, G	8
K	H, I, J	6

(1) PERT 기법으로 네트워크 공정표를 작성하고 주공정선은 굵은 선으로 표시하시오.
(2) 아래의 빈칸을 채우시오.

작업명	작업시간				여유시간			주공정
	EST	EFT	LST	LFT	TF	FF	DF	CP
A								
B								
C								
D								
E								
F								
G								
H								
I								
J								
K								

해설

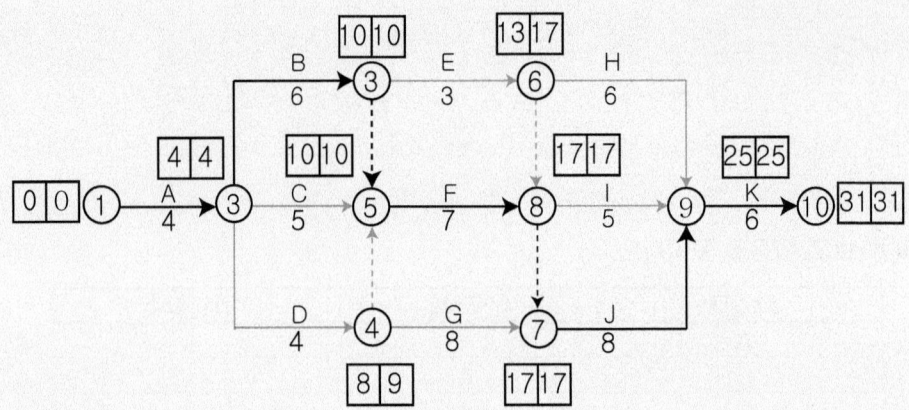

(2)

작업명	작업시간				여유시간			주공정
	EST	EFT	LST	LFT	TF	FF	DF	CP
A	0	4	0	4	0	0	0	○
B	4	10	4	10	0	0	0	○
C	4	9	5	10	1	1	0	
D	4	8	5	9	1	0	1	
E	10	13	14	17	4	0	4	
F	10	17	10	17	0	0	0	○
G	8	16	9	17	1	1	0	
H	13	19	19	25	6	6	0	
I	17	22	20	25	3	3	0	
J	17	25	17	25	0	0	0	○
K	25	31	25	31	0	0	0	○

Memo

2021 1회차 건설기계설비기사 필답형 기출문제

01
감가상각법의 종류 2가지를 쓰시오.

해설
① 정액법
② 정률법
③ 이중체감법
④ 연수합계법

02
언더컷의 방지 방법 3가지를 쓰시오.

해설
① 전위기어를 사용한다.
② 이의 높이를 낮춰 설계한다.
③ 한계잇수 이상으로 설계한다.
④ 압력각을 크게 설계한다.

03
다음 아래와 같은 와이어로프의 불량 여부를 선택하시오.
(사용 가능하다면 O, 폐기 및 교체해야 한다면 X를 쓰시오.)

(1) 와이어로프 한 가닥에서 7% 절단 되었다.
(2) 와이어로프 지름이 5% 감소 되었다.
(3) 와이어로프에 심한 킹크가 발생 되었다.
(4) 와이어로프에 심한 변형이나 부식이 발생 되었다.

해설
(1) O　(2) O　(3) X　(4) X

> 참고
>
> *와이어로프의 폐기 및 교체 기준
> ① 와이어로프 한 가닥에서 10%이상 절단된 경우
> ② 와이어로프의 지름이 7%이상 감소된 경우
> ③ 와이어로프에 심한 킹크가 발생한 경우
> ④ 와이어로프가 부식이 발생되거나 변형이 발생된 경우

04

아래의 설명에 대한 알맞은 답을 쓰시오.

(1) 양 끝이 수나사인 머리가 없는 볼트
(2) 주로 중량물을 매달 때 사용하는 볼트
(3) 기계 구조물을 콘크리트 기초에 고정하기 위해 사용하는 볼트

> 해설
>
> (1) 스터드 볼트   (2) 아이 볼트   (3) 앵커 볼트(기초 볼트)

05

아래의 보기에 대한 알맞은 값을 구하시오.

(1) $M8 \times 1$ 나사의 피치, 수나사의 바깥지름, 유효지름
(2) $Tr11 \times 3$ 나사 피치, 수나사의 바깥지름, 유효지름

> 해설
>
> (1) 피치 : 1mm, 바깥지름 : 8mm, 유효지름 : $d_e = d_2 - \frac{3\sqrt{3}}{8}p = 8 - \frac{3\sqrt{3}}{8} \times 1 = 7.35mm$
>
> (2) 피치 : 3mm, 바깥지름 : 11mm, 유효지름 : $d_e = d_2 - \frac{p}{2} = 11 - \frac{3}{2} = 9.5mm$

> 참고
>
> *삼각나사의 기하학적 공식
>
> $d_e = d - \frac{3\sqrt{3}}{8}p$ $\begin{cases} d_e : 유효지름[mm] \\ d : 바깥지름[mm] \\ p : 피치[mm] \end{cases}$

06

아래의 문제에서 사이클로이드 기어와 인벌류트 기어를 비교하여 설명하시오.

(1) 미끄럼률
(2) 언더컷
(3) 압력각

[해설]

(1) 미끄럼률 비교
 ① 사이클로이드 기어 : 치면의 모든 곳에서 미끄럼률은 일정하다.
 ② 인벌류트 기어 : 피치점에서 미끄럼률은 0이고, 이끝부와 이뿌리부로 갈수록 미끄럼률이 증가한다.

(2) 언더컷 비교
 ① 사이클로이드 기어 : 언더컷이 발생하지 않는다.
 ② 인벌류트 기어 : 잇수에 따라 언더컷이 발생할 수 있다.

(3) 압력각 비교
 ① 사이클로이드 기어 : 압력각이 변화한다.
 ② 인벌류트 기어 : 압력각이 일정하다.

07

$15℃$인 강관 $25m$가 있다. 이 강관에 온수 $60℃$의 온수를 공급할 때 다음을 구하시오.
(단, 강관의 열팽창 계수는 $0.012mm/m·℃$ 이다.)

(1) 강관의 신축량 $[mm]$
(2) 강관의 열응력 $[MPa]$ (단, 세로탄성계수가 $83GPa$으로 가정한다.)
(3) 강관의 압축력 $[kN]$ (단, 강관의 단면적은 $1500mm^2$으로 가정한다.)

[해설]

(1) $\Delta \ell = \alpha \times \Delta t \times L = 0.012 \times (60-15) \times 25 = 13.5mm$
(2) $\sigma = E \times a \times \Delta t = 83 \times 10^3 \times 0.012 \times 10^{-3} \times (60-15) = 44.82 MPa$
(3) $P = \sigma A = 44.82 \times 1500 = 67230 N = 67.23 kN$

08

1피치당 $15000N$의 하중이 작용하는 1줄 겹치기 리벳 이음에서 강판의 두께가 $16mm$, 리벳의 피치가 $60mm$, 리벳의 지름이 $24mm$일 때 다음을 구하시오.
(단, 리벳의 지름과 리벳의 구멍 지름 크기가 동일하다.)

(1) 리벳의 전단응력 $[MPa]$
(2) 강판의 인장응력 $[MPa]$
(3) 강판의 효율 $[\%]$

해설

(1) $\tau = \dfrac{\overline{W}}{\dfrac{\pi d^2}{4}n} = \dfrac{15000}{\dfrac{\pi \times 24^2}{4} \times 1} = 33.16 MPa$

(2) $\sigma_t = \dfrac{\overline{W}}{(p-d)t} = \dfrac{15000}{(60-24) \times 16} = 26.04 MPa$

(3) $\eta_t = 1 - \dfrac{d}{p} = 1 - \dfrac{24}{60} = 0.6 ≒ 60\%$

09

$300rpm$, $25kW$의 동력을 전달하는 중공축에 $600N \cdot m$의 굽힘 모멘트가 작용하고 있다. 축의 허용 전단응력이 $13MPa$, 축의 허용 굽힘응력이 $22MPa$일 때 다음을 구하시오.
(단, 중공축의 바깥지름은 $90mm$이다.)

(1) 상당 비틀림 모멘트 $[N \cdot m]$
(2) 상당 굽힘 모멘트 $[N \cdot m]$
(3) 축의 비틀림과 굽힘을 고려한 축의 안지름 $[mm]$

해설

(1) $T = \dfrac{H}{\omega} = \dfrac{H}{\dfrac{2\pi N}{60}} = \dfrac{25 \times 10^3}{\dfrac{2\pi \times 300}{60}} = 795.77 N \cdot m$

$\therefore T_e = \sqrt{M^2 + T^2} = \sqrt{600^2 + 795.77^2} = 996.62 N \cdot m$

(2) $M_e = \dfrac{1}{2}(M + \sqrt{M^2 + T^2}) = \dfrac{1}{2}(M + T_e) = \dfrac{1}{2}(600 + 996.62) = 798.31 N \cdot m$

(3) $T_e = \tau_a Z_P = \tau_a \times \dfrac{\pi(d_2^4 - d_1^4)}{16d_2}$ 에서,

① 비틀림을 고려한 축의 안지름 : $d_1 = \sqrt[4]{d_2^4 - \dfrac{16d_2 T_e}{\pi\tau_a}} = \sqrt[4]{90^4 - \dfrac{16 \times 90 \times 996.62 \times 10^3}{\pi \times 13}} = 74.3mm$

$M_e = \sigma_a Z = \sigma_a \times \dfrac{\pi(d_2^4 - d_1^4)}{32d_2}$ 에서,

② 굽힘을 고려한 축의 안지름 : $d_1 = \sqrt[4]{d_2^4 - \dfrac{32d_2 M_e}{\pi\sigma_a}} = \sqrt[4]{90^4 - \dfrac{32 \times 90 \times 798.31 \times 10^3}{\pi \times 22}} = 75.41mm$

안전을 고려하여 중공축의 안지름은 작은값을 선정한다.   ∴ $d_1 = 74.3mm$

10

축에 $350rpm$으로 $75kW$의 동력을 전달하는 표준 스퍼기어를 고정하려 한다. 축의 허용 전단응력 $30MPa$이고 묻힘키의 폭과 높이가 같을 때 다음을 구하시오.
(단, 묻힘키와 축의 허용 전단응력은 같고, 길이는 지름의 1.5배이다.)

(1) 축의 지름 $[mm]$
(2) 묻힘키의 호칭규격 $b \times h \times \ell$

해설

(1) $T = \dfrac{H}{\omega} = \dfrac{H}{\dfrac{2\pi N}{60}} = \dfrac{75 \times 10^3}{\dfrac{2\pi \times 350}{60}} = 2046.28 N\cdot m$

$T = \tau_a Z_P = \tau_a \times \dfrac{\pi d^3}{16} \Rightarrow \therefore d = \sqrt[3]{\dfrac{16T}{\pi\tau_a}} = \sqrt[3]{\dfrac{16 \times 2046.28 \times 10^3}{\pi \times 30}} = 70.3mm$

(2) 축과 키의 허용전단응력이 같으므로 $\tau_k = \tau_a = 30MPa$이다.

$\ell = 1.5d = 1.5 \times 70.3 = 105.45mm$

$\tau_k = \dfrac{2T}{b\ell d} \Rightarrow \therefore b = \dfrac{2T}{\ell d \tau_k} = \dfrac{2 \times 2046.28 \times 10^3}{105.45 \times 70.3 \times 30} = 18.4mm$

$b = h = 18.4mm$
∴ $b \times h \times \ell = 18.4 \times 18.4 \times 105.45$

11

코일 스프링에서 하중이 $300N \sim 500N$까지 변동할 때 처짐량은 $18mm$이다. 허용 전단응력이 $350N/mm^2$, 스프링 지수 7, 전단탄성계수 $81GPa$, 왈의 응력수정계수 1.21일 때 다음을 구하시오.

(1) 소선의 지름 $[mm]$
(2) 유효 권수 [권]

해설

(1) $\tau_{max} = \dfrac{8P_{max}DK}{\pi d^3} = \dfrac{8P_{max}CK}{\pi d^2}$ 에서,

$\therefore d = \sqrt{\dfrac{8P_{max}CK}{\pi \tau_{max}}} = \sqrt{\dfrac{8 \times 500 \times 7 \times 1.21}{\pi \times 350}} = 5.55mm$

(2) $D = Cd = 7 \times 5.55 = 38.85mm$

$\delta = \dfrac{8n(P_{max} - P_{min})D^3}{Gd^4}$ 에서,

$\therefore n = \dfrac{Gd^4\delta}{8(P_{max} - P_{min})D^3} = \dfrac{81 \times 10^3 \times 5.55^4 \times 18}{8 \times (500-300) \times 38.85^3} = 14.74 ≒ 15권$

12

$1000rpm$, 동력 $4kW$를 전달하려 하는 원통형 마찰차가 있다. 원동차의 지름은 $200mm$, 접촉선압력 $12N/mm$, 마찰계수 0.18일 때 다음을 구하시오.

(1) 마찰차가 서로 미는 힘 $[N]$
(2) 마찰차의 너비 $[mm]$

해설

(1) $T = \dfrac{H}{\omega} = \dfrac{H}{\dfrac{2\pi N}{60}} = \dfrac{4 \times 10^3}{\dfrac{2\pi \times 1000}{60}} = 38.2 N \cdot m$

$T = \mu P \dfrac{D}{2} \Rightarrow \therefore P = \dfrac{2T}{\mu D} = \dfrac{2 \times 38.2 \times 10^3}{0.18 \times 200} = 2122.22 N$

(2) $f = \dfrac{P}{b} \Rightarrow \therefore b = \dfrac{P}{f} = \dfrac{2122.22}{12} = 176.85mm$

13

$120rpm$, $3.68kW$의 동력을 전달하는 외경 $280mm$, 내경 $250mm$인 다판 클러치가 있다. 마찰계수가 0.3, 허용 접촉면압력이 $0.1MPa$일 때 다음을 구하시오.

(1) 전달 토크 $[N \cdot m]$
(2) 판 수 $[개]$

해설

(1) $T = \dfrac{H}{\omega} = \dfrac{H}{\dfrac{2\pi N}{60}} = \dfrac{3.68 \times 10^3}{\dfrac{2\pi \times 120}{60}} = 292.85 N \cdot m$

(2) $D_m = \dfrac{D_2 + D_1}{2} = \dfrac{280 + 250}{2} = 265mm$, $b = \dfrac{D_2 - D_1}{2} = \dfrac{280 - 250}{2} = 15mm$

$q_a = \dfrac{2T}{\mu \pi D_m^2 bZ} \Rightarrow \therefore Z = \dfrac{2T}{\mu \pi D_m^2 b q_a} = \dfrac{2 \times 292.85 \times 10^3}{0.3 \times \pi \times 265^2 \times 15 \times 0.1} = 5.9 ≒ 6개$

14

$7.3kW$, $500rpm$으로 회전 하는 직경 $500mm$의 드럼을 제동하려는 블록 브레이크를 제작하려고 한다. 마찰계수가 0.25일 때 다음을 구하시오.
(단, $a = 900mm$, $b = 350mm$, $c = 50mm$ 이다.)

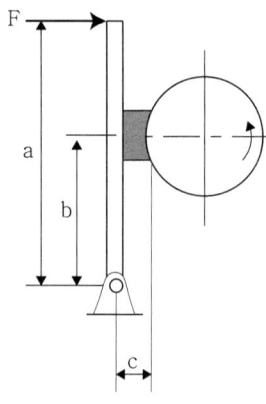

(1) 브레이크 제동 토크 $[N \cdot m]$
(2) 브레이크 제동력 $[N]$
(3) 레버를 누르는 힘 $[N]$

> 해설
>
> (1) $T = \dfrac{H}{\omega} = \dfrac{H}{\dfrac{2\pi N}{60}} = \dfrac{7.3 \times 10^3}{\dfrac{2\pi \times 500}{60}} = 139.42 N \cdot m$
>
> (2) $T = f \times \dfrac{D}{2} \Rightarrow \therefore f = \dfrac{2T}{D} = \dfrac{2 \times 139.42 \times 10^3}{500} = 557.68N$
>
> (3) $f = \mu P \Rightarrow P = \dfrac{f}{\mu} = \dfrac{557.68}{0.25} = 2230.72N$
>
> $Fa - Pb + \mu Pc = 0 \Rightarrow \therefore F = \dfrac{P(b - \mu c)}{a} = \dfrac{2230.72 \times (350 - 0.25 \times 50)}{900} = 836.52N$

15

다음 그림과 같은 측면 필렛 용접 이음에서 용접 다리는 $20mm$, 하중은 $500kN$, 허용 전단응력은 $75MPa$일 때 용접 길이$[mm]$를 구하시오.

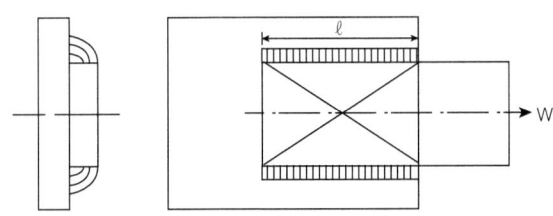

해설

$W = \tau_a A = \tau_a \times 2a\ell = \tau_a \times 2\ell h \cos45°$

$\therefore \ell = \dfrac{W}{2h\cos45° \times \tau_a} = \dfrac{500 \times 10^3}{2 \times 20 \times \cos45° \times 75} = 235.7mm$

16

표준 외접 스퍼기어가 달린 동력전달장치에서 기어의 잇수 64개, 모듈 5, 회전수 $520rpm$, 이 너비 $48mm$일 때 다음을 구하시오.
(단, 기어의 굽힘강도는 $180MPa$, 치형계수 $Y = \pi y = 0.38$이다.)

(1) 굽힘강도에 의한 전달 하중 $[N]$ (단, 하중계수는 1.2이다.)
(2) 전달 동력 $[kW]$ (단, (1)에서 구한 전달 하중을 이용하시오.)

해설

(1) $v = \dfrac{\pi DN}{60 \times 1000} = \dfrac{\pi mZN}{60 \times 1000} = \dfrac{\pi \times 5 \times 64 \times 520}{60 \times 1000} = 8.71 m/s$

$f_v = \dfrac{3.05}{3.05 + v} = \dfrac{3.05}{3.05 + 8.71} = 0.26$

$\therefore F = f_v f_w \sigma_b m b Y = 0.26 \times 1.2 \times 180 \times 5 \times 48 \times 0.38 = 5121.79N$

(2) $H = Fv = 5121.79 \times 10^{-3} \times 8.71 = 44.61 kW$

17

원추 마찰차의 축각이 $85°$이며, 원동차가 $250rpm$, 종동차가 $125rpm$으로 $5kW$의 동력을 전달한다. 종동차의 외경 $500mm$, 너비 $120mm$, 마찰계수 0.35일 때 다음을 구하시오.

(1) 원동차의 원추반각 $\alpha[°]$
(2) 종동축 방향으로 미는 힘 $[N]$

해설

(1) $\varepsilon = \dfrac{N_B}{N_A} = \dfrac{125}{250} = \dfrac{1}{2}$

$\tan\alpha = \dfrac{\sin\theta}{\dfrac{1}{\varepsilon}+\cos\theta} \Rightarrow \therefore \alpha = \tan^{-1}\left(\dfrac{\sin\theta}{\dfrac{1}{\varepsilon}+\cos\theta}\right) = \tan^{-1}\left(\dfrac{\sin 85°}{2+\cos 85°}\right) = 25.52°$

(2) $\alpha + \beta = \theta \Rightarrow \beta = \theta - \alpha = 85 - 25.52 = 59.48°$

$D_B = D_{m \cdot B} + b\sin\beta \Rightarrow D_{m \cdot B} = D_B - b\sin\beta = 500 - 120\sin 59.48° = 396.63 mm$

$v = \dfrac{\pi D_{m \cdot B} N_B}{60 \times 1000} = \dfrac{\pi \times 396.63 \times 125}{60 \times 1000} = 2.6 m/s$

$H = \mu Q v \Rightarrow Q = \dfrac{H}{\mu v} = \dfrac{5 \times 10^3}{0.35 \times 2.6} = 5494.51 N$

$\therefore F_{t,B} = Q\sin\beta = 5494.51\sin 59.48° = 4733.26 N$

18

이중 열교환기에서 외관의 고온 유체가 입구에서 $120℃$ 출구에서 $105℃$이며 저온 유체가 내관에서 입구에서 $30℃$ 출구에서 $85℃$이라고 한다. 병류일 때 보다 향류일 때 대수 온도 평균차가 몇 배 더 큰가?

해설

병류 : $\Delta t_1 = 120 - 30 = 90℃$, $\Delta t_2 = 105 - 85 = 20℃$

$\Delta t_m = \dfrac{\Delta t_1 - \Delta t_2}{\ln\dfrac{\Delta t_1}{\Delta t_2}} = \dfrac{90-20}{\ln\dfrac{90}{20}} = 46.54℃$

향류 : $\Delta t_1 = 120 - 85 = 35℃$, $\Delta t_2 = 105 - 30 = 75℃$

$\Delta t_m = \dfrac{\Delta t_1 - \Delta t_2}{\ln\dfrac{\Delta t_1}{\Delta t_2}} = \dfrac{35-75}{\ln\dfrac{35}{75}} = 52.48℃$

$\therefore \dfrac{52.48℃}{46.54℃} = 1.13$배 더 크다.

19

아래의 표를 보고 다음을 구하시오.

작업	작업일수
① → ②	3
② → ③	3
② → ④	4
② → ⑤	5
③ → ⑥	4
④ → ⑥	6
④ → ⑦	6
⑤ → ⑧	7
⑥ → ⑨	8
⑦ → ⑨	4
⑧ → ⑨	2
⑨ → ⑩	2

(1) PERT 기법으로 네트워크 공정표를 작성하고 주공정선은 굵은 선으로 표시하시오.
(2) 아래의 빈칸을 채우시오.

작업	EST	EFT	LST	LFT	TF	FF	DF	CP
① → ②								
② → ③								
② → ④								
② → ⑤								
③ → ⑥								
④ → ⑥								
④ → ⑦								
⑤ → ⑧								
⑥ → ⑨								
⑦ → ⑨								
⑧ → ⑨								
⑨ → ⑩								

해설

(1)

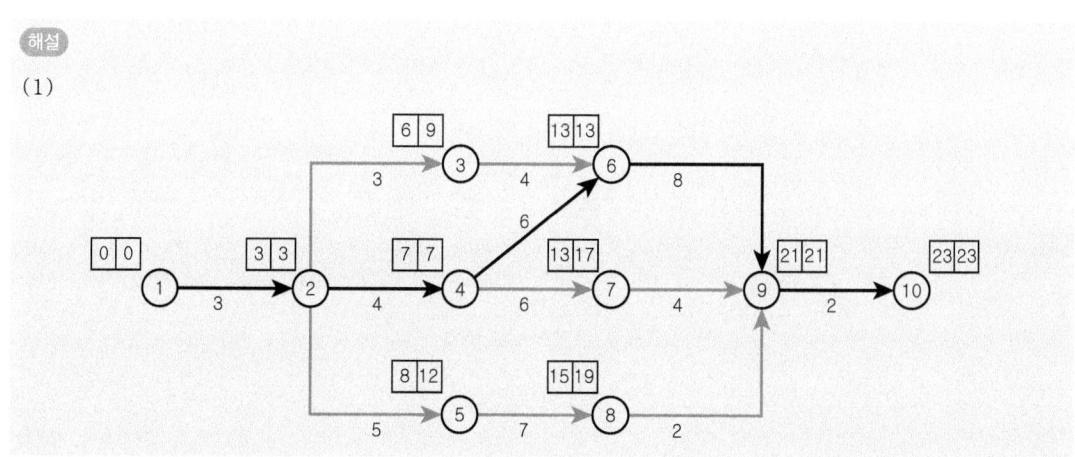

(2)

작업	EST	EFT	LST	LFT	TF	FF	DF	CP
① → ②	0	3	0	3	0	0	0	○
② → ③	3	6	6	9	3	0	3	
② → ④	3	7	3	7	0	0	0	○
② → ⑤	3	8	7	12	4	0	4	
③ → ⑥	6	10	9	13	3	3	0	
④ → ⑥	7	13	7	13	0	0	0	○
④ → ⑦	7	13	11	17	4	0	4	
⑤ → ⑧	8	15	12	19	4	0	4	
⑥ → ⑨	13	21	13	21	0	0	0	○
⑦ → ⑨	13	17	17	21	4	4	0	
⑧ → ⑨	15	17	19	21	4	4	0	
⑨ → ⑩	21	23	21	23	0	0	0	○

2021 2회차 건설기계설비기사 필답형 기출문제

01
스트레이너의 종류 3가지를 쓰시오.

해설
① Y형
② U형
③ V형

02
굴삭기 전부장치(프론트 어태치먼트)의 종류 3가지를 쓰시오.

해설
① 백호
② 셔블
③ 드래그 라인
④ 어스 드릴
⑤ 파일 드라이브
⑥ 크램셸

03
커플링의 종류 3가지를 쓰시오.

해설
① 슬리브형　② 분할원통형　③ 플랜지형　④ 롤러체인 커플링　⑤ 그리드 커플링
⑥ 디스크 커플링　⑦ 기어 커플링　⑧ 유체 커플링　⑨ 고무 커플링　⑩ 주름형 커플링
⑪ 슬릿형 커플링　⑫ 유니버셜 조인트　⑬ 등속 조인트

04

지게차 안전장치(방호장치)의 종류 3가지를 쓰시오.

① 전조등 및 후미등
② 헤드가드
③ 백레스트
④ 좌석 안전띠
⑤ 전·후방 카메라

05

다음 보기는 미끄럼 베어링 재료의 특징을 설명하는 것일 때 각각 알맞은 답을 골라서 쓰시오.

[보기]
① 주석(Sn), 납(Pb), 아연(Zn) 등 연한 금속을 주성분으로 한 백색합금이며, 연한 금속합금 이어서 청동, 주철, 주강 등 다른 금속의 안쪽에 얇게 덧붙여 사용하며, 배빗 메탈이라고도 부른다.

② 금속 분말을 금형에 주입하여 가압 및 가열하여 성형한 후 기름에 담가서 베어링에 윤활유를 침투시킨다.

③ 윤활제가 없어도 비교적 마찰계수가 작고 내마멸성이 크고, 가격이 싸고, 부식에 강하나 열에 약하여 열변형이 생기기 쉬운 합성수지 등 금속 이외의 재료

(1) 오일리스 베어링(무급유 베어링)
(2) 비금속 재료
(3) 화이트 메탈

해설
(1) 오일리스 베어링 : ②
(2) 비금속 재료 : ③
(3) 화이트 메탈 : ①

06

강판의 두께 $20mm$인 강판에 지름 $20.5mm$인 리벳으로 1줄 겹치기 리벳 이음을 하려할 때 1 피치당 하중을 $25kN$으로 설계하려 할 때 다음을 구하시오.
(단, 리벳의 지름과 리벳의 구멍 지름 크기가 동일하다.)

(1) 피치 $[mm]$ (단, 강판의 효율은 60%이다.)
(2) 강판의 인장응력 $[MPa]$
(3) 리벳의 허용전단응력 $40MPa$, 강판의 허용인장응력을 $60MPa$로 가정할 때 리벳의 효율 $[\%]$

해설

(1) $\eta_t = 1 - \dfrac{d}{p}$ 에서,

$\therefore p = \dfrac{d}{1-\eta_t} = \dfrac{20.5}{1-0.6} = 51.25 mm$

(2) $\sigma_t = \dfrac{W}{(p-d)t} = \dfrac{25 \times 10^3}{(51.25-20.5) \times 20} = 40.65 MPa$

(3) $\eta_s = \dfrac{\pi d^2 n}{4\sigma_t pt} = \dfrac{40 \times \pi \times 20.5^2 \times 1}{4 \times 60 \times 51.25 \times 20} = 0.2147 = 21.47\%$

07

$300rpm$, $7kW$의 동력을 전달하는 지름이 $50mm$인 축에 장착되어 있는 묻힘 키$(10 \times 8 \times 40)$가 있으며, 묻힘 키의 허용 전단응력 $70MPa$, 허용 압축응력 $90MPa$일 때 다음을 구하시오.
(단, 키의 묻힘 깊이는 키 높이의 $\dfrac{1}{2}$이다.)

(1) 전달 토크 $[N \cdot m]$
(2) 묻힘 키의 압축응력$[MPa]$과 안전성을 검토하시오.
(3) 묻힘 키의 전단응력$[MPa]$과 안전성을 검토하시오.

해설

(1) $T = \dfrac{H}{\omega} = \dfrac{H}{\dfrac{2\pi N}{60}} = \dfrac{7 \times 10^3}{\dfrac{2\pi \times 300}{60}} = 222.82 N \cdot m$

(2) ① $\sigma_c = \dfrac{4T}{h\ell d} = \dfrac{4 \times 222.82 \times 10^3}{8 \times 40 \times 50} = 55.71 MPa$

② $\sigma_a(90MPa) > \sigma_c(55.71MPa)$ 이므로, $\therefore$ 안전하다.

(3) ① $\tau_k = \dfrac{2T}{b\ell d} = \dfrac{2 \times 222.82 \times 10^3}{10 \times 40 \times 50} = 22.28 MPa$

② $\tau_a(70MPa) > \tau_k(22.28MPa)$ 이므로, $\therefore$ 안전하다.

08

$50mm$를 전진하는데 5회전을 요구하는 사각나사잭에서 $10000N$의 하중을 들어올리려 할 때 다음을 구하시오.
(단, 레버의 길이 $20cm$, 사각나사의 유효지름 $50mm$, 마찰계수 0.15이다.)

(1) 레버를 돌리는 힘 $[N]$
(2) 나사잭의 효율 $[\%]$

해설

(1) 나사잭이 5회전을 하여 50mm를 전진시킨다. $\Rightarrow \ell = \dfrac{50}{5} = 10mm$

$\ell = np \Rightarrow p = \dfrac{\ell}{n} = \dfrac{10}{1} = 10mm$

$T = FL = Q\left(\dfrac{p + \mu \pi d_e}{\pi d_e - \mu p}\right)\dfrac{d_e}{2}$ 에서,

$\therefore F = \dfrac{Q\left(\dfrac{p + \mu \pi d_e}{\pi d_e - \mu p}\right)\dfrac{d_e}{2}}{L} = \dfrac{10000 \times \left(\dfrac{10 + 0.15 \times \pi \times 50}{\pi \times 50 - 0.15 \times 10}\right) \times \dfrac{50}{2}}{200} = 269.65N$

(2) $\eta = \dfrac{pQ}{2\pi T} = \dfrac{pQ}{2\pi FL} = \dfrac{10 \times 10000}{2\pi \times 269.65 \times 200} = 0.2951 = 29.51\%$

09

유효지름 $20mm$, 피치 $3mm$인 $M24$인 나사에 대한 다음을 구하시오.
(단, 마찰계수는 0.1이다.)

(1) 유효마찰계수 (단, 소수점 넷 째 자리까지 표기하시오.)
(2) 나사 효율 $[\%]$

해설

(1) $\mu' = \dfrac{\mu}{\cos\dfrac{\alpha}{2}} = \dfrac{0.1}{\cos\dfrac{60°}{2}} = 0.1155$

(2) $\tan\lambda = \dfrac{p}{\pi d_e} \Rightarrow \lambda = \tan^{-1}\left(\dfrac{p}{\pi d_e}\right) = \tan^{-1}\left(\dfrac{3}{\pi \times 20}\right) = 2.73°$

$\tan\rho' = \mu' \Rightarrow \rho' = \tan^{-1}(0.1155) = 6.59°$

$\therefore \eta = \dfrac{\tan\lambda}{\tan(\lambda + \rho')} = \dfrac{\tan 2.73}{\tan(2.73 + 6.59)} = 0.2906 = 29.06\%$

10

2열 롤러 체인의 피치 $15.88mm$, 원동 스프로킷 잇수 17개, 원동 스프로킷 회전수 $600rpm$, 파단 하중 $22.1kN$, 안전율 10일 때 다음을 구하시오.

(1) 롤러 체인의 속도 $[m/s]$
(2) 롤러 체인의 허용하중 $[kN]$
(3) 롤러 체인의 최대 전달 동력 $[kW]$

해설

(1) $v = \dfrac{pZ_A N_A}{60 \times 1000} = \dfrac{15.88 \times 17 \times 600}{60 \times 1000} = 2.7 m/s$

(2) $F = \dfrac{F_B}{S} = \dfrac{22.1}{10} = 2.21 kN$

(3) $H = Fv = 2.21 \times 2.7 = 5.97 kW$

11

다음 그림과 같은 자동 브레이크에서 제동력 $4750N$으로 작용하고 마찰계수 0.15, 접촉각 $240°$, $a = 7mm$, $b = 18mm$, $\ell = 100mm$일 때 다음을 구하시오.

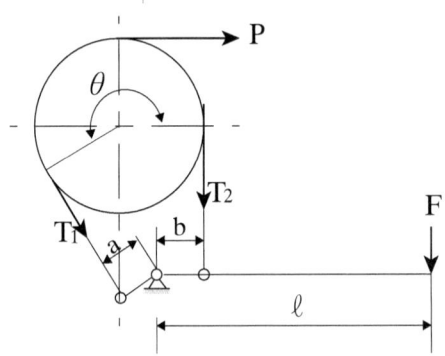

(1) 밴드 브레이크의 장력 $T_1[N]$, $T_2[N]$
(2) 레버를 누르는 힘 $[N]$

해설

(1) $e^{\mu\theta} = e^{0.15 \times 240 \times \frac{\pi}{180}} = 1.87$

$\therefore T_1(= T_t) = \dfrac{Pe^{\mu\theta}}{e^{\mu\theta} - 1} = \dfrac{4750 \times 1.87}{1.87 - 1} = 10209.77 N$

$P = T_t - T_s = T_1 - T_2 = 4750N$
$\therefore T_2(= T_s) = T_1 - P = 10209.77 - 4750 = 5459.77N$

✔ 장력 방향이 그림상 아래로 되어있어도 P힘에 의해 장력은 윗방향으로 작용하는 것을 알아야 한다.

(2) $T_1 a = T_2 b - F\ell \Rightarrow \therefore F = \dfrac{T_2 b - T_1 a}{\ell}$

$= \dfrac{5457.77 \times 18 - 10209.77 \times 7}{100} = 268.07 N$

12

잇수가 6개, 스플라인의 유효길이는 $200mm$, 외경 $94mm$, 내경 $88mm$, 접촉효율이 75%인 스플라인 축이 있다. 이러한 스플라인 축이 $380rpm$으로 회전할 때 다음을 구하시오.
(단, 허용 접촉면압력은 $25MPa$이다.)

(1) 전달 토크 $[N \cdot m]$
(2) 전달 동력 $[kW]$

해설

(1) $h = \dfrac{d_2 - d_1}{2} = \dfrac{94 - 88}{2} = 3mm$, 모따기($c$)는 주어지지 않으면 무시한다.

$\therefore T = (h - 2c) q_a \ell \left(\dfrac{d_2 + d_1}{4} \right) \eta Z = 3 \times 25 \times 200 \times \left(\dfrac{94 + 88}{4} \right) \times 0.75 \times 6$
$= 3071250 N \cdot mm ≒ 3071.25 N \cdot m$

(2) $H = T\omega = T \times \dfrac{2\pi N}{60} = 3071.25 \times 10^{-3} \times \dfrac{2\pi \times 380}{60} = 122.22 kW$

13

교차각 $20°$인 유니버설 조인트에서 원동축의 회전각속도 $1000rpm$일 때, 종동축의 회전 각속도 $[rpm]$는 어떤 범위 내에서 변화하는지 쓰시오.

해설

$N_{B \cdot min} = N_A \cos\delta = 1000 \cos 20° = 939.69 rpm$
$N_{B \cdot max} = \dfrac{N_A}{\cos\delta} = \dfrac{1000}{\cos 20°} = 1064.18 rpm$
$\therefore N_B = 939.69 rpm \sim 1064.18 rpm$

14

$400rpm$, $5.5kW$의 동력을 전달하는 치직각 모듈 5, 비틀림각 $30°$, 압력각 $14.5°$인 헬리컬 기어의 피니언 잇수 30개, 기어의 잇수 90개일 때 다음을 구하시오.

(1) 축간거리 $[mm]$
(2) 피니언의 피치원 직경 $[mm]$
(3) 추력 $[kN]$

해설

(1) $C = \dfrac{D_{As} + D_{Bs}}{2} = \dfrac{D_A + D_B}{2\cos\beta} = \dfrac{m(Z_A + Z_B)}{2\cos\beta} = \dfrac{5(30+90)}{2\cos 30°} = 346.41mm$

(2) $D_{As} = \dfrac{mZ_A}{\cos\beta} = \dfrac{5 \times 30}{\cos 30°} = 173.21mm$

(3) $v = \dfrac{\pi D_{As} N_A}{60 \times 1000} = \dfrac{\pi \times 173.21 \times 400}{60 \times 1000} = 3.63 m/s$

$H = Fv \Rightarrow F = \dfrac{H}{v} = \dfrac{5.5}{3.63} = 1.52kN$

$\therefore F_t = F\tan\beta = 1.52\tan 30° = 0.88kN$

15

분당 회전수 $1000rpm$, $45kW$의 동력을 전달하는 4사이클 엔진 기관에서 각속도 변동률이 $\dfrac{1}{100}$이고, 에너지 변동계수는 1.3, 플라이휠의 내외경비 0.6, 비중량 $80.764kN/m^3$, 림의 폭이 $50mm$일 때 다음을 구하시오.

(1) 1사이클당 발생하는 에너지 $[N \cdot m]$
(2) 질량 관성모멘트 $[N \cdot m \cdot s^2]$

해설

(1) $T_m = \dfrac{H}{\omega} = \dfrac{H}{\dfrac{2\pi N}{60}} = \dfrac{45 \times 10^3}{\dfrac{2\pi \times 1000}{60}} = 429.72 N \cdot m$

$E = 4\pi T_m = 4\pi \times 429.72 = 5400.02 N \cdot m$

(2) $\Delta E = qE = 1.3 \times 5400.02 = 7020.03 N \cdot m$

$\Delta E = I\omega^2 \delta \Rightarrow \therefore I = \dfrac{\Delta E}{\omega^2 \delta} = \dfrac{7020.03}{\left(\dfrac{2\pi \times 1000}{60}\right)^2 \times \dfrac{1}{100}} = 64.01 N \cdot m \cdot s^2$

16

700rpm으로 지름 450mm인 풀리를 구동하려 한다. 폭 200mm인 가죽 벨트에서 두께가 6mm, 마찰계수 0.2, 벨트 접촉중심각 158°, 벨트의 이음효율 0.8, 벨트의 허용 인장응력 3MPa, 단위 길이당 질량 0.2kg/m일 때 다음을 구하시오.

(1) 벨트의 허용장력 [N]
(2) 벨트의 전달동력 [kW]

해설

(1) $v = \dfrac{\pi DN}{60 \times 1000} = \dfrac{\pi \times 450 \times 700}{60 \times 1000} = 16.49 m/s$ (부가장력을 고려한다.)

$T_e = mv^2 = 0.2 \times 16.49^2 = 54.38 N$

$e^{\mu\theta} = e^{0.2 \times 158 \times \frac{\pi}{180}} = 1.74$

$\sigma_t = \dfrac{T_t}{bt\eta} \Rightarrow \therefore T_t = bt\eta\sigma_t = 200 \times 6 \times 0.8 \times 3 = 2880 N$

(2) $H = (T_t - T_s)\left(\dfrac{e^{\mu\theta}-1}{e^{\mu\theta}}\right)v = (2880 - 54.38) \times \left(\dfrac{1.74-1}{1.74}\right) \times 16.49 = 19816.04 W = 19.82 kW$

17

다음 그림과 같이 1500rpm, 40kW의 동력을 전달하는 1m의 전동축 중앙에 하중이 1000N인 회전체가 설치되어 있을 때 축의 지름[mm]을 구하시오.
(단, 축의 허용전단응력은 40MPa이고, 축의 자중은 고려하지 않는다.)

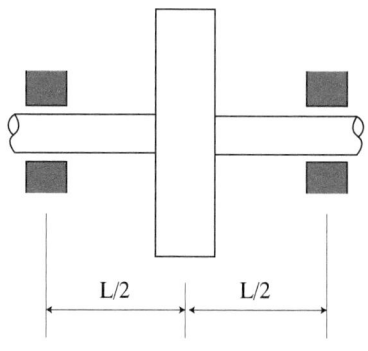

해설

$T = \dfrac{H}{\omega} = \dfrac{H}{\dfrac{2\pi N}{60}} = \dfrac{40 \times 10^3}{\dfrac{2\pi \times 1500}{60}} = 254.65 N \cdot m$

$M = \dfrac{PL}{4} = \dfrac{1000 \times 1}{4} = 250 N \cdot m$

$$T_e = \sqrt{M^2 + T^2} = \sqrt{250^2 + 254.65^2} = 356.86 N \cdot m$$
$$\therefore d = \sqrt[3]{\frac{16 T_e}{\pi \tau_a}} = \sqrt[3]{\frac{16 \times 356.86 \times 10^3}{\pi \times 40}} = 35.68 mm$$

18

원통형 코일 스프링이 $500N$의 압축 하중이 작용되어 처짐량이 $18mm$가 되었다. 소선의 지름이 $10mm$이며, 코일의 유효지름이 $80mm$일 때 다음을 구하시오.
(단, 스프링의 전단탄성계수 $G = 81 GPa$이다.)

(1) 유효 권수 [권]
(2) 최대전단응력 [MPa]

해설

(1) $\delta = \dfrac{8nPD^3}{Gd^4} \Rightarrow \therefore n = \dfrac{Gd^4\delta}{8PD^3} = \dfrac{81 \times 10^3 \times 10^4 \times 18}{8 \times 500 \times 80^3} = 7.12 ≒ 8$권

(2) $C = \dfrac{D}{d} = \dfrac{80}{10} = 8$, $K = \dfrac{4C-1}{4C-4} + \dfrac{0.615}{C} = \dfrac{4 \times 8 - 1}{4 \times 8 - 4} + \dfrac{0.615}{8} = 1.184$

$\therefore \tau_{max} = \dfrac{8PDK}{\pi d^3} = \dfrac{8 \times 500 \times 80 \times 1.84}{\pi \times 10^3} = 120.6 MPa$

19

이중 열교환기의 공기의 입구온도 $30℃$, 출구온도 $15℃$ 그리고 물의 입구온도 $10℃$, 출구온도 $13℃$일 때 대수온도평균차[평행류(병류)]를 통한 시간당 열전달률[$kcal/hr$]을 구하시오.
(단, 총괄 열전달 계수 $k = 800 kcal/m^2 \cdot hr \cdot ℃$, 열전달 면적 $A = 93m^2$이다.)

(1) 이중 열교환기가 평행류일 때 열교환량 [$kcal/hr$]
(2) 이중 열교환기가 대향류일 때 열교환량 [$kcal/hr$]
(3) 대향류와 평행류의 열교환량 차이 [$kcal/hr$]

해설

(1) $\Delta t_1 = 30 - 10 = 20℃$, $\Delta t_2 = 15 - 13 = 2℃$

$\Delta t_m = \dfrac{\Delta t_1 - \Delta t_2}{\ln \dfrac{\Delta t_1}{\Delta t_2}} = \dfrac{20 - 2}{\ln \dfrac{20}{2}} = 7.82℃$

$\therefore Q = kA\Delta t_m = 800 \times 93 \times 7.82 = 581808 kcal/hr$

(2) $\Delta t_1 = 30 - 13 = 17℃$, $\Delta t_2 = 15 - 10 = 5℃$

$$\Delta t_m = \frac{\Delta t_1 - \Delta t_2}{\ln\frac{\Delta t_1}{\Delta t_2}} = \frac{17-5}{\ln\frac{17}{5}} = 9.81℃$$

$$\therefore Q = kA\Delta t_m = 800 \times 93 \times 9.81 = 729864 kcal/hr$$

(3) $Q = 729864 - 581808 = 148056 kcal/hr$

20

아래의 표를 참고하여 PERT기법으로 네트워크 공정표를 작성하고 주공정선은 굵은 선으로 표시하시오.

작업명	활동	작업일수
A	① → ②	4
B	① → ③	10
C	② → ④	4
D	③ → ④	-
E	③ → ⑥	6
F	④ → ⑤	8
G	⑤ → ⑥	-
H	⑤ → ⑦	8
I	⑥ → ⑦	12

해설

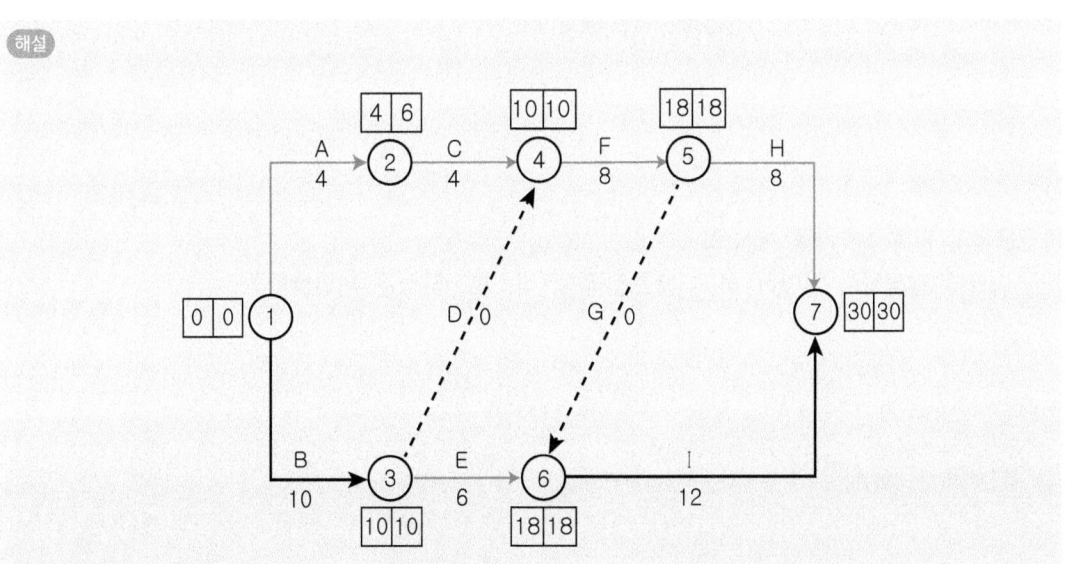

✔ 작업일수가 0일일 때에는 더미로 표현한다.

2021 3회차 건설기계설비기사 필답형 기출문제

01
베어링 예압을 주는 목적 3가지를 쓰시오.

① 베어링 강성을 높이기 위해
② 축방향의 진동 및 공진에 의한 이음을 방지하기 위해
③ 전동체의 선회 미끄럼·공진 미끄럼 및 자전 미끄럼을 억제하기 위해
④ 궤도륜에 대하여 전동체를 바른 위치로 유지하기 위해
⑤ 축이 레이디얼 방향 및 엑셀 방향의 위치결정을 정확하게 함과 동시에 축의 진동을 억제하기 위해

02
포장기계의 종류 5가지를 쓰시오.

① 콘크리트 제조기계　② 콘크리트 운반기계　③ 콘크리트 타설기계
④ 아스팔트 믹싱 플랜트　⑤ 아스팔트 피니셔　⑥ 아스팔트 살포기　⑦ 롤러

03
아크용접의 종류 5가지를 쓰시오.
(단, 아크를 발생하지 않아야 하고, 소모전극식, 비소모전극식은 제외한다.)

① 피복아크용접　② 탄소아크용접　③ 불활성가스아크용접(TIG용접, MIG용접)
④ 탄산가스아크용접　⑤ 서브머지드아크용접　⑥ 원자수소용접

04

기중기의 안전장치 종류 5가지를 쓰시오.

해설
① 권과방지장치
② 과부하방지장치
③ 제동장치
④ 비상정지장치
⑤ 훅해지장치
⑥ 압력스위치
⑦ 릴리프 밸브
⑧ 오버센터 밸브
⑨ 체크 밸브

05

다음 보기에 있는 보온재(단열재)들을 각각 분류하시오.

[보기]
① 기포성수지 ② 석면 ③ 코르크 ④ 탄산마그네슘 ⑤ 펠트

(1) 유기질 보온재
(2) 무기질 보온재

해설
(1) 유기질 보온재 : ① 기포성수지 ③ 코르크 ⑤ 펠트
(2) 무기질 보온재 : ② 석면 ④ 탄산마그네슘

06

$M24$(피치 $3mm$, 유효지름 $22.051mm$, 골지름 $20.752mm$)의 나사가 있을 때 다음을 구하시오.
(단, 나사의 마찰계수는 0.12, 허용 인장응력은 $900MPa$이다.)

(1) 나사의 효율 [%]
(2) 나사를 최대로 들어올릴 수 있는 무게 [kg_f]

> **해설**

(1) $\tan\lambda = \dfrac{p}{\pi d_e} \Rightarrow \lambda = \tan^{-1}\left(\dfrac{p}{\pi d_e}\right) = \tan^{-1}\left(\dfrac{3}{\pi \times 22.051}\right) = 2.48°$

$\tan\rho' = \mu' \Rightarrow \dfrac{\mu}{\cos\dfrac{\alpha}{2}} \Rightarrow \rho' = \tan^{-1}\left[\dfrac{0.12}{\cos\dfrac{60°}{2}}\right] = 7.89°$

$\therefore \eta = \dfrac{\tan\lambda}{\tan(\lambda+\rho')} = \dfrac{\tan 2.48}{\tan(2.48+7.89)} = 0.2367 = 23.67\%$

(2) $\sigma_a = \dfrac{Q}{A} = \dfrac{Q}{\dfrac{\pi d_1^2}{4}}$ 에서,

$\therefore Q = \dfrac{\pi d_1^2}{4} \times \sigma_a = \dfrac{\pi \times 20.752^2}{4} \times 900 = 304405.36N \times \dfrac{1}{9.8} = 31061.77 kg_f$

07

강판의 두께 $12mm$, 리벳의 구멍 지름 $16mm$, 피치 $76mm$인 양쪽 덮개판 2줄 맞대기 이음을 하려 한다. 이때, 리벳의 전단응력은 강판의 인장응력의 80%일 때 리벳이음의 효율$[\%]$을 구하시오.
(단, 리벳의 구멍 지름과 리벳의 지름은 동일하다.)

> **해설**

강판의 효율 : $\eta_t = 1 - \dfrac{d}{p} = 1 - \dfrac{16}{76} = 0.7895 = 78.95\%$

리벳의 효율 : $\eta_s = \dfrac{\tau \pi d^2 \times 1.8n}{4\sigma_t pt} = \dfrac{0.8\sigma_t \pi d^2 \times 1.8n}{4\sigma_t pt}$

$= \dfrac{0.8 \times \pi \times 16^2 \times 1.8 \times 2}{4 \times 76 \times 12} = 0.6349 = 63.49\%$

리벳이음의 효율은 두 효율 중 작은값을 채택한다.
$\therefore \eta = 63.49\%$

08

너클 핀에 작용하는 인장하중은 $20kN$이고, 허용 접촉면압력은 $65MPa$, 허용 전단응력이 $30MPa$일 때 안전을 고려한 너클 핀의 지름$[mm]$을 구하시오.
(단, 아이부 절개면의 높이 $30mm$이다.)

> **해설**

① 핀의 접촉면압 : $q_a = \dfrac{P}{A} = \dfrac{P}{da} \Rightarrow d = \dfrac{P}{aq_a} = \dfrac{20 \times 10^3}{30 \times 65} = 10.26mm$

② 핀의 전단응력 : $\tau_a = \dfrac{P}{2A} = \dfrac{P}{2 \times \dfrac{\pi d^2}{4}} \Rightarrow d = \sqrt{\dfrac{2P}{\pi \tau_a}} = \sqrt{\dfrac{2 \times 20 \times 10^3}{\pi \times 30}} = 20.6mm$

지름은 클수록 안전하기 때문에, $\therefore d = 20.6mm$

09

$500rpm$으로 동력을 전달하는 외접원통마찰차의 원동차 지름이 $500mm$, 마찰차가 서로 미는 힘이 $2000N$일 때 다음을 구하시오.

(1) 원주속도 $[m/s]$
(2) 마찰차의 너비 $[mm]$ (단, 접촉선압력은 $30N/mm$이다.)

해설

(1) $v = \dfrac{\pi DN}{60 \times 1000} = \dfrac{\pi \times 500 \times 500}{60 \times 1000} = 13.09 m/s$

(2) $f = \dfrac{P}{b} \Rightarrow \therefore b = \dfrac{P}{f} = \dfrac{2000}{30} = 66.67mm$

10

$500rpm$, $3.5kW$의 동력을 전달하는 축지름이 $40mm$인 중실축에 너비 $15mm$, 높이 $10mm$, 길이 $80mm$인 묻힘 키를 장착하려 할 때 다음을 구하시오.

(1) 전달 토크 $[N \cdot m]$
(2) 묻힘 키에 작용하는 전단응력 $[MPa]$
(3) 묻힘 키에 작용하는 압축응력 $[MPa]$

해설

(1) $T = \dfrac{H}{\omega} = \dfrac{H}{\dfrac{2\pi N}{60}} = \dfrac{3.5 \times 10^3}{\dfrac{2\pi \times 500}{60}} = 66.85 N \cdot m$

(2) $\tau_k = \dfrac{2T}{b\ell d} = \dfrac{2 \times 66.85 \times 10^3}{15 \times 80 \times 40} = 2.79 MPa$

(3) $\sigma_c = \dfrac{4T}{h\ell d} = \dfrac{4 \times 66.85 \times 10^3}{10 \times 80 \times 40} = 8.36 MPa$

11

$30ton$의 하중을 지지하는 나사 프레스에서 사각 나사의 바깥지름이 $100mm$, 골지름이 $75mm$일 때 다음을 구하시오.

(1) 필요한 최소 나사산의 수 $[개]$ (단, 너트 재료의 허용 접촉면압력은 $25MPa$이다.)
(2) 너트의 유효높이 $[mm]$ (단, 피치는 $20mm$으로 가정한다.)

해설

(1) $q = \dfrac{Q}{\dfrac{\pi}{4}(d_2^2 - d_1^2)Z} \leq q_a$

$Z \geq \dfrac{Q}{\dfrac{\pi}{4}(d_2^2 - d_1^2)q_a}$

$Z \geq \dfrac{30 \times 10^3 \times 9.8}{\dfrac{\pi}{4}(100^2 - 75^2) \times 25}$

$Z \geq 3.42 \Rightarrow \therefore Z = 4개$

(2) $H = pZ = 20 \times 4 = 80mm$

12

지름 $50mm$, 길이 $800mm$의 축에 $5kN$의 하중을 가진 회전체를 축 중앙에 부착하였을 때 위험속도$[rpm]$을 구하시오.
(단, 축의 자중은 무시하고, 종탄성계수는 $25 \times 10^4 MPa$이다.)

해설

$\delta = \dfrac{Wl^3}{48EI} = \dfrac{5 \times 10^3 \times 800^3}{48 \times 25 \times 10^4 \times \dfrac{\pi \times 50^4}{64}} = 0.7mm$

$\therefore N_C = \dfrac{30}{\pi}\sqrt{\dfrac{g}{\delta}} = \dfrac{30}{\pi}\sqrt{\dfrac{9800}{0.7}} = 1129.89rpm$

13

전체 하중이 $9800N$인 건설 장비를 4개소에서 균등하게 지지하여 처짐이 $50mm$가 생기는 원통형 코일 스프링의 소선의 지름은 $16mm$, 스프링지수 9, 전단탄성계수 $82GPa$일 때 다음을 구하시오.

(1) 유효 권수 $[권]$
(2) 최대 전단응력 $[MPa]$ (단, 왈의 응력수정계수는 1.25이다.)

해설

(1) $P = \dfrac{9800}{n} = \dfrac{9800}{4} = 2450N$

$C = \dfrac{D}{d} \Rightarrow D = Cd = 9 \times 16 = 144mm$

$\delta = \dfrac{8nPD^3}{Gd^4} \Rightarrow \therefore n = \dfrac{Gd^4\delta}{8PD^3} = \dfrac{82 \times 10^3 \times 16^4 \times 50}{8 \times 2450 \times 144^3} = 4.59 ≒ 5$권

(2) $\tau_{\max} = \dfrac{8PDK}{\pi d^3} = \dfrac{8 \times 2450 \times 144 \times 1.25}{\pi \times 16^3} = 274.47 MPa$

14

$500 rpm$, $3.75 kW$의 동력을 전달하는 치직각 모듈 5, 비틀림각 $30°$, 압력각 $14.5°$인 헬리컬 기어의 피니언 잇수 50개, 기어의 잇수 150개일 때 다음을 구하시오.

(1) 축간거리 $[mm]$
(2) 피니언의 피치원 직경 $[mm]$
(3) 추력 $[kN]$

해설

(1) $C = \dfrac{D_{As} + D_{Bs}}{2} = \dfrac{D_A + D_B}{2\cos\beta} = \dfrac{m_n(Z_A + Z_B)}{2\cos\beta} = \dfrac{5 \times (50 + 150)}{2\cos 30°} = 577.35 mm$

(2) $D_{As} = \dfrac{m_n Z_A}{\cos\beta} = \dfrac{5 \times 50}{\cos 30°} = 288.68 mm$

(3) $v = \dfrac{\pi D_{As} N_A}{60 \times 1000} = \dfrac{\pi \times 288.68 \times 500}{60 \times 1000} = 7.56 m/s$

$H = Fv \Rightarrow F = \dfrac{H}{v} = \dfrac{3.75}{7.56} = 0.5 kN$

$\therefore F_t = F\tan\beta = 0.5\tan 30° = 0.29 kN$

15

중실축과 중공축이 동일한 회전토크가 작용할 경우, 지름 $50mm$의 중실축과 내외경비가 0.75인 중공축의 길이가 같을 때 다음을 구하시오.
(단, 두 축의 재질은 동일하다.)

(1) 중공축의 내경$[mm]$, 외경$[mm]$을 구하시오.
(2) 중량비$\left(\dfrac{중공축의\ 중량}{중실축의\ 중량}\right)[\%]$를 구하시오.

해설

(1) $T = \tau Z_P$에서 $T_1 = T_2$, $\tau_1 = \tau_2$이므로, $Z_{P1} = Z_{P2} \Rightarrow \dfrac{\pi d^3}{16} = \dfrac{\pi d_2^3}{16}(1-x^4)$

$\therefore d_2 = \dfrac{d}{\sqrt[3]{1-x^4}} = \dfrac{50}{\sqrt[3]{1-0.75^4}} = 56.76mm$

$\dfrac{d_1}{d_2} = 0.75 \Rightarrow \therefore d_1 = 0.75 d_2 = 0.75 \times 56.76 = 42.57mm$

(2) $\varepsilon = \dfrac{d_2^2 - d_1^2}{d^2} = \dfrac{56.76^2 - 42.57^2}{50^2} = 0.5638 = 56.38\%$

16

$650 rpm$, $6.24 kW$으로 회전하는 지름 $300mm$의 드럼을 제동하려는 블록 브레이크를 제작하려 할 때 다음을 구하시오.
(단, 마찰계수는 0.25, $a = 800mm$, $b = 200mm$, $c = 40mm$이다.)

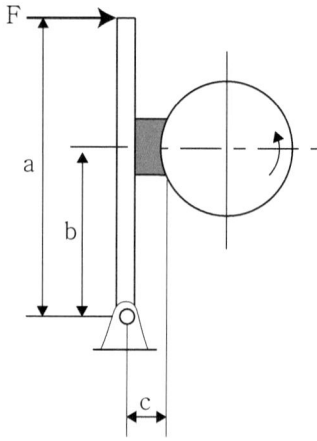

(1) 제동 토크 $[N \cdot m]$
(2) 브레이크를 누르는 힘 $[N]$

해설

(1) $T = \dfrac{H}{\omega} = \dfrac{H}{\dfrac{2\pi N}{60}} = \dfrac{6.24 \times 10^3}{\dfrac{2\pi \times 650}{60}} = 91.67 N \cdot m$

(2) $T = \mu P \dfrac{D}{2} \Rightarrow P = \dfrac{2T}{\mu D} = \dfrac{2 \times 91.67 \times 10^3}{0.25 \times 300} = 2444.53 N$

$Fa - Pb + \mu Pc = 0 \Rightarrow \therefore F = \dfrac{P(b-\mu c)}{a} = \dfrac{2444.53 \times (200 - 0.25 \times 40)}{800} = 580.58 N$

17

축간거리 $5m$, 원동풀리의 지름 $300mm$, 종동풀리의 지름 $450mm$인 풀리를 바로걸기로 가죽벨트(벨트의 두께 $10mm$)를 사용하여 $500rpm$, $35kW$의 동력을 전달하려 할 때 다음을 구하시오.

(1) 유효장력 $[N]$ (단, 원주속도는 $9.25m/s$로 가정한다.)
(2) 긴장측장력 $[N]$ (단, 장력비를 2.42로 가정하고, 원심장력은 무시한다.)
(3) 벨트의 너비 $[mm]$ (단, 벨트의 허용 인장응력 $30MPa$, 이음효율 78%이다.)

해설

(1) $H = P_e v \Rightarrow \therefore P_e = \dfrac{H}{v} = \dfrac{35 \times 10^3}{9.25} = 3783.78 N$

(2) $T_t = \dfrac{P_e e^{\mu\theta}}{e^{\mu\theta} - 1} = \dfrac{3783.78 \times 2.42}{2.42 - 1} = 6448.41 N$

(3) $\sigma_t = \dfrac{T_t}{bt\eta} \Rightarrow \therefore b = \dfrac{T_t}{t\eta\sigma_t} = \dfrac{6448.41}{10 \times 0.78 \times 30} = 27.56 mm$

18

2열(다열계수 1.7) 롤러 체인의 피치 $15.88mm$, 원동 스프로킷 잇수 30개, 원동 스프로킷 회전수 $850rpm$, 파단 하중 $22.1kN$, 안전율 10일 때 다음을 구하시오.

(1) 체인의 원주 속도 $[m/s]$
(2) 체인의 최대 전달 동력 $[kW]$

해설

(1) $v = \dfrac{pZ_A N_A}{60 \times 1000} = \dfrac{15.88 \times 30 \times 850}{60 \times 1000} = 6.75 m/s$

(2) $F = \dfrac{F_B e}{S} = \dfrac{22.1 \times 1.7}{10} = 3.76 kN$

$\therefore H = Fv = 3.76 \times 6.75 = 25.38 kW$

19

이중 열교환기에서 외관의 고온 유체가 입구에서 $950℃$, 출구에서 $220℃$이며 저온 유체가 내관에서 입구에서 $35℃$, 출구에서 $80℃$일 때 대수온도평균차[평행류(병류)]를 통한 시간당 열전달률 $[kcal/hr]$을 구하시오.
(단, 총괄 열전달 계수 $k = 5.5 kcal/m^2 \cdot hr \cdot ℃$, 열전달 면적 $A = 3.3 m^2$이다.)

해설

$\triangle t_1 = 950 - 35 = 915℃$, $\triangle t_2 = 220 - 80 = 140℃$

$$\triangle t_m = \frac{\triangle t_1 - \triangle t_2}{\ln\frac{\triangle t_1}{\triangle t_2}} = \frac{915 - 140}{\ln\frac{915}{140}} = 412.83℃$$

$\therefore Q = kA\triangle t_m = 5.5 \times 3.3 \times 412.83 = 7492.86 kcal/hr$

20

아래의 표를 보고 다음을 구하시오.

작업명	선행작업	작업일수
A	-	10
B	-	18
C	A	14
D	A	16
E	B, C	10
F	B, C	8
G	E	8
H	D, F	16

(1) PERT기법으로 네트워크 공정표를 작성하고 주공정선은 굵은 선으로 표시하시오.
(2) 총 작업일수를 구하시오.

해설

(1)

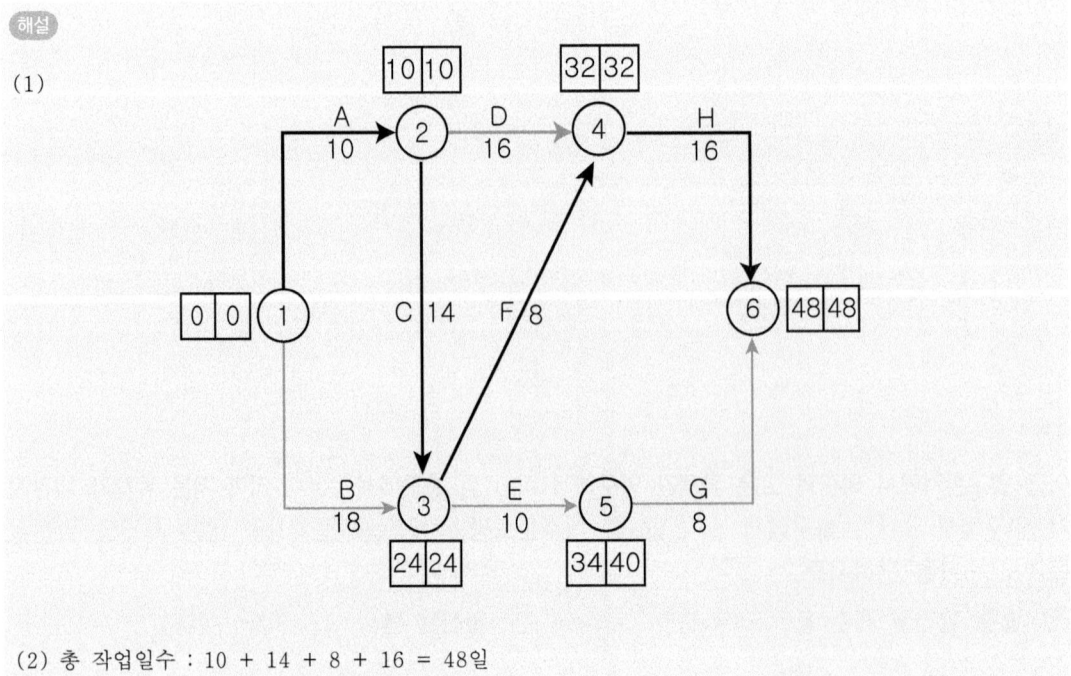

(2) 총 작업일수 : 10 + 14 + 8 + 16 = 48일

2022 1회차 건설기계설비기사 필답형 기출문제

01
다음 그림은 베어링 계수와 마찰계수에 대한 윤활영역을 분류한 그래프일 때 보기를 참고하여 빈칸을 채우시오.

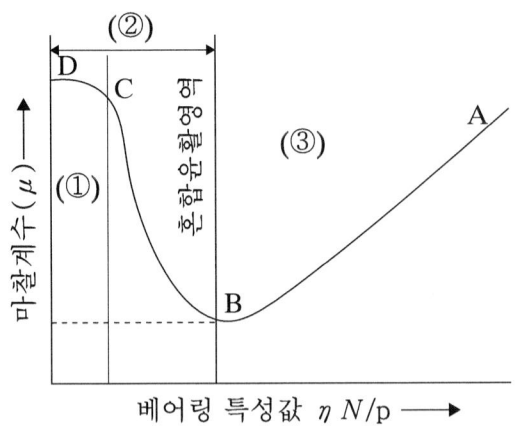

[보기]
① 유체윤활영역(완전윤활영역)　② 불완전윤활영역　③ 경계윤활영역

해설
(①) : ③ 경계윤활영역
(②) : ② 불완전윤활영역
(③) : ① 유체윤활영역(완전윤활영역)

02

다음 보기는 건설기계 안전기준에 관한 규칙에 관한 각도에 대한 설명일 때 각각 빈칸을 채우시오.

[보기]
- 무한궤도식 불도저는 기울기가 (①)도인 지면에서 정지상태를 유지할 수 있는 제동장치 및 제동잠금장치를 갖추어야 한다.
- 타이어식 굴착기는 견고한 땅 위에서 자체중량 상태로 좌우로 (②)도 까지 기울여도 넘어지지 않는 구조이어야 한다. 이 경우 굴착기의 자세는 주행자세로 한다.
- 로더의 전경각은 (③)도 이상, 후경각은 (④)도 이상이어야 한다.
- 카운터밸런스 지게차 마스트의 전경각은 (⑤)도 이하, 후경각은 12도 이하일 것
- 사이트포크형 지게차 마스트의 전경각 및 후경각은 각각 5도 이하일 것

① 30 ② 25 ③ 45 ④ 35 ⑤ 6

03

다음 보기는 건설기계의 규격에 대한 설명으로 아래 문제에 알맞게 규격을 연결시키시오.

[보기]
① 자체중량(ton)
② 작업가능상태의 중량(ton)
③ 최대 들어 올릴 수 있는 용량(ton)
④ 볼의 용량(m^3)
⑤ 표준 버킷용량(m^3)

(1) 스크레이퍼
(2) 로더
(3) 굴착기(굴삭기)
(4) 지게차
(5) 불도저

해설
(1) 스크레이퍼 : ④ 볼의 용량(m^3)
(2) 로더 : ⑤ 표준 버킷용량(m^3)
(3) 굴착기(굴삭기) : ② 작업가능상태의 중량(ton)
(4) 지게차 : ③ 최대 들어 올릴 수 있는 용량(ton)
(5) 불도저 : ① 자체중량(ton)

04

다음 보기는 공차에 대한 설명일 때 알맞게 빈칸을 채우시오.

[보기]
(①) 끼워맞춤 : 항상 틈새가 생기는 끼워맞춤으로 축의 치수보다 구멍의 치수가 클 때의 끼워맞춤이다.
(②) 끼워맞춤 : 항상 죔새가 생기는 끼워맞춤으로 축의 치수보다 구멍의 치수가 작을 때의 끼워맞춤이다.
(③) : 가하공차에서 부품형상을 구성하는 점, 선, 면 등이 기하학적으로 완벽한 형체로부터 벗어나더라도 괜찮은 영역

해설
① 헐거운 ② 억지 ③ 공차역

05

다음 보기는 배관에 대한 부속품으로 아래의 기능에 따른 관이음을 분류하시오.

[보기]
① 엘보 ② 소켓 ③ 크로스 ④ 캡 ⑤ 플러그

(1) 배관 방향을 바꿀 때
(2) 배관을 도중에 분기할 때
(3) 동일 직경의 관을 직선 연결할 때
(4) 관 끝을 막을 때

해설
(1) 배관 방향을 바꿀 때 : ①

(2) 배관을 도중에 분기할 때 : ③
(3) 동일 직경의 관을 직선 연결할 때 : ②
(4) 관 끝을 막을 때 : ④, ⑤

06

강판의 두께 $10mm$, 리벳의 직경 $20mm$, 피치 $50mm$인 강판을 1줄 겹치기 리벳 이음을 하고자 할 때 1피치당 하중을 $27.5kN$일 때 다음을 구하시오.
(단, 리벳의 지름과 리벳의 구멍 지름 크기가 동일하다.)

(1) 강판의 인장응력 $[MPa]$
(2) 리벳의 전단응력 $[MPa]$

해설

(1) $\sigma_t = \dfrac{\overline{W}}{(p-d)t} = \dfrac{27.5 \times 10^3}{(50-20) \times 10} = 91.67 MPa$

(2) $\tau = \dfrac{\overline{W}}{\dfrac{\pi d^2}{4} \times n} = \dfrac{27.5 \times 10^3}{\dfrac{\pi \times 20^2}{4} \times 1} = 87.54 MPa$

07

다음 그림과 같은 자동 브레이크에서 제동력 $P = 5kN$으로 작용하고 마찰계수 0.1, 접촉각 $235°$, $a = 10mm$, $b = 25mm$, $\ell = 200mm$일 때 레버 끝에 가하는 힘 $F[N]$을 구하시오.

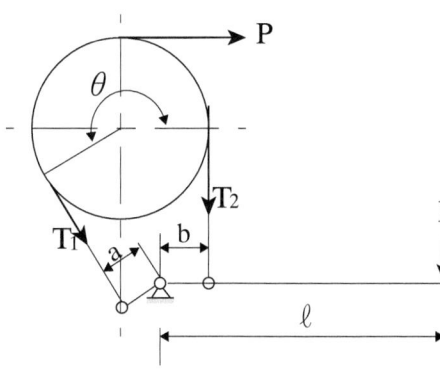

> **해설**
>
> $e^{\mu\theta} = e^{0.1 \times 235 \times \frac{\pi}{180}} = 1.51$
>
> $T_1(=T_t) = \dfrac{Pe^{\mu\theta}}{e^{\mu\theta}-1} = \dfrac{5000 \times 1.51}{1.51-1} = 14803.92N$, $P = T_t - T_s = T_1 - T_2 = 5000N$
>
> $T_2(=T_s) = T_1 - P = 14803.92 - 5000 = 9803.92N$
>
> ✔ 장력 방향이 그림상 아래로 되어있어도 P힘에 의해 장력은 윗방향으로 작용하는 것을 알아야 한다.
>
> $T_1 a = T_2 b - F\ell \Rightarrow \therefore F = \dfrac{T_2 b - T_1 a}{\ell} = \dfrac{9803.92 \times 25 - 14803.92 \times 10}{200} = 485.29N$

08

나사의 유효지름 $54mm$, 피치 $18mm$인 1줄 사각나사잭이 있고, 나사부의 마찰계수가 0.15일 때 다음을 구하시오.

(1) 리드각 [°]
(2) 마찰각 [°]
(3) 나사의 효율 [%]

> **해설**
>
> (1) $\tan\lambda = \dfrac{p}{\pi d_e} \Rightarrow \therefore \lambda = \tan^{-1}\left(\dfrac{p}{\pi d_e}\right) = \tan^{-1}\left(\dfrac{18}{\pi \times 54}\right) = 6.06°$
>
> (2) $\tan\rho = \mu \Rightarrow \therefore \rho = \tan^{-1}\mu = \tan^{-1}(0.15) = 8.53°$
>
> (3) $\eta = \dfrac{\tan\lambda}{\tan(\lambda+\rho)} = \dfrac{\tan 6.06°}{\tan(6.06° + 8.53°)} = 0.4079 = 40.79\%$

09

$1000rpm$으로 동력을 전달하는 평벨트 전동장치가 있다. 이 벨트의 전달토크는 $170N \cdot m$이고, 축의 허용전단응력이 $45MPa$일 때 다음을 구하시오.

(1) 축의 지름 [mm]
(2) 전달동력 [kW]

> **해설**
>
> (1) $T = \tau_a Z_P = \tau_a \times \dfrac{\pi d^3}{16} \Rightarrow \therefore d = \sqrt[3]{\dfrac{16T}{\pi \tau_a}} = \sqrt[3]{\dfrac{16 \times 170 \times 10^3}{\pi \times 45}} = 26.8mm$
>
> (2) $H = T\omega = 170 \times \dfrac{2\pi \times 1000}{60} = 17802.36W = 17.8kW$

10

직경이 $50mm$인 축에 끼워져있는 묻힘 키의 너비는 $14mm$, 높이가 $11mm$이다. 키에 작용하는 전단응력은 $40MPa$, 압축응력은 $60MPa$이며, 회전수가 $280rpm$, 전달동력이 $3.3kW$일 때 다음을 구하시오.

(1) 전달 토크 $[N \cdot m]$
(2) 안전을 고려하여 키의 최소 길이$[mm]$를 채택하시오.

　　(단, 키의 묻힘 깊이는 키 높이의 $\frac{1}{2}$이다.)

해설

(1) $T = \dfrac{H}{\omega} = \dfrac{H}{\dfrac{2\pi N}{60}} = \dfrac{3.3 \times 10^3}{\dfrac{2\pi \times 280}{60}} = 112.55 N \cdot m$

(2) $\tau_k = \dfrac{2T}{b\ell d} \Rightarrow \ell = \dfrac{2T}{bd\tau_k} = \dfrac{2 \times 112.55 \times 10^3}{14 \times 50 \times 40} = 8.04mm$

　　$\sigma_c = \dfrac{4T}{h\ell d} \Rightarrow \ell = \dfrac{4T}{hd\sigma_c} = \dfrac{4 \times 112.55 \times 10^3}{11 \times 50 \times 60} = 13.64mm$

안전을 고려하여 최소길이는 큰 값을 채택한다.
∴ $\ell = 13.64mm$

11

파단 하중 $20kN$, 피치 $12.56mm$의 롤러-체인이 원주속도 $5m/s$로 동력을 전달하고 있다. 안전율 20, 구동 스프로킷 분당 회전수가 $1500rpm$일 때 다음을 구하시오.

(1) 원동 스프로킷 잇수 $[개]$
(2) 체인의 최대 전달 동력 $[kW]$
(3) 원동 스프로킷의 피치원 직경 $[mm]$

해설

(1) $v = \dfrac{pZ_A N_A}{60 \times 1000}$ 에서,

　　∴ $Z_A = \dfrac{60000v}{pN_A} = \dfrac{60000 \times 5}{12.56 \times 1500} = 15.92 \fallingdotseq 16개$

(2) $F = \dfrac{F_B}{S} = \dfrac{20}{20} = 1kN \Rightarrow$ ∴ $H = Fv = 1 \times 5 = 5kW$

(3) $D_A = \dfrac{p}{\sin\dfrac{180}{Z_A}} = \dfrac{12.56}{\sin\dfrac{180}{16}} = 64.38mm$

12

모듈 5, 피니언의 잇수가 24개, 기어의 잇수가 28개인 전위기어가 있다. 다음을 구하시오.

(1) 언더컷 방지를 위한 전위계수 공식을 쓰시오.
(2) 피니언과 기어의 전위계수 (단, 압력각이 14.5°이다.)
(3) 피니언과 기어의 전위량 $[mm]$

해설

(1) $x \geq 1 - \dfrac{Z}{2}\sin^2\alpha$

(2) $x_A = 1 - \dfrac{24}{2}\sin^2(14.5°) = 0.25$, $\quad x_B = 1 - \dfrac{28}{2}\sin^2(14.5°) = 0.12$

(3) $x_A m = 0.25 \times 5 = 1.25$, $\quad x_B m = 0.12 \times 5 = 0.6$

13

잇수가 8개, 스플라인 보스길이는 $200mm$, 외경 $90mm$, 내경 $84mm$, 이의 모따기 $0.25mm$ 접촉 효율이 75%인 스플라인 축이 $200rpm$으로 동력을 전달할 때 다음을 구하시오. (단, 허용접촉면압력은 $30MPa$이다.)

(1) 이 높이 $[mm]$
(2) 전달 토크 $[N \cdot mm]$
(3) 전달 동력 $[kW]$

해설

(1) $h = \dfrac{d_2 - d_1}{2} = \dfrac{90 - 84}{2} = 3mm$

(2) $T = (h - 2c)q_a \ell \left(\dfrac{d_2 + d_1}{4}\right)\eta Z = (3 - 2 \times 0.25) \times 30 \times 200 \times \left(\dfrac{90 + 84}{4}\right) \times 0.75 \times 8 = 3915000 N \cdot mm$

(3) $H = T\omega = T \times \dfrac{2\pi N}{60} = 3915000 \times 10^{-6} \times \dfrac{2\pi \times 200}{60} = 82 kW$

14

회전수 $1500 rpm$, $5.5 kW$의 동력을 전달하는 4사이클 단기통 기관에서 각속도 변동률이 $1/80$이고, 에너지 변동계수는 1.2일 때 질량 관성모멘트$[N \cdot m \cdot s^2]$를 구하시오.

해설

$$T_m = \frac{H}{\omega} = \frac{H}{\frac{2\pi N}{60}} = \frac{5.5 \times 10^3}{\frac{2\pi \times 1500}{60}} = 35.01 N \cdot m$$

$$E = 4\pi T_m = 4\pi \times 35.01 = 439.95 N \cdot m$$

$$\triangle E = qE = 1.2 \times 439.95 = 527.94 N \cdot m$$

$$\triangle E = I\omega^2 \delta \quad \Rightarrow \quad \therefore I = \frac{\triangle E}{\omega^2 \delta} = \frac{527.94}{\left(\frac{2\pi \times 1500}{60}\right)^2 \times \frac{1}{80}} = 1.71 N \cdot m \cdot s^2$$

15

축간거리 $500 mm$, 원동차의 회전수 $400 rpm$, 종동차의 회전수 $100 rpm$인 외접 원통 마찰차가 있다. 접촉 선압력 $25 N/mm$, 너비 $50 mm$, 마찰계수 0.3일 때 다음을 구하시오.

(1) 원동차와 종동차의 지름 $[mm]$
(2) 전달 동력 $[kW]$

해설

(1) $\varepsilon = \frac{N_B}{N_A} = \frac{D_A}{D_B} \quad \Rightarrow \quad D_A = D_B \times \frac{N_B}{N_A} = D_B \times \frac{100}{400} = \frac{1}{4} D_B$

$C = \frac{D_A + D_B}{2} \quad \Rightarrow \quad D_A + D_B = 2C = 2 \times 500 = 1000 mm$

$\frac{1}{4} D_B + D_B = 1000 \quad \Rightarrow \quad \therefore D_B = 800 mm$

$\therefore D_A = \frac{1}{4} D_B = \frac{1}{4} \times 800 = 200 mm$

(2) $v = \frac{\pi D_A N_A}{60 \times 1000} = \frac{\pi \times 200 \times 400}{60 \times 1000} = 4.19 m/s$

$f = \frac{P}{b} \quad \Rightarrow \quad \therefore P = fb = 25 \times 50 = 1250 N$

$\therefore H = \mu P v = 0.3 \times 1250 \times 10^{-3} \times 4.19 = 1.57 kW$

16

외경 $60mm$인 1줄 나사의 사각나사잭이 3회전을 하여 $30mm$를 전진할 때 다음을 구하시오. (단, 마찰계수 0.3, 너트의 유효직경은 $0.78 \times$ 외경 이다.)

(1) $300mm$의 길이를 가진 스패너를 $40N$의 힘으로 돌릴 때 들어 올릴 수 있는 하중 $[N]$
(2) 나사의 효율 $[\%]$

해설

(1) 나사잭이 3회전을 하여 $30mm$를 전진시킨다. $\Rightarrow \ell = \dfrac{30}{3} = 10mm$

$\ell = np \Rightarrow p = \dfrac{\ell}{n} = \dfrac{10}{1} = 10mm, \quad d_e = 0.78 d_2 = 0.78 \times 60 = 46.8mm$

$T = FL = Q\left(\dfrac{p + \mu \pi d_e}{\pi d_e - \mu p}\right)\dfrac{d_e}{2}$ 에서,

$\therefore Q = \dfrac{FL}{\left(\dfrac{p + \mu \pi d_e}{\pi d_e - \mu p}\right)\dfrac{d_e}{2}} = \dfrac{40 \times 300}{\left(\dfrac{10 + 0.3\pi \times 46.8}{\pi \times 46.8 - 0.3 \times 10}\right) \times \dfrac{46.8}{2}} = 1365.04 N$

(2) $\eta = \dfrac{pQ}{2\pi T} = \dfrac{pQ}{2\pi \times FL} = \dfrac{10 \times 1365.04}{2\pi \times 40 \times 300} = 0.1810 = 18.1\%$

17

원통형 코일 스프링이 $1000N$의 압축하중을 받고 있다. 이때 스프링의 처짐량은 $10mm$, 스프링 지수 10, 유효 권수 10회, 횡탄성계수 $100GPa$일 때 다음을 구하시오.

(1) 스프링 상수 $[N/mm]$
(2) 스프링의 유효직경 $[mm]$

해설

(1) $k = \dfrac{P}{\delta} = \dfrac{1000}{10} = 100 N/mm$

(2) $\delta = \dfrac{8nPD^3}{Gd^4} = \dfrac{8nPC^3}{Gd} \Rightarrow d = \dfrac{8nPC^3}{G\delta} = \dfrac{8 \times 10 \times 1000 \times 10^3}{100 \times 10^3 \times 10} = 80mm$

$C = \dfrac{D}{d} \Rightarrow \therefore D = Cd = 10 \times 80 = 800mm$

18

축간거리 $10m$의 와이어로프-풀리에서 로프가 $0.3m$가량 처졌다. 로프의 지름은 $30mm$이고 단위 길이에 대한 로프 무게는 $0.3kg/m$일 때 로프의 장력$[N]$을 구하시오.

해설

$$T = \frac{wC^2}{8h} + wh = \frac{0.3 \times 9.8 \times 10^2}{8 \times 0.3} + 0.3 \times 9.8 \times 0.3 = 123.38N$$

19

이중 열교환기에서 외관의 고온 유체가 입구에서 $800℃$, 출구에서 $200℃$이며 저온 유체가 내관에서 입구에서 $30℃$, 출구에서 $70℃$일 때 대수온도평균차[평행류(병류)]를 통한 시간당 열전달률$[kcal/hr]$을 구하시오.
(단, 총괄 열전달 계수 $k = 8kcal/m^2 \cdot hr \cdot ℃$, 열전달 면적 $A = 4.7m^2$이다.)

해설

$\Delta t_1 = 800 - 30 = 770℃, \; \Delta t_2 = 200 - 70 = 130℃$

$\Delta t_m = \dfrac{\Delta t_1 - \Delta t_2}{\ln\dfrac{\Delta t_1}{\Delta t_2}} = \dfrac{770 - 130}{\ln\dfrac{770}{130}} = 359.78℃$

$\therefore Q = kA\Delta t_m = 8 \times 4.7 \times 359.78 = 13527.73 kcal/hr$

20

아래의 표를 참고하여 표(작업시간, 여유시간, 주공정)를 완성하시오.

작업명	선행작업	작업일수
A	-	10
B	-	4
C	A	10
D	A	5
E	B	6
F	C, E	7
G	C, E	18
H	D, F	8

작업명	작업시간				여유시간			주공정
	EST	LST	EFT	LFT	TF	FF	DF	CP
A								
B								
C								
D								
E								
F								
G								
H								

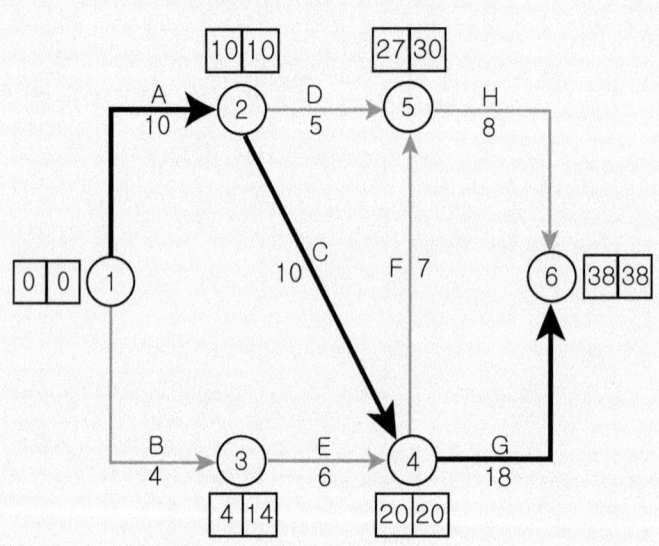

작업명	작업시간				여유시간			주공정
	EST	LST	EFT	LFT	TF	FF	DF	CP
A	0	0	10	10	0	0	0	○
B	0	10	4	14	10	0	10	
C	10	10	20	20	0	0	0	○
D	10	25	15	30	15	12	3	
E	4	14	10	20	10	10	0	
F	20	23	27	30	3	0	3	
G	20	20	38	38	0	0	0	○
H	27	30	35	38	3	3	0	

Memo

2022 2회차 건설기계설비기사 필답형 기출문제

01
다음 보기는 각 집진장치의 종류에 대한 설명일 때 알맞은 답을 고르시오.

[보기]
① 백필터라고도 하며, 다른 집진기술에 비해 최고의 집진성능으로 집진효율이 높고, 안정된 연속운전이 가능하며 여과속도의 조정으로 다량의 풍량을 처리할 수 있다.
② 사이클론이라고도 하며, 비교적 적은 비용으로 효과적인 제진이 가능하며 중요한 대기 오염 정화설비 중 하나이다. 처리가스를 사이클론의 입구로 유입시켜 선회류를 형성시키면 처리가스 내 분진은 선회류를 벗어나 집진장치 본체 내벽에 충동하여 집진되며, 블로우 다운 효과를 통해 효율 증진이 가능하다.
③ 뉴턴 제1법칙을 이용한 장치로 함진가스를 각종 방해판에 충돌시키거나 혹은 함진가스의 기류를 급격하게 방향 전환시켜 함진가스 중 입자를 관성력에 의해 분리 포집하는 장치
④ 충돌과 차단의 원리로 물을 뿌려 먼지입자를 제거하는 장치
⑤ 코트렐 집진장치라고도 하며, 코로나 방전을 이용하여 유입된 입자에 전하를 부여하고 극성을 가진 분진을 전기장 속으로 이동시켜 부착 제거한다.

(1) 원심 집진장치
(2) 여과 집진장치
(3) 전기 집진장치
(4) 세정 집진장치
(5) 관성 집진장치

해설

(1) 원심 집진장치 : ②
(2) 여과 집진장치 : ①
(3) 전기 집진장치 : ⑤
(4) 세정 집진장치 : ④
(5) 관성 집진장치 : ③

02

다음 보기는 적재방식에 의한 로더의 종류에 대한 내용일 때 각각 무엇인지 답을 적으시오.

[보기]
① 앞쪽에서 굴착하여 로더 차체 위를 넘어서 뒤쪽에 적재할 수 있는 방식이다. 터널 공사에 효과적인 특징을 가지고 있다.
② 프론트 엔드형과 오버 헤드형이 조합된 것이며, 전후 양쪽으로 덤프가 가능하다.
③ 가장 일반적인 형태이며 트랙터 앞 쪽에 버킷이 부착되어 있어 굴착하여 앞으로 적재한다.
④ 버킷을 좌우로 기울일 수 있으며, 터널이나 좁은 공간에서 작업이 가능하다.
⑤ 트랙터 뒤쪽에 백호를 부착하고 앞쪽에는 로더용 버킷을 부착한다. 깊은 곳의 굴착과 적재가 동시에 가능하다는 특징을 가지고 있다.

해설
① 오버 헤드 형
② 스윙형
③ 프론트 엔드형
④ 사이드 덤프형
⑤ 백호 셔블형

03

다음 보기는 스플라인에 대한 내용일 때 알맞은 답을 고르시오.

[보기]
① 수많은 작은 삼각형의 스플라인으로, 축과 보스사이에 상대각 위치를 되도록 세밀히 조절해서 고정하려 할 때 사용하고, 이의 높이가 낮고 잇수가 많으므로 측압강도가 크게 되고, 같은 축지름에서 스플라인축보다 큰 회전력을 전달할 수 있다.
② 이의 홈을 각각 축과 보스에 같은 간격으로 깎아낸 것으로, 축과 보스에 정밀한 다듬질, 표면경화, 연마 등의 방법으로 공작한 것으로 주로 자동차 등과 일반기계에서 동력 전달하는 축과 구멍을 결합하는데 주로 사용한다.
③ 잇수는 6~60개이고, 모듈은 0.5, 0.75, 1.0, 1.5, 2.0, 2.5의 6종류가 있다. 이 치형은 가공정도를 높일 수 있으며 이뿌리의 강도가 크다. 또한 회전력을 원활히 전달할 수 있으며, 큰 동력의 전달에 적합하다.

(1) 각형 스플라인
(2) 인벌류트 스플라인
(3) 세레이션

해설
(1) 각형 스플라인 : ②
(2) 인벌류트 스플라인 : ③
(3) 세레이션 : ①

04

다음 표의 사용 유체에 따른 배관의 색깔을 나타낼 때 빈칸을 채우시오.

종류	도색
가스	(①)
수증기(증기)	(②)
유류(기름)	(③)
산 또는 알칼리	(④)
전기	(⑤)

해설
① 황색
② 적색
③ 주황색
④ 회보라
⑤ 연한 황색

05

건설기계 안전기준에 관한 규칙에 따른 도저에 대해 답을 서술하시오.

(1) 전부 장치에 따른 도저의 종류 3가지를 쓰시오.
(2) 무한궤도식 불도저는 각도가 (   )도인 지면을 올라갈 수 있어야 한다.
(3) 로프 최대 견인력의 (   )배를 견딜 수 있어야 한다.

해설
(1) 불도저(=스트레이트 도저), 앵글 도저, 틸트 도저, U형 도저, 습지 도저, 레이크 도저, 트리밍 도저, 힌지 도저

(2) 30

(3) 2

06

제동력 $2800N$이 걸리는 지름 $500mm$의 블록 브레이크 드럼을 제작하려 한다. 이때 브레이크의 최대토크$[N\cdot m]$를 구하시오.

해설

$$T = f \times \frac{D}{2} = 2800 \times \frac{0.5}{2} = 700 N\cdot m$$

07

직경이 $90mm$인 축에 끼워져있는 묻힘 키의 너비는 $18mm$, 높이가 $11mm$이다. 축의 회전수가 $400rpm$, 전달동력이 $5.5kW$일 때 다음을 구하시오.

(단, 키의 묻힘 깊이는 키 높이의 $\frac{1}{2}$이다.)

(1) 허용전단응력을 고려한 키의 길이 $[mm]$ (단, 키에 작용하는 허용전단응력은 $50MPa$이다.)
(2) 허용압축응력을 고려한 키의 길이 $[mm]$ (단, 키에 작용하는 허용압축응력은 $75MPa$이다.)
(3) 안전을 고려하여 키의 최소 길이$[mm]$를 선정하시오.

해설

(1) $T = \dfrac{H}{\omega} = \dfrac{H}{\dfrac{2\pi N}{60}} = \dfrac{5.5 \times 10^3}{\dfrac{2\pi \times 400}{60}} = 131.3 N\cdot m$

$\tau_a = \dfrac{2T}{b\ell d} \Rightarrow \therefore \ell = \dfrac{2T}{bd\tau_a} = \dfrac{2 \times 131.3 \times 10^3}{18 \times 90 \times 50} = 3.24mm$

(2) $\sigma_a = \dfrac{4T}{h\ell d} \Rightarrow \therefore \ell = \dfrac{4T}{hd\sigma_a} = \dfrac{4 \times 131.3 \times 10^3}{11 \times 90 \times 75} = 7.07mm$

(3) 안전을 고려하여 최소길이는 큰 값을 채택한다. $\therefore \ell = 7.07mm$

08

나사의 유효지름 $50mm$, 피치 $15.7mm$인 1줄 사각나사잭이 있고, 나사부의 마찰계수가 0.1일 때 다음을 구하시오.

(1) 리드각 $[°]$
(2) 마찰각 $[°]$
(3) 나사의 효율 $[\%]$

해설

(1) $\tan\lambda = \dfrac{p}{\pi d_e} \Rightarrow \therefore \lambda = \tan^{-1}\left(\dfrac{p}{\pi d_e}\right) = \tan^{-1}\left(\dfrac{15.7}{\pi \times 50}\right) = 5.71°$

(2) $\tan\rho = \mu \Rightarrow \therefore \rho = \tan^{-1}\mu = \tan^{-1}(0.1) = 5.71°$

(3) $\eta = \dfrac{\tan\lambda}{\tan(\lambda+\rho)} = \dfrac{\tan 5.71°}{\tan(5.71°+5.71°)} = 0.495 = 49.5\%$

09

회전수 $500\,rpm$으로 하중 $8\,kN$을 받쳐주는 엔드 저널 베어링이 있다. 압력속도계수 $3\,MPa \cdot m/s$일 때 다음을 구하시오.

(1) 저널의 길이 $[mm]$
(2) 저널의 지름 $[mm]$ (단, 저널의 길이는 저널의 지름의 1.5배이다.)
(3) 베어링 면압력 $[MPa]$

해설

(1) $pv = \dfrac{\pi WN}{60000\ell} \Rightarrow \therefore \ell = \dfrac{\pi WN}{60000 pv} = \dfrac{\pi \times 8 \times 10^3 \times 500}{60000 \times 3} = 69.81\,mm$

(2) $\ell = 1.5d \Rightarrow \therefore d = \dfrac{\ell}{1.5} = \dfrac{69.81}{1.5} = 46.54\,mm$

(3) $p = \dfrac{W}{d\ell} = \dfrac{8 \times 10^3}{46.54 \times 69.81} = 2.46\,MPa$

10

1줄 겹치기 리벳이음에서 강판의 두께 $10\,mm$, 강판의 인장응력 $90\,MPa$, 리벳의 전단응력 $70\,MPa$일 때 다음을 구하시오.
(단, 강판의 압축응력은 인장응력과 동일한 응력 크기를 가지고, 리벳의 지름과 강판의 구멍지름 크기가 동일하다.)

(1) 리벳의 지름 $[mm]$
(2) 피치 $[mm]$
(3) 강판의 효율 $[\%]$

해설

(1) $\sigma_c = \sigma_t = 90 MPa$

$\therefore d = \dfrac{4\sigma_c t}{\pi \tau} = \dfrac{4 \times 90 \times 10}{\pi \times 70} = 16.37 mm$

(2) $p = d + \dfrac{\pi d^2 n}{4\sigma_t t} = 16.37 + \dfrac{70 \times \pi \times 16.37^2 \times 1}{4 \times 90 \times 10} = 32.74 mm$

(3) $\eta_t = 1 - \dfrac{d}{p} = 1 - \dfrac{16.37}{32.74} = 0.5 = 50\%$

11

스팬의 길이 $1000mm$, 하중 $30kN$, 너비 $200mm$, 두께 $20mm$, 판 수 5, 종탄성계수 $210 GPa$의 외팔보형 삼각판 스프링이 있을 때 다음을 구하시오.

(1) 삼각판 스프링에 발생하는 굽힘 응력 $[MPa]$
(2) 삼각판 스프링에 발생하는 최대 처짐량 $[mm]$

해설

(1) $\sigma = \dfrac{6P\ell}{nbh^2} = \dfrac{6 \times 30 \times 10^3 \times 1000}{5 \times 200 \times 20^2} = 450 MPa$

(2) $\delta_{\max} = \dfrac{6P\ell^3}{nbh^3 E} = \dfrac{6 \times 30 \times 10^3 \times 1000^3}{5 \times 200 \times 20^3 \times 210 \times 10^3} = 107.14 mm$

12

다음 그림과 같은 측면 필렛 용접 이음에서 용접 다리는 $15mm$, 용접 길이 $150mm$, 허용 전단응력은 $45MPa$일 때 인장하중 $[kN]$을 구하시오.

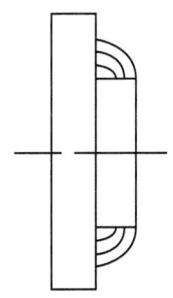
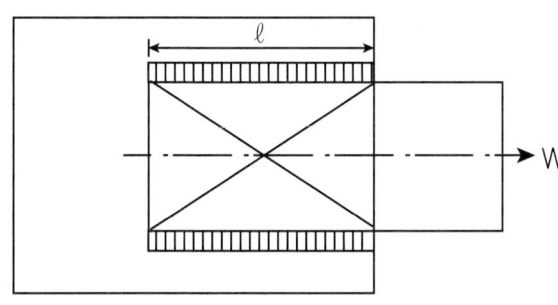

해설

$W = \tau_a A = \tau_a \times 2a\ell = \tau_a \times 2h\cos 45° \times \ell = 45 \times 2 \times 15 \cos 45° \times 150 = 143189.12 N = 143.19 kN$

13

$600 N \cdot m$의 굽힘모멘트를 동시에 받으며, 회전수 $400 rpm$으로 $30 kW$를 전달시키는 축이 있을 때 다음을 구하시오.
(단, 허용 전단응력은 $48 MPa$, 허용 굽힘응력은 $72 MPa$이다.)

(1) 상당 비틀림 모멘트 $[N \cdot m]$
(2) 상당 굽힘 모멘트 $[N \cdot m]$
(3) 축의 최소지름$[mm]$을 표에서 선정하시오.

※축의 직경

d[mm]	35	40	45	50	55	60	65

해설

(1) $T = \dfrac{H}{\omega} = \dfrac{H}{\dfrac{2\pi N}{60}} = \dfrac{30 \times 10^3}{\dfrac{2\pi \times 400}{60}} = 716.2 N \cdot m, \quad M = 600 N \cdot m$

$\therefore T_e = \sqrt{M^2 + T^2} = \sqrt{600^2 + 716.2^2} = 934.31 N \cdot m$

(2) $M_e = \dfrac{1}{2}(M + \sqrt{M^2 + T^2}) = \dfrac{1}{2}(M + T_e) = \dfrac{1}{2}(600 + 934.31) = 767.16 N \cdot m$

(3) $T_e = \tau_a Z_P = \tau_a \times \dfrac{\pi d^3}{16}$에서

$d = \sqrt[3]{\dfrac{16 T_e}{\pi \tau_a}} = \sqrt[3]{\dfrac{16 \times 934.31 \times 10^3}{\pi \times 48}} = 46.28 mm$ ……… ①

$M_e = \sigma_a Z = \sigma_a \times \dfrac{\pi d^3}{32}$에서

$d = \sqrt[3]{\dfrac{32 M_e}{\pi \sigma_a}} = \sqrt[3]{\dfrac{32 \times 767.16 \times 10^3}{\pi \times 72}} = 47.7 mm$ ……… ②

여기서 안전을 고려하여 ①, ②중 큰 값을 채택하므로 ② $d = 47.7mm$이다.
표에서 채택한 직경보다 큰 값을 찾으면, $\therefore d = 50mm$

14

외경 $50mm$인 1줄 나사의 사다리꼴 나사잭이 5회전을 하여 $50mm$를 전진할 때 다음을 구하시오. (단, 유효마찰계수 0.1553, 너트의 유효직경은 $0.74 \times$ 외경 이다.)

(1) $100mm$의 길이를 가진 스패너를 $60N$의 힘으로 돌릴 때 들어 올릴 수 있는 하중 $[N]$
(2) 나사의 효율 $[\%]$

해설

(1) 나사잭이 5회전을 하여 $50mm$를 전진시킨다. $\Rightarrow \ell = \dfrac{50}{5} = 10mm$

$\ell = np \Rightarrow p = \dfrac{\ell}{n} = \dfrac{10}{1} = 10mm$, $d_e = 0.74 d_2 = 0.74 \times 50 = 37mm$

$T = FL = Q\left(\dfrac{p + \mu' \pi d_e}{\pi d_e - \mu' p}\right)\dfrac{d_e}{2}$ 에서,

$\therefore Q = \dfrac{FL}{\left(\dfrac{p + \mu' \pi d_e}{\pi d_e - \mu' p}\right)\dfrac{d_e}{2}} = \dfrac{60 \times 100}{\left(\dfrac{10 + 0.1553\pi \times 37}{\pi \times 37 - 0.1553 \times 10}\right) \times \dfrac{37}{2}} = 1325.95 N$

(2) $\eta = \dfrac{pQ}{2\pi T} = \dfrac{pQ}{2\pi \times FL} = \dfrac{10 \times 1325.95}{2\pi \times 60 \times 100} = 0.3517 = 35.17\%$

15

원동차의 지름 $500mm$, 원동차의 회전수 $800rpm$, 종동차의 회전수 $400rpm$인 내접 원통 마찰차가 있을 때 다음을 구하시오.

(1) 마찰차의 중심거리 $[mm]$
(2) 마찰차의 원주속도 $[m/s]$

해설

(1) $\varepsilon = \dfrac{N_B}{N_A} = \dfrac{D_A}{D_B} \Rightarrow D_B = D_A \times \dfrac{N_A}{N_B} = D_A \times \dfrac{800}{400} = 2D_A$

$\therefore C = \dfrac{|D_A - D_B|}{2} = \dfrac{|D_A - 2D_A|}{2} = \dfrac{|-D_A|}{2} = \dfrac{|-500|}{2} = 250mm$

(2) $v = v_A = v_B = \dfrac{\pi D_A N_A}{60 \times 1000} = \dfrac{\pi \times 500 \times 800}{60 \times 1000} = 20.94 m/s$

16

축간거리 $1000mm$, 원동차의 직경 $500mm$, 종동차의 직경 $1000mm$일 때 다음을 구하시오.

(1) 바로걸기일 때의 벨트의 길이 $[mm]$
(2) 엇걸기일 때의 벨트의 길이 $[mm]$

> **해설**
>
> (1) $L = 2C + \dfrac{\pi(D_A + D_B)}{2} + \dfrac{(D_B - D_A)^2}{4C} = 2 \times 1000 + \dfrac{\pi(500 + 1000)}{2} + \dfrac{(1000 - 500)^2}{4 \times 1000} = 4418.69mm$
>
> (2) $L = 2C + \dfrac{\pi(D_A + D_B)}{2} + \dfrac{(D_B + D_A)^2}{4C} = 2 \times 1000 + \dfrac{\pi(500 + 1000)}{2} + \dfrac{(1000 + 500)^2}{4 \times 1000} = 4918.69mm$

17

압력각 $14.5°$, 모듈 5, 속비 $\dfrac{1}{4}$, 중심거리 $500mm$인 한 쌍의 외접 스퍼기어가 있을 때 다음을 구하시오.

(1) 피니언과 기어의 잇수 $[개]$
(2) 언더컷 발생 여부

> **해설**
>
> (1) $\varepsilon = \dfrac{N_B}{N_A} = \dfrac{D_A}{D_B} = \dfrac{Z_A}{Z_B} = \dfrac{1}{4} \Rightarrow Z_B = 4Z_A$
> $C = \dfrac{D_A + D_B}{2} = \dfrac{m(Z_A + Z_B)}{2} = \dfrac{m(Z_A + 4Z_A)}{2}$
> $\therefore Z_A = \dfrac{2C}{5m} = \dfrac{2 \times 500}{5 \times 5} = 40개$
> $\therefore Z_B = 4Z_A = 4 \times 40 = 160개$
>
> (2) $\alpha_n = 14.5°$ 일 때 $x = 1 - \dfrac{Z}{32}$ 에서,
> 소 기어의 전위 계수 : $x_A = 1 - \dfrac{Z_A}{32} = 1 - \dfrac{40}{32} = -0.25$
> 대 기어의 전위 계수 : $x_B = 1 - \dfrac{Z_B}{32} = 1 - \dfrac{160}{32} = -4$
> $\therefore$ 전위 계수가 0 또는 음수($-$)일 경우 언더컷이 발생하지 않는다.

18

접촉면의 평균지름 $120mm$, 원추각이 $2\alpha = 34°$ 인 원추클러치에서 회전수 $1400rpm$, $4kW$의 동력을 전달하고자 한다. 접촉면의 허용면압력 $0.412MPa$, 마찰계수 $\mu = 0.12$일 때 다음을 구하시오.

(1) 마찰면의 접촉 폭 $[mm]$
(2) 원추 클러치를 축방향으로 미는 힘 $[N]$

해설

(1) $T = \dfrac{H}{\omega} = \dfrac{H}{\dfrac{2\pi N}{60}} = \dfrac{4 \times 10^3}{\dfrac{2\pi \times 1400}{60}} = 27.28 N \cdot m$

$q_a = \dfrac{2T}{\mu \pi D_m^2 b} \Rightarrow \therefore b = \dfrac{2T}{\mu \pi D_m^2 q_a} = \dfrac{2 \times 27.28 \times 10^3}{0.12\pi \times 120^2 \times 0.412} = 24.39 mm$

(2) $T = \mu Q \dfrac{D_m}{2} = \mu' P \dfrac{D_m}{2}$ 에서,

$P = \dfrac{2T}{\mu' D_m} = \dfrac{2T}{D_m} \times \dfrac{\sin\alpha + \mu\cos\alpha}{\mu} = \dfrac{2 \times 27.28 \times 10^3}{120} \times \dfrac{\sin17° + 0.12\cos17°}{0.12}$

$\therefore P = 1542.56 N$

19

파단 하중 $22kN$, 피치 $16mm$의 롤러-체인으로 $1000rpm$의 구동축을 $400rpm$으로 감속 운전하려 한다. 안전율 20, 구동 스프로킷의 잇수 30개, 양 스프로킷의 중심거리 $1m$일 때 다음을 구하시오.

(1) 롤러 체인의 최대 전달 동력 $[kW]$
(2) 피동 스프로킷의 피치원 직경 $[mm]$

해설

(1) $v = \dfrac{pZ_A N_A}{60 \times 1000} = \dfrac{16 \times 30 \times 1000}{60 \times 1000} = 8 m/s$

$F = \dfrac{F_B}{S} = \dfrac{22}{20} = 1.1 kN$

$\therefore H = Fv = 1.1 \times 8 = 8.8 kW$

(2) $\varepsilon = \dfrac{N_B}{N_A} = \dfrac{Z_A}{Z_B} \Rightarrow Z_B = Z_A \times \dfrac{N_A}{N_B} = 30 \times \dfrac{1000}{400} = 75$개

$\therefore D_B = \dfrac{p}{\sin\dfrac{180}{Z_B}} = \dfrac{16}{\sin\dfrac{180}{75}} = 382.08 mm$

20

아래의 표를 참고하여 표(작업시간, 여유시간, 주공정)를 완성하시오.

작업명	선행작업	작업일수
A	-	6
B	-	7
C	A	6
D	A	4
E	B,C	7
F	B,C	8
G	E	6
H	D,F	5

작업명	작업시간				여유시간			주공정
	EST	LST	EFT	LFT	TF	FF	DF	CP
A	0	0	6	6	0	0	0	※
B	0	5	7	12	5	5	0	
C	6	6	12	12	0	0	0	※
D	6	16	10	20	10	10	0	
E	12	12	19	19	0	0	0	※
F	12	12	20	20	0	0	0	※
G	19	19	25	25	0	0	0	※
H	20	20	25	25	0	0	0	※

해설

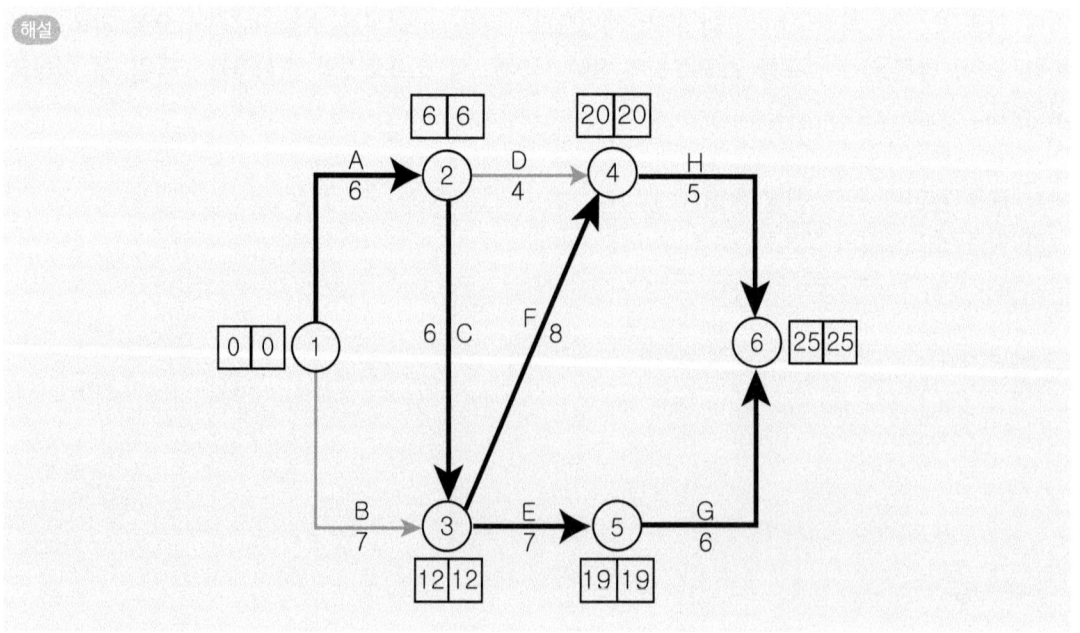

작업명	작업시간				여유시간			주공정
	EST	EFT	LST	LFT	TF	FF	DF	CP
A	0	6	0	6	0	0	0	○
B	0	7	5	12	5	5	0	
C	6	12	6	12	0	0	0	○
D	6	10	16	20	10	10	0	
E	12	19	12	19	0	0	0	○
F	12	20	12	20	0	0	0	○
G	19	25	19	25	0	0	0	○
H	20	25	20	25	0	0	0	○

2022 3회차 건설기계설비기사 필답형 기출문제

01
아래의 보기는 "대형건설기계"의 기준을 의미할 때 빈칸을 채우시오.

[보기]
① 길이가 (   )m인 건설기계
② 너비가 (   )m인 건설기계
③ 높이가 (   )m인 건설기계
④ 최소회전반경이 (   )m인 건설기계
⑤ 총중량이 (   )톤인 건설기계
⑥ 총중량 상태에서 축하중이 (   )톤을 초과하는 건설기계

해설
① 16.7   ② 2.5   ③ 4.0   ④ 12   ⑤ 40   ⑥ 10

02
다음 보기는 배관의 응급조치법에 대한 설명일 때 각각 무엇인지 보기에서 찾아 쓰시오.

[보기]
① 관 내의 압력과 온도가 비교적 낮고 누설 부분이 작은 경우 정을 대고 때려서 기밀을 유지하는 응급조치법
② 부식, 마모 등으로 작은 구멍이 생겨 유체가 누설될 경우 고무제품의 각종 크기로 된 볼을 일정량 넣고, 유체를 채운 후 펌프를 작동시켜 누설부분을 통과하려는 볼이 누설부분에 정착, 누설을 미량이 되게 하거나 정지시키는 응급조치법
③ 내압이 높고 고온인 유체가 누설될 경우 벤트밸브를 설치하여 누설을 방지하는 응급조치법

(1) 코킹
(2) 인젝션
(3) 박스 설치

> **해설**
> (1) ① (2) ② (3) ③

03

다음 나사에 대한 답을 서술하시오.

(1) 나사의 자립상태를 유지하기 위한 조건을 쓰시오.
(2) 나사의 풀림 방지법 3가지 쓰시오.

> **해설**
> (1) ρ(마찰각) $\geq \lambda$(리드각)
> (2) ① 와셔에 의한 방법   ② 플라스틱 플러그에 의한 방법   ③ 로크너트에 의한 방법
>   ④ 철사를 이용하는 방법   ⑤ 분할핀에 의한 방법   ⑥ 멈춤나사에 의한 방법
>   ⑦ 자동죔너트에 의한 방법

04

키의 종류 5가지를 쓰시오.
(단, 묻힘 키는 제외한다.)

> **해설**
> ① 안장키 ② 평키 ③ 원추키 ④ 미끄럼키 ⑤ 접선키 ⑥ 반달키 ⑦ 둥근키 ⑧ 스플라인 ⑨ 세레이션

05

리벳이음에 비해 용접이음의 장단점을 아래의 답에 서술하시오.

(1) 기밀 유지 정도
(2) 작업 공정수
(3) 소음 발생 정도
(4) 잔류응력 발생 여부
(5) 기계 결합요소 필요 여부

해설
(1) 기밀 유지 정도 : 리벳이음에 비해 용접이음은 기밀 유지가 양호하다.

(2) 작업 공정수 : 리벳이음에 비해 용접이음은 작업 공정수가 적은 편이다.

(3) 소음 발생 정도 : 리벳이음에 비해 용접이음은 소음이 적은 편이다.

(4) 잔류응력 발생 여부 : 리벳이음에 비해 용접이음은 열응력에 의한 잔류응력이 발생한다.

(5) 기계 결합요소 필요 여부 : 리벳이음에 비해 용접이음은 기계 결합요소가 필요하지 않다.

06

원동축 회전수 $500\,rpm$, 종동축 회전수 $200\,rpm$, $6\,kW$의 동력을 전달하는 홈붙이 마찰차가 있다. 중심거리가 $500\,mm$, 마찰계수는 0.35, 허용 접촉 선압력은 $40\,N/mm$, 홈의 각도가 $2\alpha = 40°$ 일 때 다음을 구하시오.

(1) 홈붙이 마찰차를 미는 힘 $[N]$
(2) 홈의 수 $[개]$

해설
(1) $\varepsilon = \dfrac{N_B}{N_A} = \dfrac{D_A}{D_B}$ $\Rightarrow$ $D_B = D_A \times \dfrac{N_A}{N_B} = D_A \times \dfrac{500}{200} = \dfrac{5}{2}D_A$

$C = \dfrac{D_A + D_B}{2}$ $\Rightarrow$ $D_A + D_B = 2C = 2 \times 500 = 1000\,mm$

$D_A + \dfrac{5}{2}D_A = 1000$ $\Rightarrow$ $\therefore D_A = 285.71\,mm$

$v = \dfrac{\pi D_A N_A}{60 \times 1000} = \dfrac{\pi \times 285.71 \times 500}{60 \times 1000} = 7.48\,m/s$

$\mu' = \dfrac{\mu}{\sin\alpha + \mu\cos\alpha} = \dfrac{0.35}{\sin 20° + 0.35\cos 20°} = 0.52$

$H = \mu' P v$ $\Rightarrow$ $\therefore P = \dfrac{H}{\mu' v} = \dfrac{6 \times 10^3}{0.52 \times 7.48} = 1542.58\,N$

(2) $h = 0.28\sqrt{\mu' P} = 0.28\sqrt{0.52 \times 1542.58} = 7.93\,mm$

$F = \mu Q = \mu' P$ $\Rightarrow$ $Q = \dfrac{\mu' P}{\mu} = \dfrac{0.52 \times 1542.58}{0.35} = 2291.83\,N$

$Z = \dfrac{Q}{2hf} = \dfrac{2291.83}{2 \times 7.93 \times 40} = 3.61 ≒ 4개$

07

파단 하중 $10kN$, 피치 $12.56mm$의 롤러-체인으로 $1500rpm$의 동력을 전달하려 한다. 안전율 10, 구동 스프로킷의 잇수 30개일 때 다음을 구하시오.

(1) 체인 속도 $[m/s]$
(2) 롤러 체인의 최대 전달 동력 $[kW]$

해설

(1) $v = \dfrac{pZ_A N_A}{60 \times 1000} = \dfrac{12.56 \times 30 \times 1500}{60 \times 1000} = 9.42 m/s$

(2) $F = \dfrac{F_B}{S} = \dfrac{10}{10} = 1kN \Rightarrow \therefore H = Fv = 1 \times 9.42 = 9.42 kW$

08

셔블계 굴삭기를 이용한 굴착작업에서 버킷용량 $1.1m^3$, 1회 사이클시간 30sec, 버킷계수 0.7, 토량환산계수 0.8, 작업효율 0.9이다. 이 굴삭기의 예상작업량 $[m^3/hr]$을 구하시오.

해설

$Q = \dfrac{3600 q K f E}{C_m [\sec]} = \dfrac{3600 \times 1.1 \times 0.7 \times 0.8 \times 0.9}{30} = 66.53 m^3/hr$

09

헬리컬 기어의 이직각 모듈 5, 피니언의 잇수 20개, 기어의 잇수 60개, 피니언의 회전수 $500rpm$, 압력각 14.5도, 비틀림각 30도, 허용 굽힘응력 $100MPa$, 접촉면 응력계수 $1.84MPa$, 이 너비 $50mm$, 치형 계수 $Y_A = \pi y_A = 0.314$, 하중 계수 0.8, 공작정밀도를 고려한 면압 계수 0.75일 때 다음을 구하시오.

(1) 굽힘 강도에 의한 전달 하중 $F_A [N]$
(2) 면압 강도에 의한 전달 하중 $F_B [N]$
(3) 전달 동력

해설

(1) $v = \dfrac{\pi D_{As} N_A}{60 \times 1000} = \dfrac{\pi \times \dfrac{D_A}{\cos\beta} \times N_A}{60 \times 1000} = \dfrac{\pi m_n Z_A N_A}{60000\cos\beta} = \dfrac{\pi \times 5 \times 20 \times 500}{60000\cos 30°} = 3.02 m/s$

$f_v = \dfrac{3.05}{3.05+v} = \dfrac{3.05}{3.05+3.02} = 0.5$

$\therefore F_A = f_v f_w \sigma_b m_n b Y_A = 0.5 \times 0.8 \times 100 \times 5 \times 50 \times 0.314 = 3140 N$

(2) $F_B = f_v K m_n b \left(\dfrac{2 Z_A Z_B}{Z_A + Z_B}\right)\left(\dfrac{C_w}{\cos^3\beta}\right) = 0.5 \times 1.84 \times 5 \times 50 \times \left(\dfrac{2 \times 20 \times 60}{20+60}\right) \times \left(\dfrac{0.75}{\cos^3 30°}\right) = 7967.43 N$

(3) 안전을 고려하여 허용 하중은 가장 작은 값을 선정한다.

$\therefore H = F_A v = 3140 \times 10^{-3} \times 3.02 = 9.48 kW$

10

$No.6312$ 1열 레이디얼 볼 베어링에 35000시간의 수명을 주려 한다. 기본 동정격 하중이 $50kN$, 허용한계 속도지수 200000, 하중계수 1.2일 때 다음을 구하시오.

(1) 베어링의 최대 사용 회전수 $[rpm]$
(2) 베어링 하중 $[N]$

해설

(1) $d = 12 \times 5 = 60mm$

$dN = 200000 \Rightarrow \therefore N = \dfrac{200000}{d} = \dfrac{200000}{60} = 3333.33 rpm$

(2) $L_h = 500 \times \dfrac{33.3}{N} \times \left(\dfrac{C}{f_w W}\right)^r \Rightarrow 35000 = 500 \times \dfrac{33.3}{3333.33} \times \left(\dfrac{50 \times 10^3}{1.2 \times W}\right)^3$

$\therefore W = 2177.43 N$

11

$30kN$의 하중이 작용하는 미터나사가 있다. 유효지름 $30mm$, 골지름 $28mm$, 피치는 $48mm$인 1줄 나사이다. 나사부 마찰계수 0.15, 나사 재질의 허용전단응력은 $45MPa$일 때 나사의 회전 토크$[N \cdot m]$를 구하시오.

해설

$\mu' = \dfrac{\mu}{\cos\dfrac{\alpha}{2}} = \dfrac{0.15}{\cos\left(\dfrac{60°}{2}\right)} = 0.173$

$\therefore T = Q\left(\dfrac{p + \mu' \pi d_e}{\pi d_e - \mu p}\right)\dfrac{d_e}{2} = 30 \times 10^3 \times \left(\dfrac{48 + 0.173 \times \pi \times 30}{\pi \times 30 - 0.173 \times 48}\right) \times \dfrac{30}{2} = 336699.05 N \cdot mm = 336.7 N \cdot m$

12

직경이 $50mm$인 축에 끼워져있는 묻힘 키의 너비는 $12mm$, 높이가 $10mm$이다. 키에 작용하는 전단응력은 $40MPa$, 회전수가 $300rpm$, 전달동력이 $4.5kW$일 때 다음을 구하시오.
(단, 키의 묻힘 깊이는 키 높이의 $\frac{1}{2}$이다.)

(1) 묻힘 키의 전달 토크 $[N \cdot m]$
(2) 묻힘 키의 길이 $[mm]$
(3) 묻힘 키의 면압력 $[N/mm^2]$

> **해설**
>
> (1) $T = \dfrac{H}{\omega} = \dfrac{H}{\dfrac{2\pi N}{60}} = \dfrac{4.5 \times 10^3}{\dfrac{2\pi \times 300}{60}} = 143.24 N \cdot m$
>
> (2) $\tau_k = \dfrac{2T}{b\ell d} \Rightarrow \therefore \ell = \dfrac{2T}{bd\tau_k} = \dfrac{2 \times 143.24 \times 10^3}{12 \times 50 \times 40} = 11.94mm$
>
> (3) $q = \sigma_c = \dfrac{4T}{h\ell d} = \dfrac{4 \times 143.24 \times 10^3}{10 \times 11.94 \times 50} = 95.97 N/mm^2$

13

스팬의 길이 $1500mm$, 스프링의 너비 $80mm$, 밴드의 너비 $100mm$, 판 두께 $10mm$, 판의 장수 5장, 세로탄성계수 $209GPa$의 양단 지지보 형태의 겹판 스프링에 하중이 작용하여 $250MPa$의 굽힘응력이 발생할 때 다음을 구하시오.

(1) 겹판 스프링 중앙에 작용하는 하중 $[N]$
(2) 처짐량 $[mm]$
(3) 고유 진동수 $[Hz]$

> **해설**
>
> (1) $\ell_e = \ell - 0.6e = 1500 - 0.6 \times 100 = 1440mm$
> $\sigma_b = \dfrac{3P\ell_e}{2nbh^2} \Rightarrow \therefore P = \dfrac{2nbh^2\sigma_b}{3\ell_e} = \dfrac{2 \times 5 \times 80 \times 10^2 \times 250}{3 \times 1440} = 4629.63N$
>
> (2) $\delta = \dfrac{3P\ell_e^3}{8nbh^3E} = \dfrac{3 \times 4629.63 \times 1440^3}{8 \times 5 \times 80 \times 10^3 \times 209 \times 10^3} = 62.01mm$
>
> (3) $f_n = \dfrac{1}{2\pi}\sqrt{\dfrac{g}{\delta}} = \dfrac{1}{2\pi}\sqrt{\dfrac{9800}{62.01}} = 2Hz$

14

다음 그림과 같은 밴드 브레이크에 의하여 $200 rpm$, $5kW$의 동력을 제동하려 한다. 마찰계수는 0.3, $a = 140mm$, $d = 500mm$, $F = 300N$, 접촉각 $220°$일 때 $L[mm]$을 구하시오.

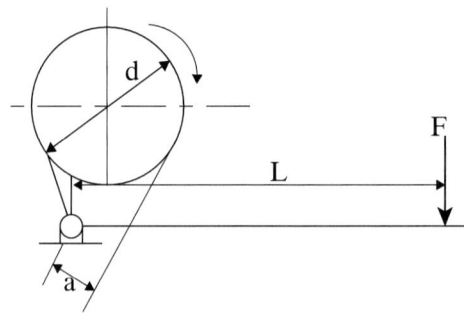

해설

$T = \dfrac{H}{w} = \dfrac{H}{\dfrac{2\pi N}{60}} = \dfrac{5 \times 10^3}{\dfrac{2\pi \times 200}{60}} = 238.73 N \cdot m$

$T = f \times \dfrac{d}{2} \Rightarrow f = \dfrac{2T}{d} = \dfrac{2 \times 238.73 \times 10^3}{500} = 954.92 N$

$e^{\mu\theta} = e^{0.3 \times 220 \times \frac{\pi}{180}} = 3.16$

$T_s = \dfrac{f}{e^{\mu\theta} - 1} = \dfrac{954.92}{3.16 - 1} = 442.09 N$

$T_s a - FL = 0 \Rightarrow \therefore L = \dfrac{T_s a}{F} = \dfrac{442.09 \times 140}{300} = 206.31 mm$

15

회전수 $1000 rpm$, 동력 $15kW$을 원추 클러치에 전달한다. 접촉면의 평균 직경 $400mm$, 원추각 $\alpha = 12°$, 마찰계수 0.3일 때 다음을 구하시오.

(1) 회전 토크 $[N \cdot m]$
(2) 추력 $[N]$

해설

(1) $T = \dfrac{H}{w} = \dfrac{H}{\dfrac{2\pi N}{60}} = \dfrac{15 \times 10^3}{\dfrac{2\pi \times 1000}{60}} = 143.24 N \cdot m$

(2) $T = \mu Q \dfrac{D_m}{2} = \mu' P \dfrac{D_m}{2}$ 에서,

$P = \dfrac{2T}{\mu' D_m} = \dfrac{2T}{D_m} \times \dfrac{\sin\alpha + \mu\cos\alpha}{\mu} = \dfrac{2 \times 143.24 \times 10^3}{400} \times \dfrac{\sin 12° + 0.3\cos 12°}{0.3} = 1196.9 N$

16

$15mm$ 전진하는데 1.5회전을 하는 사각 나사잭이 있다. 외경 $50mm$, 내경 $44mm$, 마찰계수 0.2, 레버의 길이 $200mm$, 레버를 돌리는 힘 $100N$일 때 다음을 구하시오.

(1) 피치 $[mm]$
(2) 축방향 하중 $[N]$
(3) 나사잭의 효율 $[\%]$

해설

(1) 나사잭이 1.5회전을 하여 $15mm$를 전진시킨다. ⇒ $\ell = \dfrac{15}{1.5} = 10mm$

$\ell = np \Rightarrow p = \dfrac{\ell}{n} = \dfrac{10}{1} = 10mm$

(2) $d_e = \dfrac{d_2 + d_1}{2} = \dfrac{50 + 44}{2} = 47mm$

$T = FL = Q\left(\dfrac{p + \mu \pi d_e}{\pi d_e - \mu p}\right)\dfrac{d_e}{2}$ 에서,

$\therefore Q = \dfrac{FL}{\left(\dfrac{p + \mu \pi d_e}{\pi d_e - \mu p}\right)\dfrac{d_e}{2}} = \dfrac{100 \times 200}{\left(\dfrac{10 + 0.2 \times \pi \times 47}{\pi \times 47 - 0.2 \times 10}\right) \times \dfrac{47}{2}} = 3135.81N$

(3) $\eta = \dfrac{pQ}{2\pi T} = \dfrac{pQ}{2\pi \times FL} = \dfrac{10 \times 3135.81}{2\pi \times 100 \times 200} = 0.2495 = 24.95\%$

17

$500rpm$으로 베어링 하중 $500N$을 받는 엔드 저널 베어링이 있다. 저널의 길이는 $30mm$, 저널의 지름은 $30mm$일 때 다음을 구하시오.

(1) 베어링 압력 $[MPa]$
(2) 발열계수를 구하여 허용 발열계수와 비교하여 허용 여부를 쓰시오.
(단, 허용 발열계수는 $0.8MPa \cdot m/s$ 이다.)

해설

(1) $p = \dfrac{W}{d\ell} = \dfrac{500}{30 \times 30} = 0.56MPa$

(2) $v = \dfrac{\pi d N}{60 \times 1000} = \dfrac{\pi \times 30 \times 500}{60 \times 1000} = 0.79 m/s$
$pv = 0.56 \times 0.79 = 0.44 MPa \cdot m/s$
$pv(0.44 MPa \cdot m/s) < p_a v(0.8 MPa \cdot m/s)$ 이므로,
$\therefore$ 허용된다.

18

원동차의 회전수 $500rpm$, 직경 $300mm$, 축간거리는 $1000mm$인 V-벨트 풀리가 있다. 속비 $\dfrac{1}{4}$일 때 다음을 구하시오.

(1) 벨트의 길이 $[mm]$
(2) 원동풀리의 접촉 중심각 $[°]$

해설

(1) $\varepsilon = \dfrac{D_A}{D_B}$ $\Rightarrow$ $D_B = \dfrac{D_A}{\varepsilon} = 4 \times 300 = 1200mm$

$\therefore L = 2C + \dfrac{\pi(D_A + D_B)}{2} + \dfrac{(D_B - D_A)^2}{4C} = 2 \times 1000 + \dfrac{\pi(300 + 1200)}{2} + \dfrac{(1200 - 300)^2}{4 \times 1000} = 4558.69mm$

(2) $\theta_A = 180° - 2\sin^{-1}\left(\dfrac{D_B - D_A}{2C}\right) = 180° - 2\sin^{-1}\left(\dfrac{1200 - 300}{2 \times 1000}\right) = 126.51°$

19

이중 열교환기에서 외관의 고온 유체가 입구에서 $120°C$, 출구에서 $105°C$이며 저온 유체가 내관에서 입구에서 $30°C$, 출구에서 $85°C$일 때 대수온도평균차[평행류(병류)]를 통한 시간당 열전달률 $[kcal/hr]$을 구하시오.
(단, 총괄 열전달 계수 $10kcal/m^2 \cdot hr \cdot °C$, 열전달 면적 $4m^2$이다.)

해설

$\Delta t_1 = 120 - 30 = 90°C$, $\Delta t_2 = 105 - 85 = 20°C$

$\Delta t_m = \dfrac{\Delta t_1 - \Delta t_2}{\ln \dfrac{\Delta t_1}{\Delta t_2}} = \dfrac{90 - 20}{\ln \dfrac{90}{20}} = 46.54°C$

$\therefore Q = kA\Delta t_m = 10 \times 4 \times 46.54 = 1861.6 kcal/hr$

20

아래의 표를 보고 다음을 구하시오.

작업명	선행작업	표준상태		특급상태	
		일수	공비(만원)	일수	공비(만원)
A	-	8	300	7	400
B	-	16	350	14	450
C	A	12	400	10	550
D	A	18	450	17	600
E	B,C	8	500	7	650
F	B,C	10	550	6	750
G	E	6	600	4	800
H	D,F	14	650	13	900

(1) PERT기법으로 네트워크 공정표를 작성하고 주공정선은 굵은 선으로 표시하시오.
(2) 아래의 빈칸을 채우시오.

작업명	비용구매	작업시간				여유시간			주공정
		EST	EFT	LST	LFT	TF	FF	DF	CP
A									
B									
C									
D									
E									
F									
G									
H									
I									

해설
(1)

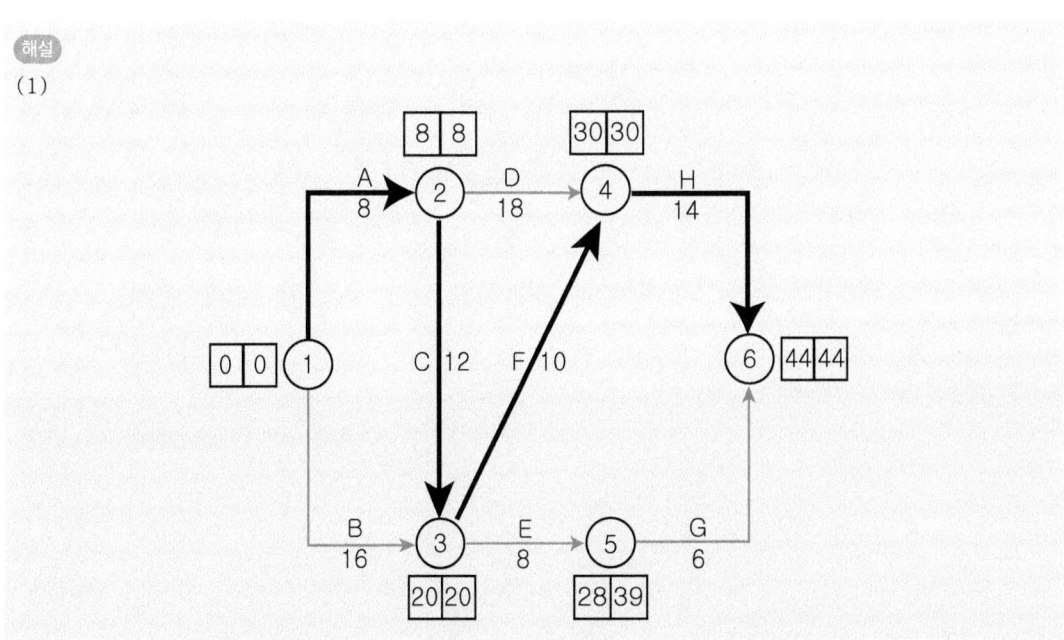

(2)

작업명	비용구배	작업시간				여유시간			주공정
		EST	EFT	LST	LFT	TF	FF	DF	CP
A	100	0	8	0	8	0	0	0	○
B	50	0	16	4	20	4	4	0	
C	75	8	20	8	20	0	0	0	○
D	150	8	26	12	30	4	4	0	
E	150	20	28	30	38	10	0	10	
F	50	20	30	20	30	0	0	0	○
G	100	28	34	38	44	10	10	0	
H	250	30	44	30	44	0	0	0	○

*비용구배 = $\dfrac{\text{특급비용} - \text{표준비용}}{\text{표준시간} - \text{특급시간}}$

Memo

2023 1회차 건설기계설비기사 필답형 기출문제

01
나사의 풀림 방지법 5가지 쓰시오.

해설
① 와셔에 의한 방법
② 플라스틱 플러그에 의한 방법
③ 로크너트에 의한 방법
④ 철사를 이용하는 방법
⑤ 분할핀에 의한 방법
⑥ 멈춤나사에 의한 방법
⑦ 자동죔너트에 의한 방법

02
클러치의 종류 5가지 쓰시오.

해설
① 마찰 클러치
② 유체 클러치
③ 맞물림 클러치
④ 마그네틱 클러치
⑤ 자동 클러치

03
다음 보기는 배관 지지장치의 종류의 내용일 때 알맞은 명칭을 쓰시오.

(1) 배관의 하중을 밑에서 떠받치는 지지장치
(2) 배관의 하중을 위에서 잡아주는 지지장치
(3) 열팽창에 의한 배관의 측면이동을 막아주는 지지장치

> **해설**
> (1) 서포트
> (2) 행거
> (3) 레스트레인트

04

다음 보기는 건설기계의 규격일 때 알맞게 매칭하시오.

[보기]
① 주 엔진의 연속 정격출력[PS]으로 표시
② 최대 적재량[ton]으로 표시
③ 최대 권상하중을 톤[ton]으로 표시
④ 롤러의 중량을 톤[ton]으로 표시
⑤ 최대로 들어 올릴 수 있는 용량[ton]으로 표시

(1) 버킷 준설선
(2) 기중기
(3) 지게차
(4) 덤프트럭
(5) 롤러

> **해설**
> (1) ①
> (2) ③
> (3) ⑤
> (4) ②
> (5) ④

05

다음 보기는 지게차의 헤드가드가 갖추어야할 사항에 대한 설명일 때 빈칸을 채우시오.

[보기]
- 강도는 지게차의 최대하중의 (①)배 값의 등분포정하중에 견딜 수 있을 것
- 운전자가 앉아서 조작하는 방식의 지게차의 헤드가드는 한국산업표준에서 정하는 높이 기준 이상일 것
 (입식 : (②)m, 좌식 : (③)m)
- 상부틀의 각 개구의 폭 또는 길이가 (④)cm 미만일 것

> 해설
> ① 2 ② 1.88 ③ 0.903 ④ 16

06

1피치당 $15000N$의 하중이 작용하는 1줄 겹치기 리벳 이음에서 강판의 두께가 $16mm$, 리벳의 피치가 $60mm$, 리벳의 지름이 $24mm$일 때 다음을 구하시오.
(단, 리벳의 지름과 리벳의 구멍 지름 크기가 동일하다.)

(1) 리벳의 전단응력 $[MPa]$
(2) 강판의 인장응력 $[MPa]$
(3) 강판의 효율 $[\%]$

> 해설
> (1) $\tau = \dfrac{\overline{W}}{\dfrac{\pi d^2}{4}n} = \dfrac{15000}{\dfrac{\pi \times 24^2}{4} \times 1} = 33.16 MPa$
>
> (2) $\sigma_t = \dfrac{\overline{W}}{(p-d)t} = \dfrac{15000}{(60-24) \times 16} = 26.04 MPa$
>
> (3) $\eta_t = 1 - \dfrac{d}{p} = 1 - \dfrac{24}{60} = 0.6 ≒ 60\%$

07

$1000rpm$의 동력을 전달하는 외접 원통 마찰차가 있다. 마찰차의 지름 $300mm$ 마찰계수 0.25일 때 원주속도 $[m/s]$를 구하시오.

> 해설
> $v = \dfrac{\pi D_A N_A}{60 \times 1000} = \dfrac{\pi \times 300 \times 1000}{60 \times 1000} = 15.71 m/s$

08

다음 그림과 같은 측면 필렛 용접 이음에서 용접 사이즈는 $10mm$, 인장 하중은 $300kN$, 허용 전단응력은 $40MPa$일 때 용접 길이$[mm]$를 구하시오.

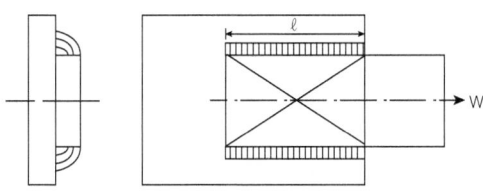

해설

$W = \tau_a A = \tau_a \times 2a\ell = \tau_a \times 2\ell h \cos 45°$

$\therefore \ell = \dfrac{W}{2h\cos 45° \times \tau_a} = \dfrac{300 \times 10^3}{2 \times 10 \times \cos 45° \times 40} = 530.33mm$

09

너클 핀에 작용하는 인장하중은 $20kN$이고, 허용 접촉면압력은 $65MPa$, 허용 전단응력이 $30MPa$일 때 안전을 고려한 너클 핀의 지름$[mm]$을 구하시오.
(단, 아이부 절개면의 높이 $30mm$이다.)

해설

① 핀의 접촉면압 : $q_a = \dfrac{P}{A} = \dfrac{P}{da} \Rightarrow d = \dfrac{P}{aq_a} = \dfrac{20 \times 10^3}{30 \times 65} = 10.26mm$

② 핀의 전단응력 : $\tau_a = \dfrac{P}{2A} = \dfrac{P}{2 \times \dfrac{\pi d^2}{4}} \Rightarrow d = \sqrt{\dfrac{2P}{\pi \tau_a}} = \sqrt{\dfrac{2 \times 20 \times 10^3}{\pi \times 30}} = 20.6mm$

지름은 클수록 안전하기 때문에, $\therefore d = 20.6mm$

10

잇수가 8개, 스플라인의 유효길이는 $200mm$, 외경 $94mm$, 내경 $88mm$, 접촉효율이 75%인 스플라인 축이 있다. 이러한 스플라인 축이 $380rpm$으로 회전할 때 다음을 구하시오.
(단, 허용 접촉면 압력은 $25MPa$이다.)

(1) 전달 토크 $[N \cdot m]$
(2) 전달 동력 $[kW]$

> **해설**
>
> (1) $h = \dfrac{d_2 - d_1}{2} = \dfrac{94-88}{2} = 3mm$, 모따기($c$)는 주어지지 않으면 무시한다.
>
> $\therefore T = (h-2c)q_a \ell \left(\dfrac{d_2+d_1}{4}\right)\eta Z = 3 \times 25 \times 200 \times \left(\dfrac{94+88}{4}\right) \times 0.75 \times 8$
> $= 4095000 N \cdot mm ≒ 4095 N \cdot m$
>
> (2) $H = T\omega = T \times \dfrac{2\pi N}{60} = 4095 \times 10^{-3} \times \dfrac{2\pi \times 380}{60} = 162.95 kW$

11

2열 롤러 체인의 피치 $15.88mm$, 원동 스프로킷 잇수 17개, 원동 스프로킷 회전수 $600rpm$, 파단하중 $22.1kN$, 안전율 10일 때 다음을 구하시오.

(1) 롤러 체인의 속도 $[m/s]$
(2) 롤러 체인의 허용하중 $[kN]$
(3) 롤러 체인의 최대 전달 동력 $[kW]$

> **해설**
>
> (1) $v = \dfrac{pZ_A N_A}{60 \times 1000} = \dfrac{15.88 \times 17 \times 600}{60 \times 1000} = 2.7 m/s$
>
> (2) $F = \dfrac{F_B}{S} = \dfrac{22.1}{10} = 2.21 kN$
>
> (3) $H = Fv = 2.21 \times 2.7 = 5.97 kW$

12

$170rpm$, $5.5kW$의 동력을 제동하는 밴드 브레이크가 있다. 마찰계수 0.3, 장력비 3.8, 밴드의 두께 $3mm$, 밴드의 허용 인장응력 $60MPa$, 이음 효율 80%일 때 다음을 구하시오.

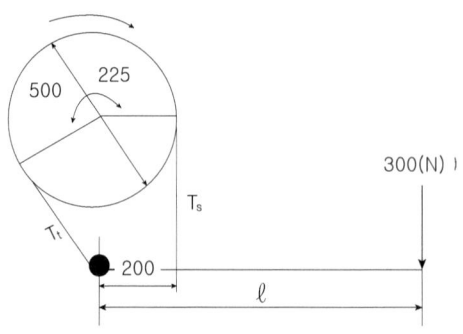

(1) 제동 토크 $[N{\cdot}m]$
(2) 제동력 $[N]$
(3) 레버의 길이 $[mm]$
(4) 밴드의 너비 $[mm]$

해설

(1) $T = \dfrac{H}{\omega} = \dfrac{H}{\dfrac{2\pi N}{60}} = \dfrac{5.5 \times 10^3}{\dfrac{2\pi \times 170}{60}} = 308.95 N{\cdot}m$

(2) $T = f \times \dfrac{D}{2} \Rightarrow \therefore f = \dfrac{2T}{D} = \dfrac{2 \times 308.95 \times 10^3}{500} = 1235.8N$

(3) $T_s = \dfrac{f}{e^{\mu\theta} - 1} = \dfrac{1235.8}{3.8 - 1} = 441.36N$

$T_s \times 200 - 300 \times \ell = 0 \Rightarrow \therefore \ell = \dfrac{T_s \times 200}{300} = \dfrac{441.36 \times 200}{300} = 294.24mm$

(4) $T_t = T_s e^{\mu\theta} = 441.36 \times 3.8 = 1677.17N$

$\sigma_a = \dfrac{T_t}{bt\eta} \Rightarrow \therefore b = \dfrac{T_t}{t\eta\sigma_a} = \dfrac{1677.17}{3 \times 0.8 \times 60} = 11.65mm$

13

$No.6312$ 1열 레이디얼 볼 베어링에 35000시간의 수명을 주려 한다. 기본 동정격 하중이 $50kN$, 허용한계 속도지수 200000, 하중계수 1.2일 때 다음을 구하시오.

(1) 베어링의 최대 사용 회전수 $[rpm]$
(2) 베어링 하중 $[N]$

해설

(1) $d = 12 \times 5 = 60mm$

$dN = 200000 \Rightarrow \therefore N = \dfrac{200000}{d} = \dfrac{200000}{60} = 3333.33 rpm$

(2) $L_h = 500 \times \dfrac{33.3}{N} \times \left(\dfrac{C}{f_w W}\right)^r \Rightarrow 35000 = 500 \times \dfrac{33.3}{3333.33} \times \left(\dfrac{50 \times 10^3}{1.2 \times W}\right)^3$

$\therefore W = 2177.43N$

14

지름 $80mm$, 길이 $800mm$인 축 중앙에 $300N$의 하중을 가진 스프로킷이 회전하고 있다. 종탄성계수가 $209GPa$이고, 축의 자중을 고려하지 않을 때 다음을 구하시오.

(1) 스프로킷 하중에 의한 축의 처짐량 $[\mu m]$
(2) 위험속도 $[rpm]$

해설

(1) $\delta = \dfrac{WL^3}{48EI} = \dfrac{300 \times 800^3}{48 \times 209 \times 10^3 \times \dfrac{\pi \times 80^4}{64}} = 7.62 \times 10^{-3} mm = 7.62 \mu m$

(2) $N_C = \dfrac{30}{\pi}\sqrt{\dfrac{g}{\delta}} = \dfrac{30}{\pi}\sqrt{\dfrac{9.8 \times 10^6}{7.62}} = 10829.46 rpm$

15

평균 지름이 $50mm$인 원통형 코일 스프링에 $400N$의 하중을 가하여 $30mm$의 처짐이 생겼다. 소선의 허용 전단응력 $400MPa$, 스프링의 전단탄성계수는 $80GPa$일 때 다음을 구하시오.

(1) 소선의 지름 $[mm]$ (단, 왈의 응력수정계수가 1.25이다.)
(2) 유효 권수 $[회]$

해설

(1) $\tau_a = \dfrac{8PDK}{\pi d^3} \Rightarrow \therefore d = \sqrt[3]{\dfrac{8PDK}{\pi \tau_a}} = \sqrt[3]{\dfrac{8 \times 400 \times 50 \times 1.25}{\pi \times 400}} = 5.42mm$

(2) $\delta = \dfrac{8nPD^3}{Gd^4} \Rightarrow \therefore n = \dfrac{Gd^4\delta}{8PD^3} = \dfrac{80 \times 10^3 \times 5.42^4 \times 30}{8 \times 400 \times 50^3} = 5.18 ≒ 6회$

16

$400\,rpm$, $3.72\,kW$의 동력을 전달하는 바로걸기 평벨트 전동장치에서 원동차의 직경 $500\,mm$, 종동차의 직경 $800\,mm$, 축간거리 $3m$, 마찰계수 0.3일 때 다음을 구하시오.
(단, 원심장력은 무시한다.)

(1) 원동차의 중심 접촉각 [°]
(2) 긴장측 장력 [N]
(3) 벨트의 너비×높이 [mm^2] (단, 벨트의 허용 인장응력 $3MPa$, 이음효율 78%이다.)

해설

(1) $\theta_A = 180° - 2\sin^{-1}\left(\dfrac{D_B - D_A}{2C}\right) = 180° - 2\sin^{-1}\left(\dfrac{800 - 500}{2 \times 3000}\right) = 174.27°$

(2) $e^{\mu\theta_A} = e^{0.3 \times 174.27 \times \frac{\pi}{180}} = 2.49$

$v = \dfrac{\pi D_A N_A}{60 \times 1000} = \dfrac{\pi \times 500 \times 400}{60 \times 1000} = 10.47\,m/s$

$H = P_e v \Rightarrow P_e = \dfrac{H}{v} = \dfrac{3.72 \times 10^3}{10.47} = 355.3\,N$

$\therefore T_t = \dfrac{P_e e^{\mu\theta}}{e^{\mu\theta} - 1} = \dfrac{355.3 \times 2.49}{2.49 - 1} = 593.76\,N$

(3) $\sigma_t = \dfrac{T_t}{bh\eta} \Rightarrow \therefore bh = \dfrac{T_t}{\eta\sigma_t} = \dfrac{593.76}{0.78 \times 3} = 253.74\,mm^2$

17

$650\,rpm$, $4.5\,kW$의 동력을 전달받는 헬리컬 기어의 치직각 모듈 4, 비틀림각 $30°$, 원동 기어의 잇수 30개, 종동 기어의 잇수 120개일 때 다음을 구하시오.

(1) 중심거리 [mm]
(2) 축방향 하중 [N]

해설

(1) $C = \dfrac{D_{As} + D_{Bs}}{2} = \dfrac{D_A + D_B}{2\cos\beta} = \dfrac{m_n(Z_A + Z_B)}{2\cos\beta} = \dfrac{4(30 + 120)}{2\cos 30°} = 346.41\,mm$

(2) $v = \dfrac{\pi D_{As} N_A}{60 \times 1000} = \dfrac{\pi D_A N_A}{60000\cos\beta} = \dfrac{\pi m_n Z_A N_A}{60000\cos\beta} = \dfrac{\pi \times 4 \times 30 \times 650}{60000 \times \cos 30°} = 4.72\,m/s$

$H = Fv \Rightarrow F = \dfrac{H}{v} = \dfrac{4.5 \times 10^3}{4.72} = 953.39\,N$

$\therefore F_t = F\tan\beta = 953.39 \times \tan 30° = 550.44\,N$

18

15mm 전진하는데 1.5회전을 하는 사각 나사잭이 있다. 외경 $50mm$, 내경 $44mm$, 마찰계수 0.2, 레버의 길이 $200mm$, 레버를 돌리는 힘 $100N$일 때 다음을 구하시오.

(1) 피치 $[mm]$
(2) 축방향 하중 $[N]$
(3) 나사잭의 효율 $[\%]$

[해설]

(1) 나사잭이 1.5회전을 하여 15mm를 전진시킨다. ⇒ $\ell = \dfrac{15}{1.5} = 10mm$

$\ell = np \Rightarrow p = \dfrac{\ell}{n} = \dfrac{10}{1} = 10mm$

(2) $d_e = \dfrac{d_2 + d_1}{2} = \dfrac{50 + 44}{2} = 47mm$

$T = FL = Q\left(\dfrac{p + \mu\pi d_e}{\pi d_e - \mu p}\right)\dfrac{d_e}{2}$ 에서,

$\therefore Q = \dfrac{FL}{\left(\dfrac{p + \mu\pi d_e}{\pi d_e - \mu p}\right)\dfrac{d_e}{2}} = \dfrac{100 \times 200}{\left(\dfrac{10 + 0.2 \times \pi \times 47}{\pi \times 47 - 0.2 \times 10}\right) \times \dfrac{47}{2}} = 3135.81N$

(3) $\eta = \dfrac{pQ}{2\pi T} = \dfrac{pQ}{2\pi \times FL} = \dfrac{10 \times 3135.81}{2\pi \times 100 \times 200} = 0.2495 = 24.95\%$

19

이중 열교환기의 공기의 입구온도 $30℃$, 출구온도 $15℃$ 그리고 물의 입구온도 $10℃$, 출구온도 $13℃$일 때 대수온도평균차[평행류(병류)]를 통한 시간당 열전달률$[kcal/hr]$을 구하시오.
(단, 총괄 열전달 계수 $k = 800 kcal/m^2 \cdot hr \cdot ℃$, 열전달 면적 $A = 93m^2$이다.)

(1) 이중 열교환기가 평행류일 때 열교환량 $[kcal/hr]$
(2) 이중 열교환기가 대향류일 때 열교환량 $[kcal/hr]$
(3) 대향류와 평행류의 열교환량 차이 $[kcal/hr]$

[해설]

(1) $\Delta t_1 = 30 - 10 = 20℃$, $\Delta t_2 = 15 - 13 = 2℃$

$\Delta t_m = \dfrac{\Delta t_1 - \Delta t_2}{\ln\dfrac{\Delta t_1}{\Delta t_2}} = \dfrac{20 - 2}{\ln\dfrac{20}{2}} = 7.82℃$

$\therefore Q = kA\Delta t_m = 800 \times 93 \times 7.82 = 581808 kcal/hr$

(2) $\Delta t_1 = 30 - 13 = 17℃$, $\Delta t_2 = 15 - 10 = 5℃$

$\Delta t_m = \dfrac{\Delta t_1 - \Delta t_2}{\ln\dfrac{\Delta t_1}{\Delta t_2}} = \dfrac{17-5}{\ln\dfrac{17}{5}} = 9.81℃$

∴ $Q = kA\Delta t_m = 800 \times 93 \times 9.81 = 729864 kcal/hr$

(3) $Q = 729864 - 581808 = 148056 kcal/hr$

20

아래의 표를 보고 PERT 기법으로 네트워크 공정표를 작성하고 주공정선은 굵은 선으로 표시하시오.

작업명	선행작업	작업일수
A	–	30
B	–	15
C	–	25
D	B	10
E	B	8
F	D, E	10

해설

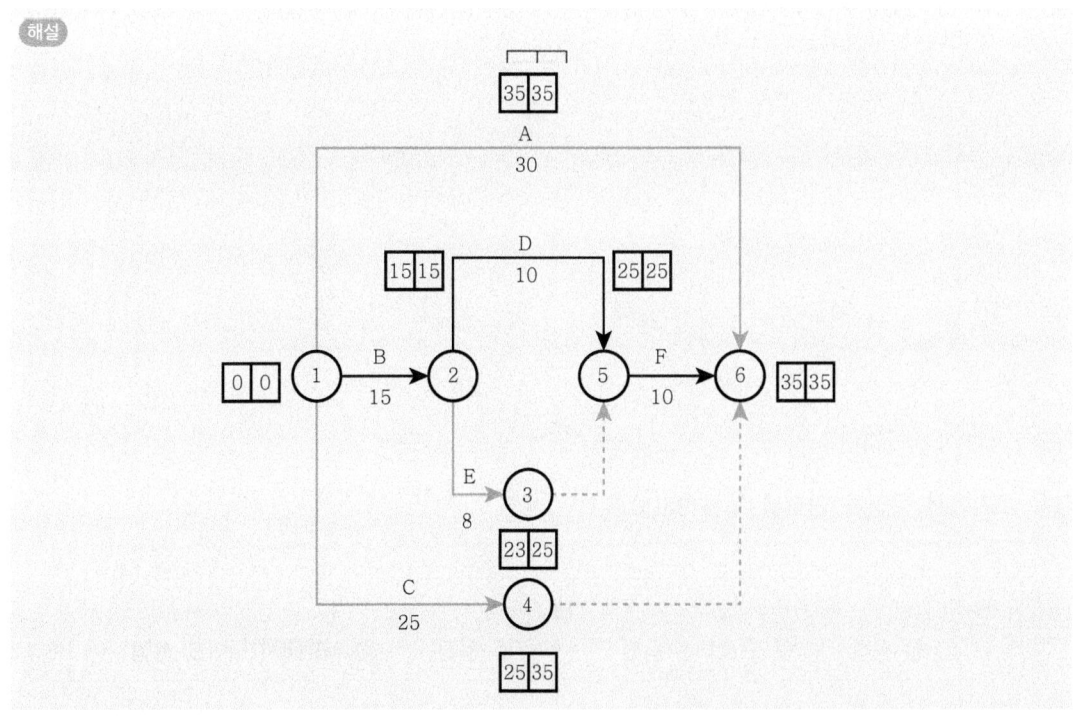

2023 2회차 건설기계설비기사 필답형 기출문제

01
공동현상(캐비테이션)의 방지법 3가지를 쓰시오.

> 해설
> ① 흡입관은 가능한 짧게 한다.
> ② 펌프의 설치높이를 최소로 낮게 설정하여 흡입양정을 짧게 한다.
> ③ 회전차를 수중에 완전히 잠기게 하여 운전한다.
> ④ 편흡입 보다는 양흡입 펌프를 사용한다.
> ⑤ 펌프의 회전수를 낮추어 흡입 비속도를 적게한다.
> ⑥ 마찰저항이 적은 흡입관을 사용한다.
> ⑦ 필요유효흡입수두를 작게 하거나 가용유효흡입수두를 크게 하여 방지한다.

02
플랜트 설비에서 사용되는 열교환기 종류 5가지를 쓰시오.

> 해설
> ① 응축기
> ② 증발기
> ③ 냉각기
> ④ 가열기
> ⑤ 기화기

03
다음 보기에서 융접과 압접을 구분하시오.

[보기]
① 심 용접 ② 프로젝션 용접 ③ TIG 용접 ④ 서브머지드 아크 용접

해설
용접 : ③, ④   압접 : ①, ②

해설
**용접방법의 종류*
① 융접 : TIG 용접, MIG 용접, CO_2 용접, 테르밋 용접, 서브머지드 아크용접 등
② 압접 : 심 용접, 프로젝션 용접, 플래쉬 용접, 마찰 용접 등

04
토크컨버터의 주요 구성요소 3가지를 쓰시오.

해설
① 펌프
② 수차
③ 스테이터

05
기중기의 전부장치(attachment) 2가지를 쓰시고, 기중기 규격 및 일곱가지 기본동작을 쓰시오.

해설
(1) 전부장치
① 크레인(훅)
② 클램셀
③ 셔블
④ 드래그라인
⑤ 파일 드라이버
⑥ 트렌치호

(2) 규격 : 최대 권상하중을 톤[ton]으로 표시

(3) 기본동작
① 호이스트 동작
② 붐 호이스트 동작
③ 스윙 동작
④ 리프랙터 동작
⑤ 크라우드 동작
⑥ 덤프 동작
⑦ 트레벨 동작

06

$5000kg_f$의 하중을 지탱할 수 있는 유효지름 $42mm$, 피치 $6mm$인 미터계 사다리꼴 나사잭이 있다. 나사의 유효마찰계수 0.1553, 칼라부 마찰계수 0.02, 칼라부 반경 $40mm$일 때 다음을 구하시오.

(1) 나사에 작용하는 회전토크 $[kg_f \cdot mm]$
(2) 나사잭의 효율 $[\%]$

해설

(1) $T = T_1 + T_2 = \mu_1 Q r_m + Q\left(\dfrac{p + \mu'\pi d_e}{\pi d_e - \mu' p}\right)\dfrac{d_e}{2}$

$= 0.02 \times 5000 \times 40 + 5000 \times \left(\dfrac{6 + 0.1553 \times \pi \times 42}{\pi \times 42 - 0.1553 \times 6}\right)\dfrac{42}{2} = 25231.08 kg_f \cdot mm$

(2) $\eta = \dfrac{pQ}{2\pi T} = \dfrac{6 \times 5000}{2 \times \pi \times 25231.08} = 0.1892 = 18.92\%$

07

$300rpm$, $25kW$의 동력을 전달하는 중공축에 $600 N\cdot m$의 굽힘 모멘트가 작용하고 있다. 축의 허용 전단응력이 $13MPa$, 축의 허용 굽힘응력이 $22MPa$일 때 다음을 구하시오.
(단, 중공축의 바깥지름은 $90mm$이다.)

(1) 상당 비틀림 모멘트 $[N \cdot m]$
(2) 상당 굽힘 모멘트 $[N \cdot m]$
(3) 축의 비틀림과 굽힘을 고려한 축의 안지름 $[mm]$

해설

(1) $T = \dfrac{H}{\omega} = \dfrac{H}{\dfrac{2\pi N}{60}} = \dfrac{25 \times 10^3}{\dfrac{2\pi \times 300}{60}} = 795.77 N \cdot m$

$\therefore T_e = \sqrt{M^2 + T^2} = \sqrt{600^2 + 795.77^2} = 996.62 N \cdot m$

(2) $M_e = \dfrac{1}{2}(M + \sqrt{M^2 + T^2}) = \dfrac{1}{2}(M + T_e) = \dfrac{1}{2}(600 + 996.62) = 798.31 N \cdot m$

(3) $T_e = \tau_a Z_P = \tau_a \times \dfrac{\pi(d_2^4 - d_1^4)}{16d_2}$ 에서,

① 비틀림을 고려한 축의 안지름 : $d_1 = \sqrt[4]{d_2^4 - \dfrac{16d_2 T_e}{\pi \tau_a}} = \sqrt[4]{90^4 - \dfrac{16 \times 90 \times 996.62 \times 10^3}{\pi \times 13}} = 74.3 mm$

$M_e = \sigma_a Z = \sigma_a \times \dfrac{\pi(d_2^4 - d_1^4)}{32d_2}$ 에서,

② 굽힘을 고려한 축의 안지름 : $d_1 = \sqrt[4]{d_2^4 - \dfrac{32d_2 M_e}{\pi \sigma_a}} = \sqrt[4]{90^4 - \dfrac{32 \times 90 \times 798.31 \times 10^3}{\pi \times 22}} = 75.41 mm$

안전을 고려하여 중공축의 안지름은 작은값을 선정한다.　∴ $d_1 = 74.3 mm$

08

평균지름이 $80mm$인 원통형 코일 스프링 $300N$의 하중이 작용하여 $55mm$만큼 처짐이 발생하였다. 왈의 수정계수 1.18, 스프링의 허용 전단응력 $400MPa$, 전단탄성계수 $80GPa$라고 할 때 다음을 구하시오.

(1) 소선의 지름 $[mm]$
(2) 유효 권수 $[회]$

해설

(1) $\tau_a = \dfrac{8PDK}{\pi d^3}$ ⇒ ∴ $d = \sqrt[3]{\dfrac{8PDK}{\pi \tau_a}} = \sqrt[3]{\dfrac{8 \times 300 \times 80 \times 1.18}{\pi \times 400}} = 5.65mm$

(2) $\delta = \dfrac{8nPD^3}{Gd^4}$ ⇒ ∴ $n = \dfrac{Gd^4 \delta}{8PD^3} = \dfrac{80 \times 10^3 \times 5.65^4 \times 55}{8 \times 300 \times 80^3} = 3.65 ≒ 4회$

09

분당 회전수 $1000rpm$, $45kW$의 동력을 전달하는 4사이클 엔진 기관에서 각속도 변동률이 $1/60$이고, 에너지 변동계수는 1.3, 플라이휠의 내외경비 0.6, 비중량 $80.764kN/m^3$, 림의 폭이 $50mm$일 때 다음을 구하시오.

(1) 1사이클당 발생하는 에너지 $[N \cdot m]$
(2) 질량 관성모멘트 $[N \cdot m \cdot s^2]$
(3) 림의 바깥지름 $[mm]$

해설

(1) $\cdot T_m = \dfrac{H}{\omega} = \dfrac{H}{\dfrac{2\pi N}{60}} = \dfrac{45 \times 10^3}{\dfrac{2\pi \times 1000}{60}} = 429.72 Nm$

$E = 4\pi T_m = 4\pi \times 429.72 = 5400.02 N \cdot m$

(2) $\triangle E = qE = 1.3 \times 5400.02 = 7020.03 N \cdot m$

$\triangle E = I\omega^2 \delta \Rightarrow \therefore I = \dfrac{\triangle E}{\omega^2 \delta} = \dfrac{7020.03}{\left(\dfrac{2\pi \times 1000}{60}\right)^2 \times \dfrac{1}{60}} = 38.41 N \cdot m \cdot s^2$

(3) $I = \dfrac{\gamma b\pi (D_2{}^4 - D_1{}^4)}{32g} = \dfrac{\gamma b\pi D_2{}^4 (1-x^4)}{32g}$ 에서,

$\therefore D_2 = \sqrt[4]{\dfrac{32gI}{\gamma b\pi (1-x^4)}} = \sqrt[4]{\dfrac{32 \times 9.8 \times 38.41}{80.764 \times 10^3 \times 0.05 \times \pi \times (1-0.6^4)}} = 1.02198m = 1021.98mm$

10

$120 rpm$, $3.68 kW$의 동력을 전달하는 외경 $280 mm$, 내경 $250 mm$인 다판 클러치가 있다. 마찰계수가 0.2, 허용 접촉면압력이 $0.2 MPa$일 때 다음을 구하시오.

(1) 전달 토크 $[N \cdot m]$
(2) 판 수 $[개]$

해설

(1) $T = \dfrac{H}{\omega} = \dfrac{H}{\dfrac{2\pi N}{60}} = \dfrac{3.68 \times 10^3}{\dfrac{2\pi \times 120}{60}} = 292.85 N \cdot m$

(2) $D_m = \dfrac{D_2 + D_1}{2} = \dfrac{280 + 250}{2} = 265 mm$, $b = \dfrac{D_2 - D_1}{2} = \dfrac{280 - 250}{2} = 15 mm$

$q_a = \dfrac{2T}{\mu\pi D_m^2 bZ} \Rightarrow \therefore Z = \dfrac{2T}{\mu\pi D_m^2 b q_a} = \dfrac{2 \times 292.85 \times 10^3}{0.2 \times \pi \times 265^2 \times 15 \times 0.2} = 4.42 ≒ 5개$

11

회전수 $500 rpm$으로 하중 $8 kN$을 받쳐주는 엔드 저널 베어링이 있다. 압력속도계수 $3 MPa \cdot m/s$일 때 다음을 구하시오.

(1) 저널의 길이 $[mm]$
(2) 저널의 지름 $[mm]$ (단, 저널의 길이는 저널의 지름의 1.5배이다.)
(3) 베어링 면압력 $[MPa]$

해설

(1) $pv = \dfrac{\pi WN}{60000\ell}$ $\Rightarrow$ $\therefore \ell = \dfrac{\pi WN}{60000 pv} = \dfrac{\pi \times 8 \times 10^3 \times 500}{60000 \times 3} = 69.81mm$

(2) $\ell = 1.8d$ $\Rightarrow$ $\therefore d = \dfrac{\ell}{1.8} = \dfrac{69.81}{1.5} = 46.54mm$

(3) $p = \dfrac{W}{d\ell} = \dfrac{8 \times 10^3}{38.78 \times 46.54} = 4.43 MPa$

12

$1500 rpm$으로 동력을 전달하는 평벨트 전동장치가 있다. 이 벨트의 전달토크는 $170 N \cdot m$이고, 축의 허용전단응력이 $45 MPa$일 때 다음을 구하시오.

(1) 축의 지름 $[mm]$
(2) 전달동력 $[kW]$

해설

(1) $T = \tau_a Z_P = \tau_a \times \dfrac{\pi d^3}{16}$ $\Rightarrow$ $\therefore d = \sqrt[3]{\dfrac{16T}{\pi \tau_a}} = \sqrt[3]{\dfrac{16 \times 170 \times 10^3}{\pi \times 45}} = 26.8mm$

(2) $H = T\omega = 170 \times \dfrac{2\pi \times 1500}{60} = 26703.54 W = 26.7 kW$

13

마찰계수가 0.25일 때 그림과 같은 밴드 브레이크의 제동 토크$[N \cdot m]$를 구하시오.

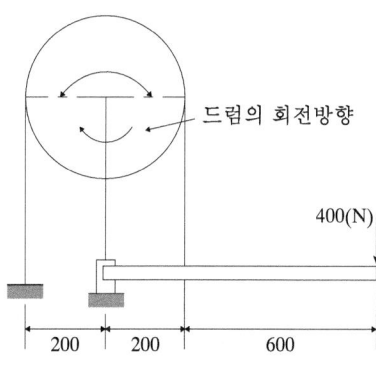

해설

$\theta = 180° = \pi$
$e^{\mu\theta} = e^{0.25\pi} = 2.19$
$T_s \times 200 - 400 \times 800 = 0 \Rightarrow T_s = \dfrac{400 \times 800}{200} = 1600N$
$T_s = \dfrac{f}{e^{\mu\theta}-1} \Rightarrow f = T_s(e^{\mu\theta}-1) = 1600 \times (2.19-1) = 1904N$
$\therefore T = f \times \dfrac{D}{2} = 1904 \times \dfrac{0.4}{2} = 380.8 N \cdot m$

14

2열 롤러 체인의 피치 $15.88mm$, 원동 스프로킷 잇수 32개, 원동 스프로킷 회전수 $1200rpm$, 파단 하중 $22.1kN$, 다열 계수 1.7, 안전율 10일 때 다음을 구하시오.

(1) 롤러 체인의 속도 $[m/s]$
(2) 롤러 체인의 최대 전달 동력 $[kW]$
(3) 롤러 체인의 원동 스프로킷의 피치원 직경 $[mm]$
(4) 롤러 체인 원동 스프로킷의 외경 $[mm]$
(5) 롤러 체인 원동 스프로킷의 속도 변동률 $[\%]$

해설

(1) $v = \dfrac{pZ_A N_A}{60 \times 1000} = \dfrac{15.88 \times 32 \times 1200}{60 \times 1000} = 10.16 m/s$

(2) $F = \dfrac{F_B e}{S} = \dfrac{22.1 \times 1.7}{10} = 3.76 kN$
$\therefore H = Fv = 3.76 \times 10.16 = 38.2 kW$

(3) $D_A = \dfrac{p}{\sin\dfrac{180}{Z_A}} = \dfrac{15.88}{\sin\dfrac{180}{32}} = 162.01 mm$

(4) $D_{o,A} = p(0.6 + \cot\dfrac{180}{Z_A}) = 15.88 \times (0.6 + \cot\dfrac{180}{32}) = 170.76 mm$

(5) $\varepsilon = (1 - \cos\dfrac{\pi}{Z_A}) \times 100\% = (1 - \cos\dfrac{180}{32}) \times 100\% = 0.48\%$

15

약간 어긋난 각을 가진 두 축의 동력을 전달하기 위한 헬리컬 기어의 치직각 모듈 4, 피니언의 잇수 40개, 기어의 잇수 120개, 피니언의 회전수 $600rpm$, 압력각 $20°$, 비틀림각 $30°$, 허용 굽힘응력 $120MPa$, **접촉면 응력계수 $2.11MPa$**, 이 너비 $60mm$, 피니언의 치형 계수 $Y_A = 0.41$, 기어의 치형 계수 $Y_B = 0.46$, 하중 계수 0.8, 공작정밀도를 고려한 면압 계수 0.75일때 다음을 구하시오.

(1) 피니언의 굽힘 강도에 의한 전달 하중 $F_A[N]$
(2) 기어의 굽힘 강도에 의한 전달 하중 $F_B[N]$
(3) 면압 강도에 의한 전달 하중 $F_C[N]$

해설

(1) $v = \dfrac{\pi D_{As} N_A}{60 \times 1000} = \dfrac{\pi \times \dfrac{D_A}{\cos\beta} \times N_A}{60 \times 1000} = \dfrac{\pi m_n Z_A N_A}{60000\cos\beta} = \dfrac{\pi \times 4 \times 40 \times 600}{60000\cos 30°} = 5.8 m/s$

$f_v = \dfrac{3.05}{3.05 + v} = \dfrac{3.05}{3.05 + 5.8} = 0.34$

$\therefore F_A = f_v f_w \sigma_b m_n b Y_A = 0.34 \times 0.8 \times 120 \times 4 \times 60 \times 0.41 = 3211.78 N$

(2) $F_B = f_v f_w \sigma_b m_n b Y_B = 0.34 \times 0.8 \times 120 \times 4 \times 60 \times 0.46 = 3603.46 N$

(3) $F_C = f_v K m_n b \left(\dfrac{2 Z_A Z_B}{Z_A + Z_B}\right)\left(\dfrac{C_w}{\cos^3\beta}\right) = 0.34 \times 2.11 \times 4 \times 60 \times \left(\dfrac{2 \times 40 \times 120}{40 + 120}\right) \times \left(\dfrac{0.75}{\cos^3 30°}\right)$

$\therefore F_C = 11928.7 N$

16

회전수 $350rpm$, $12kW$의 동력을 전달하는 외접 원추 마찰차가 존재한다. 원동차의 평균지름은 $300mm$, 속비는 $\dfrac{5}{7}$, 마찰계수는 0.2, 허용 접촉 선압력 $30N/mm$, 두 축의 교각이 $85°$일 때 다음을 구하시오.

(1) 접촉면에 수직한 힘 $[N]$
(2) 마찰차의 폭 $[mm]$
(3) 원동차의 추력 하중 $[N]$
(4) 종동차의 원추각 $[°]$

해설

(1) $v = \dfrac{\pi D_{A,m} N_A}{60 \times 1000} = \dfrac{\pi \times 300 \times 350}{60 \times 1000} = 5.5 m/s$

$H = \mu Q v \Rightarrow \therefore Q = \dfrac{H}{\mu v} = \dfrac{12 \times 10^3}{0.2 \times 5.5} = 10909.09 N$

(2) $f = \dfrac{Q}{b} \Rightarrow \therefore b = \dfrac{Q}{f} = \dfrac{10909.09}{30} = 363.64 mm$

(3) $\tan\alpha = \dfrac{\sin\theta}{\dfrac{1}{\varepsilon} + \cos\theta} = \dfrac{\sin 85°}{\dfrac{7}{5} + \cos 85°} = 0.67 \Rightarrow \alpha = \tan^{-1}(0.67) = 33.82°$

$\therefore F_{t,A} = Q \sin\alpha = 10909.09 \times \sin 33.82° = 6071.84 N$

(4) $\theta = \alpha + \beta \Rightarrow \therefore \beta = \theta - \alpha = 85 - 33.82 = 51.18°$

17

잇수가 8개, 스플라인의 유효길이는 $200mm$, 외경 $94mm$, 내경 $88mm$, 접촉효율이 75%인 스플라인 축이 있다. 이러한 스플라인 축이 $380rpm$으로 회전할 때 다음을 구하시오.
(단, 허용 접촉면 압력은 $25MPa$이다.)

(1) 전달 토크 $[N \cdot m]$
(2) 전달 동력 $[kW]$

해설

(1) $h = \dfrac{d_2 - d_1}{2} = \dfrac{94 - 88}{2} = 3mm$, 모따기 (c)는 주어지지 않으면 무시한다.

$\therefore T = (h - 2c) q_a \ell \left(\dfrac{d_2 + d_1}{4}\right) \eta Z = 3 \times 25 \times 200 \times \left(\dfrac{94 + 88}{4}\right) \times 0.75 \times 8$
$= 4095000 N \cdot mm ≒ 4095 N \cdot m$

(2) $H = T\omega = T \times \dfrac{2\pi N}{60} = 4095 \times 10^{-3} \times \dfrac{2\pi \times 380}{60} = 162.95 kW$

18

$400 rpm$, $15 kW$의 동력을 전달하는 직경이 $80mm$인 축에 끼워진 묻힘 키의 폭은 $20mm$, 높이가 $13mm$이다. 키에 작용하는 전단강도는 $30MPa$, 압축강도는 $88MPa$일 때 다음을 구하시오.

(1) 전달 토크 $[N \cdot m]$
(2) 키에 작용하는 전단강도만 고려한 키의 길이 $\ell_A [mm]$
(3) 키에 작용하는 압축강도만 고려한 키의 길이 $\ell_B [mm]$

해설

(1) $T = \dfrac{H}{\omega} = \dfrac{H}{\dfrac{2\pi N}{60}} = \dfrac{15 \times 10^3}{\dfrac{2\pi \times 400}{60}} = 358.1 N \cdot m$

(2) $\tau_k = \dfrac{2T}{b\ell_A d} \Rightarrow \therefore \ell_A = \dfrac{2T}{bd\tau_k} = \dfrac{2 \times 358.1 \times 10^3}{20 \times 80 \times 30} = 14.92 mm$

(3) $\sigma_c = \dfrac{4T}{h\ell_B d} \Rightarrow \therefore \ell_B = \dfrac{4T}{hd\sigma_c} = \dfrac{4 \times 358.1 \times 10^3}{13 \times 80 \times 88} = 15.65 mm$

19

이중 열교환기에서 외관의 고온 유체가 입구에서 $120℃$, 출구에서 $105℃$이며 저온 유체가 내관에서 입구에서 $30℃$, 출구에서 $85℃$일 때 다음을 구하시오.

(1) 병류일 때의 대수 평균 온도차 $[℃]$
(2) 향류일 때의 대수 평균 온도차 $[℃]$

해설

(1) $\Delta t_1 = 120 - 30 = 90℃$, $\Delta t_2 = 105 - 85 = 20℃$

$\therefore \Delta t_m = \dfrac{\Delta t_1 - \Delta t_2}{\ln \dfrac{\Delta t_1}{\Delta t_2}} = \dfrac{90 - 20}{\ln \dfrac{90}{20}} = 46.54℃$

(2) $\Delta t_1 = 120 - 85 = 35℃$, $\Delta t_2 = 105 - 30 = 75℃$

$\therefore \Delta t_m = \dfrac{\Delta t_1 - \Delta t_2}{\ln \dfrac{\Delta t_1}{\Delta t_2}} = \dfrac{35 - 75}{\ln \dfrac{35}{75}} = 52.48℃$

20

아래의 표를 보고 다음을 구하시오.

작업명	선행작업	작업일수
A	–	7
B	–	4
C	–	20
D	A	11
E	A	9
F	B	8
G	C, D, F	11
H	C	8

(1) PERT 기법으로 네트워크 공정표를 작성하고 주공정선은 굵은 선으로 표시하시오.
(2) 총 작업일수[일]
(3) 아래의 빈칸을 채우시오.

작업명	작업시간				여유시간			주공정
	EST	EFT	LST	LFT	TF	FF	DF	CP
A								
B								
C								
D								
E								
F								
G								
H								

해설
(1)

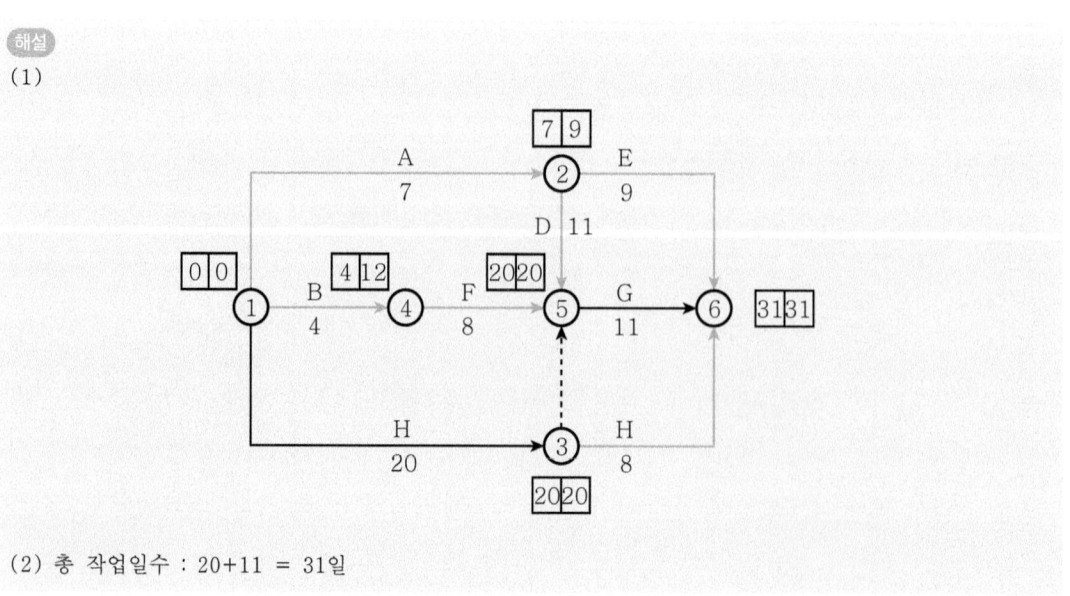

(2) 총 작업일수 : 20+11 = 31일

2023 3회차 건설기계설비기사 필답형 기출문제

01
유회전 진공펌프의 종류 3가지를 쓰시오.

해설
① 게데형
② 키니형
③ 센코형

02
굴삭기 상부 프레임 지지장치의 종류 3가지를 쓰시오.

해설
① 롤러식
② 볼 베어링식
③ 포스트식

03
전압식 롤러의 종류 4가지를 쓰시오.

해설
① 탠덤 롤러
② 머캐덤 롤러
③ 탬핑 롤러
④ 타이어 롤러

04

유성기어열의 구성요소 3가지를 쓰시오.

해설
① 태양기어
② 링기어
③ 암(=캐리어)
④ 유성기어

05

너트의 풀림방지법 5가지를 쓰시오.

해설
① 와셔에 의한 방법
② 플라스틱 플러그에 의한 방법
③ 로크너트에 의한 방법
④ 철사를 이용하는 방법
⑤ 분할핀에 의한 방법
⑥ 멈춤나사에 의한 방법
⑦ 자동쬠너트에 의한 방법

06

알루미늄 재질의 파이프에 수압 $4.5MPa$, 유량 $2160m^3/hr$를 흐르게 하려 한다. 유체의 평균 속도가 $7m/s$, 부식여유 $2mm$, 파이프의 허용 인장응력이 $80MPa$일 때 파이프의 외경[mm]을 구하시오.

해설

$$d = \sqrt{\frac{4Q}{\pi v_m}} = \sqrt{\frac{4 \times \frac{2160}{3600}}{\pi \times 7}} = 0.33036m = 330.36mm$$

$$t = \frac{pd}{2\sigma_a} + C = \frac{4.5 \times 330.36}{2 \times 80} + 2 = 9.29mm$$

$$\therefore d_o = d + 2t = 330.36 + 2 \times 9.29 = 348.94mm$$

07

원동차의 회전수 $500 rpm$, 직경 $300 mm$, 축간거리는 $1000 mm$인 V-벨트 풀리가 있다. 속비 $\dfrac{1}{4}$일 때 다음을 구하시오.

(1) 벨트의 길이 $[mm]$
(2) 원동풀리의 접촉 중심각 $[°]$

해설

(1) $\varepsilon = \dfrac{D_A}{D_B} \Rightarrow D_B = \dfrac{D_A}{\varepsilon} = 4 \times 300 = 1200 mm$

$\therefore L = 2C + \dfrac{\pi(D_A + D_B)}{2} + \dfrac{(D_B - D_A)^2}{4C} = 2 \times 1000 + \dfrac{\pi(300 + 1200)}{2} + \dfrac{(1200 - 300)^2}{4 \times 1000} = 4558.69 mm$

(2) $\theta_A = 180° - 2\sin^{-1}\left(\dfrac{D_B - D_A}{2C}\right) = 180° - 2\sin^{-1}\left(\dfrac{1200 - 300}{2 \times 1000}\right) = 126.51°$

08

원동축 회전수 $500 rpm$, 종동축 회전수 $200 rpm$, $6 kW$의 동력을 전달하는 홈붙이 마찰차가 있다. 중심거리가 $500 mm$, 마찰계수는 0.35, 허용 접촉 선압력은 $40 N/mm$, 홈의 각도가 $2\alpha = 40°$일 때 다음을 구하시오.

(1) 홈붙이 마찰차를 미는 힘 $[N]$
(2) 홈의 수 $[개]$

해설

(1) $\varepsilon = \dfrac{N_B}{N_A} = \dfrac{D_A}{D_B} \Rightarrow D_B = D_A \times \dfrac{N_A}{N_B} = D_A \times \dfrac{500}{200} = \dfrac{5}{2} D_A$

$C = \dfrac{D_A + D_B}{2} \Rightarrow D_A + D_B = 2C = 2 \times 500 = 1000 mm$

$D_A + \dfrac{5}{2} D_A = 1000 \Rightarrow \therefore D_A = 285.71 mm$

$v = \dfrac{\pi D_A N_A}{60 \times 1000} = \dfrac{\pi \times 285.71 \times 500}{60 \times 1000} = 7.48 m/s$

$\mu' = \dfrac{\mu}{\sin\alpha + \mu\cos\alpha} = \dfrac{0.35}{\sin 20° + 0.35\cos 20°} = 0.52$

$H = \mu' P v \Rightarrow \therefore P = \dfrac{H}{\mu' v} = \dfrac{6 \times 10^3}{0.52 \times 7.48} = 1542.58 N$

(2) $h = 0.28\sqrt{\mu' P} = 0.28\sqrt{0.52 \times 1542.58} = 7.93 mm$

$F = \mu Q = \mu' P \Rightarrow Q = \dfrac{\mu' P}{\mu} = \dfrac{0.52 \times 1542.58}{0.35} = 2291.83 N$

$Z = \dfrac{Q}{2hf} = \dfrac{2291.83}{2 \times 7.93 \times 40} = 3.61 \fallingdotseq 4개$

09

$No.6312$ 1열 레이디얼 볼 베어링에 35000시간의 수명을 주려 한다. 기본 동정격 하중이 $50kN$, 허용한계 속도지수 200000, 하중계수 1.2일 때 다음을 구하시오.

(1) 베어링의 최대 사용 회전수 $[rpm]$
(2) 베어링 하중 $[N]$

해설

(1) $d = 12 \times 5 = 60mm$

$dN = 200000 \Rightarrow \therefore N = \dfrac{200000}{d} = \dfrac{200000}{60} = 3333.33 rpm$

(2) $L_h = 500 \times \dfrac{33.3}{N} \times \left(\dfrac{C}{f_w W}\right)^r \Rightarrow 35000 = 500 \times \dfrac{33.3}{3333.33} \times \left(\dfrac{50 \times 10^3}{1.2 \times W}\right)^3$

$\therefore W = 2177.43N$

10

전체 하중이 $9800N$인 건설 장비를 4개소에서 균등하게 지지하여 처짐이 $50mm$가 생기는 원통형 코일 스프링의 소선의 지름은 $16mm$, 스프링지수 9, 전단탄성계수 $82GPa$일 때 다음을 구하시오.

(1) 유효 권수 [권]
(2) 최대 전단응력 $[MPa]$ (단, 왈의 응력수정계수는 1.25이다.)

해설

(1) $P = \dfrac{9800}{n} = \dfrac{9800}{4} = 2450N$

$C = \dfrac{D}{d} \Rightarrow D = Cd = 9 \times 16 = 144mm$

$\delta = \dfrac{8nPD^3}{Gd^4} \Rightarrow \therefore n = \dfrac{Gd^4\delta}{8PD^3} = \dfrac{82 \times 10^3 \times 16^4 \times 50}{8 \times 2450 \times 144^3} = 4.59 ≒ 5$권

(2) $\tau_{\max} = \dfrac{8PDK}{\pi d^3} = \dfrac{8 \times 2450 \times 144 \times 1.25}{\pi \times 16^3} = 274.47 MPa$

11

잇수가 8개, 스플라인 보스길이는 $200mm$, 외경 $90mm$, 내경 $84mm$, 이의 모따기 $0.25mm$ 접촉효율이 75%인 스플라인 축이 $200rpm$으로 동력을 전달할 때 다음을 구하시오.
(단, 허용접촉면압력은 $30MPa$이다.)

(1) 이 높이 $[mm]$
(2) 전달 토크 $[N \cdot mm]$
(3) 전달 동력 $[kW]$

해설

(1) $h = \dfrac{d_2 - d_1}{2} = \dfrac{90 - 84}{2} = 3mm$

(2) $T = (h - 2c)q_a \ell \left(\dfrac{d_2 + d_1}{4}\right)\eta Z = (3 - 2 \times 0.25) \times 30 \times 200 \times \left(\dfrac{90 + 84}{4}\right) \times 0.75 \times 8 = 3915000 N \cdot mm$

(3) $H = T\omega = T \times \dfrac{2\pi N}{60} = 3915000 \times 10^{-6} \times \dfrac{2\pi \times 200}{60} = 82kW$

12

2열 롤러 체인의 피치 $15.88mm$, 원동 스프로킷 잇수 28개, 원동 스프로킷 회전수가 $1000rpm$, 파단 하중 $22.1kN$, 다열 계수 1.7, 부하수정계수 1.3, 안전율 8일 때 다음을 구하시오.

(1) 롤러 체인의 최대 전달 동력 $[kW]$
(2) 롤러 체인의 원동 스프로킷의 피치원 직경 $[mm]$

해설

(1) $v = \dfrac{pZ_A N_A}{60 \times 1000} = \dfrac{15.88 \times 28 \times 1000}{60 \times 1000} = 7.41 m/s$

$F = \dfrac{F_B e}{Sk} = \dfrac{22.1 \times 1.7}{8 \times 1.3} = 3.61 kN$

$\therefore H = Fv = 3.61 \times 7.41 = 26.75 kW$

(2) $D_A = \dfrac{p}{\sin\dfrac{180}{Z_A}} = \dfrac{15.88}{\sin\dfrac{180}{28}} = 141.83 mm$

13

직경이 $300mm$, 분당 회전수가 $300rpm$인 드럼 브레이크에서 마찰계수가 0.18, 브레이크 블록의 허용응력 $0.3MPa$일 때 브레이크 용량$[MPa\cdot m/s]$을 구하시오.

해설

$$v = \frac{\pi DN}{60\times 1000} = \frac{\pi \times 300 \times 300}{60 \times 1000} = 4.71 m/s$$
$$\therefore \mu qv = 0.18 \times 0.3 \times 4.71 = 0.25 MPa\cdot m/s$$

14

축 지름 $90mm$의 클램프 커플링에서 볼트 8개를 사용하여 $120rpm$, $36.8kW$의 동력을 마찰력으로만 전달하려 한다. 허용 인장응력 $58.86MPa$, 마찰계수 0.25일 때 다음을 구하시오.

(1) 축을 졸라 매는 힘 $[kN]$
(2) 볼트의 골지름 $[mm]$

해설

(1) $T = \dfrac{H}{\omega} = \dfrac{H}{\dfrac{2\pi N}{60}} = \dfrac{36.8 \times 10^3}{\dfrac{2\pi \times 120}{60}} = 2928.45 N\cdot m$

$\therefore P = \dfrac{2T}{\mu \pi d} = \dfrac{2 \times 2928.45 \times 10^3}{0.25 \times \pi \times 90} = 82858.19 N = 82.86 kN$

(2) $\sigma_t = \dfrac{8P}{\pi \delta_B^2 Z} \Rightarrow \therefore \delta_B = \sqrt{\dfrac{8P}{\pi Z \sigma_t}} = \sqrt{\dfrac{8 \times 82.86 \times 10^3}{\pi \times 8 \times 58.86}} = 21.17 mm$

15

$1750rpm$, $5kW$의 동력을 전달하는 각도가 $40°$인 V-벨트 풀리가 있다. 축간거리가 $1100mm$, 원동 풀리의 지름은 $150mm$, 속비 $\dfrac{1}{4}$, 단위길이당 질량은 $0.12kg/m$, 마찰계수가 0.25일 때 다음을 구하시오.

(1) 벨트의 길이 $[mm]$
(2) 벨트의 원동 접촉 중심각 $[°]$
(3) 벨트의 최대 장력 $[N]$

해설

(1) $\varepsilon = \dfrac{D_A}{D_B} \Rightarrow D_B = \dfrac{D_A}{\varepsilon} = 150 \times 4 = 600mm$

$\therefore L = 2C + \dfrac{\pi(D_B + D_A)}{2} + \dfrac{(D_B - D_A)^2}{4C} = 2 \times 1100 + \dfrac{\pi(600 + 150)}{2} + \dfrac{(600 - 150)^2}{4 \times 1100}$

$= 3424.12mm$

(2) $\theta_A = 180° - 2\sin^{-1}\left(\dfrac{D_B - D_A}{2C}\right) = 180° - 2\sin^{-1}\left(\dfrac{600 - 150}{2 \times 1100}\right) = 156.39°$

(3) $v = \dfrac{\pi D_A N_A}{60 \times 1000} = \dfrac{\pi \times 150 \times 1750}{60 \times 1000} = 13.74 m/s$ (부가장력을 고려한다.)

$T_e = mv^2 = 0.12 \times 13.74^2 = 22.65N$

$\mu' = \dfrac{\mu}{\sin\dfrac{\alpha}{2} + \mu\cos\dfrac{\alpha}{2}} = \dfrac{0.25}{\sin 20° + 0.25\cos 20°} = 0.433$

$e^{\mu'\theta_A} = e^{0.433 \times 156.39 \times \frac{\pi}{180}} = 3.26$

$\therefore T_t = \left(\dfrac{e^{\mu'\theta_A}}{e^{\mu'\theta_A} - 1}\right)\dfrac{H}{v} + T_e = \left(\dfrac{3.26}{3.26 - 1}\right) \times \dfrac{5 \times 10^3}{13.74} + 22.65 = 547.57N$

16

$250rpm$으로 회전하는 헬리컬의 기어의 치직각 모듈 3, 잇수가 45개, 이너비 $36mm$, 압력 각 $20°$, 이의 비틀림각 $20°$, 허용 굽힘응력이 $190MPa$, 하중계수가 1.2일 때 다음을 구하시오.

(1) 피치원 지름 $[mm]$
(2) 상당 평치차 잇수 $[개]$
(3) 루이스 굽힘강도에 의한 전달 동력 $[kW]$
  (단, 아래의 상당 평치차 치형 계수의 표를 참고하시오.)

압력각 [°]	잇수 [개]		
	40	50	60
14.5	0.107	0.110	0.113
20	0.124	0.130	0.134
25	0.145	0.152	0.156

(4) 스러스트 하중 $[N]$

해설

(1) $D_s = \dfrac{D}{\cos\beta} = \dfrac{m_n Z}{\cos\beta} = \dfrac{3 \times 45}{\cos 20°} = 143.66mm$

(2) $Z_e = \dfrac{Z}{\cos^3\beta} = \dfrac{45}{\cos^3 20°} = 54.23 ≒ 55개$

(3) 보간법을 이용하여 상당 평치차 치형 계수를 구하면,
$y_e = 0.130 + \dfrac{55-50}{60-50} \times (0.134 - 0.130) = 0.132$

$v = \dfrac{\pi D_s N}{60 \times 1000} = \dfrac{\pi \times 143.66 \times 250}{60 \times 1000} = 1.88 m/s$

$f_v = \dfrac{3.05}{3.05 + v} = \dfrac{3.05}{3.05 + 1.88} = 0.62$

$F = f_v f_w \sigma_b \pi m_n b y_e = 0.62 \times 1.2 \times 190 \times \pi \times 3 \times 36 \times 0.132 = 6331.03 N$

$\therefore H = Fv = 6331.03 \times 10^{-3} \times 1.88 = 11.9 kW$

(4) $F_t = F\tan\beta = 6331.03\tan20° = 2304.31 N$

17

$600rpm$으로 동력을 전달하는 원추 클러치가 있다. 클러치 접촉면의 안지름 $150mm$, 바깥지름 $160mm$, 허용 면압력 $0.3MPa$, 접촉면의 너비 $35mm$, 마찰계수가 0.3일 때 다음을 구하시오.

(1) 원추 클러치의 전달 토크 $[N \cdot m]$
(2) 원추 클러치의 전달 동력 $[kW]$
(3) 원추각 $\alpha[°]$
(4) 원추 클러치를 축방향으로 미는 힘 $[N]$

해설

(1) 평균 지름 : $D_m = \dfrac{D_2 + D_1}{2} = \dfrac{160 + 150}{2} = 155mm$

$q_a = \dfrac{Q}{\pi D_m b} \Rightarrow Q = \pi D_m b q_a = \pi \times 155 \times 35 \times 0.3 = 5112.94 N$

$\therefore T = \mu Q \dfrac{D_m}{2} = 0.3 \times 5112.94 \times \dfrac{155}{2} = 118875.86 N \cdot mm ≒ 118.88 N \cdot m$

(2) $H = T\omega = T \times \dfrac{2\pi N}{60} = 118.88 \times 10^{-3} \times \dfrac{2\pi \times 600}{60} = 7.47 kW$

(3) $b = \dfrac{D_2 - D_1}{2\sin\alpha} \Rightarrow \therefore \alpha = \sin^{-1}\left(\dfrac{D_2 - D_1}{2b}\right) = \sin^{-1}\left(\dfrac{160 - 150}{2 \times 35}\right) = 8.21°$

(4) $Q = \dfrac{P}{\sin\alpha + \mu\cos\alpha}$에서,

$\therefore P = Q(\sin\alpha + \mu\cos\alpha) = 5112.94 \times (\sin8.21° + 0.3\cos8.21°) = 2248.3 N$

18

지름 $50mm$, 길이 $500mm$인 축에 $3500N$의 하중을 가진 회전체가 축 중앙에서 회전하고 있다. 축의 세로탄성계수는 $210GPa$일 때 축의 위험속도$[rpm]$을 구하시오.
(단, 축의 자중은 무시한다.)

해설

$$\delta = \frac{PL^3}{48EI} = \frac{3500 \times 500^3}{48 \times 210 \times 10^3 \times \frac{\pi \times 50^4}{64}} = 0.14mm$$

$$\therefore N_C = \frac{30}{\pi}\sqrt{\frac{g}{\delta}} = \frac{30}{\pi}\sqrt{\frac{9800}{0.14}} = 2526.51rpm$$

19

이중 열교환기에서 외관의 고온 유체가 입구에서 $120℃$, 출구에서 $105℃$이며 저온 유체가 내관에서 입구에서 $30℃$, 출구에서 $85℃$일 때 대수온도평균차[평행류(병류)]를 통한 시간당 열전달률 $[kcal/hr]$을 구하시오.
(단, 총괄 열전달 계수 $10kcal/m^2 \cdot hr \cdot ℃$, 열전달 면적 $4m^2$이다.)

해설

$\Delta t_1 = 120 - 30 = 90℃, \ \Delta t_2 = 105 - 85 = 20℃$

$$\Delta t_m = \frac{\Delta t_1 - \Delta t_2}{\ln\frac{\Delta t_1}{\Delta t_2}} = \frac{90 - 20}{\ln\frac{90}{20}} = 46.54℃$$

$\therefore Q = kA\Delta t_m = 10 \times 4 \times 46.54 = 1861.6 kcal/hr$

20

아래의 표를 보고 다음을 구하시오.

작업명	선행작업	작업일수
A	-	6
B	-	7
C	-	8
D	A	6
E	A, B	7
F	A, B, C	8

(1) PERT 기법으로 네트워크 공정표를 작성하고 주공정선은 굵은 선으로 표시하시오.
(2) 총 작업일수[일]
(3) 아래의 빈칸을 채우시오.

작업명	작업시간				여유시간			주공정
	EST	EFT	LST	LFT	TF	FF	DF	CP
A								
B								
C								
D								
E								
F								

해설

(1)

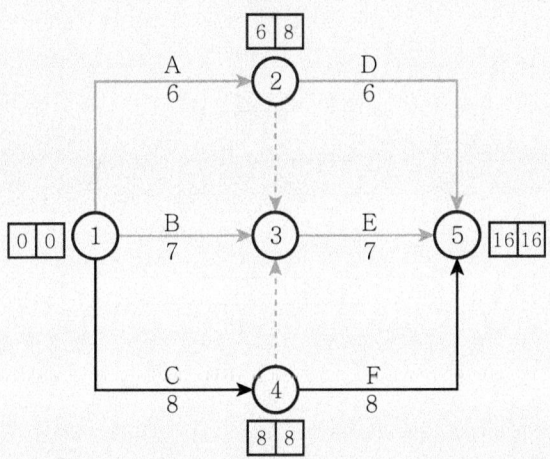

(2) 총 작업일수 : 8 + 8 = 16일

(3)

작업명	작업시간				여유시간			주공정
	EST	EFT	LST	LFT	TF	FF	DF	CP
A	0	6	2	8	2	0	2	
B	0	7	1	8	1	0	1	
C	0	8	0	8	0	0	0	○
D	6	12	10	16	4	4	0	
E	7	14	9	16	2	2	0	
F	8	16	8	16	0	0	0	○

01

그림과 같은 1줄 겹치기 리벳에서 강판의 두께 $13mm$, 리벳 직경 $24mm$. 강판의 효율은 60%, 1피치 당 하중 $13kN$이 작용할 때 다음을 구하시오.

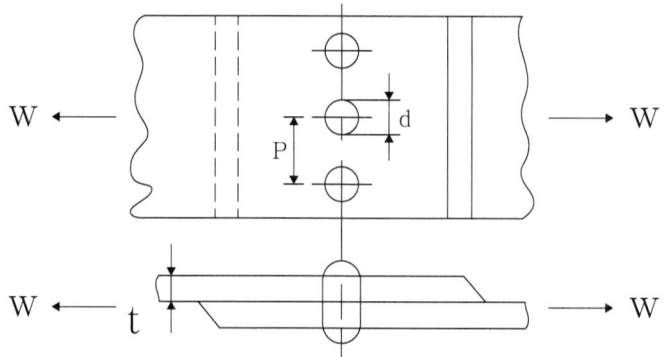

(1) 피치 $p[mm]$
(2) 강판의 인장응력 $\sigma_t[MPa]$

해설 $\eta_t = 1 - \dfrac{d}{p}$ $\therefore p = \dfrac{d}{1-\eta} = \dfrac{24}{1-0.6} = 60mm$

(2) $\sigma_t = \dfrac{W}{(p-d)t} = \dfrac{13 \times 10^3}{(60-24) \times 13} = 27.78 MPa$

02

롤러 체인으로 $750 rpm$으로 회전하는 축에서 $250 rpm$으로 회전하는 축으로 동력을 전달하려고 한다. 원동 스프로킷의 잇수가 17일 때 다음을 구하시오.
(단, No.50의 롤러 체인이며 원주 피치는 $15.88mm$, 축간 거리는 $850mm$이다.)

(1) 체인의 평균속도 $[m/s]$
(2) 링크 수 [개]

[해설]

(1) $v = \dfrac{pZN}{60 \times 1000} = \dfrac{15.88 \times 17 \times 750}{60 \times 1000} = 3.37 m/s$

(2) $\varepsilon = \dfrac{N_2}{N_1} = \dfrac{Z_1}{Z_2}$ $\therefore Z_2 = Z_1 \times \dfrac{N_1}{N_2} = 17 \times \dfrac{750}{250} = 51$

$L_n = \dfrac{2C}{p} + \dfrac{Z_2 + Z_1}{2} + \dfrac{0.0257p(Z_2 - Z_1)}{C} = \dfrac{2 \times 850}{15.88} + \dfrac{51 + 17}{2} + \dfrac{0.0257 \times 15.88 \times (51 - 17)}{850}$

$= 141.06 ≒ 142$개

03

다음 내용에 대한 물음에 답하시오.

(1) 두 축이 평행한 기어의 종류를 3가지 쓰시오.
(2) 언더컷 방지방법을 2가지 쓰시오.

[해설]

(1)
① 스퍼기어
② 헬리컬기어
③ 내접기어
④ 래크와 피니언

(2)
① 전위기어로 제작한다.
② 압력각을 증가시킨다.
③ 피니언의 잇수를 최소잇수 이상으로 제작한다.
④ 이 높이를 낮춘다.
⑤ 두 기어의 잇수 비를 작게 한다.

04

V벨트를 이용하여 동력 $38kW$, 회전수 $1500rpm$의 원동기에서 $300rpm$의 장치로 동력을 전달할 때 다음을 구하시오.
(단, 축간거리 $1500mm$, 원동 풀리의 지름 $300mm$, 상당마찰계수 0.4, V벨트의 단위 길이 당 무게 $w = 5.5 N/m$이다.)

(1) 부가장력 $T_g [N]$
(2) 장력비 $e^{\mu\theta} [N]$
(3) V벨트 한 가닥의 전달동력 $H_0 [kW]$
(4) 가닥 수 $Z [가닥]$ (단, 접촉각 수정계수 $k_1 = 0.65$, 부하수정계수 $k_2 = 0.75$)

해설

(1) $v = \dfrac{\pi D_1 N_1}{60 \times 1000} = \dfrac{\pi \times 300 \times 1500}{60 \times 1000} = 23.56 m/s$

$T_g = \dfrac{wv^2}{g} = \dfrac{5.5 \times 23.56^2}{9.8} = 311.52 N$

(2) $\varepsilon = \dfrac{N_2}{N_1} = \dfrac{D_1}{D_2}$ ∴ $D_2 = D_1 \times \dfrac{N_1}{N_2} = 300 \times \dfrac{1500}{300} = 1500mm$

$\theta = 180 - 2\sin^{-1}\left(\dfrac{D_2 - D_1}{2C}\right) = 180 - 2\sin^{-1}\left(\dfrac{1500 - 300}{2 \times 1500}\right) = 156.42°$

$e^{\mu\theta} = e^{0.48 \times 156.42 \times \frac{\pi}{180}} = 3.71$

(3) $H_0 = (T_t - T_e)\left(\dfrac{e^{\mu'\theta} - 1}{e^{\mu'\theta}}\right)v = (800 - 311.52) \times \left(\dfrac{3.71 - 1}{3.71}\right) \times 23.56 \times 10^{-3} = 8.41 kW$

(4) $Z = \dfrac{H}{H_0 k_1 k_2} = \dfrac{38}{8.41 \times 0.65 \times 0.75} = 9.27 ≒ 10$가닥

05

그림과 같은 나사잭이 레버의 길이 $700mm$, 유효지름 $60mm$, 피치 $3.2mm$, 나사부 마찰계수 0.1이며 이 나사잭을 $300N$으로 조일 때 들어올릴 수 있는 하중은 몇 kN인가?
(단 미터계 사다리꼴 나사로 된 나사잭이다.)

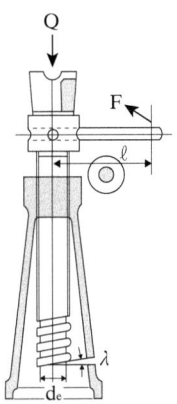

해설

$$\mu' = \frac{\mu}{\cos\frac{\alpha}{2}} = \frac{0.1}{\cos\frac{30}{2}} = 0.104$$

$$T = FL = Q\left(\frac{p + \mu'\pi d_e}{\pi d_e - \mu' p}\right)\frac{d_e}{2}$$

$$\therefore Q = FL\left(\frac{\pi d_e - \mu' p}{p + \mu'\pi d_e}\right)\frac{2}{d_e} = 300 \times 700 \times \left(\frac{\pi \times 60 - 0.104 \times 3.2}{3.2 + 0.104 \times \pi \times 60}\right) \times \frac{2}{60} \times 10^{-3} = 57.76 kN$$

06

회전수 $200rpm$으로 베어링 하중 $48kN$을 받쳐주는 끝 저널 베어링이 있다. 저널의 길이 $190mm$, 허용굽힘응력 $80MPa$일 때 다음을 구하시오.

(1) 압력속도계수 $[MPa \cdot m/s]$
(2) 베어링 압력 $[MPa]$

해설

(1) $pv = \frac{\pi WN}{60000\ell} = \frac{\pi \times 48 \times 10^3 \times 200}{60000 \times 190} = 2.65 MPa \cdot m/s$

(2) $p = \dfrac{W}{d\ell} = \dfrac{48 \times 10^3}{83.42 \times 190} = 3.03 MPa$

07

$(14 \times 8 \times 48)[mm]$의 묻힘키로 동력 $28kW$ 회전수 $900rpm$를 전달하고자 할 때 다음을 구하시오.

(단, 축의 직경은 $60mm$이다.)

(1) 전달할 수 있는 토크 $T[N \cdot m]$
(2) 키의 전단응력 $[MPa]$
(3) 키의 압축응력 $[MPa]$

해설

(1) $T = \dfrac{H}{\omega} = \dfrac{60H}{2\pi N} = \dfrac{60 \times 28 \times 10^3}{2\pi \times 900} = 297.09 N \cdot m$

(2) $\tau_k = \dfrac{2T}{b\ell d} = \dfrac{2 \times 297.09}{14 \times 48 \times 60} = 14.74 MPa$

(3) $\sigma_c = \dfrac{4T}{h\ell d} = \dfrac{4 \times 297.09 \times 10^3}{8 \times 48 \times 60} = 51.58 MPa$

08

다음 설명에 알맞은 배관 신축이음의 종류를 보기에서 골라서 쓰시오.

[보기]
루프형, 슬리브형, 벨로즈형, 스위블형, 볼조인트형

(1) 주로 급탕, 난방용으로 많이 사용되며 온수, 증기 등이 누설되는 것을 방지하는 이음
(2) 설치 장소가 넓은 옥외용으로 사용되며 강관 또는 동관을 고리모양으로 구부려 만든 이음
(3) 주로 스팀 배관에 설치되며 주름관 모양으로 신축성이 있는 이음
(4) 2개 이상의 나사 엘보를 사용하여 온수나 저압증기 난방 등의 방열기에 사용하는 이음
(5) 볼형상이 외부 케이싱을 감싸고 있어 입체적인 변위까지도 흡수할 수 있는 이음

해설

(1) 슬리브형 신축이음
(2) 루프형 신축이음
(3) 벨로즈형 신축이음
(4) 스위블형 신축이음
(5) 볼조인트형 신축이음

09

원통형 코일스프링 6개가 $1.5kN$의 무게를 지지하고 있을 때 다음을 구하시오.
(단, 코일의 평균지름 $52mm$, 소선의 지름 $9mm$, 처짐량 $15mm$, 스프링의 전단탄성계수 $82GPa$이다.)

(1) 유효권수 $n[권]$
(2) 최대전단응력 $\tau_{\max}[MPa]$

해설

(1) $\delta = \dfrac{8nPD^3}{Gd^4}$ $\therefore n = \dfrac{\delta Gd^4}{8PD^3} = \dfrac{15 \times 82 \times 10^3 \times 9^4}{8 \times 1.5 \times 10^3 \times 52^3} = 4.78 ≒ 5권$

(2) $C = \dfrac{D}{d} = \dfrac{52}{9} = 5.78$

$K = \dfrac{4C-1}{4C-4} - \dfrac{0.615}{C} = \dfrac{4 \times 5.78 - 1}{4 \times 5.78 - 4} - \dfrac{0.615}{5.78} = 1.05$

$\tau_{\max} = \dfrac{16PRK}{\pi d^3} = \dfrac{16 \times 1.5 \times 10^3 \times (52/2) \times 1.05}{\pi \times 9^3} = 286.09 MPa$

10

외접 원통 마찰차가 $500rpm$ 으로 $3.6kW$의 동력을 전달하고 있다. 이 때 이 마찰차들이 서로 밀어붙이는 힘은 $1600N$이고 마찰계수가 0.25, 허용접촉면압이 $15.6N/mm$, 속비가 $\frac{1}{3}$ 일 때 다음을 구하시오.

(1) 접선방향속도 $[m/s]$
(2) 원동차와 종동차의 직경 $[mm]$
(3) 접촉폭 $[mm]$

해설

(1) $H = \mu P v$ 　　$\therefore v = \dfrac{H}{\mu P} = \dfrac{3.6 \times 10^3}{0.25 \times 1600} = 9 m/s$

(2) $v = \dfrac{\pi D_1 N_1}{60 \times 1000}$ 　　$\therefore D_1 = \dfrac{60000 v}{\pi N_1} = \dfrac{60000 \times 9}{\pi \times 500} = 343.77 mm$

　　$\varepsilon = \dfrac{D_1}{D_2}$ 　　$\therefore D_2 = \dfrac{D_1}{\varepsilon} = \dfrac{343.77}{1/3} = 1031.32 mm$

(3) $f = \dfrac{P}{b}$ 　　$\therefore b = \dfrac{P}{f} = \dfrac{1600}{15.6} = 102.56 mm$

11

다음 괄호안에 알맞은 건설기계 안전 기준을 보기에서 골라서 쓰시오.

[보기]
1도, 2도, 5도, 30도, 360도

(1) 무한궤도식 불도저는 기울기가 (　)인 지면에서 정지상태를 유지할 수 있는 제동장치 및 제동잠금장치를 갖추어야 한다.
(2) 평탄한 지면에서 덤프트럭의 적재함을 45도 들어올리고 엔진을 정지한 경우 적재함이 지면에 대하여 이루는 기울기의 변화량은 10분 동안 (　) 이하이어야 한다.
(3) 사이드포크형 지게차의 전경각 및 후경각은 각각 (　) 이하이어야 한다.
(4) 콘크리트 펌프의 붐은 (　) 선회가 가능하여야 한다.
(5) 유압식 기중기는 무부하상태에서 붐을 45도 기울이고 엔진을 정지한 경우 붐의 기울기 변화량은 10분간 (　)도 이내이어야 한다.

(1) 30도
(2) 1도
(3) 5도
(4) 360도
(5) 2도

12

미끄럼 베어링의 윤활방법을 3가지 쓰시오.

해설

① 순환식 ② 유욕식 ③ 전손식

13

그림과 같은 브레이크 제동장치의 조작력 $F = 300N$, 마찰계수 0.3, 드럼의 직경 $500mm$ 일 때 다음을 구하시오.
(단, $a = 850mm$, $b = 250mm$, $c = 45mm$ 이다.)

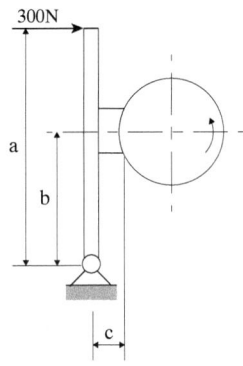

(1) 드럼과 블록이 서로 밀어붙이는 힘 $P[N]$
(2) 제동 토크 $T[N]$

해설

(1) $Fa - Pb + \mu Pc = 0$

$P = \dfrac{Fa}{b - \mu c} = \dfrac{300 \times 850}{250 - 0.3 \times 45} = 1078.22N$

(2) $T = \mu P \dfrac{D}{2} = 0.3 \times 300 \times \dfrac{500}{2} \times 10^{-3} = 22.5 N \cdot m$

14

열교환기의 전열면적이 $7.3m^2$, 열관류율 $1809.75 kcal/m^2 \cdot ℃ \cdot h$, 입구측 공기 온도 $30℃$, 출구측 공기 온도 $15℃$, 입구측 물의 온도 $10℃$, 출구측 물의 온도 $13℃$ 일 때 다음을 구하시오.

(1) 평행류 일 때의 대수평균온도차 [℃]
(2) 열교환량 [$kcal/h$]

해설

(1) $\Delta t_m = \dfrac{\Delta t_1 - \Delta t_2}{\ln\left(\dfrac{\Delta t_1}{\Delta t_2}\right)} = \dfrac{(30-10)-(15-13)}{\ln\left(\dfrac{30-10}{15-13}\right)} = 7.82℃$

(2) $Q = kA\Delta t_m = 1809.75 \times 7.3 \times 7.82 = 103311.39 kcal/h$

15

스플라인이 $250 rpm$으로 회전하고 있다. 이 스플라인의 호칭지름은 $85mm$, 잇수는 10개, 허용접촉면압력은 $20 N/mm^2$, 보스의 길이는 $180mm$, 이의 높이는 $5mm$ 일 때 전달 토크 [$kN \cdot m$]는 얼마인가?

해설

$h = \dfrac{d_2 - d_1}{2} \quad \therefore d_2 = 2h + d_1 = 2 \times 5 + 85 = 95mm$

$T = h\ell q_a \left(\dfrac{D_2 + D_1}{4}\right) Z\eta = 5 \times 180 \times 20 \times \left(\dfrac{95+85}{4}\right) \times 10 \times 0.75 \times 10^{-6} = 6.08 kN \cdot m$

16

로더의 적하방식에 따른 종류를 5가지 쓰시오.

> **해설**
> ① 프론트 엔드형
> ② 사이드 덤프형
> ③ 백호 셔블형
> ④ 오버 헤드형
> ⑤ 스윙형
> ⑥ 쿠션형

17

다판 클러치의 회전수 $500 rpm$, 전달동력 $14.5 kW$ 일 때 알맞은 판의 수를 구하시오.
(단, 바깥지름 $340mm$, 안지름 $240mm$, 마찰계수 0.18, 허용접촉면압력 $0.0875 MPa$ 이다.)

> **해설**
> $$T = \frac{H}{\omega} = \frac{60H}{2\pi N} = \frac{60 \times 14.7 \times 10^3}{2\pi \times 500} = 280.75 N \cdot m$$
> $$T = \mu \pi D_m b Z q_a \frac{D_m}{2} = \mu \pi b Z q_a \frac{D_m^2}{2} = \mu \pi \left(\frac{D_2 - D_1}{2}\right) Z q_a \frac{(D_2 + D_1)^2}{8}$$
> $$\therefore Z = \frac{16T}{\mu \pi q_a (D_2 - D_1)(D_2 + D_1)^2} = \frac{16 \times 280.75 \times 10^3}{0.18 \times \pi \times 0.0875 \times (340-240)(340+240)^2} = 2.7 ≒ 3$$

18

$32.5 kN$의 축하중을 사각나사로 지지하고 있다. 이 사각나사의 바깥지름 $35mm$, 안지름 $28mm$, 피치 $6mm$, 마찰계수 0.18 일 때 다음을 구하시오.

(1) 나사의 효율 $[\%]$
(2) 암나사의 높이 $[mm]$ (단, 나사의 허용면압력은 $9.8 MPa$ 이다.)

해설

(1) $d_e = \dfrac{35+28}{2} = 31.5mm$

$T = Q\left(\dfrac{p+\mu\pi d_e}{\pi d_e - \mu p}\right)\dfrac{d_e}{2} = 32.5\times10^3 \times \left(\dfrac{6+0.18\times\pi\times31.5}{\pi\times31.5-0.18\times6}\right)\times\dfrac{31.5}{2} = 124531.79 N\cdot mm$

$\eta = \dfrac{pQ}{2\pi T} = \dfrac{6\times32.5\times10^3}{2\pi\times124531.79} = 0.2492 = 24.92\%$

(2) $h = \dfrac{d_2-d_1}{2} = \dfrac{35-28}{2} = 3.5mm$

$H = \dfrac{pQ}{\pi d_e h q_a} = \dfrac{6\times32.5\times10^3}{\pi\times31.5\times3.5\times9.8} = 57.45mm$

19

필렛 용접이음의 강판의 두께 $h = 15mm$, 용접길이 $L = 35mm$, 허용인장응력 $\sigma_a = 68.6 MPa$ 일 때 다음을 구하시오.

(1) 용접 목두께 $f[mm]$
(2) 작용할 수 있는 인장하중 $P[kN]$

해설

(1) $f = h\cos45° = 15\times\cos45° = 10.61mm$

(2) $P = \sigma_a A = \sigma_a tL = 68.6\times15\times36\times10^{-3} = 37.04 kN$

20

아래 표를 보고 다음을 구하시오.

작업명	선행작업	작업일수
A	-	5
B	-	7
C	-	3
D	A, B	4
E	A, B	8
F	B, C	6
G	B, C	5

(1) PERT 기법으로 네트워크 공정표를 작성하고 주공정선은 굵은 선으로 표시하시오.
(2) 총 작업일수 [일]
(3) 아래의 빈칸을 채우시오.

작업명	작업시간				여유시간			주공정
	EST	EFT	LST	LFT	TF	FF	DF	CP
C								
D								
E								
F								
G								

해설

(1)

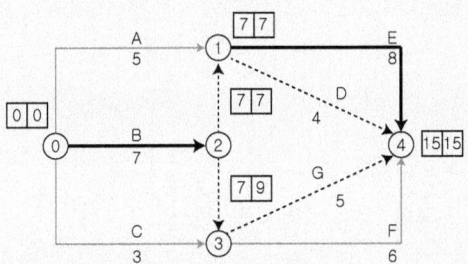

(2) 총 작업일수 : 8 + 8 = 16일

(3)

작업명	작업시간				여유시간			주공정
	EST	EFT	LST	LFT	TF	FF	DF	CP
C	0	3	6	9	6	6	0	
D	7	11	11	15	4	4	0	
E	7	15	7	15	0	0	0	○
F	7	13	9	15	2	2	0	
G	7	12	10	15	3	3	0	

2024 2회차 건설기계설비기사 필답형 기출문제

01
콘크리트 포장기계와 아스팔트 포장기계의 종류를 각각 5가지씩 쓰시오.

> **해설**
>
> (1) 콘크리트 포장기계
> ① 콘크리트 스프레더
> ② 콘크리트 피니셔
> ③ 표면사상기
> ④ 조면사상기
> ⑤ 양생제살포기
>
> (2) 아스팔트 포장기계
> ① 아스팔트 믹싱플랜트
> ② 아스팔트 디스트리뷰터
> ③ 아스팔트 스프레이어
> ④ 아스팔트 피니셔
> ⑤ 노상 안정기

02
겹치기 용접과 아크 용접의 종류를 각각 2가지씩 쓰시오.

> **해설**
>
> (1) 겹치기 용접
> ① 스폿 용접
> ② 심 용접
> ③ 프로젝션 용접
>
> (2) 아크 용접
> ① MIG 용접
> ② TIG 용접

03

다음 괄호안에 알맞은 건설기계 안전 기준을 보기에서 골라서 쓰시오.

[보기]
5도, 25도, 퀵커플러, 센터조인트, 선회주차브레이크

(1) 타이어식 굴착기는 견고한 땅 위에서 자체중량 상태로 좌우로 (　)까지 기울여도 넘어지지 않는 구조이어야 한다. 이 경우 굴착기의 자세는 주행자세로 한다.
(2) 굴착기는 최대 작업 반경 상태에서 버킷 끝단의 기울기의 변화량이 10분당 (　)이내 이어야 한다.
(3) 굴착기 버킷의 결합 및 분리를 신속하게 할 수 있는 (　)를 설치하는 경우 다음 기준에 적합해야 한다.
   - (　)에 과전류가 발생할 때 전원을 차단할 수 있어야 하며, 작동스위치는 조종사의 조작에 의해서만 작동되는 구조일 것
(4) 굴착기는 선회할 때 작업의 안전을 위해 (　)를 설치해야 한다. (　)는 선회조작이 중립에 위치할 때 자동으로 제동되어야 하며, 엔진이 가동되는 상태나 정지된 상태에서도 제동기능을 유지하여야 한다.
(5) 굴착기의 (　)는 회전부 중심에 설치하며, 상부 및 하부의 유압기기가 선회 중에도 송유 가능한 구조로서, 굴착 작업을 할 때 발생하는 하중 및 유압의 변동에 대하여 견딜 수 있는 구조여야 한다.

> 해설
> (1) 5도
> (2) 25도
> (3) 퀵커플러
> (4) 선회주차브레이크
> (5) 센터조인트

04

배관지지 장치인 레스트레인트의 종류를 3가지 쓰시오.

> 해설
> ① 앵커
> ② 가이드
> ③ 스토퍼

05

다음 보기는 롤러체인에 대한 내용일 때 옳은 것은 (O), 틀린 것은 (X)로 나타내시오.

[보기]
(1) 체인길이는 피치와 정비례한다. (　)
(2) 체인길이는 링크 수와 반비례한다. (　)
(3) 안전하중은 파단하중과 정비례한다. (　)
(4) 안전하중은 다열계수와 반비례한다. (　)
(5) 안전하중은 부하계수와 정비례한다. (　)
(6) 안전하중은 안전율과 정비례한다. (　)

해설

체인길이 : $L = pL_n$

허용장력 : $F = \dfrac{F_B e}{Sk}$ 이므로

(1) O　(2) X　(3) O　(4) X　(5) X　(6) X

06

엔드 저널 베어링에 작용하는 베어링 하중이 $32.5kN$, 허용베어링압력이 $1.5MPa$, 회전수가 $450rpm$ 일 때 다음을 구하시오.
(단, 저널의 길이는 저널 직경의 1.5배이다.)

(1) 저널의 직경 $[mm]$
(2) 발열계수 $[MPa \cdot m/s]$

해설

(1) $p = \dfrac{P}{d\ell} = \dfrac{P}{1.5d^2}$　$\therefore d = \sqrt{\dfrac{P}{1.5p}} = \sqrt{\dfrac{32.5 \times 10^3}{1.5 \times 1.5}} = 120.19mm$

(2) $pv = \dfrac{\pi WN}{60000\ell} = \dfrac{\pi \times 32.5 \times 10^3 \times 450}{60000 \times 1.5 \times 120.19} = 4.25 MPa \cdot m/s$

07

미터계 사다리꼴 나사잭에 $49.7kN$의 축하중이 작용하고 있다. 이 나사의 호칭지름 $52mm$, 유효지름 $48mm$, 피치 $8.47mm$, 이송속도 $0.7m/\min$, 나사부 마찰계수 0.12, 칼라부 마찰계수 0.01, 칼라부 평균지름 $60mm$ 일 때 다음을 구하시오.

(1) 축하중을 지지하는데 필요한 토크 $[N\cdot m]$
(2) 나사의 효율 $[\%]$
(3) 소요동력 $[kW]$

해설

(1) 미터계 사다리꼴 나사의 나사산 각도는 $\alpha = 30°$ 이므로

상당마찰계수 $\mu' = \dfrac{\mu}{\cos\dfrac{\alpha}{2}} = \dfrac{0.12}{\cos\dfrac{30°}{2}} = 0.124$

마찰각 $\mu' = \tan\rho$ $\therefore \rho = \tan^{-1}\mu' = 7.07°$

리드각 $\tan\lambda = \dfrac{p}{\pi d_e}$ $\therefore \lambda = \tan^{-1}\left(\dfrac{p}{\pi d_e}\right) = \tan^{-1}\left(\dfrac{8.47}{\pi \times 48}\right) = 3.21°$

칼라자리부 전달토크 $T_1 = \mu_1 Q r_m = 0.01 \times 49.7 \times 10^3 \times 0.06 = 29.82 N\cdot m$

나사몸통부 전달토크 $T_2 = Q\tan(\lambda+\rho)\dfrac{d_e}{2} = 49.7 \times 10^3 \times \tan(3.21+7.07) \times \dfrac{0.048}{2} = 216.34 N\cdot m$

$T = T_1 + T_2 = 29.82 + 216.34 = 246.16 N\cdot m$

(2) $\eta = \dfrac{pQ}{2\pi T} = \dfrac{8.47 \times 49.7 \times 10^3}{2\pi \times 216.34 \times 10^3} = 0.3097 = 30.97\%$

(3) $H = \dfrac{Qv}{\eta} = \dfrac{49.7 \times 0.7 \times \dfrac{1}{60}}{0.3097} = 1.87 kW$

08

스플라인이 $1150rpm$으로 회전하고 있다. 이 스플라인은 보스길이 $100mm$, 잇수 5개, 이 너비 $9mm$, 호칭지름 $45mm$, 바깥지름 $50mm$ 일 때 전달 토크 $[N\cdot m]$를 구하시오.
(단, 스플라인의 허용접촉면압력 $8.15MPa$, 접촉효율 0.75 이다.)

해설

$T = \left(\dfrac{D_2-D_1}{2}\right)\ell q_a\left(\dfrac{D_2+D_1}{4}\right)Z\eta = \left(\dfrac{50-42}{2}\right) \times 100 \times 8.15 \times \left(\dfrac{50+42}{4}\right) \times 5 \times 0.75 \times 10^{-3} = 562.35 N\cdot m$

09

양쪽 덮개판 1줄 맞대기 이음에서 리벳의 직경 $25mm$, 피치 $70mm$, 강판의 두께 $20mm$ 일 때 다음을 구하시오.
(단, 판의 인장강도는 리벳의 전단강도의 1.2배 이다.)

(1) 리벳의 효율 $[\%]$
(2) 강판의 효율 $[\%]$
(3) 리벳이음의 효율 $[\%]$

해설

(1) $\eta_s = \dfrac{\pi d^2 \times 1.8 n}{4\sigma_t p t} = \dfrac{\tau \times \pi \times 25^2 \times 1.8 \times 1}{4 \times 1.2\tau \times 70 \times 20} = 0.5259 = 52.59\%$

(2) $\eta_t = 1 - \dfrac{d}{p} = 1 - \dfrac{25}{70} = 0.6429 = 64.29\%$

(3) 두 효율 중 더 작은값으로 선정하므로 $\eta_r = \eta_s = 52.59\%$

10

플랜지 허브 직경 $165mm$, 플랜지 두께 $35mm$의 플랜지 커플링을 4개의 볼트로 체결하고 있다. 볼트의 안지름이 $24.5mm$, 볼트 중심의 피치원지름은 $200mm$ 이고 체결된 축의 직경은 $145mm$, 회전수 $350rpm$, 허용전단응력은 $25MPa$ 일 때 다음을 구하시오.

(1) 전달동력 $[kW]$
(2) 볼트에 발생하는 전단응력 $[MPa]$
(2) 플랜지에 발생하는 전단응력 $[MPa]$

해설

(1) $T = \dfrac{H}{\omega} = \dfrac{60H}{2\pi N} = \tau_s Z_P = \tau_s \dfrac{\pi d^3}{16}$

$\therefore H = \dfrac{2\pi^2 \tau_s N d^3}{16 \times 60} = \dfrac{2\pi^2 \times 25 \times 10^6 \times 350 \times 0.145^3}{16 \times 60} \times 10^{-3} = 548.49 kW$

(2) $T = \dfrac{60H}{2\pi N} = \dfrac{60 \times 548.49 \times 10^3}{2\pi \times 350} = 14964.9 N \cdot m$

$T = \tau_B \dfrac{\pi d_1^2}{4} \dfrac{D_B}{2} Z$

$\therefore \tau_B = \dfrac{8T}{\pi d_1^2 D_B Z} = \dfrac{8 \times 14964.9 \times 10^3}{\pi \times 24.5^2 \times 200 \times 4} = 79.36 MPa$

(3) $T = \tau_f \pi D_f t \dfrac{D_f}{2}$

$\therefore \tau_f = \dfrac{2T}{\pi D_f^2 t} = \dfrac{2 \times 14964.9 \times 10^3}{\pi \times 165^2 \times 35} = 10 MPa$

11

$200 rpm$으로 회전하는 단판클러치의 바깥지름 $420 mm$, 안지름 $260 mm$, 접촉면압력 $0.25 MPa$ 일 때 다음을 구하시오.

(1) 마찰차를 서로 밀어 붙이는 힘 $[kN]$
(2) 전달동력 $[kW]$ (단, 클러치의 마찰계수는 0.2이다.)

해설

(1) $q_a = \dfrac{P}{\dfrac{\pi}{4}(D_2^2 - D_1^2)}$ $\therefore P = \dfrac{\pi(D_2^2 - D_1^2)q_a}{4} = \dfrac{\pi \times (420^2 - 260^2) \times 0.25}{4} \times 10^{-3} = 540.9 kN$

(2) $H = \mu P v = \mu P \dfrac{\pi D_m N}{60 \times 1000} = 0.2 \times 540.9 \times \dfrac{\pi \times \left(\dfrac{420 + 260}{2}\right) \times 200}{60 \times 1000} = 385.17 kW$

12

아래 그림과 같은 밴드 브레이크로 $8kW$의 동력을 제동하려고 한다. 레버의 길이 $700mm$, 드럼의 직경 $450mm$, 접촉각 $225°$, 브레이크 마찰계수 0.35 일 때 다음을 구하시오.
(단, 그림에서 $c=125mm$ 이고 드럼의 초기 회전수는 $425rpm$이다.)

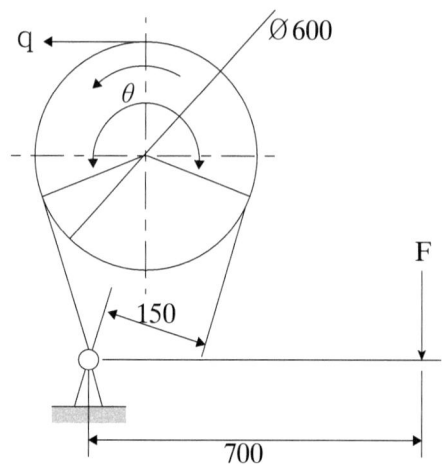

(1) 긴장측 장력 $T_t [N]$
(2) 레버를 조작하는 힘 $F[kN]$

해설

(1) $e^{\mu\theta} = e^{0.35 \times 225 \times \frac{\pi}{180}} = 3.95$

$v = \dfrac{\pi DN}{60 \times 1000} = \dfrac{\pi \times 450 \times 425}{60 \times 1000} = 10.01 m/s$

$H = P_e v = (T_t - T_s)v = T_s(e^{\mu\theta} - 1)v = T_t\left(\dfrac{e^{\mu\theta} - 1}{e^{\mu\theta}}\right)v$

$\therefore T_t = \dfrac{H}{v}\left(\dfrac{e^{\mu\theta}}{e^{\mu\theta} - 1}\right) = \dfrac{8 \times 10^3}{10.01} \times \left(\dfrac{3.95}{3.95 - 1}\right) = 1070.12 N$

(2) $F\ell - T_t a = 0$ $\therefore F = \dfrac{T_t a}{\ell} = \dfrac{1070.12 \times 125}{700} = 191.09 N$

13

코일 스프링이 $450N$을 지지하고 있다. 이 때 코일 스프링의 처짐량이 $25mm$이며 스프링에 작용하는 전단응력은 $350MPa$ 이다. 또한 코일 스프링의 횡탄성계수가 $81.25GPa$, 스프링 지수가 8일 때 다음을 구하시오.

(1) 소선의 지름 $[mm]$
(2) 코일의 평균지름 $[mm]$
(3) 유효 권수 $[권]$

해설

(1) $K = \dfrac{4C-1}{4C-4} + \dfrac{0.615}{C} = \dfrac{4\times8-1}{4\times8-4} + \dfrac{0.615}{8} = 1.18$

$\tau = \dfrac{16PRK}{\pi d^3} = \dfrac{8PDK}{\pi d^3} = \dfrac{8PCK}{\pi d^2}$ $\quad \therefore d = \sqrt{\dfrac{8PCK}{\pi\tau}} = \sqrt[3]{\dfrac{8\times450\times8\times1.18}{\pi\times350}} = 5.56mm$

(2) $C = \dfrac{D}{d}$ $\quad \therefore D = Cd = 8\times5.56 = 44.48mm$

(3) $\delta = \dfrac{8nPD^3}{Gd^4}$ $\quad \therefore n = \dfrac{\delta Gd^4}{8PD^3} = \dfrac{25\times81.25\times10^3\times5.56^4}{8\times450\times44.48^3} = 6.13 ≒ 7권$

14

롤러 체인의 원동 스프로킷의 회전수가 $750rpm$, 원동 스프로킷의 잇수가 15개 이고 종동축의 회전수는 $250rpm$ 일 때 다음을 구하시오.
(단, No.50 롤러 체인으로 파단하중은 $22kN$, 피치는 $15.88mm$ 이다.)

(1) 체인의 원주속도 $[m/s]$
(2) 전달 동력 $[kW]$ (단, 안전율은 5로 한다.)

해설

(1) $v = \dfrac{pZ_1N_1}{60\times1000} = \dfrac{15.88\times15\times750}{60\times1000} = 2.98m/s$

(2) $H = \dfrac{F}{S}v = \dfrac{22}{5}\times2.98 = 13.11kW$

15

홈 마찰차로 $5kW$의 동력을 전달하고 있다. 원동축의 회전수 $450rpm$, 종동축의 회전수 $150rpm$ 이고 두 축 사이의 거리는 $450mm$, 두 마찰차 사이의 마찰계수는 0.28, 허용접촉 선압력은 $25.6MPa$ 일 때 다음을 구하시오.

(1) 마찰차를 밀어붙이는 힘 $P[N]$ (단, 마찰차의 홈 각은 $40°$ 이다.)
(2) 홈의 수 $Z[개]$

해설

(1) 홈의 각도가 $40°$ 이므로 반각 $\alpha = 20°$

$$\mu' = \frac{\mu}{\sin\alpha + \mu\cos\alpha} = \frac{0.28}{\sin 20° + 0.28 \times \cos 20°} = 0.463$$

$$\varepsilon = \frac{N_2}{N_1} = \frac{D_1}{D_2} \quad \therefore D_2 = D_1 \frac{N_1}{N_2} = 3D_1$$

$$C = \frac{D_2 + D_1}{2} = \frac{4D_1}{2} = 450mm \quad \therefore D_1 = 225mm$$

$$v = \frac{\pi D_1 N_1}{60 \times 1000} = \frac{\pi \times 225 \times 450}{60 \times 1000} = 5.3 m/s$$

$$H = \mu' P v \quad \therefore P = \frac{H}{\mu' v} = \frac{5 \times 10^3}{0.463 \times 5.3} = 2037.57 N$$

(2) $h = 0.28\sqrt{\mu' P} = 0.28 \times \sqrt{0.463 \times 2037.57} = 8.6mm$

$$Q = \frac{P}{\sin\frac{\alpha}{2} + \mu\cos\frac{\alpha}{2}} = \frac{2037.57}{\sin\frac{40°}{2} + 0.28 \times \cos\frac{40°}{2}} = 3367.14 N$$

$$Z = \frac{Q\cos\alpha}{2hf} = \frac{3367.14 \times \cos 20°}{2 \times 5.6 \times 2.56} = 7.19 ≒ 8개$$

16

모듈이 3인 한 쌍의 외접 스퍼기어가 $5kW$, $600rpm$을 전달하고 있다. 피니언의 잇수 20개, 피니언의 허용굽힘응력 $100MPa$, 기어의 잇수 60개, 기어의 허용굽힘응력 $90MPa$ 이고 치형계수는 아래 표와 같을 때 다음을 구하시오.
(단, 하중계수는 0.8이다.)

잇수(Z)	15	20	30	50	75
치형계수($Y=\pi y$)	0.319	0.346	0.377	0.422	0.433

(1) 전달력 $F[N]$
(2) 치폭 $b[mm]$ (단, 루이스 굽힘강도식을 기준으로 구한다.)
(3) 헤르츠 면압강도 $F[N]$ (단, 접촉면 응력계수는 1로 한다.)

해설

(1) $D_1 = mZ_1 = 3 \times 20 = 60mm$

$$v = \frac{\pi D_1 N_1}{60 \times 1000} = \frac{\pi \times 60 \times 600}{60 \times 1000} = 1.88 m/s$$

$$H = Fv \quad \therefore F = \frac{H}{v} = \frac{5 \times 10^3}{1.88} = 2659.57 N$$

(2) $f_v = \dfrac{3.05}{3.05+v} = \dfrac{3.05}{3.05+1.88} = 0.619$

피니언의 잇수는 20개 이므로 피니언의 치형계수는 표에서 찾을 수 있다.
$Y_1 = 0.346$

$$F = f_v f_w \sigma_{b1} m b_1 Y_1 \quad \therefore b_1 = \frac{F}{f_v f_w \sigma_{b1} m Y_1} = \frac{2659.57}{0.619 \times 0.8 \times 100 \times 3 \times 0.346} = 51.74 mm$$

기어의 잇수는 60개 이므로 보간법을 이용하여 구할 수 있다.

$$Y_2 = 0.422 + \frac{60-50}{75-50} \times (0.433 - 0.422) = 0.426$$

$$F = f_v f_w \sigma_{b2} m b_2 Y_2 \quad \therefore b_2 = \frac{F}{f_v f_w \sigma_{b2} m Y_2} = \frac{2659.57}{0.619 \times 0.8 \times 90 \times 3 \times 0.426} = 46.69 mm$$

안전을 위해 더 큰 값을 선정해야하므로 $b = 51.74mm$

(3) $F = f_v K m b \left(\dfrac{2 Z_A Z_B}{Z_A + Z_B}\right) = 0.619 \times 1 \times 3 \times 51.74 \times \left(\dfrac{2 \times 20 \times 60}{20+60}\right) = 2882.43 N$

17

$7.95 kW$, $200 rpm$을 전달하는 동력전달장치에 사용하는 묻힘키의 호칭이 (12×8) 이고 허용 전단응력 $80 MPa$, 허용압축응력 $150 MPa$ 일 때 다음을 구하시오.

(1) 전달 토크 $[N \cdot m]$
(2) 전단응력을 고려했을 때, 묻힘키의 길이 $[mm]$
(3) 압축응력을 고려했을 때, 묻힘키의 길이 $[mm]$

해설

(1) $T = \dfrac{H}{\omega} = \dfrac{60H}{2\pi N} = \dfrac{60 \times 7.95 \times 10^3}{2\pi \times 200} = 379.58 N \cdot m$

(2) $\tau_k = \dfrac{2T}{b\ell d}$ $\therefore \ell = \dfrac{2T}{bd\tau_a} = \dfrac{2 \times 379.58 \times 10^3}{12 \times 45 \times 80} = 17.57 mm$

(3) $\sigma_c = \dfrac{4T}{h\ell d}$ $\therefore \ell = \dfrac{4T}{hd\sigma_c} = \dfrac{4 \times 379.58 \times 10^3}{8 \times 45 \times 150} = 28.12 mm$

18

아래 그림과 같은 축이 동력 $16.8 kW$, 회전수 $1500 rpm$ 으로 회전하고 있다. 축 중앙에 위치한 회전체의 하중은 $500N$ 이고 축의 길이는 $1m$, 축의 허용전단응력은 $25.4 MPa$ 일 때 다음을 구하시오.

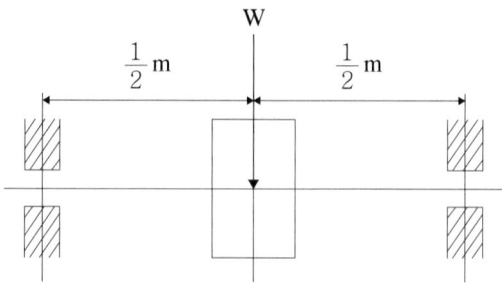

(1) 상당 비틀림 모멘트 $[N \cdot m]$
(2) 축 지름 $[mm]$ (단, 키 홈의 영향을 고려하여 $1/0.75$배로 한다.)

해설

(1) $T = \dfrac{H}{\omega} = \dfrac{60H}{2\pi N} = \dfrac{60 \times 16.8 \times 10^3}{2\pi \times 1500} = 106.95 N \cdot m$

양단에 베어링이 있을 경우 단순보로 취급하므로

$M_{\max} = \dfrac{W\ell}{4} = \dfrac{500 \times 1}{4} = 125 N \cdot m$

$T_e = \sqrt{M^2 + T^2} = \sqrt{125^2 + 106.95^2} = 164.51 N \cdot m$

(2) $\tau_s = \dfrac{T_e}{Z_P} = \dfrac{16 T_e}{\pi d^3} \quad \therefore d = \sqrt[3]{\dfrac{16 T_e}{\pi \tau_s}} = \sqrt[3]{\dfrac{16 \times 164.51 \times 10^3}{\pi \times 25.4}} = 32.07 mm$

$d' = \dfrac{d}{0.75} = \dfrac{32.07}{0.75} = 42.76 mm$

19

열교환기의 전열면적이 $7.35 m^2$, 열관류율 $1850.42 kcal/m^2 \cdot ℃ \cdot h$, 입구측 공기 온도 $45℃$, 출구측 공기 온도 $25℃$, 입구측 물의 온도 $15℃$, 출구측 물의 온도 $23℃$ 일 때 다음을 구하시오.

(1) 대향류 일 때의 대수평균온도차 [℃]
(2) 열교환량 [kW]

해설

(1) $\Delta t_m = \dfrac{\Delta t_1 - \Delta t_2}{\ln\left(\dfrac{\Delta t_1}{\Delta t_2}\right)} = \dfrac{(45-23)-(25-15)}{\ln\left(\dfrac{45-23}{25-15}\right)} = 15.22℃$

(2) $Q = kA\Delta t_m \times \dfrac{4.2}{3600} = 1850.42 \times 7.35 \times 15.22 \times \dfrac{4.2}{3600} = 241.5 kW$

20

아래 표를 보고 다음을 구하시오.

작업명	선행작업	작업일수
A	-	6
B	-	4
C	-	3
D	A, B	3
E	A, B, C	6
F	A, C	5

(1) PERT 기법으로 네트워크 공정표를 작성하고 주공정선은 굵은 선으로 표시하시오.
(2) 총 작업일수 [일]
(3) 아래의 빈칸을 채우시오.

작업명	작업시간				여유시간			주공정
	EST	EFT	LST	LFT	TF	FF	DF	CP
A								
B								
C								
D								
E								

해설

(1)

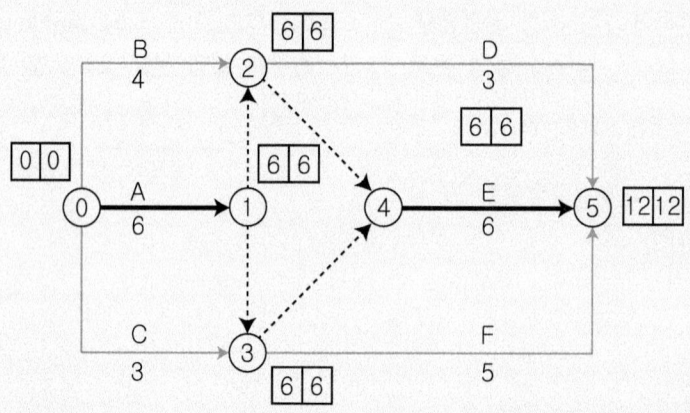

(2) 총 작업일수 : 6 + 6 = 12일

(3)

작업명	작업시간				여유시간			주공정
	EST	EFT	LST	LFT	TF	FF	DF	CP
A	0	6	6	6	0	0	0	○
B	0	4	6	6	2	4	0	
C	0	3	6	6	3	3	0	
D	6	9	6	12	3	3	0	
E	6	12	6	12	0	0	0	○

2024 3회차 건설기계설비기사 필답형 기출문제

01

4가닥으로 작동하는 V벨트 전동장치가 $8m/s$의 원주속도로 회전하고 있다. 벨트의 마찰계수는 0.3, 홈의 각도는 $40°$이고 벨트의 최대허용장력은 $152N$일 때 다음을 구하시오.

(1) V벨트 1가닥에 걸리는 유효장력 $[N]$
(2) V벨트 전동 장치가 전달 가능한 동력 $[kW]$

해설

(1) 홈의 각도가 $40°$이므로 반각 $\alpha = 20°$

$$\mu' = \frac{\mu}{\sin\alpha + \mu\cos\alpha} = \frac{0.3}{\sin 20° + 0.3 \times \cos 20°} = 0.48$$

$$e^{\mu'\theta} = e^{0.48 \times 132 \times \frac{\pi}{180}} = 3.02$$

$$P_e = T_t - T_s = T_s(e^{\mu'\theta} - 1) = T_t\left(\frac{e^{\mu'\theta} - 1}{e^{\mu'\theta}}\right) = 152 \times \left(\frac{3.02 - 1}{3.02}\right) = 101.67 N$$

(2) $H = P_e v Z = 101.67 \times 8 \times 4 \times 10^{-3} = 3.25 kW$

02

중심거리 $20m$의 로프 풀리에서 로프가 $0.8m$가량 처짐이 발생하였다. 로프의 지름은 $50mm$이고 단위 길이에 대한 로프 무게는 $0.3kg/m$일 때 다음을 구하시오.

(1) 로프의 장력 $[N]$
(2) 로프의 길이 $[mm]$

해설

(1) $T = \dfrac{wC^2}{8h} + wh = \dfrac{0.3 \times 9.8 \times 20^2}{8 \times 0.8} + 0.3 \times 9.8 \times 0.8 = 186.1 N$

(2) $L = C\left(1 + \dfrac{8h^2}{3C^2}\right) = 20 \times \left(1 + \dfrac{8 \times 0.8^2}{3 \times 20^2}\right) = 20.08533 m = 20085.33 mm$

03

800rpm, 5.4kW으로 회전하는 직경 600mm의 블록 브레이크 드럼이 있다. 접촉부의 마찰계수 0.25일 때 다음을 구하시오.

(1) 브레이크 제동 토크 $[N \cdot m]$
(2) 브레이크 드럼을 누르는 힘 $[N]$

해설

(1) $T = \dfrac{H}{\omega} = \dfrac{H}{\dfrac{2\pi N}{60}} = \dfrac{5.4 \times 10^3}{\dfrac{2\pi \times 800}{60}} = 64.46 N \cdot m$

(2) $T = \mu P \dfrac{D}{2} \Rightarrow \therefore P = \dfrac{2T}{\mu D} = \dfrac{2 \times 64.46}{0.25 \times 0.6} = 859.47 N$

04

분당 회전수 1000rpm, 45kW의 동력을 전달하는 4사이클 엔진 기관에서 각속도 변동률이 1/60이고, 에너지 변동계수는 1.3, 플라이휠의 내외경비 0.6, 비중량 $80.764 kN/m^3$, 림의 폭이 50mm일 때 다음을 구하시오.

(1) 1사이클당 발생하는 에너지 $E[N \cdot m]$
(2) 질량 관성모멘트 $I[N \cdot m \cdot s^2]$
(3) 림의 바깥지름 $D_2 [mm]$

해설

(1) $T_m = \dfrac{H}{\omega} = \dfrac{H}{\dfrac{2\pi N}{60}} = \dfrac{45 \times 10^3}{\dfrac{2\pi \times 1000}{60}} = 429.72 N \cdot m$

$E = 4\pi T_m = 4\pi \times 429.72 = 5400.02 N \cdot m$

(2) $\Delta E = qE = 1.3 \times 5400.02 = 7020.03 N \cdot m$

$\Delta E = I \omega^2 \delta \Rightarrow \therefore I = \dfrac{\Delta E}{\omega^2 \delta} = \dfrac{7020.03}{\left(\dfrac{2\pi \times 1000}{60}\right)^2 \times \dfrac{1}{60}} = 38.41 N \cdot m \cdot s^2$

(3) $I = \dfrac{\gamma b \pi (D_2^4 - D_1^4)}{32g} = \dfrac{\gamma b \pi D_2^4 (1 - x^4)}{32g}$ 에서,

$\therefore D_2 = \sqrt[4]{\dfrac{32gI}{\gamma b \pi (1 - x^4)}} = \sqrt[4]{\dfrac{32 \times 9.8 \times 38.41}{80.764 \times 10^3 \times 0.05 \times \pi \times (1 - 0.6^4)}} = 1.02198 m = 1021.98 mm$

05

분당 회전수 $600rpm$으로 회전하는 엔드저널이 $5000N$의 베어링 하중을 지지하고 있다. 압력속도계수 $2N/mm^2 \cdot m/s$, 허용베어링 압력 $6MPa$일 때 다음을 구하시오.

(1) 저널의 길이 $[mm]$
(2) 저널의 지름 $[mm]$

해설

(1) $pv = \dfrac{\pi WN}{60000\ell} \Rightarrow \therefore \ell = \dfrac{\pi WN}{60000pv} = \dfrac{\pi \times 5000 \times 600}{60000 \times 2} = 78.54mm$

(2) $p = \dfrac{W}{d\ell} \Rightarrow \therefore d = \dfrac{W}{\ell p} = \dfrac{5000}{78.54 \times 6} = 10.61mm$

06

모듈 4, 압력각 $20°$의 스퍼기어 한 쌍이 $900rpm$을 전달받고 있다. 피니언의 잇수 25개, 피니언의 허용굽힘응력 $156MPa$, 기어의 잇수 100개 일 때 다음을 구하시오.
(단, 치형계수는 $Y = \pi y = 0.357$이다.)

(1) 원주속도 $[m/s]$
(2) 루이스 굽힘강도 $[N]$

해설

(1) $V = \dfrac{\pi D_1 N_1}{60 \times 1000} = \dfrac{\pi m Z_1 N_1}{60 \times 1000} = \dfrac{\pi \times 4 \times 25 \times 900}{60 \times 1000} = 4.71 m/s$

(2) $f_v = \dfrac{3.05}{3.05 + v} = \dfrac{3.05}{3.05 + 4.71} = 0.393$

$F = f_w f_v \sigma_b mbY = 1 \times 0.393 \times 156 \times 4 \times 50 \times 0.357 = 4377.39N$

07

$3.86kW$, $500rpm$을 전달받는 한 쌍의 원추 마찰차의 축각이 $75°$, 회전수비가 $2/3$, 허용 접촉면압력이 $15.6N/mm^2$ 이고 주동차의 평균지름이 $250mm$, 마찰계수가 0.25 일 때 다음을 구하시오.

(1) 주동차와 종동차의 접촉 길이는 몇 mm인가?
(2) 주동차와 종동차의 바깥 지름은 각각 몇 mm인가?
(3) 주동차와 종동차의 축방향 하중은 각각 몇 N인가?

해설

(1) $v = \dfrac{\pi D_{A,m} N_1}{60 \times 1000} = \dfrac{\pi \times 250 \times 500}{60 \times 1000} = 6.54 m/s$

$H = \mu Q v \quad \therefore Q = \dfrac{H}{\mu v} = \dfrac{3.86 \times 10^3}{0.25 \times 6.54} = 2360.86 N$

$f = \dfrac{Q}{b} \quad \therefore b = \dfrac{Q}{f} = \dfrac{2360.86}{15.6} = 151.34 mm$

(2) $\tan\alpha = \dfrac{\sin\theta}{\dfrac{1}{\varepsilon} + \cos\theta} \quad \therefore \alpha = \tan^{-1}\left(\dfrac{\sin\theta}{\dfrac{1}{\varepsilon} + \cos\theta}\right) = \tan^{-1}\left(\dfrac{\sin 75°}{\dfrac{3}{2} + \cos 75°}\right) = 28.77°$

$\beta = \theta - \alpha = 75 - 28.77 = 46.23°$

$\varepsilon = \dfrac{D_{A,m}}{D_{B,m}} \quad \therefore D_{B,m} = \dfrac{D_{A,m}}{\varepsilon} = \dfrac{250}{2/3} = 375 mm$

$D_{A,2} = D_{A,m} + b\sin\alpha = 250 + 151.34 \times \sin 28.77° = 322.84 mm$

$D_{B,2} = D_{B,m} + b\sin\beta = 375 + 151.34 \times \sin 46.23° = 484.29 mm$

(3) $F_{t,A} = Q\sin\alpha = 2360.86 \times \sin 28.77° = 1136.27 N$

$F_{t,B} = Q\sin\beta = 2360.86 \times \sin 46.23° = 1704.83 N$

08

너클핀이 $12.5kN$의 하중을 지지하고 있다. 핀의 총 길이는 $25mm$, 로드와 핀의 접촉길이는 $15mm$ 일 때 핀의 지름을 구하시오.
(단, 핀의 허용접촉면압력과 허용전단응력은 $28.5MPa$로 동일하다.)

해설

$$q_a = \frac{P}{da} \quad \therefore d = \frac{P}{aq_a} = \frac{12.5 \times 10^3}{15 \times 28.5} = 29.24mm$$

$$\tau_a = \frac{P}{2 \times \frac{\pi d^2}{4}} \quad \therefore d = \sqrt{\frac{2P}{\pi \tau_a}} = \sqrt{\frac{2 \times 12.5 \times 10^3}{\pi \times 28.5}} = 16.71mm$$

안전을 위해서 큰 값을 선정해야하므로 $d = 29.24mm$

09

그림과 같이 $140rpm$, $5kW$ 동력을 전달하는 연강축이 있다. 이 때 키홈을 무시하고, 허용 인장응력 $56MPa$, 허용 전단응력 $44MPa$, 축 재료의 종탄성계수 $200GPa$, 비중량 $84200N/m^3$ 일 때 다음을 구하시오.

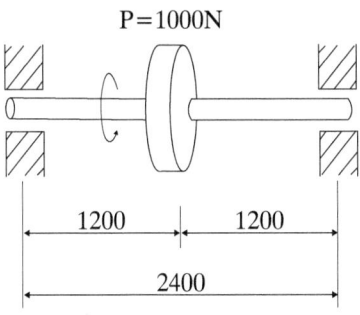

※축의 지름표 [mm]

| 35 | 40 | 45 | 50 | 55 | 60 | 65 | 70 | 75 | 80 | 85 | 90 |

(1) Guest의 최대 전단응력설에 의한 축의 지름[mm]을 구하시오.
    (단, 축의 자중은 고려하지 않고, 표를 보고 지름을 선정하라.)
(2) (1)에서 구한 축 지름이 $90mm$라고 가정할 때 Dunkerley 실험공식에 의한 이 축의 위험 속도[rpm]를 구하시오.

해설

(1) $T = \dfrac{H}{\omega} = \dfrac{H}{\dfrac{2\pi N}{60}} = \dfrac{5 \times 10^3}{\dfrac{2\pi \times 140}{60}} = 341.05 N \cdot m$

$M = \dfrac{PL}{4} = \dfrac{1000 \times 2.5}{4} = 625 N \cdot m$

$T_e = \sqrt{M^2 + T^2} = \sqrt{625^2 + 341.05^2} = 712 N \cdot m$

Guest의 최대 전단응력설 : $\tau_a = \dfrac{1}{2}\sqrt{\sigma^2 + 4\tau^2} = \dfrac{1}{2}\sqrt{56^2 + 4 \times 44^2} = 52.15 MPa$

$d = \sqrt[3]{\dfrac{16 T_e}{\pi \tau_a}} = \sqrt[3]{\dfrac{16 \times 712 \times 10^3}{\pi \times 52.15}} = 41.12 mm$

표에서, 구한 d보다 크면서 근사한 값을 선정한다.
$\therefore d = 45 mm$

(2) $\omega = \gamma A = 84200 \times 10^{-9} \times \dfrac{\pi \times 90^2}{4} = 0.54 N/mm$

$\delta_0 = \dfrac{5\omega\ell^4}{384 EI} = \dfrac{5 \times 0.54 \times 2500^4}{384 \times 200 \times 10^3 \times \dfrac{\pi \times 90^4}{64}} = 0.43 mm$

$N_0 = \dfrac{30}{\pi}\sqrt{\dfrac{g}{\delta_0}} = \dfrac{30}{\pi}\sqrt{\dfrac{9800}{0.43}} = 1441.62 rpm$ .... ① 축 자중에 의한 위험속도

$\delta_1 = \dfrac{P\ell^3}{48 EI} = \dfrac{1000 \times 2500^3}{48 \times 200 \times 10^3 \times \dfrac{\pi \times 90^4}{64}} = 0.51 mm$

$N_1 = \dfrac{30}{\pi}\sqrt{\dfrac{g}{\delta_1}} = \dfrac{30}{\pi}\sqrt{\dfrac{9800}{0.51}} = 1323.73 rpm$ .... ② 하중 $P = 1000 N$에 의한 위험속도

$\therefore N_C = \dfrac{1}{\sqrt{\dfrac{1}{N_0^2} + \dfrac{1}{N_1^2}}} = \dfrac{1}{\sqrt{\dfrac{1}{1441.62^2} + \dfrac{1}{1323.73^2}}} = 975.04 rpm$

10

$60kN$의 중량을 들어 올리는 나사의 유효지름 $64mm$, 피치 $5mm$인 나사잭이 있다. 레버에 작용하는 힘 $400N$, 마찰계수 0.12일 때 다음을 구하시오.

(1) 회전 토크 $T[N \cdot mm]$
(2) 레버의 길이 $L[mm]$

해설

(1) $T = Q\left(\dfrac{p + \mu\pi d_e}{\pi d_e - \mu p}\right)\dfrac{d_e}{2} = 60 \times 10^3 \times \left(\dfrac{5 + 0.12 \times \pi \times 64}{\pi \times 64 - 0.12 \times 5}\right) \times \dfrac{64}{2} = 278979 N \cdot mm$

(2) $T = FL \Rightarrow \therefore L = \dfrac{T}{F} = \dfrac{278979}{400} = 697.45 mm$

11

스크레이퍼가 $33m$ 거리에서 흙을 운반하고 있다. 이 스크레이퍼의 전진속도는 $36m/\min$, 후진속도는 $30m/\min$, 기어변환시간은 15초 이다. 또한 버킷 용량은 $1.2m^3$, 작업효율 0.78, 토량환산계수는 0.9 일 때 다음을 구하시오.

(1) 1회 작업사이클 소요 시간 $[\min]$
(2) 시간 당 흙 운반량 $[m^3/h]$

해설

(1) $T = \dfrac{x}{v_1} + \dfrac{x}{v_2} + \dfrac{t}{60} = \dfrac{33}{36} + \dfrac{33}{30} + \dfrac{15}{60} = 2.27 \min$

(2) $W = \dfrac{V \eta k}{T \times \dfrac{1}{60}} = \dfrac{1.2 \times 0.78 \times 0.9}{2.27 \times \dfrac{1}{60}} = 22.27 m^3/h$

12

열교환기의 전열면적이 $7.35m^2$, 열관류율 $1800 kcal/m^2 \cdot ℃ \cdot h$, 입구측 공기 온도 $30℃$, 출구측 공기 온도 $20℃$, 입구측 물의 온도 $12℃$, 출구측 물의 온도 $15℃$ 일 때 다음을 구하시오.

(1) 평행류 일 때의 대수평균온도차 $[℃]$
(2) 대향류 일 때의 대수평균온도차 $[℃]$
(3) 평행류와 대향류의 열교환량 차이 $[kcal/h]$

해설

(1) $\triangle t_{m1} = \dfrac{\triangle t_1 - \triangle t_2}{\ln\left(\dfrac{\triangle t_1}{\triangle t_2}\right)} = \dfrac{(30-12)-(20-15)}{\ln\left(\dfrac{30-12}{20-15}\right)} = 10.15℃$

(2) $\triangle t_{m2} = \dfrac{\triangle t_1 - \triangle t_2}{\ln\left(\dfrac{\triangle t_1}{\triangle t_2}\right)} = \dfrac{(30-15)-(20-13)}{\ln\left(\dfrac{30-15}{20-13}\right)} = 10.5℃$

(3) $\triangle Q = Q_2 - Q_1 = kA(\triangle t_{m2} - \triangle t_{m1}) \times \dfrac{4.2}{3600} = 1800 \times 7.35 \times (10.5 - 10.15) \times \dfrac{4.2}{3600} = 2778.3 kcal/h$

13

용접의 분류 중 기타용접의 종류를 3가지 쓰시오.

해설

① 전자 빔 용접
② 테르밋 용접
③ 레이저 빔 용접
④ 일렉트로 슬래그 용접

14

운동용 나사의 종류를 3가지 쓰시오.

해설

① 사각 나사
② 사다리꼴 나사(=애크미 나사)
③ 톱니 나사
④ 너클 나사
⑤ 볼 나사

15

다음 보기는 여러 베어링에 관한 설명일 때 해당하는 베어링의 이름을 각각 쓰시오.

[보기]
(1) 윤활유막을 매개로 미끄럼 접촉을 하는 베어링
(1) 축과 베어링 사이에 볼, 롤러 등을 넣어 접촉 압력에 의하여 하중을 지지하는 베어링
(3) 축에 직각으로 작용하는 하중을 지지하는 베어링
(4) 축방향으로 작용하는 하중을 지지하는 베어링
(5) 레이디얼 하중과 스러스트 하중을 동시에 지지하는 베어링

해설

(1) 미끄럼 베어링
(2) 구름 베어링
(3) 레이디얼 베어링
(4) 스러스트 베어링
(5) 테이퍼 베어링

16

다음 보기는 건설기계 안전기준에 관한 규칙에 관한 각도에 대한 설명일 때 각각 빈칸을 채우시오.

[보기]
- 무한궤도식 불도저는 기울기가 (①)도인 지면에서 정지상태를 유지할 수 있는 제동장치 및 제동잠금장치를 갖추어야 한다.
- 타이어식 굴착기는 견고한 땅 위에서 자체중량 상태로 좌우로 (②)도 까지 기울여도 넘어지지 않는 구조이어야 한다. 이 경우 굴착기의 자세는 주행자세로 한다.
- 로더의 전경각은 (③)도 이상, 후경각은 (④)도 이상이어야 한다.
- 카운터밸런스 지게차 마스트의 전경각은 (⑤)도 이하, 후경각은 12도 이하일 것
- 사이트포크형 지게차 마스트의 전경각 및 후경각은 각각 5도 이하일 것

해설

① 30 ② 25 ③ 45 ④ 35 ⑤ 6

17

원통형 코일 스프링의 평균지름이 $40mm$이며 초기하중이 $392N$, 스프링에 작용하는 전하중이 $540N$일 때 처짐량은 $13mm$이다. 강선에 작용하고 있는 최대전단응력은 $510MPa$, 스프링 전단탄성계수 $80.44GPa$일 때 다음을 구하시오.
(단, 왈의 응력수정계수는 1.15이다.)

(1) 스프링의 소선의 지름 $[mm]$
(2) 유효 권수 $[권]$
(3) 초기하중에 의한 처짐량 $[mm]$

해설

(1) $\tau_{max} = \dfrac{8P_{max}DK}{\pi d^3} \Rightarrow \therefore d = \sqrt[3]{\dfrac{8P_{max}DK}{\pi \tau_{max}}} = \sqrt[3]{\dfrac{8 \times 540 \times 40 \times 1.15}{\pi \times 510}} = 4.99mm$

(2) $\delta = \dfrac{8n(P_{max} - P_{min})D^3}{Gd^4}$ 에서,

$\therefore n = \dfrac{Gd^4 \delta}{8(P_{max} - P_{min})D^3} = \dfrac{80.44 \times 10^3 \times 4.99^4 \times 13}{8 \times (540 - 392) \times 40^3} = 8.57 ≒ 9권$

(3) $\delta_{\min} = \dfrac{8nP_{\min}D^3}{Gd^4} = \dfrac{8 \times 9 \times 392 \times 40^3}{80.44 \times 10^3 \times 4.99^4} = 36.22mm$

18

강판의 두께 $19mm$, 리벳의 직경 $25mm$, 피치 $68mm$인 강판을 양쪽 덮개판 1줄 맞대기이음을 하고자 할 때 다음을 구하시오. 단, 리벳의 전단강도는 강판의 인장강도의 80%이다.
(단, 리벳의 지름과 리벳의 구멍 지름 크기가 동일하다.)

(1) 강판의 효율 $[\%]$
(2) 리벳의 효율 $[\%]$

해설

(1) $\eta_t = 1 - \dfrac{d}{p} = 1 - \dfrac{25}{68} = 0.6324 = 63.24\%$

(2) 리벳의 전단강도는 강판의 인장강도의 80%이니, $\dfrac{\tau}{\sigma_t} = 0.8$이다.

$\therefore \eta_s = \dfrac{\pi d^2 \times 1.8n}{4\sigma_t pt} = \dfrac{0.8 \times \pi \times 25^2 \times 1.8 \times 1}{4 \times 68 \times 19} = 0.5471 = 54.71\%$

19

디젤연료 사용으로 인한 환경오염의 주된 원인은 이산화탄소(CO_2), 질소산화물(NO_x) 등의 배출가스라고 할 수 있다. 이러한 배출가스의 저감기술로 각광받고 있는 촉매환원법(SCR)과 비촉매환원법(SNCR)을 간단히 서술하시오.

해설

① 촉매환원법(SCR)
배기가스에 포함된 질소산화물(NO_x)을 탈질 촉매와 암모니아(NH_3) 촉매를 이용해 질소(N_2)와 물(H_2O)로 환원시키는 기술이다.

② 비촉매환원법(SNCR)
배기가스에 포함된 질소산화물 질소산화물(NO_x)을 암모니아(NH_3)나 요소를 분사하여 질소(N_2)와 물(H_2O)로 환원시키는 기술이다.

20

아래 표를 보고 다음을 구하시오.

작업명	선행작업	작업일수
A	-	11
B	-	17
C	-	5
D	B	9
E	B	15
F	D, E	8

(1) PERT 기법으로 네트워크 공정표를 작성하고 주공정선은 굵은 선으로 표시하시오.
(2) 총 작업일수 [일]
(3) 아래의 빈칸을 채우시오.

작업명	작업시간				여유시간			주공정
	EST	EFT	LST	LFT	TF	FF	DF	CP
A								
B								
C								
D								
F								

해설

(1)

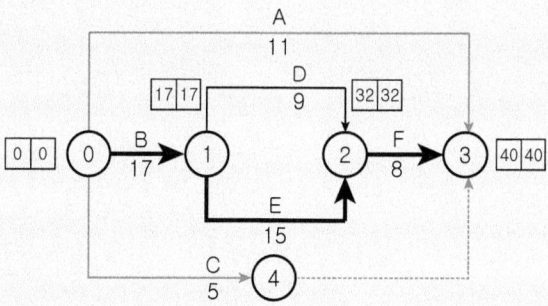

(2) 총 작업일수 : 17 + 15 + 8 = 40일

(3)

작업명	작업시간				여유시간			주공정
	EST	EFT	LST	LFT	TF	FF	DF	CP
A	0	11	29	40	29	29	0	
B	0	17	0	17	0	0	0	○
C	0	5	35	40	35	35	0	
D	17	26	23	32	6	6	0	
F	32	32	40	40	0	0	0	○

2025 합격비법 '건설기계설비기사 실기'

초판발행   2025년 02월 18일
편 저 자   이태랑
발 행 처   오스틴북스
등록번호   제 396-2010-000009호
주 소   경기도 고양시 일산동구 백석동 1351번지
전 화   070-4123-5716
팩 스   031-902-5716
정 가   35,000원
I S B N   979-11-93806-66-1 (13500)

이 책 내용의 일부 또는 전부를 재사용하려면
반드시 오스틴북스의 동의를 얻어야 합니다.